"新文科"
经济数学系列教材

微积分

Calculus

U0169419

吴臻 蒋晓芸 主编

蒋晓芸 张海燕 金辉 编

中国教育出版传媒集团
高等教育出版社·北京

内容简介

　　本书是为适应"新文科"背景下经管类专业大学数学教学的新需求，推进信息技术、数字经济与课程教材深度融合而编写的微积分教材。主要内容包括函数、极限与连续，导数与微分，微分中值定理与导数应用，不定积分，定积分及其应用，多元函数微积分，无穷级数，常微分方程及差分方程。

　　本书每章增设导言，引出相关问题；每章均配有思考题及自测题，以加深读者对学习内容的理解。书中配有来自金融、经济、管理、大数据与数字经济等领域的应用案例，引导学生更加深入地理解数学与数字经济、现代生活之间的关联，书末附有习题参考答案。本书条理清晰，由浅入深，重点突出，难易适中，例题较多，典型性强，可作为高等学校经济管理类专业微积分课程的教材，也可供从事经管及金融行业工作的人员作为参考用书。

图书在版编目（CIP）数据

　　微积分 / 吴臻，蒋晓芸主编；蒋晓芸，张海燕，金辉编 . -- 北京：高等教育出版社，2024.5
　　ISBN 978-7-04-062058-0

　　Ⅰ.①微⋯　Ⅱ.①吴⋯　②蒋⋯　③张⋯　④金⋯　Ⅲ.
①微积分 - 高等学校 - 教材　Ⅳ.① O172

　　中国国家版本馆 CIP 数据核字（2024）第 063269 号

Weijifen

策划编辑	于丽娜	责任编辑	刘　荣	封面设计	张志奇

版式设计　张志奇
责任绘图　黄云燕　　责任校对　高　歌　　责任印制　耿　轩

出版发行	高等教育出版社
社　　址	北京市西城区德外大街 4 号
邮政编码	100120
印　　刷	山东百润本色印刷有限公司
开　　本	787mm×1092mm　1/16
印　　张	27.75
字　　数	550 千字
购书热线	010-58581118
咨询电话	400-810-0598

网　　址　http://www.hep.edu.cn
　　　　　http://www.hep.com.cn
网上订购　http://www.hepmall.com.cn
　　　　　http://www.hepmall.com
　　　　　http://www.hepmall.cn

版　　次　2024 年 5 月第 1 版
印　　次　2024 年 7 月第 2 次印刷
定　　价　56.00 元

"新文科"经济数学系列教材

编委会

顾问：樊丽明

主编：吴　臻　蒋晓芸

编委（按姓氏笔画排列）：

序言

数学支配着宇宙，是科学之王，是人类智慧皇冠上最灿烂的明珠。随着时代的发展，科技的进步，数学在我国高等教育中占据了举足轻重的地位，尤其是在金融、经济等领域。当今时代向中国和世界各国提出了许多重大理论和现实问题，单一或某几个学科无法破解这些问题，必须要加强学科的交叉融合，而"新文科"建设中的学科交叉融合和深度融通，其中一个重要方面就是体现在金融与数学的融合上。

数学和金融，从表面上看，两者有着十分遥远的距离：数学是自然科学的基石，身居万籁寂静的象牙塔；金融则是调节和管理经济的有形之手，身处熙熙攘攘的闹市。但实际上，数学和金融有着十分密切的联系：金融工程是通过数学手段来解决金融问题的学科，其中数学扮演着至关重要的角色。在金融市场中，人们常常需要评估和度量投资组合的风险以及衍生产品的定价，对不确定市场的走势及变化的可能性做出估计，这些问题涉及大量的数据分析、风险管理和模型构建，都离不开数学的支持。在我的价值观里，数学是圣洁的，和金钱扯不上什么关系，但偏偏有一位法国学者向我指出他的"倒向随机微分方程"在金融上有很高的使用价值。好奇心的驱使还是让我忍不住一探究竟，结果我吃惊地发现，自己的成果确实能够应用于金融领域。在金融经济学中已有的一个著名模型正好就是一个倒向随机微分方程。这个公式每天都被用来计算数十亿乃至数百亿美元的风险金融资产的价格，而我的理论研究成果可以用来求解更一般和更复杂的情况下的风险金融资产价格。金融是现代经济的核心，是保障现代经济正常运转的血脉，因此，数学与经济有着相当紧密的联系。特别是，当下迅猛发展的数字经济，已经成为推动当今世界经济发展的重要引擎。以移动互联网、大数据、云计算、物联网、人工智能、区块链为代表的数字技术日新月异的发展，催生了网络零售、网上外卖、网约车、网络社交等新业态，同时也使得居民的生活与工作方式、企业的生产与管理模式、政府的治理与监管模式发生了深刻的变化，这些变化对传统的经济理论带来了挑战，数字经济领域出现的诸多新现象与新问题也亟需数学理论的支撑，并据此构建数字经济学的知识体系与理论框架。

从象牙塔走向金融界、经济界，需要理论知识的储备，而本科阶段大学数学就是最基础的必修课。我21岁那年，到临沂下乡插队，随身携带的是一套厚厚的《高等数学教程》。这是我按5分钱一本的折旧价在旧书店淘到的苏联科学家斯米尔诺夫的著名教材。白天和社员一样下地干活、挣工分，晚上，借着自制煤油灯的微弱光芒，我从《高等数学教程》一个个小字中发现和体会数学的奥妙。在我看来，数学是用来帮助人解决难题的，而不是出题难为人的，学好数学可以解决很多非常困难的问题。同时，在我眼里数学就是一个字——美，它提出的问题定义非常严格，而得出的答案和相应的证明也非常清晰。

为适应"新文科"背景下经管类大学数学教学的新需求，聚焦新时代、新文科、新经管，山东大学与高等教育出版社联合启动编写"新文科"经济数学系列教材，丛书共包括四本教材（含《微积分》《线性代数》《概率论与数理统计》《运筹学》）。丛书通过数学教师与经管专业教师密切合作，从大学数学基础知识出发，加强数学概念的经济背景阐释，并注重与后续经济及管理课程衔接，结合知识点精选来自金融、经济、管理、大数据与数字经济等领域的应用案例，以期引导学生更加深入地理解数学与金融、数字经济、现代生活之间的关联，发挥大学数学课程的关键性基础作用，特别值得称道，我相信一定会得到广大读者的喜爱。

"良师"在手，释难解惑，启迪后学。希望丛书的问世，能成为广大读者的良师益友，帮助读者掌握数学基本知识并将数学工具运用到经济管理研究和实践中，推动经济学、金融学、管理科学的发展，助力我国新文科建设。

中国科学院院士

于山东大学

2024 年 3 月

前言

2020 年 11 月，教育部在山东大学召开"新文科"建设工作会议并发布《"新文科"建设宣言》，旨在推动文科教育创新发展。在"新文科"建设的人才培养目标中，大学数学课程对学生形成抽象思维能力、空间想象能力和逻辑推理能力，培养基本科学素养和筑牢专业基础发挥着不可替代的作用。而"新文科"建设中的学科交叉融合和深度融通，其中一个重要方面就体现在与数学的融合上。

为适应"新文科"背景下经管类专业大学数学教学的新需求，推进信息技术、数字经济与课程教材深度融合，山东大学作为全国"新文科"建设工作组组长单位，与高等教育出版社联合启动了"新文科"背景下经济数学系列教材研发项目。山东大学汇集数学学院、经济学院、管理学院优势力量，深入探讨新经管创新人才培养中教材建设与课程体系及教学模式变革等内容，联合编写"新文科"经济数学系列教材（含《微积分》《线性代数》《概率论与数理统计》《运筹学》），并同步开发相关教学辅助产品。其中纸质内容适当降低理论要求，着重介绍课程的基本概念、基本思想和基本方法，适当增加经管类应用案例，并注重与经管类专业课程的衔接。视频资源以拓展纸质内容、拓宽学生视野、激发学习兴趣为目标，包括数学与金融、典型例题选讲、重要概念解析、应用案例等。依托高等教育出版社爱习题平台，每章后附有自测题，供学生自主练习。

编写组挖掘"新文科"建设对经济数学教材的实际需求，力求做到符合经管类专业大学数学课程教学基本要求，知识结构符合认知规律，同时渗透现代数学思想，加强数学概念的经济背景阐释，并注重与后续课程衔接，如：第六章增加无界区域上反常二重积分内容。每章增设导言，结合国家重大战略及科技前沿精选应用案例，引出本章要解决的实际问题，引导学生带着问题学习。结合知识点，精选来自金融、经济、管理、大数据与数字经济等领域的应用案例，引导学生更加深入地理解数学与数字经济、现代生活之间的关联，如：在第八章微分方程在经济管理中的应用部分，聚焦"全球气候变暖"以及"碳减排"问题，建立全球气候变暖污染模型，并结合微分方程知识求解，注重培养学生利用数学知识解决经济发展、社会管理相关问题的能力。教材注重挖掘蕴含数学内容的哲学思想、科学精神、时政热点、人生哲学的案例，强化价值引领。

本系列教材的《微积分》由蒋晓芸（第一——五、八章）、张海燕（第六、七章）完成。吴臻、蒋晓芸按照系列教材要求提出了编写思想，制定了整体框架并审定了全书。视频资源由吴臻、蒋晓芸、张海燕、金辉共同建设。

本书编写过程中，中国人民大学严守权教授、苏州大学严亚强教授及山东大学经济学院郭砚常副教授对教材初稿进行了仔细的审读，提出建设性意见，本书编者受益匪浅，在此向三位教授表示衷心的感谢。

本套教材作为"新文科"背景下经济数学系列教材出版，是新时代教学改革的产物，在此，我们感谢高等教育出版社、山东大学本科生院、山东大学数学学院对编写这套"新文科"经济数学系列教材给予的鼎力支持。

对于本书存在的疏漏和不妥之处，恳请各位同行和读者批评指正。

编　者

2023 年 10 月

世界因数学
而美丽多彩

数学与金融

目录

第二章
2

导数与微分 55

第三章

3

微分中值定理与导数应用 94

第五章

5

第六章

6

第八章

8

常微分方程及差分方程   346

第一章 1

函数、极限与连续

函数是数学中最重要的基本概念，也是微积分的主要研究对象. 极限概念是微积分理论的基础，也是微积分中研究问题的基本方法. 连续是函数的一个重要性态，连续性是很广泛的一类函数所具有的重要特性. 在经济管理中常用的边际分析、弹性分析、连续复利等也都以这些概念作为理论基础. 本章介绍函数、极限以及与极限概念密切相关的函数连续性等基本知识.

目前，数学与经济学、管理学等学科越来越密不可分，它们的结合是一个重要的进步，使得经济学、管理学由单纯的定性分析走向定性分析与定量分析相结合. 本章介绍的极限与连续作为微积分的基础性理论也在众多经济及生活领域得到广泛应用，如连续复利计算问题、银行存款利率问题、银行反复投资抵押贷款问题、教育投资、企业融资问题，等等. 例如，设某企业获得投资本金 S 万元，该企业将投资作为抵押品向银行贷款，得到相当于抵押品价值的贷款，然后将此贷款再进行投资，这样贷款—投资—再贷款—再投资，反复进行扩大生产，如何计算企业共计获得多少投资？这是融资问题，也是极限的一个应用. 在研究人口增长、细菌繁殖等许多实际问题中都会用到极限，因此极限有很重要的实际意义.

§1.1 函数

一、区间与邻域

区间是一类常用的集合. 设 a 和 b 都是实数, 且 $a < b$, 则称实数集 $\{x \mid a < x < b\}$ 为**开区间**, 记作 (a, b), 即

$$(a, b) = \{x \mid a < x < b\}.$$

类似地, 闭区间和半开半闭区间的定义和记号如下:

闭区间 $[a, b] = \{x \mid a \leqslant x \leqslant b\}$;

半开半闭区间 $[a, b) = \{x \mid a \leqslant x < b\}$ 或 $(a, b] = \{x \mid a < x \leqslant b\}$.

以上这些区间都称为**有限区间**, a 和 b 称为**区间的端点**, 数 $b - a$ 称为**区间的长度**. 在数轴上, 这些区间都可以用长度有限的线段来表示.

还有一类区间称为**无限区间**, 它们的定义和记号如下:

$$[a, +\infty) = \{x \mid x \geqslant a\}, \quad (a, +\infty) = \{x \mid x > a\},$$
$$(-\infty, b] = \{x \mid x \leqslant b\}, \quad (-\infty, b) = \{x \mid x < b\},$$
$$(-\infty, +\infty) = \{x \mid -\infty < x < +\infty\}.$$

在今后的讨论中, 有时需要考虑由某点 x_0 附近的所有点构成的集合. 为此, 需引入邻域的概念.

定义 1 对给定的数 x_0 及任意的正数 δ, 称集合 $\{x \mid |x - x_0| < \delta\}$ 为点 x_0 的邻域, 记作 $U(x_0, \delta)$, 其中 x_0 为该邻域的中心, δ 为该邻域的半径.

点 x_0 的邻域去掉中心 x_0 后的集合 $\{x \mid 0 < |x - x_0| < \delta\}$ 称为点 x_0 的去心邻域 (或空心邻域), 记作 $\overset{\circ}{U}(x_0, \delta)$. 这里 $0 < |x - x_0|$ 表示 $x \neq x_0$.

称开区间 $(x_0 - \delta, x_0)$ 为点 x_0 的左邻域, $(x_0, x_0 + \delta)$ 为点 x_0 的右邻域.

点 x_0 的邻域如图 1.1(a) 所示, 点 x_0 的空心邻域如图 1.1(b) 所示.

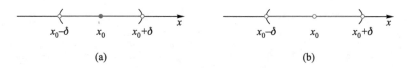

图 1.1

二、函数的概念及特性

1. 函数的概念

函数是描述变量间相互依赖关系的一种数学模型. 函数概念的产生源于笛卡儿坐标系下的变数, 正如恩格斯所说 "数学中的转折点是笛卡儿的变数, 有了变数, 运动进入了数学, 有了变数, 辩证法进入了数学, 有了变数, 微分学和积分学也就立刻成为必要的了."

在某一自然现象、经济现象或社会现象中, 往往同时存在多个不断变化的量, 即**变量**, 这些变量并不是孤立变化的, 而是相互联系并遵循一定的规律. 如某品牌电视机的销售量与单价会随着市场的波动而变化, 当单价降低时, 销量一般会上升. 销量和单价之间不是彼此孤立的, 函数就是描述这种联系的一个法则. 本节先讨论两个变量的情形 (多于两个变量的情形将在第六章中讨论).

例如, 伽利略研究抛体运动及自由落体运动时得到了函数

$$s = \frac{1}{2}gt^2,$$

这里物体下落的时间为 t, 假定开始下落的时刻为 $t = 0$, 落下的距离为 s, g 是重力加速度.

定义 2 设 x 和 y 是两个变量, D 是一个给定的非空数集. 如果对于每个数 $x \in D$, 按照一定法则 f, 总有确定的数值 y 与变量 x 对应, 则称 y 是 x 的函数, 记作

$$y = f(x), \quad x \in D,$$

其中, x 称为自变量, y 称为因变量, 数集 D 称为这个函数的定义域.

对 $x_0 \in D$, 按照对应法则 f, 总有确定的值 y_0 (记为 $f(x_0)$) 与之对应, 称 $f(x_0)$ 为函数在点 x_0 处的函数值. 因变量与自变量的这种相依关系通常称为函数关系.

当自变量 x 遍取 D 的所有数值时, **对应的函数值 $f(x)$ 的全体构成的集合称为函数 f 的值域**, 记为 Z_f, 即

$$Z_f = \{y \mid y = f(x), x \in D\}.$$

在实际问题中, 函数的定义域是由这个问题的实际意义确定的. 如圆的面积是半径 r 的函数 $S = \pi r^2$, 其定义域 $D = (0, +\infty)$.

例 1 求函数 $y = \dfrac{1}{x} - \sqrt{1 - x^2}$ 的定义域.

解 要使函数有意义必须满足

$$x \neq 0 \quad \text{且} \quad 1 - x^2 \geqslant 0,$$

解不等式得 $x \neq 0$ 且 $|x| \leqslant 1$, 即定义域为 $[-1, 0) \cup (0, 1]$.

在函数的定义中, 并不要求在整个定义域上只能用一个表达式来表示对应法则. 若函数的对应法则由两个或两个以上的解析表达式表示, 这种函数称为分段函数. 在日常生活中经常会遇到分段函数.

例 2(带奖金的工资明细) 假设销售员得到一份根据合同确定的工资, 此合同规定了工资额和销售员业绩之间的关系. 合同规定销售员的月工资由三部分构成: (1) 基本工资 3 000 元; (2) 月销售业绩 10% 的提成; (3) 如果月销售业绩超过 20 000 元, 那么还可得到一次性奖励 500 元. 试写出其月工资和业绩之间的函数关系.

解 令 S 代表每月销售业绩, P 代表销售员每月工资, 下述函数描述了其工资和业绩之间的关系:

$$P = \begin{cases} 3\ 000 + 0.1S, & S < 20\ 000, \\ 3\ 500 + 0.1S, & S \geqslant 20\ 000. \end{cases}$$

此式是用分段函数表示的工资和业绩之间的函数关系.

例 3 设函数

$$f(x) = \operatorname{sgn} x = \begin{cases} 1, & x > 0, \\ 0, & x = 0, \\ -1, & x < 0, \end{cases}$$

求 $f(2), f(0), f(-3)$.

解 此函数定义域 $D = (-\infty, +\infty)$, 值域 $Z_f = \{-1, 0, 1\}$, 因为

$$2 \in (0, +\infty), \quad 0 \in \{0\}, \quad -3 \in (-\infty, 0),$$

所以 $f(2) = 1, f(0) = 0, f(-3) = -1$.

例 3 给出的函数称为**符号函数**, 它的图形如图 1.2 所示. 对于任意的 $x \in (-\infty, +\infty)$, 下列关系成立:

$$x = |x|\operatorname{sgn} x, \quad |x| = x\operatorname{sgn} x.$$

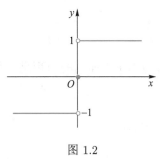

图 1.2

本书中出现的函数, 在定义域内对于一个确定的 x 有唯一确定的 y 与之对应, 此类函数称为**单值函数**. 在以后的学习中, 读者可能还会接触到**多值函数**, 即对于定义域内的某些 x, 有多于一个的 y 与之对应. 读者暂时不必深究.

2. 函数的特性

研究函数的目的是为了了解它所具有的性质, 以便掌握它的变化规律. 下面列出函数的几个简单的特性.

(1) 奇偶性

设函数 $y = f(x)$ 在关于原点对称的数集 D 上有定义，如果对于任意的 $x \in D$ 有

$$f(-x) = f(x)$$

恒成立，则称 $f(x)$ 为**偶函数**；如果对于任意的 $x \in D$ 有

$$f(-x) = -f(x)$$

恒成立，则称 $f(x)$ 为**奇函数**.

例如，函数 $y = x^3, y = \sin x$ 是奇函数；$y = x^2, y = \cos x$ 是偶函数，而 $y = x^3 + x^2$ 是一个非奇非偶函数. 不难看出，偶函数的图形是关于 y 轴对称的，奇函数的图形是关于原点对称的.

(2) 单调性

设函数 $y = f(x)$ 在实数集 D 上有定义，如果对于任意的两点 $x_1, x_2 \in D$，当 $x_1 < x_2$ 时，恒有

$$f(x_1) < f(x_2) \quad (f(x_1) > f(x_2)),$$

则称 $f(x)$ 在区间 D 上是**严格单调增加 (减少)** 的. 又若当 $x_1 < x_2$ 时，恒有

$$f(x_1) \leqslant f(x_2) \quad (f(x_1) \geqslant f(x_2)),$$

则称 $f(x)$ 在 D 上是**单调增加 (减少)** 的.

单调增加函数和单调减少函数统称为**单调函数**，简称单增 (减) 函数.

例如，函数 $y = x^2$ 在区间 $(-\infty, 0]$ 上是单调减少的，在区间 $[0, +\infty)$ 上是单调增加的，在区间 $(-\infty, +\infty)$ 内不是单调的.

(3) 有界性

设函数 $y = f(x)$ 在实数集 D 上有定义，如果对于任意的 $x \in D$，若存在常数 $M > 0$，恒有 $|f(x)| \leqslant M$，则称 $f(x)$ 在 D 上是**有界的**；否则称 $f(x)$ 在 D 上是**无界的**.

例如，$y = \sin x$ 在 $(-\infty, +\infty)$ 上是有界的；$y = \dfrac{1}{x}$ 在 $(0,1]$ 上是无界的，但在 $[1, +\infty)$ 上是有界的. 有界函数的界 M 不是唯一的. 对于 $y = \cos x$，不仅 1 是它的界，而且任何大于 1 的数都可取作定义中的 M. 有界函数的图形总是位于平行于 x 轴的直线 $y = M$ 与 $y = -M$ 之间.

(4) 周期性

设函数 $y = f(x)$ 在实数集 D 上有定义，如果存在一个非零常数 T，使得对任一 $x \in D$，有 $x + T \in D$，且

$$f(x + T) = f(x)$$

恒成立, 则称 $f(x)$ 是**周期函数**, T 为其**周期**. 我们通常所说的周期函数的周期是指**最小正周期**.

例如, 函数 $y = \sin x, y = \sin \pi x$ 都是周期函数, 它们的周期分别是 2π 和 2. 周期为 T 的周期函数, 在其定义域内每两个长度为 T 的相邻区间上, 函数图形有相同的形状.

三、反函数及复合函数

1. 反函数

设某种商品销售总收益为 y, 销售量为 x, 已知该商品的单价为 a, 对每一个给定的销售量 x, 可以通过规则 $y = ax$ 确定销售总收益 y, 这种由销售量确定销售总收益的关系称为销售总收益是销售量的函数. 反过来, 对每一个给定的销售总收益 y, 则可以由规则 $x = \dfrac{y}{a}$ 确定销售量 x, 这种由销售总收益确定销售量的关系称为销售量是销售总收益的函数. 我们称后一函数 $\left(x = \dfrac{y}{a}\right)$ 是前一函数 $(y = ax)$ 的反函数, 或者称它们互为反函数.

定义 3 给定函数 $y = f(x)$, 定义域为 D, 值域为 Z_f, 如果对于 Z_f 中任意一值 $y = y_0$, 必定在 D 中有唯一的 x_0, 使 $f(x_0) = y_0$, 这个定义在 Z_f 上的函数 $x = f^{-1}(y)$ 称为 $y = f(x)$ 的**反函数**, 或称它们互为反函数.

单调函数的反函数必存在.

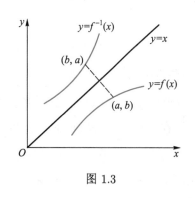

图 1.3

例如, 函数 $y = \sin x$ 在它的整个定义域 $\mathbf{R}$ 上并不存在反函数, 但如果将它的定义域限制在区间 $I = \left[-\dfrac{\pi}{2}, \dfrac{\pi}{2}\right]$ 上, 由于正弦函数在该区间上单调增加, 因此正弦函数限制在该区间上存在反函数, 称为反正弦函数, 记为 $y = \arcsin x$, 其定义域为 $[-1, 1]$, 值域为 $\left[-\dfrac{\pi}{2}, \dfrac{\pi}{2}\right]$.

相对于反函数 $y = f^{-1}(x)$, 原来的函数 $y = f(x)$ 常称为直接函数, 容易知道: 直接函数 $y = f(x)$ 与它的反函数 $y = f^{-1}(x)$ 的图形在同一坐标平面上是关于直线 $y = x$ 对称的 (图 1.3).

2. 复合函数

再看一个实例, 某设备生产厂家, 一条生产线每天生产 Q 单位产品的总成本为 $C(Q) = Q^2 + Q + 600(元)$, 而在每一个正常的工作日内, 一条生产线 t h 可以生产 $Q(t) = 25t$ 单位产品. 这里, 总成本 C 随着产量 Q 的增加而增加, 是 Q 的函数; 产量 Q 随着时间 t 的增加而增加, 是 t 的函数. 我们将 $Q = Q(t) = 25t$ 代入总成本 $C(Q)$ 的表达式, 得到

$$C[Q(t)] = (25t)^2 + 25t + 600,$$

因此, 作为产量 Q 的函数的总成本 C 也是时间 t 的函数. 这样的过程称为函数的复合.

定义 4 设函数 $y = f(u)$ 的定义域为 D_f, 而函数 $u = \varphi(x)$ 的值域为 Z_φ, 若 $D_f \cap Z_\varphi \neq \varnothing$, 则称函数 $y = f[\varphi(x)]$ 为 x 的复合函数. 其中, x 称为自变量, y 称为因变量, u 称为中间变量.

注 (1) 并非任何两个函数都可以复合成一个复合函数. 例如, $y = \arcsin u, u = 2 + x^2$. 因前者定义域为 $[-1, 1]$, 而后者 $u = 2 + x^2 \geqslant 2$, 故这两个函数不能复合成复合函数.

(2) 复合函数可以推广到多个函数复合的情况.

例 4 设 $y = f(u) = \sin u, u = \varphi(x) = x^2 + 1$, 求 $f[\varphi(x)]$.

解 $f[\varphi(x)] = \sin[\varphi(x)] = \sin(x^2 + 1)$.

四、基本初等函数及初等函数

我们经常研究的一些函数都是由几种最简单的函数构成的, 这些最简单的函数称为基本初等函数, 有以下 6 种:

1. 常数函数

$y = C, C$ 是常数, 定义域是 $(-\infty, +\infty)$.

2. 幂函数

$y = x^\mu(\mu$ 是常数$)$(图 1.4).

当 $\mu > 0$ 时, $y = x^\mu$ 在 $[0, +\infty)$ 内是单增函数;

当 $\mu < 0$ 时, $y = x^\mu$ 在 $(0, +\infty)$ 内是单减函数.

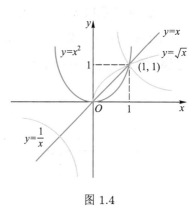

图 1.4

3. 指数函数

$y = a^x(a > 0, a \neq 1)$(图 1.5), 定义域为 $(-\infty, +\infty)$, 值域为 $(0, +\infty)$.

当 $a > 1$ 时, $y = a^x$ 在 $(-\infty, +\infty)$ 内是单增函数;

当 $0 < a < 1$ 时, $y = a^x$ 在 $(-\infty, +\infty)$ 内是单减函数.

4. 对数函数

$y = \log_a x (a > 0, a \neq 1)$(图 1.6)，定义域为 $(0, +\infty)$，值域为 $(-\infty, +\infty)$.

当 $a > 1$ 时，$y = \log_a x$ 在 $(0, +\infty)$ 内是单增函数;

当 $0 < a < 1$ 时，$y = \log_a x$ 在 $(0, +\infty)$ 内是单减函数.

特别地，取 $a = e$，则 $y = \log_e x = \ln x$ 称为自然对数函数.

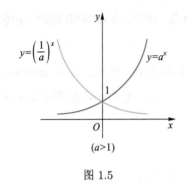

图 1.5

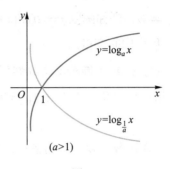

图 1.6

5. 三角函数

(1) 正弦函数 $y = \sin x$(图 1.7)，定义域为 $(-\infty, +\infty)$，值域为 $[-1, 1]$. $y = \sin x$ 在 $\left[2k\pi - \frac{\pi}{2}, 2k\pi + \frac{\pi}{2}\right] (k \in \mathbf{Z})$ 上是单增函数，在 $\left[2k\pi + \frac{\pi}{2}, 2k\pi + \frac{3\pi}{2}\right] (k \in \mathbf{Z})$ 上是单减函数. 它是奇函数，最小正周期是 2π.

(2) 余弦函数 $y = \cos x$(图 1.8)，定义域为 $(-\infty, +\infty)$，值域为 $[-1, 1]$. $y = \cos x$ 在 $[2k\pi, 2k\pi + \pi] (k \in \mathbf{Z})$ 上是单减函数，在 $[2k\pi + \pi, 2k\pi + 2\pi] (k \in \mathbf{Z})$ 上是单增函数. 它是偶函数，最小正周期是 2π.

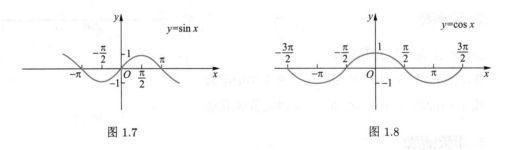

图 1.7   图 1.8

(3) 正切函数 $y = \tan x$(图 1.9)，定义域是 $\left\{x \mid x \neq k\pi + \frac{\pi}{2}, k \in \mathbf{Z}\right\}$，值域是 $(-\infty, +\infty)$. $y = \tan x$ 在 $\left(k\pi - \frac{\pi}{2}, k\pi + \frac{\pi}{2}\right) (k \in \mathbf{Z})$ 内是单增函数. 它是奇函数，最小正周期是 π.

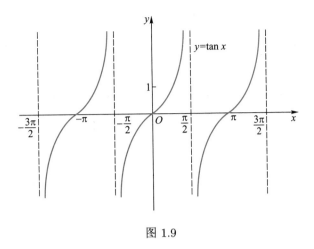

图 1.9

(4) 余切函数 $y = \cot x$（图 1.10），定义域是 $\{x \mid x \neq k\pi, k \in \mathbf{Z}\}$，值域是 $(-\infty, +\infty)$. $y = \cot x$ 在 $(k\pi, k\pi + \pi)\,(k \in \mathbf{Z})$ 内是单减函数. 它是奇函数，最小正周期是 π.

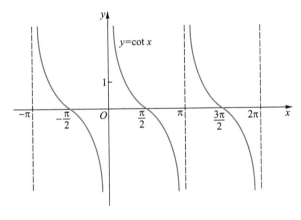

图 1.10

(5) 正割函数 $y = \sec x = \dfrac{1}{\cos x}$（图 1.11），定义域为 $\left\{x \mid x \neq k\pi + \dfrac{\pi}{2}, k \in \mathbf{Z}\right\}$，值域为 $\{y \mid |y| \geqslant 1\}$. 它是偶函数，最小正周期为 2π. 正割函数与正切函数有如下关系：

$$1 + \tan^2 x = \sec^2 x.$$

(6) 余割函数 $y = \csc x = \dfrac{1}{\sin x}$（图 1.12），定义域为 $\{x \mid x \neq k\pi, k \in \mathbf{Z}\}$，值域为 $\{y \mid |y| \geqslant 1\}$. 它是奇函数，最小正周期为 2π. 余割函数与余切函数有如下关系：

$$1 + \cot^2 x = \csc^2 x.$$

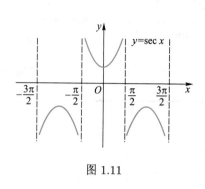

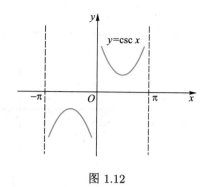

图 1.11　　　　　　　　　　　　　　　　图 1.12

6. 反三角函数

(1) 反正弦函数　由于正弦函数 $y = \sin x$ 是周期函数，x 与 y 之间不具有一一对应关系. 如果选定区间 $\left[-\dfrac{\pi}{2}, \dfrac{\pi}{2}\right]$ 就满足反函数存在的条件，这个区间称为主值区间. 在此区间上正弦函数的反函数为**反正弦函数** $y = \arcsin x$ (图 1.13)，定义域为 $[-1, 1]$，值域为 $\left[-\dfrac{\pi}{2}, \dfrac{\pi}{2}\right]$. 反正弦函数在 $[-1, 1]$ 上单调递增.

(2) 反余弦函数　余弦函数 $y = \cos x$ 的主值区间为 $[0, \pi]$，在此区间上的反函数为**反余弦函数** $y = \arccos x$ (图 1.14)，定义域为 $[-1, 1]$，值域为 $[0, \pi]$. 反余弦函数在 $[-1, 1]$ 上单调递减.

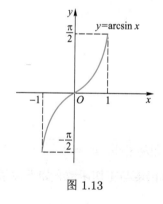

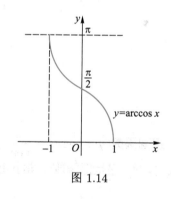

图 1.13　　　　　　　　　　　　　　　　图 1.14

(3) 反正切函数　正切函数 $y = \tan x$ 的主值区间为 $\left(-\dfrac{\pi}{2}, \dfrac{\pi}{2}\right)$，在此区间上的反函数为**反正切函数** $y = \arctan x$ (图 1.15)，定义域为 $(-\infty, +\infty)$，值域为 $\left(-\dfrac{\pi}{2}, \dfrac{\pi}{2}\right)$. 反正切函数在区间 $(-\infty, +\infty)$ 内是单调递增函数.

(4) 反余切函数　余切函数 $y = \cot x$ 的主值区间为 $(0, \pi)$，在此区间上的反函数为**反余切函数** $y = \text{arccot}\, x$(图 1.16)，定义域为 $(-\infty, +\infty)$，值域为 $(0, \pi)$. 反余切函数在区间 $(-\infty, +\infty)$ 内是单调递减函数.

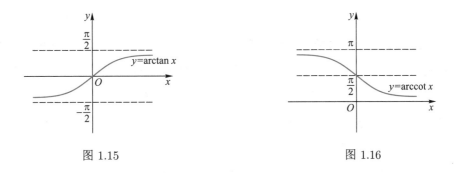

| 图 1.15 | 图 1.16 |

基本初等函数经过有限次加、减、乘、除四则运算和有限次函数的复合运算所得到的可用一个解析表达式表示的函数，称为**初等函数**.

分段函数一般都是非初等函数，如本节例 3 符号函数 $y = \operatorname{sgn} x$ 就不是初等函数. 但有些分段函数也是初等函数，例如，

$$f(x) = \begin{cases} x, & x \geqslant 0, \\ -x, & x < 0, \end{cases}$$

可以表示为 $y = \sqrt{x^2}$，即用一个解析表达式表示，满足初等函数定义，所以是初等函数.

思考题 1–1 函数 $y = x^x$ 是初等函数吗？

五、几个经济学中常用函数

1. 需求函数

一种商品的市场需求量 Q_d 与该商品的价格 P 密切相关，降价使需求量增加，涨价使需求量减少. 如果价格是决定需求量的最主要因素，可以认为需求量 Q_d 是价格 P 的函数，记作

$$Q_d = f_d(P),$$

则 $f_d(P)$ 称为**需求函数**.

一般地，需求量随价格上涨而减少，因此通常需求函数是价格的**递减函数**. 需求函数的反函数 $P = f_d^{-1}(Q)$ 称为**价格函数**. 习惯上将价格函数也称为需求函数.

2. 供给函数

一种商品的市场供给量 Q_s 也受商品价格 P 的影响，价格上涨将刺激生产者向市场提供更多的商品，使供给量增加；反之，价格下跌将使供给量减少. 供给量与价格之间的

关系为 $Q_s = f_s(P)$，称为**供给函数**. 供给函数为价格 P 的单调增加函数.

使一种商品的市场需求量与供给量相等的价格 $P_0(Q_d = Q_s)$ **称为均衡价格**，这一点所对应的需求量或供给量就叫做均衡需求量或均衡供给量 Q_0. 当市场价格 P 高于均衡价格 P_0 时，产生了"供大于求"的现象，从而使市场价格下降；当市场价格 P 低于均衡价格 P_0 时，这时会产生"供不应求"的现象，从而使市场价格上升. 市场价格的调节就是这样实现的.

应该指出，市场的均衡是暂时的，当条件发生变化时，原有的均衡状态就被破坏，从而需要在新的条件下建立新的均衡.

例 5 已知某药材的收购价为每千克 8 元，每月能收购 5 000 kg. 若收购价每千克提高 0.5 元，则收购量可增加 500 kg，求该药材的线性供给函数.

解 设商品的线性供给函数为 $Q_s = -b + aP$，其中 Q_s 为收购量，P 为收购价格. 由题意有

$$\begin{cases} 5\ 000 = -b + 8a, \\ 5\ 500 = -b + 8.5a, \end{cases}$$

解得 $a = 1\ 000$，$b = 3\ 000$，从而所求供给函数为

$$Q_s = -3\ 000 + 1\ 000P.$$

例 6 已知某商品的需求函数和供给函数分别为

$$Q_d = 14 - 2P, \quad Q_s = -10 + 4P,$$

求该商品的均衡价格 P_0.

解 由供需均衡条件 $Q_d = Q_s$，有

$$14 - 2P = -10 + 4P,$$

由此得均衡价格为 $P_0 = 4$. 故市场均衡数量为 $Q_0 = 14 - 2 \times 4 = 6$.

3. 成本函数

产品成本是以货币形式表现的企业生产和销售产品的全部费用支出，**成本函数**表示费用总额与产量 (或销售量) 之间的依赖关系. **总成本**是指生产一定数量的产品所需的全部经济资源投入 (人力、原料、设备等) 的价格或费用总额，它包括两部分: 固定成本和可变成本.

若总成本为 C，固定成本为 C_0，可变成本为 C_1，产量为 x，则 C 与 x 之间的函数关系可表示为 $C = C(x)$ 或 $C = C_0 + C_1(x)$. 其中，$C_0 \geqslant 0$ 是固定成本，$C_1(x)$ 是可变成本. 总成本函数是单调增加函数.

平均成本是生产一定量产品时单位产品的成本，即

$$\overline{C} = \frac{C(x)}{x} = \frac{C_0 + C_1(x)}{x} \quad (\overline{C} \text{ 为平均成本}).$$

4. 收益函数

总收益是指生产者出售一定数量产品所得到的全部收入：

$$\text{总收益} = \text{单位产品平均售价} \times \text{销售量}.$$

若总收益为 R，销售量为 x，则 R 与 x 的函数关系可表示为

$$R = R(x) = xP \quad (P \text{ 为产品的平均售价}).$$

平均收益是指生产者出售一定的商品量时，每单位商品所得到的平均收入，即平均每单位商品的售价，表示为

$$\overline{R} = \frac{R(x)}{x}.$$

5. 利润函数

总利润函数为总收益函数与总成本函数之差.

若总利润为 L，则 $L = L(x) = R(x) - C(x)$，其中 $R(x)$ 和 $C(x)$ 分别为总收益与总成本，显然 $R(x) > C(x)$ 为盈利，$C(x) > R(x)$ 为亏损，$C(x) = R(x)$ 时生产处于**盈亏平衡**状态.

平均利润是指每单位商品所得到的利润，即

$$\overline{L} = \frac{L(x)}{x} = \frac{R(x) - C(x)}{x} = \overline{R} - \overline{C}.$$

例 7 某工厂生产某种电子产品，每天最多生产 200 件. 每天的固定成本为 160 元，生产一件产品的可变成本为 8 元. 如果每件产品的售价为 10 元，并且生产的产品可全部售出，求该厂每天的总成本函数及总利润函数，并计算每天的产量定为多少时工厂才不会亏损.

解 设日总成本为 C，日总收益为 R，日总利润为 L，日产量为 x. 每天的总成本函数为固定成本与可变成本之和，根据题意，每天的总成本函数为

$$C = C(x) = 160 + 8x, \quad 0 \leqslant x \leqslant 200;$$

每天的总收入函数为

$$R = R(x) = 10x, \quad 0 \leqslant x \leqslant 200;$$

每天的总利润函数为

$$L = L(x) = R(x) - C(x) = 10x - (160 + 8x)$$

$$= 2x - 160, \quad 0 \leqslant x \leqslant 200.$$

盈亏转折点满足 $L(x) = R(x) - C(x) = 0$, 即

$$L = 2x - 160 = 0,$$

解得 $x = 80$(件). 故每天的产量至少为 80 件时, 工厂才不会亏损.

例 8 某企业生产某种产品, 其固定成本为 1 000 元, 单位产品的变动成本为 18 元, 市场需求函数为 $Q = 90 - P$, P 为价格, 求总利润函数.

解 设 Q 为产量, 由题意可知 $C_0 = 1\,000$, $C_1(Q) = 18Q$, 所以总成本函数为

$$C(Q) = 1\,000 + 18Q.$$

由需求函数 $Q = 90 - P$ 可得 $P = 90 - Q$, 于是总收益函数为

$$R(Q) = Q \cdot P = Q(90 - Q) = 90Q - Q^2.$$

因此, 总利润函数为

$$L(Q) = R(Q) - C(Q) = 90Q - Q^2 - (1\,000 + 18Q) = -Q^2 + 72Q - 1\,000.$$

如果要将总利润函数表示为价格 P 的函数 $R(P)$, 只需将 $Q = 90 - P$ 代入上式.

六、极坐标

1. 极坐标系

在平面内任取一定点 O, 过点 O 引射线 Ox, 再规定一个长度单位及角度的正方向

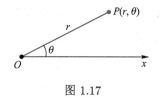

图 1.17

(通常取逆时针方向), 这样就确定了一个极坐标系, 其中定点 O 叫做**极点**, 射线 Ox 叫做**极轴**.

在极坐标系下, 平面上任一点 P 的位置可以用线段 OP 的长度 r 及从 Ox 到 OP 的角度 θ 来确定. 有序实数对 (r, θ) 就称为点 P 的**极坐标**, 记为 $P(r, \theta)$, 其中 r 叫做**极径**, θ 叫做**极角**, 如图 1.17 所示. 极点 O 的极径为 0, 极角可取任何值.

对于给定的极坐标 (r,θ), 平面上有唯一的点与之对应; 但对于平面上的点 $P(r,\theta)$, $(r,\theta+2n\pi)$ 和 $(-r,\theta+(2n+1)\pi)(n\in\mathbf{Z})$ 都可以作为它的极坐标, 如图 1.18 所示. 因此, 平面上的点与有序实数对 (r,θ) 之间一般没有一一对应的关系.

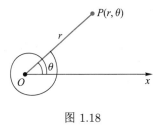

图 1.18

但若规定 $r\geqslant0$, $0\leqslant\theta<2\pi$, 则除极点 O 外, 平面上的点与极坐标之间就一一对应了. 在通常情况下, 我们规定: $r\geqslant0$, 而极角可以取任意实数.

2. 极坐标方程

曲线上点的极坐标 (r,θ) 中, r 与 θ 之间的关系可以用式子 $F(r,\theta)=0$ 来表示, 曲线的极坐标方程可表示为 $r=r(\theta)$.

以极点 O 为圆心、a 为半径的圆的极坐标方程为 $r=a$, 如图 1.19 所示; 以点 $(a,0)$ 为圆心、a 为半径的圆的极坐标方程为 $r=2a\cos\theta$, 如图 1.20 所示; 过极点 O, 且与极轴的夹角为 $\dfrac{\pi}{3}$ 的直线方程为 $\theta=\dfrac{\pi}{3}$, 如图 1.21 所示.

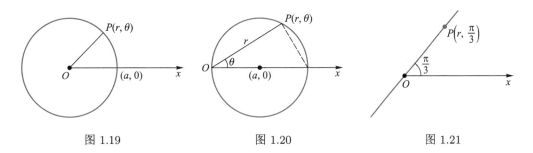

图 1.19   图 1.20   图 1.21

从点 O 出发的射线 l 绕点 O 做等角速度 ω 转动, 同时点 M 在 l 上做匀速直线运动, 速度为 v. 点 M 运动 (两种运动的合成) 的轨迹称为等速螺线 (阿基米德螺线). 若点 M 的起点离点 O 的距离为 r_0, 则等速螺线的极坐标方程为 $r=r_0+a\theta$, 如图 1.22 所示.

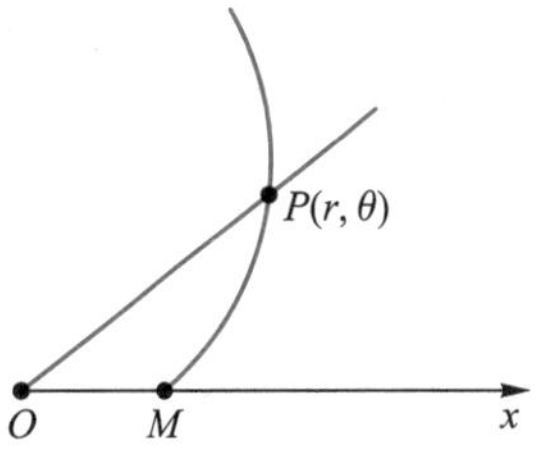

事实上, 设点 M 经过时间 t 后运动到 $P(r,\theta)$, 则

$$\theta=\omega t,\quad r=r_0+vt.$$

令 $a=\dfrac{v}{\omega}$, 则

$$r=r_0+\frac{v}{\omega}\theta=r_0+a\theta.$$

图 1.22

特别地，当 $r_0 = 0$ 时，等速螺线的极坐标方程为 $r = a\theta$.

3. 极坐标与直角坐标的关系

如图 1.23 所示，

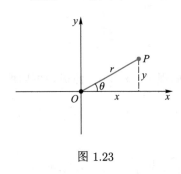

图 1.23

$$\begin{cases} x = r\cos\theta, \\ y = r\sin\theta, \end{cases} \quad \begin{cases} r^2 = x^2 + y^2, \\ \tan\theta = \dfrac{y}{x}(x \neq 0). \end{cases}$$

例如，以极点 O 为圆心、a 为半径的圆的极坐标方程为 $r = a$，直角坐标方程为 $x^2 + y^2 = a^2$；以点 $(a,0)$ 为圆心、a 为半径的圆的极坐标方程为 $r = 2a\cos\theta$，由 $r^2 = 2a \cdot r\cos\theta$，得直角坐标方程为 $x^2 + y^2 = 2ax$.

习题 1.1

1. 求下列函数的定义域：

(1) $y = \dfrac{1}{x} - \sqrt{1 - x^2}$;

(2) $y = \dfrac{\sqrt{1 + x}}{\ln(2 - x)}$;

(3) $y = \arcsin\dfrac{x - 1}{2} + \dfrac{1}{\sqrt{x^2 - x - 2}}$;

(4) $y = \begin{cases} x^2, & -2 < x < 0, \\ 2^x, & 0 \leqslant x \leqslant 8. \end{cases}$

2. 下列函数中哪些是偶函数，哪些是奇函数，哪些是非奇非偶函数？

(1) $y = x^2 \sin x$;

(2) $y = x^2 + \sin x$;

(3) $y = x(x - 1)(x + 1)$;

(4) $y = \dfrac{a^x + a^{-x}}{2}$;

(5) $y = \ln\dfrac{x + 1}{x - 1}$;

(6) $y = |x + 1|$.

3. 下列函数是不是周期函数，若是周期函数指出其最小正周期：

(1) $y = \sin^2 x$;

(2) $y = |\cos x|$.

4. 指出下列函数在指定区间上的单调性.

(1) $y = |x + 1|, x \in [-5, -1]$;

(2) $y = a^x(a > 0, a \neq 1), x \in (-\infty, +\infty)$.

5. 设 $\varphi(x) = \begin{cases} |\sin x|, & |x| < \dfrac{\pi}{3}, \\ 0, & |x| \geqslant \dfrac{\pi}{3}, \end{cases}$ 求 $\varphi\left(\dfrac{\pi}{6}\right), \varphi\left(\dfrac{\pi}{4}\right), \varphi\left(-\dfrac{\pi}{4}\right), \varphi(-2)$.

6. 设 $y = f(u) = \arctan u, u = \varphi(t) = \dfrac{1}{\sqrt{t}}, t = \psi(x) = x^2 - 1$, 求 $f\{\varphi[\psi(x)]\}$.

7. 求下列函数的反函数:

(1) $y = \sqrt{9 - x}$;

(2) $y = \dfrac{2^x}{2^x + 1}$.

8. 指出下列函数是由哪些函数复合而成的:

(1) $y = 5^{\tan \sqrt{x}}$;

(2) $y = \ln \sin x$;

(3) $y = \cos^2 \ln x$;

(4) $y = \arcsin \mathrm{e}^{\frac{1}{x}}$.

9. 某造纸厂日产量最多为 $m\,\mathrm{t}$, 已知固定成本为 a 元, 每多生产 $1\,\mathrm{t}$ 纸, 成本增加 k 元. 若每吨纸的售价为 P 元, 试写出利润与产量的函数关系式.

10. 某种商品的供给函数和需求函数分别为

$$Q_s = 25P - 10, \quad Q_d = 200 - 5P,$$

求该商品的市场均衡价格和市场均衡数量, 在同一坐标系中画出供给曲线与需求曲线.

§1.2 极限

极限的概念是微积分学的理论基础, 它是在探求某些实际问题的精确解答的过程中产生的, 导数、积分等概念都是基于这一概念得来的. 极限概念、极限方法 (逼近法) 及极限的计算将贯穿于全部微积分学中.

一、数列的极限

1. 数列极限的概念

引例 如何理解 "一尺之棰, 日取其半, 万世不竭" 的意义?

这是战国时期哲学家庄周所著的《庄子·天下篇》中的一句话, 意思是 "一根长为一尺的棒, 每天截取一半, 这样的过程可以无限地进行下去".

其实, 每天截后剩下的长度为 (单位为尺, 1 尺可取为 $\dfrac{1}{3}\mathrm{m}$):

刘徽割圆术极限思维方法

第 1 天剩下 $\dfrac{1}{2}$;

第 2 天剩下 $\dfrac{1}{2^2} = \dfrac{1}{4}$;

第 3 天剩下 $\dfrac{1}{2^3} = \dfrac{1}{8}$;

......

第 n 天剩下 $\dfrac{1}{2^n}$;

$$\cdots\cdots$$

这样就得到一列数

$$\frac{1}{2}, \frac{1}{2^2}, \frac{1}{2^3}, \frac{1}{2^4}, \frac{1}{2^5}, \cdots, \frac{1}{2^n}, \cdots. \tag{1.1}$$

随着时间的推移，剩下的棒的长度越来越短；当天数 n 无限增大时，剩下的棒的长度将无限缩短，即其长度 $\frac{1}{2^n}$ 越来越接近数 0，但永远不等于 0，这就是 "万世不竭" 的意思.

按照一定顺序排列的无穷多个数

$$x_1, x_2, \cdots, x_n, \cdots$$

称为**数列**，记作 $\{x_n\}$. 其中 x_1 称为数列的首项，x_n 称为数列的**第 n 项**或**通项**，n 称为项 x_n 的**序号**.

例如，(1.1) 式就是数列，再如

例 1 $0.9, 0.99, 0.999, \cdots, 0.99\cdots9, \cdots.$

例 2 $1, -\frac{1}{2}, \frac{1}{3}, -\frac{1}{4}, \cdots, (-1)^{n+1}\frac{1}{n}, \cdots.$

例 3 $1, 0, \frac{1}{2}, 0, \cdots, \frac{1}{n}, 0, \cdots.$

例 1—例 3 都是数列.

我们特别关注当序号 n 无限增大 (用符号 $n \to \infty$ 表示) 时，数列 $\{x_n\}$ 的变化趋势. 容易看出，例 1 中的数列当 $n \to \infty$ 时，x_n 无限趋于常数 1 (用符号 $x_n \to 1$ 表示)：虽然 x_n 永远不等于 1，但 x_n 与常数 1 的差的绝对值可以无限接近 0. 如何用数学语言刻画数列的通项 "无限接近" 某个常数？为了从数学上描述上述例子中数列所具有的共性，下面给出数列极限的精确定义.

定义 1   设 $\{x_n\}$ 是一个数列，a 是一个常数，如果对于任意给定的正数 ε，总可以找到正整数 N，使得当 $n > N$ 时，恒有

$$|x_n - a| < \varepsilon \tag{1.2}$$

成立，则称数列 $\{x_n\}$ 当 $n \to \infty$ 时以 a 为极限，或说数列 $\{x_n\}$ 收敛于 a，并且记为

$$\lim_{n \to \infty} x_n = a \quad \text{或} \quad x_n \to a \, (n \to \infty).$$

如果数列 $\{x_n\}$ 没有极限，则称数列 $\{x_n\}$ 发散.

定义 1 亦可简写成：

如果 $\forall \varepsilon > 0, \exists$ 正整数 N_ε，当 $n > N_\varepsilon$ 时，恒有

$$|x_n - a| < \varepsilon,$$

则

$$\lim_{n \to \infty} x_n = a.$$

上述定义包含了 "用近似逼近精确" 的重要极限思想.

注 对于数列极限定义,

(1) 随着 ε 无限变小, 不等式 $|x_n - a| < \varepsilon$ 刻画了 x_n 与 a 无限接近的程度;

(2) N 与任意给定的正数 ε 有关, 且不唯一;

(3) N 与前面的有限项无关.

数列极限的几何解释: 注意到不等式 $|x_n - a| < \varepsilon$ 等价于 $a - \varepsilon < x_n < a + \varepsilon$, 所以数列 $\{x_n\}$ 的极限为 a 在几何上表示为: $\forall \varepsilon > 0$, 都存在正整数 N, 使得第 N 项以后的所有 x_n, 对应的点 (n, x_n) 都落入以直线 $f(n) = a$ 为中心、宽为 2ε 的带状区域里 (图 1.24).

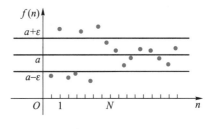

图 1.24

例 4 证明 $\displaystyle\lim_{n \to \infty} \frac{3n+1}{2n+1} = \frac{3}{2}$.

证 因为

$$\left| \frac{3n+1}{2n+1} - \frac{3}{2} \right| = \frac{1}{2(2n+1)} < \frac{1}{4n},$$

要使 $\left| \dfrac{3n+1}{2n+1} - \dfrac{3}{2} \right| < \varepsilon$, 只要 $\dfrac{1}{4n} < \varepsilon$, 即 $n > \dfrac{1}{4\varepsilon}$, 所以 $\forall \varepsilon > 0$, 取 $N = \left[\dfrac{1}{4\varepsilon}\right]$ ($[x]$ 表示对 x 取整数部分, 即不超过 x 的最大整数), 则当 $n > N$ 时, 就有 $\left| \dfrac{3n+1}{2n+1} - \dfrac{3}{2} \right| < \varepsilon$, 即 $\displaystyle\lim_{n \to \infty} \frac{3n+1}{2n+1} = \frac{3}{2}$.

注 本例中所采用的证明方法是: 先将 $|x_n - a|$ 等价变形, 然后适当放大, 使 N 容易由放大后的量小于 ε 的不等式中求出. 这在按定义证明极限的问题中是经常采用的.

数列极限注释
及例题

2. 收敛数列的性质

定理 1(极限的唯一性) 收敛数列 $\{x_n\}$ 的极限必唯一, 即如果 $\displaystyle\lim_{n \to \infty} x_n = A$, $\displaystyle\lim_{n \to \infty} x_n = B$, 则 $A = B$.

证　用反证法, 假定 $A \neq B$, 不妨设 $A > B$. 令 $\varepsilon_0 = \frac{1}{2}(A - B) > 0$, 由于 $\lim\limits_{n \to \infty} x_n = A$, $\lim\limits_{n \to \infty} x_n = B$, 所以存在 N_1 和 N_2, 使当 $n > N_1$ 时, 恒有

$$|x_n - A| < \varepsilon_0 = \frac{A - B}{2} \tag{1.3}$$

成立; 当 $n > N_2$ 时, 恒有

$$|x_n - B| < \varepsilon_0 = \frac{A - B}{2} \tag{1.4}$$

成立. 取 $N = \max\{N_1, N_2\}$, 当 $n > N$ 时, 由 (1.3) 式和 (1.4) 式, 可得

$$\frac{A + B}{2} = A - \frac{A - B}{2} < x_n < B + \frac{A - B}{2} = \frac{A + B}{2}.$$

这是矛盾的, 因此一定有 $A = B$.

定义 2　对数列 $\{x_n\}$, 若存在 $M > 0$, 使对一切 $n = 1, 2, \cdots$, 有

$$|x_n| < M,$$

则称数列 $\{x_n\}$ 是有界的, 否则称它是无界的.

例如, 数列 $\left\{\dfrac{1}{n^3 + 1}\right\}, \{(-1)^n\}$ 有界; 数列 $\{n\}$ 无界.

定理 2 (数列收敛的必要条件)　收敛数列必有界.

证　设数列 $\{x_n\}$ 收敛, 即 $\lim\limits_{n \to \infty} x_n = a$, 由定义 1, 对于 $\varepsilon = 1, \exists N$, 当 $n > N$ 时, 恒有 $|x_n - a| < \varepsilon = 1$. 又 $|x_n| - |a| < |x_n - a|$, 故有

$$|x_n| < |a| + 1$$

成立. 取 $M = \max\{|x_1|, |x_2|, \cdots, |x_N|, |a| + 1\}$, 则对所有的 n, 都有

$$|x_n| \leqslant M.$$

推论 1　无界数列必发散.

例如, 正整数数列 $1, 2, \cdots, n, \cdots$ 是无界的, 因此它是发散数列. 但是, 有界数列并不一定是收敛的, 例如, $\{x_n\} = \{(-1)^n\}$ 有界却是发散的.

定理 3 (极限的保序性)　若 $\lim\limits_{n \to \infty} x_n = A$, $\lim\limits_{n \to \infty} y_n = B$, 且 $A > B$, 则存在正整数 N, 使得当 $n > N$ 时, 有 $x_n > y_n$.

推论 2　设 $\lim\limits_{n \to \infty} x_n = A$, $\lim\limits_{n \to \infty} y_n = B$, 若存在正整数 N, 当 $n > N$ 时, 有 $x_n > y_n$ (或 $x_n \geqslant y_n$) 成立, 则有 $A \geqslant B$.

定理 4 (极限的保号性) 设 $\lim\limits_{n\to\infty} x_n = A$ 且 $A > 0$，则存在正整数 N，当 $n > N$ 时，有 $x_n > 0$.

推论 3 设 $\lim\limits_{n\to\infty} x_n = A$，若存在正整数 N，当 $n > N$ 时，恒有 $x_n > 0$，则有 $A \geqslant 0$.

定理 4 及推论 3 由定理 3 即可证明.

二、函数的极限

1. 自变量趋于无穷大时函数的极限

考察当 $x \to \infty$ 时，函数 $f(x) = \dfrac{1}{x}$ 的极限. 由图 1.25 可以看出，当 x 取正值且逐渐增大时，函数 $f(x) = \dfrac{1}{x}$ 的图形上相应的点沿着曲线 $f(x)$ 逐渐接近 x 轴；当 x 取负值而绝对值逐渐增大时，函数 $f(x) = \dfrac{1}{x}$ 的图形上相应的点沿着曲线 $f(x)$ 逐渐接近 x 轴，即当 $|x|$ 无限增大时，$f(x)$ 的值无限接近零，记作

$$\lim_{x\to\infty} \frac{1}{x} = 0.$$

定义 3 设函数 $f(x)$ 在 $\{x \mid |x| > M\}(M > 0)$ 内有定义，A 是某个确定的常数. 如果对于任意给定的正数 ε (不论它多么小)，总存在正数 X ($X > M$)，当 $|x| > X$ 时，恒有不等式

$$|f(x) - A| < \varepsilon$$

成立，则称常数 A 是函数 $f(x)$ 当 $x \to \infty$ 时的极限，记作

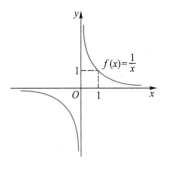

图 1.25

$$\lim_{x\to\infty} f(x) = A \quad \text{或} \quad f(x) \to A \ (x \to \infty).$$

注 定义 3 中 ε 刻画了 $f(x)$ 与 A 的接近程度，X 刻画了 $|x|$ 充分大的程度，X 是随 ε 而确定的.

$\lim\limits_{x\to\infty} f(x) = A$ 的几何意义：作直线 $y = A - \varepsilon$ 和 $y = A + \varepsilon$，则总存在一个正数 X 使得当 $|x| > X$ 时，函数 $y = f(x)$ 的图形位于这两条直线之间 (图 1.26).

如果 $x > 0$ 且无限增大 (记作 $x \to +\infty$)，那么只要将定义 3 中的 $|x| > X$ 改为 $x > X$，就得到 $\lim\limits_{x\to+\infty} f(x) = A$ 的定义. 同样，如果 $x < 0$ 而 $|x|$ 无限增大 (记作

$x \to -\infty$），那么只要将定义 3 中的 $|x| > X$ 改为 $x < -X$，就得到 $\lim\limits_{x \to -\infty} f(x) = A$ 的定义. 仿照定义 3，请读者自己完成定义表述.

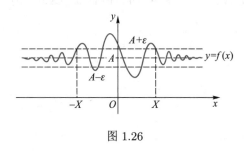

图 1.26

例 5　用极限定义证明
$$\lim_{x \to \infty} \frac{\cos x}{x} = 0.$$

证　因为
$$\left| \frac{\cos x}{x} - 0 \right| = \left| \frac{\cos x}{x} \right| \leqslant \frac{1}{|x|},$$

于是，对于任意给定的 $\varepsilon > 0$，可取 $X = \dfrac{1}{\varepsilon}$，则当 $|x| > X$ 时，恒有

$$\left| \frac{\cos x}{x} - 0 \right| < \varepsilon,$$

故 $\lim\limits_{x \to \infty} \dfrac{\cos x}{x} = 0$.

2. 自变量趋于有限值时的函数极限

自变量 x 趋于某个确定的数 x_0 时，函数 $f(x)$ 的极限是 a，记为

$$\lim_{x \to x_0} f(x) = a \quad (\text{或} f(x) \to a, x \to x_0).$$

我们已经知道，当 $x \to x_0$ 时，函数 $f(x)$ 以 a 为极限是指"当 x 无限趋于 x_0 时，$f(x)$ 无限趋于 a"，即"当 x 与 x_0 充分靠近（但 $x \neq x_0$）时，$f(x)$ 与 a 可以任意靠近，要多近就有多近"，换句说法是"当 $|x - x_0|$ 充分小（但 $|x - x_0| \neq 0$）时，$|f(x) - a|$ 可以任意小，要多么小就有多么小". 因此有下面的定义：

定义 4　设函数 $f(x)$ 在点 $x = x_0$ 的一个去心邻域内有定义，a 是常数，$\forall \varepsilon > 0$，$\exists \delta = \delta_\varepsilon$，使得当 $0 < |x - x_0| < \delta$ 时，恒有 $|f(x) - a| < \varepsilon$ 成立，则称 $f(x)$ 当 $x \to x_0$ 时以 a 为极限，记为

$$\lim_{x \to x_0} f(x) = a \quad \text{或} \quad f(x) \to a \ (x \to x_0).$$

函数 $f(x)$ 在点 $x = x_0$ 处有极限 a 的几何意义是：作直线 $y = a - \varepsilon$ 和 $y = a + \varepsilon$，在曲线 $y = f(x)$ 上对应于 $0 < |x - x_0| < \delta$ 的那一段曲线，完全介于这两条平行线之间（图 1.27）.

例 6　证明 $\lim\limits_{x \to x_0} x = x_0$.

证 对于任意给定的正数 ε，总可取 $\delta = \varepsilon$，则当 $0 < |x - x_0| < \delta$ 时，恒有不等式

$$|x - x_0| < \varepsilon$$

成立. 因此

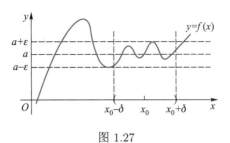

图 1.27

$$\lim_{x \to x_0} x = x_0.$$

例 7 证明 $\displaystyle\lim_{x \to 1} \frac{x^2 - 1}{x - 1} = 2$.

分析 函数 $\dfrac{x^2 - 1}{x - 1}$ 在点 $x = 1$ 处没有定义，但是当 $x \to 1$ 时，函数的极限存在或不存在与它在点 $x = 1$ 处有无定义并无关系. 事实上，$\forall \varepsilon > 0$，不等式

$$\left| \frac{x^2 - 1}{x - 1} - 2 \right| < \varepsilon$$

约去非零因子 $x - 1$ 后，就化为

$$|x + 1 - 2| = |x - 1| < \varepsilon.$$

证 $\forall \varepsilon > 0$，取 $\delta = \varepsilon$，则当 $0 < |x - 1| < \delta$ 时，恒有

$$\left| \frac{x^2 - 1}{x - 1} - 2 \right| = |x - 1| < \varepsilon$$

成立，故 $\displaystyle\lim_{x \to 1} \frac{x^2 - 1}{x - 1} = 2$.

3. 左极限与右极限

在定义 4 中，点 x 可以从点 x_0 的左、右两侧趋于 x_0，故所得极限称为双侧极限. 若限制点 x 从点 x_0 的左侧 (右侧) 趋于 x_0，则所得极限称为单侧极限，或左极限 (右极限)，其定义为

定义 5 设 $f(x)$ 在点 x_0 的右侧某邻域内有定义，A 为一个常数. $\forall \varepsilon > 0, \exists \delta = \delta_\varepsilon$，当 $0 < x - x_0 < \delta$ 时，恒有 $|f(x) - A| < \varepsilon$ 成立，则称 A 是函数 $f(x)$ 当 $x \to x_0$ 时的右极限，记为

$$\lim_{x \to x_0^+} f(x) = A \quad \text{或} \quad f(x_0 + 0) = A.$$

类似地，可定义 $f(x)$ 当 $x \to x_0$ 时的左极限 $\displaystyle\lim_{x \to x_0^-} f(x) = A$ 或 $f(x_0 - 0) = A$.

可以证明：

定理 5 $\lim\limits_{x \to x_0} f(x) = A$ 的充要条件为 $\lim\limits_{x \to x_0^+} f(x) = \lim\limits_{x \to x_0^-} f(x) = A$.

例 8 求 $f(x) = \dfrac{x}{x}$，$g(x) = \dfrac{|x|}{x}$ 当 $x \to 0$ 时的左、右极限，并说明它们当 $x \to 0$ 时的极限是否存在.

解 因为

$$\lim_{x \to 0} \frac{x}{x} = \lim_{x \to 0} 1 = 1,$$

因此有

$$\lim_{x \to 0^+} \frac{x}{x} = \lim_{x \to 0^-} \frac{x}{x} = 1,$$

且 $\lim\limits_{x \to 0} f(x)$ 存在. 而

$$\lim_{x \to 0^+} \frac{|x|}{x} = \lim_{x \to 0^+} \frac{x}{x} = 1,$$

$$\lim_{x \to 0^-} \frac{|x|}{x} = \lim_{x \to 0^-} \frac{-x}{x} = -1,$$

单侧极限存在但不相等，因此 $\lim\limits_{x \to 0} g(x)$ 不存在.

4. 函数极限的性质

与数列极限相对应，函数极限也有同样的一系列性质和法则. 这些结论对自变量趋于无穷和自变量趋于有限值两种情况都成立. 下面仅对自变量趋于有限值的情况讨论(证明从略).

定理 6(极限的唯一性) 若 $\lim\limits_{x \to x_0} f(x)$ 存在，则极限必唯一.

定理 7(极限局部有界性) 若 $\lim\limits_{x \to x_0} f(x) = A$，则 $f(x)$ 在点 x_0 的某一去心邻域内有界.

函数在一点的某个邻域内有界，称为函数局部有界，因此当 $x \to x_0$ 时 $f(x)$ 有极限，则 $f(x)$ 必局部有界.

定理 8(极限的局部保号性) 若 $\lim\limits_{x \to x_0} f(x) = A$，且 $A > 0$ (或 $A < 0$)，则 $\exists \delta > 0$，当 $0 < |x - x_0| < \delta$ 时，$f(x) > 0$ (或 $f(x) < 0$).

推论 4 若 $\lim\limits_{x \to x_0} f(x) = A$，且 $\exists \delta > 0$，当 $0 < |x - x_0| < \delta$ 时，有 $f(x) \geqslant 0$ (或 $f(x) \leqslant 0$)，则 $A \geqslant 0$ (或 $A \leqslant 0$).

习题 1.2

1. 观察下列数列, 指出哪些数列收敛, 极限是什么, 哪些数列发散?

(1) $\left\{\dfrac{1}{n}\right\}$;　　　　(2) $\left\{\dfrac{1+(-1)^{n-1}}{n}\right\}$;　　(3) $\left\{(-1)^n\dfrac{1}{n^2}\right\}$;

(4) $\{(-1)^n\}$;　　　　(5) $\{n\}$;　　　　(6) $\left\{\dfrac{n}{n+2}\right\}$.

2. 对于数列 $\{x_n\} = \left\{\dfrac{n}{n+1}\right\}$, 给定 (1) $\varepsilon = 0.1$; (2) $\varepsilon = 0.01$; (3) $\varepsilon = 0.001$ 时, 分别取怎样的 N, 才能使当 $n > N$ 时, 不等式 $|x_n - 1| < \varepsilon$ 成立, 并利用极限定义证明此数列的极限为 1.

3. 利用数列极限定义证明下列极限:

(1) $\lim\limits_{n\to\infty} \dfrac{1}{n^2} = 0$;　　(2) $\lim\limits_{n\to\infty} \dfrac{2n+1}{n} = 2$.

4. 用极限定义证明: $\lim\limits_{x\to\infty} \dfrac{6x+5}{x} = 6$.

5. 利用函数极限定义证明: $\lim\limits_{x\to-2} \dfrac{x^2-4}{x+2} = -4$.

6. 讨论对下列函数极限 $\lim\limits_{x\to 0} f(x)$ 是否存在:

$$f(x) = \operatorname{sgn} x = \begin{cases} 1, & x > 0, \\ 0, & x = 0, \\ -1, & x < 0. \end{cases}$$

7. 设函数 $f(x) = \dfrac{|x-2|}{x-2}$. 求 $f(2^-)$, $f(2^+)$, 问 $\lim\limits_{x\to 2} f(x)$ 存在吗?

§1.3　极限的运算法则

本节讨论极限的求法, 主要是介绍极限的四则运算法则和复合函数的极限运算法则, 利用这些法则, 可以求某些极限. 以后的章节还将介绍求极限的其他方法. 我们先引入无穷小与无穷大的定义.

一、无穷小与无穷大

定义 1　如果 $\lim\limits_{x\to x_0} f(x) = 0$, 称当 $x \to x_0$ 时 $f(x)$ 为无穷小.

在定义 1 中, 将 $x \to x_0$ 换成 $x \to +\infty, x \to -\infty$, $x \to \infty, x \to x_0^+, x \to x_0^-$ 以及 $n \to \infty$, 可定义不同变化过程中的无穷小. 例如,

当 $x \to 0$ 时, 函数 $x^2, \sin x, \tan x$ 均为无穷小;

当 $x \to \infty$ 时, 函数 $\dfrac{1}{x^2}, \dfrac{1}{1+x^2}$ 均为无穷小;

当 $x \to -\infty$ 时, 函数 2^x 为无穷小;

当 $n \to \infty$ 时, 数列 $\left\{\dfrac{1}{2^n}\right\}$ 为无穷小.

注 (1) 无穷小不是绝对值很小的常数, 而是在自变量的某种变化趋势下, 函数的绝对值趋于 0 的变量. 特别地, 常数 0 可以看成任何一个变化过程中的无穷小.

(2) 无穷小与自变量的变化过程有关, 例如, 当 $x \to \infty$ 时, $\dfrac{1}{x}$ 是无穷小, 但当 $x \to 1$ 时, $\dfrac{1}{x} \to 1$, 不是无穷小.

关于无穷小有如下运算性质 (证明从略):

定理 1 有限个无穷小的代数和仍是无穷小.

注意, 无穷多个无穷小的和不一定是无穷小. 例如, 当 $n \to \infty$ 时, $\dfrac{1}{n}$ 是无穷小, 但

$$\lim_{n \to \infty} \left(\overbrace{\frac{1}{n} + \frac{1}{n} + \cdots + \frac{1}{n}}^{n \text{个}} \right) = \lim_{n \to \infty} n \cdot \frac{1}{n} = 1.$$

定理 2 有界函数与无穷小的乘积是无穷小.

定理 2 中函数的有界性只要求在无穷小的自变量变化范围内成立.

推论 1 常数与无穷小的乘积是无穷小.

推论 2 在自变量变化的同一过程中, 有限个无穷小的乘积是无穷小.

例 1 求极限 $\lim\limits_{x \to 0} x \cos \dfrac{1}{x}$.

解 因为 $\lim\limits_{x \to 0} x = 0$, 故当 $x \to 0$ 时, x 是无穷小; 又因为当 $x \neq 0$ 时, $\left| \cos \dfrac{1}{x} \right| \leqslant 1$, 故 $\cos \dfrac{1}{x}$ 在点 $x = 0$ 的任何去心邻域内是有界的. 根据定理 2 知, 当 $x \to 0$ 时, $x \cos \dfrac{1}{x}$ 是无穷小, 所以

$$\lim_{x \to 0} x \cos \frac{1}{x} = 0.$$

下面的定理说明了函数极限与无穷小的关系 (证明从略).

定理 3 $\lim\limits_{\substack{x \to x_0 \\ (x \to \infty)}} f(x) = A$ (A 是有限常数) 的充要条件是 $f(x) = A + \alpha$, 这里, 当 $x \to x_0$(或 $x \to \infty$) 时, α 是无穷小.

定义 2 当 $x \to x_0$ 时, 如果函数 $f(x)$ 的绝对值无限增大, 则称当 $x \to x_0$ 时, $f(x)$ 为无穷大, 记作

$$\lim_{x \to x_0} f(x) = \infty.$$

在定义 2 中，将 $x \to x_0$ 换成 $x \to +\infty, x \to -\infty, x \to \infty, x \to x_0^+, x \to x_0^-$ 以及 $n \to \infty$，可定义不同变化过程中的无穷大.

注 (1) 无穷大是变量，不能与很大的数混淆；

(2) 无穷大是一种特殊的无界变量，但是无界变量未必是无穷大.

无穷小与无穷大有着非常密切的关系.

定理 4 当 $x \to x_0$ 时，

(1) 若 $f(x)$ 是无穷大，则 $\dfrac{1}{f(x)}$ 是无穷小；

(2) 若 $f(x)$ 是无穷小 ($f(x) \neq 0$ 时)，则 $\dfrac{1}{f(x)}$ 是无穷大.

例如，当 $x \to 1$ 时，$\dfrac{1}{x-1}$ 为无穷大，$x-1$ 为无穷小；当 $x \to +\infty$ 时，$\dfrac{1}{2^x}$ 为无穷小，2^x 为无穷大.

在定理 4 中，将 $x \to x_0$ 换成自变量的其他变化趋势，结论仍成立. 根据该定理，我们可将对无穷大的研究转化为对无穷小的研究，而无穷小分析正是微积分学的精髓.

二、极限的运算法则

下面定理中同一公式不同函数的极限应是在自变量的同一变化过程中的极限.

定理 5 如果 $\lim f(x)$ 与 $\lim g(x)$ 都存在，且 $\lim f(x) = A$，$\lim g(x) = B$，则

(1) $\lim[f(x) \pm g(x)]$ 存在，且有

$$\lim[f(x) \pm g(x)] = \lim f(x) \pm \lim g(x) = A \pm B;$$

(2) $\lim[f(x) \cdot g(x)]$ 存在，且有

$$\lim[f(x) \cdot g(x)] = \lim f(x) \cdot \lim g(x) = A \cdot B;$$

(3) 若 $B \neq 0$，则 $\lim \dfrac{f(x)}{g(x)}$ 存在，且有

$$\lim \frac{f(x)}{g(x)} = \frac{\lim f(x)}{\lim g(x)} = \frac{A}{B}.$$

推论 3 设 $\lim f(x)$ 存在，

(1) 若 c 是常数，则 $\lim[cf(x)]$ 存在，且有

$$\lim[cf(x)] = c \lim f(x);$$

(2) 若 n 为正整数，则 $\lim[f(x)]^n$ 存在，且有

$$\lim[f(x)]^n = [\lim f(x)]^n.$$

定理 5 中 (1)(2) 两个结论可以推广到有限多个函数的情形.

注 记号 $\lim$ 下面没有标明自变量的变化过程. 实际上，上面的诸定理对于当 $x \to x_0$ 及 $x \to +\infty, x \to -\infty, x \to \infty$ 时函数的极限，以及当 $n \to \infty$ 时数列的极限都是成立的.

例 2 对任意有限次多项式 $f(x) = a_n x^n + a_{n-1} x^{n-1} + \cdots + a_1 x + a_0$，求 $\lim\limits_{x \to x_0} f(x)$.

解 由极限运算法则及 $\lim\limits_{x \to x_0} x = x_0$ 知

$$\lim_{x \to x_0} f(x) = \lim_{x \to x_0} a_n x^n + \lim_{x \to x_0} a_{n-1} x^{n-1} + \cdots + \lim_{x \to x_0} a_1 x + \lim_{x \to x_0} a_0$$

$$= a_n \lim_{x \to x_0} x^n + a_{n-1} \lim_{x \to x_0} x^{n-1} + \cdots + a_1 \lim_{x \to x_0} x + a_0$$

$$= f(x_0).$$

例如，$\lim\limits_{x \to -1} (2x^2 + 3x) = 2 \times (-1)^2 + 3 \times (-1) = -1$.

例 3 求 $\lim\limits_{x \to 1} \dfrac{x^2 - 2x + 1}{x^2 - 1}$.

解 当 $x \to 1$ 时，分子及分母的极限都是 0，这种极限我们称为 "$\dfrac{0}{0}$" 型不定式. 处理这类极限，不能直接用商的极限运算法则. 首先应进行代数恒等变形，变形的目的是消除其中造成不定式的因素. 因为当 $x \to 1$ 时，$x \neq 1$，所以分子及分母可以同时约去 $(x - 1)$ 这个不为零的公因子. 因此，

$$\lim_{x \to 1} \frac{x^2 - 2x + 1}{x^2 - 1} = \lim_{x \to 1} \frac{(x-1)^2}{(x-1)(x+1)} = \lim_{x \to 1} \frac{x-1}{x+1} = \frac{0}{2} = 0.$$

例 4 求 $\lim\limits_{x \to 1} \dfrac{2x - 7}{x^2 - 6x + 5}$.

解 因为分母的极限 $\lim\limits_{x \to 1} (x^2 - 6x + 5) = 0$，分子的极限 $\lim\limits_{x \to 1} (2x - 7) = -5 \neq 0$，所以不能应用商的极限运算法则. 但因

$$\lim_{x \to 1} \frac{x^2 - 6x + 5}{2x - 7} = \frac{\lim\limits_{x \to 1} (x^2 - 6x + 5)}{\lim\limits_{x \to 1} (2x - 7)} = \frac{0}{-5} = 0,$$

故当 $x \to 1$ 时，$\dfrac{x^2 - 6x + 5}{2x - 7}$ 是无穷小. 由无穷小与无穷大的关系 (定理 4) 得

$$\lim_{x \to 1} \frac{2x - 7}{x^2 - 6x + 5} = \infty.$$

容易证明下面经常用到的一个一般性的结论:

当 $a_m \neq 0$, $b_n \neq 0$, m 和 n 均为非负整数时, 有

$$\lim_{x \to \infty} \frac{a_m x^m + a_{m-1} x^{m-1} + \cdots + a_1 x + a_0}{b_n x^n + b_{n-1} x^{n-1} + \cdots + b_1 x + b_0} = \begin{cases} \dfrac{a_m}{b_n}, & n = m, \\ 0, & n > m, \\ \infty, & n < m. \end{cases}$$

例 5 求 $\displaystyle\lim_{x \to \infty} \frac{3x^3 + 2x + 1}{2x^3 - x^2}$.

解 当 $x \to \infty$ 时, 分子和分母都是无穷大, 这样的极限称为 "$\dfrac{\infty}{\infty}$" 型不定式, 不能直接用商的极限运算法则. 处理的办法也是将其恒等变形, 如分子、分母同除以趋于无穷最快的量等.

分子及分母同除以 x^3, 得

$$\lim_{x \to \infty} \frac{3x^3 + 2x + 1}{2x^3 - x^2} = \lim_{x \to \infty} \frac{3 + \dfrac{2}{x^2} + \dfrac{1}{x^3}}{2 - \dfrac{1}{x}} = \frac{\displaystyle\lim_{x \to \infty} \left(3 + \dfrac{2}{x^2} + \dfrac{1}{x^3}\right)}{\displaystyle\lim_{x \to \infty} \left(2 - \dfrac{1}{x}\right)}$$

$$= \frac{3 + \displaystyle\lim_{x \to \infty} \dfrac{2}{x^2} + \lim_{x \to \infty} \dfrac{1}{x^3}}{2 - \displaystyle\lim_{x \to \infty} \dfrac{1}{x}} = \frac{3 + 0 + 0}{2 - 0} = \frac{3}{2}.$$

例 6 已知 $\displaystyle\lim_{x \to 3} \frac{x^2 - ax + 3}{x - 3} = 2$, 求 a 的值.

解 因为分式分母的极限为 0, 所以分子极限也应为 0 (否则极限不存在), 即

$$\lim_{x \to 3} \left(x^2 - ax + 3\right) = 9 - 3a + 3 = 0, \quad 解得 \quad a = 4.$$

下面我们分析一下本章导言提出的融资问题.

例 7 如果某企业获得投资本金 1 000 万元, 企业将投资作为抵押品向银行贷款, 得到相当于抵押品价值 75% 的贷款. 企业将此贷款再进行投资, 仍得到相当于抵押品价值 75% 的贷款。企业又将此贷款再进行投资, 这样贷款—投资—再贷款—再投资, 反复进行扩大生产, 问企业共计获得多少投资?

解 贷款额占抵押品价值的百分比 $r = 0.75, 0 < r < 1$, 设第 n 次投资额或再投资额为 a_n(单位: 万元), n 次投资与再投资的资金总和为 S_n, 共计获得投资额 S. 由于

$$a_1 = 1\,000, \quad a_2 = 1\,000r, \quad a_3 = 1\,000r^2, \quad \cdots, \quad a_n = 1\,000r^{n-1},$$

故

$$S_n = a_1 + a_2 + a_3 + \cdots + a_n$$

$$= 1\,000 + 1\,000r + 1\,000r^2 + \cdots + 1\,000r^{n-1}$$

$$= \frac{1\,000\,(1 - r^n)}{1 - r},$$

所以

$$S = \lim_{n \to \infty} S_n = \lim_{n \to \infty} \frac{1\,000\,(1 - r^n)}{1 - r}.$$

由极限运算法则,

$$S = \frac{1\,000 - 1\,000 \lim_{n \to \infty} r^n}{1 - r} = \frac{1\,000}{1 - r}.$$

在此问题中, $r = 0.75$, 代入上式得

$$S = \frac{1\,000}{1 - 0.75} = 4\,000(\text{万元}).$$

由此可知,企业通过贷款—投资—再贷款—再投资,反复进行扩大生产,共计可获得 4 000 万元投资.

例 8 求 $\lim\limits_{n \to \infty} \left(\dfrac{1}{n^2} + \dfrac{2}{n^2} + \cdots + \dfrac{n}{n^2} \right)$.

解 当 $n \to \infty$ 时, 本极限是无穷小之和. 恒等变形并注意到

$$1 + 2 + \cdots + n = \frac{n(n + 1)}{2},$$

得

$$\lim_{n \to \infty} \left(\frac{1}{n^2} + \frac{2}{n^2} + \cdots + \frac{n}{n^2} \right) = \lim_{n \to \infty} \frac{n(n + 1)}{2n^2} = \lim_{n \to \infty} \frac{n^2 + n}{2n^2}.$$

分子及分母同除以 n^2, 得

$$\lim_{n \to \infty} \frac{n^2 + n}{2n^2} = \lim_{n \to \infty} \frac{1 + \dfrac{1}{n}}{2} = \frac{1}{2}.$$

本例也说明无穷多个无穷小的和不一定是无穷小.

三、复合函数极限运算法则

定理 6 设函数 $u = \varphi(x)$ 当 $x \to x_0$ 时的极限存在且等于 a, 即 $\lim\limits_{x \to x_0} \varphi(x) = a$, 但在点 x_0 的某去心邻域 $\varphi(x) \neq a$, 又 $\lim\limits_{u \to a} f(u) = A$, 则复合函数 $f[\varphi(x)]$ 当 $x \to x_0$ 时的

极限也存在, 且
$$\lim_{x \to x_0} f[\varphi(x)] = \lim_{u \to a} f(u) = A.$$

复合函数的极限运算法则表明, 如果函数 $f(u)$ 和 $\varphi(x)$ 满足定理 6 的条件, 那么作代换 $u = \varphi(x)$ 可将求 $\lim\limits_{x \to x_0} f[\varphi(x)]$ 化为求 $\lim\limits_{u \to a} f(u)$, 这里 $a = \lim\limits_{x \to x_0} \varphi(x)$.

在上述定理中, 将 $\lim\limits_{x \to x_0} \varphi(x) = a$ 换成 $\lim\limits_{x \to x_0} \varphi(x) = \infty$ 或 $\lim\limits_{x \to \infty} \varphi(x) = \infty$, 而将 $\lim\limits_{u \to a} f(u) = A$ 换成 $\lim\limits_{u \to \infty} f(u) = A$, 可得类似的定理.

例 9 求极限 $\lim\limits_{x \to +\infty} \left(\sqrt{x^2 + x} - \sqrt{x^2 + 1} \right)$.

解 该题属于 "$\infty - \infty$" 型不定式, 不能直接使用差的极限法则. 将其分子有理化, 得

$$\lim_{x \to +\infty} \left(\sqrt{x^2 + x} - \sqrt{x^2 + 1} \right) = \lim_{x \to +\infty} \frac{x - 1}{\sqrt{x^2 + x} + \sqrt{x^2 + 1}}$$

$$= \lim_{x \to +\infty} \frac{1 - \dfrac{1}{x}}{\sqrt{1 + \dfrac{1}{x}} + \sqrt{1 + \dfrac{1}{x^2}}} = \frac{1}{2}.$$

注 $\lim\limits_{x \to \infty} \sqrt{1 + \dfrac{1}{x}} = 1$ 的原因是 $\sqrt{1 + \dfrac{1}{x}}$ 可看成由 $y = \sqrt{u}, u = 1 + \dfrac{1}{x}$ 复合而成, 利用极限运算法则, $\lim\limits_{x \to \infty} u = \lim\limits_{x \to \infty} \left(1 + \dfrac{1}{x} \right) = 1$, 而 $\lim\limits_{u \to 1} \sqrt{u} = \sqrt{1} = 1$, 由定理 6,

$$\lim_{x \to \infty} \sqrt{1 + \frac{1}{x}} = \lim_{u \to 1} \sqrt{u} = 1.$$

例 10 已知生产 x 对汽车挡泥板的成本是 $C(x) = 20 + \sqrt{1 + x^2}$(元), 每对汽车挡泥板的售价为 25 元, 于是销售 x 对汽车挡泥板的收入为 $R(x) = 25x$.

(1) 求出售 $x + 1$ 对汽车挡泥板比出售 x 对汽车挡泥板所产生的利润增长额 $I(x)$;

(2) 当生产稳定、产量很大时, 这个增长额为 $\lim\limits_{x \to +\infty} I(x)$, 试求这个极限值.

解 (1) 出售 $x + 1$ 对汽车挡泥板比出售 x 对汽车挡泥板所产生的利润增长额为

$$I(x) = [R(x+1) - C(x+1)] - [R(x) - C(x)],$$

$$= \left[25(x+1) - \left(20 + \sqrt{1 + (1+x)^2} \right) \right] - \left[25x - \left(20 + \sqrt{1 + x^2} \right) \right]$$

$$= 25 + \sqrt{1 + x^2} - \sqrt{1 + (1+x)^2}.$$

(2) 求 $\lim\limits_{x \to +\infty} I(x)$, 实质上是求

$$\lim_{x \to +\infty} \left(\sqrt{1 + x^2} - \sqrt{1 + (1+x)^2} \right) = \lim_{x \to +\infty} \frac{1 + x^2 - [1 + (1+x)^2]}{\sqrt{1 + x^2} + \sqrt{1 + (1+x)^2}}$$

$$= \lim_{x \to +\infty} \frac{-2x - 1}{\sqrt{1 + x^2} + \sqrt{1 + (1+x)^2}}$$

$$= \lim_{x \to +\infty} \frac{-2 - \dfrac{1}{x}}{\sqrt{\dfrac{1}{x^2} + 1} + \sqrt{\dfrac{1}{x^2} + \left(1 + \dfrac{1}{x}\right)^2}}$$

$$= -1,$$

所以，$\lim\limits_{x \to +\infty} I(x) = 25 - 1 = 24.$

例 11　求 $\lim\limits_{x \to 0} \dfrac{\sqrt{x^2 + 4} - 2}{\sqrt{x^2 + 9} - 3}.$

解　由于当 $x \to 0$ 时，分子和分母都是无穷小，这样的极限称为 "$\dfrac{0}{0}$" 型不定式，不能直接用商的极限运算法则. 但此题可通过同乘分子和分母的共轭根式转化为可利用商的极限运算法则的形式.

$$\lim_{x \to 0} \frac{\sqrt{x^2 + 4} - 2}{\sqrt{x^2 + 9} - 3} = \lim_{x \to 0} \frac{\left(\sqrt{x^2 + 4} - 2\right)\left(\sqrt{x^2 + 4} + 2\right)\left(\sqrt{x^2 + 9} + 3\right)}{\left(\sqrt{x^2 + 9} - 3\right)\left(\sqrt{x^2 + 9} + 3\right)\left(\sqrt{x^2 + 4} + 2\right)}$$

$$= \lim_{x \to 0} \frac{x^2 \left(\sqrt{x^2 + 9} + 3\right)}{x^2 \left(\sqrt{x^2 + 4} + 2\right)} = \lim_{x \to 0} \frac{\sqrt{x^2 + 9} + 3}{\sqrt{x^2 + 4} + 2} = \frac{3}{2}.$$

习题 1.3

1. 指出下列数列和函数哪些是无穷小，哪些是无穷大？

(1) $\left\{\dfrac{(-1)^n}{n}\right\} (n \to \infty);$

(2) $\dfrac{\sin x}{1 + \cos x} (x \to 0);$

(3) $\dfrac{1 + 2x}{x} (x \to 0).$

2. 求下列极限：

(1) $\lim\limits_{x \to 1} \dfrac{x^2 + 2x - 3}{x^2 - 1};$

(2) $\lim\limits_{x \to 1} \dfrac{x^n - 1}{x - 1};$

(3) $\lim\limits_{x \to 0} \dfrac{\sqrt{1 + x} - \sqrt{1 - x}}{x};$

(4) $\lim\limits_{n \to \infty} (\sqrt{n + 1} - \sqrt{n});$

(5) $\lim\limits_{x \to 1} \left(\dfrac{x}{x - 1} - \dfrac{2}{x^2 - 1}\right);$

(6) $\lim\limits_{x \to \infty} \dfrac{(2x - 1)^{20}(3x - 3)^{30}}{(2x - 5)^{50}};$

(7) $\lim\limits_{x \to 2} \dfrac{x^2 + 4}{x - 2};$

(8) $\lim\limits_{x \to \infty} \dfrac{x^2}{2x + 1}.$

3. 指出下列变量当 x 趋于多少时是无穷小：

(1) $\dfrac{x-1}{x^2+1}$；(2) $x\sin\dfrac{1}{x}$；(3) $\dfrac{2}{x}$.

4. 利用有界量乘无穷小依然是无穷小求下列极限：

(1) $\lim\limits_{x\to 0}x^2\sin\dfrac{1}{x}$；(2) $\lim\limits_{x\to\infty}\dfrac{\arctan x}{x}$.

5. 设

$$f(x)=\begin{cases} \mathrm{e}^{\frac{1}{x}}+1, & x<0, \\ 1, & x=0, \\ 1+x\sin\dfrac{1}{x}, & x>0, \end{cases}$$

求 $\lim\limits_{x\to 0}f(x)$.

*6. 已知 $\lim\limits_{x\to\infty}\left(\dfrac{x^2}{x+1}-ax-b\right)=0$，求常数 a,b.

7. 某地政府通过一项削减 100 亿元税收的政策. 假设每人将花费这笔额外收入的 90%，并将剩余的收入存起来，以此类推，试求削减 100 亿税收产生的附加消费是多少？

8. 求 $\lim\limits_{x\to 0}\dfrac{\cos x+\cos^2 x+\cdots+\cos^n x-n}{\cos x-1}$.

§1.4 极限存在准则及两个重要极限

一、准则 I 夹逼准则

定理 1 (夹逼准则) 如果

(1) 当 $0<|x-x_0|<\delta_0$ (或 $|x|>M$) 时，有

$$g(x)\leqslant f(x)\leqslant h(x); \tag{1.5}$$

(2) $\lim\limits_{\substack{x\to x_0 \\ (x\to\infty)}}g(x)=A,\quad \lim\limits_{\substack{x\to x_0 \\ (x\to\infty)}}h(x)=A,$

则极限 $\lim\limits_{\substack{x\to x_0 \\ (x\to\infty)}}f(x)$ 存在，且有 $\lim\limits_{\substack{x\to x_0 \\ (x\to\infty)}}f(x)=A$.

证 以 $x\to x_0$ 情形为例证明.

由题设可知，对任意给定的 $\varepsilon>0$，必存在 $\delta_1>0,\delta_2>0$，使得

当 $0<|x-x_0|<\delta_1$ 时，有 $|g(x)-A|<\varepsilon$；

当 $0<|x-x_0|<\delta_2$ 时，有 $|h(x)-A|<\varepsilon$.

取 $\delta=\min\{\delta_0,\delta_1,\delta_2\}$，则当 $0<|x-x_0|<\delta$ 时，同时有

$$|g(x)-A|<\varepsilon \quad 和 \quad |h(x)-A|<\varepsilon,$$

即同时有

$$A - \varepsilon < g(x) < A + \varepsilon \quad \text{和} \quad A - \varepsilon < h(x) < A + \varepsilon.$$

于是，由 (1.5) 式有

$$A - \varepsilon < g(x) \leqslant f(x) \leqslant h(x) < A + \varepsilon.$$

从而当 $0 < |x - x_0| < \delta$ 时，有

$$|f(x) - A| < \varepsilon.$$

由定义可知 $\lim\limits_{x \to x_0} f(x) = A$，定理得证.

对于数列也有类似的夹逼定理：

定理 $1'$ 如果存在正整数 n_0，使当 $n \geqslant n_0$ 时恒有

$$y_n \leqslant x_n \leqslant z_n \quad \text{且} \quad \lim_{n \to \infty} y_n = \lim_{n \to \infty} z_n = a,$$

则 $\lim\limits_{n \to \infty} x_n$ 存在，且 $\lim\limits_{n \to \infty} x_n = a$.

例 1 利用夹逼定理求极限

$$\lim_{n \to \infty} \left(\frac{1}{\sqrt{n^2 + 1}} + \frac{1}{\sqrt{n^2 + 2}} + \cdots + \frac{1}{\sqrt{n^2 + n}} \right).$$

解 因为对任意的正整数 n，都有

$$\frac{n}{\sqrt{n^2 + n}} \leqslant \frac{1}{\sqrt{n^2 + 1}} + \frac{1}{\sqrt{n^2 + 2}} + \cdots + \frac{1}{\sqrt{n^2 + n}} \leqslant \frac{n}{\sqrt{n^2 + 1}},$$

且有

$$\lim_{n \to \infty} \frac{n}{\sqrt{n^2 + n}} = \lim_{n \to \infty} \frac{1}{\sqrt{1 + \dfrac{1}{n}}} = 1,$$

$$\lim_{n \to \infty} \frac{n}{\sqrt{n^2 + 1}} = \lim_{n \to \infty} \frac{1}{\sqrt{1 + \dfrac{1}{n^2}}} = 1,$$

由定理 $1'$ 知

$$\lim_{n \to \infty} \left(\frac{1}{\sqrt{n^2 + 1}} + \frac{1}{\sqrt{n^2 + 2}} + \cdots + \frac{1}{\sqrt{n^2 + n}} \right) = 1.$$

作为夹逼准则的应用，下面证明一个重要

极限：

$$\lim_{x\to 0}\frac{\sin x}{x}=1.$$

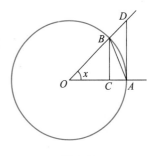

图 1.28

首先注意到函数 $\dfrac{\sin x}{x}$ 对于一切 $x \neq 0$ 都有

定义. 为了寻求夹逼 $\dfrac{\sin x}{x}$ 的函数，考察图 1.28

中的单位圆. 设圆心角 $\angle AOB=x$，其中 $0<$

$x<\dfrac{\pi}{2}$，点 A 处圆的切线与 OB 的延长线相交于点 D. 又 $BC\perp OA$，从图中易见 $\triangle AOB$

面积 < 扇形 AOB 面积 < $\triangle AOD$ 面积，所以

$$\frac{1}{2}\sin x<\frac{1}{2}x<\frac{1}{2}\tan x,\quad\text{即}\quad \sin x<x<\tan x.$$

以 $\sin x\,(\sin x\neq 0)$ 去除上式，得

$$1<\frac{x}{\sin x}<\frac{1}{\cos x},\quad\text{或}\quad \cos x<\frac{\sin x}{x}<1.$$

由于 $\cos x,\dfrac{\sin x}{x}$ 都是偶函数，所以当 $-\dfrac{\pi}{2}<x<0$ 时，上面不等式仍成立. 而 $\lim\limits_{x\to 0}\cos x=$

1，由准则 I 可知 $\lim\limits_{x\to 0}\dfrac{\sin x}{x}=1$.

  注 利用复合函数求极限的运算法则可得到更一般的形式：

若 $\lim\varphi(x)=0(\varphi(x)\neq 0)$，在自变量的同一变化趋势下有

$$\lim\frac{\sin\varphi(x)}{\varphi(x)}=1,$$

重要极限I注释

其基本特征是：分母是无穷小，分子中正弦函数的自变量与分母

一样.

  例 2 求 $\lim\limits_{x\to 0}\dfrac{\tan x}{x}$.

  解

$$\lim_{x\to 0}\frac{\tan x}{x}=\lim_{x\to 0}\frac{\dfrac{\sin x}{\cos x}}{x}=\lim_{x\to 0}\frac{1}{\cos x}\cdot\frac{\sin x}{x}$$

$$=\lim_{x\to 0}\frac{1}{\cos x}\cdot\lim_{x\to 0}\frac{\sin x}{x}=1.$$

  例 3 求 $\lim\limits_{x\to 0}\dfrac{1-\cos x}{x^2}$.

  解 $\lim\limits_{x\to 0}\dfrac{1-\cos x}{x^2}=\lim\limits_{x\to 0}\dfrac{2\sin^2\dfrac{x}{2}}{x^2}=\dfrac{1}{2}\lim\limits_{x\to 0}\dfrac{\sin^2\dfrac{x}{2}}{\left(\dfrac{x}{2}\right)^2}$

$$= \frac{1}{2} \lim_{x \to 0} \left(\frac{\sin \frac{x}{2}}{\frac{x}{2}} \right)^2 = \frac{1}{2}.$$

思考题 1-2 $\lim_{x \to 0} x \sin \frac{1}{x} = \lim_{x \to 0} \frac{\sin \frac{1}{x}}{\frac{1}{x}} = 1$ 是否正确?

二、准则 II 单调有界准则

数列 $\{x_n\}$ 如果满足 $x_1 \leqslant x_2 \leqslant \cdots \leqslant x_n \leqslant \cdots$,就称它是**单调增加数列**;如果满足 $x_1 \geqslant x_2 \geqslant \cdots \geqslant x_n \geqslant \cdots$,就称它是**单调减少数列**. 单调增加数列或单调减少数列统称为**单调数列**.

定理 2 (单调有界收敛准则)   单调有界数列必有极限.

利用单调数列的特点,可得到:

若数列 $\{x_n\}$ 单调减少且有下界,则该数列必定收敛,且 $\lim_{n \to \infty} x_n$ 就是数列 $\{x_n\}$ 的一个下界;

若数列 $\{x_n\}$ 单调增加且有上界,则该数列必定收敛,且 $\lim_{n \to \infty} x_n$ 就是数列 $\{x_n\}$ 的一个上界.

现在我们讨论另一个重要极限

$$\lim_{x \to \infty} \left(1 + \frac{1}{x} \right)^x = \mathrm{e}.$$

证   先考虑 x 取正整数 n 且 $n \to +\infty$ 的情形.

设 $x_n = \left(1 + \frac{1}{n} \right)^n$,下面先证明数列 $\{x_n\}$ 单调增加且有界. 因

$$x_n = \left(1 + \frac{1}{n} \right)^n$$

$$= 1 + \frac{n}{1!} \cdot \frac{1}{n} + \frac{n(n-1)}{2!} \cdot \frac{1}{n^2} + \frac{n(n-1)(n-2)}{3!} \cdot \frac{1}{n^3} + \cdots +$$

$$\frac{n(n-1) \cdots (n-n+1)}{n!} \cdot \frac{1}{n^n}$$

$$= 1 + 1 + \frac{1}{2!} \left(1 - \frac{1}{n} \right) + \frac{1}{3!} \left(1 - \frac{1}{n} \right) \left(1 - \frac{2}{n} \right) + \cdots +$$

$$\frac{1}{n!}\left(1-\frac{1}{n}\right)\left(1-\frac{2}{n}\right)\cdots\left(1-\frac{n-1}{n}\right),$$

又

$$x_{n+1} = 1 + 1 + \frac{1}{2!}\left(1-\frac{1}{n+1}\right) + \frac{1}{3!}\left(1-\frac{1}{n+1}\right)\left(1-\frac{2}{n+1}\right) + \cdots +$$
$$\frac{1}{n!}\left(1-\frac{1}{n+1}\right)\left(1-\frac{2}{n+1}\right)\cdots\left(1-\frac{n-1}{n+1}\right) +$$
$$\frac{1}{(n+1)!}\left(1-\frac{1}{n+1}\right)\left(1-\frac{2}{n+1}\right)\cdots\left(1-\frac{n}{n+1}\right),$$

比较 x_n, x_{n+1} 的展开式的各项可知, 除前两项相等外, 从第三项起, x_{n+1} 的各项都大于 x_n 的各对应项, 而且 x_{n+1} 还多了最后一个正项, 因而

$$x_{n+1} > x_n \quad (n = 1, 2, 3, \cdots),$$

即 $\{x_n\}$ 为单调增加数列.

再证 $\{x_n\}$ 有界, 因

$$x_n < 1 + 1 + \frac{1}{2!} + \cdots + \frac{1}{n!} < 1 + 1 + \frac{1}{2} + \cdots + \frac{1}{2^{n-1}}$$
$$= 1 + \frac{1 - \frac{1}{2^n}}{1 - \frac{1}{2}} = 3 - \frac{1}{2^{n-1}} < 3,$$

故 $\{x_n\}$ 有上界. 根据准则 II, $\lim\limits_{n \to \infty} x_n$ 存在, 常用字母 e 表示该极限值, 即

$$\lim_{n \to \infty}\left(1 + \frac{1}{n}\right)^n = e = 2.718\ 281\ 828\ 459\cdots.$$

可以证明对于连续自变量 x, 有 (证明可扫码后查看)

$$\lim_{x \to \infty}\left(1 + \frac{1}{x}\right)^x = e, \quad \lim_{x \to 0}(1 + x)^{\frac{1}{x}} = e.$$

重要极限II证明
及注释

注 这个极限的基本特征:底为两项之和,第一项为 1,第二项是无穷小, 指数与第二项互为倒数. 利用复合函数求极限运算法则可导出这一极限的一般形式:在自变量的某种变化趋势下, 当 $\varphi(x) \to 0$ 时, 在自变量的同一变化趋势下有

$$\lim(1 + \varphi(x))^{\frac{1}{\varphi(x)}} = e.$$

例 4 求 $\lim\limits_{x\to\infty}\left(1+\dfrac{1}{2x}\right)^{x}$.

解 令 $2x=t$, 则当 $x\to\infty$ 时, 有 $t\to\infty$, 所以

$$\lim_{x\to\infty}\left(1+\frac{1}{2x}\right)^{x}=\lim_{t\to\infty}\left(1+\frac{1}{t}\right)^{\frac{t}{2}}=\left[\lim_{t\to\infty}\left(1+\frac{1}{t}\right)^{t}\right]^{\frac{1}{2}}=\mathrm{e}^{\frac{1}{2}}.$$

例 5 求 $\lim\limits_{n\to\infty}\left(1+\dfrac{k}{n}\right)^{n}$ ($k\neq0$, k 为整数, n 为自然数).

解 令 $t=\dfrac{n}{k}$, 则 $n\to\infty$ 时, $t\to\infty$, 有

$$\lim_{n\to\infty}\left(1+\frac{k}{n}\right)^{n}=\lim_{t\to\infty}\left(1+\frac{1}{t}\right)^{kt}=\lim_{t\to\infty}\left[\left(1+\frac{1}{t}\right)^{t}\right]^{k}=\mathrm{e}^{k}.$$

例 6 求 $\lim\limits_{x\to\infty}\left(\dfrac{x+1}{x-2}\right)^{x}$.

解 先对底数变形,

$$\lim_{x\to\infty}\left(\frac{x+1}{x-2}\right)^{x}=\lim_{x\to\infty}\left(1+\frac{3}{x-2}\right)^{x}=\lim_{x\to\infty}\left[\left(1+\frac{3}{x-2}\right)^{3\cdot\frac{x-2}{3}+2}\right]$$

$$=\lim_{x\to\infty}\left\{\left[\left(1+\frac{3}{x-2}\right)^{\frac{x-2}{3}}\right]^{3}\cdot\left(1+\frac{3}{x-2}\right)^{2}\right\}$$

$$=\lim_{x\to\infty}\left[\left(1+\frac{3}{x-2}\right)^{\frac{x-2}{3}}\right]^{3}\cdot\lim_{x\to\infty}\left(1+\frac{3}{x-2}\right)^{2}$$

$$=\mathrm{e}^{3}\cdot1=\mathrm{e}^{3}.$$

三、重要极限的应用——连续复利问题

利息是指借款者向贷款者支付的报酬, 它是根据本金的数额按一定比例计算出来的. 利息又有存款利息、贷款利息、债券利息、贴现利息等几种主要形式.

单利计算公式 设初始本金为 p (元), 银行年利率为 r, 则

第一年末本利和为 $s_1=p+rp=p(1+r)$,

第二年末本利和为 $s_2=p(1+r)+rp=p(1+2r)$,

第 t 年末本利和为

$$s_t=p(1+tr). \tag{1.6}$$

复利计算公式 设初始本金为 p (元), 银行年利率为 r, 每期产生的利息计入本金再产生利息 (复利).

(1) **每年计息一次**, 则

第一年末本利和为 $s_1 = p + rp = p(1+r)$,

第二年末本利和为 $s_2 = p(1+r) + rp(1+r) = p(1+r)^2$,

第 t 年末本利和为

$$s_t = p(1+r)^t. \tag{1.7}$$

(2) **每年计息 m 次**, 则每期的利率为 $\dfrac{r}{m}$, 第 t 年末本利和为

$$s_t = p\left(1 + \frac{r}{m}\right)^{tm}. \tag{1.8}$$

(3) **每年计息次数 $m \to +\infty$**, 则表示利息随时计入本金, 即立即存入、立即结算. 这样的复利称为**连续复利**. 于是第 t 年末本利和为

$$s_t = \lim_{m \to +\infty} p\left(1 + \frac{r}{m}\right)^{mt} = p \lim_{m \to +\infty}\left[\left(1 + \frac{r}{m}\right)^{\frac{m}{r}}\right]^{rt} = pe^{rt}. \tag{1.9}$$

(1.8) 式或 (1.9) 式中的 p 称为现在值或**现值**, s_t 称为**将来值**, 已知 p 求 s_t, 称为复利问题; 已知 s_t 求 p, 称为**贴现问题**, 这时称利率 r 为**贴现率**.

例 7 某人现有 10 000 元购买某种理财产品, 设年收益率为 4.5%, 分别按下列方式计息, 试求:

(1) 按单利计算 5 年后的本利和为多少?

(2) 每年计息一次, 按复利计算 5 年后的本利和为多少?

(3) 按连续复利计算 5 年后的本利和为多少?

解 (1) 已知 $p = 10\,000, r = 0.045$, 由单利计算公式 (1.6) 得

$$s_5 = p(1 + 5r) = 10\,000 \times (1 + 5 \times 0.045) = 12\,250(\text{元}),$$

即 5 年末本利和为 12 250 元.

(2) 由复利计算公式 (1.7) 得

$$s_5 = p(1+r)^5 = 10\,000 \times (1 + 0.045)^5 \approx 12\,461.8(\text{元}),$$

即 5 年末本利和为 12 461.8 元.

(3) 由连续复利公式 (1.9) 得

$$s_5 = pe^{r5} = 10\,000 \times e^{0.045 \times 5} \approx 12\,523.2(\text{元}),$$

即按连续复利计算 5 年末本利和为 12 523.2 元.

习题 1.4

1. 求下列极限：

(1) $\lim\limits_{x \to 0} \dfrac{\sin 3x}{x}$；

(2) $\lim\limits_{n \to \infty} 2^n \sin \dfrac{x}{2^n}$；

(3) $\lim\limits_{x \to 0} \dfrac{x - \sin x}{x + \sin x}$；

(4) $\lim\limits_{x \to 0} \dfrac{\tan 3x}{x}$；

(5) $\lim\limits_{x \to 0} \dfrac{1 - \cos 2x}{x \sin x}$；

(6) $\lim\limits_{x \to 1} (1 - x) \tan \dfrac{\pi x}{2}$.

2. 求下列极限：

(1) $\lim\limits_{x \to 0} (1 - x)^{\frac{1}{x}}$；

(2) $\lim\limits_{x \to \infty} \left(\dfrac{1 + x}{x} \right)^{2x}$；

(3) $\lim\limits_{n \to \infty} \left(1 - \dfrac{1}{n^2} \right)^n$；

(4) $\lim\limits_{x \to \infty} \left(1 - \dfrac{1}{x} \right)^{kx}$ (k 为正整数).

3. 利用夹逼准则求极限 $\lim\limits_{n \to \infty} \left(\dfrac{n}{n^2 + \pi} + \dfrac{n}{n^2 + 2\pi} + \cdots + \dfrac{n}{n^2 + n\pi} \right)$.

4. 利用夹逼准则求 $\lim\limits_{n \to \infty} (2^n + 5^n)^{\frac{1}{n}}$.

5. 设 $\lim\limits_{x \to \infty} \left(\dfrac{x + 2a}{x - a} \right)^x = 8$，求常数 a.

6. 设 $a > 0, x_1 > 0, x_{n+1} = \dfrac{1}{2} \left(x_n + \dfrac{a}{x_n} \right)$ $(n = 1, 2, 3, \cdots)$，证明 $\lim\limits_{n \to \infty} x_n$ 存在，并求 $\lim\limits_{n \to \infty} x_n$.

7. 一投资者欲用 1 000 元投资 5 年，年利率 $r = 6\%$，分别按下列方式计息，问 5 年后本利和分别为多少元？

(1) 每年计息 1 次；(2) 每年计息 4 次；(3) 每年计息 12 次；(4) 连续复利.

8. 某企业计划发行公司债券，规定以年利率 6.5% 的连续复利计算利息、10 年后每份债券一次偿还本息 1 000 元，问发行时每份债券的价格应定为多少元？

§1.5 无穷小的比较

一、无穷小比较的概念

我们已经知道两个无穷小的和、差和乘积仍旧是无穷小, 但两个无穷小的商会呈现不同的情况. 例如, 当 $x \to 0$ 时, $2x, x^3, \sin x$ 都是无穷小, 但

$$\lim_{x \to 0} \frac{x^3}{2x} = 0, \quad \lim_{x \to 0} \frac{\sin x}{x} = 1, \quad \lim_{x \to 0} \frac{x}{x^3} = \infty.$$

从中可以看出各无穷小趋于 0 的快慢程度: x^3 比 $2x$ 快些, $\sin x$ 与 x 大致相同, x 比 x^3 慢些, 即无穷小之比的极限不同, 反映了无穷小趋于零的快慢程度不同. 研究无穷小趋于零的快慢程度是十分重要的.

定义 1 设 α, β 是在自变量的同一变化过程中的两个无穷小, 且 $\alpha \neq 0$.

(1) 如果 $\lim \frac{\beta}{\alpha} = 0$, 则称 β 是比 α 高阶的无穷小, 记作 $\beta = o(\alpha)$;

(2) 如果 $\lim \frac{\beta}{\alpha} = \infty$, 则称 β 是比 α 低阶的无穷小;

(3) 如果 $\lim \frac{\beta}{\alpha} = C(C \neq 0)$, 则称 β 与 α 是同阶无穷小; 特别地, 如果 $\lim \frac{\beta}{\alpha} = 1$, 则称 β 与 α 是等价无穷小, 记作 $\alpha \sim \beta$;

(4) 如果 $\lim \frac{\beta}{\alpha^k} = C(C \neq 0, k > 0)$, 则称 β 是 α 的 k 阶无穷小.

例如, 就前述三个无穷小 $2x, x^3, \sin x (x \to 0)$ 而言, 根据定义知道, x^3 是比 $2x$ 高阶的无穷小, $\sin x$ 与 x 是等价无穷小, x 是比 x^3 低阶的无穷小.

二、等价无穷小性质及应用

关于等价无穷小, 有下面的定理.

定理 1（等价无穷小替换定理） 若 α, β 为自变量的同一变化过程中的无穷小, 且 $\alpha \sim \alpha'$, $\beta \sim \beta'$, $\lim \frac{\beta'}{\alpha'}$ 存在, 则

$$\lim \frac{\beta}{\alpha} = \lim \frac{\beta'}{\alpha'}.$$

证 $\lim \frac{\beta}{\alpha} = \lim \left(\frac{\beta}{\beta'} \cdot \frac{\beta'}{\alpha'} \cdot \frac{\alpha'}{\alpha} \right) = \lim \frac{\beta}{\beta'} \cdot \lim \frac{\beta'}{\alpha'} \cdot \lim \frac{\alpha'}{\alpha} = \lim \frac{\beta'}{\alpha'}.$

这个定理表明, 在求两个无穷小之比极限时, 分子、分母均可用适当的等价无穷小代替, 从而使计算简便快捷.

在前面我们求出了一些极限, 如

$$\lim_{x \to 0} \frac{\sin x}{x} = 1, \quad \lim_{x \to 0} \frac{\tan x}{x} = 1, \quad \lim_{x \to 0} \frac{1 - \cos x}{x^2} = \frac{1}{2}$$

等, 由定义 1 可以得出

$$\sin x \sim x \ (x \to 0), \quad \tan x \sim x \ (x \to 0), \quad 1 - \cos x \sim \frac{1}{2}x^2 \ (x \to 0).$$

我们还可以求出一些常用的等价无穷小, 如

$$\arcsin x \sim x \ (x \to 0), \quad \arctan x \sim x \ (x \to 0),$$

$$(1 + x)^\alpha - 1 \sim \alpha x \ (x \to 0),$$

$$\ln(1 + x) \sim x \ (x \to 0), \quad \mathrm{e}^x - 1 \sim x \ (x \to 0).$$

这些等价无穷小量常常在求极限时用来进行等价无穷小替换.

例 1 求 $\lim\limits_{x \to 0} \dfrac{\sin^2 x}{x^2(1 + \cos x)}$.

解 当 $x \to 0$ 时, $\sin x \sim x$, 因而有

$$\lim_{x \to 0} \frac{\sin^2 x}{x^2(1 + \cos x)} = \lim_{x \to 0} \frac{x^2}{x^2(1 + \cos x)} = \lim_{x \to 0} \frac{1}{1 + \cos x} = \frac{1}{2}.$$

例 2 求 $\lim\limits_{x \to \infty} x^2 \ln\left(1 + \dfrac{2}{x^2}\right)$.

解 当 $x \to \infty$ 时, $\ln\left(1 + \dfrac{2}{x^2}\right) \sim \dfrac{2}{x^2}$, 故

$$\lim_{x \to \infty} x^2 \ln\left(1 + \frac{2}{x^2}\right) = \lim_{x \to \infty} \left(x^2 \cdot \frac{2}{x^2}\right) = 2.$$

例 3 求 $\lim\limits_{x \to 0} \dfrac{(1 + x^2)^{\frac{1}{3}} - 1}{\cos x - 1}$.

解 当 $x \to 0$ 时, $(1 + x^2)^{\frac{1}{3}} - 1 \sim \dfrac{1}{3}x^2$, $\cos x - 1 \sim -\dfrac{1}{2}x^2$, 故

$$\lim_{x \to 0} \frac{(1 + x^2)^{\frac{1}{3}} - 1}{\cos x - 1} = \lim_{x \to 0} \frac{\frac{1}{3}x^2}{-\frac{1}{2}x^2} = -\frac{2}{3}.$$

例 4 求 $\lim\limits_{x \to 0} \dfrac{\tan x - \sin x}{\sin^3 x}$.

解 $\lim\limits_{x \to 0} \dfrac{\tan x - \sin x}{\sin^3 x} = \lim\limits_{x \to 0} \dfrac{\sin x(1 - \cos x)}{\cos x \sin^3 x}$. 因为

$$\sin x \sim x(x \to 0), \quad 1 - \cos x \sim \frac{x^2}{2}(x \to 0),$$

所以

$$\lim_{x \to 0} \frac{\tan x - \sin x}{\sin^3 x} = \lim_{x \to 0} \frac{x \cdot \dfrac{x^2}{2}}{x^3 \cdot \cos x} = \lim_{x \to 0} \frac{1}{2 \cos x} = \frac{1}{2}.$$

注 例 3、例 4 说明, 只有当分子或分母为函数的连乘积时, 各个乘积因式才可以分别用它们的等价无穷小替换. 而对于和或差中的函数, 一般不能分别用等价无穷小替换. 读者在应用等价无穷小替换定理时, 应特别注意这个问题.

等价无穷小替换求极限注意事项及例4讲解

思考题 1–3 以下做法为什么错?

因为 $\tan x \sim x, \sin x \sim x \ (x \to 0)$, 所以 $\displaystyle\lim_{x \to 0} \frac{\tan x - \sin x}{x^3} = \lim_{x \to 0} \frac{x - x}{x^3} = 0.$

习题 1.5

1. 当 $x \to 1$ 时, $x^3 - 3x + 2$ 与 $x - 1$ 哪个是高阶无穷小?

2. 当 $x \to 1$ 时, $x^2 - 3x + 2$ 与 $x - 1$ 是否同阶无穷小?

3. 利用等价无穷小替换求极限:

(1) $\displaystyle\lim_{x \to \infty} x \sin \frac{2x}{x^2 + 1}$;

(2) $\displaystyle\lim_{x \to 0} \frac{x \ln(1 + x)}{1 - \cos x}$;

(3) $\displaystyle\lim_{n \to \infty} n^3 \cdot \left(\sin \frac{1}{n} - \frac{1}{2} \sin \frac{2}{n} \right)$;

(4) $\displaystyle\lim_{x \to 0} \frac{1}{x} \left(\frac{1}{\sin x} - \frac{1}{\tan x} \right)$.

4. 证明: 当 $x \to 0$ 时, $\sin(\sin x) \sim \ln(1 + x)$.

5. 已知当 $x \to 0$ 时, $(1 + \alpha x^2)^{\frac{1}{3}} - 1$ 与 $\cos x - 1$ 是等价无穷小, 求常数 α.

§1.6 函数的连续性

一、连续与间断

1. 连续的概念

函数连续性的概念在数学中极为重要. 许多方便的分析技术只有在函数连续时才可以运用. 在对经济问题建模时, 我们通常假设可以用连续函数来表示各种经济概念. 在自然界和日常生活中，有许多现象都是随着时间而连续变化的，如气温的变化、河水的流动等. 如果这些现象对应的函数用图形描绘出来，它们是坐标平面上一条连绵不断的曲线. 但有的函数并不具备这种特点，如本章 §1.1 例 2 带奖金的工资明细所建立的函数

$$P = \begin{cases} 3\,000 + 0.1S, & S < 20\,000, \\ 3\,500 + 0.1S, & S \geqslant 20\,000 \end{cases}$$

在点 $S = 20\,000$ 处有定义，但其图形在 $S = 20\,000$ 处断开（图 1.29），这就是函数的间断. 为了给出函数连续的定义，首先给出变量的增量的概念.

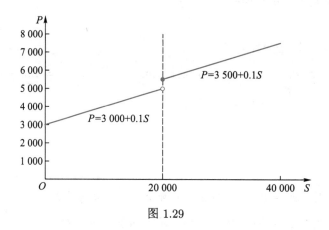

图 1.29

设 $x = x_0 + \Delta x$，即 $\Delta x = x - x_0$，那么当 $x \to x_0$ 时，有 $\Delta x \to 0$. 令

$$\Delta y = f(x_0 + \Delta x) - f(x_0) = f(x) - f(x_0),$$

则 $f(x) \to f(x_0)$ 等价于 $\Delta y \to 0$. 称 Δx 和 Δy 为自变量和函数 $f(x)$（在点 x_0 处）的**改变量**或**增量**.

定义 1　设函数 $f(x)$ 在点 x_0 的某一邻域内有定义，当函数的自变量在点 x_0 处的增量 $\Delta x \to 0$ 时，如果相应的函数增量 $\Delta y \to 0$，即 $\lim\limits_{\Delta x \to 0} \Delta y = 0$，则称函数 $f(x)$ 在点 x_0 处是连续的.

连续性概念的实质：当自变量改变量是无穷小时，对应的函数改变量也是无穷小.

由于 $\lim\limits_{\Delta x \to 0} \Delta y = 0$ 等价于 $\lim\limits_{x \to x_0} f(x) = f(x_0)$，因此，函数连续的定义也可叙述如下：

定义 2　设函数 $f(x)$ 在点 x_0 的某一邻域内有定义，且当 $x \to x_0$ 时，$f(x)$ 的极限存在，并有

$$\lim_{x \to x_0} f(x) = f(x_0), \tag{1.10}$$

则称函数 $f(x)$ 在点 x_0 处是连续的.

依据定义 2, 函数 $f(x)$ 在点 x_0 处连续必须同时满足下面三个条件:

(1) $f(x)$ 在点 x_0 处有定义;

(2) $f(x)$ 在点 x_0 处极限存在, 即 $\lim\limits_{x \to x_0} f(x) = A$ 存在;

(3) $f(x)$ 在点 x_0 处的极限值等于函数值, 即 $A = f(x_0)$.

若函数 $f(x)$ 在点 x_0 处连续, 则称 x_0 为 $f(x)$ 的**连续点**, 否则称 x_0 为 $f(x)$ 的**间断点**.

例 1　讨论函数 $f(x) = \begin{cases} x \cos \dfrac{1}{x}, & x \neq 0, \\ k, & x = 0 \end{cases}$ 在点 $x = 0$ 处的连续性.

解　由于 $f(x)$ 在点 $x = 0$ 处有定义, 且 $f(0) = k$, 又由有界变量与无穷小的乘积是无穷小, 得

$$\lim_{x \to 0} f(x) = \lim_{x \to 0} x \cos \frac{1}{x} = 0.$$

所以, 当 $k = 0$ 时, $f(x)$ 在点 $x = 0$ 处连续; 当 $k \neq 0$ 时, $f(x)$ 在点 $x = 0$ 处不连续.

2. 左连续与右连续

定义 3　(1) 若函数 $f(x)$ 在 $(a, x_0]$ 内有定义, 且 $f(x_0^-) = f(x_0)$, 则称 $f(x)$ 在点 x_0 处左连续;

(2) 若函数 $f(x)$ 在 $[x_0, b)$ 内有定义, 且 $f(x_0^+) = f(x_0)$, 则称 $f(x)$ 在点 x_0 处右连续.

定理 1 (连续的充要条件)　函数 $f(x)$ 在点 x_0 处连续的充要条件是函数 $f(x)$ 在点 x_0 处既左连续又右连续.

上面给出了函数在一点处连续的概念, 下面给出函数在一个区间上连续的概念.

若函数 $f(x)$ 在开区间 (a, b) 内每一点处都连续, 则称函数 $f(x)$ 在开区间 (a, b) 内是连续的; 若函数 $f(x)$ 在开区间 (a, b) 内连续, 并且在区间的左端点 a 处是右连续的, 在区间的右端点 b 处是左连续的, 则称 $f(x)$ 在闭区间 $[a, b]$ 上是连续的.

若 $f(x)$ 在它的定义域上的每一点处都是连续的, 则称它是连续函数. 连续函数的图形是一条连绵不断的曲线.

例 2　证明 $y = \sin x$ 在区间 $(-\infty, +\infty)$ 内是连续的.

证　因为

$$\Delta y = \sin(x + \Delta x) - \sin x = 2 \sin \frac{\Delta x}{2} \cos \left(x + \frac{\Delta x}{2} \right),$$

而 $\left|\cos\left(x+\dfrac{\Delta x}{2}\right)\right| \leqslant 1$, 所以

$$0 \leqslant |\Delta y| = |\sin(x+\Delta x) - \sin x| \leqslant 2\left|\sin\dfrac{\Delta x}{2}\right| < |\Delta x|.$$

因此, 由夹逼准则, 当 $\Delta x \to 0$ 时, $\Delta y \to 0$. 这就证明了 $y = \sin x$ 对于一切 $x \in (-\infty, +\infty)$ 是连续的.

类似地, 可以证明基本初等函数在其定义域内是连续的.

二、函数间断点分类

函数的间断点可以分为以下几种类型.

1. 第一类间断点

第一类间断点为函数左、右极限都存在的间断点.

(1) **跳跃间断点** 如果 $f(x)$ 在点 x_0 处左、右极限都存在, 但

$$f\left(x_0^-\right) \neq f\left(x_0^+\right),$$

则称点 x_0 为函数 $f(x)$ 的跳跃间断点.

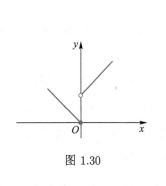

图 1.30

例 3 讨论函数 $f(x) = \begin{cases} -x, & x \leqslant 0, \\ 1+x, & x > 0 \end{cases}$ 在点 $x = 0$ 处的连续性 (图 1.30).

解 $f(0^-) = \lim\limits_{x \to 0^-}(-x) = 0,$ $f(0^+) = \lim\limits_{x \to 0^+}(1+x) = 1.$

因为 $f(0^-) \neq f(0^+)$, 所以 $x = 0$ 为函数 $f(x)$ 的跳跃间断点.

例 4 假设合同规定销售员的月工资由三部分构成:(1) 基本工资 3 000 元; (2) 月销售业绩 10% 的提成; (3) 如果月销售业绩超过 20 000 元, 那么还可得到一次性奖励 500 元. 试讨论其月工资和业绩之间的函数关系是否为连续函数, 如不连续, 指出间断点类别.

解 令 S 代表每月销售业绩, P 代表销售员每月工资, 由 §1.1 例 2 知其工资和业

绩之间的函数关系：

$$P = \begin{cases} 3\,000 + 0.1S, & S < 20\,000, \\ 3\,500 + 0.1S, & S \geqslant 20\,000, \end{cases}$$

此函数在点 $S \neq 20\,000$ 处是连续的. 因

$$\lim_{S \to 20\,000^+} (3\,500 + 0.1S) = 5\,500, \qquad \lim_{S \to 20\,000^-} (3\,000 + 0.1S) = 5\,000,$$

故 $P(20\,000^-) \neq P(20\,000^+)$，所以函数在点 $S = 20\,000$ 处是间断的，该点属于第一类间断点中的跳跃间断点.

(2) **可去间断点** 如果 $f(x)$ 在点 x_0 处的极限存在，但 $\lim\limits_{x \to x_0} f(x) = A \neq f(x_0)$，或 $f(x)$ 在点 x_0 处无定义，则称点 x_0 为 $f(x)$ 的可去间断点.

例 5 讨论函数 $f(x) = \begin{cases} 2\sqrt{x}, & 0 \leqslant x < 1, \\ 1, & x = 1, \\ 1 + x, & x > 1 \end{cases}$ 在

点 $x = 1$ 处的连续性.

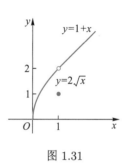

图 1.31

解 因为 $f(1) = 1$，$f(1^-) = 2, f(1^+) = 2$，所以 $\lim\limits_{x \to 1} f(x) = 2 \neq f(1)$，$x = 1$ 为函数 $f(x)$ 的可去间断点 (图 1.31).

注 可去间断点只要改变或者补充间断点处函数的定义，就可使其变为连续点. 如例 5 中，令 $f(1) = 2$，则 $f(x) = \begin{cases} 2\sqrt{x}, & 0 \leqslant x < 1, \\ 1 + x, & x \geqslant 1 \end{cases}$ 在点 $x = 1$ 处连续.

跳跃间断点与可去间断点统称为第一类间断点.

2. 第二类间断点

如果 $f(x)$ 在点 x_0 处的左、右极限至少有一个不存在，则称点 x_0 为函数 $f(x)$ 的第二类间断点.

例 6 讨论函数 $f(x) = \begin{cases} \dfrac{1}{x}, & x > 0, \\ x, & x \leqslant 0 \end{cases}$ 在点 $x = 0$ 处的连续性.

解 $f(0^-) = 0, f(0^+) = +\infty$，所以 $x = 0$ 为函数 $f(x)$ 的第二类间断点. 这种间断点称为**无穷间断点**（图 1.32）.

例 7 讨论函数 $f(x) = \sin \dfrac{1}{x}$ 在点 $x = 0$ 处的连续性.

解 因为 $f(x)$ 在点 $x = 0$ 处没有定义, 且 $\lim\limits_{x \to 0} \sin \dfrac{1}{x}$ 不存在, 所以 $x = 0$ 为第二类间断点. 这种间断点称为**振荡间断点**（图 1.33）.

例 8 当 a 取何值时, 函数 $f(x) = \begin{cases} \dfrac{\sin x}{x}, & x < 0, \\ a + x, & x \geqslant 0 \end{cases}$ 在点 $x = 0$ 处连续?

解 因为 $f(0) = a$,

$$\lim_{x \to 0^-} f(x) = \lim_{x \to 0^-} \frac{\sin x}{x} = 1, \quad \lim_{x \to 0^+} f(x) = \lim_{x \to 0^+} (a + x) = a,$$

要使 $f(0^-) = f(0^+) = f(0)$, 则 $a = 1$. 故当 $a = 1$ 时, 函数 $f(x)$ 在点 $x = 0$ 处连续.

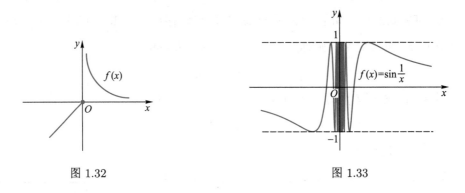

图 1.32 图 1.33

三、连续函数的运算法则

由函数在某点处连续的定义和极限的四则运算法则, 可得到下面的定理:

定理 2 若函数 $f(x)$ 与 $g(x)$ 都在同一点 x_0 处连续, 则 $f(x) \pm g(x)$, $f(x) \cdot g(x)$, $\dfrac{f(x)}{g(x)} (g(x_0) \neq 0)$ 也在点 x_0 处连续.

证 这里只证 $f(x) + g(x)$ 在点 x_0 处的连续性, 其他情形可以类似地证明.

因为 $f(x)$ 与 $g(x)$ 都在点 x_0 处连续, 于是有

$$\lim_{x \to x_0} f(x) = f(x_0), \quad \lim_{x \to x_0} g(x) = g(x_0),$$

由极限的运算法则得,

$$\lim_{x \to x_0} [f(x) + g(x)] = \lim_{x \to x_0} f(x) + \lim_{x \to x_0} g(x) = f(x_0) + g(x_0),$$

这就证明了 $f(x) + g(x)$ 在点 x_0 处是连续的.

例 9 已知 $f(x) = \sin x, g(x) = 3x^2 + 1$ 都是 $(-\infty, +\infty)$ 上的连续函数, 则由定理 2 知

$$\frac{f(x)}{g(x)} = \frac{\sin x}{3x^2 + 1}$$

也是 $(-\infty, +\infty)$ 上的连续函数.

定理 2 可以推广到有限多个函数的情况: 在点 x_0 处, 有限多个连续函数的和、差、积、商 (在商的情况下, 要求分母不为 0) 在点 x_0 处也都是连续的.

定理 3 (反函数的连续性) 如果函数 $y = f(x)$ 在区间 I_x 上单调增加 (或单调减少) 且连续, 那么它的反函数 $x = f^{-1}(y)$ 也在对应的区间 $I_y = \{y \,|\, y = f(x), x \in I_x\}$ 上单调增加 (或单调减少) 且连续.

如函数 $y = \sin x$ 在区间 $\left[-\dfrac{\pi}{2}, \dfrac{\pi}{2}\right]$ 上单调增加且连续, 其反函数 $y = \arcsin x$ 在相应的区间 $[-1, 1]$ 上也是单调增加且连续的.

再例如, $y = \tan x$ 在开区间 $\left(-\dfrac{\pi}{2}, \dfrac{\pi}{2}\right)$ 内单调增加且连续, 则其反函数 $y = \arctan x$ 在对应区间 $(-\infty, +\infty)$ 内也单调增加且连续.

定理 4 设函数 $u = \varphi(x)$ 当 $x \to x_0$ 时的极限存在且等于 a, 即

$$\lim_{x \to x_0} \varphi(x) = a,$$

而且函数 $y = f(u)$ 在点 $u = a$ 处连续, 那么复合函数 $y = f[\varphi(x)]$ 当 $x \to x_0$ 时的极限也存在且等于 $f(a)$, 即

$$\lim_{x \to x_0} f[\varphi(x)] = f(a) = f[\lim_{x \to x_0} \varphi(x)]. \tag{1.11}$$

注 (1.11) 式表明:

(1) 在定理 4 的条件下, 求 $f[\varphi(x)]$ 的极限时, 符号 f 与 $\lim\limits_{x \to x_0}$ 可以交换次序;

(2) $\lim\limits_{x \to x_0} f[\varphi(x)] = \lim\limits_{u \to a} f(u)$, 这说明在定理 4 的条件下, 作代换 $u = \varphi(x)$, 可将求 $\lim\limits_{x \to x_0} f[\varphi(x)]$ 转化为求 $\lim\limits_{u \to a} f(u)$, 这里 $a = \lim\limits_{x \to x_0} \varphi(x)$.

将定理 4 中 $x \to x_0$ 换成 $x \to \infty$, 可得到类似的定理.

例 10 求 $\lim\limits_{x \to 3} \sqrt{\dfrac{x-3}{x^2-9}}$.

解 $y = \sqrt{\dfrac{x-3}{x^2-9}}$ 可看成由 $y = \sqrt{u}$ 与 $u = \dfrac{x-3}{x^2-9}$ 复合而成. 因为

$$\lim_{x \to 3} \frac{x-3}{x^2-9} = \frac{1}{6},$$

而函数 $y = \sqrt{u}$ 在点 $u = \dfrac{1}{6}$ 处连续, 所以

$$\lim_{x \to 3} \sqrt{\frac{x-3}{x^2-9}} = \sqrt{\lim_{x \to 3} \frac{x-3}{x^2-9}} = \sqrt{\frac{1}{6}} = \frac{\sqrt{6}}{6}.$$

推论 1 (复合函数的连续性) 设函数 $u = \varphi(x)$ 在点 $x = x_0$ 处连续，且 $\varphi(x_0) = u_0$，而函数 $y = f(u)$ 在点 $u = u_0$ 处连续，那么复合函数 $y = f[\varphi(x)]$ 在点 $x = x_0$ 处也是连续的.

如函数 $y = f(u) = u^2$ 在 $(-\infty, +\infty)$ 上是连续的，函数 $u = \varphi(x) = \cos x$ 在 $(-\infty, +\infty)$ 上是连续的，所以复合函数 $y = \cos^2 x$ 在 $(-\infty, +\infty)$ 上也是连续的.

由于基本初等函数在其定义域内都是连续的，所以由基本初等函数经过有限次四则运算或复合运算而成的**初等函数在其定义区间内都是连续的**. 初等函数是我们经常应用的函数，因此上述结论是十分重要的. 求函数 $f(x)$ 在其连续点 x_0 处的极限时，极限号和函数符号可以交换计算次序，这是求初等函数极限的一个简便方法.

例 11 求 $\lim\limits_{x \to 0} \dfrac{\ln(1+x)}{x}$.

解 $\lim\limits_{x \to 0} \dfrac{\ln(1+x)}{x} = \lim\limits_{x \to 0} \ln(1+x)^{\frac{1}{x}} = \ln\left[\lim\limits_{x \to 0}(1+x)^{\frac{1}{x}}\right] = \ln \mathrm{e} = 1.$

例 12 求 $\lim\limits_{x \to 0} \dfrac{\mathrm{e}^x - 1}{x}$.

解 令 $\mathrm{e}^x - 1 = y$，则 $x = \ln(1+y)$，且当 $x \to 0$ 时，$y \to 0$. 因此

$$\lim_{x \to 0} \frac{\mathrm{e}^x - 1}{x} = \lim_{y \to 0} \frac{y}{\ln(1+y)} = \lim_{y \to 0} \frac{1}{\ln(1+y)^{\frac{1}{y}}} = 1.$$

由例 12 知，

$$\lim_{x \to 0} \frac{a^x - 1}{x} = \lim_{x \to 0} \frac{\mathrm{e}^{x \ln a} - 1}{x} = \ln a \lim_{x \to 0} \frac{\mathrm{e}^{x \ln a} - 1}{x \ln a} = \ln a.$$

例 13 求 $\lim\limits_{x \to 0} \dfrac{(1+x)^\alpha - 1}{x}$.

解 令 $(1+x)^\alpha - 1 = t$，则 $\alpha \ln(1+x) = \ln(1+t)$，并且当 $x \to 0$ 时，$t \to 0$. 于是

$$\lim_{x \to 0} \frac{(1+x)^\alpha - 1}{x} = \lim_{t \to 0}\left(\frac{t}{\ln(1+t)} \cdot \frac{\alpha \ln(1+x)}{x}\right)$$

$$= \lim_{t \to 0} \frac{t}{\ln(1+t)} \cdot \lim_{x \to 0} \frac{\alpha \ln(1+x)}{x}$$

$$= \frac{1}{\ln[\lim\limits_{t \to 0}(1+t)^{\frac{1}{t}}]} \cdot \alpha \ln[\lim\limits_{x \to 0}(1+x)^{\frac{1}{x}}] = \alpha.$$

由例 11—例 13，我们求得了 §1.5 给出的三个常用的等价无穷小关系式：当 $x \to 0$ 时，

$$\ln(1+x) \sim x, \quad \mathrm{e}^x - 1 \sim x, \quad (1+x)^\alpha - 1 \sim \alpha x.$$

四、闭区间上连续函数的性质

闭区间上的连续函数有重要的性质, 这些性质常常用来作为分析问题的理论依据.

定理 5 (最大最小值定理) 若函数 $f(x)$ 在闭区间 $[a,b]$ 上连续, 则 $f(x)$ 在该区间上一定有最大值和最小值, 即一定存在点 $x_1, x_2 \in [a,b]$, 使得对于 $[a,b]$ 上的一切点 x 都有

$$f(x) \leqslant f(x_1) = \max_{a \leqslant x \leqslant b}\{f(x)\},$$

$$f(x) \geqslant f(x_2) = \min_{a \leqslant x \leqslant b}\{f(x)\}.$$

x_1, x_2 分别称为函数 $f(x)$ 的**最大值点**与**最小值点**, $f(x_1), f(x_2)$ 分别称为 $f(x)$ 在区间 $[a,b]$ 上的**最大值**与**最小值**.

在图 1.34 中, 点 x_1 对应的函数值 $f(x_1)$ 最大, 点 x_2 对应的函数值 $f(x_2)$ 最小. 需要指出的是, 函数在某区间上的最大值与最小值 (若存在) 是唯一的, 而最大值点与最小值点不一定是唯一的. 在图 1.34 中, x_2 与 x_3 之间的任意一点都是该函数的最小值点.

如果定理 5 中 "闭区间上连续" 不满足, 那么函数在该区间上就不一定有最大值或最小值. 例如, 函数 $y = x$ 在开区间 $(0,1)$ 内连续, 但在 $(0,1)$ 内既无最大值, 也无最小值. 又如函数

$$f(x) = \begin{cases} -x+1, & 0 \leqslant x < 1, \\ 1, & x = 1, \\ -x+3, & 1 < x \leqslant 2 \end{cases}$$

有间断点 $x = 1, f(x)$ 在 $[0,2]$ 上既无最大值又无最小值 (图 1.35).

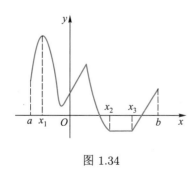

图 1.34

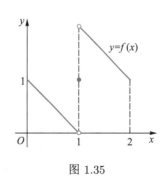

图 1.35

推论 2 (有界性定理) 闭区间上的连续函数一定在该区间上有界.

定理 6 (介值定理) 设函数 $f(x)$ 在闭区间 $[a,b]$ 上连续, 则对于 $f(a)$ 与 $f(b)(f(a) \neq$

$f(b)$) 之间的任何数 c，在开区间 (a,b) 内至少存在一点 ξ，使

$$f(\xi) = c, \quad \xi \in (a,b).$$

定理 6 也可叙述为，闭区间 $[a,b]$ 上的连续函数 $f(x)$，当 x 从 a 变化到 b 时，要经过 $f(a)$ 与 $f(b)$ 之间的一切数值.

定理 6 的几何意义为，闭区间 $[a,b]$ 上的连续函数 $f(x)$ 的图形 (图 1.36) 是一条从点 $(a, f(a))$ 到点 $(b, f(b))$ 的连绵不断的曲线，因此介于 $y = f(a)$ 与 $y = f(b)$ 之间的任意一条直线 $y = c$ 都必与该曲线相交 (交点不一定唯一).

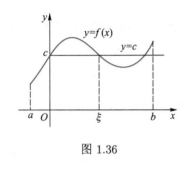

图 1.36

推论 3　在闭区间 $[a,b]$ 上连续的函数 $f(x)$，必然取得介于最大值 M 和最小值 m 之间的任何值.

推论 4 (零点定理)　设函数 $f(x)$ 在闭区间 $[a,b]$ 上连续，且 $f(a) \cdot f(b) < 0$，则在开区间 (a,b) 内至少存在一点 ξ，使 $f(\xi) = 0$.

推论 4 也称为**根的存在定理**，因为 ξ 是方程 $f(x) = 0$ 的根.

例 14　证明方程 $x^3 - 4x^2 + 1 = 0$ 在区间 $(0,1)$ 内至少有一根.

证　令 $f(x) = x^3 - 4x^2 + 1$，则 $f(x)$ 在 $[0,1]$ 上连续. 又

$$f(0) = 1 > 0, \quad f(1) = -2 < 0,$$

由根的存在定理，存在 $\xi \in (a,b)$，使 $f(\xi) = 0$，即

$$\xi^3 - 4\xi^2 + 1 = 0,$$

所以方程 $x^3 - 4x^2 + 1 = 0$ 在 $(0,1)$ 内至少有一根 ξ.

习题 1.6

1. 研究下列函数的连续性，并画出函数图形：

(1) $f(x) = \begin{cases} x, & |x| \leqslant 1, \\ 1, & |x| > 1; \end{cases}$　(2) $f(x) = \begin{cases} x^2, & 0 \leqslant x \leqslant 1, \\ 2 - x, & 1 < x \leqslant 2. \end{cases}$

2. 指出下列函数在指定点处间断点的类型，如果是可去间断点，则补充或改变函数的定义使之连续：

(1) $y = \dfrac{x^2 - 1}{x^2 - 3x + 2}, x = 1, x = 2;$

(2) $f(x) = \begin{cases} x \sin \dfrac{1}{x}, & x \neq 0, \\ 1, & x = 0, \end{cases} \quad x = 0;$

(3) $y = \cos^2 \dfrac{1}{x}, x = 0;$

(4) $y = \begin{cases} x, & x \leqslant 1, \\ 3 - x, & x > 1, \end{cases} \quad x = 1;$

(5) $y = \begin{cases} \mathrm{e}^{\frac{1}{x-1}}, & x > 0, \\ \ln(1 + x), & -1 < x \leqslant 0, \end{cases} \quad x = 0, x = 1;$

(6) $y = \lim\limits_{n \to \infty} \dfrac{\mathrm{e}^{nx} - 1}{\mathrm{e}^{nx} + 1}, x = 0.$

3. 讨论 $f(x) = \dfrac{x}{\tan x}$ 的连续性, 并判断间断点类别.

4. 利用函数的连续性求下列极限:

(1) $\lim\limits_{x \to 0} \sqrt{x^2 - 2x + 5};$

(2) $\lim\limits_{x \to 0} \ln \left(\dfrac{\sin 2x}{x} \right)^3;$

(3) $\lim\limits_{x \to \frac{\pi}{6}} \ln(2 \cos 2x);$

(4) $\lim\limits_{x \to 0} \dfrac{\sqrt{x + 1} - 1}{x};$

(5) $\lim\limits_{x \to \infty} \left(\dfrac{x - 1}{x + 1} \right)^x;$

(6) $\lim\limits_{x \to \alpha} \dfrac{\sin x - \sin \alpha}{x - \alpha}.$

5. 若 $f(x) = \begin{cases} \mathrm{e}^{\frac{1}{x}}, & x < 0, \\ 3x, & 0 \leqslant x < 1, \\ \mathrm{e}^{2ax} - \mathrm{e}^{ax} + 1, & x \geqslant 1 \end{cases}$ 在点 $x = 1$ 处连

续, 求 $a.$

分段函数中参数
的确定例题

6. 设 $f(x)$ 在点 $x = 2$ 处连续, 且 $\lim\limits_{x \to 2} \dfrac{f(x) - 3}{x - 2}$ 存在, 求 $f(2).$

7. $f(x) = \begin{cases} x - 1, & 0 < x \leqslant 1 \\ 2 - x, & 1 < x \leqslant 3 \end{cases}$ 在点 $x = 1$ 处间断是因为 (   ).

(A) $f(x)$ 在点 $x = 1$ 处无定义

(B) $\lim\limits_{x \to 1^-} f(x)$ 不存在

(C) $\lim\limits_{x \to 1^+} f(x)$ 不存在

(D) $\lim\limits_{x \to 1} f(x)$ 不存在

8. 讨论 $f(x) = \begin{cases} x^2 + 1, & x \leqslant 0, \\ (x - 1)^2, & x > 0 \end{cases}$ 在点 $x = 0$ 处的极限和连续性.

9. 某城镇每户居民每月水费用 (单位：元) 的模型由下式确定:

$$f(x) = \begin{cases} 1.75x, & 0 \leqslant x \leqslant 4, \\ 7 + 3.2(x-4), & x > 4, \end{cases}$$

其中 x 为每月用水量 (单位: t), 试问: 函数 $f(x)$ 在点 $x = 4$ 处是否连续?

10. 试证方程 $x^5 - 3x - 1 = 0$ 在区间 $(1,2)$ 内至少有一个实根.

11. 试证方程 $x \cdot 2^x = 1$ 至少有一个小于 1 的正根.

第一章自测题

导数与微分

在科技、经济和实际生活中，经常遇到两类问题：一是求函数相对于自变量的变化率；二是当自变量发生微小变化时，求函数改变量的近似值. 前者是导数问题，后者是微分问题. 导数与微分是微分学中的基本概念. 本章将用极限的方法（逼近法）来研究函数的变化率，由此给出导数与微分的概念及它们的计算公式与运算法则，并介绍它们在经济分析中的初步应用.

当今信息技术的快速发展推进了电子商务的兴起和发展，网络购物已经成为我们生活的一部分. 更多年轻人"宅"在家里就能买到自己心仪的商品，网络购物成了当今一大重要的消费渠道，因此"双十一"购物狂欢节成为各大电商平台与消费者非常期待的日子. "双十一"热销产品的需求量往往极易受到价格的影响，试问要使销售收入有所增加，应采取何种价格措施？要想解决这些问题，导数在其中起着至关重要的作用，只有在引进导数以后，才能更好地说明这些量的变化情况.

55

§2.1 导数的概念

导数的概念将变化率定义为一个函数，即使变化率是多变的，导数也会给出某个点处或某个时刻对应的变化率. 本节我们将看到导数是如何定义的，以及它为何重要.

一、引例

引例 1 (瞬时速度问题) 设高铁沿直线行驶，高铁的行驶里程是时间 t 的函数，设为 $s = s(t)$. 首先考虑高铁在时刻 t_0 附近很短一段时间内的运动. 设高铁在从 t_0 到 $t_0 + \Delta t$ 这段时间间隔内行驶里程从 $s(t_0)$ 变为 $s(t_0 + \Delta t)$，即

$$\Delta s = s(t_0 + \Delta t) - s(t_0)$$

则从 t_0 到 $t_0 + \Delta t$ 这段时间内的平均速度是

$$\overline{v} = \frac{\Delta s}{\Delta t} = \frac{s(t_0 + \Delta t) - s(t_0)}{\Delta t}.$$

当 Δt 很小时，可以用 $\overline{v}$ 近似地表示高铁在时刻 t_0 的速度，Δt 越小，近似的程度就越好. 这种代替称为 "以均匀代不均匀"，是 "微元分析法" 的核心. 当 $\Delta t \to 0$ 时，我们将平均速度的极限称为时刻 t_0 的瞬时速度，即

$$v(t_0) = \lim_{\Delta t \to 0} \frac{\Delta s}{\Delta t} = \lim_{\Delta t \to 0} \frac{s(t_0 + \Delta t) - s(t_0)}{\Delta t}.$$

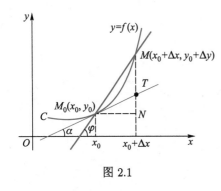

图 2.1

引例 2 (平面曲线切线的斜率) 设平面上连续曲线 C 的方程为 $y = f(x)$，求曲线 C 在点 $M_0(x_0, f(x_0))$ 处的切线斜率. 什么样的直线称为曲线 C 在点 $M_0(x_0, f(x_0))$ 处的切线呢？下面给出曲线切线的定义.

如图 2.1 所示，设点 $M_0(x_0, f(x_0))$ 为曲线 C 上一定点，点 $M(x_0 + \Delta x, f(x_0 + \Delta x))$ 为曲线 C 上与点 M_0 邻近的一点. 连接点 M_0 和 M 的直线 M_0M 称为曲线 $y = f(x)$ 的一条割线，当点 M 沿着曲线 C 移动并无限接近点 M_0 时，割线 M_0M 绕点 M_0 旋转. 若割线 M_0M 存在极限位置 M_0T，则称直线 M_0T 为曲线 C 在点 M_0 处的切线.

根据切线的定义，如果曲线 C 在点 M_0 处的切线存在，则切线斜率 k 就应该是割线斜率的极限.

由图 2.1 可知，割线 M_0M 的斜率为

$$k_{M_0M} = \tan\varphi = \frac{\Delta y}{\Delta x} = \frac{f(x_0 + \Delta x) - f(x_0)}{\Delta x}.$$

由于当点 M 沿着曲线 C 无限趋于点 M_0 时，必有 $\Delta x \to 0$，于是切线 M_0T 的斜率

$$k = \lim_{M \to M_0} k_{M_0M} = \lim_{\Delta x \to 0} \frac{\Delta y}{\Delta x} = \lim_{\Delta x \to 0} \frac{f(x_0 + \Delta x) - f(x_0)}{\Delta x}.$$

引例 3 (产品总成本的变化率) 设某电子产品的总成本 C 是产量 x 的函数：$C = C(x)$，当产量由 x_0 变为 $x_0 + \Delta x$ 时，总成本相应的改变量为

$$\Delta C = C(x_0 + \Delta x) - C(x_0),$$

总成本平均变化率为

$$\frac{\Delta C}{\Delta x} = \frac{C(x_0 + \Delta x) - C(x_0)}{\Delta x}.$$

当 $\Delta x \to 0$ 时，若极限

$$\lim_{\Delta x \to 0} \frac{\Delta C}{\Delta x} = \lim_{\Delta x \to 0} \frac{C(x_0 + \Delta x) - C(x_0)}{\Delta x}$$

存在，则称此极限是产量为 x_0 时的总成本的变化率，即经济学中的**边际成本**.

上述 3 个引例所讲实际问题的具体含义不同，但蕴涵的思想和方法是相同的，即用"已知的简"(如平均速度、割线斜率、平均成本) 去逼近 "未知的繁"(如瞬时速度、切线斜率、边际成本)，这里的逼近就是一个极限过程：当自变量的改变量趋于零时，函数改变量与自变量改变量之比存在极限，这个特定的极限就称为导数.

二、导数的定义

1. 函数在一点处的导数

定义 1 设函数 $y = f(x)$ 在点 x_0 的某个邻域内有定义，当自变量 x 在点 x_0 处取得增量 Δx(点 $x_0 + \Delta x$ 仍在该邻域内) 时，相应地，函数 y 取得增量

$$\Delta y = f(x_0 + \Delta x) - f(x_0).$$

如果当 $\Delta x \to 0$ 时，极限

$$\lim_{\Delta x \to 0} \frac{\Delta y}{\Delta x} = \lim_{\Delta x \to 0} \frac{f(x_0 + \Delta x) - f(x_0)}{\Delta x} \tag{2.1}$$

存在，则称此极限值为函数 $y = f(x)$ 在点 x_0 处的导数，并称函数 $y = f(x)$ 在点 x_0 处可导，记为

$$f'(x_0), \quad y'|_{x=x_0}, \quad \frac{\mathrm{d}y}{\mathrm{d}x}\bigg|_{x=x_0} \quad 或 \quad \frac{\mathrm{d}f(x)}{\mathrm{d}x}\bigg|_{x=x_0}.$$

函数 $f(x)$ 在点 x_0 处可导有时也称为函数 $f(x)$ 在点 x_0 处具有导数或导数存在.

导数的定义也可采取不同的表达形式. 例如，在 (2.1) 式中，令 $h = \Delta x$，则

$$f'(x_0) = \lim_{h \to 0} \frac{f(x_0 + h) - f(x_0)}{h}. \tag{2.2}$$

令 $x = x_0 + \Delta x$，则

$$f'(x_0) = \lim_{x \to x_0} \frac{f(x) - f(x_0)}{x - x_0}. \tag{2.3}$$

如果极限 (2.1) 不存在，则称函数 $y = f(x)$ 在点 x_0 处**不可导**，称 x_0 为 $y = f(x)$ 的**不可导点**. 如果 (2.1) 式的极限为 ∞，通常表示在该点处存在铅直切线.

导数概念是函数变化率这一概念的精确描述，它撇开了自变量和因变量所代表的几何、物理或经济等方面的特殊意义，纯粹从数量方面来刻画函数变化率的本质：函数增量与自变量增量的比值 $\dfrac{\Delta y}{\Delta x}$ 是函数 y 在以 x_0 和 $x_0 + \Delta x$ 为端点的区间上的平均变化率，而导数 $y'|_{x=x_0}$ 则是函数 y 在点 x_0 处的变化率，它反映了函数随自变量变化而变化的快慢程度.

如果函数 $y = f(x)$ 在开区间 I 内的每点处都可导，则称函数 $f(x)$ 在**开区间 I 内可导**.

设函数 $y = f(x)$ 在开区间 I 内可导，则对于 I 内每点 x，都有一个导数值 $f'(x)$ 与之对应，因此 $f'(x)$ 也是 x 的函数，称为 $f(x)$ 的**导函数** (简称导数)，记作

$$y', \quad f', \quad \frac{\mathrm{d}y}{\mathrm{d}x} \quad 或 \quad \frac{\mathrm{d}f(x)}{\mathrm{d}x}.$$

根据导数定义，前面的 3 个引例可以叙述为

(1) 瞬时速度是路程 s 关于时间 t 的导数，即

$$v = s' = \frac{\mathrm{d}s}{\mathrm{d}t};$$

(2) 曲线 $y = f(x)$ 在点 x 处的切线斜率为曲线纵坐标 y 关于横坐标 x 的导数，即

$$k = f'(x) = \frac{\mathrm{d}y}{\mathrm{d}x};$$

(3) 产品总成本 $C = C(x)$ 的变化率（即边际成本）是总成本 C 关于产量 x 的导数 $\frac{\mathrm{d}C}{\mathrm{d}x}$.

根据导数的定义求 $f(x)$ 的导数, 一般包含以下三个步骤:

(1) 求函数增量: $\Delta y = f(x + \Delta x) - f(x)$;

(2) 求两增量比值: $\dfrac{\Delta y}{\Delta x} = \dfrac{f(x + \Delta x) - f(x)}{\Delta x}$;

(3) 求极限: $y' = \lim\limits_{\Delta x \to 0} \dfrac{\Delta y}{\Delta x}$.

例 1 利用导数定义求函数 $y = x^3$ 在点 x_0 处的导数.

解 由于

$$\Delta y = (x_0 + x)^3 - x_0^3 = 3x_0^2 \Delta x + 3x_0 (\Delta x)^2 + (\Delta x)^3,$$

故

$$\frac{\Delta y}{\Delta x} = 3x_0^2 + 3x_0 \Delta x + (\Delta x)^2,$$

求极限,

$$f'(x_0) = \lim_{\Delta x \to 0} \frac{\Delta y}{\Delta x} = \lim_{\Delta x \to 0} (3x_0^2 + 3x_0 \Delta x + (\Delta x)^2) = 3x_0^2.$$

由前面引例 2 的讨论我们可知**导数的几何意义**: 函数 $y = f(x)$ 在点 x_0 处的导数 $f'(x_0)$ 在几何上表示曲线 $y = f(x)$ 在点 $M(x_0, f(x_0))$ 处的切线的斜率, 即 $f'(x_0) = \tan \alpha$, 其中 α 是切线的倾斜角 (图 2.2).

特别地, 如果 $y = f(x)$ 在点 x_0 处的导数为无穷大, 这时曲线 $y = f(x)$ 的割线以垂直于 x 轴的直线 $x = x_0$ 为极限位置, 即曲线 $y = f(x)$ 在点 $M(x_0, f(x_0))$ 处具有垂直于 x 轴的切线 $x = x_0$.

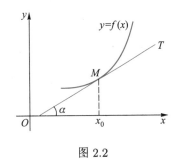

图 2.2

由导数的几何意义及直线的点斜式方程, 可知曲线 $y = f(x)$ 上点 (x_0, y_0) 处的切线方程为

$$y - y_0 = f'(x_0)(x - x_0),$$

法线 (与切线垂直) 方程为

$$y - y_0 = -\frac{1}{f'(x_0)}(x - x_0) \quad (f'(x_0) \neq 0).$$

例 2 求曲线 $y = x^3$ 上点 $(1,1)$ 处的切线方程和法线方程.

解 由例 1,

$$y'(1) = 3x^2|_{x=1} = 3,$$

所求曲线的切线方程为

$$y - 1 = 3(x - 1), \quad 即 \quad 3x - y - 2 = 0.$$

法线方程为

$$y - 1 = -\frac{1}{3}(x - 1), \quad 即 \quad x + 3y - 4 = 0.$$

2. 左导数和右导数

定义 2 设函数 $y = f(x)$ 在点 x_0 处及其左邻域内有定义，如果极限

$$\lim_{\Delta x \to 0^-} \frac{f(x_0 + \Delta x) - f(x_0)}{\Delta x}$$

存在，则称此极限值为函数 $f(x)$ 在点 x_0 处的左导数，记为 $f'_-(x_0)$，即

$$f'_-(x_0) = \lim_{\Delta x \to 0^-} \frac{f(x_0 + \Delta x) - f(x_0)}{\Delta x} \quad 或 \quad f'_-(x_0) = \lim_{x \to x_0^-} \frac{f(x) - f(x_0)}{x - x_0}.$$

类似地，如果极限 $\lim\limits_{\Delta x \to 0^+} \dfrac{f(x_0 + \Delta x) - f(x_0)}{\Delta x}$ 存在，则称此极限值为函数 $f(x)$ 在点 x_0 处的右导数，记为 $f'_+(x_0)$，即

$$f'_+(x_0) = \lim_{\Delta x \to 0^+} \frac{f(x_0 + \Delta x) - f(x_0)}{\Delta x} \quad 或 \quad f'_+(x_0) = \lim_{x \to x_0^+} \frac{f(x) - f(x_0)}{x - x_0}.$$

左导数与右导数统称为**单侧导数**.

左、右导数和导数之间有如下关系:

定理 1 $f(x)$ 在点 x_0 处可导的充要条件是 $f(x)$ 在点 x_0 处的左导数 $f'_-(x_0)$ 与右导数 $f'_+(x_0)$ 都存在且相等，即

$$f'(x_0) = A \Leftrightarrow f'_-(x_0) = f'_+(x_0) = A \quad (A \text{ 为定值}).$$

注 当讨论一些分段函数在分段点处的导数或者所讨论函数中含有某些特殊初等函数在一些特殊点处的导数时，一般需要考虑左、右导数.

例 3 求函数 $f(x) = \begin{cases} \tan x, & x < 0, \\ x, & x \geqslant 0 \end{cases}$ 在点 $x = 0$ 处的导数.

解 当 $\Delta x < 0$ 时，

$$\Delta y = f(0 + \Delta x) - f(0) = \tan \Delta x - 0 = \tan \Delta x,$$

故

$$f'_-(0) = \lim_{\Delta x \to 0^-} \frac{\Delta y}{\Delta x} = \lim_{\Delta x \to 0^-} \frac{\tan \Delta x}{\Delta x} = \lim_{\Delta x \to 0^-} \frac{1}{\cos \Delta x} \frac{\sin \Delta x}{\Delta x} = 1.$$

当 $\Delta x > 0$ 时,

$$\Delta y = f(0 + \Delta x) - f(0) = \Delta x - 0 = \Delta x,$$

故

$$f'_+(0) = \lim_{\Delta x \to 0^+} \frac{\Delta y}{\Delta x} = \lim_{\Delta x \to 0^+} \frac{\Delta x}{\Delta x} = 1.$$

由 $f'_+(0) = f'_-(0) = 1$ 知

$$f'(0) = \lim_{x \to 0} \frac{\Delta y}{\Delta x} = 1.$$

三、几个基本初等函数的导数

下面我们先计算一些初等函数的导数.

例 4 常数函数的导数 $(c)' = 0$.

证 $\Delta y = c - c = 0, \dfrac{\Delta y}{\Delta x} = \dfrac{0}{\Delta x} = 0$, 则

$$\lim_{\Delta x \to 0} \frac{\Delta y}{\Delta x} = \lim_{\Delta x \to 0} 0 = 0, \quad 即 \quad (c)' = 0.$$

例 5 正弦函数的导数

$$(\sin x)' = \cos x.$$

证 对于正弦函数自变量的增量 Δx, 相应地有函数值的改变量

$$\Delta y = \sin(x + \Delta x) - \sin x = 2 \sin \frac{\Delta x}{2} \cos \left(x + \frac{\Delta x}{2} \right),$$

于是,

$$\frac{\Delta y}{\Delta x} = \cos \left(x + \frac{\Delta x}{2} \right) \frac{\sin \dfrac{\Delta x}{2}}{\dfrac{\Delta x}{2}}.$$

由 $\cos x$ 的连续性, 有 $\lim\limits_{\Delta x \to 0} \cos \left(x + \dfrac{\Delta x}{2} \right) = \cos x$, 因此

$$\lim_{\Delta x \to 0} \frac{\Delta y}{\Delta x} = \lim_{\Delta x \to 0} \cos \left(x + \frac{\Delta x}{2} \right) \lim_{\Delta x \to 0} \frac{\sin \dfrac{\Delta x}{2}}{\dfrac{\Delta x}{2}} = \cos x,$$

即

$$(\sin x)' = \cos x.$$

类似地，可得 $(\cos x)' = -\sin x$.

例 6　自然对数函数的导数

$$(\ln x)' = \frac{1}{x}.$$

证　对于对数函数自变量 x 的改变量 Δx，相应地有函数值的改变量

$$\Delta y = \ln(x + \Delta x) - \ln x = \ln\left(1 + \frac{\Delta x}{x}\right),$$

于是，

$$\frac{\Delta y}{\Delta x} = \frac{1}{\Delta x}\ln\left(1 + \frac{\Delta x}{x}\right) = \frac{1}{x} \cdot \frac{x}{\Delta x}\ln\left(1 + \frac{\Delta x}{x}\right) = \frac{1}{x}\ln\left(1 + \frac{\Delta x}{x}\right)^{\frac{x}{\Delta x}}.$$

由函数 $\ln x$ 的连续性，有

$$\lim_{\Delta x \to 0} \ln\left(1 + \frac{\Delta x}{x}\right)^{\frac{x}{\Delta x}} = \ln \lim_{\Delta x \to 0}\left(1 + \frac{\Delta x}{x}\right)^{\frac{x}{\Delta x}}.$$

当 $\Delta x \to 0$ 时，$\dfrac{\Delta x}{x} \to 0$，因此

$$\lim_{\Delta x \to 0}\frac{\Delta y}{\Delta x} = \lim_{\Delta x \to 0}\frac{1}{x}\ln\left(1 + \frac{\Delta x}{x}\right)^{\frac{x}{\Delta x}} = \frac{1}{x}\ln \lim_{\Delta x \to 0}\left(1 + \frac{\Delta x}{x}\right)^{\frac{x}{\Delta x}}$$
$$= \frac{1}{x}\ln \mathrm{e} = \frac{1}{x},$$

即

$$(\ln x)' = \frac{1}{x}.$$

例 7　求函数 $y = x^n (n$ 为正整数$)$ 的导数.

解　由定义，

$$(x^n)' = \lim_{h \to 0}\frac{(x + h)^n - x^n}{h}$$
$$= \lim_{h \to 0}\left[nx^{n-1} + \frac{n(n-1)}{2!}x^{n-2}h + \cdots + h^{n-1}\right]$$
$$= nx^{n-1},$$

即 $(x^n)' = nx^{n-1}$.

更一般地，有幂函数的导数

$$(x^\mu)' = \mu x^{\mu-1} \quad (\mu \in \mathbf{R}).$$

例如，

$$(\sqrt{x})' = \frac{1}{2}x^{\frac{1}{2}-1} = \frac{1}{2\sqrt{x}},$$

$$\left(\frac{1}{x}\right)' = (x^{-1})' = (-1)x^{-1-1} = -\frac{1}{x^2}.$$

如果已知函数的导函数 $f'(x)$，要求函数在某点处的导数 $f'(x_0)$，则只要将该点代入计算即可，即

$$f'(x_0) = f'(x)|_{x=x_0}.$$

例如，因为 $(\sqrt{x})' = \frac{1}{2\sqrt{x}}$，所以 $y = \sqrt{x}$ 在点 $x = 1$ 处的导数 $f'(1) = \frac{1}{2}$.

幂函数的求导公式将在 §2.2 例 13 给出证明.

例 8 指数函数的导数 $(a^x)' = a^x \ln a (a > 0, a \neq 1)$.

证 因为

$$f'(x) = \lim_{\Delta x \to 0} \frac{f(x+\Delta x) - f(x)}{\Delta x} = \lim_{\Delta x \to 0} \frac{a^{x+\Delta x} - a^x}{\Delta x} = a^x \lim_{\Delta x \to 0} \frac{a^{\Delta x} - 1}{\Delta x},$$

由 §1.6 例 12 知 $\lim\limits_{\Delta x \to 0} \dfrac{a^{\Delta x} - 1}{\Delta x} = \ln a$，得

$$(a^x)' = a^x \ln a.$$

特别地，当 $a = e$ 时，有 $(e^x)' = e^x$.

例 4—例 8 的结果均可作为导数基本公式，在今后求导时可以直接引用.

四、可导与连续

根据导数的定义，我们可讨论函数在一点处可导与在该点处连续之间的关系.

定理 2 如果函数 $y = f(x)$ 在点 x_0 处可导，那么 $y = f(x)$ 在点 x_0 处是连续的.

证 因为函数 $f(x)$ 在点 x_0 处可导，所以由导数定义，有

$$\lim_{\Delta x \to 0} \Delta y = \lim_{\Delta x \to 0} \frac{\Delta y}{\Delta x} \cdot \Delta x = \lim_{\Delta x \to 0} \frac{\Delta y}{\Delta x} \cdot \lim_{\Delta x \to 0} \Delta x = f'(x_0) \cdot 0 = 0.$$

由连续定义可知，$y = f(x)$ 在点 x_0 处是连续的.

下面举例说明定理 2"反之不真".

例 9 判断函数 $y = |x| = \begin{cases} x, & x \geqslant 0, \\ -x, & x < 0 \end{cases}$ 在点 $x = 0$ 处的连续性及可导性.

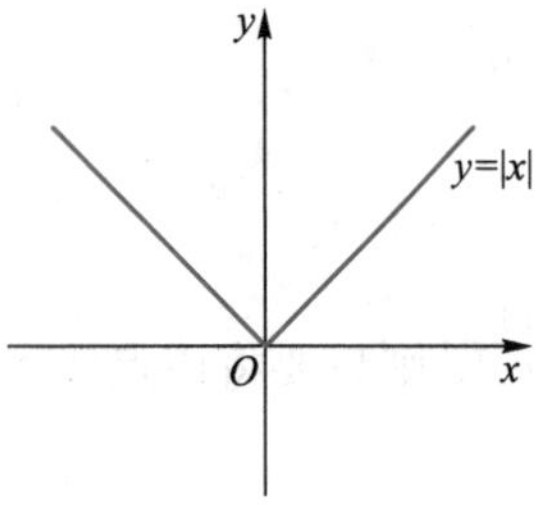

解 显然 $y = |x|$ 在 $(-\infty, +\infty)$ 上连续, 于是必在点 $x = 0$ 处连续.

考虑 $y = |x|$ 在原点处的左、右导数,

$$f'_-(0) = \lim_{x \to 0^-} \frac{f(x) - f(0)}{x - 0} = \lim_{x \to 0^-} \frac{|x| - 0}{x} = \lim_{x \to 0^-} \frac{-x}{x} = -1,$$

$$f'_+(0) = \lim_{x \to 0^+} \frac{f(x) - f(0)}{x - 0} = \lim_{x \to 0^+} \frac{|x| - 0}{x} = \lim_{x \to 0^+} \frac{x}{x} = 1,$$

图 2.3

可见 $f'_-(0) \neq f'_+(0)$, 所以函数 $f(x)$ 在点 $x = 0$ 处不可导, 如图 2.3 所示.

定理 2 说明函数在某点处连续是函数在该点处可导的必要条件, 但不是充分条件.

习题 2.1

分段函数求导
释疑

1. 利用导数定义求函数 $f(x) = \sqrt{x}$ 在点 $x = 4$ 处的导数.

2. 设 $f'(x_0)$ 存在, 根据导数定义求下列极限:

(1) $\displaystyle\lim_{\Delta x \to 0} \frac{f(x_0 - 2\Delta x) - f(x_0)}{\Delta x}$;

(2) $\displaystyle\lim_{\Delta x \to 0} \frac{f(x_0 + \Delta x) - f(x_0 - \Delta x)}{\Delta x}$;

(3) $\displaystyle\lim_{h \to 0} \frac{f(x_0 + h^2) - f(x_0)}{h}$;

(4) $\displaystyle\lim_{h \to \infty} h \left[f\left(x_0 + \frac{3}{h}\right) - f(x_0) \right]$.

3. 设 $f(x)$ 为可导函数, 且满足条件 $\displaystyle\lim_{x \to 0} \frac{f(1) - f(1 - x)}{2x} = -1$, 求曲线 $y = f(x)$ 在点 $(1, f(1))$ 处的切线斜率.

4. 求下列函数的导数:

(1) $y = \sqrt[3]{x^2}$;　(2) $y = \dfrac{1}{x^2}$;　(3) $y = \dfrac{1}{\sqrt{x}}$;　(4) $y = \dfrac{x^2 \sqrt[3]{x^2}}{\sqrt{x^5}}$.

抽象函数求导
习题3讲解

5. 求曲线 $y = \mathrm{e}^x$ 在点 $(0, 1)$ 处的切线方程及法线方程.

6. 设 $f(x) = \begin{cases} 2^x, & x < 0, \\ \cos x, & x \geqslant 0, \end{cases}$ 　求 $f'(x)$.

7. 设 $f(x) = \begin{cases} \dfrac{2}{3}x^3, & x \leqslant 1, \\ x^2, & x > 1, \end{cases}$ 　求 $f(x)$ 在点 $x = 1$ 处的左、右导数.

8. 讨论下列函数在指定点处的连续性与可导性:

(1) $f(x) = \begin{cases} \sin x, & x \geqslant 0, \\ x, & x < 0, \end{cases} \quad x = 0;$

(2) $f(x) = |x|x, \; x = 0.$

9. 求 a, b 的值,使函数 $f(x) = \begin{cases} x^2 + 2x + 3, & x \leqslant 0, \\ ax + b, & x > 0 \end{cases}$ 在 $(-\infty, +\infty)$ 内可导.

*10. 设 $f(x)$ 在点 $x = 0$ 处可导,且 $f'(0) = 2$,又对任意的 x 有 $f(3 + x) = 3f(x)$,求 $f'(3)$.

11. 已知 $f(x)$ 在点 $x = 2$ 处可导,若极限 $\lim\limits_{x \to 2} f(x) = -1$,求函数值 $f(2)$.

§2.2 导数的基本公式与运算法则

导数是解决有关函数的变化率问题的有效工具,而直接用定义求导并不可取,所以需要寻求一些简单方便的方法来求导数. 本节将介绍计算导数的基本法则和反函数、复合函数求导的法则.

一、函数的和、差、积、商的求导法则

定理 1 若函数 $u(x)$, $v(x)$ 在点 x 处可导,则函数

$$u(x) \pm v(x), \quad u(x) \cdot v(x), \quad \frac{u(x)}{v(x)}(v(x) \neq 0)$$

分别在该点处也可导,并且有

(1) $[u(x) \pm v(x)]' = u'(x) \pm v'(x)$;

(2) $[u(x) \cdot v(x)]' = u'(x)v(x) + u(x)v'(x)$;

(3) $[cu(x)]' = cu'(x) \; (c$ 为任意常数$)$;

(4) $\left[\dfrac{u(x)}{v(x)}\right]' = \dfrac{u'(x)v(x) - u(x)v'(x)}{v^2(x)}, \; v(x) \neq 0.$

以上法则都可用导数的定义和极限的运算法则来证明,下面以法则 (2) 为例证明.

令 $y = u(x) \cdot v(x)$,给 x 以增量 Δx,则函数增量为

$$\Delta y = u(x + \Delta x)v(x + \Delta x) - u(x)v(x)$$

$$= u(x + \Delta x)v(x + \Delta x) - u(x)v(x + \Delta x) +$$

$$u(x)v(x + \Delta x) - u(x)v(x)$$

$$= [u(x + \Delta x) - u(x)]v(x + \Delta x) + u(x)[v(x + \Delta x) - v(x)]$$

$$= \Delta u \cdot v(x + \Delta x) + u(x) \cdot \Delta v,$$

因而

$$\frac{\Delta y}{\Delta x} = \frac{\Delta u}{\Delta x}v(x + \Delta x) + u(x)\frac{\Delta v}{\Delta x}.$$

令 $\Delta x \to 0$，注意到 $v(x)$ 在点 x 处连续 (可导必连续)，且 $u(x), v(x)$ 在点 x 处可导，得到

$$y' = \lim_{\Delta x \to 0} \frac{\Delta y}{\Delta x} = \lim_{\Delta x \to 0} \left[\frac{\Delta u}{\Delta x}v(x + \Delta x) + u(x)\frac{\Delta v}{\Delta x} \right]$$

$$= \lim_{\Delta x \to 0} \frac{\Delta u}{\Delta x} \cdot \lim_{\Delta x \to 0} v(x + \Delta x) + u(x)\lim_{\Delta x \to 0}\frac{\Delta v}{\Delta x}$$

$$= u'(x)v(x) + u(x)v'(x),$$

即 $[uv]' = u'v + uv'$. 特别地，当 $u = c(c$ 为常数) 时，$[cv]' = cv'$.

求导法则 (1) 与 (2) 可推广到任意有限个函数的情况，例如，

$$[u(x) + v(x) - w(x)]' = [u(x) + v(x)]' - w'(x)$$

$$= u'(x) + v'(x) - w'(x);$$

$$[u(x)v(x)w(x)]' = [u(x)v(x)]'w(x) + [u(x)v(x)]w'(x)$$

$$= [u'(x)v(x) + u(x)v'(x)]w(x) + u(x)v(x)w'(x)$$

$$= u'(x)v(x)w(x) + u(x)v'(x)w(x) + u(x)v(x)w'(x).$$

例 1　求函数 $y = \dfrac{x^4}{3} - \dfrac{4}{x^3}$ 的导数.

解

$$y' = \left(\frac{x^4}{3} \right)' - \left(\frac{4}{x^3} \right)' = \frac{1}{3}\left(x^4 \right)' - 4\left(x^{-3} \right)'$$

$$= \frac{4}{3}x^3 + 12x^{-4} = \frac{4}{3}x^3 + \frac{12}{x^4}.$$

例 2　已知 $y = (\sin x + \cos x)\ln x + \sin\dfrac{\pi}{2}$，求 $y'\left(\dfrac{\pi}{2} \right)$.

解　因为

$$y' = [(\sin x + \cos x)\ln x]' + \left(\sin\frac{\pi}{2}\right)'$$

$$= (\sin x + \cos x)'\ln x + (\sin x + \cos x)\frac{1}{x} + 0$$

$$= (\cos x - \sin x)\ln x + (\sin x + \cos x)\frac{1}{x},$$

所以

$$y'\left(\frac{\pi}{2}\right) = -\ln\frac{\pi}{2} + \frac{2}{\pi}.$$

例 3 求 $y = \tan x$ 的导数.

解

$$y' = (\tan x)' = \left(\frac{\sin x}{\cos x}\right)' = \frac{(\sin x)'\cos x - \sin x(\cos x)'}{\cos^2 x}$$

$$= \frac{\cos^2 x + \sin^2 x}{\cos^2 x} = \frac{1}{\cos^2 x} = \sec^2 x,$$

即

$$(\tan x)' = \sec^2 x.$$

类似地，可以求得

$$(\cot x)' = -\csc^2 x.$$

例 4 求 $y = \sec x$ 的导数.

解

$$y' = (\sec x)' = \left(\frac{1}{\cos x}\right)' = -\frac{(\cos x)'}{\cos^2 x}$$

$$= \frac{\sin x}{\cos^2 x} = \sec x \cdot \tan x,$$

即

$$(\sec x)' = \sec x \cdot \tan x.$$

类似地，可得

$$(\csc x)' = -\csc x \cdot \cot x.$$

例 5 设 $y = \log_a x (a > 0 \text{ 且 } a \neq 1)$，求 y'.

解 $y' = (\log_a x)' = \left(\dfrac{\ln x}{\ln a}\right)' = \dfrac{1}{\ln a}(\ln x)' = \dfrac{1}{x\ln a}$，即

$$y' = \frac{1}{x\ln a}.$$

二、反函数求导法则

定理 2 如果函数 $x = f(y)$ 在区间 I_y 内单调、可导且 $f'(y) \neq 0$，则它的反函数 $y = f^{-1}(x)$ 在区间 $I_x = \{x \,|\, x = f(y), y \in I_y\}$ 内也可导，且

$$[f^{-1}(x)]' = \frac{1}{f'(y)} \quad \text{或} \quad \frac{\mathrm{d}y}{\mathrm{d}x} = \frac{1}{\dfrac{\mathrm{d}x}{\mathrm{d}y}}. \tag{2.4}$$

即反函数的导数等于直接函数导数的倒数.

例 6 已知 $y = \arcsin x$，求 y'.

解 设 $x = \sin y$ 为直接函数，则 $y = \arcsin x$ 是它的反函数. 函数 $x = \sin y$ 在区间 $I_y = \left(-\dfrac{\pi}{2}, \dfrac{\pi}{2}\right)$ 内单调可导，且 $(\sin y)' = \cos y \neq 0$，因此由定理 2 知，在对应区间 $I_x = (-1, 1)$ 内有

$$y' = (\arcsin x)' = \frac{1}{(\sin y)'} = \frac{1}{\cos y}.$$

又由于 $\cos y = \sqrt{1 - \sin^2 y} = \sqrt{1 - x^2}$（注意，当 $y \in \left(-\dfrac{\pi}{2}, \dfrac{\pi}{2}\right)$ 时，$\cos y$ 为正值，所以根号前只取正号），所以

$$(\arcsin x)' = \frac{1}{\sqrt{1 - x^2}}.$$

类似地可得到，

$$(\arccos x)' = -\frac{1}{\sqrt{1 - x^2}},$$
$$(\arctan x)' = \frac{1}{1 + x^2},$$
$$(\operatorname{arccot} x)' = -\frac{1}{1 + x^2}.$$

例 7 某厂商生产一种产品，劳动 L 是唯一的投入要素，生产函数为 $q = L^{\frac{1}{2}}$. 投入要素劳动 L 的价格为 ω，且存在固定成本 $c_0 > 0$，当厂商生产该种产品产量为 q 时，成本函数为 $C(q) = \omega L(q) + c_0$. 请利用反函数求导法则证明 $C(q)$ 对应的边际成本随产量增加而增加.

证 总成本函数 $C(q)$ 的导数 $C'(q)$ 在经济学中称为边际成本.

由 $C(q) = \omega L(q) + c_0$，有

$$C'(q) = \omega \frac{\mathrm{d}L}{\mathrm{d}q},$$

由反函数求导法则

$$C'(q) = \omega \frac{\mathrm{d}L}{\mathrm{d}q} = \frac{\omega}{\dfrac{\mathrm{d}q}{\mathrm{d}L}}.$$

由于 $q = L^{\frac{1}{2}}$，有

$$\frac{\mathrm{d}q}{\mathrm{d}L} = \frac{1}{2}L^{-\frac{1}{2}},$$

因此

$$C'(q) = \frac{\omega}{\dfrac{1}{2}L^{-\frac{1}{2}}} = 2\omega L^{\frac{1}{2}} = 2\omega q,$$

即边际成本随产量 q 的增加而增加.

三、复合函数求导法则

定理 3　如果函数 $y = f(u)$ 在区间 I_u 内可导，$u = \varphi(x)$ 在区间 I_x 内可导，且 $x \in I_x$ 时，$\varphi(x) = u \in I_u$，则复合函数 $y = f[\varphi(x)]$ 在区间 I_x 内可导，且有

$$(f[\varphi(x)])' = f'[\varphi(x)] \cdot \varphi'(x),$$

或记为 $\dfrac{\mathrm{d}y}{\mathrm{d}x} = \dfrac{\mathrm{d}y}{\mathrm{d}u} \cdot \dfrac{\mathrm{d}u}{\mathrm{d}x}$.

证　由于 $y = f(x)$ 在点 u 处可导，则有

$$f'(u) = \lim_{\Delta u \to 0} \frac{\Delta y}{\Delta u}.$$

根据极限与无穷小的关系，

$$\frac{\Delta y}{\Delta u} = f'(u) + \alpha(\Delta u), \quad \text{其中} \quad \lim_{\Delta u \to 0} \alpha(\Delta u) = 0.$$

若 $\Delta u \neq 0$，则

$$\Delta y = f'(u)\Delta u + \alpha(\Delta u)\Delta u.$$

若 $\Delta u = 0$，由于此时 $\Delta y = f(u + \Delta u) - f(u) = 0$，因此，规定 $\alpha(\Delta u) = 0$，这样 $\Delta y = f'(u)\Delta u + \alpha(\Delta u)\Delta u$ 仍成立. 将它的两边同除以 $\Delta x \neq 0$ 得

$$\frac{\Delta y}{\Delta x} = f'(u)\frac{\Delta u}{\Delta x} + \alpha(\Delta u)\frac{\Delta u}{\Delta x},$$

所以

$$\lim_{\Delta x \to 0} \frac{\Delta y}{\Delta x} = f'(u) \lim_{\Delta x \to 0} \frac{\Delta u}{\Delta x} + \lim_{\Delta x \to 0} \alpha(\Delta u) \cdot \frac{\Delta u}{\Delta x}.$$

因为函数 $u = \varphi(x)$ 可导，因而 $u = \varphi(x)$ 连续，故当 $\Delta x \to 0$ 时，$\Delta u \to 0$，于是

$$\lim_{\Delta x \to 0} \alpha(\Delta u) = \lim_{\Delta u \to 0} \alpha(\Delta u) = 0.$$

又 $u(x)$ 可导,因此 $\lim\limits_{\Delta x \to 0} \alpha(\Delta u)\dfrac{\Delta u}{\Delta x} = 0$,所以复合函数 $y = f(\varphi(x))$ 在点 x 处可导,并且

$$(f[\varphi(x)])' = f'(u) \cdot u'_x = f'[\varphi(x)] \cdot \varphi'(x).$$

注 复合函数求导法则可叙述为:复合函数的导数等于函数关于中间变量的导数乘中间变量关于自变量的导数,这一法则又称为链式法则.

复合函数求导法则可推广到多个中间变量的情形. 例如,设

$$y = f(u), \quad u = \varphi(v), \quad v = \psi(x),$$

则复合函数 $y = f\{\varphi[\psi(x)]\}$ 的导数为

$$\frac{\mathrm{d}y}{\mathrm{d}x} = \frac{\mathrm{d}y}{\mathrm{d}u} \cdot \frac{\mathrm{d}u}{\mathrm{d}v} \cdot \frac{\mathrm{d}v}{\mathrm{d}x}.$$

例 8 $y = \sin(x^3 + 3^x + \ln 3)$,求 $\dfrac{\mathrm{d}y}{\mathrm{d}x}$.

解 设 $y = \sin u, u = x^3 + 3^x + \ln 3$,则

$$\begin{aligned}
\frac{\mathrm{d}y}{\mathrm{d}x} &= \frac{\mathrm{d}y}{\mathrm{d}u} \cdot \frac{\mathrm{d}u}{\mathrm{d}x} = (\sin u)'_u \cdot (x^3 + 3^x + \ln 3)'_x \\
&= \cos u \cdot (3x^2 + 3^x \ln 3 + 0) \\
&= (3x^2 + 3^x \ln 3) \cos(x^3 + 3^x + \ln 3).
\end{aligned}$$

例 9 设 $y = \mathrm{e}^{\sin \frac{1}{x}}$,求 y'.

解 设 $y = \mathrm{e}^u, u = \sin v, v = \dfrac{1}{x}$,则

$$y' = \frac{\mathrm{d}y}{\mathrm{d}u} \cdot \frac{\mathrm{d}u}{\mathrm{d}v} \cdot \frac{\mathrm{d}v}{\mathrm{d}x} = \mathrm{e}^u \cos v \cdot \left(-\frac{1}{x^2}\right) = -\frac{1}{x^2} \mathrm{e}^{\sin \frac{1}{x}} \cos \frac{1}{x}.$$

能否熟练运用复合函数求导法则,是衡量计算导数技能的重要标准. 而正确利用复合函数求导公式的关键是弄清函数的复合结构,正确地进行复合函数的分解,适当地选取中间变量,从外向内层层分解,直到所给的函数是基本初等函数或由基本初等函数经四则运算构成的函数为止;然后利用复合函数求导法则和基本初等函数及其四则运算的求导公式完成一个复杂函数的求导过程.

当运用复合函数求导法则比较熟练后,中间变量不必写出,只要在心中默记就可以了,看以下例题.

例 10 设 $y = \ln(x + \sqrt{1 + x^2})$,求 y'.

解
$$y' = \frac{1}{x + \sqrt{1 + x^2}}(x + \sqrt{1 + x^2})'$$
$$= \frac{1}{x + \sqrt{1 + x^2}}\left[1 + \frac{1}{2\sqrt{1 + x^2}}(1 + x^2)'\right]$$
$$= \frac{1}{x + \sqrt{1 + x^2}}\left[1 + \frac{2x}{2\sqrt{1 + x^2}}\right]$$
$$= \frac{1}{x + \sqrt{1 + x^2}} \cdot \frac{x + \sqrt{1 + x^2}}{\sqrt{1 + x^2}} = \frac{1}{\sqrt{1 + x^2}}.$$

例 11 设 $y = \tan[\ln(1 + 2^x)]$，求 y'.

解

$$y' = \sec^2[\ln(1 + 2^x)] \cdot [\ln(1 + 2^x)]'$$
$$= \sec^2[\ln(1 + 2^x)] \cdot \frac{1}{1 + 2^x} \cdot (1 + 2^x)'$$
$$= \frac{2^x \ln 2}{1 + 2^x} \sec^2[\ln(1 + 2^x)].$$

例 12 设 $y = \ln|x|$，求 y'.

解 当 $x > 0$ 时，$y = \ln x$，因此

$$y' = \frac{1}{x};$$

当 $x < 0$ 时，$y = \ln(-x)$，因此

$$y' = (\ln(-x))' = \frac{1}{-x}(-x)' = \frac{-1}{-x} = \frac{1}{x}.$$

所以，只要 $x \neq 0$，总有

$$y' = (\ln|x|)' = \frac{1}{x}.$$

例 13 求证 $(x^\alpha)' = \alpha x^{\alpha-1}(x > 0, \alpha$ 为任意实数$)$.

证 因为 $x^\alpha = e^{\ln x^\alpha} = e^{\alpha \ln x}$，所以

$$(x^\alpha)' = \left(e^{\alpha \ln x}\right)' = e^{\alpha \ln x}(\alpha \ln x)'$$
$$= \alpha e^{\alpha \ln x} \cdot \frac{1}{x} = \alpha x^\alpha \cdot \frac{1}{x} = \alpha x^{\alpha-1}.$$

为便于查阅，现将基本初等函数的求导公式归纳如下：

(1) $(c)' = 0$;　　　　　　　　　　　　(2) $(x^\mu)' = \mu x^{\mu-1}$;

(3) $(\sin x)' = \cos x;$

(4) $(\cos x)' = -\sin x;$

(5) $(\tan x)' = \sec^2 x;$

(6) $(\cot x)' = -\csc^2 x;$

(7) $(\sec x)' = \sec x \tan x;$

(8) $(\csc x)' = -\csc x \cot x;$

(9) $(a^x)' = a^x \ln a (a > 0, a \neq 1);$

(10) $(e^x)' = e^x;$

(11) $(\log_a x)' = \dfrac{1}{x \ln a}(a > 0, a \neq 1);$

(12) $(\ln x)' = \dfrac{1}{x};$

(13) $(\arcsin x)' = \dfrac{1}{\sqrt{1-x^2}}\;;$

(14) $(\arccos x)' = -\dfrac{1}{\sqrt{1-x^2}};$

(15) $(\arctan x)' = \dfrac{1}{1+x^2}\;;$

(16) $(\operatorname{arccot} x)' = -\dfrac{1}{1+x^2}.$

有了导数基本公式及函数四则运算求导法则，就解决了初等函数的求导问题. 下面再举几个初等函数求导的例子.

例 14 设 $f(u)$ 可导，$y = f(\sin^2 x) + f^2(x)$，求 $\dfrac{\mathrm{d}y}{\mathrm{d}x}$.

解 由链式法则，有

$$\frac{\mathrm{d}y}{\mathrm{d}x} = [f(\sin^2 x)]' + [f^2(x)]' = f'(\sin^2 x) \cdot (\sin^2 x)' + 2f(x) \cdot f'(x)$$
$$= f'(\sin^2 x) \sin 2x + 2f(x)f'(x).$$

例 15 设 $y = \ln \dfrac{e^x x^2}{\sqrt{1+x^2}}$，求 $\dfrac{\mathrm{d}y}{\mathrm{d}x}$.

解 此问题可直接使用复合函数的链式求导法则，但相对麻烦. 将函数先整理化简后，再求导比较简单.

因为

$$y = \ln e^x + \ln x^2 - \frac{1}{2}\ln(1+x^2) = x + 2\ln|x| - \frac{1}{2}\ln(1+x^2),$$

所以

$$y' = \left[x + 2\ln|x| - \frac{1}{2}\ln(1+x^2) \right]' = 1 + \frac{2}{x} - \frac{1}{2} \cdot \frac{2x}{1+x^2} = 1 + \frac{2}{x} - \frac{x}{1+x^2}.$$

习题 2.2

1. 求下列函数的导数：

(1) $y = 5x^3 - 2^x + 3e^x;$

(2) $y = (\sin x - 2\cos x)\ln x;$

(3) $y = 2\tan x + \sec x - 1;$

(4) $y = \dfrac{\ln x}{x};$

(5) $y = e^x \sin x + x^3 \log_x 2;$

(6) $y = \dfrac{e^x}{x^2} + \ln 5;$

(7) $y = \dfrac{5x}{1 + x^2}$; (8) $y = x^2 \ln x \tan x$.

2. 计算下列各题:

(1) $y = \sin x - \cos x$, 求 $y'|_{x = \frac{\pi}{6}}$;

(2) $y = \dfrac{x \sin x + \sqrt{2}}{\cos x}$, 求 $y'|_{x = 0}$.

3. 求下列函数的导数:

(1) $y = \ln(1 + x^2)$; (2) $y = \cos(\sin x)$;

(3) $y = \ln \cos(x^3 + \sqrt{x})$; (4) $y = \mathrm{e}^{\arctan \sqrt{x}}$;

(5) $y = (\arcsin x)^2$; (6) $y = \sin \sqrt{1 - x} + \arcsin \sqrt{\mathrm{e} - 2}$.

4. 设 $f(x) = \begin{cases} \dfrac{\ln(1 + x^2)}{x}, & x \neq 0, \\ 0, & x = 0, \end{cases}$ 求 $f'(x)$.

5. 设 $f(x)$ 为可导函数, 对如下 y 求 $\dfrac{\mathrm{d}y}{\mathrm{d}x}$:

(1) $y = f(x^3)$; (2) $y = f(\sin^2 x) + f(\cos^2 x)$.

*6. 已知 $y = f\left(\dfrac{3x - 2}{3x + 2}\right)$, $f'(x) = \arctan x^2$, 求 $\dfrac{\mathrm{d}y}{\mathrm{d}x}\bigg|_{x = 0}$.

7. 求曲线 $y = 2 \sin x + x^2$ 上横坐标为 $x = 0$ 的点处的切线方程和法线方程.

8. 设 $y = f\left[\ln\left(x + \sqrt{x^2 + a^2}\right)\right]$, 且 $f'(\ln a) = 1$, 其中 $f(u)$ 可导, 求 $y'(0)$.

9. 现有一球形气球, 吹气球时, 设球半径 R 以每秒 0.5 cm 的速度等速增加, 求当球半径 R 为 10 cm 时, 其球体积的变化率.

§2.3 高阶导数、隐函数及由参数方程所确定的函数的导数

一、高阶导数

我们知道, 如果物体的运动方程为 $s = s(t)$, 则物体在时刻 t 的瞬时速度为 s 关于 t 的导数, 即 $v = s'(t)$. 如果 $v = s'(t)$ 仍是 t 的函数, 则它关于时间 t 的导数称为物体在时刻 t 的瞬时加速度, 即 $a = v'(t) = (s'(t))'$, 于是就有了"二阶导数"的概念.

定义 1 对函数 $y = f(x)$ 的导数 $f'(x)$ 再关于自变量 x 求导数, 所得到的导数称为函数 $y = f(x)$ 的二阶导数, 记作

$$f''(x) = (f'(x))',$$

还可以记作

$$y'', \quad \frac{\mathrm{d}^2 f(x)}{\mathrm{d}x^2} \quad \text{或} \quad \frac{\mathrm{d}^2 y}{\mathrm{d}x^2},$$

同时称导数 $f'(x)$ 为函数 $y = f(x)$ 的一阶导数.

类似地，函数 $y = f(x)$ 的 $n-1$ 阶导数的导数称为函数 $y = f(x)$ 的 n 阶导数，记作

$$f^{(n)}(x) = (f^{(n-1)}(x))' \quad (n = 2, 3, \cdots),$$

还可以记作

$$y^{(n)}, \quad \frac{\mathrm{d}^n f(x)}{\mathrm{d}x^n} \quad \text{或} \quad \frac{\mathrm{d}^n y}{\mathrm{d}x^n}.$$

函数存在 n 阶导数也称为 n 阶可导，正整数 n 称为导数的阶数，**二阶与二阶以上的导数统称为高阶导数**. 显然，求高阶导数只需反复应用导数基本运算法则、导数基本公式及复合函数导数运算法则，并不需要新的方法.

如果函数 $y = f(x)$ 在区间 (a, b) 内的每一点处都是 n 阶可导的，那么就称 $f(x)$ 在 (a, b) 内 n 阶可导.

例 1 设 $f(x) = \arctan x$，求 $f''(0)$，$f'''(0)$.

解 因为

$$f'(x) = \frac{1}{1 + x^2},$$

$$f''(x) = \left(\frac{1}{1 + x^2}\right)' = \frac{-2x}{(1 + x^2)^2},$$

$$f'''(x) = \left[\frac{-2x}{(1 + x^2)^2}\right]' = \frac{2(3x^2 - 1)}{(1 + x^2)^3},$$

所以

$$f''(0) = \frac{-2x}{(1 + x^2)^2}\,|_{x=0} = 0, \quad f'''(0) = \frac{2(3x^2 - 1)}{(1 + x^2)^3}\,|_{x=0} = -2.$$

例 2 求 §1.1 例 8 中的总利润函数

$$L(Q) = R(Q) - C(Q) = -Q^2 + 72Q - 1\,000$$

的二阶导数.

解 $L'(Q) = (-Q^2 + 72Q - 1\,000)' = -2Q + 72,$

$$L''(Q) = (-2Q + 72)' = -2.$$

例 3 求幂函数 $y = x^\alpha$ 的 n 阶导数 $y^{(n)}$.

解 对幂函数 $y = x^\alpha$ 关于 x 求导, $y' = (x^\alpha)' = \alpha x^{\alpha-1}$, 再对 y' 关于 x 求导得

$$y'' = (x^\alpha)'' = \left(\alpha x^{\alpha-1}\right)' = \alpha(\alpha-1)x^{\alpha-2},$$

上述求导过程依次进行下去, 得

$$(x^\alpha)^{(n)} = \alpha(\alpha-1)\cdots(\alpha-n+1)x^{\alpha-n} \quad (n \geqslant 1).$$

当 α 为正整数 n 时, 有 $(x^n)^{(n)} = n!$.

设 $p(x)$ 为 x 的 m 次多项式, 当 $n > m$ 时, 有 $p^{(n)}(x) = 0$.

例 4 求正弦函数 $y = \sin x$ 的 n 阶导数 $y^{(n)}$.

解 正弦函数 $y = \sin x$ 关于 x 求一阶导数得

$$y' = (\sin x)' = \cos x = \sin\left(x + \frac{\pi}{2}\right),$$

再对 y' 关于 x 求导, 得

$$y'' = (\cos x)' = \left[\sin\left(x + \frac{\pi}{2}\right)\right]' = \cos\left(x + \frac{\pi}{2}\right)$$

$$= \sin\left(x + \frac{\pi}{2} + \frac{\pi}{2}\right) = \sin\left(x + \frac{2\pi}{2}\right),$$

$$y''' = \left[\sin\left(x + \frac{2\pi}{2}\right)\right]' = \cos\left(x + \frac{2\pi}{2}\right)$$

$$= \sin\left(x + \frac{2\pi}{2} + \frac{\pi}{2}\right) = \sin\left(x + \frac{3\pi}{2}\right).$$

此求导过程依次进行下去, 得

$$y^{(n)} = (\sin x)^{(n)} = \sin\left(x + \frac{n\pi}{2}\right) \quad (n \geqslant 1).$$

同样方法可以求出

$$(\cos x)^{(n)} = \cos\left(x + \frac{n\pi}{2}\right).$$

求 n 阶导数时, 一般总是先求较低阶的导数, 再从中找出规律.

例 5 求 $y = \mathrm{e}^{2x}$ 的 100 阶导数 $y^{(100)}(x)$.

解 因为

$$y' = e^{2x}(2x)' = 2e^{2x},$$

$$y'' = 2e^{2x}(2x)' = 2^2 e^{2x},$$

$$y''' = 2^2 e^{2x}(2x)' = 2^3 e^{2x},$$

$$\cdots,$$

总结规律可以得出

$$y^{(100)}(x) = 2^{100} e^{2x}.$$

关于两个函数和、差以及乘积的高阶导数，用数学归纳法可证明如下法则：

****定理 1** 如果函数 $u = u(x)$ 及 $v = v(x)$ 都在点 x 处 n 阶可导，那么 $u(x) + v(x)$，$u(x) - v(x)$ 及 $u(x) \cdot v(x)$ 也在点 x 处 n 阶可导，且

(1) $(u \pm v)^{(n)} = u^{(n)} \pm v^{(n)}$;

(2) $(uv)^{(n)} = u^{(n)}v + C_n^1 u^{(n-1)}v' + \cdots + C_n^k u^{(n-k)}v^{(k)} + \cdots + uv^{(n)}$，其中 $C_n^k = \dfrac{n(n-1)\cdots(n-k+1)}{k!}$.

定理中的 (2) 称为**莱布尼茨公式**. 如果记 $u^{(0)} = u$，那么莱布尼茨公式可以表示为

$$(uv)^{(n)} = \sum_{k=0}^{n} C_n^k u^{(n-k)}v^{(k)}.$$

这一公式在形式上与二项式展开式相似，只要将二项式展开式中的指数换为相应的求导次数即可 (将函数本身视为零阶导数).

二、隐函数的导数

前面讨论的求导法则适用于因变量 y 是由 x 的解析式表示的，通常称为**显函数**. 但是，有时变量 y 与 x 之间的函数关系是不能用 x 的解析表达式表示的，例如，方程

$$\ln y + \sin y = x^2 y.$$

在此类情况下，往往从方程 $F(x, y) = 0$ 中是不易或无法解出 y 的，即无法显化，这种通过方程所确定的函数称为**隐函数**.

一般地，如果方程 $F(x, y) = 0$ 中，当 x 取某区间内的任意一值时，相应地总有满足方程的唯一的 y 值存在，那么就称方程 $F(x, y) = 0$ 在该区间内确定了一个隐函数 $y = y(x)$.

隐函数求导的基本思想是将方程

$$F(x, y) = 0$$

中的 y 看成 x 的函数 $y(x)$，方程两边关于 x 求导，就可得到 $y'(x)$ 应满足的等式，然后再将 $y'(x)$ 解出.

例 6 求由方程 $y \sin x - \cos(x - y) = 0$ 所确定的隐函数的导数 $\dfrac{\mathrm{d}y}{\mathrm{d}x}$.

解 对题设方程两边同时关于 x 求导，

$$y \cos x + \sin x \frac{\mathrm{d}y}{\mathrm{d}x} + \sin(x - y) \cdot \left(1 - \frac{\mathrm{d}y}{\mathrm{d}x}\right) = 0,$$

整理得

$$[\sin(x - y) - \sin x] \frac{\mathrm{d}y}{\mathrm{d}x} = \sin(x - y) + y \cos x,$$

解得

$$\frac{\mathrm{d}y}{\mathrm{d}x} = \frac{\sin(x - y) + y \cos x}{\sin(x - y) - \sin x}.$$

三、对数求导法

在实际应用中，我们还会遇到 $y = [u(x)]^{v(x)} \, (u(x) > 0)$ 这一类型的函数，称这类函数为**幂指函数**. 如果 $u(x)$, $v(x)$ 都可导，则求 y' 的方法如下：先在函数两边分别取对数得

$$\ln y = v \cdot \ln u,$$

这里 y, u, v 都是 x 的函数，上式两边再关于 x 求导得

$$\frac{1}{y} y' = v' \ln u + \frac{v}{u} u',$$

由上式解出 y'，得

$$y' = y \left(v' \ln u + \frac{v}{u} u'\right) = u^v \left(v' \ln u + \frac{v}{u} u'\right).$$

这种先对函数 $y = f(x)$ 两边取对数，然后再求出 y 的导数方法称为**对数求导法**.

注 在求幂指函数及多个因子连乘积、商构成的函数的导数时，使用这个方法是简便的.

对幂指函数，我们也可以先化成指数函数，即

$$y = [u(x)]^{v(x)} = \mathrm{e}^{v(x) \ln u(x)},$$

再由复合函数求导法，亦可求出其导数.

例 7　求 $y = x^x (x > 0)$ 的导数.

解　两边取对数，

$$\ln y = x \ln x,$$

上式两边关于 x 求导，注意到 y 是 x 的函数，得

$$\frac{1}{y} y' = \ln x + x \cdot \frac{1}{x},$$

于是

$$y' = y(\ln x + 1) = x^x (\ln x + 1).$$

例 8　求 $y = \sqrt{x \sin x \sqrt{e^{2x} + 1}} (x > 0)$ 的导数.

解　等式两边取自然对数，有

$$\ln y = \frac{1}{2} \ln x + \frac{1}{2} \ln \sin x + \frac{1}{4} \ln(e^{2x} + 1),$$

两边同时关于 x 求导，得

$$\frac{1}{y} y' = \frac{1}{2x} + \frac{1}{2} \cot x + \frac{1}{4} \cdot \frac{2e^{2x}}{e^{2x} + 1},$$

于是有

$$y' = \sqrt{x \sin x \sqrt{e^{2x} + 1}} \left[\frac{1}{2x} + \frac{1}{2} \cot x + \frac{e^{2x}}{2(e^{2x} + 1)} \right].$$

四、由参数方程所确定的函数的导数

在有些问题中，因变量 y 与自变量 x 的函数关系不是直接用 y 与 x 的解析式来表达的，而是通过一个参数方程

$$\begin{cases} x = \varphi(t), \\ y = \psi(t), \end{cases} \quad \alpha \leqslant t \leqslant \beta \tag{2.5}$$

确定的，称此函数关系为由参数方程所确定的函数.

下面讨论由参数方程表示的函数关系的导数.

设 $x = \varphi(t)$ 有连续反函数 $t = \varphi^{-1}(x)$，又 $\varphi'(t)$ 与 $\psi'(t)$ 存在，且 $\varphi'(t) \neq 0$. y 与 x 构成复合函数 $y = \psi(t) = \psi[\varphi^{-1}(x)]$. 利用反函数与复合函数的求导法则，有

$$\frac{dy}{dx} = \frac{dy}{dt} \cdot \frac{dt}{dx} = \frac{\dfrac{dy}{dt}}{\dfrac{dx}{dt}} = \frac{\psi'(t)}{\varphi'(t)}. \tag{2.6}$$

这就是参数方程 (2.5) 式所确定的函数 y 的求导公式.

如果 (2.5) 式中 $x = \varphi(t)$, $y = \psi(t)$ 都具有二阶导数, 且 $\varphi'(t) \neq 0$, 那么从 (2.6) 式可得函数的二阶导数公式

$$
\begin{aligned}
\frac{\mathrm{d}^2 y}{\mathrm{d} x^2} &= \frac{\mathrm{d}}{\mathrm{d} x}\left[\frac{\mathrm{d} y}{\mathrm{d} x}\right] = \frac{\mathrm{d}}{\mathrm{d} x}\left(\frac{\psi'(t)}{\varphi'(t)}\right) = \frac{\mathrm{d}}{\mathrm{d} t}\left(\frac{\psi'(t)}{\varphi'(t)}\right) \cdot \frac{\mathrm{d} t}{\mathrm{d} x} \\
&= \frac{\mathrm{d}}{\mathrm{d} t}\left(\frac{\psi'(t)}{\varphi'(t)}\right) \cdot \frac{1}{\dfrac{\mathrm{d} x}{\mathrm{d} t}} = \frac{\psi''(t)\varphi'(t) - \psi'(t)\varphi''(t)}{(\varphi'(t))^2} \cdot \frac{1}{\varphi'(t)} \\
&= \frac{\psi''(t)\varphi'(t) - \psi'(t)\varphi''(t)}{(\varphi'(t))^3}.
\end{aligned}
$$

例 9 求由参数方程 $\begin{cases} x = t - t^2, \\ y = t - t^3 \end{cases}$ 表示的函数 $y = y(x)$ 的一阶及二阶导数.

解 由上述讨论,

$$
\frac{\mathrm{d} y}{\mathrm{d} x} = \frac{\dfrac{\mathrm{d} y}{\mathrm{d} t}}{\dfrac{\mathrm{d} x}{\mathrm{d} t}} = \frac{3t^2 - 1}{2t - 1},
$$

$$
\begin{aligned}
\frac{\mathrm{d}^2 y}{\mathrm{d} x^2} &= \frac{\mathrm{d}}{\mathrm{d} x}\left(\frac{\mathrm{d} y}{\mathrm{d} x}\right) = \frac{\mathrm{d}}{\mathrm{d} x}\left(\frac{3t^2 - 1}{2t - 1}\right) = \frac{\mathrm{d}}{\mathrm{d} t}\left(\frac{3t^2 - 1}{2t - 1}\right)\frac{1}{\dfrac{\mathrm{d} x}{\mathrm{d} t}} \\
&= \frac{6t^2 - 6t + 2}{(2t - 1)^2} \cdot \frac{1}{1 - 2t} = -\frac{6t^2 - 6t + 2}{(2t - 1)^3}.
\end{aligned}
$$

习题 2.3

1. 求下列函数的二阶导数.

(1) $y = \mathrm{e}^{x^2}$;

(2) $y = \ln(\sin x)$;

(3) $y = \dfrac{1}{1+x}$;

(4) $y = \arcsin x^2$.

2. 求下列函数的 n 阶导数:

(1) $y = a^x$;

(2) $y = \ln(1 + x)$;

(3) $y = 5x^n + 3x$;

(4) $y = \cos 2x$.

*3. 求下列函数指定阶的导数:

(1) $y = \dfrac{1}{x^2 - 1}$, 求 $y^{(100)}$.

(2) $y = \mathrm{e}^x \sin x$, 求 $y^{(4)}$.

4. 求下列方程所确定的隐函数 $y = y(x)$ 的一阶导数:

(1) $y^2 - 2xy + 9 = 0$;　　　　　　　(2) $xy = \mathrm{e}^{x+y}$;

(3) $y = 1 - x\mathrm{e}^y$;　　　　　　　　(4) $\mathrm{e}^{xy} + y^2 = \cos x$.

5. 求曲线 $x^{\frac{2}{3}} + y^{\frac{2}{3}} = a^{\frac{2}{3}}$ 在点 $\left(\dfrac{\sqrt{2}}{4}a, \dfrac{\sqrt{2}}{4}a \right)$ 处的切线方程和法线方程.

6. 求由方程 $y^5 + 2y - x - 3x^7 = 0$ 所确定的隐函数 $y(x)$ 在点 $x = 0$ 处的导数 $\dfrac{\mathrm{d}y}{\mathrm{d}x}\bigg|_{x=0}$.

*7. 求由方程 $\mathrm{e}^y = xy$ 所确定的隐函数 $y(x)$ 的二阶导数 $\dfrac{\mathrm{d}^2 y}{\mathrm{d}x^2}$.

8. 利用对数求导法求下列各题的一阶导数:

(1) $y = \left(\dfrac{x}{1+x} \right)^x$;　　　　　　　(2) $y = (x^2 + 1)^{\tan x}$;

(3) $y = (3x+1)^2 \sqrt[5]{\dfrac{x^2+1}{5x-1}}$;　　　　　(4) $x^y = y^x$.

9. 求下列参数方程的导数:

(1) $\begin{cases} x = at^2, \\ y = bt^3; \end{cases}$　　　　(2) $\begin{cases} x = \arctan t, \\ y = \ln(1+t^2); \end{cases}$

(3) $\begin{cases} x = a\cos t, \\ y = a\sin t; \end{cases}$　　　(4) $\begin{cases} x = f'(t), \\ y = tf'(t) - f(t), \end{cases}$ $f''(t)$存在且不为零.

10. 设函数 $f(x)$ 在点 $x = 2$ 的某邻域内可导, 且 $f'(x) = \mathrm{e}^{f(x)}, f(2) = 1$, 求 $f'''(2)$.

§2.4　导数的经济意义

一、边际与边际分析

在经济学问题的分析中, 经常会看到 "边际" 一词. "边际" 是对经济现象进行 "增量" 分析的一个专门术语, 如: 增加一个单位时间所增加的产量, 称为**边际产量**; 多生产一个单位产品所增加的成本, 称为**边际成本**; 当销售量为 Q 时再增加一个单位的销售量所增加（或减少）的收益或利润称为**边际收益**或**边际利润**, 等等. 注意, 上述都是某变量 A（自变量）变化一单位时, 使得另一变量 B（因变量）产生的变动量, 这与导数的概念相契合.

若某经济指标 y 与影响指标值的因素 x 之间有关系 $y = f(x)$, 通常将导数 $f'(x)$ 称为函数 $f(x)$ 的边际函数, 而将 $f'(x_0)$ 称为函数在点 x_0 处的边际函数值, 它表示在点

$x = x_0$ 处, 当 x 改变一个单位时, 函数 $f(x)$ 近似改变 $f'(x_0)$ 个单位. 随 x 和 y 含义不同, 边际函数的含义也不一样, 如: 当 $y = f(x)$ 代表收益时, 它的导数 $f'(x)$ 就是边际收益; 当 $y = f(x)$ 代表成本时, 它的导数 $f'(x)$ 就是边际成本. 一般在解释经济问题时 "近似" 二字被省略.

下面我们利用导数求解 §1.1 提出的经济问题.

例 1 设生产某产品 x 个单位的总成本为 $C(x) = 1\,000 + \dfrac{x^2}{600}$(单位: 元), 求:

(1) 生产 600 个单位时的总成本和平均成本;

(2) 生产 600 个单位的边际成本, 并解释其经济意义.

解 (1) 生产 600 个单位时的总成本为

$$C(x)|_{x=600} = 1\,000 + \frac{600^2}{600} = 1\,600(\text{元}),$$

平均成本为 $\dfrac{1\,600}{600} = \dfrac{8}{3}$ 元.

(2) 边际成本函数

$$C'(x) = \frac{2x}{600} = \frac{x}{300}.$$

当 $x = 600$ 时, 边际成本为 $C'(x)|_{x=600} = 2(\text{元})$, 它表示当产量为 600 个单位时, 再增加 (或减少) 一个单位, 需增加 (或减少) 成本 2 元.

例 2 已知某产品的市场需求函数为 $P = 30 - \dfrac{1}{2}Q$, 其中 P 为价格 (单位: 元), Q 为产品销售量, 求销售量分别为 $Q = 15, 35$ 时的边际收益, 并说明边际收益的经济意义.

解 总收益函数 $R(Q)$ 是商品价格与销售量的乘积, 即

$$R(Q) = Q \cdot P = Q\left(30 - \frac{Q}{2}\right) = 30Q - \frac{Q^2}{2},$$

边际收益函数为

$$R'(Q) = 30 - Q,$$

则

$$R'(15) = 30 - 15 = 15, \quad R'(35) = 30 - 35 = -5.$$

上述边际收益的经济意义是: 当销售量 $Q = 15$ 时, 再增加一单位销售量, 总收益将增加 15 元; 当销售量 $Q = 35$ 时, 再多销售一单位产品, 总收益将减少 5 元.

例 3 某厂商生产一种产品, 生产该产品的总利润 $L(x)$(单位: 元) 与产量 x(单位: t) 的函数关系为 $L(x) = 250x - 5x^2$, 试求产量 x 分别为 10 t、25 t、30 t 时的边际利润.

解 边际利润 $L'(x) = 250 - 10x$.

当 $x = 10$ 时，$L'(10) = 150$，经济意义为产量 $x = 10$ t 时，再多生产 1 t，总利润将增加 150 元；

当 $x = 25$ 时，$L'(25) = 0$，经济意义为产量 $x = 25$ t 时，再多生产 1 t，总利润变化为 0 元；

当 $x = 30$ 时，$L'(30) = -50$，经济意义为产量 $x = 30$ t 时，再多生产 1 t，总利润将减少 50 元.

本例反映的思想是，并不是生产的产品数量越多，利润就越高.

二、弹性与弹性分析

前面讲过的边际分析是绝对变化率的概念，是绝对变化量之比的极限，比如 $\lim\limits_{\Delta q \to 0} \dfrac{\Delta C}{\Delta q}$，$\lim\limits_{\Delta x \to 0} \dfrac{\Delta f(x)}{\Delta x}$. 但是，在经济学问题的分析中，仅研究函数的绝对变化率还不够. 例如，商品甲、乙的单价分别为 200 元和 1 000 元，它们各涨价 1 元，尽管绝对改变量一样，但各与其原价相比，两者涨价的百分比却有很大的不同：商品甲涨了 0.5%，而商品乙仅涨了 0.1%. 因此，我们还有必要研究函数的相对改变量与相对变化率，这就是经济量的弹性.

定义 设函数 $y = f(x)$ 可导，函数的相对改变量

$$\frac{\Delta y}{y} = \frac{f(x + \Delta x) - f(x)}{f(x)}$$

与自变量的相对改变量 $\dfrac{\Delta x}{x}$ 之比 $\dfrac{\Delta y/y}{\Delta x/x}$，称为函数 $f(x)$ 在 x 与 $x + \Delta x$ 两点间的弹性（或相对变化率，又称弧弹性）. 而极限 $\lim\limits_{\Delta x \to 0} \dfrac{\Delta y/y}{\Delta x/x}$ 也为函数 $f(x)$ 在点 x 处的弹性（或相对变化率，又称点弹性），记作

$$\frac{\mathrm{E}f(x)}{\mathrm{E}x} = \frac{\mathrm{E}y}{\mathrm{E}x} = \lim_{\Delta x \to 0} \frac{\Delta y/y}{\Delta x/x} = \lim_{\Delta x \to 0} \frac{\Delta y}{\Delta x} \cdot \frac{x}{y} = y' \frac{x}{y} = \frac{y'}{\frac{y}{x}} = \frac{\text{边际函数}}{\text{平均函数}}.$$

函数 $f(x)$ 在点 x 处的弹性 $\dfrac{\mathrm{E}y}{\mathrm{E}x}$ 反映随 x 的变化 $f(x)$ 变化幅度的大小，即 $f(x)$ 对 x 变化反应的强烈程度或**灵敏度**. 数值上，$\dfrac{\mathrm{E}f(x)}{\mathrm{E}x}$ 表示 $f(x)$ 在点 x 处，当 x 发生 1% 的改变时，函数 $f(x)$ 近似地改变 $\dfrac{\mathrm{E}f(x)}{\mathrm{E}x}\%$. 在经济学问题的分析中，解释弹性的具体意义时，通常略去"近似"二字.

例 4 求函数 $y = 3x^2 + 2x$ 在点 $x = 1$ 处的弹性.

解 由 $y' = 6x + 2$，得

$$\frac{\mathrm{E}y}{\mathrm{E}x} = y' \frac{x}{y} = \frac{6x^2 + 2x}{3x^2 + 2x} = \frac{6x + 2}{3x + 2},$$

则点 $x = 1$ 处的弹性为 $\left.\dfrac{\mathrm{E}y}{\mathrm{E}x}\right|_{x=1} = \dfrac{8}{5}$.

设某产品的市场需求函数 $Q = f(P)$，这里 P 表示产品的价格. 如果商品需求函数 $Q = f(P)$ 在点 $P = P_0$ 处可导，那么，定义该产品在价格为 P 时的**需求弹性**为

$$E_d|_{P=P_0} = E_d(P_0) = \lim_{\Delta P \to 0} \frac{\Delta Q/Q}{\Delta P/P} = \lim_{\Delta P \to 0} \frac{\Delta Q}{\Delta P} \cdot \frac{P}{Q} = P \cdot \frac{f'(P)}{f(P)}.$$

它的经济意义表示当商品价格为 $P = P_0$ 时，若价格上涨（或下跌）1%，需求量将减少（或增加）$E_d(P_0)\%$.

一般地，需求函数是单调减少函数，需求量随价格的上升而下降 (当 $\Delta P > 0$ 时，$\Delta Q < 0$)，所以需求弹性一般是负值，它反映产品需求量对价格变动的反应强烈程度 (灵敏度). 有时为讨论方便，将其取绝对值

$$|E_d| = -P \cdot \frac{f'(P)}{f(P)}.$$

三、需求价格弹性与总收益之间的关系

在经济分析中, 常利用需求价格弹性 $E_d(P)$ 来分析当商品价格变动时, 对其销售总收益的变化情况, 从而制定出合理的价格策略.

由于**总收益** R **是商品价格** P **与销售量** $Q = f(P)$ **的乘积**, 即

$$R = P \cdot Q = P \cdot f(P),$$

所以关于价格的边际收益为

$$R' = f(P) + Pf'(P) = f(P)\left[1 + f'(P)\frac{P}{f(P)}\right] = f(P)[1 - |E_d|], \tag{2.7}$$

由弹性定义总收益弹性为

$$\frac{\mathrm{E}R}{\mathrm{E}P} = R'\frac{P}{R} = f(P)[1 - |E_d|]\frac{P}{Pf(P)} = 1 - |E_d|. \tag{2.8}$$

此处假设销量与需求量平衡, 下面分三种情况来讨论:

(1) 若 $|E_d(P)| < 1$, 则需求量变动的幅度小于价格变动幅度, 此时 $R' > 0$, 总收益函数是单调增加函数, 即价格上涨, 总收益将增加；价格下跌, 总收益将减少.

(2) 若 $|E_d(P)| > 1$, 则需求量变动的幅度大于价格变动幅度, 此时 $R' < 0$, 总收益函数是单调减少函数, 即价格上涨, 总收益将减少; 价格下跌, 总收益将增加.

(3) 若 $|E_d(P)| = 1$, 则需求量变动的幅度等于价格变动幅度, 此时 $R' = 0$, 总收益取得最大值.

一般地, 经济领域中的任何函数都可以类似地定义弹性.

思考题 2-1 设供给函数 $Q = f(P)$, 仿照需求弹性, 试给出供给的价格弹性公式.

例 5 设某款应用程序的市场需求函数为 $Q = \mathrm{e}^{-\frac{P}{5}}$, P 表示产品价格, 求 $P = 3, 5, 7$ 时的需求弹性, 并说明经济意义.

解 因为 $Q' = -\dfrac{1}{5}\mathrm{e}^{-\frac{P}{5}}$, 所以, 需求弹性函数为

$$E_d(P) = P \cdot \frac{Q'(P)}{Q(P)} = \frac{-1}{5}\mathrm{e}^{-\frac{P}{5}} \cdot \frac{P}{\mathrm{e}^{-\frac{P}{5}}} = -\frac{P}{5}.$$

$|E_d(3)| = \dfrac{3}{5} = 0.6 < 1$, 则价格 $P = 3$ 时, 若价格上涨 1%, 需求将增加 0.6%;

$|E_d(5)| = \dfrac{5}{5} = 1$, 则价格 $P = 5$ 时, 若价格上涨 1%, 需求变动幅度与价格变动幅度相同;

$|E_d(7)| = \dfrac{7}{5} = 1.4 > 1$, 则价格 $P = 7$ 时, 若价格上涨 1%, 需求将减少 1.4%.

例 6 根据 "双十一" 期间市场调研与分析, 可以建立某变频空调需求函数 Q（以万台计）与价格 P（单位: 元）之间的函数关系: $P = 4\,515 - 26.78Q$. 试求:

(1) 需求弹性 E_d;

(2) 当销售价格 P 分别为 2 100 元、2 400 元时, 要使销售收入有所增加, 应采取何种价格措施?

(3) "双十一" 期间商家在价格 $P = 2\,400$ 元基础上预期价格降低 10%, 问总收益预期会增加多少?

解 (1) 由已知,

$$Q(P) = \frac{4\,515 - P}{26.78}, \quad Q'(P) = -\frac{1}{26.78},$$

根据需求弹性的定义可以得到

$$E_d = P\frac{Q'(P)}{Q(P)} = -\frac{P}{4\,515 - P}.$$

(2) 当价格 $P = 2\,100$ 元时，

$$E_d = -\frac{2\,100}{4\,515 - 2\,100} \approx -0.87,$$

例6讲解

此时的需求弹性 $|E_d|$ 小于 1，要使销售收入有所增加，应采取提升价格的措施.

当价格 $P = 2\,400$ 元时，

$$E_d = -\frac{2\,400}{4\,515 - 2\,400} \approx -1.13.$$

此时的需求弹性 $|E_d|$ 大于 1，要使销售收入有所增加，应采取降低价格的措施.

(3) 由公式（2.8），

$$\frac{\mathrm{E}R}{\mathrm{E}P} = R' \cdot \frac{P}{R} = 1 - |E_d|,$$

$$\left.\frac{\mathrm{E}R}{\mathrm{E}P}\right|_{P=2\,400} = 1 - |E_d(2\,400)| = 1 - 1.13 = -0.13,$$

即价格 $P = 2\,400$ 元时，价格下降 1%，总收益将增加 0.13%，因此价格降低 10%，总收益预期会增加 1.3%.

习题 2.4

1. 设厂商生产 x 件产品的总成本为

$$C(x) = 2\,000 + 100x - 0.1x^2（元），$$

则函数 $C(x)$ 为总成本函数，其导数 $C'(x)$ 在经济学中称为边际成本.

(1) 当产量 $x = 100$ 件时，求边际成本 $C'(x)$；

(2) 求生产第 101 件产品的成本，并与 (1) 中求得的边际成本作比较，说明边际成本的实际意义.

2. 某厂商生产某种产品的总收入函数 $R(x)$ 和总成本函数 $C(x)$ 分别是

$$R(x) = \sqrt{x}（万元），\quad C(x) = \frac{x+3}{\sqrt{x}+1}（万元），\quad 1 \leqslant x \leqslant 15,$$

x 的单位是 t. 求

(1) 利润函数及边际利润函数；

(2) 该厂商生产多少吨该产品时，才不赔钱？

3. 设某商品的市场需求函数为 $Q = Ae^{-\frac{P}{2}}$(Q 表示需求量，P 表示价格，A 表示常数)，求当价格 $P = 10$ 时的需求价格弹性，并说明其经济意义.

4. 设某产品的供给函数为 $Q = e^{\frac{P}{8}}$，求 $P = 2$ 时的供给弹性，并说明其经济意义.

(提示：若供给函数 $Q = \varphi(P)$ 可导，则称 $E_s = P\dfrac{\varphi'(P)}{\varphi(P)}$ 为供给价格弹性，简称供给弹性.)

5. 求函数 $y = 4 - \sqrt{x}$ 的弹性.

6. 设某种商品的需求量 Q 与价格 P(单位：元) 的关系为

$$Q(P) = 12 - \frac{P}{2}.$$

(1) 当商品的价格 $P = 6$ 元时，再上涨 1%，总收益是增加还是减少？

(2) 求总收益函数，并讨论在 (1) 的情况下总收益将变化百分之几？

§2.5 函数的微分

一、微分的定义

前面我们讨论了导数的概念，它刻画了函数随自变量变化而变化的快慢程度. 然而在很多实际问题中，我们需要考虑和计算的是当函数的自变量有微小的增量 Δx 时，如何去计算相应函数增量 Δy.

我们先看一个具体例子.

设有一个边长为 x 的正方形，其面积用 S 表示，则 $S = x^2$. 若边长 x 取得一个改变量 Δx，则面积 S 相应地取得改变量

$$\Delta S = (x + \Delta x)^2 - x^2 = 2x\Delta x + (\Delta x)^2.$$

上式包括两部分：第一部分 $2x\Delta x$ 是 Δx 的线性函数，而第二部分 $(\Delta x)^2$，当 $\Delta x \to 0$ 时，是比 Δx 高阶的无穷小量. 因此，当 Δx 很小时，我们可以用第一部分 $2x\Delta x$ 近似地表示 ΔS，而将第二部分 $(\Delta x)^2$ 忽略掉，其差 $\Delta S - 2x\Delta x$ 只是一个比 Δx 高阶的无穷小量. 我们把 $2x\Delta x$ 叫作正方形面积 S 的微分，记作

$$\mathrm{d}S = 2x\Delta x.$$

定义 对于自变量在点 x 处的改变量 Δx, 若函数 $y = f(x)$ 的相应改变量 Δy 可以表示为

$$\Delta y = A\Delta x + o(\Delta x) \quad (\Delta x \to 0), \tag{2.9}$$

其中 A 与 Δx 无关, 则称函数 $y = f(x)$ 在点 x 处可微, 并称 $A\Delta x$ 为函数 $y = f(x)$ 在点 x 处的微分, 记为 $\mathrm{d}y$ 或 $\mathrm{d}f(x)$, 即

$$\mathrm{d}y = A\Delta x.$$

由微分的定义可知, 微分是自变量的改变量 Δx 的线性函数. 当 $\Delta x \to 0$ 时, 微分与函数的改变量 Δy 的差是一个比 Δx 高阶的无穷小量 $o(\Delta x)$.

通常称函数微分 $\mathrm{d}y$ 为函数改变量 Δy 的线性主部.

下面我们讨论函数可微与可导的关系.

定理 1 函数 $f(x)$ 在点 x_0 处可微的充要条件是该函数在点 x_0 处可导.

证 必要性. 由 $y = f(x)$ 在点 x_0 处可微和微分定义, 有

$$\Delta y = A\Delta x + o(\Delta x),$$

上式两边除以 Δx, 得

$$\frac{\Delta y}{\Delta x} = A + \frac{o(\Delta x)}{\Delta x}.$$

于是, 当 $\Delta x \to 0$ 时, 上式取极限, 就得到

$$\lim_{\Delta x \to 0} \frac{\Delta y}{\Delta x} = \lim_{\Delta x \to 0} \left(A + \frac{o(\Delta x)}{\Delta x} \right) = A + \lim_{\Delta x \to 0} \frac{o(\Delta x)}{\Delta x} = A,$$

即

$$A = f'(x_0).$$

因此, 如果函数 $f(x)$ 在点 x_0 处可微, 那么函数 $f(x)$ 在点 x_0 处也一定可导 (即 $f'(x_0)$ 存在), 且 $A = f'(x_0)$.

充分性. 若 $y = f(x)$ 在点 x_0 处可导, 即有

$$\lim_{\Delta x \to 0} \frac{\Delta y}{\Delta x} = f'(x_0).$$

根据函数极限与无穷小的关系, 上式可写成

$$\frac{\Delta y}{\Delta x} = f'(x_0) + \alpha,$$

其中, α 是当 $\Delta x \to 0$ 时的无穷小. 因此有

$$\Delta y = f'(x_0)\Delta x + \alpha\Delta x. \tag{2.10}$$

这里, 由于 $\lim\limits_{\Delta x \to 0} \dfrac{\alpha\Delta x}{\Delta x} = \lim\limits_{\Delta x \to 0} \alpha = 0$, 所以 $\alpha\Delta x = o(\Delta x)$. 又 $f'(x_0)$ 与 Δx 无关, 于是, (2.10) 式相当于微分定义中的 (2.9) 式, 且 $f'(x_0) = A$, 故函数 $f(x)$ 在点 x_0 处是可微的. 证毕.

从上述定理的证明中可知, 函数 $f(x)$ 在点 x_0 处可微时, 对应的微分就是

$$\mathrm{d}y = f'(x_0)\Delta x.$$

为了运算方便, 我们规定自变量 x 的微分 $\mathrm{d}x$ 就是 Δx, 即 $\mathrm{d}x = \Delta x$. 事实上, 当我们取 $y = x$ 时, 一方面 $\mathrm{d}y = \mathrm{d}x$, 另一方面

$$\mathrm{d}y = f'(x)\Delta x = (x)'\Delta x = \Delta x,$$

所以 $\mathrm{d}x = \Delta x$. 于是函数的微分又可以表示为

$$\mathrm{d}y = f'(x)\mathrm{d}x,$$

上式两边同时除以 $\mathrm{d}x$, 得

$$\frac{\mathrm{d}y}{\mathrm{d}x} = f'(x),$$

即函数的导数等于函数的微分 $\mathrm{d}y$ 与自变量的微分 $\mathrm{d}x$ 之商, 故导数又称为 "微商".

思考题 2-2　试论述导数与微分的区别.

例 1　已知 $y = x^3$, 求 $\mathrm{d}y$, $\mathrm{d}y|_{x=2}$, 当 $x = 2, \Delta x = 0.01$ 时, 比较 Δy 与 $\mathrm{d}y$ 的值.
解　由微分定义得

$$\mathrm{d}y = (x^3)'\mathrm{d}x = 3x^2\mathrm{d}x,$$

$$\mathrm{d}y|_{x=2} = 3 \cdot 2^2\mathrm{d}x = 12\mathrm{d}x.$$

当 $x = 2, \Delta x = 0.01$ 时,

$$\Delta y = (2 + 0.01)^3 - 2^3 = 0.120\,601,$$

$$\mathrm{d}y = 12\mathrm{d}x = 12 \times 0.01 = 0.12.$$

可见, 用微分 $\mathrm{d}y$ 近似代替增量 Δy 时, 相差很少.

二、微分的几何意义

函数的微分有明显的几何意义.

在直角坐标系中, 函数 $y = f(x)$ 的图形是一条曲线, 如图 2.4 所示. 对于某一固定的 x_0 值, 曲线上有一个确定的点 $M(x_0, f(x_0))$, 当自变量 x 有很小增量 Δx 时, 我们得到曲线上另一点 $N(x_0 + \Delta x, f(x_0 + \Delta x))$, 从图 2.4 可知,

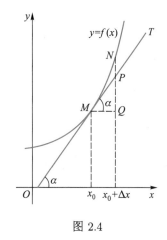

图 2.4

$$MQ = \Delta x, \quad QN = f(x_0 + \Delta x) - f(x_0) = \Delta y.$$

过点 M 作曲线的切线 MT, 它的倾斜角为 α, 则

$$QP = MQ \cdot \tan \alpha = \Delta x \cdot f'(x_0),$$

即

$$\mathrm{d}y = QP.$$

由此可见, 当 Δy 是曲线 $y = f(x)$ 上的点的纵坐标增量时, $\mathrm{d}y$ 就是曲线的切线上点的纵坐标的相应增量. 当 $|\Delta x|$ 很小时, $|\Delta y - \mathrm{d}y|$ 与 $|\Delta x|$ 相比要小得多, 因此在点 x_0 的小邻域内, 我们可以用曲线在点 M 处的切线 MP 近似代替曲线 MN. 这体现了逼近法的基本思想: 在局部的范围内 "以直代曲".

三、基本初等函数的微分公式与微分运算法则

根据函数微分的表达式

$$\mathrm{d}y = f'(x)\mathrm{d}x,$$

函数的微分等于函数的导数乘自变量的微分 (改变量). 由此可以得到基本初等函数的微分公式和微分运算法则.

1. 基本初等函数的微分公式

(1) $\mathrm{d}(C) = 0 (C$为常数$)$;

(2) $\mathrm{d}(x^\mu) = \mu x^{\mu-1}\mathrm{d}x$;

(3) $\mathrm{d}(\sin x) = \cos x \mathrm{d}x$;

(4) $\mathrm{d}(\cos x) = -\sin x \mathrm{d}x$;

(5) $\mathrm{d}(\tan x) = \sec^2 x \mathrm{d}x$;

(6) $\mathrm{d}(\cot x) = -\csc^2 x \mathrm{d}x$;

(7)　$\mathrm{d}(\sec x) = \sec x \tan x \mathrm{d}x$;　　　(8)　$\mathrm{d}(\csc x) = -\csc x \cot x \mathrm{d}x$;

(9)　$\mathrm{d}(a^x) = a^x \ln a \mathrm{d}x (a > 0, a \neq 1)$;　(10)　$\mathrm{d}(\mathrm{e}^x) = \mathrm{e}^x \mathrm{d}x$;

(11)　$\mathrm{d}(\log_a x) = \dfrac{1}{x \ln a} \mathrm{d}x (a > 0, a \neq 1)$;　(12)　$\mathrm{d}(\ln x) = \dfrac{1}{x} \mathrm{d}x$;

(13)　$\mathrm{d}(\arcsin x) = \dfrac{1}{\sqrt{1 - x^2}} \mathrm{d}x$;　　(14)　$\mathrm{d}(\arccos x) = -\dfrac{1}{\sqrt{1 - x^2}} \mathrm{d}x$;

(15)　$\mathrm{d}(\arctan x) = \dfrac{1}{1 + x^2} \mathrm{d}x$;　　(16)　$\mathrm{d}(\mathrm{arccot} x) = -\dfrac{1}{1 + x^2} \mathrm{d}x$.

2. 微分的四则运算法则

设 $u(x)$, $v(x)$ 都是可微函数, 则

(1)　$\mathrm{d}(Cu) = C\mathrm{d}u (C为常数)$;　　(2)　$\mathrm{d}(u \pm v) = \mathrm{d}u \pm \mathrm{d}v$;

(3)　$\mathrm{d}(uv) = v\mathrm{d}u + u\mathrm{d}v$;　　(4)　$\mathrm{d}\left(\dfrac{u}{v}\right) = \dfrac{v\mathrm{d}u - u\mathrm{d}v}{v^2} (v \neq 0)$.

四、复合函数微分与微分形式不变性

根据复合函数的求导法则, 可直接推出复合函数的微分法则.

设函数 $y = f[\varphi(x)]$ 是由可导函数 $y = f(u), u = \varphi(x)$ 复合而成的复合函数, 其导数为

$$\frac{\mathrm{d}y}{\mathrm{d}x} = \frac{\mathrm{d}y}{\mathrm{d}u} \cdot \frac{\mathrm{d}u}{\mathrm{d}x} = f'(u)\varphi'(x) = f'[\varphi(x)]\varphi'(x).$$

再根据微分的定义, 便得到复合函数的微分公式:

$$\mathrm{d}y = f'(u)\varphi'(x)\mathrm{d}x = f'[\varphi(x)]\varphi'(x)\mathrm{d}x. \tag{2.11}$$

在上式中, 由于 $\varphi'(x)\mathrm{d}x = \mathrm{d}u$, 所以复合函数的微分公式也可以写成

$$\mathrm{d}y = f'(u)\mathrm{d}u. \tag{2.12}$$

上式表明, 无论 u 是自变量还是中间变量, $y = f(u)$ 的微分 $\mathrm{d}y$ 总可以用 $f'(u)$ 与 $\mathrm{d}u$ 的乘积来表示. 这一性质称为**一阶微分形式不变性**.

例 2　求 $y = \mathrm{e}^{\sin(x^3+1)}$ 的微分.

解　**方法一**　先求导, 再求微分. 由于

$$y' = \mathrm{e}^{\sin(x^3+1)}\left[\sin(x^3+1)\right]' = \mathrm{e}^{\sin(x^3+1)}\cos(x^3+1) \cdot 3x^2,$$

所以

$$\mathrm{d}y = 3x^2\mathrm{e}^{\sin(x^3+1)}\cos(x^3+1)\mathrm{d}x.$$

方法二　用微分形式不变性，得

$$dy = e^{\sin(x^3+1)} \cdot d\left[\sin(x^3+1)\right] = e^{\sin(x^3+1)} \cos(x^3+1) \cdot d(x^3+1)$$

$$= e^{\sin(x^3+1)} \cos(x^3+1) \cdot 3x^2 dx = 3x^2 e^{\sin(x^3+1)} \cos(x^3+1)dx.$$

例 3　设 $y = y(x)$ 由方程 $e^y - xy = 0$ 确定，求 dy.

解　**方法一**　由隐函数求导法，两边关于 x 求导，

隐函数求微分
例题

$$e^y y' - y - xy' = 0$$

故

$$\frac{dy}{dx} = \frac{y}{e^y - x},$$

所以

$$dy = \frac{y}{e^y - x}dx.$$

方法二　由一阶微分形式不变性，有

$$d(e^y - xy) = e^y dy - ydx - xdy = 0,$$

得

$$(e^y - x)dy = ydx, \quad 故 \quad dy = \frac{y}{e^y - x}dx.$$

五、微分在近似计算中的应用

根据微分的定义可知，当 $|\Delta x|$ 很小，且 $f'(x_0) \neq 0$ 时，可用 dy 近似地代替 Δy，从而可得到如下两个近似公式：

$$(1)\ \Delta y \approx dy = f'(x_0)\Delta x; \tag{2.13}$$

$$(2)\ f(x_0 + \Delta x) \approx f(x_0) + f'(x_0)\Delta x. \tag{2.14}$$

在点 x_0 处，当 $|\Delta x|$ 很小时，利用公式 (2.13) 可近似计算函数的改变量，利用公式 (2.14) 可近似计算函数值.

注　公式 (2.14) 使用的原则是：首先，$f(x_0)$, $f'(x_0)$ 要容易计算；其次，$x_0 + \Delta x$ 与 x_0 要充分接近.

在 (2.14) 式中, 若令 $x = x_0 + \Delta x$, 则 $\Delta x = x - x_0$, (2.14) 式可改写为

$$f(x) \approx f(x_0) + f'(x_0)(x - x_0). \tag{2.15}$$

该式实质就是用 x 的线性函数 $L(x) = f(x_0) + f'(x_0)(x - x_0)$ 来近似表达函数 $f(x)$. 从导数的几何意义可知, 这也就是在切点 $(x_0, f(x_0))$ 附近用曲线 $y = f(x)$ 在点 $(x_0, f(x_0))$ 处的切线来近似代替该曲线.

例 4 某客户在银行办理为期 2 年的储蓄存款业务, 该客户有本金 $P = 10\,000$ 元. 设银行的年利率 $r = 2.25\%$, 则到期日的本利和 S 是 r 的二次函数: $S = P(1 + r)^2$. 若利率由 2.25% 升至 2.45%, 问到期时本利和会增加多少? 试用微分作近似计算, 并与精确值作比较.

解 本利和 $S = P(1 + r)^2$, 由公式 (2.13), 得

$$\Delta S \approx \mathrm{d}S = S'(r)\Delta r = 2P(1 + r)\Delta r.$$

现以 $P = 10\,000, r = 0.022\,5, \Delta r = 0.002$ 代入上式, 即得所求本利和增量的近似值为

$$\Delta S \approx \mathrm{d}S = 2 \times 10\,000 \times (1 + 0.022\,5) \times 0.002 = 40.9(元).$$

若直接计算函数的增量, 可得

$$\Delta S = 10\,000 \times (1 + 0.024\,5)^2 - 10\,000 \times (1.022\,5)^2 = 40.94(元).$$

可见, 用微分 $\mathrm{d}S = 40.9(元)$ 近似代替增量 $\Delta S = 40.94(元)$, 相差很少.

例 5 计算 $\sqrt[3]{1.02}$ 的近似值.

解 我们将这个问题看成求函数 $y = \sqrt[3]{x}$ 在点 $x = 1.02$ 处的函数值的近似值问题. 由 (2.14) 式, 得

$$f(x + \Delta x) \approx f(x) + f'(x)\Delta x = \sqrt[3]{x} + \frac{1}{3\sqrt[3]{x^2}}\Delta x.$$

令 $x = 1, \Delta x = 0.02$, 则有

$$\sqrt[3]{1.02} \approx \sqrt[3]{1} + \frac{1}{3\sqrt[3]{1^2}} \times 0.02 \approx 1.006\,7.$$

习题 2.5

1. 已知 $y = x^3 - 1$, 在点 $x = 2$ 处, 计算当 Δx 分别为 $1, 0.1, 0.01$ 时的 Δy 及 $\mathrm{d}y$ 的值.

2. 求下列函数的微分:

(1) $y = \ln^2(1-x)$;

(2) $y = \dfrac{\sin x}{x}$;

(3) $y = \dfrac{\mathrm{e}^{2x}}{x^2}$;

(4) $y = \ln\left(\sin\dfrac{x}{2}\right)$.

3. 求由方程 $\mathrm{e}^{xy} = 2x + y^3$ 确定的隐函数 $y = f(x)$ 的微分 $\mathrm{d}y$.

*4. 设 $\begin{cases} x = a(t - \sin t), \\ y = a(1 - \cos t), \end{cases}$ 利用微分求 $\dfrac{\mathrm{d}y}{\mathrm{d}x}$.

5. 计算 $\sqrt[3]{998.5}$ 的近似值.

6. 一个内直径为 10 cm 的球, 球壳厚度为 $\dfrac{1}{16}$ cm, 求球壳体积的近似值.

7. 某生产企业的生产函数 $y = \dfrac{1}{2}\sqrt{x}$, 假定企业将它的劳动量 x 从 900 个单位削减到 896 个单位, 试估算产量的变化 Δy, 以及在 $x = 896$ 处的新产量.

第二章自测题

微分中值定理与导数应用

上一章我们介绍了函数的导数与微分. 导数是刻画函数在一点处变化率的概念. 本章将首先介绍导数应用的理论基础——微分中值定理, 并以中值定理为基础, 以导数为工具, 解决一类特殊类型的极限 (不定式) 的计算问题, 研究函数的单调性、极值问题、曲线的凹凸性、函数图形的描绘和导数在经济及生活中的应用.

自人类进入信息时代, 数字经济引发了社会和经济整体性深刻变革, 人工智能技术已应用到生活的方方面面, 当读者手持遥控器在几十个频道间不停地选择电视节目时, 或用手机进行 GPS 定位时, 读者已经在享受来自数字化与智能化的服务了. 可以说如果没有通信卫星, 这一切是无法完成的, 而卫星的最大高度及使信号传播范围最大化问题是发射卫星需要考虑的重要因素. 假设在地面上以初始速度 v_0 发射一枚卫星, 如何计算卫星上升的最大高度? 如何解决最佳视角问题?

对企业经营者来说, 对企业的经济环节进行定量分析是非常必要的. 将导数作为分析工具, 可以给企业经营者提供精确的数值和新的思路和视角. 如最优化问题是经济管理活动的核心, 它们通常是利用函数的导数求经济问题中的平均成本最低、总收入最大、总利润最大、库存成本最小等问题. 比如, 如何在存货的收益与成本之间进行利弊权衡, 在充分发挥存货功能的同时降低成本、增加收益, 确定最优的库存量并使存货总成本达到最低, 是存货管理的基本目标. 本节将利用导数的基本知识建立数学模型, 分析经济管理中存货成本最小化的相关问题.

§3.1 微分中值定理

微分中值定理揭示了函数在某区间上的整体性质与函数在该区间内某一点处的导数之间的关系. 微分中值定理的核心是拉格朗日中值定理, 罗尔定理是它的特例, 柯西定理是它的推广. 现在先介绍罗尔定理.

一、罗尔定理

定理 1 (罗尔定理) 设函数 $f(x)$ 满足

(1) 在闭区间 $[a,b]$ 上连续;

(2) 在开区间 (a,b) 内可导;

(3) $f(a)=f(b)$,

则在 (a,b) 内至少存在一点 ξ, 使得 $f'(\xi)=0$.

在证明之前, 先看一下定理 1 的几何意义: 设 $y=f(x)$ 是一条连续的光滑曲线 (图 3.1), 如果它在点 A, B 处的纵坐标相等, 即 $f(a)=f(b), a \neq b$, 则很容易由图上直观地看到, 在弧 AB 上至少有一点 $C(\xi, f(\xi))$(图中有两点 C_1 和 C_2), 使曲线在点 C 处有水平切线, 对应的函数 $f(x)$ 在点 $x=\xi$ 处的导数为零.

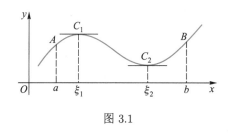

图 3.1

证 因 $y=f(x)$ 在闭区间 $[a,b]$ 上连续, 故由闭区间上连续函数的性质 $f(x)$ 在 $[a,b]$ 上可取到最大值 M 和最小值 m. 现在分两种情况来讨论.

(1) 若 $m=M$, 因 $f(x)$ 在 M 与 m 之间, 故 $f(x)$ 在 $[a,b]$ 上恒等于常数 M, 于是 $f'(x)$ 在 (a,b) 内恒为零, 因此, (a,b) 内任一点均可取作点 ξ.

(2) 若 $m \neq M$, 则两数 m, M 中至少有一个不等于端点处的函数值 $f(a)=f(b)$. 不妨设 $M \neq f(a)$, 于是必有 (a,b) 内一点 ξ 使 $f(\xi)=M$. 下面证明 $f'(\xi)=0$.

由于 $f(x)$ 在点 ξ 处取最大值, 故不论 Δx 为正或负, 当 $|\Delta x|$ 充分小时总有

$$f(\xi+\Delta x)-f(\xi) \leqslant 0.$$

当 $\Delta x > 0$ 时,

$$\frac{f(\xi+\Delta x)-f(\xi)}{\Delta x} \leqslant 0.$$

又由于假定 $f'(x)$ 存在，即 $\lim\limits_{\Delta x \to 0} \dfrac{f(\xi + \Delta x) - f(\xi)}{\Delta x}$ 存在，故

$$f'(\xi) = \lim_{\Delta x \to 0^+} \frac{f(\xi + \Delta x) - f(\xi)}{\Delta x} \leqslant 0.$$

同理，当 $\Delta x < 0$ 时，有

$$f'(\xi) = \lim_{\Delta x \to 0^-} \frac{f(\xi + \Delta x) - f(\xi)}{\Delta x} \geqslant 0,$$

因此必有 $f'(\xi) = 0$.

注 罗尔定理的条件是结论成立的充分条件，但非必要条件，即条件满足时结论一定成立；若条件不满足，结论可能成立也可能不成立. 例如，函数

$$f(x) = x^2 - 2x - 3 = (x - 3)(x + 1)$$

在闭区间 $[-1, 2]$ 上连续，在 $(-1, 2)$ 内可导. 又

$$f'(x) = 2x - 2 = 2(x - 1).$$

显然存在 $\xi = 1 \in (-1, 2)$，使 $f'(\xi) = f'(1) = 0$. 虽然它在端点处的值 $f(-1) = 0$, $f(2) = -3$，不相等，即不满足罗尔定理的全部条件，但是结论仍然成立.

思考题 3–1 将罗尔定理的条件 (1) 换成 "在开区间 (a, b) 内连续"，是否一定能得到在 (a, b) 内至少存在一点 ξ，使得 $f'(\xi) = 0$，请举例说明.

例 1 验证 $f(x) = x^3 - 4x$ 在 $[0, 2]$ 上满足罗尔定理的条件，并求出结论中的 ξ.

解 $f(x)$ 在 $[0, 2]$ 上显然连续，又 $f'(x) = 3x^2 - 4$ 在 $(0, 2)$ 内处处存在，且 $f(0) = f(2) = 0$，故 $f(x)$ 在 $[0, 2]$ 上满足罗尔定理条件.

令 $f'(x) = 0$，即 $3x^2 - 4 = 0$，得 $x_1 = \dfrac{2}{\sqrt{3}}$, $x_2 = -\dfrac{2}{\sqrt{3}}$. 而 $x_2 \notin (0, 2)$，故取 $\xi = x_1 = \dfrac{2}{\sqrt{3}}$.

例 2 证明方程 $x^5 - 5x + 1 = 0$ 有且仅有一个小于 1 的正实根.

证 设 $f(x) = x^5 - 5x + 1$，则 $f(x)$ 在 $[0, 1]$ 上连续，且 $f(0) = 1$, $f(1) = -3$. 由零点定理知，存在点 $x_0 \in (0, 1)$，使 $f(x_0) = 0$，即 x_0 是题设方程的小于 1 的正实根.

再来证明 x_0 是题设方程的小于 1 的唯一正实根. 用反证法，设另有 $x_1 \in (0, 1)$, $x_1 \neq x_0$，使 $f(x_1) = 0$. 易见函数 $f(x)$ 在以 x_0, x_1 为端点的闭区间上满足罗尔定理的条件，故至少存在一点 ξ（介于 x_0, x_1 之间），使得 $f'(\xi) = 0$. 但

$$f'(x) = 5(x^4 - 1) < 0, \quad x \in (0, 1),$$

矛盾. 所以 x_0 即为题设方程的小于 1 的唯一正实根.

例 3 设 $f(x)$ 在 $[0,a]$ 上连续, 在 $(0,a)$ 内可导, 且 $f(a) = 0$. 证明存在一点 $\xi \in (0,a)$, 使 $\xi f'(\xi) + f(\xi) = 0$.

分析 从条件和结论看这是一个有关罗尔定理的证明题. 关键在于找到函数 $F(x)$, 使 $F(x)$ 在 $[0,a]$ 上满足罗尔定理的条件, 且从 $F'(\xi) = 0$ 中能得出 $\xi f'(\xi) + f(\xi) = 0$. 将 ξ 换为 $x : xf'(x) + f(x) = [xf(x)]'$. 可见, 若令 $F(x) = xf(x)$, 则结论为 $F'(x)|_{x=\xi} = 0$.

证 令 $F(x) = xf(x)$, 由已知条件知, $F(x)$ 在 $[0,a]$ 上连续, 在 $(0,a)$ 内可导, 且 $F(0) = 0 = F(a)$, 故由罗尔定理知, 存在 $\xi \in (0,a)$, 使 $F'(\xi) = 0$, 即 $\xi f'(\xi) + f(\xi) = 0$.

注 辅助函数的构造有很大的技巧性和灵活性, 通常是根据所要证明的命题与需要, 建立和已知定理或已证命题之间的联系. 如果缺少某个条件, 即可构造一个具备所缺条件且和所证结论相联系的辅助函数. 本例采用的方法也称作 **"凑导数法"**. 下面将介绍的拉格朗日中值定理的证明, 就是构造一个满足罗尔定理的辅助函数, 然后在所给区间上应用罗尔定理得出拉格朗日中值定理的证明.

二、拉格朗日中值定理

在罗尔定理中, $f(a) = f(b)$ 这个条件是相当特殊的, 它使罗尔定理的应用受到了限制. 拉格朗日在罗尔定理的基础上作了进一步研究, 取消了罗尔定理中这个条件的限制, 但仍保留了其余两个条件, 得到了在微分学中具有重要地位的拉格朗日中值定理.

定理 2 (拉格朗日中值定理) 如果函数 $y = f(x)$ 满足

(1) 在闭区间 $[a,b]$ 上连续;

(2) 在开区间 (a,b) 内可导,

则在 (a,b) 内至少存在一点 $\xi(a < \xi < b)$, 使得

$$\frac{f(b) - f(a)}{b - a} = f'(\xi). \tag{3.1}$$

在证明之前, 先看一下这个定理的几何意义.

设函数 $f(x)$ 在闭区间 $[a,b]$ 上是一条连续光滑的曲线弧 AB (图 3.2), 连接点 $A(a, f(a))$ 和点 $B(b, f(b))$ 的弦 AB (易知其斜率为 $k = \frac{f(b) - f(a)}{b - a}$), 由图 3.2 可以看出, 在 (a,b) 内至少存在一点 ξ, 使过弧 AB 上的点 $C(\xi, f(\xi))$

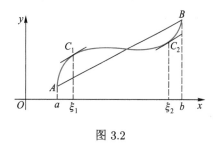

图 3.2

的切线与弦 AB 平行 (图 3.2 中有两点 C_1 和 C_2 具有此性质).

分析 为了证明结论成立，显然只要证明至少存在一点 $\xi \in (a,b)$，使

$$f'(\xi) - \frac{f(b) - f(a)}{b - a} = 0.$$

而

$$f'(\xi) - \frac{f(b) - f(a)}{b - a} = \left[f(x) - \frac{f(b) - f(a)}{b - a} x \right]' \bigg|_{x=\xi},$$

这就启发我们，只要证明 $F(x) = f(x) - \dfrac{f(b) - f(a)}{b - a} x$ 在 $[a,b]$ 上满足罗尔定理的条件即可.

证 令 $F(x) = f(x) - \dfrac{f(b) - f(a)}{b - a} x$，由 $f(x)$ 的连续性与可导性，易知 $F(x)$ 在 $[a,b]$ 上连续，在 (a,b) 内可导，且

$$F(a) = \frac{bf(a) - af(b)}{b - a} = F(b).$$

于是，由罗尔定理知，至少存在一点 $\xi \in (a,b)$，使得

$$F'(\xi) = f'(\xi) - \frac{f(b) - f(a)}{b - a} = 0,$$

即

$$f'(\xi) = \frac{f(b) - f(a)}{b - a}.$$

拉格朗日中值定理是中值定理的核心，因而又称为**微分中值定理**，它在微积分理论和应用中都起着非常重要的作用. 可以看出，如果定理 2 中补充条件 $f(a) = f(b)$，则公式 (3.1) 化为 $f'(\xi) = 0$，可见罗尔定理是拉格朗日中值定理的特例.

公式 (3.1) 的左端 $\dfrac{f(b) - f(a)}{b - a}$ 表示函数 $f(x)$ 在 $[a,b]$ 上的平均变化率，右端 $f'(\xi)$ 是在 (a,b) 内某一点 ξ 处函数的变化率. 这样，该公式就反映了可导函数在 $[a,b]$ 上的平均变化率与内点 ξ 处变化率之间的关系. 从物理学角度看，若 $f(x)$ 为做直线运动的物体在时刻 x 运动的路程，则公式 (3.1) 表示区间 $[a,b]$ 上的平均速度等于某一内点处的瞬时速度.

公式 (3.1) 还可变形为

$$f(b) - f(a) = f'(\xi)(b - a). \tag{3.2}$$

设 $x_0 \in (a,b)$，给自变量一个有限增量 Δx，使 $x = x_0 + \Delta x \in (a,b)$，于是公式 (3.2) 可改写为

$$f(x_0 + \Delta x) - f(x_0) = f'(\xi)\Delta x, \tag{3.3}$$

或

$$f(x) - f(x_0) = f'(\xi)(x - x_0),\tag{3.4}$$

$$f(x) = f(x_0) + f'(\xi)(x - x_0),\tag{3.5}$$

其中 ξ 位于 x_0 与 x 之间.

公式 (3.1)—(3.5) 均可称为拉格朗日中值公式, 而公式 (3.3) 和公式 (3.4) 反映了函数 $f(x)$ 在以 x_0 和 $x_0 + \Delta x$ 为端点的区间上的有限改变量 $f(x_0 + \Delta x) - f(x_0)$(或 $f(x) - f(x_0)$) 与内点 ξ 处的导数 $f'(\xi)$ 之间的关系, 因此又称为**有限增量公式**.

推论 1 如果函数 $f(x)$ 在区间 (a, b) 内的导数恒为零, 则 $f(x)$ 在区间 (a, b) 内是一个常数.

证 设 x_1, x_2 是区间 $[a, b]$ 内的任意两点, 且 $x_1 < x_2$. 因为 $f(x)$ 在 (a, b) 内可导, 所以 $f(x)$ 在 $[x_1, x_2]$ 上连续, 在 (x_1, x_2) 内可导, 故由拉格朗日中值公式 (3.2), 有

$$f(x_2) - f(x_1) = f'(\xi)(x_2 - x_1), \quad \xi \in (x_1, x_2).$$

由假设 $f'(\xi) = 0$, 于是 $f(x_1) = f(x_2)$. 由 x_1, x_2 的任意性, 可知区间 (a, b) 内任意两点处的函数值都相等, 即 $f(x)$ 在 (a, b) 内是常数.

应用这条推论还可以证明含有变量的恒等式. 例如, 设

$$f(x) = \sin^2 x + \cos^2 x,$$

则易知 $f'(x) = 0$, 从而由推论 $f(x) = C$(常数). 而 $f(0) = 1$, 所以 $f(x) \equiv 1$. 这是一个基本三角函数公式.

应用拉格朗日中值定理, 可以证明许多不等式.

例 4 验证: $|\sin x| \leqslant |x|$.

证 设 $y = \sin x$, 显然函数 $y = \sin x$ 在闭区间 $[0, x](x > 0)$ 或 $[x, 0](x < 0)$ 上连续, 在开区间 $(0, x)(x > 0)$ 或 $(x, 0)(x < 0)$ 内可导, 且 $(\sin x)' = \cos x$, 故由公式 (3.2) 有

$$\sin x - \sin 0 = \cos \xi \cdot (x - 0), \quad \xi \text{ 在 } 0 \text{ 与 } x \text{ 之间}.$$

显然有 $|\sin x| = |\cos \xi| \cdot |x|$. 因为 $|\cos \xi| \leqslant 1$, 从而 $|\sin x| \leqslant |x|$.

例 5 证明: 当 $x > 0$ 时, $\dfrac{x}{1+x} < \ln(1+x) < x$.

证 令 $f(t) = \ln(1+t)$, 则 $f(t)$ 在 $[0, x]$ 上满足拉格朗日中值定理的条件且 $f'(t) = \dfrac{1}{1+t}$. 在 $[0, x]$ 上应用拉格朗日中值公式 (3.2), 得

$$\ln(1+x) - \ln(1+0) = \frac{1}{1+\xi}(x-0), \quad 0 < \xi < x.$$

由于

$$\frac{1}{1+x} < \frac{1}{1+\xi} < 1,$$

所以

$$\frac{x}{1+x} < \frac{x}{1+\xi} < x,$$

从而

$$\frac{x}{1+x} < \ln(1+x) < x.$$

补充例题

三、柯西中值定理

作为拉格朗日中值定理的推广, 有下面的

定理 3(柯西中值定理) 设函数 $f(x)$ 和 $g(x)$ 满足

(1) 在闭区间 $[a,b]$ 上连续;

(2) 在开区间 (a,b) 内可导;

(3) $g'(x) \neq 0, x \in (a,b)$,

则在 (a,b) 内至少存在一点 ξ, 使得

$$\frac{f(b)-f(a)}{g(b)-g(a)} = \frac{f'(\xi)}{g'(\xi)}, \quad a < \xi < b. \tag{3.6}$$

设一条以 $A(g(a),f(a)), B(g(b),f(b))$ 为端点的平面曲线 AB 的参数方程为

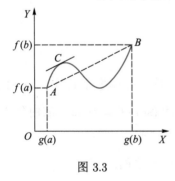

图 3.3

$$\begin{cases} x = g(t), \\ y = f(t), \end{cases} t \in [a,b],$$

(3.6) 式左端就是弦 AB 的斜率, 而右端则是曲线 AB 在点 $C(g(\xi),f(\xi))$ 处的切线斜率. 因此,柯西公式 (3.6) 的几何意义为, 在曲线 AB 上至少有一点 C, 使曲线 AB 在该点处的切线平行于弦 AB (图 3.3).

很显然, 如果取 $g(x) = x$, 则

$$g(b) - g(a) = b - a, \quad g'(x) = 1,$$

柯西中值定理就变成拉格朗日中值定理了.

习题 3.1

1. 下列函数在所给区间上是否满足罗尔定理的条件? 若满足, 求出定理结论中的内点 ξ:

(1) $f(x) = x^2 - 5x + 6$, $[2,3]$;

(2) $f(x) = \sin x$, $[0,\pi]$;

(3) $f(x) = \dfrac{1}{1+x^2}$, $[-2,2]$;

(4) $f(x) = 1 - \sqrt[5]{x^2}$, $[-1,1]$.

2. 下列函数在所给区间上是否满足拉格朗日中值定理的条件? 若满足, 求出定理结论中的内点 ξ:

(1) $f(x) = 4x^3 - 5x^2 + x - 2$, $[0,1]$;

(2) $f(x) = \mathrm{e}^x$, $[0,\ln 2]$;

(3) $f(x) = \ln x$, $[1,2]$.

3. 证明下列恒等式:

(1) $\arcsin x + \arccos x = \dfrac{\pi}{2}$, $-1 \leqslant x \leqslant 1$;

(2) $\arctan x + \arctan \dfrac{1}{x} = \dfrac{\pi}{2}$, $x > 0$.

4. 利用拉格朗日中值定理证明下列不等式:

(1) 对任何实数 a,b 有 $|\arctan b - \arctan a| \leqslant |b - a|$;

(2) $\mathrm{e}^x > \mathrm{e} \cdot x$, $x > 1$.

5. 不求出函数 $f(x) = x(x-1)(x-2)(x-3)$ 的导数, 试判别方程 $f'(x) = 0$, $f''(x) = 0$ 各自的根的个数.

6. 试证明方程 $x^3 + x + c = 0$ 至多有一个实根, 其中 c 为任意常数.

7. 对函数 $f(x) = \sin x$ 和 $g(x) = x + \cos x$ 在区间 $\left[0, \dfrac{\pi}{2}\right]$ 上验证柯西公式.

8. 证明: 若函数 $f(x)$ 在 $(-\infty, +\infty)$ 内满足关系式 $f'(x) = f(x)$, 且 $f(0) = 1$, 则 $f(x) = \mathrm{e}^x$.

9. 若函数 $f(x)$ 在 (a,b) 内具有二阶导数且 $f(x_1) = f(x_2) = f(x_3)$, 其中

$$a < x_1 < x_2 < x_3 < b,$$

证明: 在 (x_1, x_3) 内至少有一点 ξ, 使 $f''(\xi) = 0$.

10. 设函数 $f(x)$ 在 $[0,1]$ 上连续, 在 $(0,1)$ 内可导, 证明: 至少存在一点 $\xi \in (0,1)$, 使 $f'(\xi) = 2\xi[f(1) - f(0)]$.

§3.2 洛必达法则

如果当 $x \to a$ (或 $x \to \infty$) 时, 两个函数 $f(x)$ 与 $g(x)$ 都趋于零或都趋于无穷大, 则极限 $\lim\limits_{x \to a} \dfrac{f(x)}{g(x)}$ (或 $\lim\limits_{x \to \infty} \dfrac{f(x)}{g(x)}$) 可能存在, 也可能不存在. 通常将这种极限称为**不定式**, 并分别记为 "$\dfrac{0}{0}$" 型不定式或 "$\dfrac{\infty}{\infty}$" 型不定式, 例如, $\lim\limits_{x \to 0} \dfrac{\sin x}{x}$, $\lim\limits_{x \to +\infty} \dfrac{x^3}{3x^3 + 2x}$ 等就是不定式. 这两类极限的计算不能运用极限的四则运算法则. 不定式还有其他一些形式, 它们分别是 "$\infty - \infty$" 型, "$0 \cdot \infty$" 型, "1^{∞}" 型, "0^0" 型和 "∞^0" 型等.

在第一章中, 对不定式, 我们是具体问题具体分析, 用因式分解、消去零因子或同除以无穷大因子等初等方法进行计算. 这一节中, 我们将利用中值定理, 以导数为工具, 给出计算不定式极限的一般法则, 即洛必达法则, 这也是柯西定理的一个应用. 下面先介绍求 "$\dfrac{0}{0}$" 型不定式极限的洛必达法则.

一、"$\dfrac{0}{0}$" 型不定式

定理 1 如果函数 $f(x)$ 和 $g(x)$ 满足

(1) 当 $x \to a$ 时, $f(x) \to 0, g(x) \to 0$;

(2) 在点 a 的去心邻域内可导, 即 $f'(x), g'(x)$ 存在, 且 $g'(x) \neq 0$;

(3) 极限 $\lim\limits_{x \to a} \dfrac{f'(x)}{g'(x)}$ 存在 (或为无穷大),

则

$$\lim_{x \to a} \frac{f(x)}{g(x)} = \lim_{x \to a} \frac{f'(x)}{g'(x)}.$$

证 因为极限 $\lim\limits_{x \to a} \dfrac{f(x)}{g(x)}$ 是否存在与函数 $f(x)$, $g(x)$ 在点 $x = a$ 处是否有定义无关, 故不妨补充定义 $f(a) = g(a) = 0$, 则 $f(x)$ 和 $g(x)$ 在点 a 处连续. 设 x 为点 a 邻域内的任意一点. 若 $x > a$ (或 $x < a$), 则在区间 $[a, x]$(或 $[x, a]$) 上 $f(x)$ 与 $g(x)$ 满足柯西定理条件. 因此有

$$\frac{f(x)}{g(x)} = \frac{f(x) - f(a)}{g(x) - g(a)} = \frac{f'(\xi)}{g'(\xi)} \quad (\xi \text{ 在 } a \text{ 与 } x \text{ 之间}).$$

显然, 当 $x \to a$ 时, $\xi \to a$. 于是上式两端取极限, 即得

$$\lim_{x \to a} \frac{f(x)}{g(x)} = \lim_{\xi \to a} \frac{f'(\xi)}{g'(\xi)} = \lim_{x \to a} \frac{f'(x)}{g'(x)}.$$

该定理的意义是，当满足定理 1 的条件时，"$\frac{0}{0}$" 型不定式 $\frac{f(x)}{g(x)}$ 的极限可以化为导数之比 $\frac{f'(x)}{g'(x)}$ 的极限 (同一自变量变化过程)，从而为求极限化难为易提供了新的途径.

如果 $x \to a$ 时，$\frac{f'(x)}{g'(x)}$ 仍是 "$\frac{0}{0}$" 型不定式，并且 $f'(x)$, $g'(x)$ 像 $f(x)$, $g(x)$ 一样满足定理 1 的条件，则仍可继续使用洛必达法则，即

$$\lim_{x \to a} \frac{f(x)}{g(x)} = \lim_{x \to a} \frac{f'(x)}{g'(x)} = \lim_{x \to a} \frac{f''(x)}{g''(x)}.$$

类似于定理 1，对于 $x \to x_0^+$, $x \to x_0^-$, $x \to \infty$ 等情形也可以得到相应的结论.

例 1 求极限 $\lim\limits_{x \to 3} \dfrac{x^2 - 2x - 3}{x^2 - 9}$.

解 $\lim\limits_{x \to 3} \dfrac{x^2 - 2x - 3}{x^2 - 9}$ 是 "$\frac{0}{0}$" 型不定式且满足定理 1 的条件，因此

$$\lim_{x \to 3} \frac{x^2 - 2x - 3}{x^2 - 9} \xlongequal{\text{``}\frac{0}{0}\text{''}} \lim_{x \to 3} \frac{2x - 2}{2x} = \frac{2}{3}.$$

例 2 求 $\lim\limits_{x \to 0} \dfrac{\sin x - x}{\tan x - x}$.

解 原式是 "$\frac{0}{0}$" 型不定式，且满足洛必达法则条件，但求导以后的分式仍是 "$\frac{0}{0}$" 型不定式且满足洛必达法则条件，故可继续运用洛必达法则.

$$\lim_{x \to 0} \frac{\sin x - x}{\tan x - x} \xlongequal{\text{``}\frac{0}{0}\text{''}} \lim_{x \to 0} \frac{\cos x - 1}{\sec^2 x - 1} \xlongequal{\text{``}\frac{0}{0}\text{''}} \lim_{x \to 0} \frac{-\sin x}{2 \sec x \cdot (\sec x \cdot \tan x)}$$

$$\xlongequal{\text{等价无穷小替换}} -\lim_{x \to 0} \frac{1}{2 \sec^2 x} = -\frac{1}{2} \lim_{x \to 0} \cos^2 x = -\frac{1}{2}.$$

例 3 求 $\lim\limits_{x \to 0} \dfrac{1 - \dfrac{\sin x}{x}}{\ln^2(1 + x)}$.

解 原式是 "$\frac{0}{0}$" 型不定式，且满足洛必达法则条件，应先利用恒等变形和等价无穷小替换，然后再运用洛必达法则.

$$\lim_{x \to 0} \frac{1 - \dfrac{\sin x}{x}}{\ln^2(1 + x)} \xlongequal{\text{变形}} \lim_{x \to 0} \frac{x - \sin x}{x \ln^2(1 + x)} \xlongequal{\text{等价无穷小替换}} \lim_{x \to 0} \frac{x - \sin x}{x^3}$$

$$\xlongequal{\text{``}\frac{0}{0}\text{''}} \lim_{x \to 0} \frac{1 - \cos x}{3x^2} = \lim_{x \to 0} \frac{\dfrac{1}{2} x^2}{3x^2} = \frac{1}{6}.$$

例 4 求 $\lim\limits_{x \to +\infty} \dfrac{\dfrac{\pi}{2} - \arctan x}{\dfrac{1}{x}}$.

解 原式是 "$\dfrac{0}{0}$" 型不定式, 且满足洛必达法则条件.

$$\lim_{x \to +\infty} \frac{\dfrac{\pi}{2} - \arctan x}{\dfrac{1}{x}} \overset{\text{``}\frac{0}{0}\text{''}}{=\!=\!=} \lim_{x \to +\infty} \frac{-\dfrac{1}{1+x^2}}{-\dfrac{1}{x^2}} = \lim_{x \to +\infty} \frac{x^2}{1+x^2} = 1.$$

二、 "$\dfrac{\infty}{\infty}$" 型不定式

定理 2 如果 $f(x)$, $g(x)$ 满足

(1) 当 $x \to a$ 时, $f(x) \to \infty, g(x) \to \infty$;

(2) 在点 a 的去心邻域内可导, 即 $f'(x), g'(x)$ 存在, 且 $g'(x) \neq 0$;

(3) 极限 $\lim\limits_{x \to a} \dfrac{f'(x)}{g'(x)}$ 存在 (或为无穷大),

则

$$\lim_{x \to a} \frac{f(x)}{g(x)} = \lim_{x \to a} \frac{f'(x)}{g'(x)}.$$

类似于定理 2, 对于 $x \to x_0^+, x \to x_0^-, x \to \infty$ 等情形也可以得到相应的结论. 如果 $f'(x)$ 和 $g'(x)$ 像 $f(x), g(x)$ 一样满足定理 2 的条件, 则可继续使用洛必达法则.

例 5 求 $\lim\limits_{x \to +\infty} \dfrac{\log_a x}{x^\alpha} (\alpha > 0, a > 0, a \neq 1)$.

解 原式是 "$\dfrac{\infty}{\infty}$" 型不定式, 满足定理 2 的条件, 故

$$\lim_{x \to +\infty} \frac{\log_a x}{x^\alpha} \overset{\text{``}\frac{\infty}{\infty}\text{''}}{=\!=\!=} \lim_{x \to +\infty} \frac{\dfrac{1}{x \ln a}}{\alpha x^{\alpha-1}} = \frac{1}{\alpha \ln a} \lim_{x \to +\infty} \frac{1}{x^\alpha} = 0.$$

例 6 求 $\lim\limits_{x \to +\infty} \dfrac{x^2}{e^x}$.

解 原式是 "$\dfrac{\infty}{\infty}$" 型不定式, 且满足定理 2 的条件, 故

$$\lim_{x \to +\infty} \frac{x^2}{e^x} \overset{\text{``}\frac{\infty}{\infty}\text{''}}{=\!=\!=} \lim_{x \to +\infty} \frac{2x}{e^x} \overset{\text{``}\frac{\infty}{\infty}\text{''}}{=\!=\!=} \lim_{x \to +\infty} \frac{2}{e^x} = 0.$$

例 7 求 $\lim\limits_{x \to \pi^-} \dfrac{\ln(\pi - x)}{\cot x}$.

解 这是 "$\dfrac{\infty}{\infty}$" 型不定式, 满足洛必达法则条件, 故

$$\lim_{x \to \pi^-} \frac{\ln(\pi - x)}{\cot x} \overset{\text{``}\frac{\infty}{\infty}\text{''}}{=\!=\!=} \lim_{x \to \pi^-} \frac{-\dfrac{1}{\pi - x}}{-\csc^2 x} = \lim_{x \to \pi^-} \frac{\sin^2 x}{\pi - x}.$$

由于等式右端是 "$\dfrac{0}{0}$" 型不定式, 再次利用洛必达法则, 得

$$\lim_{x \to \pi^-} \frac{\ln(\pi - x)}{\cot x} = \lim_{x \to \pi^-} \frac{2 \sin x \cos x}{-1} = 0.$$

三、其他类型不定式

"$\frac{0}{0}$" 型和 "$\frac{\infty}{\infty}$" 型不定式是最基本的两类不定式. 除这两类不定式外，还有 "$0 \cdot \infty$" 型，"$\infty - \infty$" 型，"1^∞" 型，"∞^0" 型和 "0^0" 型等几类不定式. 这几类不定式的极限，都可通过适当的变形化为 "$\frac{0}{0}$" 型和 "$\frac{\infty}{\infty}$" 型不定式来计算. 下面举例说明.

例 8 求 $\lim\limits_{x \to 0^+} x^3 \ln x$.

解 原式是 "$0 \cdot \infty$" 型不定式，而将 $x^3 \ln x$ 写成 $\dfrac{\ln x}{x^{-3}}$，当 $x \to 0^+$ 时是 "$\frac{\infty}{\infty}$" 型不定式，因此可应用洛必达法则进行计算，即

$$\lim_{x \to 0^+} x^3 \ln x = \lim_{x \to 0^+} \frac{\ln x}{x^{-3}} \xlongequal{\text{"}\frac{\infty}{\infty}\text{"}} \lim_{x \to 0^+} \frac{\frac{1}{x}}{-3x^{-4}} = \lim_{x \to 0^+} \left(-\frac{x^3}{3} \right) = 0.$$

例 9 求 $\lim\limits_{x \to 1} \left(\dfrac{1}{1-x} - \dfrac{1}{\ln x} \right)$.

解 原式是 "$\infty - \infty$" 型不定式，但通分后可化为 "$\frac{0}{0}$" 型不定式来计算，即

$$\lim_{x \to 1} \left(\frac{1}{1-x} - \frac{1}{\ln x} \right) = \lim_{x \to 1} \frac{\ln x - 1 + x}{(1-x)\ln x} \xlongequal{\text{"}\frac{0}{0}\text{"}} \lim_{x \to 1} \frac{\frac{1}{x} + 1}{-\ln x + \frac{1}{x} - 1}$$

$$= \lim_{x \to 1} \frac{1+x}{1 - x \ln x - x} = \infty.$$

注 由上面两例可看出，"$0 \cdot \infty$" 型不定式可以通过将一个因式改写为倒数写在分母中的方法变形为 "$\frac{0}{0}$" 型或 "$\frac{\infty}{\infty}$" 型，"$\infty - \infty$" 型不定式则可用通分的方法化为 "$\frac{0}{0}$" 型或 "$\frac{\infty}{\infty}$" 型.

例 10 求 $\lim\limits_{x \to 0^+} x^{\tan x}$.

解 这是 "0^0" 型不定式. 设 $y = x^{\tan x}$，取对数得 $\ln y = \tan x \ln x$，当 $x \to 0^+$ 时，成为 "$0 \cdot \infty$" 型不定式，再写成 $\dfrac{\ln x}{\cot x}$ 的形式，化为 "$\frac{\infty}{\infty}$" 型.

由于

$$\lim_{x \to 0^+} \ln y = \lim_{x \to 0^+} \tan x \ln x = \lim_{x \to 0^+} \frac{\ln x}{\cot x} = \lim_{x \to 0^+} \frac{\frac{1}{x}}{-\csc^2 x}$$

$$= \lim_{x \to 0^+} \frac{-\sin^2 x}{x} = \lim_{x \to 0^+} \frac{-x^2}{x} = 0,$$

故 $\lim\limits_{x \to 0^+} x^{\tan x} = e^0 = 1$.

注 由此例进一步还可以知道, "0^0" 型、"1^∞" 型及 "∞^0" 型不定式均可通过取对数的方法先化为 "$0 \cdot \infty$" 型, 再化为 "$\dfrac{0}{0}$" 型或 "$\dfrac{\infty}{\infty}$" 型不定式用洛必达法则计算.

例 11 $\lim\limits_{x \to 0} \dfrac{\sin^2 x}{\sqrt{1 + x \sin x} - \sqrt{\cos x}}$.

解 分母有理化, 去掉根号后得

$$\lim_{x \to 0} \frac{\sin^2 x}{\sqrt{1 + x \sin x} - \sqrt{\cos x}}$$
$$= \lim_{x \to 0} \frac{\sin^2 x (\sqrt{1 + x \sin x} + \sqrt{\cos x})}{1 + x \sin x - \cos x}.$$

使用洛必达法则的技巧

由于 $\lim\limits_{x \to 0} \left(\sqrt{1 + x \sin x} + \sqrt{\cos x}\right) = 2$ 极限不为 0, 可以提到极限符号外, 故

$$\lim_{x \to 0} \frac{\sin^2 x}{\sqrt{1 + x \sin x} - \sqrt{\cos x}} = 2 \lim_{x \to 0} \frac{\sin^2 x}{1 + x \sin x - \cos x}$$
$$\xlongequal{\text{等价无穷小替换}} 2 \lim_{x \to 0} \frac{x^2}{1 + x \sin x - \cos x}.$$

式中因子 $\dfrac{x^2}{1 + x \sin x - \cos x}$ 的极限是 "$\dfrac{0}{0}$" 型不定式, 用洛必达法则, 故

$$\lim_{x \to 0} \frac{\sin^2 x}{\sqrt{1 + x \sin x} - \sqrt{\cos x}} = 2 \lim_{x \to 0} \frac{2x}{x \cos x + \sin x + \sin x}$$
$$= 2 \lim_{x \to 0} \frac{2}{\cos x + \dfrac{2 \sin x}{x}} = \frac{4}{3}.$$

注 由上面几个例子可以看出, 对于求不定式极限, 洛必达法则是非常有效的; 同时在求极限过程中, 随时化简, 尽量先求出一部分极限值, 常常可以使求极限过程得到简化. 另外, 在求极限的问题中注意与其他求极限方法结合 (如利用等价无穷小替换、重要极限、变量代换), 往往可以简化极限过程.

上面我们讨论了各种类型不定式的计算. 值得注意的是, 只有 "$\dfrac{0}{0}$" 型和 "$\dfrac{\infty}{\infty}$" 型不定式才能应用洛必达法则, 否则就可能得出错误的结果. 例如, $\lim\limits_{x \to 0} \dfrac{x}{1 + \sin x}$ 不是 "$\dfrac{0}{0}$" 型不定式, 利用极限四则运算法则容易得到

$$\lim_{x \to 0} \frac{x}{1 + \sin x} = 0.$$

但若错误地运用洛必达法则, 就会得到错误的结果:

$$\lim_{x \to 0} \frac{x}{1 + \sin x} = \lim_{x \to 0} \frac{1}{\cos x} = 1.$$

习题 3.2

1. 求下列极限:

(1) $\lim\limits_{x \to 0} \dfrac{\sin 2x}{\sin 3x}$;

(2) $\lim\limits_{x \to 1} \dfrac{x^3 - 3x + 2}{x^3 - 2x^2 + x}$;

(3) $\lim\limits_{x \to 0} \dfrac{\mathrm{e}^x - \mathrm{e}^{-x}}{\sin x}$;

(4) $\lim\limits_{x \to 5} \dfrac{\sqrt{x + 4} - 3}{\sqrt{x - 1} - 2}$;

(5) $\lim\limits_{x \to +\infty} \dfrac{x^n}{\mathrm{e}^{\lambda x}}$ (n 为正整数, $\lambda > 0$);

(6) $\lim\limits_{x \to 0^+} \dfrac{\ln \tan 9x}{\ln \tan 2x}$;

(7) $\lim\limits_{x \to \frac{\pi}{2}} \dfrac{\tan x}{\tan 3x}$;

(8) $\lim\limits_{x \to 0^+} \dfrac{\ln \sin x}{\ln \tan x}$.

2. 求下列极限:

(1) $\lim\limits_{x \to 0^+} x \mathrm{e}^{\frac{1}{x}}$;

(2) $\lim\limits_{x \to 0^+} x^2 \ln x$;

(3) $\lim\limits_{x \to 1} \left(\dfrac{2}{x^2 - 1} - \dfrac{1}{x - 1} \right)$;

(4) $\lim\limits_{x \to \frac{\pi}{2}} (\sec x - \tan x)$;

(5) $\lim\limits_{x \to 1} \left(\dfrac{x}{x - 1} - \dfrac{1}{\ln x} \right)$;

(6) $\lim\limits_{x \to 0^+} x^x$;

(7) $\lim\limits_{x \to 0} \left(\dfrac{2}{\pi} \arccos x \right)^{\frac{1}{x}}$;

(8) $\lim\limits_{x \to +\infty} (1 + x)^{\frac{1}{\sqrt{x}}}$.

*3. 求下列极限:

(1) $\lim\limits_{x \to +\infty} \left[x - x^2 \ln \left(1 + \dfrac{1}{x} \right) \right]$;

(2) $\lim\limits_{x \to 0} \dfrac{\sqrt{1 + \tan x} - \sqrt{1 + \sin x}}{x \ln(1 + x) - x^2}$.

4. 设 $f(x) = \begin{cases} \dfrac{1 - \mathrm{e}^{-x^2}}{x}, & x \neq 0, \\ 0, & x = 0, \end{cases}$ 试求 $f'(0)$.

5. 已知函数 $f(x), g(x)$ 均在点 $x = 1$ 处可导, 且一阶导数 $f'(x), g'(x)$ 连续. 若 $f(1) = 1, g(1) = 2, f'(1) = 1, g'(1) = -2$, 求极限 $\lim\limits_{x \to 1} \dfrac{f(x)g(x) - 2}{x - 1}$.

6. 设 $f''(x)$ 存在, 求证 $\lim\limits_{h \to 0} \dfrac{f(x + 2h) - 2f(x + h) + f(x)}{h^2} = f''(x)$.

7. 验证极限 $\lim\limits_{x \to \infty} \dfrac{x + \sin x}{x - \sin x}$ 存在, 但不能用洛必达法则求该极限.

8. 已知 $f(x) = \begin{cases} (\cos x)^{x^{-2}}, & x \neq 0, \\ a, & x = 0 \end{cases}$ 在点 $x = 0$ 处连续, 求 a.

9. 当 $x \to 0$ 时, 无穷小量 $x - \ln(1 + x)$ 与 ax^2 ($a > 0$ 且为常数) 是等价无穷小量, 求 a.

*10. 试确定 a, b 的值, 使极限 $\lim\limits_{x \to 0} \dfrac{1 + a\cos 2x + b\cos 4x}{\sin x^4}$ 存在, 并求出它的极限值.

第10题讲解

§3.3 函数的性态

一、函数的单调性

如何用导数研究单调性? 考察图 3.4 和图 3.5 容易看出, 一个可导函数在区间上递增 (或递减), 其图形的特点是沿 x 轴正方向曲线是上升 (或下降) 的, 而曲线的升降与切线的方向密切相关. 由于导数是曲线切线的斜率, 从图 3.4 可以看出, 当斜率为正 (导数大于零) 时, 曲线上升, 函数递增; 从图 3.5 可以看出, 当斜率为负 (导数小于零) 时, 曲线下降, 函数递减. 因此, 我们可以利用导数的符号来研究函数的单调性.

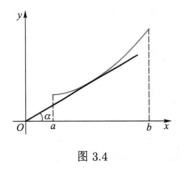

图 3.4

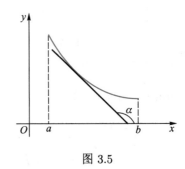

图 3.5

定理 1 设函数 $f(x)$ 在 $[a, b]$ 上连续, 在 (a, b) 内可导,

(1) 若在 (a, b) 内 $f'(x) > 0$, 则 $f(x)$ 在 (a, b) 内单调增加;

(2) 若在 (a, b) 内 $f'(x) < 0$, 则 $f(x)$ 在 (a, b) 内单调减少.

证 因 $f(x)$ 满足拉格朗日中值定理的条件, 故对 $[a, b]$ 上任意两点 x_1, x_2 (不妨设 $x_1 < x_2$), 必有 $\xi \in (x_1, x_2)$, 使

$$f(x_2) - f(x_1) = f'(\xi)(x_2 - x_1).$$

(1) 若对任意的 $x \in (a, b)$, 有 $f'(x) > 0$, 则

$$f(x_2) - f(x_1) = f'(\xi)(x_2 - x_1) > 0,$$

即若 $x_1 < x_2$, 有 $f(x_1) < f(x_2)$, 从而 $f(x)$ 在 (a, b) 内单调增加.

类似地可证明结论 (2).

定理 1 说明了可以利用导数的符号来判定函数的增减性. 当 $f'(x)$ 连续时，$f'(x)$ 取正、负值的分界点满足方程 $f'(x) = 0$. 我们称满足 $f'(x) = 0$ 的点为 $f(x)$ 的**驻点**.

例 1 讨论函数 $f(x) = x^3 - 3x + 1$ 的单调性.

解 $f(x)$ 的定义域为 $(-\infty, +\infty)$.

$$f'(x) = 3x^2 - 3 = 3(x-1)(x+1),$$

令 $f'(x) = 0$，得驻点 $x_1 = -1, x_2 = 1$.

x_1, x_2 将定义域分为三个开区间，列表讨论 (表 3.1)，由 $f'(x)$ 在各小区间中的正、负号知，$f(x)$ 在 $(-\infty, -1)$ 和 $(1, +\infty)$ 内单调增加，在 $(-1, 1)$ 内单调减少.

表 3.1　$f(x)$ 的单调性

x	$(-\infty, -1)$	$x = -1$	$(-1, 1)$	$x = 1$	$(1, +\infty)$
$f'(x)$	$+$	0	$-$	0	$+$
$f(x)$	↗		↘		↗

例 2 讨论函数 $y = \sqrt[3]{x^2}$ 的单调区间.

解 题设函数的定义域为 $(-\infty, +\infty)$，又

$$y' = \frac{2}{3\sqrt[3]{x}} \quad (x \neq 0),$$

显然，当 $x = 0$ 时，题设函数的导数不存在.

因为在 $(-\infty, 0)$ 内，$y' < 0$，所以题设函数在 $(-\infty, 0]$ 内单调减少；而在 $(0, +\infty)$ 内，$y' > 0$，所以题设函数在 $[0, +\infty)$ 内单调增加 (图 3.6).

注 区间内个别点处导数为零，不影响该区间内函数的单调性.

从上述两例可知，讨论函数的单调性可按下列步骤进行：

(1) 确定函数 $f(x)$ 的定义域；

(2) 找出 $f'(x)$ 不存在的点以及 $f(x)$ 的驻点；

(3) 上述点将定义域分为若干个开区间；

(4) 判断每个开区间内 $f'(x)$ 的符号，即可确定 $f(x)$ 在该区间内的单调性.

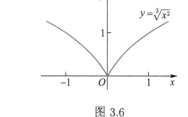

图 3.6

例 3 某产品的收益函数 $R = R(Q) = 20Q - \dfrac{Q^2}{4}$，其中 Q 为销量. 当销量为多少时，其收益的增长速度呈加速增长态势？当销量为多少时，其收益呈衰退状态？

解 (1) 在收益函数中, 销量 Q 为非负数, 即定义域 $Q \geqslant 0$;

(2) $R' = \left(20Q - \dfrac{Q^2}{4}\right)' = 20 - \dfrac{1}{2}Q$;

(3) 令 $R' = 0$, 得驻点 $Q = 40$, 且没有导数不存在的点, 驻点将定义域分为两个区间: $[0, 40)$ 及 $(40, +\infty)$;

(4) 列表判断 (表 3.2).

表 3.2 $R(Q)$ 的单调性

Q	$[0, 40)$	$(40, +\infty)$
$R'(Q)$	$+$	$-$
$R(Q)$	↗	↘

所以在销量为 0 到 40 时, 总收益是随销量上升而增加的, 呈加速增长态势; 在销量大于 40 后, 随着销量上升, 总收益反而是减少的, 呈衰退状态. 因此企业在追求最大收益的过程中, 并非销量越大越好.

思考题 3-2   可否用函数在一点处的导数符号判定函数的单调性?

利用函数的单调性, 可以证明一些不等式.

例 4   验证: 当 $x \in \left(0, \dfrac{\pi}{2}\right)$ 时, $\tan x > x$.

证   令 $f(x) = \tan x - x, x \in \left[0, \dfrac{\pi}{2}\right)$, 则

$$f'(x) = \sec^2 x - 1 = \tan^2 x > 0,$$

故 $f(x)$ 在 $\left[0, \dfrac{\pi}{2}\right)$ 上严格单调增加. 又 $f(0) = 0$, 所以在 $\left(0, \dfrac{\pi}{2}\right)$ 内,

$$f(x) = \tan x - x > f(0) = 0, \quad 即 \quad \tan x > x.$$

注   利用函数的单调性证明不等式, 是常用的重要方法. 一般先将要证的不等式恒等变形, 从而构造适当的辅助函数, 并证明它的单调性.

二、函数极值及其求法

定义 1   设函数 $f(x)$ 在点 x_0 某邻域 $U(x_0, \delta)$ 内有定义, 对任意的 $x \in U(x_0, \delta)$,

(1) 若当 $x \neq x_0$ 时, 恒有 $f(x) < f(x_0)$, 则称 $f(x_0)$ 是 $f(x)$ 的一个极大值, 此时 x_0 称为 $f(x)$ 的极大值点;

(2) 若当 $x \neq x_0$ 时, 恒有 $f(x) > f(x_0)$, 则称 $f(x_0)$ 是 $f(x)$ 的一个极小值, 此时 x_0 称为 $f(x)$ 的极小值点. 极大值和极小值统称为函数的**极值**, 极大值点、极小值点统称为函数的**极值点**.

函数极值的概念是局部概念. 如果 $f(x_0)$ 是函数 $f(x)$ 的一个极大值 (或极小值), 只是就 x_0 邻近的一个局部范围内, $f(x_0)$ 是最大的 (或最小的), 对函数 $f(x)$ 整个定义域来说就不一定是最大的 (或最小的). 在图 3.7 中, 函数 $f(x)$ 有两个极大值 $f(x_2), f(x_5)$, 三个极小值 $f(x_1), f(x_4)$, $f(x_6)$, 其中极大值 $f(x_2)$ 比极小值 $f(x_6)$ 还小.

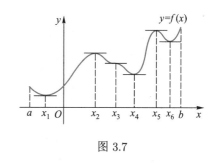

图 3.7

就整个区间 $[a, b]$ 而言, 只有极小值 $f(x_1)$ 同时也是最小值, 而没有极大值是最大值.

从图 3.7 中还可看到, 在函数取得极值处, 曲线的切线是水平的, 即函数在极值点处的导数等于零. 但曲线上有水平切线的地方 (如点 $x = x_3$ 处), 函数却不一定取得极值.

那么如何判断函数在点 x_0 处取得极值呢? 下面给出取得极值的必要条件和充分条件.

定理 2 (极值存在的必要条件) 设函数 $f(x)$ 在点 x_0 处具有导数, 且在 x_0 处取得极值, 则函数 $f(x)$ 在点 x_0 处的导数一定为零, 即 $f'(x_0) = 0$.

证 不妨设 x_0 是 $f(x)$ 的极小值点, 则对于在点 x_0 的某个去心邻域内的任何点 $x_0 + \Delta x$, 都有

$$f(x_0 + \Delta x) > f(x_0).$$

于是当 $\Delta x > 0$ 时, 有

$$\frac{f(x_0 + \Delta x) - f(x_0)}{\Delta x} > 0.$$

由极限的保号性,

$$f'(x_0^+) = \lim_{\Delta x \to 0^+} \frac{f(x_0 + \Delta x) - f(x_0)}{\Delta x} \geqslant 0.$$

同理, 当 $\Delta x < 0$ 时, 有 $f'(x_0^-) \leqslant 0$. 又 $f(x)$ 在点 x_0 处可导, 应有 $f'(x_0^+) = f'(x_0^-)$. 从而得到 $f'(x_0) = 0$.

定理 2 表明, 可导函数的极值点必定是它的驻点. 反之, 函数的驻点却不一定是极值点. 例如, 函数 $f(x) = x^3$ 的导数为 $f'(x) = 3x^2$, $x = 0$ 是 $f(x)$ 的驻点, 用极值的定义易验证 $x = 0$ 不是 $f(x)$ 的极值点.

注 函数在它的导数不存在的点处也可能取得极值. 例如, 第二章 §2.1 中例 9 函数 $f(x) = |x|$ 在点 $x = 0$ 处的导数不存在, 但由极值定义知函数在点 $x = 0$ 处取得极小值 (图 2.3).

如何判断函数在驻点或导数不存在的点处是否取得极值? 如果取得极值, 是取得极大值, 还是取得极小值? 下面给出两个判定方法.

定理 3 (判定极值的第一充分条件) 设函数 $f(x)$ 在点 x_0 处连续, 且在 x_0 的某去心邻域内可导, 点 x_0 是驻点 (即 $f'(x_0) = 0$) 或不可导点 (即 $f'(x_0)$ 不存在). 若在该去心邻域内有

(1) 如果 $x < x_0$ 时, $f'(x) > 0$; $x > x_0$ 时, $f'(x) < 0$, 则 $f(x)$ 在点 x_0 处取得极大值;

(2) 如果 $x < x_0$ 时, $f'(x) < 0$; $x > x_0$ 时, $f'(x) > 0$, 则 $f(x)$ 在点 x_0 处取得极小值;

(3) 如果对于点 x_0 两侧的 x, $f'(x)$ 的符号不变, 则 $f(x)$ 在点 x_0 处不取得极值.

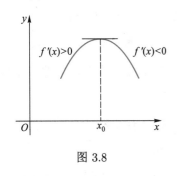

图 3.8

证 上面的结论均可根据函数单调性的判定和极值的定义证明. 例如 (1), 函数 $f(x)$ 在点 x_0 左侧邻近是单调增加的, 即 $x < x_0$ 时, $f(x) < f(x_0)$; 函数 $f(x)$ 在点 x_0 右侧是单调减少的, 即 $x > x_0$ 时, 有 $f(x) < f(x_0)$. 因此对 x_0 邻近的 x, 总有 $f(x) < f(x_0)$, 所以 $f(x_0)$ 是 $f(x)$ 的一个极大值 (图 3.8), 类似地可证结论 (2) 和 (3).

根据定理 3, 如果函数 $f(x)$ 在所讨论的区间内连续, 除个别点外处处可导, 那么可按如下步骤求 $f(x)$ 的极值点和极值:

(1) 求出导数 $f'(x)$;

(2) 求出 $f(x)$ 在所讨论的区间内的所有驻点及不可导点;

(3) 考察 $f'(x)$ 在驻点及不可导点的左、右两侧的符号, 确定所讨论的驻点及不可导点是不是极值点, 并在极值点处确定函数 $f(x)$ 是取得极大值还是极小值;

(4) 求出函数 $f(x)$ 在极值点处的函数值, 即函数的极大 (小) 值.

例 5 求函数 $f(x) = (x+5)\sqrt[3]{x^2}$ 的极值.

解 (1) $f(x)$ 在 $(-\infty, +\infty)$ 内连续, 当 $x \neq 0$ 时,

$$f'(x) = \left(x^{\frac{5}{3}} + 5x^{\frac{2}{3}}\right)' = \frac{5}{3}x^{\frac{2}{3}} + \frac{10}{3}x^{-\frac{1}{3}} = \frac{5(x+2)}{3\sqrt[3]{x}}.$$

(2) 令 $f'(x) = 0$, 得驻点 $x = -2$. 又 $x = 0$ 为 $f(x)$ 的不可导点.

(3) 列表如下 (表 3.3):

表 3.3 $f(x)$ 的单调性

x	$(-\infty, -2)$	-2	$(-2, 0)$	0	$(0, +\infty)$
$f'(x)$	$+$	0	$-$	不存在	$+$
$f(x)$	↗	$3\sqrt[3]{4}$	↘	0	↗

(4) 从表 3.3 可看出, $f(x)$ 在点 $x = -2$ 处有极大值 $f(-2) = 3\sqrt[3]{4}$, 在点 $x = 0$ 处有极小值 $f(0) = 0$.

例 6 已知某产品的总收益函数为 $R = 10Q - \dfrac{Q^2}{4}$, 其中 Q 为销量. 试求总收益函数的极值.

解 (1) 因销量非负, 所以 $Q \geqslant 0$.

(2) $R' = \left(10Q - \dfrac{Q^2}{4}\right)' = 10 - \dfrac{Q}{2}$.

(3) 令 $R' = 10 - \dfrac{Q}{2} = 0$ 知 $Q = 20$, 没有不可导点, 且

当 $0 < Q < 20$ 时, $R'(Q) > 0$;

当 $Q > 20$ 时, $R'(Q) < 0$.

所以当销量为 20 时, 收益达到极大值, 极大值为

$$R(20) = 10 \times 20 - \frac{400}{4} = 100.$$

定理 4 (函数取极值的第二充分条件) 设函数 $f(x)$ 在点 x_0 处具有二阶导数且 $f'(x_0) = 0, f''(x_0) \neq 0$, 则

(1) 当 $f''(x_0) < 0$ 时, $f(x)$ 在点 x_0 处取极大值;

(2) 当 $f''(x_0) > 0$ 时, $f(x)$ 在点 x_0 处取极小值.

证 (1) 因为 $f''(x_0) < 0$, 即

$$f''(x_0) = \lim_{x \to x_0} \frac{f'(x) - f'(x_0)}{x - x_0} < 0,$$

由极限的保号性质可以得到, 在点 x_0 的某邻域内, 有

$$\frac{f'(x) - f'(x_0)}{x - x_0} < 0, \quad x \neq x_0.$$

又因为 $f'(x_0) = 0$, 所以 $\dfrac{f'(x)}{x - x_0} < 0$. 因此, 在点 x_0 的某邻域内, 当 $x < x_0$ 时, $f'(x) > 0$; 而当 $x > x_0$ 时, $f'(x) < 0$. 根据定理 3 可知, 函数 $f(x)$ 在点 x_0 处取极大值. 类似地可证 (2).

注 当函数 $f(x)$ 在点 x_0 处具有二阶导数且 $f'(x_0) = 0$ 时, 如果 $f''(x_0) = 0$, 则 $f(x)$ 在点 x_0 处可能取得极值, 也可能不取得极值. 例如, 对函数 $f(x) = x^3$,

$$f'(0) = f''(0) = 0,$$

但 $f(x) = x^3$ 在点 $x_0 = 0$ 处不取极值; 而对函数 $g(x) = x^4$,

$$g'(0) = g''(0) = 0,$$

但 $g(x) = x^4$ 在点 $x_0 = 0$ 处取得极小值 $f(0) = 0$.

例 7 求函数 $f(x) = x^3 - 6x^2 + 9x - 3$ 的极值.

解 因为

$$f'(x) = 3x^2 - 12x + 9 = 3(x - 1)(x - 3),$$

令 $f'(x) = 0$, 求得驻点 $x_1 = 1, x_2 = 3$. 又

$$f''(x) = 6x - 12 = 6(x - 2), \quad f''(x_1) < 0, \quad f''(x_2) > 0,$$

故 $x = 1$ 是 $f(x)$ 的极大值点, 极大值为 $f(1) = 1; x = 3$ 是 $f(x)$ 的极小值点, 极小值为 $f(3) = -3$.

显然例 7 亦可由极值的第一充分条件来求解.

三、曲线的凹凸性

函数 $y = f(x)$ 图形 (为平面曲线) 的凹凸性也是函数变化的重要性态. 例如, $y = x^2$ 与 $y = \sqrt{x}$ 在 $x > 0$ 时都是严格单调增加的, 但它们的图形却有着明显的差异: 前者凹, 后者凸 (图 3.9).

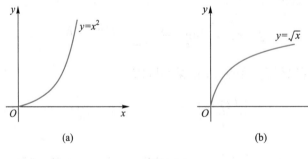

图 3.9

下面我们就来研究曲线的凹凸性及其判定法. 首先给出曲线 $y = f(x)$ 的凹凸性的定义.

定义 2 若在某区间内的可导函数 $y = f(x)$ 的图形位于其上任意一点处切线的上 (下) 方, 则称曲线 $y = f(x)$ 在该区间内是凹 (凸) 的, 简称为凹 (凸) 弧, 并称函数 $y = f(x)$ 是凹 (凸) 函数.

在图 3.10(a) 中, 曲线上各点处的切线斜率 $f'(x)$ 是单调增加的, 此时曲线是凹的; 在图 3.10(b) 中, 曲线上各点处的切线斜率 $f'(x)$ 是单调减少的, 此时曲线是凸的. 函数 $f'(x)$ 的单调性可用 $f''(x)$ 的符号来判定, 由此得到以下定理.

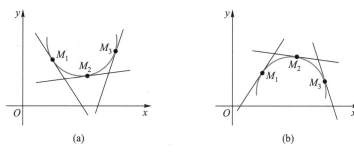

(a)　　　　　　(b)

图 3.10

定理 5 设函数 $f(x)$ 在 $[a,b]$ 上连续, 在 (a,b) 内具有二阶导数, 那么

(1) 若在 (a,b) 内 $f''(x) > 0$, 则曲线 $y = f(x)$ 在 $[a,b]$ 上是凹的;

(2) 若在 (a,b) 内 $f''(x) < 0$, 则曲线 $y = f(x)$ 在 $[a,b]$ 上是凸的.

注 如果把定理 5 中的闭区间换成其他各种区间 (包括无穷区间), 那么, 定理的结论也成立.

例 8 判断曲线 $y = x^4 - 2x^3 + 3$ 的凹凸性.

解 (1) 函数的定义域为 $(-\infty, +\infty)$,

$$y' = 4x^3 - 6x^2, \quad y'' = 12x(x - 1).$$

(2) 令 $y'' = 0$, 得 $x_1 = 0, x_2 = 1$.

(3) 列表, 见表 3.4.

表 3.4　曲线 $y = x^4 - 2x^3 + 3$ 的凹凸性

x	$(-\infty, 0)$	0	$(0, 1)$	1	$(1, +\infty)$
y''	+	0	−	0	+
y	⤴	3	⤵	2	⤴

由表 3.4 可知, $(-\infty, 0)$ 和 $(1, +\infty)$ 为曲线的凹区间, $[0,1]$ 为曲线的凸区间.

115

例 9 设 $y = f(x) = x^{\frac{1}{3}}, x > 0$ 为一个生产函数, 其中 y 是产出, x 是单一投入. 成本函数为 $C(y) = c_0 + rg(y)$, 其中 $x = g(y)$ 是生产函数的反函数, c_0 是固定成本, r 是每单位投入的成本, 试判断成本函数和生产函数的凹凸性, 并讨论这个结果的经济含义.

解 生产函数为 $f(x) = x^{\frac{1}{3}}$, 一阶导数 (边际产出) 为 $f'(x) = \frac{1}{3}x^{-\frac{2}{3}}$, 二阶导数为

$$f''(x) = -\frac{2}{9}x^{-\frac{5}{3}} = -\frac{2}{9x^{\frac{5}{3}}} < 0, \quad x > 0,$$

因此, 生产函数是凸的.

根据投入可知生产成本函数为 $C(x) = c_0 + rx$, 其中 c_0 为固定成本, r 为每单位投入的成本. 由于 $y = x^{\frac{1}{3}}$, 我们有 $x = y^3$, 代入 $C(x)$ 得到关于产出 y 的成本函数为 $C(y) = c_0 + ry^3$,

求导, 得边际成本

$$C'(y) = 3ry^2 > 0, \quad y > 0,$$

继续求导, 得

$$C''(y) = 6ry > 0, \quad y > 0,$$

因此, 成本函数是凹的.

当投入增加时, 投入的边际产出下降, 那么原来的生产水平越高, 每生产一单位额外产出需要的投入将越多, 因此, 如果投入 x 的边际产量随 x 的增加而下降, 那么产品的边际成本将随产出 y 的增加而上升.

四、曲线的拐点

在例 8 中, 点 $(0,3)$ 为凹的曲线弧与凸的曲线弧的连接点, 对这种点有如下定义:

定义 3 在连续曲线上, 凹、凸曲线弧的分界点, 称为曲线的拐点.

如何寻找曲线 $y = f(x)$ 的拐点呢?

根据定理 5, 二阶导数 $f''(x)$ 的符号是判断曲线凹凸性的依据. 因此, 若 $f''(x)$ 在点 x_0 的左、右两侧邻近处异号, 则点 $(x_0, f(x_0))$ 就是曲线的一个拐点, 所以, 要寻找拐点, 只要找出使 $f''(x)$ 符号发生变化的分界点即可. 我们有如下定理:

定理 6 如果函数 $f(x)$ 在区间 (a, b) 内具有二阶导数, 则点 $(x_0, f(x_0))$ 是曲线拐点的必要条件是 $f''(x_0) = 0$.

此外, 使 $f(x)$ 的二阶导数不存在的点, 也可能是使 $f''(x)$ 的符号发生变化的分界点.

综上所述, 判定曲线 $y = f(x)$ 的凹凸性与求该曲线的拐点的一般步骤为:

(1) 求函数 $f(x)$ 的二阶导数 $f''(x)$;

(2) 令 $f''(x) = 0$, 解出全部实根, 并求出所有使二阶导数不存在的点;

(3) 对步骤 (2) 中求出的每个点, 检查其左、右两侧邻近 $f''(x)$ 的符号, 确定曲线的凹凸区间和拐点.

例 10 讨论曲线 $y = \sqrt[3]{x}$ 的凹凸性及拐点.

解 函数 $y = \sqrt[3]{x}$ 在 $(-\infty, +\infty)$ 内连续, 当 $x \neq 0$ 时,

$$y' = \frac{1}{3\sqrt[3]{x^2}},$$

继续求导, 得

$$y'' = -\frac{2}{9x\sqrt[3]{x^2}}.$$

当 $x = 0$ 时, y', y'' 都不存在. 二阶导数 y'' 在 $(-\infty, +\infty)$ 内没有零点, 在点 $x = 0$ 处不连续. 但点 $x = 0$ 将 $(-\infty, +\infty)$ 分成两个区间 $(-\infty, 0)$ 和 $(0, +\infty)$, 且

在 $(-\infty, 0)$ 内 $y'' > 0$, 曲线是凹的;

在 $(0, +\infty)$ 内 $y'' < 0$, 曲线是凸的.

当 $x = 0$ 时, $y = 0$, 故 $(0, 0)$ 是曲线的一个拐点.

习题 3.3

1. 求下列函数的单调区间:

(1) $f(x) = x^3 - 3x$;   (2) $f(x) = x + \dfrac{2}{3}\sqrt[3]{x^2}$.

2. 试证: 当 $x > 0$ 时, 恒有 $\ln(1+x) > x - \dfrac{1}{2}x^2$.

3. 设 $b > a > \mathrm{e}$, 证明 $a^b > b^a$.

4. 求下列函数的极值:

(1) $f(x) = \dfrac{x^3}{3} - 2x^2 + 3x - \dfrac{1}{3}$;   (2) $f(x) = 1 - (x-2)^{\frac{2}{3}}$;

(3) $y = -x^4 + 2x^2$;   (4) $y = x + \sqrt{1-x}$.

5. 某电子产品收益函数为 $R = R(Q) = 20Q - \dfrac{Q^2}{4}$, 其中 Q 为销量, 试求销量为多少时, 收益函数取极值? 并求这个极值.

6. 试问 a 为何值时, 函数 $f(x) = a\sin x + \dfrac{1}{3}\sin 3x$ 在 $x = \dfrac{\pi}{3}$ 处取得极值? 它是极大值还是极小值? 并求此极值.

7. 证明: 方程 $x^3 + x^2 + 2x = 3$ 在区间 $(0,1)$ 内有且仅有一个实根.

第7题讲解

117

8. 求下列曲线的凹凸性及拐点:

(1) $y = x^4 - 2x^3 + 1$; (2) $y = \dfrac{9}{5}\sqrt[3]{x^5} - x^2$.

9. 设 $C(y) = y^3 - 12y^2 + 50y + 20, y \geqslant 0$ 为一个成本函数, 试求出该函数的凸区间和凹区间.

§3.4 函数图形的描绘

上一节我们讨论了函数性态, 这些讨论都可应用于函数作图. 为了完整地描绘函数图形, 本节先介绍渐近线.

一、曲线的渐近线

为了比较准确地描绘曲线在平面上无限伸展的趋势, 应对曲线的渐近线进行讨论. 例如, 双曲线 $y = \dfrac{1}{x}$ (图 3.11), 当自变量 x 无限趋于 0 时, 第一象限的一支曲线无限向

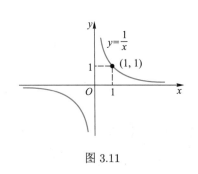

图 3.11

上延伸, 同时无限靠近 y 轴, 而第三象限的另一支曲线则无限向下延伸, 同时也无限靠近 y 轴; 当 x 无限远离原点时, 两支曲线分别沿 x 轴的两个方向无限延伸, 同时无限靠近 x 轴. 因此, 对曲线 $y = \dfrac{1}{x}$ 而言, 我们可以借助 y 轴 (直线 $x = 0$) 和 x 轴 (直线 $y = 0$) 来研究它无限伸展的趋势. 这样的曲线就是渐近线.

定义 1 如果动点 M 沿曲线 $y = f(x)$ 无限远离坐标原点时, M 与某一条直线 L 的距离趋于零, 则称直线 L 是曲线 $y = f(x)$ 的一条渐近线.

渐近线分水平渐近线、垂直渐近线和斜渐近线三种.

1. 水平渐近线

若 $\lim\limits_{x \to +\infty} f(x) = A$ 或 $\lim\limits_{x \to -\infty} f(x) = A$ (A 为常数), 则称直线 $y = A$ 为曲线 $y = f(x)$ 的水平渐近线.

如, $y = \arctan x$ 有水平渐近线 $y = \dfrac{\pi}{2}$, $y = -\dfrac{\pi}{2}$.

2. 垂直渐近线

若 $\lim\limits_{x \to a^+} f(x) = \infty$ 或 $\lim\limits_{x \to a^-} f(x) = \infty$, 则称直线 $x = a$ 为曲线 $y = f(x)$ 的垂直渐

近线.

如, $\lim\limits_{x \to 0} \dfrac{1}{x} = \infty$, 所以直线 $x = 0$ 为 $y = \dfrac{1}{x}$ 的垂直渐近线.

3. 斜渐近线

若 $\lim\limits_{x \to +\infty}[f(x) - (ax+b)] = 0$ 或 $\lim\limits_{x \to -\infty}[f(x) - (ax+b)] = 0(a \neq 0)$, 则称直线 $y = ax + b$ 为曲线 $y = f(x)$ 的斜渐近线. 斜渐近线求法:

$$a = \lim_{x \to +\infty} \frac{f(x)}{x}, \ b = \lim_{x \to +\infty} (f(x) - ax) \quad (x \to +\infty \text{ 可改为 } x \to -\infty).$$

例 1　求 $f(x) = \dfrac{2(x-2)(x+3)}{x-1}$ 的渐近线.

解　定义域为 $(-\infty, 1) \cup (1, +\infty)$. 因为

$$\lim_{x \to 1^+} f(x) = \infty, \quad \lim_{x \to 1^-} f(x) = \infty,$$

所以 $x = 1$ 是曲线的垂直渐近线. 又

$$\lim_{x \to \infty} \frac{f(x)}{x} = \lim_{x \to \infty} \frac{2(x-2)(x+3)}{x(x-1)} = 2,$$

$$\lim_{x \to \infty} \left[\frac{2(x-2)(x+3)}{x-1} - 2x \right] = \lim_{x \to \infty} \frac{2(x-2)(x+3) - 2x(x-1)}{x-1} = 4,$$

所以 $y = 2x + 4$ 是曲线的一条斜渐近线.

二、函数作图

在初等数学中我们曾经用描点法作过一些函数的图形, 但是由于当时我们对函数缺少深入研究的工具, 利用描点法只能作出很简单的函数的图形. 现在, 借助函数的一阶导数, 可以确定函数图形的单调递增区间、单调递减区间以及极值点的位置; 借助二阶导数, 可以确定函数图形的凹凸性以及曲线的拐点; 另外还可以求出曲线的渐近线. 知道了函数这些性态就可以较准确地描绘出函数图形, 其一般步骤如下:

(1) 求函数定义域, 确定图形范围;

(2) 讨论函数的奇偶性和周期性, 确定图形的对称性和周期性;

(3) 讨论渐近线, 确定图形的变化趋势;

(4) 计算函数的一阶导数 $f'(x)$ 和二阶导数 $f''(x)$;

(5) 求函数的间断点、驻点、不可导点和拐点, 将这些点由小到大、从左到右插入定义域内, 得到若干子区间;

(6) 列表讨论函数在各个子区间内的增减性、凹凸性、极值点和拐点;

(7) 求曲线上的一些特殊点, 如与坐标轴的交点等, 有时还要求出一些辅助点上的函数值, 然后根据 (6) 中的表格描点绘图.

例 2 作函数 $f(x) = \dfrac{x^3}{(x-1)^2}$ 的图形.

解 函数的定义域为 $(-\infty, 1) \cup (1, +\infty)$.

因为 $\lim\limits_{x \to \infty} \dfrac{x^3}{(x-1)^2} = \infty$, 所以无水平渐近线. 而 $\lim\limits_{x \to 1} \dfrac{x^3}{(x-1)^2} = +\infty$, 所以 $x = 1$ 是函数图形的垂直渐近线. 因为

$$\lim_{x \to \infty} \frac{f(x)}{x} = \lim_{x \to \infty} \frac{x^2}{(x-1)^2} = 1,$$

$$\lim_{x \to \infty} (f(x) - x) = \lim_{x \to \infty} \left[\frac{x^3}{(x-1)^2} - x \right] = 2,$$

所以 $y = x + 2$ 是函数图形的斜渐近线.

由 $y' = \dfrac{x^2(x-3)}{(x-1)^3}$, 令 $y' = 0$, 得驻点 $x_1 = 0$, $x_2 = 3$.

由 $y'' = \dfrac{6x}{(x-1)^4}$, 令 $y'' = 0$, 得 $x = 0$.

根据上述结果, 列表讨论曲线的单调性、凹凸性、极值点和拐点等 (表 3.5).

表 **3.5** $f(x) = \dfrac{x^3}{(x-1)^2}$ 的性态

x	$(-\infty, 0)$	0	$(0, 1)$	$(1, 3)$	3	$(3, +\infty)$
y'	$+$	0	$+$	$-$	0	$+$
y''	$-$	0	$+$	$+$	$+$	$+$
$y = f(x)$	↗	拐点 $(0,0)$	↗	↘	极小值 $\dfrac{27}{4}$	↗

函数图形如图 3.12 所示.

例 3 作出标准正态分布曲线 $y = f(x) = \dfrac{1}{\sqrt{2\pi}} e^{-\frac{x^2}{2}}$ 的图形.

解 函数 $y = \dfrac{1}{\sqrt{2\pi}} e^{-\frac{x^2}{2}}$ 的定义域是 $(-\infty, +\infty)$, 该函数是偶函数, 可先作出函数在 $[0, +\infty)$ 上的图形. 又 $\lim\limits_{x \to \infty} y = 0$, 故 $y = 0$ 是水平渐近线.

由 $y' = -\dfrac{x}{\sqrt{2\pi}} e^{-\frac{x^2}{2}}$, 令 $y' = 0$, 得驻点 $x_1 = 0$.

由 $y'' = \dfrac{(x+1)(x-1)}{\sqrt{2\pi}} e^{-\frac{x^2}{2}}$, 令 $y'' = 0$, 得点 $x_{2,3} = \pm 1$.

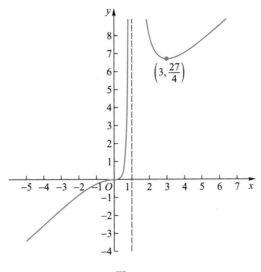

图 3.12

令 $x = 1$，则 $y = \dfrac{1}{\sqrt{2\pi e}}$，得拐点 $\left(1, \dfrac{1}{\sqrt{2\pi e}}\right)$.

根据上述结果, 列表讨论曲线的单调性、凹凸性、极值点和拐点等 (表 3.6).

表 3.6 $y = \dfrac{1}{\sqrt{2\pi}} e^{-\frac{x^2}{2}}$ 的性态

x	0	$(0, 1)$	1	$(1, +\infty)$
y'	0	$-$	$-$	$-$
y''	$-$	$-$	0	$+$
$y = f(x)$	极大值 $\dfrac{1}{\sqrt{2\pi}}$	↘	拐点 $\left(1, \dfrac{1}{\sqrt{2\pi e}}\right)$	↘

根据以上讨论，先作出函数在 y 轴右边的图形，再利用对称性，可得曲线图形 (图 3.13).

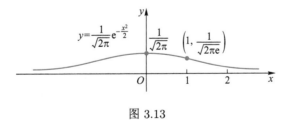

图 3.13

这是概率论中的标准正态分布的密度函数. 正态分布被广泛用于价格、成本等方面的分析预测.

习题 3.4

1. 求曲线 $y = \dfrac{x^2}{2x-1}$ 的渐近线.

2. 作出下列函数的图形.

(1) $y = x - \dfrac{3}{2}x^{\frac{2}{3}}$;　　　(2) $y = \dfrac{x}{1+x^2}$;　　　(3) $y = \mathrm{e}^{-(x-1)^2}$

(4) $y = \ln(x^2+1)$;　　　(5) $y = \dfrac{\cos x}{\cos 2x}$;　　　(6) $y = (x+6)\mathrm{e}^{\frac{1}{x}}$.

§3.5　函数的最大值和最小值及其在经济管理中的应用

一、函数的最大值和最小值

上面所研究的函数的极值总是在可能取极值的点 (驻点或不可导点) 的邻域内进行讨论, 因而是一个局部性的概念. 实际应用中, 常常会遇到求最大值和最小值问题, 这是与函数的极值有关但涉及整个区间的整体性问题.

由第一章可以知道, 闭区间上的连续函数一定可以取得最大值与最小值 (统称为**最值**). 由于连续函数取得极值的点只可能是该函数的驻点或不可导点, 并且函数的最值也可能在区间的端点上取得, 因此实际问题中求函数 $f(x)$ 在区间 $[a,b]$ 的最值的方法如下:

(1) 根据实际问题建立模型;

(2) 找出函数在区间内所有的驻点和不可导点, 计算出它们及端点的函数值;

(3) 将所有这些函数值加以比较, 其中最大 (小) 者就是函数在该区间上的最大 (小) 值.

注　实际应用中, 若由问题本身可以断定可导的目标函数一定存在最大 (小) 值, 而且目标函数在定义区间内只有一个驻点或不可导点, 则该点就是函数的最值点.

例 1　求函数 $f(x) = 2x^3 - 6x^2 - 18x - 9, x \in [1,4]$ 的最大值和最小值.

解　(1) 求函数的驻点和导数不存在的点. 由

$$f'(x) = 6x^2 - 12x - 18 = 6(x+1)(x-3),$$

令 $f'(x) = 0$, 得 $x = -1$ (舍去), $x = 3$. 本题无不可导点.

(2) 计算出驻点及区间端点处的函数值, 即

$$f(3) = -63, \quad f(1) = -31, \quad f(4) = -49.$$

(3) 比较上述各函数值的大小, 得到最大值 $f(1) = -31$, 最小值 $f(3) = -63$.

例 2 一艘轮船在航行中的燃料费和它的速度的立方成正比. 当速度为 10 km/h 时, 燃料费为每时 9 元, 而其他与速度无关的费用为每时 104.976 元. 问轮船的速度为多少时, 每航行 1 km 所消耗的费用最小?

解 设船速为 x km/h, 每航行 1 km 所消耗的费用为 y 元, 航行中的燃料费为 kx^3 元, 由此得

$$y = \frac{1}{x} \left(kx^3 + 104.976 \right).$$

已知当 $x = 10$ km/h 时, $k \cdot 10^3 = 9$, 故得 $k = 0.009$. 所以

$$y = \frac{1}{x} \left(0.009x^3 + 104.976 \right), \quad x \in (0, +\infty).$$

这样, 问题就归结为求 x 取何值时, y 取得最小值.

由于

$$\frac{\mathrm{d}y}{\mathrm{d}x} = \left(0.009x^2 + \frac{104.976}{x} \right)' = 0.018x - \frac{104.976}{x^2}.$$

令 $\dfrac{\mathrm{d}y}{\mathrm{d}x} = 0$, 得驻点 $x = 18$, 所以 $x = 18$ 是 y 的唯一驻点, 且也必为 y 的最小值点. 这样, 当轮船的速度为 18 km/h 时, 每航行 1 km 所消耗的费用最小.

例 3 一块边长为 a 的正方形铁片, 在每一个角上各剪去一个边长为 x 的小正方形, 用剩下的部分做成一个开口盒子. 当剪去的正方形边长 x 为多少时, 所做盒子容积最大?

解 由于小正方形边长为 x, 故做成的小盒子底边长为 $a - 2x$, 高为 x, 因此容积为

$$V(x) = (a - 2x)^2 \cdot x, \quad 0 < x < \frac{a}{2}.$$

由 $V'(x) = (a-2x)(a-6x)$, 令 $V'(x) = 0$, 得驻点 $x_1 = \dfrac{a}{6}$ 及 $x_2 = \dfrac{a}{2}$. 由于 $x_2 = \dfrac{a}{2}$ 表示铁皮完全被剪去, 容积为零, 应舍去, 故 $V(x)$ 在开区间 $\left(0, \dfrac{a}{2} \right)$ 内只有唯一驻点 $x_1 = \dfrac{a}{6}$. 另一方面, 根据问题特点可以判断 $V(x)$ 一定有最大值, 故当 $x = \dfrac{a}{6}$ 时, $V(x)$ 取得最大值, 最大值为 $V\left(\dfrac{a}{6} \right) = \dfrac{2}{27}a^3$.

二、简单的经济最优化问题

在经济活动中, 往往会遇到在一定条件下, 怎样使 "成本最低" "利润最大" 等问题, 这类问题称为简单的优化问题, 下面列举几个例子.

例 4 (最低平均成本问题) 某厂商为了在市场竞争中以价格优势抢占市场份额, 实施以平均成本最低为目标的经营策略. 假设生产总成本是月产量 q (单位: t) 的函数: $C(q) = 4\,000 + 300q + 0.001q^2$ (元), 问月产量为多少吨时能实现每吨平均成本最低的目标? 这时商品的平均成本为多少元?

解 由第一章知平均成本函数为

$$\bar{C}(q) = \frac{C(q)}{q} = \frac{4\,000}{q} + 300 + 0.001q,$$

则

$$\bar{C}'(q) = \left(\frac{C(q)}{q}\right)' = -\frac{4\,000}{q^2} + 0.001.$$

令 $\bar{C}'(q) = 0$, 得驻点 $q_1 = 2\,000, q_2 = -2\,000$ (舍去). 又因为

$$\bar{C}''(q) = \frac{8\,000}{q^3}, \quad \bar{C}''(2\,000) > 0,$$

故 $\bar{C}(q)$ 在 $q = 2\,000$ 时取得最小值, 即该厂每月生产 2 000 t 产品时能实现每吨平均成本最低, 此时平均成本为

$$\bar{C}(2\,000) = \frac{4\,000}{2\,000} + 300 + 0.001 \times 2\,000 = 304 \text{ (元)}.$$

例 5 (最大化利润问题) 已知生产某产品的单位成本函数为

$$C(Q) = 10Q + 200 \text{ (万元)},$$

价格函数 $P = 15 - 0.01Q$, Q 为产量, 问应生产多少单位产品, 才能使总利润 L 为最大? 最大利润是多少? 此时价格是多少?

解 所得收益为 $R(Q) = PQ = 15Q - 0.01Q^2$, 总利润函数为

$$L(Q) = R(Q) - C(Q) = 5Q - 0.01Q^2 - 200,$$

则 $L' = 5 - 0.02Q$. 当 $L' = 0$ 时, 利润 L 最大, 得唯一驻点 $Q = 250$. 所以 $Q = 250$ 是唯一的极大值点, 它也是最大值点. 此时, 最大利润为

$$L(250) = 5 \times 250 - 0.01 \times 250^2 - 200 = 425 \text{ (万元)}.$$

价格为

$$P(250) = (15 - 0.01Q)|_{Q=250} = 12.5 \text{ (万元)}.$$

因此, 生产 250 个单位的产品时才能使总利润最大, 最大利润是 425 万元, 此时价格为 12.5 万元.

例 6 (最佳批量问题) 某服装零售商年销售量为 8 000 件. 假设 (1) 这些产品分成若干批生产, 每批需要生产准备费 1 000 元; (2) 产品均匀销售 (即产品的平均库存量为批量的一半), 且每件服装库存一年需库存费 1 元. 试求使每年生产所需的生产准备费与库存费之和为最小的最佳批量 (称为经济批量).

解 设批量为 x 件, 因为

$$库存费 = 每件产品的库存费 \times 批量的一半 = 1 \cdot \frac{x}{2},$$

$$生产准备费 = 每批生产准备费 \times 生产批数 = 1\,000 \cdot \frac{8\,000}{x},$$

所以生产准备费与库存费之和为

$$C(x) = 1\,000 \cdot \frac{8\,000}{x} + \frac{x}{2} = \frac{8 \times 10^6}{x} + \frac{x}{2}.$$

由 $C'(x) = \frac{1}{2} - \frac{8 \times 10^6}{x^2} = 0$, 得驻点 $x_0 = 4\,000$. 由 $C''(x) = \frac{16 \times 10^6}{x^3} > 0$, 知驻点为最小值点. 因此, 最佳批量为 4 000 件.

存货管理是财务成本管理中很重要的一个部分. 企业持有充足的存货, 不仅有利于生产过程的顺利进行, 节约采购费用与生产时间, 而且能够迅速地满足客户各种订货的需要, 从而为企业的生产与销售提供较大的机动性, 避免因存货不足带来的机会损失. 库存在正常生产经营活动中是不可避免的, 但库存太多会使资金积压、库存变质并造成浪费. 因此, 确定最优 (或最适当) 的库存量是很重要的.

例 7 (最大税收问题) 下面通过具体案例分析征收消费税时, 政府与生产厂家的交互决策 (博弈) 过程. 某厂商生产某种商品的总成本函数为 $C = q^2 + 4q + 3$, 价格函数为 $P = 34 - 2q$, q 为商品数. 厂商要追求最大利润, 政府要对产品按一定税率征税. 求:

(1) 政府征税的最大收益及此时的税率 r;

(2) 企业税前和税后的最大利润和对应的平均价格.

解 (1) 总收益为 $R = Pq = 34q - 2q^2$, 企业在税率为 r 的情况下利润函数

$$L = R - C - qr = 34q - 3q^2 - 4q - 3 - qr$$

$$= -3q^2 + 30q - qr - 3, \quad q > 0,$$

利润 L 最大时,

$$\frac{\mathrm{d}L}{\mathrm{d}q} = 0, \quad \text{即} \quad -6q + 30 - r = 0,$$

所以 $q(r) = 5 - \dfrac{r}{6}$.

根据实际问题, 此时 q 就是纳税后企业获得最大利润的生产水平. 所以, 此时的征税收益函数

$$T = rq(r) = 5r - \frac{r^2}{6}.$$

T 要最大, $\dfrac{\mathrm{d}T}{\mathrm{d}r} = 0$, 即 $5 - \dfrac{r}{3} = 0$, 解得 $r = 15$. 故当 $r = 15$ 时, 税收 T 最大且最大值 $T(15) = 37.5$, 此时的生产水平 $q(15) = 2.5$.

(2) 纳税前的总利润

$$L = R - C = -3q^2 + 30q - 3,$$

由 $L'(q) = -6q + 30 = 0$, 可求得生产水平 $q = 5$ 时可获得最大利润 $L = 72$, 此时价格

$$P = 34 - 2 \times 5 = 24.$$

将税后的产出 $q = 2.5$ 和 $r = 15$ 代入利润函数

$$L = -3q^2 + (30 - r)q - 3$$

得最大利润 $L = 15.75$, 价格 $P = 34 - 2 \times 2.5 = 29$.

由此可见, 在确保企业和征税收益最大化的前提下, 产出水平由 5 下降到 2.5, 价格由 24 上涨到 29.

例 8 (产品定价问题) 某影视公司为电影票定价, 售出的票数 Q 是票价 p 的线性函数. 当票价为 50 元时, 有 100 位观众买票; 当票价为 80 元时, 只能卖出 70 张票. 请问: 票价为多少时, 该公司可获得最大收入?

解 由售出的票数 Q 是票价 p 的线性函数, 可设需求函数 $Q = a - bp$, 根据题意有

$$\begin{cases} 100 = a - 50b, \\ 70 = a - 80b, \end{cases}$$

解得 $a = 150, b = 1$, 于是价格函数 $p = 150 - Q$, 所以总收入 R 与票数 Q 的函数关系为

$$R = pQ = (150 - Q)Q = 150Q - Q^2.$$

又 $R' = 150 - 2Q$, 令 $R' = 0$, 得 $Q = 75$. 由价格函数可知 $p = 150 - 75 = 75$, 即当票价定为 75 元时, 该公司可获得最大收入.

习题 3.5

1. 求下列函数在给定区间上的最大值、最小值:

(1) $y = x^4 - 8x^2 + 2$, $x \in [-1, 3]$;

(2) $y = \left| x^2 - 3x + 2 \right|$, $x \in [-10, 10]$;

(3) $y = x - \sin x$, $x \in [-\pi, \pi]$;

(4) $y = x + \sqrt{1-x}$, $x \in [-5, 1]$;

(5) $y = x^{\frac{2}{3}} - \left(x^2 - 1 \right)^{\frac{1}{3}}$, $x \in [-2, 2]$.

2. 现要制作一个容积为 V(单位: m^3) 的圆柱形无盖容器 (不计厚度), 问如何设计, 可使所用材料最少?

3. 作半径为 r 的球的外切正圆锥, 问此圆锥的高 h 为何值时, 其体积 V 最小? 并求出最小值.

4. 某工厂生产某产品的总成本函数为 $C(q) = 900 + 40q + 0.001q^2$ (元), 问该厂生产多少件产品的平均成本最低?

5. 假设某种商品的需求量 Q 是单价 P (单位: 元) 的函数 $Q = 12\,000 - 80P$, 商品的总成本 C 是需求量 Q 的函数 $C = 25\,000 + 50Q$, 每单位商品需纳税 2 元, 试求使销售利润最大的商品价格和最大利润.

6. 设价格函数为 $P = 10\mathrm{e}^{-\frac{x}{5}}$ (x 为产量), 求最大收益时的产量、价格和收益.

7. 某厂生产某种商品, 其年产量为 100 万件, 每批生产需增加准备费 1\,000 元, 而每件的年库存费为 0.05 元, 如果均匀销售, 且上一批销售完后, 立即生产下一批 (此时商品库存数为批量的一半), 试问应分几批生产, 能使生产准备费与库存费之和最小?

8. 某种商品的平均成本为 2 , 价格函数为 $P(Q) = 20 - 4Q$ (Q 为商品数量), 销售每件商品必须缴税为 t. 问:

(1) 企业对销售量怎样决策, 才能使利润最大? 最大值是多少?

(2) 在企业取得最大利润的情况下, 政府对 t 怎样决策才能使总税收最大? 最大是多少?

9. 某商品进价为 a 元/件, 根据以往经验, 当销售价为 b 元/件时, 销售量为 c 件 (a, b, c 均为正数, 且 $b \geqslant \dfrac{4}{3}a$). 市场调查表明, 销售价每下降 10%, 销售量可增加 40%.

现决定一次性降价, 试问: 当销售价为多少时, 可获得最大利润? 并求出最大利润.

10. 为了实现利润最大化, 厂商需要对某商品确定其定价模型, 设 Q 为该商品的需求量, p 为价格, MC 为边际成本, η 为需求弹性 $(\eta > 0)$.

(1) 证明定价模型为 $p = \dfrac{MC}{1 - \dfrac{1}{\eta}}$;

(2) 若该商品的成本函数为 $C(Q) = 1\,600 + Q^2$, 需求函数 $Q = 40 - p$, 试由 (1) 中的定价模型确定此商品的价格.

第三章自测题

不定积分

    求物体的运动速度、求曲线的切线和求函数的极值等问题产生了导数和微分, 构成了微积分学的微分学部分; 同时由已知速度求路程、已知切线求曲线及已知边际函数求函数表达式等问题产生了不定积分和定积分, 构成了积分学部分. 微分和积分是高等数学中两个不可分割的重要概念. 本章将介绍不定积分概念及其计算方法.

    数学运算通常有对偶或互逆关系, 如加法与减法、乘法与除法. 导数运算同样存在逆运算. 不定积分就是作为微商 (或求导数) 的逆运算引入的. 前面已经介绍了已知函数求导数的问题, 现在我们要考虑其反问题: 已知导数求其函数, 即求一个未知函数, 使其导数恰好是某一已知函数. 这相当于已知变速直线运动的质点在时刻 t 的速度为 $v = v(t)$, 求质点的运动方程 $s = s(t)$, 使得 $s'(t) = v(t)$.

    上述问题在科学技术及经济分析中是普遍存在的, 如, 已知某计算机厂商生产某型号计算机的边际成本 $C'(x)$ 及固定成本 C_0, 如何求生产该型号计算机的总成本函数 $C(x)$? 这种由导数或微分求原函数的逆运算称为不定积分, 属于积分学范畴.

§4.1   不定积分的概念及性质

一、原函数的概念

定义 1   设 $f(x)$ 是区间 I 上有定义的函数, 如果存在 I 上的可导函数 $F(x)$, 满足

$$F'(x) = f(x), \quad x \in I,$$

或

$$\mathrm{d}F(x) = f(x)\mathrm{d}x, \quad x \in I,$$

则称 $F(x)$ 是 $f(x)$ 在区间 I 上的一个原函数.

例如, 在 $(-\infty, +\infty)$ 内已知 $f(x) = 2x$, 由于 $F(x) = x^2$ 满足

$$F'(x) = \left(x^2\right)' = 2x,$$

所以 $F(x) = x^2$ 是 $f(x) = 2x$ 在 $(-\infty, +\infty)$ 上的一个原函数. 同理, $x^2 + 6$ 的导数也为 $2x$, 因此 $x^2 + 6$ 也是 $2x$ 的原函数.

定理 1   若在某区间 I 上 $F(x)$ 是 $f(x)$ 的一个原函数, C 是任意常数, 则 $F(x) + C$ 也是 $f(x)$ 在 I 上的原函数.

证   由题意 $F'(x) = f(x)$, 所以

$$(F(x) + C)' = F'(x) = f(x),$$

由原函数定义知 $F(x) + C$ 也是 $f(x)$ 在 I 上的原函数.

并不是任给一个函数都存在原函数, 我们有如下结论:

如果 $f(x)$ 在某区间上连续, 则在该区间上 $f(x)$ 的原函数一定存在.

函数 $f(x)$ 除了形如 $F(x) + C$ 的原函数外, 是否还有其他形式的原函数, 一个函数的原函数间有什么关系? 下面的定理回答了这个问题.

定理 2   如果 $F(x)$ 和 $\varPhi(x)$ 都是 $f(x)$ 在区间 I 上的原函数, 则在区间 I 上它们的差 $F(x) - \varPhi(x)$ 恒为常数.

证   由定理假设知

$$F'(x) = f(x), \ \varPhi'(x) = f(x), \quad x \in I,$$

于是

$$(F(x) - \varPhi(x))' = F'(x) - \varPhi'(x) = 0, \quad x \in I.$$

从而

$$F(x) - \Phi(x) \equiv C, \quad x \in I,$$

其中 C 为某个常数.

定理 2 说明 $f(x)$ 的任何两个原函数之间只差一个常数, 由此可见 $f(x)$ 所有原函数可表示为 $F(x) + C$ (其中 C 是任意常数). 由此引入不定积分概念.

二、不定积分概念

定义 2 设 $F(x)$ 为函数 $f(x)$ 在区间 I 上的一个原函数, C 为任意常数, 则 $f(x)$ 的全体原函数 $F(x) + C$ 称为 $f(x)$ 在区间 I 上的不定积分, 记作 $\int f(x)\mathrm{d}x$. 其中记号 $\int$ 称为积分号, $f(x)$ 称为被积函数, $f(x)\mathrm{d}x$ 称为被积表达式, x 称为积分变量, 即

$$\int f(x)\mathrm{d}x = F(x) + C.$$

因此, 求不定积分只要求出它的一个原函数, 再加一个任意常数即可. 如

$$F'(x) = (x^2)' = 2x, \quad 则 \quad \int 2x\mathrm{d}x = x^2 + C.$$

例 1 求函数 $y = \sin x$ 的不定积分.

解 因为 $(-\cos x)' = \sin x$, 所以

$$\int \sin x\mathrm{d}x = -\cos x + C.$$

例 2 求函数 $y = \sec x \tan x$ 的不定积分.

解 因为 $(\sec x)' = \sec x \tan x$, 所以

$$\int \sec x \tan x\mathrm{d}x = \sec x + C.$$

函数 $f(x)$ 的不定积分含有任意常数 C, 因此对每一个给定的 C, 都有一个确定的原函数, 在几何上, 相应地就有一条确定的曲线, 称为 $f(x)$ 的**积分曲线**. 因为 C 可以取任意数值, 因此不定积分表示 $f(x)$ 的一族积分曲线, 如图 4.1 所示. 这族曲线的特点是, 在横坐标相同的点处, 它们所有的切线都彼此平行.

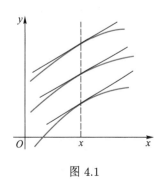

图 4.1

例 3 设曲线过点 $(1,4)$, 且其上任一点 (x,y) 的切线斜率等于横坐标的 2 倍, 求此曲线的方程.

解 设所求曲线方程为 $y = y(x)$, 由题设, $y' = 2x$, 即 $y(x)$ 是 $2x$ 的一个原函数, 所以

$$y = \int 2x \mathrm{d}x = x^2 + C,$$

其中 C 为任意常数. 因为曲线过点 (1,4), 故

$$4 = 1 + C, \quad C = 3.$$

于是所求曲线方程为 $y = x^2 + 3$.

由例 3 知, $y = x^2 + C$ 为 $f(x) = 2x$ 的积分曲线族, $y = x^2 + 3$ 为 $f(x) = 2x$ 过点 (1,4) 的一条积分曲线.

三、不定积分的基本性质

性质 1 求不定积分与求导互为逆运算，即

$$\left(\int f(x) \mathrm{d}x \right)' = f(x) \quad \text{或} \quad \mathrm{d} \int f(x) \mathrm{d}x = f(x) \mathrm{d}x.$$

另一方面, 如果 $F(x)$ 是可微函数, 则

$$\int F'(x) \mathrm{d}x = F(x) + C \quad \text{或} \quad \int \mathrm{d}F(x) = F(x) + C.$$

性质 2 两个函数代数和的不定积分, 等于各个函数不定积分的代数和, 即

$$\int [f(x) \pm g(x)] \mathrm{d}x = \int f(x) \mathrm{d}x \pm \int g(x) \mathrm{d}x.$$

证 因为

$$\left[\int f(x) \mathrm{d}x \pm \int g(x) \mathrm{d}x \right]' = \left[\int f(x) \mathrm{d}x \right]' \pm \left[\int g(x) \mathrm{d}x \right]' = f(x) \pm g(x),$$

由此知 $\int f(x) \mathrm{d}x \pm \int g(x) \mathrm{d}x$ 是 $f(x) \pm g(x)$ 的原函数, 因此,

$$\int [f(x) \pm g(x)] \mathrm{d}x = \int f(x) \mathrm{d}x \pm \int g(x) \mathrm{d}x.$$

性质 2 对于有限个函数的情形都是成立的.

性质 3 常数因子可移到积分号前, 即

$$\int k f(x) \mathrm{d}x = k \int f(x) \mathrm{d}x \quad (k \text{ 是常数}).$$

对等式两端微分, 即可得证.

4 − 13 $\dfrac{\mathrm{d}}{\mathrm{d}x}\left(\displaystyle\int f(x)\mathrm{d}x\right)$ 与 $\displaystyle\int f'(x)\mathrm{d}x$ 是否相等?

四、基本积分公式

由于不定积分是微分的逆运算, 因此只要将微分公式逆转过来, 就可得到基本积分表. 例如, 因为 $(\arctan x)' = \dfrac{1}{1+x^2}$, 所以

$$\int \frac{1}{1+x^2}\mathrm{d}x = \arctan x + C.$$

根据求导公式表可以得到下列基本积分表:

(1) $\displaystyle\int k\mathrm{d}x = kx + C$ (k 是常数);   (2) $\displaystyle\int x^\mu \mathrm{d}x = \dfrac{x^{\mu+1}}{\mu+1} + C$ ($\mu \neq -1$);

(3) $\displaystyle\int \dfrac{\mathrm{d}x}{x} = \ln|x| + C$ ($x \neq 0$);   (4) $\displaystyle\int \mathrm{e}^x \mathrm{d}x = \mathrm{e}^x + C$;

(5) $\displaystyle\int a^x \mathrm{d}x = \dfrac{1}{\ln a}a^x + C$ ($a > 0, a \neq 1$);

(6) $\displaystyle\int \sin x\mathrm{d}x = -\cos x + C$;   (7) $\displaystyle\int \cos x\mathrm{d}x = \sin x + C$;

(8) $\displaystyle\int \sec^2 x\mathrm{d}x = \int \dfrac{1}{\cos^2 x}\mathrm{d}x = \tan x + C$;

(9) $\displaystyle\int \csc^2 x\mathrm{d}x = \int \dfrac{1}{\sin^2 x}\mathrm{d}x = -\cot x + C$;

(10) $\displaystyle\int \dfrac{1}{1+x^2}\mathrm{d}x = \arctan x + C$;   (11) $\displaystyle\int \dfrac{1}{\sqrt{1-x^2}}\mathrm{d}x = \arcsin x + C$;

(12) $\displaystyle\int \sec x\tan x\mathrm{d}x = \sec x + C$;   (13) $\displaystyle\int \csc x\cot x\mathrm{d}x = -\csc x + C$.

以上公式是求不定积分的基础, 务必牢记.

例 4 验证 $\displaystyle\int \dfrac{1}{x}\mathrm{d}x = \ln|x| + C$ ($x \neq 0$).

证 当 $x > 0$ 时,

$$(\ln|x|)' = (\ln x)' = \frac{1}{x};$$

当 $x < 0$ 时,

$$(\ln|x|)' = [\ln(-x)]' = \frac{1}{x},$$

所以 $(\ln|x|)' = \dfrac{1}{x}$. 由不定积分定义知

$$\int \frac{1}{x}\mathrm{d}x = \ln|x| + C \quad (x \neq 0).$$

利用基本积分公式和不定积分的性质, 可以求出一些简单函数的不定积分.

例 5　求 $\displaystyle\int \left(x^2\sqrt{x} + \frac{1}{2\sqrt{x}} \right)\mathrm{d}x$.

解　此题应首先应用不定积分性质, 将积分分项再求解, 即

$$\int \left(x^2\sqrt{x} + \frac{1}{2\sqrt{x}} \right)\mathrm{d}x = \int x^2\sqrt{x}\,\mathrm{d}x + \frac{1}{2}\int \frac{1}{\sqrt{x}}\mathrm{d}x = \int x^{\frac{5}{2}}\mathrm{d}x + \frac{1}{2}\int x^{-\frac{1}{2}}\mathrm{d}x$$

$$= \frac{x^{\frac{5}{2}+1}}{\frac{5}{2}+1} + \sqrt{x} + C = \frac{2}{7}x^{\frac{7}{2}} + \sqrt{x} + C.$$

此例表明, 有时被积函数虽用根式或分式表示, 但实际是幂函数. 遇此情形, 应先将它们写为 x^{μ} 的形式, 然后用幂函数积分公式求解. 在积分和中每个不定积分都含有一个任意常数, 最后将其合并记作 C.

例 6　求 $\displaystyle\int \left(\frac{1}{x^3} - 2\cos x + \frac{2}{x} + \frac{3}{\sqrt{1-x^2}} \right)\mathrm{d}x$.

解　此题应首先应用不定积分性质, 将积分分项, 再利用基本积分公式.

$$\int \left(\frac{1}{x^3} - 2\cos x + \frac{2}{x} + \frac{3}{\sqrt{1-x^2}} \right)\mathrm{d}x$$

$$= \int \frac{1}{x^3}\mathrm{d}x - 2\int \cos x\,\mathrm{d}x + 2\int \frac{1}{x}\mathrm{d}x + 3\int \frac{1}{\sqrt{1-x^2}}\mathrm{d}x$$

$$= -\frac{1}{2x^2} - 2\sin x + 2\ln|x| + 3\arcsin x + C.$$

例 7　求 $\displaystyle\int \cos^2 \frac{x}{2}\mathrm{d}x$.

解　此题不能直接积分, 但被积函数经恒等变形后可利用基本积分公式求出.

$$\int \cos^2 \frac{x}{2}\mathrm{d}x = \int \frac{1+\cos x}{2}\mathrm{d}x = \frac{1}{2}\int \mathrm{d}x + \frac{1}{2}\int \cos x\,\mathrm{d}x$$

$$= \frac{1}{2}x + \frac{1}{2}\sin x + C.$$

上例的求解方法是常用的.

例 8　已知某计算机厂商生产某型号计算机的边际成本 $C'(Q) = \dfrac{20}{\sqrt{Q}} + 6$ (元) 及固定成本 5 000 元, 试求生产该型号计算机的总成本函数 $C(Q)$.

解　根据不定积分定义, 有

$$C(Q) = \int \left(\frac{20}{\sqrt{Q}} + 6 \right) \mathrm{d}Q = 40\sqrt{Q} + 6Q + C.$$

又因为固定成本是产量为 $x = 0$ 时总成本的值, 故 $C(0) = 5\,000,$ 可得 $C = 5\,000.$ 于是成本函数为

$$C(Q) = 40\sqrt{Q} + 6Q + 5\,000.$$

习题 4.1

1. 验证下列各题中的函数是否是同一函数的原函数:

(1) $\ln x, \ln 3x;$

(2) $\dfrac{1}{2}\sin^2 x, -\dfrac{1}{4}\cos 2x.$

2. 设 $f(x)$ 的一个原函数是 $\sin x + \dfrac{1}{3}\cos^3 x,$ 求 $f(x), \displaystyle\int f(x)\mathrm{d}x.$

3. 一曲线通过点 $(\mathrm{e}^2, 3),$ 且在任一点处的切线的斜率等于该点横坐标的倒数, 求曲线的方程.

4. 求下列不定积分:

(1) $\displaystyle\int \left(a - bx^2 \right)^3 \mathrm{d}x;$ 　　　　(2) $\displaystyle\int x\sqrt{x}\,\mathrm{d}x;$

(3) $\displaystyle\int \frac{x^2 + 1}{\sqrt{x}}\mathrm{d}x;$ 　　　　(4) $\displaystyle\int \left(2^2 + x^2 \right)\mathrm{d}x;$

(5) $\displaystyle\int \sin^2 \frac{x}{2}\mathrm{d}x;$ 　　　　(6) $\displaystyle\int \frac{\cos 2x}{\cos x - \sin x}\mathrm{d}x;$

(7) $\displaystyle\int \frac{\mathrm{d}x}{x^2\left(1 + x^2\right)};$ 　　　　(8) $\displaystyle\int \left(\mathrm{e}^{x+1} + a^x \right)\mathrm{d}x.$

5. 已知 $f'(x) = \sec^2 x + \sin x,$ 且 $f(0) = 1,$ 求 $f(x).$

6. 生产 x 个单位的某产品的总成本为 $C(x),$ 其边际成本为 $C'(x) = 2x - \dfrac{5}{\sqrt{x}} + 70.$ 又知固定成本为 $500,$ 试求总成本函数, 并求出产量为 100 个单位时的总成本.

§4.2　换元积分法

利用基本积分表与积分的性质, 只能计算一些简单的积分. 因此, 要进一步寻求计算积分的其他方法. 本节介绍一种重要的积分法——换元积分法, 其基本思想是利用中间

变量的代换, 将某些不定积分化为可利用基本积分公式的形式. 换元积分法通常分为两类, 下面先引入第一类换元积分法.

一、第一类换元积分法 (凑微分法)

设 $f(u)$ 具有原函数 $F(u)$, 即

$$F'(u) = f(u),$$

$$\int f(u)\mathrm{d}u = F(u) + C.$$

当复合函数积分 $\int f[\varphi(x)]\varphi'(x)\mathrm{d}x$ 不易计算时, 由微分形式不变性, 先通过 "凑微分", 使得 $\varphi'(x)\mathrm{d}x = \mathrm{d}\varphi(x)$, 再令 $u = \varphi(x)$, 得积分 $\int f(u)\mathrm{d}u$, 而此积分可以求出.

由复合函数求导公式

$$\{F[\varphi(x)]\}' = F'(u)\varphi'(x) = f(u)\varphi'(x) = f[\varphi(x)]\varphi'(x),$$

这表明 $F[\varphi(x)]$ 是 $f[\varphi(x)]\varphi'(x)$ 的一个原函数, 故由不定积分的定义得到

$$\int f[\varphi(x)]\varphi'(x)\mathrm{d}x = \left[\int f(u)\mathrm{d}u\right]_{u=\varphi(x)} = F[\varphi(x)] + C.$$

于是有下面的定理:

定理 1 若 $\int f(u)\mathrm{d}u = F(u) + C$, 且 $u = \varphi(x)$ 可导, 则有换元公式

$$\int f[\varphi(x)]\varphi'(x)\mathrm{d}x = F[\varphi(x)] + C.$$

第一类换元法将原来关于变量 x 的积分, 通过变量代换 $u = \varphi(x)$ 变成关于变量 u 的积分. 正确并熟练地运用第一类换元法的关键是熟知求导 (或求微分) 基本公式, 正确地将被积表达式分解为 $f[\varphi(x)]$ 和 $\varphi'(x)\mathrm{d}x$ 两部分, 即凑出一个中间变量 u, 使 $\int f(u)\mathrm{d}u$ 为基本积分表中的形式.

例 1 求 $\int 3\sqrt[3]{3x+1}\mathrm{d}x$.

解 被积函数中 $\sqrt[3]{3x+1}$ 是一个复合函数 $\sqrt[3]{3x+1} = \sqrt[3]{u}, u = 3x+1$, 因此作变换 $u = 3x+1$, 则 $\mathrm{d}u = 3\mathrm{d}x$, 得

$$\int 3\sqrt[3]{3x+1}\mathrm{d}x = \int u^{\frac{1}{3}}\mathrm{d}u = \frac{3}{4}u^{\frac{4}{3}} + C,$$

再以 $u = 3x + 1$ 回代得

$$\int 3\sqrt[3]{3x+1}\,\mathrm{d}x = \frac{3}{4}\sqrt[3]{(3x+1)^4} + C.$$

熟悉这个方法之后, 可不必列出中间变量 u, 由此得到如下求积分的计算过程:

$$\int f[\varphi(x)]\varphi'(x)\mathrm{d}x \xlongequal{\text{凑微分}} \int f[\varphi(x)]\mathrm{d}\varphi(x)$$

$$\xlongequal{\text{换元}u=\varphi(x)} \int f(u)\mathrm{d}u = F(u) + C$$

$$\xlongequal{\text{还原}} F[\varphi(x)] + C.$$

这种先 "凑" 成微分式, 再做变量替换的方法, 称为**第一类换元积分法**, 也称为凑微分法.

例 2 计算不定积分 $\displaystyle\int \mathrm{e}^{4x}\mathrm{d}x$.

解 直接将 $\mathrm{d}x$ 凑成 $\frac{1}{4}\mathrm{d}(4x)$,

$$\int \mathrm{e}^{4x}\mathrm{d}x = \frac{1}{4}\int \mathrm{e}^{4x}\mathrm{d}(4x) = \frac{1}{4}\mathrm{e}^{4x} + C.$$

例 3 求 $\displaystyle\int \frac{(\ln x)^8}{x}\mathrm{d}x$.

解 因为 $\frac{1}{x}\mathrm{d}x$ 可凑成 $\mathrm{d}(\ln x)$, 故

$$\int \frac{(\ln x)^8}{x}\mathrm{d}x = \int (\ln x)^8 \mathrm{d}(\ln x) = \frac{1}{9}(\ln x)^9 + C.$$

注 在应用换元积分法时, 常用的凑微分公式有

$$\mathrm{d}x = \frac{1}{a}\mathrm{d}(ax+b)\ (a \neq 0), \quad \frac{1}{\sqrt{x}}\mathrm{d}x = 2\mathrm{d}(\sqrt{x}),$$

$$\frac{1}{x}\mathrm{d}x = \mathrm{d}(\ln x), \quad \frac{1}{x^2}\mathrm{d}x = -\mathrm{d}\left(\frac{1}{x}\right), \quad \mathrm{e}^x\mathrm{d}x = \mathrm{d}(\mathrm{e}^x),$$

$$\cos x\,\mathrm{d}x = \mathrm{d}(\sin x), \quad \sin x\,\mathrm{d}x = -\mathrm{d}(\cos x), \quad \sec^2 x\,\mathrm{d}x = \mathrm{d}(\tan x).$$

下面我们推导几个常用的公式.

例 4 求 $\displaystyle\int \tan x\,\mathrm{d}x$.

解 因为 $\tan x = \dfrac{\sin x}{\cos x}$, 所以

$$\int \tan x\,\mathrm{d}x = \int \frac{\sin x}{\cos x}\mathrm{d}x = -\int \frac{\mathrm{d}(\cos x)}{\cos x} = -\ln|\cos x| + C.$$

类似地, 不难求得

$$\int \cot x \mathrm{d}x = \ln|\sin x| + C.$$

例 5 求 $\int \dfrac{1}{a^2 + x^2} \mathrm{d}x \ (a \neq 0)$.

解 $\displaystyle\int \frac{\mathrm{d}x}{a^2 + x^2} = \int \frac{a\mathrm{d}\left(\dfrac{x}{a}\right)}{a^2 \left[1 + (x/a)^2\right]} = \frac{1}{a}\arctan\frac{x}{a} + C.$

例 6 求 $\int \dfrac{\mathrm{d}x}{x^2 - a^2} \ (a \neq 0)$.

解 由于 $\dfrac{1}{x^2 - a^2} = \dfrac{1}{2a}\left(\dfrac{1}{x-a} - \dfrac{1}{x+a}\right)$, 所以

$$\begin{aligned}
\int \frac{\mathrm{d}x}{x^2 - a^2} &= \frac{1}{2a}\int\left(\frac{1}{x-a} - \frac{1}{x+a}\right)\mathrm{d}x \\
&= \frac{1}{2a}\int\frac{\mathrm{d}(x-a)}{x-a} - \frac{1}{2a}\int\frac{\mathrm{d}(x+a)}{x+a} \\
&= \frac{1}{2a}\ln\left|\frac{x-a}{x+a}\right| + C.
\end{aligned}$$

例 7 求 $\int \csc x \mathrm{d}x$.

解 由于 $\csc x = \dfrac{1}{\sin x}$, 故

$$\begin{aligned}
\int \csc x \mathrm{d}x &= \int \frac{\mathrm{d}x}{\sin x} = \int \frac{\sin x}{\sin^2 x}\mathrm{d}x = -\int\frac{\mathrm{d}(\cos x)}{1 - \cos^2 x} \\
&= \int\frac{\mathrm{d}(\cos x)}{\cos^2 x - 1} \xlongequal{\text{利用例 6}} \frac{1}{2}\ln\left|\frac{1 - \cos x}{1 + \cos x}\right| + C \\
&= \ln\left|\sqrt{\frac{(1 - \cos x)(1 - \cos x)}{(1 + \cos x)(1 - \cos x)}}\right| + C \\
&= \ln\left|\frac{1 - \cos x}{\sin x}\right| + C = \ln|\csc x - \cot x| + C.
\end{aligned}$$

类似地, $\displaystyle\int \sec x \mathrm{d}x = \ln|\sec x + \tan x| + C.$

例 8 求 $\int \dfrac{\mathrm{d}x}{\sqrt{a^2 - x^2}} \ (a > 0)$.

解 $\displaystyle\int \frac{\mathrm{d}x}{\sqrt{a^2 - x^2}} = \int \frac{1}{a}\frac{\mathrm{d}x}{\sqrt{1 - (x/a)^2}} = \int \frac{\mathrm{d}(x/a)}{\sqrt{1 - (x/a)^2}} = \arcsin\frac{x}{a} + C.$

例 9 求 $\int \sin 3x \cdot \sin 5x \mathrm{d}x$.

解 $\int \sin 3x \cdot \sin 5x \mathrm{d}x = -\frac{1}{2} \int (\cos 8x - \cos 2x) \mathrm{d}x = \frac{1}{4} \sin 2x - \frac{1}{16} \sin 8x + C$.

例 10 求 $\int \dfrac{\sin \sqrt{x}}{\sqrt{x}} \mathrm{d}x$.

解

$$\int \frac{\sin \sqrt{x}}{\sqrt{x}} \mathrm{d}x = 2 \int \sin \sqrt{x} \mathrm{d}(\sqrt{x}) \xlongequal{\text{令}\sqrt{x}=u} 2 \int \sin u \mathrm{d}u$$

$$= -2 \cos u + C = -2 \cos \sqrt{x} + C.$$

例 11 设 $F(x)$ 是函数 $f(x)$ 的一个原函数, 求 $\int \mathrm{e}^{-x} f\left(\mathrm{e}^{-x}\right) \mathrm{d}x$.

解 因为

$$\int \mathrm{e}^{-x} f\left(\mathrm{e}^{-x}\right) \mathrm{d}x = - \int f\left(\mathrm{e}^{-x}\right) \mathrm{d}\left(\mathrm{e}^{-x}\right),$$

由已知条件 $\int f(x) \mathrm{d}x = F(x) + C$, 所以

$$\int \mathrm{e}^{-x} f\left(\mathrm{e}^{-x}\right) \mathrm{d}x = -F\left(\mathrm{e}^{-x}\right) + C.$$

二、第二类换元积分法

如果被积函数 $f(x)$ 的原函数不易看出, 若令 $x = \varphi(t)$, 则

$$\int f(x) \mathrm{d}x = \int f(\varphi(t)) \varphi'(t) \mathrm{d}t,$$

而新的被积函数 $f(\varphi(t)) \varphi'(t)$ 容易找到原函数且 $x = \varphi(t)$ 有反函数 $t = \varphi^{-1}(x)$, 那么, 代回原函数即可求出积分 $\int f(x) \mathrm{d}x$. 为保证 $x = \varphi(t)$ 有反函数且单值可导, 我们假定 $x = \varphi(t)$ 在 t 的某一个区间 (此区间和所考虑的 x 的积分区间相对应) 上是单调、可导的, 并且 $\varphi'(t) \neq 0$, 于是有下面的定理:

定理 2 设 $x = \varphi(t)$ 是单调、可导的函数, 且 $\varphi'(t) \neq 0$. 又设 $f[\varphi(t)] \varphi'(t)$ 具有原函数 $\varPhi(t)$, 则有换元公式

$$\int f(x) \mathrm{d}x = \left[\int f[\varphi(t)] \varphi'(t) \mathrm{d}t \right]_{t = \varphi^{-1}(x)} = \varPhi(\varphi^{-1}(x)) + C,$$

其中 $\varphi^{-1}(x)$ 是 $x = \varphi(t)$ 的反函数.

证 记 $\varPhi\left[\varphi^{-1}(x)\right] = F(x)$, 利用复合函数及反函数的求导法则, 得到

$$F'(x) = \frac{\mathrm{d}\varPhi}{\mathrm{d}t} \cdot \frac{\mathrm{d}t}{\mathrm{d}x} = f[\varphi(t)] \varphi'(t) \cdot \frac{1}{\varphi'(t)} = f[\varphi(t)] = f(x),$$

即 $F(x)$ 是 $f(x)$ 的原函数. 所以有

$$\int f(x)\mathrm{d}x = F(x) + C = \Phi\left[\varphi^{-1}(x)\right] + C,$$

定理得证.

利用定理 2 的换元积分法称为**第二类换元积分法**. 这种积分法的一个重要应用是通过换元, 使被积分的无理式函数化为有理式函数.

例 12 $\displaystyle\int \frac{1}{\sqrt{x} + \sqrt[3]{x^2}}\mathrm{d}x.$

解 被积函数中含有两个无理式 $\sqrt{x}$ 与 $\sqrt[3]{x^2}$, 为同时消去这两个根式, 令 $\sqrt[6]{x} = t$, 即 $x = t^6$, 则

$$\sqrt{x} = (\sqrt[6]{x})^3 = t^3, \quad \sqrt[3]{x^2} = (\sqrt[6]{x})^4 = t^4.$$

这样它们都被有理化了, 此时 $\mathrm{d}x = 6t^5\mathrm{d}t,$

$$\begin{aligned}
\int \frac{1}{\sqrt{x} + \sqrt[3]{x^2}}\mathrm{d}x &= 6\int \frac{1}{t^3 + t^4}t^5\mathrm{d}t = 6\int \frac{t^2}{1+t}\mathrm{d}t \\
&= 6\int \frac{t^2 - 1 + 1}{1+t}\mathrm{d}t = 6\int \frac{t^2 - 1}{1+t}\mathrm{d}t + 6\int \frac{1}{1+t}\mathrm{d}t \\
&= 6\int (t-1)\mathrm{d}t + 6\int \frac{1}{1+t}\mathrm{d}(1+t) \\
&= 6\left(\frac{1}{2}t^2 - t\right) + 6\ln|1+t| + C \\
&= 3\sqrt[3]{x} - 6\sqrt[6]{x} + 6\ln|1 + \sqrt[6]{x}| + C.
\end{aligned}$$

当被积函数含有根式 $\sqrt{a^2 - x^2}$ 或 $\sqrt{x^2 \pm a^2}$ 时, 可作如下三角变换:

(1) 含有 $\sqrt{a^2 - x^2}$ 时, 令 $x = a\sin t$;

(2) 含有 $\sqrt{x^2 + a^2}$ 时, 令 $x = a\tan t$;

(3) 含有 $\sqrt{x^2 - a^2}$ 时, 令 $x = a\sec t$.

例 13 求 $\displaystyle\int \sqrt{a^2 - x^2}\mathrm{d}x \ (a > 0).$

解 令 $x = a\sin t, t \in \left(-\dfrac{\pi}{2}, \dfrac{\pi}{2}\right)$, 则 $\mathrm{d}x = a\cos t\mathrm{d}t$, 于是

$$\begin{aligned}
\int \sqrt{a^2 - x^2}\mathrm{d}x &= \int \sqrt{a^2\left(1 - \sin^2 t\right)}a\cos t\mathrm{d}t = \int a^2\cos^2 t\mathrm{d}t \\
&= \frac{a^2}{2}\int (1 + \cos 2t)\mathrm{d}t = \frac{a^2}{2}\left(t + \frac{\sin 2t}{2}\right) + C.
\end{aligned}$$

再将变量 t 换回变量 x. 由于 $\dfrac{x}{a} = \sin t$, 借助如图 4.2 所示的三角形, 我们有

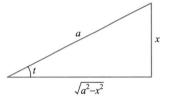

$$\sin 2t = 2\sin t\cos t = 2\cdot\frac{x}{a}\cdot\frac{\sqrt{a^2-x^2}}{a},$$

于是

图 4.2

$$\int\sqrt{a^2-x^2}\mathrm{d}x = \frac{a^2}{2}\arcsin\frac{x}{a} + \frac{x}{2}\sqrt{a^2-x^2} + C.$$

例 14 求 $\displaystyle\int\frac{\mathrm{d}x}{\sqrt{a^2+x^2}}$ $(a>0)$.

解 令 $x = a\tan t, t\in\left(-\dfrac{\pi}{2},\dfrac{\pi}{2}\right)$, 则

$$\mathrm{d}x = a\sec^2 t\mathrm{d}t, \quad \sqrt{a^2+x^2} = a\sec t,$$

代入所求积分得

$$\int\frac{\mathrm{d}x}{\sqrt{a^2+x^2}} = \int\frac{a\sec^2 t}{a\sec t}\mathrm{d}t = \int\sec t\mathrm{d}t$$

$$\xrightarrow{\text{由本节例 7}} \ln|\sec t + \tan t| + C_1.$$

因为 $\tan t = \dfrac{x}{a}$, 借助图 4.3 有 $\sec t = \dfrac{\sqrt{x^2+a^2}}{a}$. 因此,

$$\int\frac{\mathrm{d}x}{\sqrt{a^2+x^2}} = \ln\left(\frac{x}{a} + \frac{\sqrt{x^2+a^2}}{a}\right) + C_1 = \ln\left(x + \sqrt{x^2+a^2}\right) + C,$$

其中 $C = C_1 - \ln a$.

例 15 求 $\displaystyle\int\frac{\mathrm{d}x}{\sqrt{x^2-a^2}}$ $(a>0)$.

解 令 $x = a\sec t, t\in\left(0,\dfrac{\pi}{2}\right)$, 则

$$\mathrm{d}x = a\sec t\tan t\mathrm{d}t, \quad \sqrt{x^2-a^2} = a\tan t,$$

代入所求积分得

$$\int\frac{\mathrm{d}x}{\sqrt{x^2-a^2}} = \int\frac{a\sec t\tan t}{a\tan t}\mathrm{d}t = \int\sec t\mathrm{d}t$$

$$= \ln|\sec t + \tan t| + C_1.$$

因 $\dfrac{x}{a} = \sec t$, 借助图 4.4 有

补充例题

$$\int\frac{\mathrm{d}x}{\sqrt{x^2-a^2}} = \ln\left|\frac{x}{a} + \frac{\sqrt{x^2-a^2}}{a}\right| + C_1 = \ln\left|x + \sqrt{x^2-a^2}\right| + C.$$

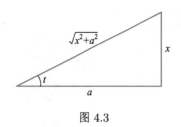 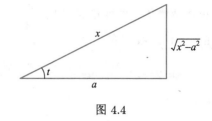

图 4.3   图 4.4

思考题 4-2　　例 15 被积函数的定义域是 $|x| > a$, 限定 $0 < t < \dfrac{\pi}{2}$ 实际上是限定 $x > a$, 当 $x < -a$ 时, 应如何计算?

当有理分式函数的分母中 x 的次数较高时, 常用如下**倒代换**:

例 16　求 $\displaystyle\int \frac{\mathrm{d}x}{x\sqrt{x^{12}-1}}$.

解　用倒代换, 即令 $x = \dfrac{1}{t}, t > 0$, 则 $\mathrm{d}x = -\dfrac{\mathrm{d}t}{t^2}$, 于是

$$\int \frac{\mathrm{d}x}{x\sqrt{x^{12}-1}} = \int \frac{t}{\sqrt{1/t^{12}-1}}\left(-\frac{1}{t^2}\right)\mathrm{d}t = -\int \frac{t^5}{\sqrt{1-(t^6)^2}}\mathrm{d}t$$

$$= -\frac{1}{6}\int \frac{\mathrm{d}\left(t^6\right)}{\sqrt{1-(t^6)^2}} = -\frac{1}{6}\arcsin\left(t^6\right) + C$$

$$= -\frac{1}{6}\arcsin\left(\frac{1}{x^6}\right) + C.$$

为便于查找, 现将几个常用积分公式添加到基本积分表中:

(14) $\displaystyle\int \tan x\,\mathrm{d}x = -\ln|\cos x| + C$;

(15) $\displaystyle\int \cot x\,\mathrm{d}x = \ln|\sin x| + C$;

(16) $\displaystyle\int \frac{1}{\sqrt{a^2-x^2}}\mathrm{d}x = \arcsin\frac{x}{a} + C\ (a > 0)$;

(17) $\displaystyle\int \frac{1}{a^2+x^2}\mathrm{d}x = \frac{1}{a}\arctan\frac{x}{a} + C\ (a \neq 0)$;

(18) $\displaystyle\int \frac{1}{x^2-a^2}\mathrm{d}x = \frac{1}{2a}\ln\left|\frac{x-a}{x+a}\right| + C\ (a \neq 0)$;

(19) $\displaystyle\int \frac{1}{a^2-x^2}\mathrm{d}x = \frac{1}{2a}\ln\left|\frac{a+x}{a-x}\right| + C\ (a > 0)$;

(20) $\displaystyle\int \frac{1}{\sqrt{x^2 \pm a^2}}\mathrm{d}x = \ln\left|x+\sqrt{x^2 \pm a^2}\right| + C\ (a \neq 0)$;

(21) $\displaystyle\int \sec x\,\mathrm{d}x = \ln|\sec x + \tan x| + C$;

(22) $\int \csc x \mathrm{d}x = \ln|\csc x - \cot x| + C;$

习题 4.2

1. 填空使下列各等式成立:

(1) $\int f(ax+b)\mathrm{d}x = \dfrac{1}{a} \int f(ax+b)\mathrm{d}(\quad) \ (a \neq 0);$

(2) $\int f\left(x^{\mu}\right) x^{\mu-1}\mathrm{d}x = \dfrac{1}{\mu} \int f\left(x^{\mu}\right)\mathrm{d}(\quad) \ (\mu \neq 0);$

(3) $\int f(\ln x) \cdot \dfrac{1}{x}\mathrm{d}x = \int f(\ln x)\mathrm{d}(\quad);$

(4) $\int f\left(\mathrm{e}^{x}\right) \cdot \mathrm{e}^{x}\mathrm{d}x = \int f\left(\mathrm{e}^{x}\right)\mathrm{d}(\quad);$

(5) $\int f\left(a^{x}\right) \cdot a^{x}\mathrm{d}x = \dfrac{1}{\ln a} \int f\left(a^{x}\right)\mathrm{d}(\quad) \ (a > 0, a \neq 1);$

(6) $\int f(\sin x) \cdot \cos x \mathrm{d}x = \int f(\sin x)\mathrm{d}(\quad);$

(7) $\int f(\cos x) \cdot \sin x \mathrm{d}x = -\int f(\cos x)\mathrm{d}(\quad);$

(8) $\int f(\tan x) \sec^2 x \mathrm{d}x = \int f(\tan x)\mathrm{d}(\quad);$

(9) $\int f(\cot x) \csc^2 x \mathrm{d}x = -\int f(\cot x)\mathrm{d}(\quad);$

(10) $\int f(\arctan x)\dfrac{1}{1+x^2}\mathrm{d}x = \int f(\arctan x)\mathrm{d}(\quad);$

(11) $\int f(\arcsin x)\dfrac{1}{\sqrt{1-x^2}}\mathrm{d}x = \int f(\arcsin x)\mathrm{d}(\quad).$

2. 求下列简单不定积分:

(1) $\int (x-2)^2\mathrm{d}x;$

(2) $\int x\sqrt{x}\mathrm{d}x;$

(3) $\int \dfrac{x^2+1}{\sqrt{x}}\mathrm{d}x;$

(4) $\int \left(2^x + x^2\right)\mathrm{d}x;$

(5) $\int \sin^2\dfrac{x}{2}\mathrm{d}x;$

(6) $\int \dfrac{\mathrm{d}x}{x^2\left(1+x^2\right)}.$

3. 求下列不定积分:

(1) $\int \sqrt[3]{2x+3}\,\mathrm{d}x;$

(2) $\int \cos^2 x\mathrm{d}x;$

(3) $\int \dfrac{\mathrm{d}x}{2-5x};$

(4) $\int \dfrac{\ln x}{x\sqrt{1+\ln x}}\mathrm{d}x;$

(5) $\int \dfrac{\tan x}{\sqrt{\cos x}}\mathrm{d}x\ ;$

(6) $\int \mathrm{e}^{\sin x}\cos x\mathrm{d}x;$

(7) $\displaystyle\int \frac{\cos x - \sin x}{\cos x + \sin x}\mathrm{d}x$;

(8) $\displaystyle\int \frac{x^2}{\sqrt{1-x^6}}\mathrm{d}x$;

(9) $\displaystyle\int \frac{\cos\sqrt{x}}{\sqrt{x}}\mathrm{d}x$;

(10) $\displaystyle\int x\sqrt{1-x^2}\mathrm{d}x$.

4. 求下列不定积分：

(1) $\displaystyle\int \frac{\mathrm{d}x}{\sqrt{x}+\sqrt[4]{x}}$;

(2) $\displaystyle\int \frac{x^2}{\sqrt{a^2-x^2}}\mathrm{d}x$;

(3) $\displaystyle\int \frac{\mathrm{d}x}{(x^2+a^2)^{\frac{3}{2}}}$;

(4) $\displaystyle\int \frac{\mathrm{d}x}{x^2\sqrt{x^2+1}}$;

(5) $\displaystyle\int \frac{\sqrt{x^2-9}}{x}\mathrm{d}x$;

(6) $\displaystyle\int \frac{\mathrm{d}x}{(1+\sqrt[3]{x})\sqrt{x}}$;

(7) $\displaystyle\int \frac{\sqrt{x-1}}{x}\mathrm{d}x$;

(8) $\displaystyle\int \frac{\sqrt{1-x^2}}{x^4}\mathrm{d}x$.

5. 设 $f(x) = \mathrm{e}^{-x}$, 求 $\displaystyle\int \frac{f'(\ln x)}{x}\mathrm{d}x$.

*6. 已知 $\displaystyle\int xf(x)\mathrm{d}x = \arcsin x + C$, 求 $\displaystyle\int \frac{1}{f(x)}\mathrm{d}x$.

第4(8)题讲解

§4.3　分部积分法

设函数 $u = u(x)$ 与 $v = v(x)$ 都具有连续导数, 则两个函数乘积的导数公式为

$$(uv)' = u'v + uv',$$

移项, 得

$$uv' = (uv)' - u'v.$$

对这个等式两边求不定积分, 得

$$\int uv'\mathrm{d}x = uv - \int u'v\mathrm{d}x.$$

上式称为**分部积分公式**, 或写为

$$\int u\,\mathrm{d}v = uv - \int v\,\mathrm{d}u.$$

如果求 $\displaystyle\int u\,\mathrm{d}v$ 有困难, 而求 $\displaystyle\int v\,\mathrm{d}u$ 容易, 就可利用分部积分法求积分.

例 1　求 $\displaystyle\int x\cos x\mathrm{d}x$.

解　设 $u = x, v = \sin x$, 由分部积分公式得

$$\int x\cos x\mathrm{d}x = \int x\mathrm{d}(\sin x) = x\sin x - \int \sin x\mathrm{d}x$$

$$= x \sin x + \cos x + C.$$

例 2 求 $\int x^2 \mathrm{e}^{-x} \mathrm{d}x$.

解 设 $u = x^2, v = \mathrm{e}^{-x}$, 则

$$\int x^2 \mathrm{e}^{-x} \mathrm{d}x = -\int x^2 \mathrm{d}\mathrm{e}^{-x} = -x^2 \mathrm{e}^{-x} + \int \mathrm{e}^{-x} \cdot 2x \mathrm{d}x$$

$$= -x^2 \mathrm{e}^{-x} - 2 \int x \mathrm{d}(\mathrm{e}^{-x})$$

$$= -x^2 \mathrm{e}^{-x} - 2x \mathrm{e}^{-x} + 2 \int \mathrm{e}^{-x} \mathrm{d}x$$

$$= -x^2 \mathrm{e}^{-x} - 2x \mathrm{e}^{-x} - 2\mathrm{e}^{-x} + C.$$

注 此例若设 $u = \mathrm{e}^{-x}, v = \dfrac{x^3}{3}$, 则有

$$\int x^2 \mathrm{e}^{-x} \mathrm{d}x = \frac{1}{3} \int \mathrm{e}^{-x} \mathrm{d}x^3 = \frac{1}{3} x^3 \mathrm{e}^{-x} + \frac{1}{3} \int x^3 \mathrm{e}^{-x} \mathrm{d}x,$$

使积分计算更加复杂. 由此可见, 正确选择 u 与 $\mathrm{d}v$ 是利用分部积分法的关键. 选择 u 和 $\mathrm{d}v$ 一般要考虑两点: (1) v 容易求得; (2) $\int v \mathrm{d}u$ 要比 $\int u \mathrm{d}v$ 容易计算. **通常我们可按 "反对幂三指" 的顺序 (即反三角函数、对数函数、幂函数、三角函数、指数函数的顺序), 排在前面的那类函数选作 u, 排在后面的与 $\mathrm{d}x$ 结合在一起为 $\mathrm{d}v$.**

在熟悉分部积分公式后, 可不必再写出 u, v, 直接用公式求解即可.

例 3 求不定积分 $\int x \arctan x \mathrm{d}x$.

解

$$\int x \arctan x \mathrm{d}x = \frac{1}{2} \int \arctan x \mathrm{d}\left(x^2\right)$$

$$= \frac{1}{2} \left(x^2 \arctan x - \int x^2 \cdot \frac{1}{1+x^2} \mathrm{d}x \right)$$

$$= \frac{1}{2} x^2 \arctan x - \frac{1}{2} \int \left(1 - \frac{1}{1+x^2}\right) \mathrm{d}x$$

$$= \frac{x^2}{2} \arctan x - \frac{1}{2}(x - \arctan x) + C$$

$$= \frac{1}{2}\left(x^2+1\right) \arctan x - \frac{1}{2}x + C.$$

例 4 求 $\int (\arcsin x)^2 \mathrm{d}x$.

解 一般而言, 若被积函数中含有对数或反三角函数, 先用分部积分法, 再用其他方法.

$$\int (\arcsin x)^2 \mathrm{d}x = x(\arcsin x)^2 - 2\int \arcsin x \frac{x}{\sqrt{1-x^2}}\mathrm{d}x$$

$$= x(\arcsin x)^2 + 2\int \arcsin x \mathrm{d}(\sqrt{1-x^2})$$

$$= x(\arcsin x)^2 + 2\sqrt{1-x^2} \cdot \arcsin x - 2\int \mathrm{d}x$$

$$= x(\arcsin x)^2 + 2\sqrt{1-x^2} \cdot \arcsin x - 2x + C.$$

例 5 求 $I = \displaystyle\int e^x \sin x \mathrm{d}x$.

解 因为

$$I = \int e^x \sin x \mathrm{d}x = \int \sin x \mathrm{d}(e^x) = e^x \sin x - \int e^x \cos x \mathrm{d}x$$

$$= e^x \sin x - \int \cos x \mathrm{d}(e^x) = e^x \sin x - e^x \cos x - \int e^x \sin x \mathrm{d}x$$

$$= e^x(\sin x - \cos x) - I,$$

移项得 $2I = e^x(\sin x - \cos x) + C_1$, 所以

$$I = \frac{1}{2}e^x(\sin x - \cos x) + C.$$

注 在用分部积分法求不定积分时, 若再一次出现这个积分, 即有

$$\int f(x)\mathrm{d}x = G(x) + k\int f(x)\mathrm{d}x \quad (k \neq 1),$$

则

$$\int f(x)\mathrm{d}x = \frac{1}{1-k}G(x) + C.$$

* 例 6 求 $\displaystyle\int \frac{\ln(1+x)}{\sqrt{x}}\mathrm{d}x$.

解

$$\int \frac{\ln(1+x)}{\sqrt{x}}\mathrm{d}x = \int \ln(1+x)\mathrm{d}(2\sqrt{x})$$

$$= 2\sqrt{x}\ln(1+x) - 2\int \sqrt{x}\mathrm{d}[\ln(1+x)]$$

$$= 2\sqrt{x}\ln(1+x) - 2\int \frac{\sqrt{x}}{1+x}\mathrm{d}x.$$

对于积分 $\int \dfrac{\sqrt{x}}{1+x}\mathrm{d}x$, 令 $\sqrt{x} = t$, 则

$$x = t^2, \quad \mathrm{d}x = 2t\mathrm{d}t,$$

故

$$\int \frac{\sqrt{x}}{1+x}\mathrm{d}x = 2\int \frac{t^2}{1+t^2}\mathrm{d}t = 2\int \left(1 - \frac{1}{1+t^2}\right)\mathrm{d}t$$
$$= 2(t - \arctan t) + C = 2(\sqrt{x} - \arctan\sqrt{x}) + C,$$

所以

$$\int \frac{\ln(1+x)}{\sqrt{x}}\mathrm{d}x = 2\sqrt{x}\ln(1+x) - 4\sqrt{x} + 4\arctan\sqrt{x} + C.$$

***例 7** 已知 $f'(\sin x) = \cos x + \tan x + x, -\dfrac{\pi}{2} < x < \dfrac{\pi}{2}$, 求 $f(x)$.

例7讲解

解 令 $t = \sin x$, 则

$$f'(t) = \sqrt{1-t^2} + \frac{t}{\sqrt{1-t^2}} + \arcsin t,$$

即

$$f(x) = \int \left(\sqrt{1-x^2} + \frac{x}{\sqrt{1-x^2}} + \arcsin x\right)\mathrm{d}x.$$

由 §4.2 例 13 知

$$\int \sqrt{1-x^2}\mathrm{d}x = \frac{1}{2}\left(x\sqrt{1-x^2} + \arcsin x\right) + C_1,$$

利用分部积分公式, 得

$$\int \arcsin x\mathrm{d}x = x\arcsin x - \int \frac{x}{\sqrt{1-x^2}}\mathrm{d}x,$$

故

$$\int \left(\frac{x}{\sqrt{1-x^2}} + \arcsin x\right)\mathrm{d}x = \int \frac{x}{\sqrt{1-x^2}}\mathrm{d}x + x\arcsin x - \int \frac{x}{\sqrt{1-x^2}}\mathrm{d}x$$
$$= x\arcsin x + C_2,$$

所以

$$f(x) = \frac{1}{2}\left(x\sqrt{1-x^2} + \arcsin x\right) + x\arcsin x + C.$$

注 含有复合函数 $f(g(x))$ 的积分题目一般可先设 $g(x) = t$ 作变量代换, 再求解.

习题 4.3

1. 用分部积分法计算下列不定积分:

(1) $\displaystyle\int x\mathrm{e}^{-x}\mathrm{d}x$;

(2) $\displaystyle\int \ln(1+x)\mathrm{d}x$;

(3) $\displaystyle\int \arcsin x\mathrm{d}x$;

(4) $\displaystyle\int \arctan x\mathrm{d}x$;

(5) $\displaystyle\int x^2\ln x\mathrm{d}x$;

(6) $\displaystyle\int \mathrm{e}^{-x}\cos 2x\mathrm{d}x$;

(7) $\displaystyle\int \sec^3 x\mathrm{d}x$;

(8) $\displaystyle\int x^2\ln(1+x)\mathrm{d}x$.

*2. 用合适的方法求下列不定积分:

(1) $\displaystyle\int \sin(\ln x)\mathrm{d}x$;

(2) $\displaystyle\int \arctan\sqrt{x}\mathrm{d}x$;

(3) $\displaystyle\int \frac{\arcsin\sqrt{x}}{\sqrt{1-x}}\mathrm{d}x$;

(4) $\displaystyle\int \ln\left(x+\sqrt{x^2+1}\right)\mathrm{d}x$.

3. 已知 $f(x)$ 的一个原函数为 $\ln^2 x$,求 $\displaystyle\int xf'(x)\mathrm{d}x$.

*4. 设 $f(\sin^2 x)=\dfrac{x}{\sin x}$,求 $\displaystyle\int \dfrac{\sqrt{x}}{\sqrt{1-x}}f(x)\mathrm{d}x$.

*5. $f'(\ln x)=\dfrac{x\ln x}{(1+\ln x)^2}$,求 $f(x)$.

第5题讲解

*§4.4　有理函数的积分

有理函数的一般形式是

$$R(x)=\frac{P(x)}{Q(x)}=\frac{a_0 x^n+a_1 x^{n-1}+\cdots+a_{n-1}x+a_n}{b_0 x^m+b_1 x^{m-1}+\cdots+b_{m-1}x+b_m}\quad (a_0\neq 0,b_0\neq 0),$$

其中 $P(x)$,$Q(x)$ 是实系数的互素多项式. 因为有理假分式 ($n\geqslant m$) 通过多项式除法总可以表示成容易积分的多项式和真分式之和,所以只需讨论真分式的积分.

若有理函数 $\dfrac{P(x)}{Q(x)}$ 是真分式 (即 $n<m$),则可化为如下四种 "最简真分式" 之和:

(1) $\dfrac{A}{x-a}$;

(2) $\dfrac{A}{(x-a)^n}$,$n=2,3,\cdots$;

(3) $\dfrac{Ax+B}{x^2+px+q}$,$p^2-4q<0$;

(4) $\dfrac{Ax+B}{(x^2+px+q)^n}$,$p^2-4q<0$,

并可通过下述步骤求它的不定积分:

第一步 在实数范围内, 将多项式 $Q(x)$ 分解成一次因式和二次素因式的乘积, 即形如

$$Q(x) = b_0(x-a)^\alpha \cdots (x-b)^\beta \left(x^2 + px + q\right)^\lambda \cdots \left(x^2 + rx + s\right)^\mu,$$

其中各二次因式有 $p^2 - 4q < 0, \cdots, r^2 - 4s < 0$;

第二步 将真分式 $\dfrac{P(x)}{Q(x)}$ 按照分母的因式分解成部分分式之和, 即

$$
\begin{aligned}
\frac{P(x)}{Q(x)} = &\frac{A_1}{(x-a)^\alpha} + \frac{A_2}{(x-a)^{\alpha-1}} + \cdots + \frac{A_\alpha}{x-a} + \cdots + \\
&\frac{B_1}{(x-b)^\beta} + \frac{B_2}{(x-b)^{\beta-1}} + \cdots + \frac{B_\beta}{x-b} + \\
&\frac{M_1 x + N_1}{\left(x^2+px+q\right)^\lambda} + \frac{M_2 x + N_2}{\left(x^2+px+q\right)^{\lambda-1}} + \cdots + \\
&\frac{M_\lambda x + N_\lambda}{x^2+px+q} + \cdots + \frac{R_1 x + S_1}{\left(x^2+rx+s\right)^\mu} + \\
&\frac{R_2 x + S_2}{\left(x^2+rx+s\right)^{\mu-1}} + \cdots + \frac{R_\mu x + S_\mu}{x^2+rx+s},
\end{aligned}
$$

其中 A_i, B_i, M_i, N_i, R_i 及 S_i 均是待定的常数, 可通过通分后再比较等式两端 x 同次幂的系数而求得, 即使用待定系数法;

第三步 通过换元法、分部积分法等方法, 求出各部分分式的原函数.

例 1 求 $\displaystyle\int \frac{1}{x^3 - 2x^2 + x}\mathrm{d}x$.

解 被积函数为真分式, 分母 $x^3 - 2x^2 + x = x(x-1)^2$, 故可设

$$\frac{1}{x^3 - 2x^2 + x} = \frac{A}{x} + \frac{B}{(x-1)^2} + \frac{C}{x-1},$$

消去分母, 得

$$1 = A(x-1)^2 + Bx + Cx(x-1).$$

要使此式恒成立, 等式两边 x 同次幂的系数必对应相等, 故有

$$
\begin{cases}
A + C = 0, \\
B - 2A - C = 0, \\
A = 1,
\end{cases}
$$

从而

$$B = 1, \quad C = -1,$$

所以

$$\int \frac{1}{x^3 - 2x^2 + x} \mathrm{d}x = \int \left[\frac{1}{x} - \frac{1}{x-1} + \frac{1}{(x-1)^2} \right] \mathrm{d}x$$

$$= \int \frac{1}{x} \mathrm{d}x - \int \frac{1}{x-1} \mathrm{d}x + \int \frac{1}{(x-1)^2} \mathrm{d}x$$

$$= \ln|x| - \ln|x-1| - \frac{1}{x-1} + C.$$

例 2 求 $\int \dfrac{\mathrm{d}x}{(x^2+1)(x+1)}$.

解 设

$$\frac{1}{(x^2+1)(x+1)} = \frac{A}{x+1} + \frac{Bx+C}{x^2+1},$$

消去分母后，得

$$1 = A\left(1 + x^2\right) + (Bx + C)(x+1),$$

展开并比较两端 x 同次幂的系数，有

$$\begin{cases} 1 = A + C, \\ 0 = B + C, \\ 0 = A + B, \end{cases}$$

解得 $A = \dfrac{1}{2}$，$B = -\dfrac{1}{2}$，$C = \dfrac{1}{2}$，于是有

$$\frac{1}{(x^2+1)(x+1)} = \frac{1}{2(x+1)} - \frac{x-1}{2(x^2+1)}.$$

所以

$$\int \frac{\mathrm{d}x}{(x^2+1)(x+1)} = \int \left(\frac{1}{2(x+1)} - \frac{x-1}{2(x^2+1)} \right) \mathrm{d}x$$

$$= \frac{1}{2} \int \frac{1}{x+1} \mathrm{d}x - \frac{1}{2} \int \frac{x-1}{x^2+1} \mathrm{d}x$$

$$= \frac{1}{2} \ln|x+1| - \frac{1}{4} \ln\left(x^2+1\right) + \frac{1}{2} \arctan x + C.$$

例 3 求 $\int \dfrac{6x^2 - 15x + 22}{(x+3)\left(x^2+2\right)^2} \mathrm{d}x$.

解 设

$$\frac{6x^2 - 15x + 22}{(x+3)\left(x^2+2\right)^2} = \frac{A}{x+3} + \frac{Bx+C}{x^2+2} + \frac{Dx+E}{\left(x^2+2\right)^2},$$

消去分母后，得

$$6x^2 - 15x + 22 = A(x^2 + 2)^2 + (Bx + C)(x + 3)(x^2 + 2) + (x + 3)(Dx + E).$$

比较等式两边 x 同次幂的系数, 解得 $A = 1, B = -1, C = 3, D = -5, E = 0.$ 于是

$$\int \frac{6x^2 - 15x + 22}{(x + 3)(x^2 + 2)^2}\mathrm{d}x = \int \frac{\mathrm{d}x}{x + 3} - \int \frac{x - 3}{x^2 + 2}\mathrm{d}x - 5\int \frac{x}{(x^2 + 2)^2}\mathrm{d}x$$

$$= \int \frac{\mathrm{d}x}{x + 3} - \frac{1}{2}\int \frac{1}{x^2 + 2}\mathrm{d}(x^2) +$$

$$3\int \frac{\mathrm{d}x}{x^2 + 2} - \frac{5}{2}\int \frac{1}{(x^2 + 2)^2}\mathrm{d}(x^2)$$

$$= \ln|x + 3| - \frac{1}{2}\ln(x^2 + 2) +$$

$$\frac{3}{\sqrt{2}}\arctan\left(\frac{x}{\sqrt{2}}\right) + \frac{5}{2(x^2 + 2)} + C.$$

有理函数的积分按一定的步骤都可以求出其原函数, 而且可以证明**有理函数的原函数都是初等函数**.

习题 4.4

1. 计算下列有理函数的积分:

(1) $\int \frac{\mathrm{d}x}{(1 + 2x)(1 + x^2)}$;

(2) $\int \frac{\mathrm{d}x}{x(x^2 + 1)}$;

(3) $\int \frac{x^2 + 1}{(x^2 - 1)(x + 1)}\mathrm{d}x$;

(4) $\int \frac{1}{x^2 + 2x + 3}\mathrm{d}x.$

2. 求不定积分 $\int \frac{x^4 + 1}{(x - 1)(x^2 + 1)}\mathrm{d}x.$

第四章自测题

定积分及其应用

5

定积分是积分学的又一个重要概念,在自然科学、工程技术、经济管理中有着重要应用.本章将从几个实际问题中引出定积分的概念,然后讨论定积分的性质及计算方法,最后介绍定积分的应用.

随着市场经济体系和现代企业制度的建立,经济数学成为经济分析中的重要工具.它将经济学现象归纳到数学领域中进行分析求解.尤其是定积分在管理学和经济学中有着广泛应用,它的应用已涉及各种经济量的总量、经济变量的变化问题及投资决策.如在经济管理中,存储是供求之间不可缺少的中间环节.从利用流动资金的角度看,物资的储量越少,对流动资金周转越有利,经济效益越高;从保障生产和销售的角度看,物资储量丰富就不会因停料而停工或造成商品脱销,影响收益及信誉.统一上述矛盾的诸方面,就需对存储系统进行综合分析,从而制订最优存储策略,而本章介绍的定积分即是对存储系统进行综合分析的计算工具.

§5.1 定积分的概念与性质

一、定积分问题举例

例 1 (曲边梯形面积) 设已知函数 $y = f(x) \geqslant 0$ 在 $[a, b]$ 上连续，求由直线 $y = 0, x = a$ 和 $x = b$ 及曲线 $y = f(x)$ 所围成的曲边梯形的面积 A (图 5.1).

这里遇到的是 "直" 与 "曲" 的矛盾. 如果在区间 $[a, b]$ 上 $f(x)$ 为常数 h, 则面积 $A = (b-a)h$. 现在 $y = f(x)$ 是 "曲边", 亦即它的 "高" $f(x)$ 是变量, 因而不能直接用底乘高得到. 解决矛盾的办法是在局部的范围内 "以直代曲". 因此, 将区间 $[a, b]$ 细分, 在 $[a, b]$ 的一个很小的子区间上, $f(x)$ 变化是很小的, 如果限制在一个很小的局部来看, 曲边梯形接近于矩形. 面积 A 可以通过下述四步计算.

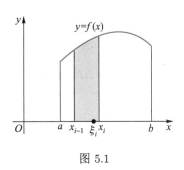

图 5.1

第一步 分割. 用分点 $a = x_0 < x_1 < x_2 < \cdots < x_n = b$ 将区间 $[a, b]$ 任意分成 n 个小区间, 第 i 个小区间的长度为

$$\Delta x_i = x_i - x_{i-1}, \quad i = 1, 2, \cdots, n.$$

经过每一个分点作平行于 y 轴的直线段, 将曲边梯形分成 n 个窄曲边梯形, 各个窄曲边梯形的面积记为 $\Delta A_i \ (i = 1, 2, \cdots, n)$.

第二步 取近似. 在每个小区间 $[x_{i-1}, x_i]$ 上任取一点 ξ_i, 以 $f(\xi_i)$ 为高、Δx_i 为底的矩形面积为 $f(\xi_i) \Delta x_i (i = 1, 2, \cdots, n)$, 将它作为窄曲边梯形面积 ΔA_i 的近似值, 即

$$\Delta A_i \approx f(\xi_i) \Delta x_i \quad (i = 1, 2, \cdots, n).$$

第三步 求和. 将各窄曲边梯形面积近似值加起来即得所求曲边梯形面积的近似值, 即

$$A \approx \sum_{i=1}^{n} f(\xi_i) \Delta x_i.$$

第四步 取极限. 记 $\Delta x = \max\limits_{1 \leqslant i \leqslant n} \{\Delta x_i\}$, 当 $\Delta x \to 0$ 时, 取上述和式的极限, 得曲边梯形面积为

$$A = \lim_{\Delta x \to 0} \sum_{i=1}^{n} f(\xi_i) \Delta x_i.$$

求曲边梯形面积问题就归结为求上述和式的极限.

例 2 (一段时间内企业收益总量) 设 $r(t)$ 表示某企业边际收益，它是依赖于时间 t 的连续函数，试求企业在 $[0, T]$ 上的收益总量 $R(T)$.

若 $r(t) = r$ 为常数，收益总量 $R(T)$ 等于 r 与 T 的乘积. 当 $r(t)$ 随时间而变时，每个瞬时的边际收益不一样，因此处理方法同上例分四步.

第一步：分割. 用分点 $0 = t_0 < t_1 < t_2 < \cdots < t_{n-1} < t_n = T$ 将 $[0, T]$ 任意分成 n 个小区间 $[t_{i-1}, t_i], i = 1, 2, \cdots, n$，每个小区间长度为

$$\Delta t_i = t_i - t_{i-1}, \quad i = 1, 2, \cdots, n.$$

第二步：取近似. 在每个小区间上任取一点 $\tau_i, t_{i-1} \leqslant \tau_i \leqslant t_i$，以 $r(\tau_i) \Delta t_i$ 作为 $[t_{i-1}, t_i]$ 上的收益 ΔR_i 的近似值，即

$$\Delta R_i \approx r(\tau_i) \Delta t_i, \quad i = 1, 2, \cdots, n.$$

第三步：求和. 将各小段收益近似值相加，得总收益近似值，即

$$R(T) \approx \sum_{i=1}^{n} r(\tau_i) \Delta t_i.$$

第四步：取极限. 记 $\Delta t = \max\limits_{1 \leqslant i \leqslant n} \{\Delta t_i\}$，当 $\Delta t \to 0$ 时，极限 $\lim\limits_{\Delta t \to 0} \sum\limits_{i=1}^{n} r(\tau_i) \Delta t_i$ 即为企业在 $[0, T]$ 上的总收益，即

$$R(T) = \lim_{\Delta t \to 0} \sum_{i=1}^{n} r(\tau_i) \Delta t_i.$$

上述例子尽管具体内容不同，但解决这些问题的思路、方法与步骤相同，都是在局部的范围内 "以均匀代替不均匀" 或 "以直代曲"，最后都归结为确定一种特殊结构的和 $\left(形如 \sum\limits_{i=1}^{n} f(\xi_i) \Delta x_i \right)$ 的极限. 抛去这些问题的具体含义，抓住它们在数量关系上共同的本质与特性加以概括，可以引入下述定积分的定义.

二、定积分概念及几何意义

定义 1 设函数 $f(x)$ 是区间 $[a, b]$ 上的有界函数，在区间 $[a, b]$ 中任意插入 $(n-1)$ 个分点

$$a = x_0 < x_1 < x_2 < \cdots < x_{i-1} < x_i < \cdots < x_{n-1} < x_n = b,$$

将区间 $[a, b]$ 分为 n 个小区间

$$[x_0, x_1], \ [x_1, x_2], \ \cdots, \ [x_{i-1}, x_i], \ \cdots, \ [x_{n-1}, x_n],$$

各个小区间的长度为

$$\Delta x_i = x_i - x_{i-1} \quad (i = 1, 2, \cdots, n).$$

在每个小区间 $[x_{i-1}, x_i]$ 上任取一点 $\xi_i, x_{i-1} \leqslant \xi_i \leqslant x_i (i = 1, 2, \cdots, n)$，作和式

$$\sum_{i=1}^{n} f(\xi_i) \Delta x_i.$$

记 $\Delta x = \max \{\Delta x_1, \Delta x_2, \cdots, \Delta x_n\}$，如果不论对区间 $[a, b]$ 怎样划分，也不论在小区间 $[x_{i-1}, x_i]$ 上点 ξ_i 怎样选取，只要当 $\Delta x \to 0$ 时，极限

$$\lim_{\Delta x \to 0} \sum_{i=1}^{n} f(\xi_i) \Delta x_i$$

存在且都为 I，那么称 f 在 $[a, b]$ 上可积，极限值 I 为函数 $f(x)$ 在区间 $[a, b]$ 上的定积分 (简称积分)，记为 $\int_a^b f(x)\mathrm{d}x$，即

$$\int_a^b f(x)\mathrm{d}x = \lim_{\Delta x \to 0} \sum_{i=1}^{n} f(\xi_i) \Delta x_i = I,$$

其中 $f(x)$ 称为被积函数，$f(x)\mathrm{d}x$ 称为被积表达式，x 称为积分变量，a 与 b 分别称为积分下限与积分上限，$[a, b]$ 称为积分区间，而 $\sum_{i=1}^{n} f(\xi_i) \Delta x_i$ 称为 $f(x)$ 的一个积分和.

注 定积分 I 是积分和 $\sum_{i=1}^{n} f(\xi_i) \Delta x_i$ 的极限，是一个数，它仅取决于被积函数以及积分的上、下限，与积分变量选用什么字母无关，即有

$$\int_a^b f(x)\mathrm{d}x = \int_a^b f(t)\mathrm{d}t = \int_a^b f(u)\mathrm{d}u.$$

由定积分定义，前面所讨论的两个例子可用定积分表示如下：

例 1 中所求曲边梯形的面积 A 为

$$A = \int_a^b f(x)\mathrm{d}x \quad (f(x) \geqslant 0);$$

例 2 中所述企业在 $[0, T]$ 上的收益总量 $R(T)$ 可表示为

$$R(T) = \int_0^T r(t)\mathrm{d}t.$$

思考题 5–1 如果某国人口增长的速率为 $u(t)$，那么 $\int_{T_1}^{T_2} u(t)\mathrm{d}t$ 表示什么？

定积分的几何意义　定积分 $\int_a^b f(x)\mathrm{d}x$ 在几何上表示曲线 $y = f(x)$，直线 $x = a, x = b$ 与 x 轴所围成的各个曲边梯形面积的代数和 (在 x 轴上方的面积为正，在 x 轴下方的面积为负). 如图 5.2 所示，有

$$\int_a^b f(x)\mathrm{d}x = A_1 - A_2 + A_3.$$

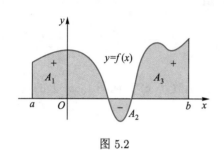

图 5.2

当函数 $f(x)$ 在 $[a,b]$ 上满足什么条件时，$f(x)$ 在 $[a,b]$ 上一定可积? 我们不加证明给出以下两个充分条件.

定理 1　若 $f(x)$ 在 $[a,b]$ 上连续，则 $f(x)$ 在 $[a,b]$ 上可积.

定理 2　设 $f(x)$ 在 $[a,b]$ 上有界，且只有有限个间断点，则 $f(x)$ 在 $[a,b]$ 上可积.

三、定积分的性质

今后为了计算和应用的方便，我们对定积分作以下两点补充规定:

(1) 当 $a = b$ 时，$\int_a^b f(x)\mathrm{d}x = 0$;

(2) 当 $a > b$ 时，$\int_a^b f(x)\mathrm{d}x = -\int_b^a f(x)\mathrm{d}x$,

即交换定积分的上、下限时，定积分的绝对值不变而符号相反. 这是因为在 $a > b$ 的假设下，有

$$a = x_0 > x_1 > x_2 > \cdots > x_{i-1} > x_i > \cdots > x_n = b,$$

所有差 $\Delta x_i = x_i - x_{i-1}$ 都为负，因此从 a 到 b 的和数与从 b 到 a 的和数就相差一个负号.

下列各性质中出现的函数在所讨论的区间上都是可积的，积分上、下限的大小，如无特别指明，均不加限制.

性质 1　$\int_a^b kf(x)\mathrm{d}x = k\int_a^b f(x)\mathrm{d}x$　(k 为常数).

证　$\int_a^b kf(x)\mathrm{d}x = \lim_{\Delta x \to 0}\sum_{i=1}^n kf(\xi_i)\Delta x_i = k\lim_{\Delta x \to 0}\sum_{i=1}^n f(\xi_i)\Delta x_i = k\int_a^b f(x)\mathrm{d}x.$

性质 2　$\int_a^b [f(x) \pm g(x)]\mathrm{d}x = \int_a^b f(x)\mathrm{d}x \pm \int_a^b g(x)\mathrm{d}x.$

证

$$\int_a^b [f(x) \pm g(x)]\mathrm{d}x = \lim_{\Delta x \to 0} \sum_{i=1}^n [f(\xi_i) \pm g(\xi_i)]\Delta x_i$$

$$= \lim_{\Delta x \to 0} \sum_{i=1}^n f(\xi_i) \Delta x_i \pm \lim_{\Delta x \to 0} \sum_{i=1}^n g(\xi_i) \Delta x_i$$

$$= \int_a^b f(x)\mathrm{d}x \pm \int_a^b g(x)\mathrm{d}x.$$

性质 2 对于任意有限个函数都是成立的.

性质 3 若 $c \in [a,b]$，则

$$\int_a^b f(x)\mathrm{d}x = \int_a^c f(x)\mathrm{d}x + \int_c^b f(x)\mathrm{d}x.$$

证 因为函数 $f(x)$ 在 $[a,b]$ 上可积，所以不论把 $[a,b]$ 怎样分，积分和的极限总是不变的. 因此，我们在分区间时，可以使 c 永远是分点. 那么 $[a,b]$ 上的积分和等于 $[a,c]$ 上的积分和加 $[c,b]$ 上的积分和，记为

$$\sum_{[a,b]} f(\xi_i) \Delta x_i = \sum_{[a,c]} f(\xi_i) \Delta x_i + \sum_{[c,b]} f(\xi_i) \Delta x_i.$$

令 $\Delta x \to 0$，上式两端同时取极限，即得

$$\int_a^b f(x)\mathrm{d}x = \int_a^c f(x)\mathrm{d}x + \int_a^b f(x)\mathrm{d}x.$$

按定积分的补充规定，不论 a, b, c 的相对位置如何，总有等式

$$\int_a^b f(x)\mathrm{d}x = \int_a^c f(x)\mathrm{d}x + \int_c^b f(x)\mathrm{d}x$$

成立. 例如，当 $a < b < c$ 时，由于

$$\int_a^c f(x)\mathrm{d}x = \int_a^b f(x)\mathrm{d}x + \int_b^c f(x)\mathrm{d}x,$$

因而有

$$\int_a^b f(x)\mathrm{d}x = \int_a^c f(x)\mathrm{d}x - \int_b^c f(x)\mathrm{d}x = \int_a^c f(x)\mathrm{d}x + \int_c^b f(x)\mathrm{d}x.$$

此性质称为定积分关于积分区间的**可加性**.

性质 4 如果 $f(x)$ 与 $g(x)$ 在区间 $[a,b]$ 上满足 $f(x) \leqslant g(x)$，则

$$\int_a^b f(x)\mathrm{d}x \leqslant \int_a^b g(x)\mathrm{d}x \quad (a < b).$$

证 因为 $g(\xi_i) \geqslant f(\xi_i)$，因此

$$\sum_{i=1}^{n} g(\xi_i) \Delta x_i \geqslant \sum_{i=1}^{n} f(\xi_i) \Delta x_i.$$

上式两边令 $\Delta x = \max\{x_i - x_{i-1}\} \to 0$，取极限即得证.

性质 5 若在 $[a,b]$ 上 $f(x) \equiv 1$，则

$$\int_a^b 1 \cdot \mathrm{d}x = b - a.$$

性质 6 $\left| \int_a^b f(x)\mathrm{d}x \right| \leqslant \int_a^b |f(x)|\mathrm{d}x \quad (a < b).$

性质 7 假设 $m \leqslant f(x) \leqslant M, x \in [a,b]$，则

$$m(b-a) \leqslant \int_a^b f(x)\mathrm{d}x \leqslant M(b-a) \quad (a < b).$$

证 由已知条件及性质 4、性质 1，得

$$m\int_a^b \mathrm{d}x \leqslant \int_a^b f(x)\mathrm{d}x \leqslant M\int_a^b \mathrm{d}x,$$

再由性质 5 知

$$m(b-a) \leqslant \int_a^b f(x)\mathrm{d}x \leqslant M(b-a).$$

性质 8 (积分中值定理) 若 $f(x)$ 在闭区间 $[a,b]$ 上连续，则在 $[a,b]$ 上至少存在一点 ξ，使下式成立:

$$\int_a^b f(x)\mathrm{d}x = f(\xi)(b-a) \quad (a \leqslant \xi \leqslant b).$$

这个公式称为**积分中值公式**.

证 因为 $f(x)$ 在 $[a,b]$ 上连续，所以 $f(x)$ 在 $[a,b]$ 上必能取到最小值 m 与最大值 M. 因此，当 $x \in [a,b]$ 时有

$$m \leqslant f(x) \leqslant M.$$

利用性质 7，

$$m(b-a) \leqslant \int_a^b f(x)\mathrm{d}x \leqslant M(b-a),$$

即

$$m \leqslant \frac{1}{b-a}\int_a^b f(x)\mathrm{d}x \leqslant M.$$

根据闭区间上连续函数的介值定理, 在 $[a,b]$ 上至少存在一点 ξ, 使得

$$f(\xi) = \frac{1}{b-a}\int_a^b f(x)\mathrm{d}x,$$

两端乘 $(b-a)$ 就得到所要证的等式.

注 不论 $a < b$ 还是 $a > b$, 都存在 ξ 在 a 与 b 之间, 使得

$$\int_a^b f(x)\mathrm{d}x = f(\xi)(b-a).$$

性质 8 的几何意义: 如果函数 $f(x)$ 在闭区间 $[a,b]$ 上非负、连续, 则在开区间 (a,b) 内至少存在一点 ξ, 使得以区间 $[a,b]$ 为底边、$y = f(x)$ 为曲边的曲边梯形的面积等于以区间 $[a,b]$ 为底边、高为 $f(\xi)$ 的矩形的面积 (图 5.3).

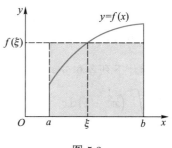

图 5.3

一般地, 称函数值 $f(\xi)$ 为函数 $f(x)$ 在积分区间上的**函数平均值**.

例 3 比较下列定积分大小:

$$\int_3^4 \ln x\,\mathrm{d}x, \int_3^4 (\ln x)^2\,\mathrm{d}x.$$

解 因在区间 $[3,4]$ 上有

$$\ln x \geqslant \ln 3 > \ln \mathrm{e} = 1,$$

故当 $x \in [3,4]$ 时, 有 $\ln x < (\ln x)^2$. 于是, 由性质 5 有

$$\int_3^4 \ln x\,\mathrm{d}x < \int_3^4 (\ln x)^2\,\mathrm{d}x.$$

例 4 估计积分 $\int_{\frac{\pi}{4}}^{\frac{5}{4}\pi} \left(1+\sin^2 x\right)\mathrm{d}x$ 的值.

解 可以用被积函数的最大值、最小值来估计定积分的值. 由于

$$1 \leqslant 1 + \sin^2 x \leqslant 2,$$

所以

$$\int_{\frac{\pi}{4}}^{\frac{5}{4}\pi} \mathrm{d}x \leqslant \int_{\frac{\pi}{4}}^{\frac{5}{4}\pi} \left(1+\sin^2 x\right)\mathrm{d}x \leqslant 2\int_{\frac{\pi}{4}}^{\frac{5}{4}\pi} \mathrm{d}x,$$

即

$$\pi \leqslant \int_{\frac{\pi}{4}}^{\frac{5}{4}\pi} \left(1+\sin^2 x\right)\mathrm{d}x \leqslant 2\pi.$$

习题 5.1

1. 利用定积分的几何意义，证明下列等式：

(1) $\displaystyle\int_0^1 3x\mathrm{d}x = \frac{3}{2}$;   (2) $\displaystyle\int_0^1 \sqrt{1-x^2}\mathrm{d}x = \frac{\pi}{4}$.

2. 比较下列定积分的大小：

(1) $\displaystyle\int_0^{\frac{\pi}{2}} \sin^3 x\mathrm{d}x$ 与 $\displaystyle\int_0^{\frac{\pi}{2}} \sin^2 x\mathrm{d}x$;   (2) $\displaystyle\int_1^{\mathrm{e}} \ln x\mathrm{d}x$ 与 $\displaystyle\int_1^{\mathrm{e}} (\ln x)^2\mathrm{d}x$;

(3) $\displaystyle\int_0^1 x\,\mathrm{d}x$ 与 $\displaystyle\int_0^1 \ln(1+x)\mathrm{d}x$.

3. 证明定积分性质 $\left| \displaystyle\int_a^b f(x)\mathrm{d}x \right| \leqslant \displaystyle\int_a^b |f(x)|\mathrm{d}x \quad (a < b)$.

4. 估计下列各积分的值：

(1) $\displaystyle\int_1^4 \left(x^2 + 1\right)\mathrm{d}x$;   (2) $\displaystyle\int_{\frac{1}{\sqrt{3}}}^{\sqrt{3}} x\arctan x\mathrm{d}x$;

(3) $\displaystyle\int_0^1 \left(2x^3 - x^4\right)\mathrm{d}x$.

5. 设函数 $f(x)$ 在区间 $[a,b]$ 上连续，在 (a,b) 内可导，且 $\displaystyle\int_a^b f(x)\mathrm{d}x = f(b)(b-a)$. 证明：在 (a,b) 内至少存在一点 ξ，使得 $f'(\xi) = 0$.

§5.2 微积分基本公式

不定积分是作为原函数的概念提出的，而定积分是作为一类特殊的和式极限提出的. 由于依照定积分的定义计算定积分问题的复杂性，人们在不断地寻找计算定积分的有效方法. 牛顿和莱布尼茨分别发现了它们之间深刻的内在联系，并在此基础上成功解决了定积分的计算问题，得出了用原函数计算定积分的基本公式，即 "微积分基本公式"，并由此开辟了求定积分的新途径——**牛顿-莱布尼茨公式.** 先看下面的例子.

一、例子

例 1 计算做变速直线运动的物体从时刻 a 到时刻 b 所走的路程.

解 一方面，若已知路程函数 $s(t)$，则从时刻 a 到时刻 b 所走的路程就是

$$s(b) - s(a);$$

另一方面，若已知速度函数 $v(t)$，则按定积分的概念知道在时间区间 $[a,b]$ 内物体所走

过的路程为 $\int_a^b v(t)\mathrm{d}t$，则

$$\int_a^b v(t)\mathrm{d}t = s(b) - s(a).$$

这个等式表明 $\int_a^b v(t)\mathrm{d}t$ 等于 $v(t)$ 的原函数 $s(t)$ 在上、下限处函数值之差. 该结论是否能推广到一般情况呢? 为了建立对应的结论, 下面我们首先讨论积分上限函数及其导数.

二、积分变限函数及其导数

设函数 $f(x)$ 在区间 $[a, b]$ 上连续, 则对于任意一点 $x \in [a, b]$, 函数 $f(x)$ 在 $[a, x]$ 上仍然连续, 从而定积分 $\int_a^x f(x)\mathrm{d}x$ 存在. 对每一个上限 $x \in [a, b]$, 必有唯一确定的值 $y = \int_a^x f(t)\mathrm{d}t$ 与之对应, 这样通过变上限的定积分定义了一个函数

$$\Phi(x) = \int_a^x f(t)\mathrm{d}t \quad (x \in [a, b]),$$

这个函数称为**积分上限函数**, 又称为**变上限函数**. 有时也将 $\Phi(x)$ 记为

$$\Phi(x) = \int_a^x f(x)\mathrm{d}x.$$

积分上限函数 $\Phi(x)$ 有如下重要性质:

定理 1 如果函数 $f(x)$ 在闭区间 $[a, b]$ 上连续, 则积分上限函数

$$\Phi(x) = \int_a^x f(t)\mathrm{d}t$$

在 $[a, b]$ 上可导, 且有

$$\Phi'(x) = \frac{\mathrm{d}}{\mathrm{d}x}\int_a^x f(t)\mathrm{d}t = f(x) \quad (x \in [a, b]). \tag{5.1}$$

证 若 $x \in (a, b)$, 取 Δx 使其绝对值足够小, 且 $x + \Delta x \in (a, b)$, 则根据积分上限函数的定义及定积分的性质有

$$\Delta\Phi = \Phi(x + \Delta x) - \Phi(x) = \int_a^{x+\Delta x} f(t)\mathrm{d}t - \int_a^x f(t)\mathrm{d}t$$

$$= \int_a^x f(t)\mathrm{d}t + \int_x^{x+\Delta x} f(t)\mathrm{d}t - \int_a^x f(t)\mathrm{d}t$$

$$= \int_x^{x+\Delta x} f(t)\mathrm{d}t.$$

161

利用积分中值定理, 得到

$$\Delta\Phi = f(\xi)\Delta x, \quad \xi \text{ 在 } x \text{ 与 } x + \Delta x \text{ 之间}.$$

上式两端各除以 Δx, 得函数增量与自变量增量的比值

$$\frac{\Delta\Phi}{\Delta x} = f(\xi).$$

因为 $f(x)$ 在 $[a,b]$ 上连续, 而 $\Delta x \to 0$ 时, 必有 $\xi \to x$, 因此

$$\lim_{\Delta x \to 0} f(\xi) = f(x).$$

于是, 令 $\Delta x \to 0$, 上式两端取极限得

$$\lim_{\Delta x \to 0} \frac{\Delta\Phi}{\Delta x} = \lim_{\Delta x \to 0} f(\xi) = f(x).$$

由导数定义知, $\Phi(x)$ 的导数存在, 且有 $\Phi'(x) = f(x)$.

若 $x = a$, 取 $\Delta x > 0$, 则同理可证 $\Phi'(a^+) = f(a)$; 若 $x = b$, 取 $\Delta x < 0$, 同理可证 $\Phi'(b^-) = f(b)$.

推论 1 (原函数存在定理) 如果 $f(x)$ 在闭区间 $[a,b]$ 上连续, 则积分上限函数 $\Phi(x) = \int_a^x f(t)\mathrm{d}t$ 是 $f(x)$ 在区间 $[a,b]$ 上的一个原函数.

同样可讨论积分下限函数

$$\int_x^b f(t)\mathrm{d}t = -\int_b^x f(t)\mathrm{d}t.$$

因此当函数 $f(x)$ 满足定理 1 中的条件时, 有

$$\left(\int_x^b f(t)\mathrm{d}t \right)' = \left(-\int_b^x f(t)\mathrm{d}t \right)' = -f(x).$$

例 2 设 $\Phi(x) = \int_a^x \sin^2 t \mathrm{d}t$, 求 $\Phi'(x)$.

解 $\Phi'(x) = \dfrac{\mathrm{d}}{\mathrm{d}x} \int_a^x \sin^2 t \mathrm{d}t = \sin^2 x.$

例 3 求 $\dfrac{\mathrm{d}}{\mathrm{d}x} \left[\int_x^{-1} \ln\left(1 + t^2\right) \mathrm{d}t \right]$.

解 $\dfrac{\mathrm{d}}{\mathrm{d}x} \left[\int_x^{-1} \ln\left(1 + t^2\right) \mathrm{d}t \right] = -\dfrac{\mathrm{d}}{\mathrm{d}x} \left[\int_{-1}^x \ln\left(1 + t^2\right) \mathrm{d}t \right] = -\ln\left(1 + x^2\right).$

例 4 设 $\Phi(x) = \int_0^{\sqrt{x}} \cos t^2 \mathrm{d}t$, 求 $\Phi'(x)$.

解 由于函数 $\Phi(x)$ 可以看成 $g(u) = \int_0^u \cos t^2 \mathrm{d}t$ 与 $u = \varphi(x) = \sqrt{x}$ 的复合函数, 根据复合函数求导公式, 得

$$\Phi'(x) = g'(u)\varphi'(x) = \frac{\mathrm{d}}{\mathrm{d}u}\left(\int_0^u \cos t^2 \mathrm{d}t\right) \cdot \frac{1}{2\sqrt{x}}$$

$$= \cos u^2 \cdot \frac{1}{2\sqrt{x}} = \frac{1}{2\sqrt{x}}\cos x.$$

由上例可以看出, 当上限是中间变量 $u = \beta(x)$ 时, 由复合函数求导公式得

$$\left(\int_a^{\beta(x)} f(t)\mathrm{d}t\right)' = \left(\int_a^u f(t)\mathrm{d}t\right)' \cdot u_x' = f(u) \cdot \beta'(x) = f[\beta(x)] \cdot \beta'(x).$$

若 $\varphi(x)$ 与 $\psi(x)$ 是可导函数, $f(x)$ 连续, 类似地可得到

$$\frac{\mathrm{d}}{\mathrm{d}x}\left(\int_{\psi(x)}^{\varphi(x)} f(t)\mathrm{d}t\right) = \frac{\mathrm{d}}{\mathrm{d}x}\left(\int_{\psi(x)}^a f(t)\mathrm{d}t\right) + \frac{\mathrm{d}}{\mathrm{d}x}\left(\int_a^{\varphi(x)} f(t)\mathrm{d}t\right)$$

$$= f(\varphi(x))\varphi'(x) - f(\psi(x))\psi'(x).$$

三、微积分基本公式

定理 2 (微积分基本定理) 设 $f(x)$ 在闭区间 $[a,b]$ 上连续, $F(x)$ 是 $f(x)$ 的一个原函数, 则

$$\int_a^b f(x)\mathrm{d}x = F(x)\Big|_a^b = F(b) - F(a).$$

证 因为 $F(x)$ 和积分上限函数

$$\Phi(x) = \int_a^x f(t)\mathrm{d}t$$

都是连续函数 $f(x)$ 的原函数, 所以

$$\Phi(x) = F(x) + C, \quad x \in [a,b].$$

在上式中令 $x = a$, 得

$$0 = F(a) + C, \quad 即 \quad C = -F(a),$$

于是

$$\Phi(x) = \int_a^x f(t)\mathrm{d}t = F(x) - F(a).$$

再令 $x = b$ 有

$$\Phi(b) = \int_a^b f(t)\mathrm{d}t = F(b) - F(a),$$

即

$$\int_a^b f(t)\mathrm{d}t = F(x)\Big|_a^b = F(b) - F(a).$$

这个公式称为**牛顿－莱布尼茨公式**. 这个公式的重要性在于建立了定积分和被积函数的原函数之间的关系, 将计算定积分的问题转化为求不定积分的问题, 为我们计算定积分提供了一种简便的方法.

例 5 计算 $\int_0^1 x^2 \mathrm{d}x$.

解 由于 $\dfrac{1}{3}x^3$ 是 x^2 的一个原函数, 所以

$$\int_0^1 x^2 \mathrm{d}x = \frac{1}{3}x^3\Big|_0^1 = \frac{1}{3} - 0 = \frac{1}{3}.$$

例 6 计算 $\int_1^3 \dfrac{1}{x}\mathrm{d}x$.

解 $\displaystyle\int_1^3 \frac{1}{x}\mathrm{d}x = \ln x \Big|_1^3 = \ln 3 - \ln 1 = \ln 3.$

例 7 求 $\int_{-1}^2 |1 - x|\mathrm{d}x$.

解 由定积分对积分区域的可加性得

$$\int_{-1}^2 |1 - x|\mathrm{d}x = \int_{-1}^1 (1 - x)\mathrm{d}x + \int_1^2 (x - 1)\mathrm{d}x$$

$$= \left(x - \frac{x^2}{2}\right)\Big|_{-1}^1 + \left(\frac{x^2}{2} - x\right)\Big|_1^2$$

$$= 2 + \frac{1}{2} = \frac{5}{2}.$$

例 8 求极限 $\displaystyle\lim_{x \to 0} \frac{\displaystyle\int_0^{x^2} \arctan t\,\mathrm{d}t}{x^4}$.

解 当 $x \to 0$ 时, 变上限定积分

$$\int_0^{x^2} \arctan t\,\mathrm{d}t \to \int_0^0 \arctan t\,\mathrm{d}t = 0,$$

补充例题

因而所求极限为 "$\dfrac{0}{0}$" 型不定式极限, 由洛必达法则,

$$\lim_{x \to 0} \frac{\int_0^{x^2} \arctan t \, dt}{x^4} \xlongequal{\text{``}\frac{0}{0}\text{''}} \lim_{x \to 0} \frac{2x \arctan x^2}{4x^3} = \lim_{x \to 0} \frac{\arctan x^2}{2x^2}$$

$$\xlongequal{\text{``}\frac{0}{0}\text{''}} \lim_{x \to 0} \frac{\dfrac{2x}{1+x^2}}{4x} = \frac{1}{2}.$$

例 9 设 $f(x)$ 连续，且 $\int_0^{x^2-1} f(t)dt = 1 + x^3$，求 $f(8)$.

解 此类问题一般是用两边求导的方法求解. 原式两边求导得

$$2xf\left(x^2 - 1\right) = 3x^2,$$

令 $x = 3$ 得，$6f(8) = 27$. 所以，$f(8) = \dfrac{9}{2}$.

例 10 已知某企业的边际收益为 $r(t) = 30 + 12t - \dfrac{3}{2}t^2$，它是依赖于时间 t 的连续函数，求从第 2 天到第 10 天的企业总收益.

解 设企业总收益为 Q，由定积分定义，仿照 §5.1 例 2，因此第 2 天到第 10 天的企业总收益为

$$\begin{aligned}
\int_2^{10} r(t)dt &= \int_2^{10} \left(30 + 12t - \frac{3}{2}t^2\right)dt \\
&= \int_2^{10} 30dt + \int_2^{10} 12t\,dt - \int_2^{10} \frac{3}{2}t^2 dt \\
&= 30t \Big|_2^{10} + 6t^2 \Big|_2^{10} - \frac{1}{2}t^3 \Big|_2^{10} = 320.
\end{aligned}$$

习题 5.2

1. 求下列各函数的导数：

(1) $f(x) = \int_0^x \sqrt{1 + t^2} \, dt$;

(2) $f(x) = \int_x^2 e^{-t^2} \, dt$;

(3) $f(x) = \int_{\sin x}^{\cos x} \cos t^2 \, dt$;

(4) $f(x) = \int_{x^2}^{x^3} \dfrac{dt}{\sqrt{1 + t^4}}$.

2. 计算下列定积分：

(1) $\int_{-1}^{\sqrt{3}} \dfrac{dx}{1 + x^2}$;

(2) $\int_1^4 \sqrt{x} \, dx$;

(3) $\int_{-1}^3 |2 - x| \, dx$;

(4) $\int_0^{\frac{\pi}{2}} \sin^2 \dfrac{x}{2} \, dx$.

3. 求函数 $f(x) = \displaystyle\int_0^x (t-1)\mathrm{d}t$ 的极值.

*4. 求 $\dfrac{\mathrm{d}}{\mathrm{d}x} \displaystyle\int_0^x \sin(x-t)^2 \mathrm{d}t$.

第4题讲解

5. 求下列极限:

(1) $\displaystyle\lim_{x \to 0} \frac{\displaystyle\int_0^x \sin t \,\mathrm{d}t}{x^2}$;

(2) $\displaystyle\lim_{x \to 0} \frac{\displaystyle\int_{\cos x}^1 \mathrm{e}^{-t^2}\mathrm{d}t}{x^2}$.

6. 设 $f(x)$ 为连续函数, $\displaystyle\int_0^x f(x)\mathrm{d}x = x^2(1+x)$, 试求 $f(2)$.

7. 求由参数方程 $\begin{cases} x = \displaystyle\int_0^{t^2} \sin u \,\mathrm{d}u, \\[2mm] y = \displaystyle\int_0^{t^2} \cos u \,\mathrm{d}u \end{cases}$ 所确定的函数关于 x 的导数 $\dfrac{\mathrm{d}y}{\mathrm{d}x}$.

8. 求由 $\displaystyle\int_0^y \mathrm{e}^t \mathrm{d}t + \int_0^x \cos t \,\mathrm{d}t = 0$ 所确定的隐函数 $y = y(x)$ 关于 x 的导数 $\dfrac{\mathrm{d}y}{\mathrm{d}x}$.

9. 某电子公司生产每件电子产品的边际成本是 $C'(x) = 30x^2 - 2x + 100$ (元), 用定积分计算生产 10 件产品的总成本的精确值.

§5.3 定积分计算

用牛顿–莱布尼茨公式计算定积分 $\displaystyle\int_a^b f(x)\mathrm{d}x$ 的关键是找出被积函数 $f(x)$ 的一个原函数 $F(x)$. 求原函数的换元法与分部积分法在一定条件下可以用到定积分上, 使定积分的计算更加简便.

一、定积分的换元积分法

定理 1 设函数 $f(x)$ 在 $[a,b]$ 上连续, 函数 $x = \varphi(t)$ 满足下列条件:

(1) $\varphi(t)$ 的值域包含于 $[a,b]$ 且 $\varphi(\alpha) = a, \varphi(\beta) = b$;

(2) 在 $[\alpha, \beta]$ 或 $[\beta, \alpha]$ 上, $\varphi'(t)$ 连续且 $\varphi(t)$ 单调,

则有

$$\int_a^b f(x)\mathrm{d}x = \int_\alpha^\beta f[\varphi(t)]\varphi'(t)\mathrm{d}t.$$

上述公式称为**定积分的换元公式**. 应用换元公式时要注意两点:

(1) 用变量代换 $x = \varphi(t)$，将原来的变量 x 代换成新变量 t 时，积分限一定要换成相应于新变量 t 的积分限;

(2) 求出 $f[\varphi(t)]\varphi'(t)$ 的原函数 $\varPhi(t)$ 后，不需要像计算不定积分时那样将 $\varPhi(t)$ 再变换成原来变量 x 的函数，而只要将新变量 t 的上、下限分别代入 $\varPhi(t)$，然后相减就可以了.

例 1 求积分 $\displaystyle\int_0^8 \frac{\mathrm{d}x}{1 + \sqrt[3]{x}}$.

解 令 $x = t^3$，则 $\mathrm{d}x = 3t^2\mathrm{d}t$，且当 $x = 0$ 时，$t = 0$; 当 $x = 8$ 时，$t = 2$，故

$$\int_0^8 \frac{\mathrm{d}x}{1 + \sqrt[3]{x}} = \int_0^2 \frac{3t^2}{1 + t}\mathrm{d}t = 3\int_0^2 \frac{t^2 - 1 + 1}{1 + t}\mathrm{d}t$$

$$= 3\int_0^2 \left(t - 1 + \frac{1}{1 + t}\right)\mathrm{d}t$$

$$= 3\left(\frac{t^2}{2} - t + \ln(1 + t)\right)\bigg|_0^2 = 3\ln 3.$$

例 2 计算 $\displaystyle\int_0^1 \sqrt{1 - x^2}\,\mathrm{d}x$.

解 令 $x = \sin t$，则 $\mathrm{d}x = \cos t\,\mathrm{d}t$，且当 $x = 0$ 时，$t = 0$; 当 $x = 1$ 时，$t = \dfrac{\pi}{2}$，所以

$$\int_0^1 \sqrt{1 - x^2}\,\mathrm{d}x = \int_0^{\frac{\pi}{2}} \sqrt{1 - \sin^2 t}\cos t\,\mathrm{d}t = \int_0^{\frac{\pi}{2}} \cos^2 t\,\mathrm{d}t$$

$$= \frac{1}{2}\int_0^{\frac{\pi}{2}} (1 + \cos 2t)\mathrm{d}t$$

$$= \frac{1}{2}\left(t + \frac{1}{2}\sin 2t\right)\bigg|_0^{\frac{\pi}{2}} = \frac{\pi}{4}.$$

例 3 计算 $\displaystyle\int_0^{\frac{\pi}{2}} \sin^3 x \cos x\,\mathrm{d}x$.

解 令 $t = \sin x$，则 $\mathrm{d}t = \mathrm{d}(\sin x)$，且当 $x = 0$ 时，$t = 0$; $x = \dfrac{\pi}{2}$ 时，$t = 1$，所以

$$\int_0^{\frac{\pi}{2}} \sin^3 x \cos x\,\mathrm{d}x = \int_0^1 t^3\mathrm{d}t = \frac{1}{4}t^4\bigg|_0^1 = \frac{1}{4}.$$

本例也可以不用具体写出新变量 t，直接用凑微分法，将 $\cos x\mathrm{d}x$ 凑成 $\mathrm{d}(\sin x)$，这时就不必更换积分上、下限:

$$\int_0^{\frac{\pi}{2}} \sin^3 x \cos x\,\mathrm{d}x = \int_0^{\frac{\pi}{2}} \sin^3 x\,\mathrm{d}\sin x = \frac{1}{4}\sin^4 x\bigg|_0^{\frac{\pi}{2}} = \frac{1}{4}.$$

再如下例.

例 4 计算定积分 $\displaystyle\int_1^4 \frac{1}{\sqrt{x}}\mathrm{e}^{\sqrt{x}}\mathrm{d}x$.

解 注意到 $\dfrac{1}{\sqrt{x}}\mathrm{d}x = 2\mathrm{d}\sqrt{x}$, 故

$$\int_1^4 \frac{1}{\sqrt{x}}\mathrm{e}^{\sqrt{x}}\mathrm{d}x = 2\int_1^4 \mathrm{e}^{\sqrt{x}}\mathrm{d}(\sqrt{x}) = 2\mathrm{e}^{\sqrt{x}}\Big|_1^4 = 2(\mathrm{e}^2 - \mathrm{e}).$$

下面我们给出对实际计算很有帮助的下述命题:

命题 设 $f(x)$ 在闭区间 $[-a, a]$ 上连续.

(1) 若 $f(x)$ 为奇函数, 则

$$\int_{-a}^a f(x)\mathrm{d}x = 0;$$

(2) 若 $f(x)$ 为偶函数, 则

$$\int_{-a}^a f(x)\mathrm{d}x = 2\int_0^a f(x)\mathrm{d}x.$$

证 由于 $f(x)$ 在闭区间 $[-a, a]$ 上连续, 因此它在 $[-a, a]$ 上可积, 并且

$$\int_{-a}^a f(x)\mathrm{d}x = \int_{-a}^0 f(x)\mathrm{d}x + \int_0^a f(x)\mathrm{d}x.$$

对定积分 $\displaystyle\int_{-a}^0 f(x)\mathrm{d}x$ 实施换元 $x = -t$, 得

$$\int_{-a}^0 f(x)\mathrm{d}x = -\int_a^0 f(-t)\mathrm{d}t = \int_0^a f(-t)\mathrm{d}t = \int_0^a f(-x)\mathrm{d}x,$$

于是,

$$\int_{-a}^a f(x)\mathrm{d}x = \int_0^a f(-x)\mathrm{d}x + \int_0^a f(x)\mathrm{d}x.$$

因为当 $f(x)$ 为奇函数时, $f(-x) = -f(x)$; 当 $f(x)$ 为偶函数时, $f(-x) = f(x)$, 分别代入上式, 命题得证.

利用以上命题我们常可以简化计算奇、偶函数在对称于原点的区间上的定积分.

例 5 计算 $\displaystyle\int_{-\frac{\pi}{2}}^{\frac{\pi}{2}} \left(\frac{\sin^3 x \cos^3 x}{1 + x^2} + \sqrt{1 - \cos^2 x}\right)\mathrm{d}x$.

解 由于 $\dfrac{\sin^3 x \cos^3 x}{1 + x^2}$ 为奇函数, 故

$$\int_{-\frac{\pi}{2}}^{\frac{\pi}{2}} \frac{\sin^3 x \cos^3 x}{1 + x^2}\mathrm{d}x = 0.$$

由于 $\sqrt{1-\cos^2 x}$ 为偶函数. 故

$$\int_{-\frac{\pi}{2}}^{\frac{\pi}{2}} \sqrt{1-\cos^2 x}\mathrm{d}x = 2\int_0^{\frac{\pi}{2}} \sin x\mathrm{d}x = 2(-\cos x)\Big|_0^{\frac{\pi}{2}} = 2.$$

因此

$$\int_{-\frac{\pi}{2}}^{\frac{\pi}{2}} \left(\frac{\sin^3 x \cos^3 x}{1+x^2} + \sqrt{1-\cos^2 x}\right) \mathrm{d}x = 2.$$

*例 6 设 $f(x) = \begin{cases} 1+x^2, & x < 0, \\ \mathrm{e}^{-x}, & x \geqslant 0, \end{cases}$ 求 $\int_1^3 f(x-2)\mathrm{d}x.$

解 与不定积分情形一样,含有 $f(g(x))$ 类型的题目一般可先设 $g(x) = t$ 作变量代换. 与不定积分情形不同的是,积分限一定要换成相应于新变量 t 的积分限.

令 $t = x-2$, 则当 $x=1$ 时, $t = -1$; 当 $x=3$ 时, $t=1$, 故

$$\int_1^3 f(x-2)\mathrm{d}x \xdash{x-2=t} \int_{-1}^1 f(t)\mathrm{d}t = \int_{-1}^0 (1+t^2)\mathrm{d}t + \int_0^1 \mathrm{e}^{-t}\mathrm{d}t$$

$$= \left(t + \frac{t^3}{3}\right)\Big|_{-1}^0 + (-\mathrm{e}^{-t})\Big|_0^1 = \frac{7}{3} - \frac{1}{\mathrm{e}}.$$

二、定积分的分部积分法

设函数 $u = u(x)$ 与 $v = v(x)$ 在 $[a,b]$ 上有连续的导数, 则

$$(uv)' = uv' + u'v,$$

$$uv' = (uv)' - vu'.$$

后一等式两端取 x 由 a 到 b 的积分, 并利用牛顿–莱布尼茨公式, 得到

$$\int_a^b u\mathrm{d}v = uv\Big|_a^b - \int_a^b v\mathrm{d}u.$$

上式称为**定积分的分部积分公式**.

定积分的分部积分法适用的范围及 u 和 v' 的选择与相应的不定积分的分部积分公式适用范围及 u 和 v' 的选择完全相同.

例 7 求积分 $\int_1^4 \ln x\mathrm{d}x.$

解 令 $u = \ln x, \mathrm{d}v = \mathrm{d}x$, 则

$$\int_1^4 \ln x\mathrm{d}x = (x\ln x)\Big|_1^4 - \int_1^4 x\frac{\mathrm{d}x}{x} = (x\ln x)\Big|_1^4 - x\Big|_1^4 = 8\ln 2 - 3.$$

例 8 计算 $\int_0^1 e^{\sqrt{x}} dx$.

解 先用换元法. 令 $\sqrt{x} = t$, 则 $x = t^2$, $dx = 2t dt$, 且

$$\int_0^1 e^{\sqrt{x}} dx = \int_0^1 e^t \cdot 2t dt = 2\int_0^1 t e^t dt.$$

再用分部积分计算得

$$\int_0^1 t e^t dt = \left(t e^t\right)\Big|_0^1 - \int_0^1 e^t dt = e - e^t\Big|_0^1 = 1.$$

因此

$$\int_0^1 e^{\sqrt{x}} dx = 2.$$

例 9 计算 $\int_0^1 x \arctan x dx$.

解 本例由第四章 §4.3 例 3 不定积分加上积分上、下限改编而成, 因此分部积分公式中 u 和 v' 的选择与该例相同.

设 $u = \arctan x$, $dv = x dx$, 则 $v = \dfrac{1}{2}x^2$, 于是

$$\int_0^1 x \arctan x dx = \frac{1}{2}\int_0^1 \arctan x dx^2 = \frac{1}{2}\left[\left(x^2 \arctan x\right)\Big|_0^1 - \int_0^1 \frac{x^2}{1+x^2}dx\right]$$

$$= \frac{1}{2}\left[\frac{\pi}{4} - \int_0^1\left(1 - \frac{1}{1+x^2}\right)dx\right] = \frac{1}{2}\left[\frac{\pi}{4} - (x - \arctan x)\Big|_0^1\right]$$

$$= \frac{1}{2}\left(\frac{\pi}{4} - 1 + \frac{\pi}{4}\right) = \frac{\pi}{4} - \frac{1}{2}.$$

下面直接给出一个用分部积分法可推导出的计算公式:

$$\int_0^{\frac{\pi}{2}} \sin^n x dx = \int_0^{\frac{\pi}{2}} \cos^n x dx$$

$$= \begin{cases} \dfrac{(2m-1)!!}{(2m)!!} \cdot \dfrac{\pi}{2}, & n = 2m, \\[3mm] \dfrac{(2m-2)!!}{(2m-1)!!}, & n = 2m-1 \end{cases} \quad (m = 1, 2, \cdots).$$

公式的证明

习题 5.3

1. 利用换元积分法计算下列定积分:

(1) $\int_0^1 \dfrac{x dx}{(x^2+1)^2}$;

(2) $\int_0^4 \dfrac{1}{\sqrt{x}+1}dx$;

(3) $\displaystyle\int_0^{\ln 2}\sqrt{\mathrm{e}^x-1}\mathrm{d}x$;　　　　　　(4) $\displaystyle\int_1^3\frac{\sqrt{x}}{x+1}\mathrm{d}x$;

(5) $\displaystyle\int_0^{\sqrt{2}}\sqrt{2-x^2}\mathrm{d}x$;　　　　　　(6) $\displaystyle\int_1^{\sqrt{3}}\frac{\mathrm{d}x}{x^2\sqrt{1+x^2}}$;

(7) $\displaystyle\int_1^2\frac{\sqrt{x-1}}{x}\mathrm{d}x$;　　　　　　(8) $\displaystyle\int_1^{\mathrm{e}^2}\frac{\mathrm{d}x}{x\sqrt{1+\ln x}}$.

2. 计算下列定积分:

(1) $\displaystyle\int_{-1}^1\frac{x^2\sin^3 x}{1+x^2}\mathrm{d}x$;　　　　　　(2) $\displaystyle\int_{-1}^1\frac{|x|}{1+x^2}\mathrm{d}x$.

3. 设 $f(x)=\begin{cases}\dfrac{\mathrm{e}^x}{1+\mathrm{e}^x}, & x<0,\\[2mm]\dfrac{1}{1+x}, & x\geqslant 0,\end{cases}$ 求 $\displaystyle\int_0^2 f(x-1)\mathrm{d}x$.

4. 利用分部积分法计算下列定积分:

(1) $\displaystyle\int_1^2 x\ln x\mathrm{d}x$;　　　　　　(2) $\displaystyle\int_0^1 x^2\sin x\mathrm{d}x$;

(3) $\displaystyle\int_0^{\frac{\pi}{3}}\frac{x}{\cos^2 x}\mathrm{d}x$;　　　　　　(4) $\displaystyle\int_0^1\arctan x\mathrm{d}x$;

(5) $\displaystyle\int_0^1 \mathrm{e}^{\sqrt{x}}\mathrm{d}x$;　　　　　　(6) $\displaystyle\int_0^{\frac{\pi^2}{4}}\sin\sqrt{x}\mathrm{d}x$.

5. 设 $f(x)$ 有一个原函数 $\dfrac{\sin x}{x}$, 求 $\displaystyle\int_{\frac{\pi}{2}}^{\pi} xf'(x)\mathrm{d}x$.

*6. 已知 $f(x)$ 连续, $\displaystyle\int_0^x tf(x-t)\mathrm{d}t=1-\cos x$, 求 $\displaystyle\int_0^{\frac{\pi}{2}} f(x)\mathrm{d}x$ 的值.

第6题讲解

§5.4　反常积分初步及 Γ 函数

前面讨论的定积分, 其积分区间是有限的, 被积函数是有界函数. 但在一些实际问题中, 往往需要研究积分区间无限或被积函数无界时的积分. 为此我们运用极限方法, 把定积分概念分别推广到以下两种情形.

一、无限区间上的反常积分

定义 1　设函数 $f(x)$ 在区间 $[a,+\infty)$ 上连续, $b>a$, 若极限 $\displaystyle\lim_{b\to+\infty}\int_a^b f(x)\mathrm{d}x$ 存在, 则称此极限值为 $f(x)$ 在无穷区间 $[a,+\infty)$ 上的反常积分, 记作

$$\lim_{b \to +\infty} \int_a^b f(x)\mathrm{d}x = \int_a^{+\infty} f(x)\mathrm{d}x.$$

此时也称反常积分 $\displaystyle\int_a^{+\infty} f(x)\mathrm{d}x$ 收敛, 否则称该反常积分发散.

定义 2 设函数 $f(x)$ 在区间 $(-\infty, b]$ 上连续, $a < b$, 若极限 $\displaystyle\lim_{a \to -\infty} \int_a^b f(x)\mathrm{d}x$ 存在, 则称此极限值为 $f(x)$ 在无穷区间 $(-\infty, b]$ 上的反常积分, 记作

$$\lim_{a \to -\infty} \int_a^b f(x)\mathrm{d}x = \int_{-\infty}^b f(x)\mathrm{d}x.$$

此时也称反常积分 $\displaystyle\int_{-\infty}^b f(x)\mathrm{d}x$ 收敛, 否则称该反常积分发散.

定义 3 若函数 $f(x)$ 在 $(-\infty, +\infty)$ 上连续, 则 $f(x)$ 在 $(-\infty, +\infty)$ 上的反常积分为

$$\int_{-\infty}^{+\infty} f(x)\mathrm{d}x = \int_{-\infty}^c f(x)\mathrm{d}x + \int_c^{+\infty} f(x)\mathrm{d}x. \tag{5.2}$$

对于 $c \in (-\infty, +\infty)$, 当 $\displaystyle\int_{-\infty}^c f(x)\mathrm{d}x$ 与 $\displaystyle\int_c^{+\infty} f(x)\mathrm{d}x$ 同时收敛时, $\displaystyle\int_{-\infty}^{+\infty} f(x)\mathrm{d}x$ 收敛; 如果 (5.2) 式右边的两个积分中有一个发散, 则 $\displaystyle\int_{-\infty}^{+\infty} f(x)\mathrm{d}x$ 发散.

例 1 求反常积分 $\displaystyle\int_{e^2}^{+\infty} \frac{\ln x}{x}\mathrm{d}x$.

解 由定义,

$$\begin{aligned}
\int_{e^2}^{+\infty} \frac{\ln x}{x}\mathrm{d}x &= \lim_{b \to +\infty} \int_{e^2}^b \frac{\ln x}{x}\mathrm{d}x = \lim_{b \to +\infty} \int_{e^2}^b \ln x \, \mathrm{d}(\ln x) \\
&= \lim_{b \to +\infty} \frac{1}{2}(\ln x)^2 \Big|_{e^2}^b = \lim_{b \to +\infty} \frac{1}{2}\left[(\ln b)^2 - 4\right] = +\infty.
\end{aligned}$$

所以, 反常积分 $\displaystyle\int_{e^2}^{+\infty} \frac{\ln x}{x}\mathrm{d}x$ 发散.

有时为了书写简便, 记

$$\lim_{b \to +\infty} F(x) \Big|_a^b = F(x) \Big|_a^{+\infty} = \lim_{b \to +\infty} (F(b) - F(a)),$$

如下例:

例 2 求 $\displaystyle\int_{-\infty}^{+\infty} \frac{\mathrm{d}x}{1 + x^2}$.

解

$$\int_{-\infty}^{+\infty} \frac{\mathrm{d}x}{1 + x^2} = \int_{-\infty}^0 \frac{\mathrm{d}x}{1 + x^2} + \int_0^{+\infty} \frac{\mathrm{d}x}{1 + x^2}$$

$$= \lim_{a \to -\infty} \int_a^0 \frac{\mathrm{d}x}{1+x^2} + \lim_{b \to +\infty} \int_0^b \frac{\mathrm{d}x}{1+x^2}$$

$$= \arctan x \Big|_{-\infty}^0 + \arctan x \Big|_0^{+\infty} = -\left(-\frac{\pi}{2}\right) + \frac{\pi}{2} = \pi.$$

例 3 证明 $\displaystyle\int_a^{+\infty} \frac{\mathrm{d}x}{x^p}(a>0)$ 当 $p>1$ 时收敛, 当 $p \leqslant 1$ 时发散.

证 当 $p=1$ 时,

$$\int_a^{+\infty} \frac{1}{x} \mathrm{d}x = \ln x \Big|_a^{+\infty} = +\infty.$$

当 $p \neq 1$ 时,

$$\int_a^{+\infty} \frac{1}{x^p} \mathrm{d}x = \frac{1}{-p+1} x^{-p+1} \Big|_a^{+\infty} = \begin{cases} +\infty, & p<1, \\ \dfrac{1}{p-1} a^{-(p-1)}, & p>1. \end{cases}$$

所以当 $p>1$ 时, 该反常积分收敛, 其值为 $\dfrac{1}{p-1} a^{-(p-1)}$; 当 $p \leqslant 1$ 时, 该反常积分发散.

二、无界函数的反常积分

定义 4 设函数 $f(x)$ 在 $(a,b]$ 上连续, 当 $x \to a^+$ 时, $f(x) \to \infty$, 若 $\displaystyle\lim_{\varepsilon \to 0^+} \int_{a+\varepsilon}^b f(x)\mathrm{d}x$ 存在, 则称此极限值为无界函数 $f(x)$ 在 $(a,b]$ 上的反常积分, 记作

$$\int_a^b f(x)\mathrm{d}x = \lim_{\varepsilon \to 0^+} \int_{a+\varepsilon}^b f(x)\mathrm{d}x.$$

此时也称反常积分 $\displaystyle\int_a^b f(x)\mathrm{d}x$ 收敛. 若上述极限不存在, 则称该反常积分发散.

类似地, 设函数 $f(x)$ 在 $[a,b)$ 上连续, 当 $x \to b^-$ 时, $f(x) \to \infty$, 对应的反常积分定义为

$$\int_a^b f(x)\mathrm{d}x = \lim_{\varepsilon \to 0^+} \int_a^{b-\varepsilon} f(x)\mathrm{d}x;$$

再设 $f(x)$ 在 $[a,b]$ 上除点 $c\,(a<c<b)$ 外连续, 当 $x \to c$ 时, $f(x) \to \infty$, 对应的反常积分定义为

$$\int_a^b f(x)\mathrm{d}x = \int_a^c f(x)\mathrm{d}x + \int_c^b f(x)\mathrm{d}x$$

$$= \lim_{\varepsilon_1 \to 0^+} \int_a^{c-\varepsilon_1} f(x)\mathrm{d}x + \lim_{\varepsilon_2 \to 0^+} \int_{c+\varepsilon_2}^b f(x)\mathrm{d}x,$$

其中 $\varepsilon_1, \varepsilon_2$ 是两个互相独立的变量. 若 $\displaystyle\int_a^c f(x)\mathrm{d}x$ 与 $\displaystyle\int_c^b f(x)\mathrm{d}x$ 都收敛, 则称 $\displaystyle\int_a^b f(x)\mathrm{d}x$ 收敛; 只要有一个发散, 就称 $\displaystyle\int_a^b f(x)\mathrm{d}x$ 发散.

无界函数的反常积分又称**瑕积分**, 函数 $f(x)$ 的无界间断点称为**瑕点**.

例 4 求 $\displaystyle\int_{\sqrt{5}}^5 \frac{x}{\sqrt{|x^2-9|}}\mathrm{d}x.$

解 显然 $x=3$ 为函数 $\dfrac{x}{\sqrt{|x^2-9|}}$ 的不连续点, $\displaystyle\lim_{x\to3}\frac{x}{\sqrt{|x^2-9|}}=\infty.$ 所以,

$$
\begin{aligned}
\int_{\sqrt{5}}^5 \frac{x}{\sqrt{|x^2-9|}}\mathrm{d}x &= \int_{\sqrt{5}}^3 \frac{x}{\sqrt{9-x^2}}\mathrm{d}x + \int_3^5 \frac{x}{\sqrt{x^2-9}}\mathrm{d}x \\
&= \lim_{\varepsilon_1\to0^+}\int_{\sqrt{5}}^{3-\varepsilon_1} \frac{x}{\sqrt{9-x^2}}\mathrm{d}x + \lim_{\varepsilon_2\to0^+}\int_{3+\varepsilon_2}^5 \frac{x}{\sqrt{x^2-9}}\mathrm{d}x \\
&= \lim_{\varepsilon_1\to0^+}\left.(-\sqrt{9-x^2})\right|_{\sqrt{5}}^{3-\varepsilon_1} + \lim_{\varepsilon_2\to0^+}\left.\sqrt{x^2-9}\right|_{3+\varepsilon_2}^5 = 6.
\end{aligned}
$$

例 5 证明 $\displaystyle\int_0^a \frac{\mathrm{d}x}{x^p}$ $(a>0)$ 当 $p<1$ 时收敛, 当 $p\geqslant1$ 时发散.

证 当 $p>0$ 时, $x=0$ 为函数 $\dfrac{1}{x^p}$ 的无穷间断点, 需讨论反常积分 $\displaystyle\int_0^a \frac{\mathrm{d}x}{x^p}$ 的敛散性.

当 $p\neq1$ 时, 我们有

$$
\int_\varepsilon^a \frac{\mathrm{d}x}{x^p} = \left.\left(\frac{1}{1-p}x^{1-p}\right)\right|_\varepsilon^a = \left(\frac{1}{1-p}a^{1-p} - \frac{1}{1-p}\varepsilon^{1-p}\right),
$$

则

$$
\begin{aligned}
\int_0^a \frac{\mathrm{d}x}{x^p} &= \lim_{\varepsilon\to0^+}\int_\varepsilon^a \frac{\mathrm{d}x}{x^p} = \lim_{\varepsilon\to0^+}\left(\frac{1}{1-p}a^{1-p} - \frac{1}{1-p}\varepsilon^{1-p}\right) \\
&= \begin{cases} \dfrac{1}{1-p}a^{1-p}, & p<1, \\ +\infty, & p>1. \end{cases}
\end{aligned}
$$

当 $p=1$ 时, 有

$$
\int_\varepsilon^a \frac{\mathrm{d}x}{x} = \left.\ln x\right|_\varepsilon^a = \ln a - \ln\varepsilon \to +\infty, \quad \varepsilon\to0^+.
$$

所以积分 $\displaystyle\int_0^a \frac{\mathrm{d}x}{x^p}(a>0)$ 当 $p<1$ 时收敛, 当 $p\geqslant1$ 时发散.

三、Γ 函数

下面讨论概率论要用到的一个重要的反常积分.

定义 5　函数

$$\Gamma(s) = \int_0^{+\infty} \mathrm{e}^{-x} x^{s-1} \mathrm{d}x \quad (s > 0) \tag{5.3}$$

确定了一个以 s 为自变量的函数，称为 Γ 函数.

这是一个反常积分，可以证明这个积分是收敛的，其图形如图 5.4 所示.

Γ 函数有如下重要性质：

性质 1　递推公式 $\Gamma(s+1) = s\Gamma(s) \quad (s > 0)$.

证　因为

$$\Gamma(s+1) = \int_0^{+\infty} \mathrm{e}^{-x} x^s \mathrm{d}x = \lim_{b \to +\infty} \lim_{\varepsilon \to 0^+} \int_\varepsilon^b \mathrm{e}^{-x} x^s \mathrm{d}x,$$

应用分部积分法，

$$\int_\varepsilon^b \mathrm{e}^{-x} x^s \mathrm{d}x = \left(-\mathrm{e}^{-x} x^s\right)\Big|_\varepsilon^b + s \int_\varepsilon^b \mathrm{e}^{-x} x^{s-1} \mathrm{d}x,$$

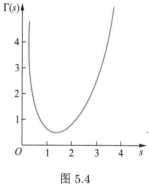

图 5.4

而 $\lim\limits_{b \to +\infty} \lim\limits_{\varepsilon \to 0^+} \left(\mathrm{e}^{-x} x^s\right)\Big|_\varepsilon^b = 0$，所以

$$\Gamma(s+1) = \lim_{b \to +\infty} \lim_{\varepsilon \to 0^+} s \int_\varepsilon^b \mathrm{e}^{-x} x^{s-1} \mathrm{d}x = s \int_0^{+\infty} \mathrm{e}^{-x} x^{s-1} \mathrm{d}x = s\Gamma(s).$$

显然，$\Gamma(1) = \int_0^{+\infty} \mathrm{e}^{-x} \mathrm{d}x = 1$. 反复运用递推公式，便有

$$\Gamma(2) = 1 \cdot \Gamma(1) = 1,$$

$$\Gamma(3) = 2 \cdot \Gamma(2) = 2!,$$

$$\Gamma(4) = 3 \cdot \Gamma(3) = 3!, \quad \cdots.$$

一般地，对任何正整数 n，有

$$\Gamma(n+1) = n\,!.$$

性质 2　余元公式

$$\Gamma(s)\Gamma(1-s) = \frac{\pi}{\sin \pi s} \quad (0 < s < 1).$$

当 $s = \dfrac{1}{2}$ 时，由余元公式可得

$$\Gamma\left(\frac{1}{2}\right) = \sqrt{\pi}.$$

性质 3 $\displaystyle\int_0^{+\infty} \mathrm{e}^{-u^2}\mathrm{d}u = \dfrac{\sqrt{\pi}}{2}.$

这是在概率论中常用的泊松积分, 在二重积分中将证明这个式子.

在 (5.3) 式中, 令 $x = t^2$, 便得到 Γ 函数的另一种形式:

$$\Gamma(s) = 2\int_0^{+\infty} t^{2s-1}\mathrm{e}^{-t^2}\mathrm{d}t.$$

例 6 计算 $\dfrac{\Gamma(7)}{6\Gamma(3)}$.

解 因为

$$\Gamma(7) = 6\Gamma(6) = 6\cdot 5\Gamma(5) = 6\cdot 5\cdot 4\Gamma(4) = 6\cdot 5\cdot 4\cdot 3\Gamma(3),$$

所以 $\dfrac{\Gamma(7)}{6\Gamma(3)} = 60.$

习题 5.4

1. 计算下列反常积分:

(1) $\displaystyle\int_1^{+\infty} \dfrac{\mathrm{d}x}{x^4}$;

(2) $\displaystyle\int_0^{+\infty} \mathrm{e}^{-\sqrt{x}}\mathrm{d}x$;

(3) $\displaystyle\int_2^{+\infty} \dfrac{\mathrm{d}x}{x^2-1}$;

(4) $\displaystyle\int_1^{+\infty} \dfrac{\ln x}{(1+x)^2}\mathrm{d}x.$

2. 计算下列反常积分:

(1) $\displaystyle\int_0^2 \dfrac{\mathrm{d}x}{(1-x)^2}$;

(2) $\displaystyle\int_1^2 \dfrac{x}{\sqrt{x-1}}\mathrm{d}x$;

(3) $\displaystyle\int_0^1 \dfrac{\mathrm{d}x}{\sqrt{1-x^2}}.$

3. 下列计算是否正确, 试说明理由:

$$\int_{-1}^1 \dfrac{\mathrm{d}x}{x^2} = \left[-\dfrac{1}{x}\right]\bigg|_{-1}^1 = -2.$$

4. 计算 $\dfrac{\Gamma\left(\dfrac{5}{2}\right)}{\Gamma\left(\dfrac{1}{2}\right)}.$

§5.5 定积分的应用

一、微元法的基本思想

定积分在几何、物理、经济管理等许多实际问题中有广泛的应用，如 §5.1 例 1、例 2. 凡可化为定积分问题的实际问题都具有这样的特征：所求量的总量等于相应于区间分割所产生的部分量之和. 解决问题的步骤一般应经过分割、取近似、求和、取极限四步. 但这样做起来较麻烦. 下面介绍将所求量归结为某个定积分的分析法——**微元法**.

在实际应用中，上述四个步骤，往往简化为下面的两步.

第一步　建立微分表达式. 在 $[a, b]$ 上取具有代表性的子区间 $[x, x + \Delta x]$ 或 $[x, x + \mathrm{d}x]$，用区间端点 x 处的函数值 $f(x)$ 与 Δx 作乘积，"以常量代替变量"，得到局部量 ΔA 的近似值

$$\Delta A \approx f(x) \cdot \Delta x = f(x)\mathrm{d}x,$$

其中 $f(x)\mathrm{d}x$ 称为积分微元，记作 $\mathrm{d}A = f(x)\mathrm{d}x$.

第二步　当 $\Delta x \to 0$ 时，将这些微元 $\mathrm{d}A$ 在区间 $[a, b]$ 上无限积累，即以 $f(x)\mathrm{d}x$ 为被积表达式，在 $[a, b]$ 上作定积分，得所求量

$$A = \int_a^b f(x)\mathrm{d}x.$$

这个方法通常称为微元法，它的实质是用微分代替了增量，即

$$\Delta A \approx \mathrm{d}A = f(x)\mathrm{d}x.$$

下面我们利用微元法来解决一些几何及经济中的实际问题.

二、定积分在几何中的应用

1. 平面图形的面积

设曲边形由两条连续曲线 $y = f_1(x)$，$y = f_2(x)\,(f_2(x) \geqslant f_1(x), x \in [a, b])$ 及直线 $x = a, x = b$ 所围 (图 5.5)，求所围面积 A.

借助微元法，取 x 为积分变量，它的变化区间为 $[a, b]$. 将 $[a, b]$ 分成若干小区间，取有代表性小区间 $[x, x + \mathrm{d}x]$，与这个小区间相应的窄曲边形的面积 ΔA 近似等于高为 $f_2(x) - f_1(x)$、底为 $\mathrm{d}x$ 的窄矩形的面积

$$[f_2(x) - f_1(x)]\,dx,$$

因此面积微元为 $dA = [f_2(x) - f_1(x)]\,dx$.

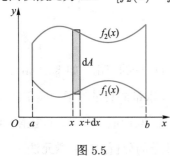

图 5.5

于是平面图形 $\{(x,y)|f_1(x) \leqslant y \leqslant f_2(x),\ a \leqslant x \leqslant b\}$ 的面积公式为

$$A = \int_a^b [f_2(x) - f_1(x)]\,dx. \qquad (5.4)$$

如果不能判定出 $y = f_1(x)$, $y = f_2(x)$ 的大小, 也可用下式计算:

$$A = \int_a^b |f_2(x) - f_1(x)|\,dx. \qquad (5.5)$$

以后在计算平面图形面积时可直接利用公式 (5.4).

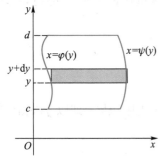

图 5.6

类似地, 若在区间 $[c,d]$ 上, $\varphi(y)$ 和 $\psi(y)$ 均为连续函数, 且 $\varphi(y) \leqslant \psi(y)$, 则由曲线 $x = \varphi(y), x = \psi(y)$ 与直线 $y = c$ 及 $y = d(c < d)$ 所围成的平面图形 (图 5.6) 的面积为

$$A = \int_c^d [\psi(y) - \varphi(y)]\,dy. \qquad (5.6)$$

用定积分求平面图形的面积的步骤是:

(1) 根据已知条件画出草图并求交点;

(2) 选择积分变量并确定积分上、下限;

(3) 用相应的公式计算面积.

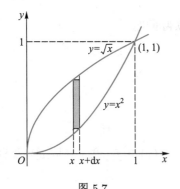

图 5.7

例 1 求曲线 $y = \sqrt{x}$ 与 $y = x^2$ 所围图形面积.

解 (1) 画草图 (图 5.7), 求出两曲线的交点确定积分上、下限. 由 $y = \sqrt{x}$ 和 $y = x^2$ 解得交点 $(0,0)$ 及 $(1,1)$.

(2) 由草图知应选 x 为积分变量.

(3) 由平面图形面积公式 (5.4), 得

$$A = \int_0^1 \left(\sqrt{x} - x^2\right)dx = \left(\frac{2}{3}x^{\frac{3}{2}} - \frac{1}{3}x^3\right)\bigg|_0^1 = \frac{1}{3}.$$

例 2 求由曲线 $x = y^2$ 与 $x = y + 2$ 所围区域的面积.

解 画草图 (图 5.8), 求出两曲线交点 $(4, 2)$ 和 $(1, -1)$. 以 y 为积分变量, 由平面图形面积公式 (5.6) 得所求面积 A 为

$$A = \int_{-1}^{2} (y + 2 - y^2) \mathrm{d}y = \left(\frac{1}{2} y^2 + 2y - \frac{1}{3} y^3 \right) \bigg|_{-1}^{2} = 4.5.$$

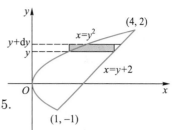

图 5.8

注意, 本题若选择 x 为积分变量求解, 计算过程将会变复杂. 因此, 为计算方便, 应当重视积分变量的选取.

思考题 5-2 例 2 选用 x 为积分变量, 下列做法是否正确?

$$\int_0^4 (\sqrt{x} - x + 2) \mathrm{d}x = \left(\frac{2}{3} x^{\frac{3}{2}} - \frac{1}{2} x^2 + 2x \right) \bigg|_0^4 = \frac{16}{3}.$$

例 3 求椭圆 $\dfrac{x^2}{a^2} + \dfrac{y^2}{b^2} = 1 \ (a > b > 0)$ 所围区域的面积 (图 5.9).

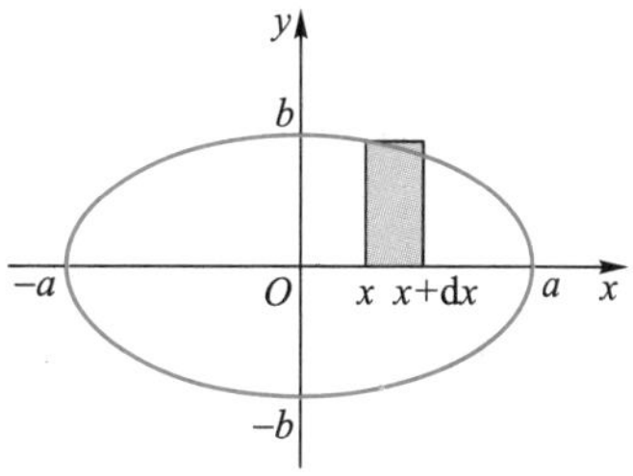

解 由于上述椭圆关于两坐标轴对称, 设 A_1 为第一象限部分的面积, 则利用微元法可知, 所求椭圆面积为

$$A = 4A_1 = 4 \int_0^a y \mathrm{d}x.$$

图 5.9

为方便计算, 利用椭圆的参数方程

$$\begin{cases} x = a \cos t, \\ y = b \sin t \end{cases} \quad (0 \leqslant t \leqslant 2\pi),$$

当 $x = 0$ 时, $t = \dfrac{\pi}{2}$; 当 $x = a$ 时, $t = 0$, 所以

$$A = 4 \int_0^a y \mathrm{d}x = 4 \int_{\frac{\pi}{2}}^0 b \sin t \mathrm{d}(a \cos t) = 4ab \int_0^{\frac{\pi}{2}} \sin^2 t \mathrm{d}t = \pi ab.$$

当 $a = b$ 时, 椭圆变成圆, 即半径为 a 的圆的面积 $A = \pi a^2$.

2. 体积

(1) 旋转体体积

所谓旋转体就是由一平面图形绕它所在平面内的一条定直线旋转一周而成的立体.

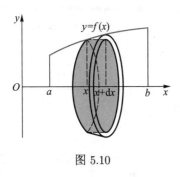

图 5.10

下面运用定积分微元法，计算由连续曲线 $y = f(x)$ 与直线 $y = 0, x = a, x = b$ 所围成的曲边梯形绕 x 轴旋转一周生成的旋转体 (图 5.10) 体积.

在闭区间 $[a, b]$ 上任取一子区间 $[x, x + \mathrm{d}x]$，由于旋转体是由平面图形旋转一周生成的，所以用底面积为 $A(x) = \pi y^2 = \pi f^2(x)$、高为 $\mathrm{d}x$ 的圆柱体的体积近似代替小旋转体的体积，得体积微元为

$$\mathrm{d}V = \pi y^2 \mathrm{d}x = \pi[f(x)]^2 \mathrm{d}x.$$

在 $[a, b]$ 上作定积分，得旋转体体积为

$$V_x = \int_a^b \pi[f(x)]^2 \mathrm{d}x. \tag{5.7}$$

用类似的方法可以推出，由曲边梯形 $0 \leqslant x \leqslant \varphi(y)$, $c \leqslant y \leqslant d$ 绕 y 轴旋转一周所成的旋转体的体积为

$$V_y = \int_c^d \pi[\varphi(y)]^2 \mathrm{d}y. \tag{5.8}$$

公式 (5.7) 和 (5.8) 可直接用于求体积，应熟记.

例 4 计算抛物线 $y^2 = 4x$ 及直线 $x = 2$ 所围成的图形绕 x 轴旋转一周所得旋转体的体积.

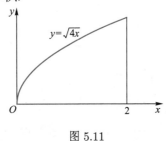

图 5.11

解 如图 5.11 所示，该旋转体由曲线 $y = \sqrt{4x}, x = 2$ 及 x 轴所围的图形绕 x 轴旋转而得. 由公式 (5.7)，所求旋转体的体积为

$$V = \int_0^2 \pi(\sqrt{4x})^2 \mathrm{d}x = 2\pi x^2 \Big|_0^2 = 8\pi.$$

例 5 求由曲线 $y = x^2$ 和 $y = 2x$ 所围成的平面图形绕 y 轴旋转而成的旋转体的体积.

解 如图 5.12 所示，由 $\begin{cases} y = x^2, \\ y = 2x \end{cases}$ 求出两曲线的交点 $O(0,0)$ 和 $A(2,4)$.

此题不能直接用公式，但可将此图形看成两个曲边梯形之差，从而所求体积可看成两个旋转体体积之差. 绕 y 轴旋转时，右边曲线方程为 $x = \sqrt{y}$，左边直线方程为 $x = \frac{1}{2}y$. 由 (5.8) 式有

$$V_{右} = \int_0^4 \pi(\sqrt{y})^2 \mathrm{d}y = 8\pi.$$

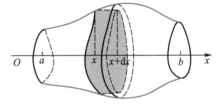

图 5.12

直线 $x = \dfrac{1}{2}y$、$y = 4$ 及 x 轴所围图形绕 y 轴旋转而成的旋转体是一个圆锥，所以

$$V_{左} = \frac{1}{3}\pi \cdot 2^2 \cdot 4 = \frac{16\pi}{3}.$$

故

$$V_y = V_{右} - V_{左} = 8\pi - \frac{16\pi}{3} = \frac{8\pi}{3}.$$

(2) 平行截面面积为已知的立体体积

设有一空间立体在过点 $x = a$，$x = b$ 且垂直于 x 轴的两个平面之间，它的垂直于 x 轴的各截面面积为 $S(x)(x \in [a, b])$. 假定 $S(x)$ 为 x 的已知的连续函数，求该立体的体积.

如图 5.13 所示，取具有代表性的子区间 $[x, x + \mathrm{d}x]$，过其端点，分别作垂直于 x 轴的平面. 介于这两个平面之间的小体积，可用 $A(x)\mathrm{d}x$ 近似代替，所以体积微元为

图 5.13

$$\mathrm{d}V = A(x)\mathrm{d}x.$$

故在过点 $x = a, x = b$ 且垂直于 x 轴的两个平面之间，平行截面面积为 $A(x)$ 的立体体积为

$$V = \int_a^b A(x)\mathrm{d}x. \tag{5.9}$$

柱壳法求旋转
体体积

例 6 设三棱锥高为 h，底面积为 A，求它的体积 V.

解 从顶点作底面的垂线，并且以它为 x 轴，顶点为原点，记点 x 处平行于底面的截面面积为 $S(x)$，由图 5.14 知

$$\frac{S(x)}{A} = \frac{x^2}{h^2}, \quad 故 \quad S(x) = \frac{x^2}{h^2}A.$$

所以

$$V = \int_0^h \frac{x^2}{h^2} A \mathrm{d}x = \frac{Ah}{3}.$$

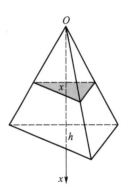

图 5.14

三、定积分在经济管理中的应用

前面用元素法解决了定积分在几何上的一些应用，本部分讨论定积分在经济管理中的应用.

1. 已知边际函数求总量

由牛顿–莱布尼茨公式，若 $F'(x)$ 连续，则有

$$\int_0^x F'(t)\mathrm{d}t = F(x) - F(0),$$

从而

$$F(x) = \int_0^x F'(t)\mathrm{d}t + F(0).$$

若已知某产品的边际成本函数 $C'(Q)$ 为连续函数，固定成本 $C(0)$，由上式，

$$\int_0^Q C'(t)\mathrm{d}t = C(Q) - C(0),$$

则总成本函数为

$$C(Q) = \int_0^Q C'(t)\mathrm{d}t + C(0). \tag{5.10}$$

该产品的产量从 Q_1 个单位上升到 Q_2 个单位时，增加的成本为

$$C = \int_{Q_1}^{Q_2} C'(t)\mathrm{d}t = C(Q_2) - C(Q_1). \tag{5.11}$$

若已知某产品的边际收益函数为 $R'(Q)$，由牛顿–莱布尼茨公式，

$$\int_0^Q R'(t)\mathrm{d}t = R(Q) - R(0),$$

其中 $R(0) = 0$ 为原始收益，则总收益函数为

$$R(Q) = \int_0^Q R'(t)\mathrm{d}t. \tag{5.12}$$

若已知边际成本函数 $C'(x)$，固定成本 $C(0)$，边际收益函数 $R'(x)$，则由 (5.11) 式及 (5.12) 式，可得总利润函数为

$$L(Q) = \int_0^Q [R'(t) - C'(t)]\mathrm{d}t - C(0). \tag{5.13}$$

若已知其他经济函数的边际函数，要求该经济函数或经济量在某个范围内的改变量，也有类似的公式.

例 7 已知生产某电子产品的边际成本为 $C'(Q) = 50 + \dfrac{1}{\sqrt{Q}}$，且固定成本为 $C(0) = 20$，边际收益为 $R'(Q) = 100 - 2Q$，原始收益为零. 试求

(1) 总成本函数;

(2) 总收益函数;

(3) 总利润函数.

解 (1) 由公式 (5.10)，可得总成本函数为

$$C(Q) = \int_0^Q \left(50 + \frac{1}{\sqrt{t}}\right)\mathrm{d}t + C(0) = \left.(50t + 2\sqrt{t})\right|_0^Q + 20 = 50Q + 2\sqrt{Q} + 20.$$

(2) 由公式 (5.12)，可得总收益函数为

$$R(Q) = \int_0^Q (100 - 2t)\mathrm{d}t = \left.(100t - t^2)\right|_0^Q = 100Q - Q^2.$$

(3) 由公式 (5.13)，得总利润函数为

$$
\begin{aligned}
L(Q) &= \int_0^Q [R'(t) - C'(t)]\mathrm{d}t - C(0) \\
&= 100Q - Q^2 - 50Q - 2\sqrt{Q} - 20 \\
&= 50Q - Q^2 - 2\sqrt{Q} - 20.
\end{aligned}
$$

2. 不允许缺货的存储模型

在经济管理中，存储是供求之间不可缺少的中间环节. 从利用流动资金的角度看，物资的储量越少，对流动资金周转越有利，经济效益越高; 从保障生产和销售的角度看，物资储量丰富就不会因停料而停工或造成商品脱销，影响收益及信誉. 统一上述矛盾的诸方面，就需对存储系统进行综合分析，制订最优存储策略.

例 8 存储问题广泛存在于企业原材料储备、商场的商品储备等现实问题中. 这里讨论的关键是存储量的大小，过大则需要更高的存储费用，过少又会因缺货而造成损失. 为讨论方便，作如下假设:

(1) 每天货物需求量为 r t;

(2) 每隔 T d 订货量为 Q t，当存储量为 0 t 时，新的一批货物刚好到达;

(3) 每次订货需支付订货费 C_1，与订货量无关;

(4) 每天每吨货物存储费用为 C_2.

根据假设 (1) 和假设 (2)，订货周期 T、订货量 Q、每天需求量 r 之间的关系为 $Q = rT$.

记任意时刻 t 存储量为 $q(t)$，则 $q(t)$ 在一个订货周期内为 t 的线性单调递减函数. 利用微元法可得在一个订货周期内所需要的存储费用为

$$C_2 \int_0^T q(t)\mathrm{d}t = \frac{C_2 r T^2}{2},$$

则在一个订货周期内所需要的总费用为

$$C = C_1 + \frac{C_2 r T^2}{2}.$$

显然不能以一个订货周期的费用来衡量费用多少，而应以每天的平均费用最小为目标. 令

$$C(T) = \frac{C}{T} = \frac{C_1}{T} + \frac{C_2 r T}{2},$$

利用求最值的方法很容易得到，当 $T = \sqrt{\dfrac{2C_1}{rC_2}}$ 时，每天的费用最小. 每次订货的总量为 $Q = rT = \sqrt{\dfrac{2C_1 r}{C_2}}$，这是经济学中的经济订货批量公式.

习题 5.5

1. 求下列曲线所围图形的面积：

(1) $y = x^2, y = x$;

(2) $y = \dfrac{1}{x}, y = x, x = 2$;

(3) $y = 3 - x^2, y = 2x$;

(4) $x = y^2, x = y + 2$;

(5) $y = \mathrm{e}^x, y = \mathrm{e}^{2x}, y = 2$;

(6) $y = \dfrac{4}{x}, y = x, y = 4x$ 在第一象限中围成的平面图形.

2. 曲线 $y = x^2$ 与曲线 $y^2 = kx (k > 0)$ 所围成的平面图形的面积为 $\dfrac{2}{3}$，求 k 的值.

3. 求抛物线 $y = -x^2 + 4x - 3$ 及其在点 $(0, -3)$ 和 $(3, 0)$ 处的切线所围成的图形的面积.

4. 计算下列曲线所围成的平面图形绕指定轴旋转所成旋转体体积：

(1) $y = \sqrt{x} \sin \pi x (0 \leqslant x \leqslant 1)$，$x$ 轴，绕 x 轴旋转;

(2) $xy = 2, x = 2, x = 4, y = 0$，绕 x 轴旋转;

(3) $y = x^2, x = 2, y = 0$，分别绕 x 轴及 y 轴旋转；

(4) $y = 1 - (x-1)^2$，x 轴，分别绕 x 轴及 y 轴旋转.

5. 设 D 是由曲线 $y = x^{\frac{1}{3}}$、直线 $x = a(a > 0)$ 及 x 轴所围成的平面图形，V_x, V_y 分别是 D 绕 x 轴、y 轴旋转一周所得旋转体的体积. 若 $V_y = 10V_x$，求 a 的值.

*6. 求由抛物线 $y = \dfrac{1}{2}x^2$ 与圆 $x^2 + y^2 = 8$ 所围成图形 ($y > 0$ 部分) 的面积 S，并求它们围成的这个图形绕 x 轴旋转一周所形成的旋转体的体积 V.

7. 设位于曲线 $y = \dfrac{1}{\sqrt{x\left(1 + \ln^2 x\right)}}$ ($\mathrm{e} \leqslant x < +\infty$) 下方、$x$ 轴上方的无界区域为 G，求 G 绕 x 轴旋转一周所得空间区域的体积.

8. 已知某汽车厂商每年生产 x 辆汽车时，固定成本 200 万元，边际成本函数为 $C'(x) = (0.2x + 2)$ (万元/辆)，求总成本函数 $C(x)$；如果每辆汽车规定的售价为 22 万元，且汽车可以全部售出，求总利润函数 $L(x)$，并求每年生产多少辆时才能获得最大利润.

9. 已知生产某产品 x 单位时的边际收入为 $R'(x) = 120 - 2x$ (元/单位)，求生产 40 单位时的总收入，并求再多生产 10 个单位时所增加的总收入.

10. 某副食品企业将投资 400 万元生产一种酱油，假设在投资的前 10 年该企业以每年 200 万元的速度均匀地收回资金，且按年利率 5% 的连续复利计算，试计算该项投资收入的现值及投资回收期.

第五章自测题

第六章

多元函数微积分

6

　　在前面几章中，我们学习了一元函数的微积分．而在现实生活中影响经济活动的因素通常是多角度、多方位的，因此，一般的经济函数中都含有两个或更多个自变量，称之为多元函数．其中，含有两个变量的二元函数相对于一元函数，最大的变化是自变量变化方式 $(x \to x_0)$ 由有限种变为无限种，因此引起了微积分研究的一系列变化．而由二元函数到更多元函数的微积分研究并无多大变化，因此，我们将侧重于二元函数微积分的介绍和研究．在此基础上，读者可以自行将相关内容扩展到三元及以上函数．二元函数常用空间直角坐标系来研究，故本章先介绍空间直角坐标系，然后讨论多元函数的偏导数、全微分、条件极值及二重积分的计算等．

　　多元函数微积分在现代经济学、管理学等很多领域应用广泛，如边际、偏弹性以及利润最大值、消费者均衡、决策等问题．例如，2023年 1 月 18 日，国务院新闻办公室举行新闻发布会．工业和信息化部新闻发言人在会上表示，2022 年我国新能源汽车产销分别完成了 705.8 万辆和 688.7 万辆，同比分别增长了 96.9% 和 93.4%，连续 8 年保持全球第一．某汽车生产企业计划 2023 年生产一批性能更高的新能源汽车，但需要投入某种特殊原料，因此与 2022 年款汽车相比，该汽车的销售价格略高．当消费者收入不变时，汽车的销售价格对销售量的影响有多大？为了鼓励人们购买新能源汽车，若政府有新能源补贴政策，又将对销售量带来多大影响？若要解决此问题，就需先找到汽车销售量 Q 与其销售价格 P、消费者收入 x 等之间的关系，即将 Q 表示为包含 P, x 等多个变量的多元函数，然后利用多元函数的微分理论分析得到结论．

§6.1 空间直角坐标系

空间解析几何是多元函数微积分的基础, 引入坐标系后, 不仅可以利用代数方法来研究几何问题, 还可以利用几何直观简化抽象的数学推导. 本节首先介绍空间直角坐标系, 然后利用坐标讨论空间曲面、空间曲线.

一、空间直角坐标系

1. 空间直角坐标系的建立

在平面解析几何中, 我们建立了平面直角坐标系, 即平面上的点与有序数组 (x, y) 之间建立一一对应关系. 同样, 利用空间直角坐标系, 可以建立空间任意一点与三元有序实数组 (x, y, z) 之间的一一对应关系.

在空间选定一点 O 作为原点, 过原点 O 作三条两两垂直且**单位长度相同**的数轴, 分别标为 x 轴 (横轴), y 轴 (纵轴), z 轴 (竖轴), 统称为**坐标轴**. 它们构成一个**空间直角坐标系** $Oxyz$. 它们的正向通常符合右手定则, 即以右手握住 z 轴, 右手的四个手指从 x 轴的正向以 $\dfrac{\pi}{2}$ 角度转向 y 轴正向时, 大拇指的指向就是 z 轴的正向 (图 6.1).

三条坐标轴中每两条可以确定一个平面, 即**坐标面**, 由 x 轴和 y 轴确定的坐标面称为 xOy 面, 类似地还有 yOz 面, zOx 面. 三个坐标面将空间分成八个部分, 每个部分称为一个卦限, 共八个卦限, 分别用罗马数字 I, II, $\cdots$, VIII 表示, 其中, $x > 0, y > 0$, $z > 0$ 的部分为第 I 卦限, 第 II, III, IV 卦限在 xOy 平面的上方, 按逆时针方向排定; 第 V, VI, VII, VIII 卦限在 xOy 平面的下方, 由第 I 卦限正下方的第 V 卦限起按逆时针方向排定 (图 6.2).

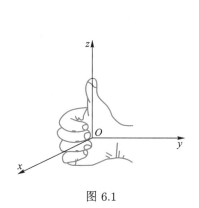

图 6.1

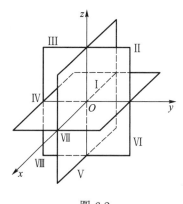

图 6.2

187

2. 空间坐标系中的点与三元有序数组的对应

设点 M 是空间中的任意一点 (图 6.3), 过 M 分别作垂直于 x 轴、y 轴和 z 轴的平面, 它们分别与 x 轴、y 轴和 z 轴交于 P, Q, R 三个点. 设 P, Q, R 三点在三条坐标轴上的坐标分别是 x, y 和 z, 那么空间上的任一点 M 就唯一地确定了一个有序数组 (x, y, z). 反之, 给定一个有序数组 (x, y, z), 可依次在 x 轴, y 轴和 z 轴上找到坐标分别为 x, y 和 z 的三点 P, Q, R, 过这三点分别作垂直于 x 轴、y 轴和 z 轴的平面, 这三个平面的交点就是该有序数组所唯一确定的点 M, 其中 x, y 和 z 依次称为点 M 的**横坐标**, **纵坐标和竖坐标**. 坐标为 x, y 和 z 的点 M 通常记作 $M(x, y, z)$. 这样, 在空间直角坐标系 $Oxyz$ 中,

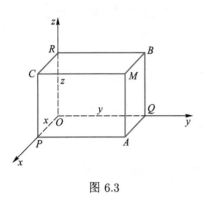

图 6.3

空间中任意一点 M 与有序数组 (x, y, z) 之间建立了一一对应关系.

坐标轴和坐标面上的点的坐标各有一定的特点. 例如, x 轴、y 轴、z 轴上的点的坐标分别为 $(x, 0, 0)$, $(0, y, 0)$, $(0, 0, z)$. 同理, xOy 面上点的坐标为 $(x, y, 0)$, yOz 面上点的坐标为 $(0, y, z)$, zOx 面上点的坐标为 $(x, 0, z)$.

二、向量及其线性运算

1. 向量的概念

在日常生活中有这样一类量, 它们既有大小, 又有方向, 如位移、力等, 这一类量叫做**向量** (或**矢量**). 矢量经济学作为一个经济学思维角度由来已久, 维尔弗雷多·帕累托、肯尼斯·约瑟夫·阿罗和德布鲁等经济学家利用经济元素矢量、集合论的知识研究、分析经济问题, 并试图求出其最大化效率中的经济矢量, 这说明经济元素矢量早已纳入经济学的轨道.

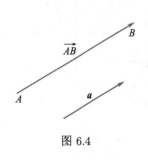

图 6.4

向量有大小和方向, 因此可用有向线段来表示向量. 有向线段的长度表示向量的大小, 有向线段的方向表示向量的方向. 以 A 为起点、B 为终点的有向线段所表示的向量记作 $\overrightarrow{AB}$(图 6.4). 有时也用一个黑体字母或者用一个上面加箭头的字母来表示向量, 例如 $\boldsymbol{a}$, $\boldsymbol{b}$, $\boldsymbol{F}$ 或 $\vec{a}, \vec{b}, \vec{F}$ 等.

向量 $\overrightarrow{AB}$ 的大小，叫做向量的**模**，记作 $|\overrightarrow{AB}|$．特别地，模为 1 的向量称为**单位向量**．例如 $i = (1,0,0), j = (0,1,0), k = (0,0,1)$ 分别是 x 轴、y 轴、z 轴上的单位向量．模为 0 的向量称为**零向量**，记作 $\mathbf{0}$ 或 $\overrightarrow{0}$．零向量的方向可看作任意方向．

在解析几何中研究的向量只考虑其模和方向，与始点和终点无关，称这种向量为**自由向量** (简称向量)．如果两个向量 a 和 b 的大小相等，且方向相同，则称向量 a 和 b 是**相等**的，记作 $a = b$，即经过平行移动后能完全重合的向量是相等的．

与向量 a 的模相等而方向相反的向量，称为 a 的**负向量**，记作 $-a$，显然有 $-(-a) = a$．向量 a 与 b 方向相同或相反时，称向量 a 与 b **平行或共线**，记作 $a // b$．

2. 向量线性运算

(1) 向量的加减法

设 a, b 是两个非零向量，a 和 b 不共线，则以 A 为公共起点、a, b 为两边的平行四边形的对角线向量 c，称为向量 a, b 之和，记作 $c = a + b$．这种方法称为向量加法的**平行四边形法则** (图 6.5(a))．向量加法还可用三角形法则定义：即将向量 a 与 b 平行移动，使 b 的起点与 a 的终点重合，从 a 的起点到 b 的终点的向量 c 即为向量 $a + b$ (图 6.5(b))．

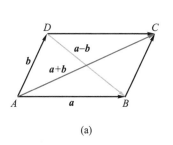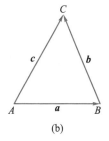

(a) (b)

图 6.5

向量的减法规定为 $a - b = a + (-b)$．

(2) 向量的数乘

向量 a 与实数 λ 的乘积是一个与向量 a 共线的向量，记作 λa，并且规定：它的模 $|\lambda a| = |\lambda|\,|a|$；当 $\lambda > 0$ 时，λa 与 a 方向相同；当 $\lambda < 0$ 时，λa 与 a 方向相反；当 $\lambda = 0$ 或 $a = \mathbf{0}$ 时，λa 为零向量．

向量的加法与数乘运算统称为**向量的线性运算**．

当 $a \neq \mathbf{0}$ 时，因为 $|a| > 0$，则 $\dfrac{a}{|a|}$ 与 a 同方向，而且 $\left|\dfrac{a}{|a|}\right| = \dfrac{|a|}{|a|} = 1$，所以 $\dfrac{a}{|a|}$

是与 a 同方向的单位向量，称为 a 的**单位向量**，记为 $e_a = \dfrac{a}{|a|}$.

由向量的数乘的概念，我们可得到两个非零向量共线的充要条件.

定理 1　两个非零向量 a 和 b 共线的充要条件是 $b = \lambda a$，其中数 λ 由 a, b 唯一确定.

证　必要性. 设 $a // b$，若 a, b 同方向，取 $\lambda = \dfrac{|b|}{|a|}$，则 $b = \lambda a$；若 a, b 反向，取 $\lambda = -\dfrac{|b|}{|a|}$，则 $b = \lambda a$.

充分性. 设 $b = \lambda a$，由向量的数乘的定义知，a 与 b 同向或反向，故 $a // b$.

再证 λ 的唯一性. 事实上，若存在另一实数 μ，使 $b = \mu a$，则有 $\lambda a = \mu a$，即 $(\lambda - \mu)a = \mathbf{0}$. 因为 $a \neq \mathbf{0}$，所以有 $\lambda - \mu = 0$，即 $\lambda = \mu$.

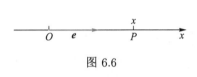

图 6.6

定理 1 是建立数轴的理论依据. 一个单位向量既确定了方向，又确定了单位长度，因此给定一个点及一个单位向量就可以确定一条数轴，设点 O 及单位向量 e 确定了数轴 Ox(图 6.6)，则对于数轴上任一点 P，对应着一个向量 $\overrightarrow{OP}$. 由于 $\overrightarrow{OP} // e$，故存在唯一的实数 x，使得 $\overrightarrow{OP} = xe$，即 $\overrightarrow{OP}$ 与实数 x 一一对应. 于是

$$\text{点 } P \longleftrightarrow \text{向量 } \overrightarrow{OP} = xe \longleftrightarrow \text{实数 } x.$$

3. 向量的坐标

向量的运算仅用几何方法来研究有诸多不便，还需将向量代数化，即建立向量与有序数组之间的对应关系，通过数组之间的运算来解决向量的运算问题.

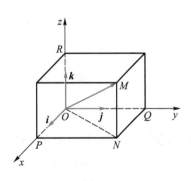

图 6.7

在空间直角坐标系中，任给空间一向量 r，作向量 $\overrightarrow{OM} = r$，设点 M 的坐标为 (x, y, z). 过点 M 作三条坐标轴的垂直平面，与 x 轴、y 轴、z 轴的交点分别为 P, Q, R (图 6.7). 由向量的加法法则，有

$$r = \overrightarrow{OM} = \overrightarrow{ON} + \overrightarrow{NM} = \overrightarrow{OP} + \overrightarrow{OQ} + \overrightarrow{OR}.$$

由定理 1，得

$$\overrightarrow{OP} = x\mathbf{i}, \quad \overrightarrow{OQ} = y\mathbf{j}, \quad \overrightarrow{OR} = z\mathbf{k},$$

从而 $r = \overrightarrow{OM} = x\mathbf{i} + y\mathbf{j} + z\mathbf{k}$，称为向量 r 的**坐标分解式**. $x\mathbf{i}, y\mathbf{j}, z\mathbf{k}$ 分别称为向量 r 沿 x 轴、y 轴、z 轴方向的**分向量**.

从上面可以看出，点 M 及向量 r 与三个有序数 x,y,z 之间存在一一对应关系，我们称有序数 x,y,z 为向量 r 的坐标，记为 $r = (x, y, z)$. 向量 $r = \overrightarrow{OM}$ 称为点 M 关于**原点 O 的向径**. 上述定义表明，一个点与该点的向径有相同的坐标. 记号 (x, y, z) 既表示点 M，又表示向量 $\overrightarrow{OM}$.

设向量 $r = (x, y, z)$，如图 6.7 所示，有 $r = \overrightarrow{OM} = \overrightarrow{OP} + \overrightarrow{OQ} + \overrightarrow{OR}$，由勾股定理可得

$$|r| = |\overrightarrow{OM}| = \sqrt{|\overrightarrow{OP}|^2 + |\overrightarrow{OQ}|^2 + |\overrightarrow{OR}|^2}.$$

由于 $\overrightarrow{OP} = xi$, $\overrightarrow{OQ} = yj$, $\overrightarrow{OR} = zk$, 得 $|\overrightarrow{OP}| = |x|$, $|\overrightarrow{OQ}| = |y|$, $|\overrightarrow{OR}| = |z|$, 于是向量 r 的模为 $|r| = \sqrt{x^2 + y^2 + z^2}$.

设有点 $A(x_1, y_1, z_1)$ 和点 $B(x_2, y_2, z_2)$，则向量 $\overrightarrow{AB}$ 的模就是**点 A 与点 B 之间的距离** $|AB|$. 由

$$\overrightarrow{AB} = \overrightarrow{OB} - \overrightarrow{OA} = (x_2, y_2, z_2) - (x_1, y_1, z_1)$$

$$= (x_2 - x_1, y_2 - y_1, z_2 - z_1),$$

即得 A 与 B 两点间的距离

$$|AB| = |\overrightarrow{AB}| = \sqrt{(x_2 - x_1)^2 + (y_2 - y_1)^2 + (z_2 - z_1)^2}.$$

利用向量的坐标和运算规律，可以将向量的加减法、向量的数乘以及数量积、向量积等用坐标表示出来.

设两个向量 $a = (a_x, a_y, a_z)$, $b = (b_x, b_y, b_z)$，即

$$a = a_x i + a_y j + a_z k, \quad b = b_x i + b_y j + b_z k,$$

则两个向量的加减法为

$$a \pm b = (a_x \pm b_x)i + (a_y \pm b_y)j + (a_z \pm b_z)k$$

$$= (a_x \pm b_x, a_y \pm b_y, a_z \pm b_z).$$

向量 $a = (a_x, a_y, a_z)$ 与数 λ 的**乘积** λa 为

$$\lambda a = \lambda a_x i + \lambda a_y j + \lambda a_z k = (\lambda a_x, \lambda a_y, \lambda a_z) \quad (\lambda \text{为实数}).$$

例 1 已知两点 $A(1, 2, 3)$ 和 $B(4, 2, 6)$，求与向量 $\overrightarrow{AB}$ 平行的单位向量 $e_{\overrightarrow{AB}}$.

解 由于

$$\overrightarrow{AB} = \overrightarrow{OB} - \overrightarrow{OA} = (4, 2, 6) - (1, 2, 3) = (3, 0, 3),$$

$$|\overrightarrow{AB}| = \sqrt{3^2 + 0^2 + 3^2} = 3\sqrt{2},$$

所以

$$e_{\overrightarrow{AB}} = \pm\frac{\overrightarrow{AB}}{|\overrightarrow{AB}|} = \pm\frac{(3, 0, 3)}{3\sqrt{2}} = \pm\frac{\sqrt{2}}{2}(1, 0, 1).$$

思考题 6–1 如何求与向量 $\overrightarrow{AB}$ 同向的单位向量?

4. 方向角与方向余弦

设非零向量 $r = (x, y, z)$, 作 $\overrightarrow{OM} = r$, 向量 r 与三条坐标轴正方向的夹角 (简称夹角)α, β, γ 称为向量 r 的**方向角**, 称 $\cos\alpha$, $\cos\beta$, $\cos\gamma$ 为向量 r 的**方向余弦**, 如图 6.8 所示.

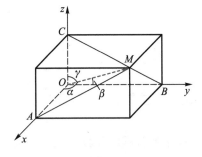

图 6.8

在 $\triangle OAM, \triangle OBM, \triangle OCM$(它们都是直角三角形) 中, 有

$$\cos\alpha = \frac{x}{|r|} = \frac{x}{\sqrt{x^2 + y^2 + z^2}},$$

$$\cos\beta = \frac{y}{|r|} = \frac{y}{\sqrt{x^2 + y^2 + z^2}},$$

$$\cos\gamma = \frac{z}{|r|} = \frac{z}{\sqrt{x^2 + y^2 + z^2}}.$$

显然

$$\cos^2\alpha + \cos^2\beta + \cos^2\gamma = 1,$$

这说明方向余弦 $\cos\alpha, \cos\beta, \cos\gamma$(或方向角 α, β, γ) 不是相互独立的. 又

$$(\cos\alpha, \cos\beta, \cos\gamma) = \frac{1}{|r|}(x, y, z) = \frac{r}{|r|} = e_r, \tag{6.1}$$

即向量 $(\cos\alpha, \cos\beta, \cos\gamma)$ 是非零向量 r 的单位向量.

例 2 设点 A 位于第 I 卦限, 向量 $\overrightarrow{OA}$ 与 x 轴、y 轴的夹角分别是 $\frac{\pi}{3}$ 和 $\frac{\pi}{4}$, $|\overrightarrow{OA}| = 6$, 求点 A 的坐标.

解 设向量 $\overrightarrow{OA}$ 与 x 轴、y 轴、z 轴的夹角分别为 α, β, γ. 已知 $\alpha = \frac{\pi}{3}$, $\beta = \frac{\pi}{4}$, 则 $\cos\alpha = \frac{1}{2}$, $\cos\beta = \frac{\sqrt{2}}{2}$. 因为

$$\cos^2\alpha + \cos^2\beta + \cos^2\gamma = 1,$$

所以 $\cos\gamma = \pm\dfrac{1}{2}$. 而点 A 位于第 I 卦限，所以 $\cos\gamma = \dfrac{1}{2}$，得

$$\overrightarrow{OA} = |\overrightarrow{OA}|\boldsymbol{e}_{\overrightarrow{OA}} = |\overrightarrow{OA}|\left(\cos\alpha, \cos\beta, \cos\gamma\right)$$

$$= 6\left(\dfrac{1}{2}, \dfrac{\sqrt{2}}{2}, \dfrac{1}{2}\right) = \left(3, 3\sqrt{2}, 3\right),$$

所以点 A 的坐标为 $(3, 3\sqrt{2}, 3)$.

* 三、数量积和向量积

1. 数量积

两个向量 $\boldsymbol{a}$, $\boldsymbol{b}$ 的**数量积** (**点积或标量积**)，是**欧几里得空间的标准内积**，其定义为

$$\boldsymbol{a} \cdot \boldsymbol{b} = |\boldsymbol{a}|\,|\boldsymbol{b}|\cos(\widehat{\boldsymbol{a}, \boldsymbol{b}}),$$

其中 $\theta = (\widehat{\boldsymbol{a}, \boldsymbol{b}})(\theta \in [0, \pi])$ 表示向量 $\boldsymbol{a}$ 与向量 $\boldsymbol{b}$ 的夹角.

数量积满足下列运算规律：

(1) 交换律: $\boldsymbol{a} \cdot \boldsymbol{b} = \boldsymbol{b} \cdot \boldsymbol{a}$;

(2) 分配律: $(\boldsymbol{a} + \boldsymbol{b}) \cdot \boldsymbol{c} = \boldsymbol{a} \cdot \boldsymbol{c} + \boldsymbol{b} \cdot \boldsymbol{c}$;

(3) 结合律: $\lambda(\boldsymbol{a} \cdot \boldsymbol{b}) = (\lambda\boldsymbol{a}) \cdot \boldsymbol{b} = \boldsymbol{a} \cdot (\lambda\boldsymbol{b})(\lambda$ 为实数).

向量 $\boldsymbol{a} = (a_x, a_y, a_z)$ 与向量 $\boldsymbol{b} = (b_x, b_y, b_z)$ 的数量积可以利用坐标表示，即

$$\boldsymbol{a} \cdot \boldsymbol{b} = (a_x\boldsymbol{i} + a_y\boldsymbol{j} + a_z\boldsymbol{k}) \cdot (b_x\boldsymbol{i} + b_y\boldsymbol{j} + b_z\boldsymbol{k})$$

$$= a_xb_x\boldsymbol{i} \cdot \boldsymbol{i} + a_xb_y\boldsymbol{i} \cdot \boldsymbol{j} + a_xb_z\boldsymbol{i} \cdot \boldsymbol{k} +$$

$$a_yb_x\boldsymbol{j} \cdot \boldsymbol{i} + a_yb_y\boldsymbol{j} \cdot \boldsymbol{j} + a_yb_z\boldsymbol{j} \cdot \boldsymbol{k} +$$

$$a_zb_x\boldsymbol{k} \cdot \boldsymbol{i} + a_zb_y\boldsymbol{k} \cdot \boldsymbol{j} + a_zb_z\boldsymbol{k} \cdot \boldsymbol{k}$$

$$= a_xb_x + a_yb_y + a_zb_z,$$

其中由于 $\boldsymbol{i}, \boldsymbol{j}, \boldsymbol{k}$ 是两两垂直的单位向量，从而有

$$\boldsymbol{i} \cdot \boldsymbol{j} = \boldsymbol{j} \cdot \boldsymbol{k} = \boldsymbol{k} \cdot \boldsymbol{i} = 0, \quad \boldsymbol{i} \cdot \boldsymbol{i} = \boldsymbol{j} \cdot \boldsymbol{j} = \boldsymbol{k} \cdot \boldsymbol{k} = 1.$$

由向量的数量积定义及坐标计算公式，得两个非零向量 $\boldsymbol{a} = (a_x, a_y, a_z)$, $\boldsymbol{b} = (b_x, b_y, b_z)$ 之间的**夹角** θ 满足

$$\cos\theta = \cos(\widehat{\boldsymbol{a}, \boldsymbol{b}}) = \frac{\boldsymbol{a} \cdot \boldsymbol{b}}{|\boldsymbol{a}|\,|\boldsymbol{b}|} = \frac{a_xb_x + a_yb_y + a_zb_z}{\sqrt{a_x^2 + a_y^2 + a_z^2} \cdot \sqrt{b_x^2 + b_y^2 + b_z^2}}.$$

同样地，两个非零向量 $a = (a_x, a_y, a_z)$，$b = (b_x, b_y, b_z)$ **垂直** (即 $a \perp b$) 的充要条件是

$$a \cdot b = a_x b_x + a_y b_y + a_z b_z = 0.$$

由定理 1 及向量的数乘公式得，两个非零向量 $a = (a_x, a_y, a_z)$，$b = (b_x, b_y, b_z)$ 平行的充要条件是存在常数 λ，使得 $b = \lambda a$，于是有

$$b_x = \lambda a_x, \ b_y = \lambda a_y, \ b_z = \lambda a_z, \quad 即 \quad \frac{b_x}{a_x} = \frac{b_y}{a_y} = \frac{b_z}{a_z}.$$

注 任意两个向量 a 和 b 平行的充要条件是存在不全为零的两个数 λ, μ，使得 $\lambda a + \mu b = 0$.

*2. 向量积

两个向量 a，b 的**向量积 (叉积)** 是一个向量，记作 $c = a \times b$，它的模长为

$$|c| = |a \times b| = |a| \, |b| \sin(\widehat{a, b}),$$

它的方向与向量 a 和向量 b 同时垂直，且以向量 a, b, c 的顺序符合右手定则 (图 6.9).

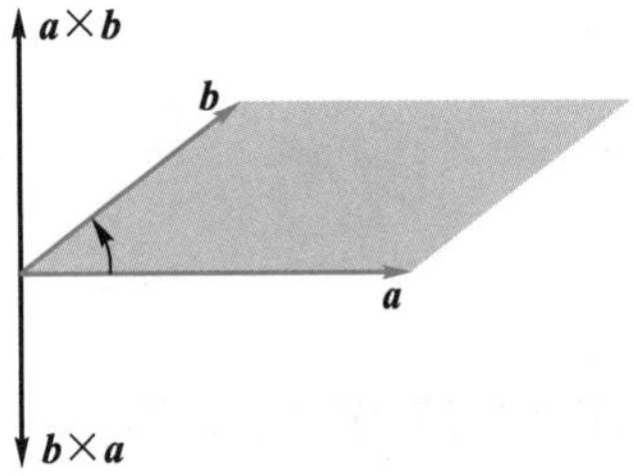

图 6.9

根据向量积的定义，可以推得以下结论：

(1) $a \times a = 0$;

(2) 设 a, b 为两个非零向量，则 $a /\!/ b$ 的充要条件是 $a \times b = 0$;

(3) $a \times b$ 的模在数值上等于以 a, b 为邻边的平行四边形的面积;

(4) 向量积满足下列运算律:

反交换律: $a \times b = -(b \times a)$;

分配律: $(a + b) \times c = a \times c + b \times c$;

结合律: $\lambda(a \times b) = (\lambda a) \times b = a \times (\lambda b)$.

由向量积的运算规律可得其坐标表达式, 设 $a = a_x i + a_y j + a_z k$, $b = b_x i + b_y j + b_z k$, 则

$$a \times b = (a_x i + a_y j + a_z k) \times (b_x i + b_y j + b_z k)$$

$$= a_x b_x i \times i + a_x b_y i \times j + a_x b_z i \times k +$$

$$a_y b_x j \times i + a_y b_y j \times j + a_y b_z j \times k +$$

$$a_z b_x k \times i + a_z b_y k \times j + a_z b_z k \times k$$

$$= (a_y b_z - a_z b_y)\boldsymbol{i} + (a_z b_x - a_x b_z)\boldsymbol{j} + (a_x b_y - a_y b_x)\boldsymbol{k},$$

其中,

$$\boldsymbol{i} \times \boldsymbol{i} = \boldsymbol{j} \times \boldsymbol{j} = \boldsymbol{k} \times \boldsymbol{k} = \boldsymbol{0}, \ \ \boldsymbol{i} \times \boldsymbol{j} = \boldsymbol{k}, \ \ \boldsymbol{j} \times \boldsymbol{k} = \boldsymbol{i}, \ \ \boldsymbol{k} \times \boldsymbol{i} = \boldsymbol{j}.$$

为了便于记忆, 利用三阶行列式按第一行展开, 上述向量积可记为

$$\boldsymbol{a} \times \boldsymbol{b} = \begin{vmatrix} a_y & a_z \\ b_y & b_z \end{vmatrix} \boldsymbol{i} + \begin{vmatrix} a_z & a_x \\ b_z & b_x \end{vmatrix} \boldsymbol{j} + \begin{vmatrix} a_x & a_y \\ b_x & b_y \end{vmatrix} \boldsymbol{k} = \begin{vmatrix} \boldsymbol{i} & \boldsymbol{j} & \boldsymbol{k} \\ a_x & a_y & a_z \\ b_x & b_y & b_z \end{vmatrix}.$$

行列式及克拉默法则简介

四、平面方程

平面是空间中最简单但最重要的曲面. 下面介绍平面方程.

由几何直观易知, 过空间某定点且与一个非零向量垂直, 可唯一确定一个平面. 通常称垂直于平面的非零向量为该**平面的法线向量**, 简称**法向量**. 显然, 平面内的任一向量都与该平面的法线向量垂直.

设平面 Π 过点 $M_0(x_0, y_0, z_0)$, 法线向量 $\boldsymbol{n} = (A, B, C)$, 下面建立平面 Π 的方程. 设 $M(x, y, z)$ 是平面 Π 上的任一点 (图 6.10), 向量 $\overrightarrow{M_0M} = (x - x_0, y - y_0, z - z_0)$. 由于 $\overrightarrow{M_0M} \perp \boldsymbol{n}$, 即 $\overrightarrow{M_0M} \cdot \boldsymbol{n} = 0$, 则有平面的点法式方程

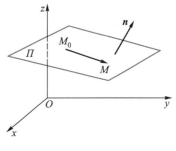

图 6.10

$$A(x - x_0) + B(y - y_0) + C(z - z_0) = 0. \tag{6.2}$$

由 (6.2) 式, 很容易得到

$$Ax + By + Cz + D = 0, \tag{6.3}$$

其中 $D = -Ax_0 - By_0 - Cz_0$, 空间中任一平面都可以用 (6.3) 式的三元一次方程来表示. 反过来, 任一个三元一次方程的图形都是一个平面. 方程 (6.3) 称为**平面的一般式方程**.

平面的一般式方程有几种特殊情形:

(1) 若 $D = 0$, 则 $Ax + By + Cz = 0$, 它表示过坐标原点的平面.

(2) 若 $A = 0$，则 $By + Cz + D = 0$，它的法向量 $\boldsymbol{n} = (0, B, C)$ 垂直于 x 轴，故它表示平行于 x 轴的平面. 同理，方程 $Ax + Cz + D = 0$ 和 $Ax + By + D = 0$ 分别表示平行于 y 轴和 z 轴的平面.

(3) 若 $A = B = 0$，则 $Cz + D = 0$，它的法向量 $\boldsymbol{n} = (0, 0, C)$ 垂直于 xOy 面，故它表示平行于 xOy 面的平面. 类似地，方程 $Ax + D = 0$ 和 $By + D = 0$ 分别表示平行于 yOz 面和 zOx 面的平面.

(4) 若 $A = B = D = 0$，则 $z = 0$，它是 xOy 面，而方程 $x = 0$ 和 $y = 0$ 分别为 yOz 面和 zOx 面.

例 3 求通过 x 轴和点 $(2, -3, 1)$ 的平面的方程.

解 由于平面通过 x 轴，可以假设所求平面的方程为 $By + Cz = 0$ (B, C 不同时为 0). 又平面通过点 $(2, -3, 1)$，代入有 $-3B + C = 0$，即 $C = 3B$. 从而得到所求平面的方程为

$$y + 3z = 0.$$

例 4 设一个平面与 x 轴、y 轴和 z 轴的交点依次为 $P(a, 0, 0)$，$Q(0, b, 0)$，$R(0, 0, c)$，$abc \neq 0$，求这个平面的方程.

解 设所求平面的一般式方程为

$$Ax + By + Cz + D = 0.$$

因为 $P(a, 0, 0)$，$Q(0, b, 0)$，$R(0, 0, c)$ 三点都在所求平面上，所以三点的坐标都满足平面的方程，即有

$$\begin{cases} aA + D = 0, \\ bB + D = 0, \\ cC + D = 0, \end{cases}$$

因 $abc \neq 0$，得 $A = -\dfrac{D}{a}$，$B = -\dfrac{D}{b}$，$C = -\dfrac{D}{c}$，且 $D \neq 0$. 代入所设平面的方程，可得

$$\frac{x}{a} + \frac{y}{b} + \frac{z}{c} = 1. \tag{6.4}$$

方程 (6.4) 称为**平面的截距式方程**，而 a，b，c 依次称为平面在 x 轴、y 轴、z 轴上的**截距**.

五、空间直线方程

空间直线是最简单但最重要的一种空间曲线.

1. 空间直线的一般式方程

空间直线 L 可看成两个相交平面的交线 (图 6.11). 设两个相交平面 Π_1 和 Π_2, 其方程分别为

$$\Pi_1 : A_1 x + B_1 y + C_1 z + D_1 = 0,$$

$$\Pi_2 : A_2 x + B_2 y + C_2 z + D_2 = 0$$

则联立方程组

$$\begin{cases} A_1 x + B_1 y + C_1 z + D_1 = 0, \\ A_2 x + B_2 y + C_2 z + D_2 = 0 \end{cases} \tag{6.5}$$

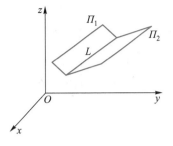

图 6.11

即为两个平面的交线 L 的方程, 方程组 (6.5) 称为**空间直线的一般式方程**, 其中 $\boldsymbol{n}_1 = (A_1, B_1, C_1)$ 与 $\boldsymbol{n}_2 = (A_2, B_2, C_2)$ 不平行.

通过空间一条直线 L 的平面有无限多个, 只要在这无限多个平面中任取两个平面, 将它们的方程联立起来, 都可作为空间直线 L 的一般式方程.

2. 空间直线的参数方程与对称性方程

过空间一点有且仅有一条直线与已知直线 L 平行, 故空间直线 L 可以由其上一点以及与它平行的非零向量唯一确定. 称这个与已知直线 L 平行的非零向量为**直线 L 的方向向量**.

若给定直线 L 上一点 $M_0(x_0, y_0, z_0)$ 和它的一个方向向量 $\boldsymbol{s} = (m, n, p)$, 则直线 L 的位置就唯一确定了. 现在来建立这条直线的方程.

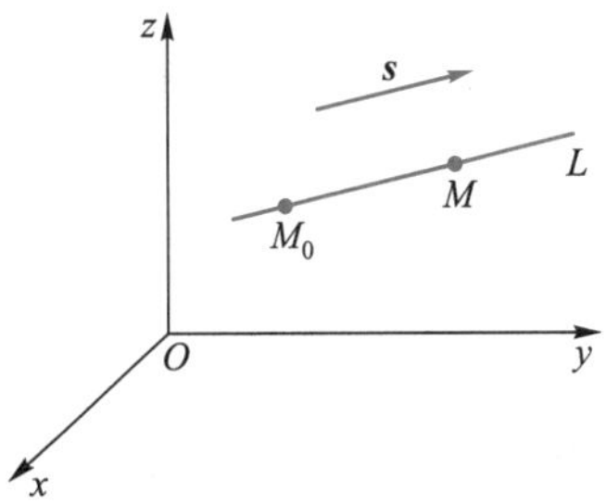

如图 6.12 所示, 设点 $M(x, y, z)$ 是直线 L 上任一点, 向量 $\overrightarrow{M_0 M} /\!/ \boldsymbol{s}$, 由 §6.1 中的定理 1 知, 存在唯一实数 t, 使 $\overrightarrow{M_0 M} = t\boldsymbol{s}$. 由于 $\overrightarrow{M_0 M} = (x - x_0, y - y_0, z - z_0)$, $t\boldsymbol{s} = (tm, tn, tp)$, 从而有

图 6.12

$$\begin{cases} x = x_0 + mt, \\ y = y_0 + nt, \\ z = z_0 + pt. \end{cases} \tag{6.6}$$

称 (6.6) 式为**直线 L 的参数式方程**, t 为参数.

从 (6.6) 式消去参数 t, 得

$$\frac{x - x_0}{m} = \frac{y - y_0}{n} = \frac{z - z_0}{p}. \tag{6.7}$$

称 (6.7) 式为**直线 L 的对称式方程或点向式方程**. 从 (6.7) 式易看出, 直线 L 过点 $M_0(x_0, y_0, z_0)$ 且其方向向量 $s = (m, n, p)$.

直线 L 的对称式方程实质上是包含两个一次方程的方程组 (假设 $n \neq 0$):

$$\begin{cases} \dfrac{x - x_0}{m} = \dfrac{y - y_0}{n}, \\ \dfrac{y - y_0}{n} = \dfrac{z - z_0}{p}. \end{cases}$$

因为方向向量 $s = (m, n, p)$ 是非零向量, 所以 m, n, p 不会同时为零, 但有可能出现其中一个或两个为零的情形. 例如,

(1) 当 $s = (0, n, p)$, 即 s 垂直于 x 轴时, 直线 L 的方程为

$$\frac{x - x_0}{0} = \frac{y - y_0}{n} = \frac{z - z_0}{p},$$

此时应理解为式子 $\dfrac{x - x_0}{0}$ 中分子也为零, 故直线 L 的方程可以记为

$$\begin{cases} x - x_0 = 0, \\ \dfrac{y - y_0}{n} = \dfrac{z - z_0}{p}, \end{cases}$$

这说明 L 是在平面 $x = x_0$ 内的一条直线;

(2) 当 m, n, p 中有两个为零时, 例如 $m = n = 0$, (6.7) 式应理解为

$$\begin{cases} x - x_0 = 0, \\ y - y_0 = 0, \end{cases}$$

这说明 L 是一条平行于 z 轴的直线.

例 5 已知一条直线 L 过点 $(2, -1, 4)$ 且平行于直线 $L_1: \dfrac{x - 1}{3} = \dfrac{y}{1} = \dfrac{z - 1}{2}$, 求直线 L 的一般式方程、参数式方程以及对称式方程.

解 已知直线 L_1 的方向向量 $s_1 = (3, 1, 2)$, 又因 $L /\!/ L_1$, 故直线 L 的方向向量为 $s = s_1 = (3, 1, 2)$. 因为直线 L 过点 $(2, -1, 4)$, 易得其对称式方程为

$$L: \frac{x - 2}{3} = \frac{y + 1}{1} = \frac{z - 4}{2}.$$

令上式等于 t，得直线 L 的参数方程为

$$\begin{cases} x = 2 + 3t, \\ y = -1 + t, \\ z = 4 + 2t. \end{cases}$$

由直线 L 的对称式方程，得

$$L: \begin{cases} \dfrac{x-2}{3} = \dfrac{y+1}{1}, \\ \dfrac{y+1}{1} = \dfrac{z-4}{2}, \end{cases}$$

整理得直线 L 的一般式方程

$$L: \begin{cases} x - 3y - 5 = 0, \\ 2y - z + 6 = 0. \end{cases}$$

习题 6.1

1. 求平行于向量 $\boldsymbol{a} = (6, 7, -6)$ 的单位向量.

2. 已知点 $M_1\left(2, 2, \sqrt{2}\right), M_2\left(1, 3, 0\right)$ 计算 $\overrightarrow{M_1 M_2}$ 的模长、方向余弦和方向角.

3. 已知 $\boldsymbol{a} = 2\boldsymbol{i} - 3\boldsymbol{j} + \boldsymbol{k}$, $\boldsymbol{b} = \boldsymbol{i} - \boldsymbol{j} + 3\boldsymbol{k}$, $\boldsymbol{c} = \boldsymbol{i} - 2\boldsymbol{j}$, 求:

(1) $(\boldsymbol{a} \cdot \boldsymbol{b})\,\boldsymbol{c} - (\boldsymbol{a} \cdot \boldsymbol{c})\,\boldsymbol{b}$;　　　(2) $(\boldsymbol{a} + 2\boldsymbol{b}) \cdot \boldsymbol{a}$;　　　(3) $\cos(\widehat{\boldsymbol{a}, \boldsymbol{b}})$.

4. 设向量 $\boldsymbol{a} = \alpha\boldsymbol{i} + 5\boldsymbol{j} - \boldsymbol{k}, \boldsymbol{b} = 3\boldsymbol{i} + \boldsymbol{j} + \gamma\boldsymbol{k}$ 共线, 求 α, γ.

5. 判断下列各组中两个平面的位置关系:

(1) $\varPi_1$: $x - 2y + z + 2 = 0$, $\varPi_2$: $y + 3z - 1 = 0$;

(2) $\varPi_1$: $3x - y + 2z - 1 = 0$, $\varPi_2$: $6x - 2y + 4z - 1 = 0$.

6. 求分别满足下列条件的平面方程:

(1) 过三点 $P(2, 3, 0), Q(-2, -3, 4), R(0, 6, 0)$;

(2) 过原点及点 $(6, -3, 2)$, 且与平面 $4x - y + 2z = 8$ 垂直;

(3) 过 z 轴及点 $(1, 1, 1)$;

(4) 过点 $(-2, 3, 0)$, 且与两平面 $x + 2y + 3z - 2 = 0$ 和 $6x - y + 5z + 2 = 0$ 均垂直.

7. 求过两点 $M_1(2, -1, 4)$ 和 $M_2(2, 3, -2)$ 的直线方程.

8. 用对称式方程及参数方程表示直线 $\begin{cases} x - y + z - 1 = 0, \\ 2x + y + z - 4 = 0. \end{cases}$

9. 求直线 $\dfrac{x-2}{1} = \dfrac{y-3}{1} = \dfrac{z-4}{2}$ 与平面 $2x + y + z - 6 = 0$ 的交点.

10. 问 k 为何值时,

(1) 直线 $\begin{cases} x = kz + 2, \\ y = 2kz + 4 \end{cases}$ 与平面 $x + y + z = 0$ 平行?

(2) 直线 $\begin{cases} x = z + k, \\ y = z \end{cases}$ 与直线 $\begin{cases} x = 2z + 1, \\ y = 3z + 2 \end{cases}$ 相交?

§6.2 空间曲面与空间曲线

在日常生活中, 我们常会看到各种曲面与曲线. 例如, 台灯灯罩、反光镜的镜面、一些建筑物的表面、弹簧线, 等等. 空间解析几何中, 将曲线看成动点的轨迹, 将曲面看成具有某种性质的动点或动曲线的轨迹.

一、空间曲面及其方程

1. 空间曲面

定义 1 空间直角坐标系中, 若曲面 S 上任一点的坐标 (x, y, z) 都满足方程 $F(x, y, z) = 0$, 而不在曲面 S 上的点的坐标不满足该方程, 则方程 $F(x, y, z) = 0$ 称为**曲面 S 的方程**, 而曲面 S 称为**方程 $F(x, y, z) = 0$ 的图形**.

例 1 求球心为 $M_0(x_0, y_0, z_0)$、半径为 R 的球面的方程.

解 设点 $M(x, y, z)$ 是球面上任意一点, 根据题意可得 $|MM_0| = R$. 因为

$$|MM_0| = \sqrt{(x - x_0)^2 + (y - y_0)^2 + (z - z_0)^2},$$

所以

$$(x - x_0)^2 + (y - y_0)^2 + (z - z_0)^2 = R^2. \tag{6.8}$$

这就是球面上点的坐标所满足的方程. 而不在球面上的点的坐标都不满足这个方程, 所以方程 (6.8) 就是球心为 $M_0(x_0, y_0, z_0)$、半径为 R 的球面的**标准方程**.

特别地, 当球心为坐标原点时, 球面方程为 $x^2 + y^2 + z^2 = R^2$.

由方程 (6.8) 的形式, 易得**球面方程的一般表达式**为三元二次方程

$$Ax^2 + Ay^2 + Az^2 + Dx + Ey + Fz + G = 0.$$

这个方程的特点是缺 xy, yz 和 zx 各项, 而且平方项系数相同.

2. 旋转曲面

定义 2 一条平面曲线绕其平面内的一条定直线旋转一周所生成的曲面称为**旋转曲面**, 这条平面曲线和定直线分别称为旋转曲面的**母线**和**轴**.

设在 yOz 坐标面上有一条曲线 C, 其方程为

$$\begin{cases} f(y, z) = 0, \\ x = 0. \end{cases}$$

将这条曲线绕 z 轴旋转一周, 就得到一个以 z 轴为轴的旋转曲面 (图 6.13). 下面我们来推导这个旋转曲面的方程.

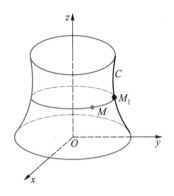

图 6.13

设 $M_1(0, y_1, z_1)$ 为曲线 C 上的任意一点, 则有

$$f(y_1, z_1) = 0.$$

当曲线 C 绕 z 轴旋转时, 点 M_1 绕 z 轴旋转到另外一点 $M(x, y, z)$, 这时 $z = z_1$ 保持不变, 且点 M 到 z 轴的距离与 M_1 到 z 轴的距离相等, 即 $\sqrt{x^2 + y^2} = |y_1|$.

将 $z = z_1$, $\sqrt{x^2 + y^2} = |y_1|$ 代入 $f(y_1, z_1) = 0$, 就有

$$f(\pm\sqrt{x^2 + y^2}, z) = 0,$$

这就是所得旋转曲面的方程.

由此可见, 在曲线 C 的方程 $f(y, z) = 0$ 中将 y 改成 $\pm\sqrt{x^2 + y^2}$, 便得到曲线 C 绕 z 轴旋转所生成的旋转曲面的方程.

同理, 曲线 C 绕 y 轴旋转所生成的旋转曲面的方程为

$$f(y, \pm\sqrt{x^2 + z^2}) = 0.$$

一般地, 坐标平面上的曲线 C 绕此坐标平面内一条坐标轴旋转时, 只要将曲线 C 在坐标平面内的方程保留与旋转轴同名的坐标, 而以另外两个坐标平方和的平方根代替方程中的另一坐标, 就得到该旋转曲面的方程.

例 2 求 yOz 平面内的直线 $L: z = ky$ 绕 z 轴旋转一周所生成的旋转曲面的方程 (图 6.14).

解 在 yOz 坐标面内, 直线 L 的方程为 $z = ky$. 因为旋转轴是 z 轴, 所以只要将方程 $z = ky$ 中的 y 改成 $\pm\sqrt{x^2 + y^2}$, 便得到圆锥面的方程

$$z = \pm k\sqrt{x^2 + y^2}, \quad \text{即} \quad z^2 = k^2(x^2 + y^2).$$

这个旋转曲面称为**圆锥面**.

例 3 将 zOx 坐标面内的抛物线 $z = ax^2$ 绕 z 轴旋转一周，求所生成的旋转曲面的方程.

解 绕 z 轴旋转一周所生成的旋转曲面的方程为 $z = a(x^2 + y^2)$，这个旋转曲面称为**旋转抛物面** (图 6.15).

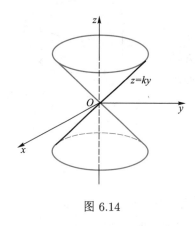

图 6.14

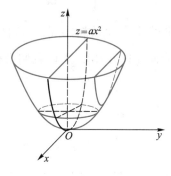

图 6.15

类似地，可以将 yoz 平面内的椭圆 $\dfrac{y^2}{a^2} + \dfrac{z^2}{c^2} = 1$ 绕 y 轴旋转一周得到**旋转椭球面** $\dfrac{x^2}{c^2} + \dfrac{y^2}{a^2} + \dfrac{z^2}{c^2} = 1$，$xOz$ 平面内的双曲线 $\dfrac{x^2}{a^2} - \dfrac{z^2}{c^2} = 1$ 分别绕 z 轴或 x 轴旋转一周得到**旋转单叶双曲面** $\dfrac{x^2 + y^2}{a^2} - \dfrac{z^2}{c^2} = 1$ 和**旋转双叶双曲面** $\dfrac{x^2}{a^2} - \dfrac{y^2 + z^2}{c^2} = 1$.

3. 柱面

一条动直线 L 沿定曲线 C 且平行于定直线移动所形成的轨迹称为**柱面** (图 6.16). 这条定曲线 C 称为柱面的**准线**，直线 L 称为柱面的**母线**.

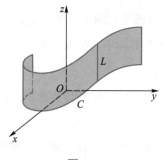

图 6.16

我们只讨论母线平行于坐标轴的柱面.

例 4 方程 $x^2 + y^2 = R^2$ 在空间中表示怎样的曲面.

解 在空间中，由于方程 $x^2 + y^2 = R^2$ 不含竖坐标 z，因此，对空间一点 (x, y, z)，不论其竖坐标 z 是什么，只要它的横坐标 x 和纵坐标 y 能满足方程，这一点就在此曲面上，即凡是通过 xOy 面内圆 $x^2 + y^2 = R^2$ 上一点 $M(x, y, 0)$，且平行于 z 轴的直线 L 都在该曲面上.

因此，该曲面可以看成平行于 z 轴的直线 L(母线) 沿着 xOy 面上的圆 $x^2 + y^2 = R^2$(准线) 移动而形成的，称该曲面为**圆柱面** (图 6.17(a)).

思考题 6–2 方程 $F(x, y) = 0$ 在平面直角坐标系和空间直角坐标系分别表示什么图形?

一般地，在空间中，不含 z 而仅含 x 和 y 的方程 $F(x, y) = 0$ 表示母线平行于 z 轴、准线为 xOy 面内的曲线 $F(x, y) = 0$ 的柱面.

同理，不含 y 而仅含 x 和 z 的方程 $G(x, z) = 0$ 在空间中表示母线平行于 y 轴、准线为 zOx 面内的曲线 $G(x, z) = 0$ 的柱面; 不含 x 而仅含 y 和 z 的方程 $H(y, z) = 0$ 在空间中表示母线平行于 x 轴、准线为 yOz 面内的曲线 $H(y, z) = 0$ 的柱面.

例如，方程 $y^2 = 2px(p > 0)$ 在空间中表示母线平行于 z 轴、准线为 xOy 面内的抛物线 $y^2 = 2px$ 的柱面，这个柱面称为**抛物柱面** (图 6.17(b)).

又如，方程 $x - y = 0$ 表示以 xOy 面内的直线 $x - y = 0$ 为准线、母线平行于 z 轴的柱面，这个柱面是一个平面 (图 6.17(c)).

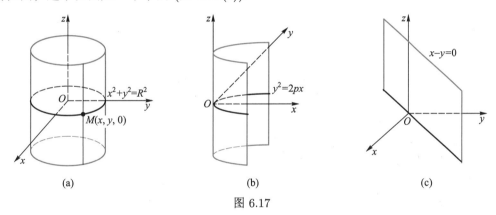

图 6.17

类似地，还有**椭圆柱面** $\dfrac{x^2}{a^2} + \dfrac{y^2}{b^2} = 1$(图 6.18) 和**双曲柱面** $\dfrac{x^2}{a^2} - \dfrac{y^2}{b^2} = 1$(图 6.19).

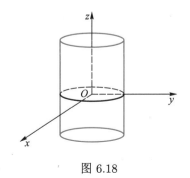

图 6.18

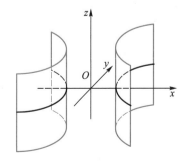

图 6.19

4. 二次曲面

与平面解析几何中规定的二次曲线类似，将关于 x, y, z 的三元二次方程所表示的曲面称为**二次曲面**. 将三元一次方程 $Ax + By + Cz + D = 0$ 所表示的曲面称为**一次曲面**，也就是平面.

二次曲面的几何性质一般可以通过截痕法和伸缩法获得. **截痕法**就是用坐标面或者平行于坐标面的平面与曲面相截，综合考察其交线 (截痕) 的变化，从而获得曲面全貌的方法. **伸缩法**就是沿某一坐标轴放大 (缩小) 变量的倍数，以此来判断方程几何性质的方法.

适当选取空间直角坐标系，可得二次曲面的九种标准方程.

(1) **椭球面** $\dfrac{x^2}{a^2} + \dfrac{y^2}{b^2} + \dfrac{z^2}{c^2} = 1 \, (a, b, c > 0)$.

将 yOz 面内的椭圆 $\dfrac{y^2}{b^2} + \dfrac{z^2}{c^2} = 1$ 绕 z 轴旋转一周，得到旋转椭球面，其方程为

$$\frac{x^2 + y^2}{b^2} + \frac{z^2}{c^2} = 1.$$

再将该旋转椭球面沿 x 轴方向伸缩 $\dfrac{a}{b}$ 倍，便得椭球面 $\dfrac{x^2}{a^2} + \dfrac{y^2}{b^2} + \dfrac{z^2}{c^2} = 1$，形状如图 6.20 所示.

类似地，利用旋转、伸缩变形也可以得到以下二次曲面.

(2) **二次锥面** $\dfrac{x^2}{a^2} + \dfrac{y^2}{b^2} - \dfrac{z^2}{c^2} = 0 \ (a, b, c > 0)$ (图 6.21).

(3) **单叶双曲面** $\dfrac{x^2}{a^2} + \dfrac{y^2}{b^2} - \dfrac{z^2}{c^2} = 1 \, (a, b, c > 0)$ (图 6.22).

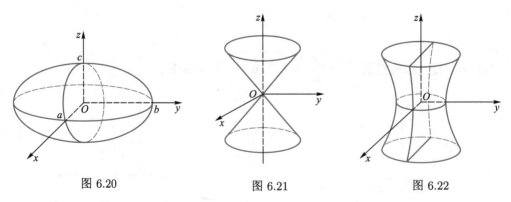

图 6.20   图 6.21   图 6.22

(4) **双叶双曲面** $\dfrac{x^2}{a^2} - \dfrac{y^2}{b^2} - \dfrac{z^2}{c^2} = 1 \, (a, b, c > 0)$ (图 6.23).

(5) **椭圆抛物面** $\dfrac{x^2}{a^2} + \dfrac{y^2}{b^2} = 2z \, (a, b > 0)$ (图 6.24).

(6) **双曲抛物面 (马鞍面)** $\dfrac{x^2}{a^2} - \dfrac{y^2}{b^2} = -2z\,(a,b>0)$(图 6.25).

(7) **二次柱面:** 椭圆柱面 $\dfrac{x^2}{a^2} + \dfrac{y^2}{b^2} = 1$、双曲柱面 $\dfrac{x^2}{a^2} - \dfrac{y^2}{b^2} = 1$ 和抛物柱面 $y^2 = 2px$.

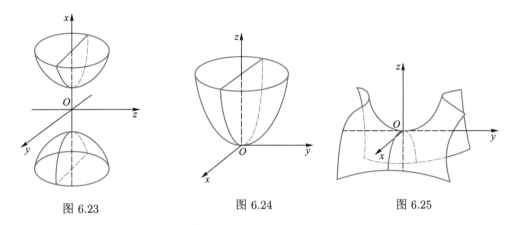

图 6.23   图 6.24   图 6.25

二、空间曲线及其方程

1. 空间曲线的一般方程

若曲面 $F(x,y,z) = 0$ 和 $G(x,y,z) = 0$ 的交线为 C, 则 C 的方程为

$$\begin{cases} F(x,y,z) = 0, \\ G(x,y,z) = 0. \end{cases} \tag{6.9}$$

(6.9) 式称为**空间曲线的一般方程**. 当然，在代数上要求方程组 (6.9) 的解集非空. 通过空间中一条曲线的曲面有无穷多个，因而一条空间曲线的一般方程不唯一.

例 5 方程组

$$\begin{cases} x^2 + y^2 + z^2 = a^2, \\ \left(x - \dfrac{a}{2}\right)^2 + y^2 = \dfrac{a^2}{4} \end{cases}$$

表示怎样的曲线?

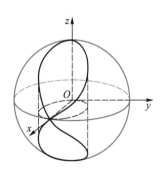

图 6.26

解 方程组中的第一个方程表示球心为原点 O、半径为 a 的球面; 第二个方程表示以 xOy 面上的圆 $\left(x - \dfrac{a}{2}\right)^2 + y^2 = \dfrac{a^2}{4}$ 为准线、母线平行于 z 轴的圆柱面, 故方程组表示球面与圆柱面的交线, 称为**维维亚尼曲线**, 如图 6.26 所示.

2. 空间曲线的参数方程

在空间直角坐标系中, 空间曲线也可以用参数方程来表示, 即将曲线上的点的直角坐标 x, y, z 分别表示为参数 t 的函数, 其一般形式是

$$\begin{cases} x = x(t), \\ y = y(t), \quad \alpha \leqslant t \leqslant \beta. \\ z = z(t), \end{cases}$$

这个方程组称为**空间曲线的参数方程**. 当给定 $t = t_1$ 时, 就得到曲线上的一个点 $P(x_1, y_1, z_1)$, 随着参数 t 在 $[\alpha, \beta]$ 上连续变化就可得到曲线上全部的点.

比如**螺旋线** (图 6.27) 的参数方程可以表示为

$$\begin{cases} x = a \cos \omega t, \\ y = a \sin \omega t, \\ z = vt, \end{cases}$$

其中时间 $t \geqslant 0$ 为参数, ω, v 分别表示动点绕 z 轴旋转的角速度以及沿平行于 z 轴正方向上升的线速度. 螺旋线是生产实践中常用的曲线. 例如, 螺丝钉的外缘曲线就是螺旋线.

3. 空间曲线在坐标面上的投影

设 C 是一条空间曲线, $\varPi$ 是一个平面. 以曲线 C 为准线、垂直于平面 $\varPi$ 的直线为母线的柱面, 称为曲线 C 关于平面 $\varPi$ 的**投影柱面**. 投影柱面与平面 $\varPi$ 的交线称为曲线 C 在平面 $\varPi$ 上的**投影曲线**, 简称为**投影** (图 6.28). 平面 $\varPi$ 称为**投影面**.

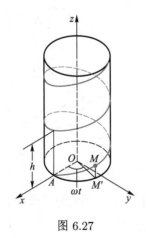

图 6.27

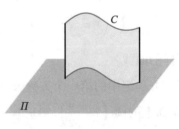

图 6.28

由 (6.9) 式知, 空间曲线 C 的一般方程为

$$
\begin{cases}
F(x, y, z) = 0, \\
G(x, y, z) = 0.
\end{cases}
$$

求其在 xOy 面上的投影.

设方程组 (6.9) 消去变量 z 后所得的方程为

$$
H(x, y) = 0. \tag{6.10}
$$

方程 (6.10) 是母线平行于 z 轴的柱面. 当 x, y 和 z 满足方程组 (6.9) 时, 前两个数 x, y 必定满足方程 (6.10), 这说明曲线 C 上所有点都在由方程 (6.10) 所表示的柱面上. 故柱面 (6.10) 是曲线 C 关于 xOy 面的投影柱面. 而方程组 $\begin{cases} H(x, y) = 0, \\ z = 0 \end{cases}$ 表示曲线 C 在 xOy 面上的投影.

类似地, 从方程组 (6.9) 中消去 x 或 y, 再分别和 $x = 0$ 或 $y = 0$ 联立, 得到曲线 C 在 yOz 面或 zOx 面上的投影曲线的方程:

$$
\begin{cases}
R(y, z) = 0, \\
x = 0,
\end{cases}
\quad \text{或} \quad
\begin{cases}
T(x, z) = 0, \\
y = 0.
\end{cases}
$$

例 6 求曲线 $C: \begin{cases} x^2 + y^2 + z^2 = 4, \\ z = 1 \end{cases}$ 在三个坐标面上的投影方程.

解 从已知方程组中消去变量 z 后, 得 $x^2 + y^2 = 3$, 于是曲线 C 在 xOy 面上的投影为 $\begin{cases} x^2 + y^2 = 3, \\ z = 0, \end{cases}$ 投影曲线为 xOy 面上的一个圆周.

由于曲线 C 在平面 $z = 1$ 上, 故在 yOz 面上的投影为线段:

$$
\begin{cases}
z = 1, \\
x = 0,
\end{cases}
\quad |y| \leqslant \sqrt{3}.
$$

同理, 在 zOx 面上的投影也为线段:

$$
\begin{cases}
z = 1, \\
y = 0,
\end{cases}
\quad |x| \leqslant \sqrt{3}.
$$

在重积分和曲面积分的计算中, 经常需要确定一个立体或曲面在坐标面上的投影, 这时需要利用投影柱面和投影曲线.

例 7 设一个立体由上半球面 $z = \sqrt{4 - x^2 - y^2}$ 和圆锥面 $z = \sqrt{3(x^2 + y^2)}$ 所围成 (含 z 轴部分)(图 6.29). 求这个立体在 xOy 面上的投影.

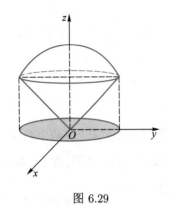

图 6.29

解 这个立体由上半球面和圆锥面围成, 且上半球面和圆锥面的交线为

$$C: \begin{cases} z = \sqrt{4 - x^2 - y^2}, \\ z = \sqrt{3(x^2 + y^2)}. \end{cases}$$

从这个方程组中消去 z, 得交线 C 在 xOy 面投影柱面的方程为 $x^2 + y^2 = 1$. 从而交线 C 在 xOy 面上的投影曲线为 $\begin{cases} x^2 + y^2 = 1, \\ z = 0, \end{cases}$ 这是一个 xOy 面上的单位圆. 故所求立体在 xOy 面上的投影, 就是该圆在 xOy 面上所围的区域

$$\{(x, y, z) | x^2 + y^2 \leqslant 1, z = 0\}.$$

习题 6.2

1. 方程 $x^2 + y^2 + z^2 - 2x + 4y = 0$ 表示什么曲面?

2. 下列方程组在平面解析几何和空间解析几何中各表示什么图形:

(1) $y = 0$;

(2) $y = 2x + 1$;

(3) $x^2 + y^2 = 9$;

(4) $x^2 - y^2 = 4$;

(5) $\dfrac{1}{2}x^2 + \dfrac{1}{4}y^2 = 9$;

(6) $\begin{cases} 3x + y = 5, \\ 2x + y = -1; \end{cases}$

(7) $\begin{cases} \dfrac{x^2}{9} + \dfrac{y^2}{4} = 1, \\ x = 3. \end{cases}$

3. 说明下列旋转曲面是怎样形成的:

(1) $\dfrac{x^2}{4} + \dfrac{y^2}{9} + \dfrac{z^2}{9} = 1$;

(2) $x^2 - \dfrac{y^2}{4} + z^2 = 1$;

(3) $x^2 - y^2 - z^2 = 1$.

4. 求下列旋转曲面的方程:

(1) 将 zOx 坐标面上的抛物线 $z^2 = 8x$ 绕 x 轴旋转一周;

(2) 将 xOy 坐标面上的曲线 $4x^2 - 9y^2 = 36$ 绕 y 轴旋转一周;

(3) 将 yOz 坐标面上的直线 $z = -3y$ 绕 y 轴旋转一周.

5. 求下列空间曲线在 xOy 面上的投影柱面和投影曲线的方程:

(1) $\begin{cases} x^2 + y^2 + z^2 = 9, \\ x + z = 1; \end{cases}$ 　(2) $\begin{cases} x^2 + y^2 = -z, \\ x + z + 1 = 0; \end{cases}$

(3) $\begin{cases} x^2 + y^2 + z^2 = 1, \\ x^2 + (y-1)^2 + (z-1)^2 = 1. \end{cases}$

6. 求旋转抛物面 $z = x^2 + y^2 (0 \leqslant z \leqslant 4)$ 在三个坐标面上的投影.

7. 求两个椭圆抛物面 $z = x^2 + 2y^2$ 与 $z = 6 - 2x^2 - y^2$ 所围成的立体在 xOy 面上的投影区域.

8. 将曲线的一般方程 $\begin{cases} x^2 + y^2 + z^2 = 4, \\ y = x \end{cases}$ 化为参数方程.

9. 指出下列曲面的类型, 并作图:

(1) $x^2 + \dfrac{y^2}{16} + \dfrac{z^2}{9} = 1;$ 　(2) $x^2 + \dfrac{y^2}{16} = z;$

(3) $9x^2 + 4y^2 - z^2 = 64;$ 　(4) $y^2 + z^2 - x^2 = 0;$

(5) $\dfrac{1}{4}x^2 - \dfrac{y^2}{16} + z^2 = -1;$ 　(6) $y^2 - 5z^2 = 25.$

§6.3　多元函数的概念及其极限和连续

在经济函数中, 影响一个经济量的因素多种多样. 例如, 某款家用汽车的销售量 Q 由它自身价格 P_1、消费者收入 x 以及其配置系统的价格 P_2 确定, 具体关系式为

$$Q = 1\,980 + \frac{270}{P_1} + 36x - 108P_2 - P_2^2,$$

这是一个三元函数. 又如, 环境—经济系统的投入产出的分析中, 产出与投入的劳动力、原材料、能源、固定资产折旧等因素有关, 也是个多元函数. 为了给出多元函数的定义, 先介绍几个有关概念.

一、多元函数的概念

1. 平面点集

坐标平面上具有某种性质的点的集合, 称为平面点集, 记作

$$E = \big\{ (x,y) \,\big|\, x, y \text{具有某种性质} \big\}.$$

例如，平面上圆心为原点、半径为 R 的圆域就是一个平面点集：$E = \{(x, y) | x^2 + y^2 \leqslant R^2\}$.

2. 邻域

设 $P_0(x_0, y_0)$ 是 xOy 面上的一点，δ 为一个正数，在 xOy 面中与点 $P_0(x_0, y_0)$ 的距离小于 δ 的点 $P(x, y)$ 的全体，称为点 $P_0(x_0, y_0)$ 的 δ 邻域，记为 $U(P_0, \delta)$，即

$$U(P_0, \delta) = \{P \,||PP_0| < \delta\} = \left\{ (x, y) \,\big|\, \sqrt{(x - x_0)^2 + (y - y_0)^2} < \delta \right\}.$$

在几何上，$U(P_0, \delta)$ 就是平面上以点 P_0 为圆心、δ 为半径的圆盘 (不包括圆周)(图 6.30). $U(P_0, \delta)$ 中去掉点 $P_0(x_0, y_0)$，称为点 $P_0(x_0, y_0)$ 的去心 δ 邻域，记为 $\mathring{U}(P_0, \delta)$，即

$$\mathring{U}(P_0, \delta) = \{P \,|\, 0 < |PP_0| < \delta\} = \left\{ (x, y) \,\big|\, 0 < \sqrt{(x - x_0)^2 + (y - y_0)^2} < \delta \right\}.$$

若不需要强调邻域半径 δ，通常用 $U(P_0)$ 和 $\mathring{U}(P_0)$ 分别表示点 $P_0(x_0, y_0)$ 的某个邻域和某个去心邻域.

3. 点与点集

下面利用邻域来描述平面上点与点集之间的关系.

设 E 是一个平面点集，P 是平面上的一个点，则点 P 与点集 E 之间必存在以下三种关系之一:

(1) 若存在点 P 的某邻域 $U(P) \subset E$，则称 P 为 E 的**内点** (图 6.31 中的点 P_1).

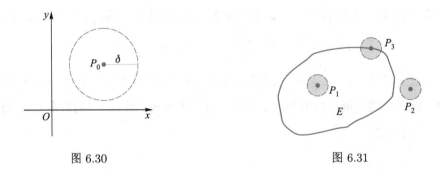

图 6.30　　　　　　　　　　　　图 6.31

(2) 若存在点 P 的某邻域 $U(P) \cap E = \varnothing$，则称 P 为 E 的**外点** (图 6.31 中的点 P_2).

(3) 若点 P 的任一邻域 $U(P)$ 既含有属于 E 的点，又含有不属于 E 的点，则称 P 为 E 的**边界点** (图 6.31 中的点 P_3).

点集 E 的全体边界点称为 E 的**边界**，记作 ∂E. 显然，E 的内点必属于 E，E 的外点必不属于 E，E 的边界点可能属于 E，也可能不属于 E.

根据点集所属点的特征，可以定义一些重要的平面点集.

(1) 若点集 E 中的任意一点都是内点，则称 E 为 $\mathbf{R}^2$ 中的开集.

(2) 若点集 E 的余集 E^c 为开集，则称 E 为 $\mathbf{R}^2$ 中的闭集.

例如，集合 $E_1 = \{(x,y) \,|\, x \geqslant 1, y > 1\}$ 既非开集，也非闭集，点 $P(2,2)$ 是其内点，原点 $O(0,0)$ 是其外点，边界

$$\partial E_1 = \{(x,y) \,|\, x = 1, y \geqslant 1\} \cup \{(x,y) \,|\, y = 1, x \geqslant 1\},$$

点 $P(1,1)$ 是其边界点，但不属于 E_1.

若集合 E 中任意两点都可用一条完全含于 E 的折线相连，则称 E 是**连通集**.

对于平面点集 E，若存在某一个正数 r，使得 $E \subset U(O,r)$，其中 O 是坐标原点，则称 E 为**有界集**. 否则，就称它是**无界集**.

4. 区域、闭区域

连通的开集称为**开区域**，简称**区域**. 开区域与其边界点的并集称为**闭区域**.

例如，集合 $E_2 = \{(x,y) \,|\, x + y \geqslant 0\}$ 是无界集，是闭区域 (图 6.32); 集合 $E_3 = \{(x,y) \,|\, xy \neq 0\}$ 不是连通集，也不是区域; 集合 $E_4 = \{(x,y) \,|\, 1 \leqslant x^2 + y^2 < 9\}$ 是连通集，但不是区域.

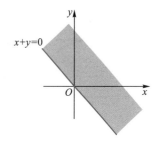

图 6.32

平面上的任一区域 D 都可以用含该区域内的点 (x,y) $((x,y) \in D)$ 的二元不等式或者不等式组来表示，并且同一区域表示形式不唯一.

如图 6.32 所示，区域 E_2 还有另外 2 种表示形式，即

$$E_2 = \{(x,y) \,|\, x + y \geqslant 0\} = \{(x,y) \,|\, x \geqslant -y\} = \{(x,y) \,|\, y \geqslant -x\}.$$

本章第 9 节计算二重积分时，要用到 X 型区域 (图 6.33(a)) 和 Y 型区域 (图 6.33(b))，

X 型区域表示为

$$\{(x,y) \,|\, a \leqslant x \leqslant b, \varphi_1(x) \leqslant y \leqslant \varphi_2(x)\},$$

其中函数 $\varphi_1(x), \varphi_2(x)$ 在区间 $[a,b]$ 上连续. 这种区域的特点是: 穿过此区域内部且垂直于 x 轴的直线与该区域的边界相交不多于两个交点.

Y 型区域表示为

$$\{(x,y) \,|\, c \leqslant y \leqslant d, \psi_1(y) \leqslant x \leqslant \psi_2(y)\},$$

其中函数 $\psi_1(y), \psi_2(y)$ 在区间 $[c, d]$ 上连续. 这种区域的特点是: 穿过此区域且垂直于 y 轴的直线与该区域的边界相交不多于两个交点.

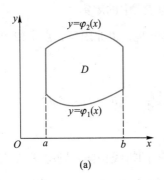 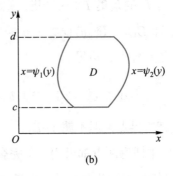

图 6.33

如果区域 D 既是 X 型区域, 又是 Y 型区域, 则可以用这两种形式来表示.

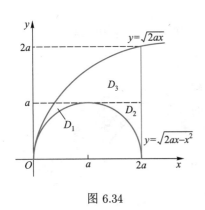

图 6.34

例 1 由曲线 $y = \sqrt{2ax - x^2}$ 和 $y = \sqrt{2ax}$ 以及直线 $x = 2a$ 所围的平面区域 D (图 6.34), 其中 $a > 0$, 可以表示为

$$D = \left\{ (x, y) \mid 0 \leqslant x \leqslant 2a, \sqrt{2ax - x^2} \leqslant y \leqslant \sqrt{2ax} \right\}$$
$$= \left\{ (x, y) \middle| 0 \leqslant y \leqslant a, \frac{y^2}{2a} \leqslant x \leqslant a - \sqrt{a^2 - x^2} \right\} \cup$$
$$\left\{ (x, y) \mid 0 \leqslant y \leqslant a, a + \sqrt{a^2 - x^2} \leqslant x \leqslant 2a \right\} \cup$$
$$\left\{ (x, y) \middle| a \leqslant y \leqslant 2a, \frac{y^2}{2a} \leqslant x \leqslant 2a \right\}.$$

5. 多元函数的概念

(1) n 维空间

由 n 元有序实数组 $(x_1, x_2, \cdots, x_n)$ 的全体组成的集合称为 n **维空间**, 记作 $\mathbf{R}^n$, 即

$$\mathbf{R}^n = \left\{ (x_1, x_2, \cdots, x_n) \mid x_i \in \mathbf{R}, i = 1, 2, \cdots, n \right\},$$

其中每个 n 元有序数组 $(x_1, x_2, \cdots, x_n)$ 称为 $\mathbf{R}^n$ 中的一个点 (也称为这个点的坐标), 数 $x_i (1 \leqslant i \leqslant n)$ 称为该点的第 i 个坐标分量. $\mathbf{R}^n$ 中的两点 $P(x_1, x_2, \cdots, x_n)$ 及 $Q(y_1, y_2, \cdots, y_n)$ 间的距离定义为

$$|PQ| = \sqrt{(y_1 - x_1)^2 + (y_2 - x_2)^2 + \cdots + (y_n - x_n)^2}.$$

容易验证，当 $n = 1, 2, 3$ 时，上式分别是实数轴、平面及立体空间两点间的距离公式.

引入 n 维空间的概念后，就可以处理多个变量之间的相互关系问题.

(2) n 元函数的定义

定义 1 设 D 是 $\mathbf{R}^n$ 上的一个非空点集，若对于 D 内的任一点 $P(x_1, x_2, \cdots, x_n) \in D$，按照对应法则 f，都有唯一确定的实数 z 与之对应，则称 f 为定义在 D 上的 n **元函数**，记作

$$z = f(x_1, x_2, \cdots, x_n), \quad (x_1, x_2, \cdots, x_n) \in D,$$

或

$$z = f(P), \quad P \in D,$$

其中 $x_1, x_2, \cdots, x_n$ 称为**自变量**，z 称为因变量，点集 D 称为该函数的**定义域**，一般记作 $D(f)$. 全体函数值 $f(x_1, x_2, \cdots, x_n)$ 组成的集合称为函数 f 的**值域**，记作 $R(f)$ 或者 $f(D)$，即

$$R(f) = \{z \mid z = f(x_1, x_2, \cdots, x_n), (x_1, x_2, \cdots, x_n) \in D(f)\}.$$

注 与一元函数一样，多元函数的概念仍包含定义域和对应法则两要素，但不同的是其定义域和函数关系更为复杂，因此对其微积分的研究将会做出相应的调整.

当 $n = 1$ 时，即得一元函数 $z = f(x), x \in D$. 二元以及二元以上 $(n \geqslant 2)$ 的函数统称为多元函数. 本章我们将主要讨论二元函数，其相关理论和研究方法可以推广到一般的多元函数中去.

设函数 $z = f(x_1, x_2, \cdots, x_n)$ 的定义域为 $D \subset \mathbf{R}^n$，对于任意取定的点 $P(x_1, x_2, \cdots, x_n) \in D$，对应的函数值为 $z = f(x_1, x_2, \cdots, x_n)$. 这样得到的一个空间点集

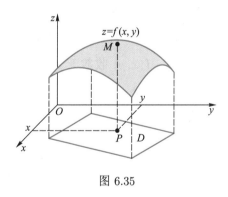

图 6.35

$$S = \{(x_1, x_2, \cdots, x_n, z) \mid z = f(x_1, x_2, \cdots, x_n), (x_1, x_2, \cdots, x_n) \in D\}$$

称为 n 元函数 $z = f(x_1, x_2, \cdots, x_n)$ 的**图形**，图 6.35 为二元函数 $z = f(x, y)$ 的图形.

二元函数的图形通常表示空间的一张曲面 S，此时定义域 D 就是曲面 S 在 xOy 平面上的投影. 例如，二元函数 $z = x^2 + y^2 (0 \leqslant z \leqslant 4)$ 的图形是旋转抛物面 $z = x^2 + y^2$ 中 $0 \leqslant z \leqslant 4$ 的部分，它的定义域 D 就是 xOy 平面上的圆域 $\{(x, y) | x^2 + y^2 \leqslant 4\}$. 而函数 $z = ax + by + c$ 的图形是一张平面.

例 2 在经济学中，由阿罗、切纳里、明汉斯和索洛提出的 CES 生产函数 $y = A\left(\delta_1 K^{-\rho} + \delta_2 L^{-\rho}\right)^{-\frac{1}{\rho}}$ 是一个关于 K, L 的二元函数，其中 K, L 分别表示劳动力数量和资本数量，函数 y 表示生产量，$A, \delta_1, \delta_2, \rho$ 都是常数，它的定义域为 $\{(K, L) \mid K > 0, L > 0\}$.

例 3 求三元函数 $u = \ln \sqrt{2 - \dfrac{x^2}{2} - \dfrac{y^2}{3} - z^2}$ 的定义域.

解 要使上式有意义，需满足

$$2 - \frac{x^2}{2} - \frac{y^2}{3} - z^2 > 0, \quad 即 \quad \frac{x^2}{2} + \frac{y^2}{3} + z^2 < 2,$$

故所求定义域为

$$D = \left\{ (x, y, z) \,\middle|\, \frac{x^2}{2} + \frac{y^2}{3} + z^2 < 2 \right\},$$

这是一个椭球面所围成的空间有界区域.

二、二元函数的极限

与一元函数的极限概念相仿，二元函数的极限也是反映函数值随自变量变化而变化的趋势.

设二元函数 $f(P) = f(x, y)$ 在 $P_0(x_0, y_0)$ 的某去心领域内有定义，如果存在常数 A，使得当 $P(x, y) \to P_0(x_0, y_0)$ 时，对应的函数值 $f(x, y)$ 无限趋于一个确定的常数 A，则称 A 是函数 $f(P) = f(x, y)$ 当 $P(x, y) \to P_0(x_0, y_0)$ 时的**极限**，也称 $P(x, y) \to P_0(x_0, y_0)$ 时，$f(P) = f(x, y)$ **收敛**于 A，记为

$$\lim_{(x,y) \to (x_0, y_0)} f(x, y) = A \quad 或 \quad f(x, y) \to A \, ((x, y) \to (x_0, y_0)),$$

也可以记作

$$\lim_{P \to P_0} f(P) = A \quad 或 \quad f(P) \to A \, (P \to P_0).$$

值得注意的是，二元函数的自变量 $P(x, y) \to P_0(x_0, y_0)$ 的过程更复杂. 由图 6.36 容易看出，点 $P(x, y)$ 趋于 $P_0(x_0, y_0)$ 的方式可以有任意多种，路径也各种各样，因此，二元函数的极限问题就比一元函数的极限问题更复杂.

例 4 讨论极限 $\lim\limits_{(x,y) \to (0,0)} \dfrac{xy^2}{x^2 + y^4}$.

解 点 (x, y) 沿 $y = k\sqrt{x}$ 趋于 $(0, 0)$ 时，有

$$\lim_{\substack{x \to 0 \\ y = k\sqrt{x}}} \frac{xy^2}{x^2 + y^4} = \lim_{x \to 0} \frac{k^2 x^2}{x^2 + k^4 x^2} = \frac{k^2}{1 + k^4},$$

例4中函数的动态图形

214

即随着 k 的变化, $\dfrac{k^2}{1+k^4}$ 随之变化, 所以 $\lim\limits_{(x,y)\to(0,0)}\dfrac{xy^2}{x^2+y^4}$ 不存在.

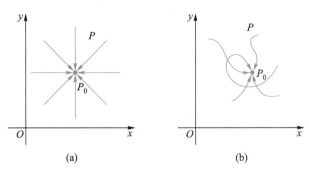

图 6.36

从函数 $z=\dfrac{xy^2}{x^2+y^4}$ 的图形也可以观察到, 当沿不同路径趋于点 $(0,0)$ 时, 极限 $\lim\limits_{(x,y)\to(0,0)}\dfrac{xy^2}{x^2+y^4}$ 随之变化.

注 本例具体说明了二元函数的极限若存在, 则需动点 $P(x,y)$ 在定义域 D 内以任何路径趋于 $P_0(x_0,y_0)$ 时, $f(P)=f(x,y)$ 都趋于同一确定的值 A. 否则, 动点 $P(x,y)$ 在定义域 D 内沿不同的路径趋于 $P_0(x_0,y_0)$ 时, $f(P)=f(x,y)$ 的极限不同, 则称 $\lim\limits_{P\to P_0}f(P)$ 不存在. 但一元函数的极限 $\lim\limits_{x\to x_0}f(x)=A$ 存在只需 x 从左边或右边趋于 x_0 时 (仅两个方向), 函数均趋于一个确定的数值 A.

由于二元 (多元) 函数极限的概念和一元函数极限的概念类似, 因此两者的极限运算具有类似的运算法则和方法, 如极限的四则运算、等价无穷小替换、无穷小量乘有界量仍是无穷小量等.

例 5 求下列函数的极限:

(1) $\lim\limits_{(x,y)\to(0,1)}\dfrac{\sin(2xy)+x^2\mathrm{e}^y\cos x-\ln(1+x)}{x}$;

(2) $\lim\limits_{(x,y)\to(0,0)}\dfrac{x^2y^3}{\sqrt{x^4+y^4}}$.

解 (1) $\lim\limits_{(x,y)\to(0,1)}\dfrac{\sin(2xy)+x^2\mathrm{e}^y\cos x-\ln(1+x)}{x}$

$$=\lim_{(x,y)\to(0,1)}\left(\frac{\sin(2xy)}{x}+\frac{x^2\mathrm{e}^y\cos x}{x}-\frac{\ln(1+x)}{x}\right)$$

$$=\lim_{(x,y)\to(0,1)}\frac{\sin(2xy)}{2xy}\cdot 2y+\lim_{(x,y)\to(0,1)}x\mathrm{e}^y\cos x-\lim_{(x,y)\to(0,1)}\frac{\ln(1+x)}{x}$$

$$=2-1=1.$$

(2) 当 $(x, y) \to (0, 0)$ 时, $x^4 + y^4 \neq 0$, 由 $x^4 + y^4 \geqslant 2x^2y^2$, 得

$$0 \leqslant \left| \frac{xy}{\sqrt{x^4 + y^4}} \right| \leqslant \frac{1}{\sqrt{2}},$$

即 $\dfrac{xy}{\sqrt{x^4 + y^4}}$ 是 $(x, y) \to (0, 0)$ 时的有界量. 而 xy^2 是 $(x, y) \to (0, 0)$ 时的无穷小量, 故

$$\lim_{(x,y)\to(0,0)} \frac{x^2y^3}{\sqrt{x^4 + y^4}} = \lim_{(x,y)\to(0,0)} \left(\frac{xy}{\sqrt{x^4 + y^4}} \cdot xy^2 \right) = 0.$$

三、二元函数的连续性

在二元函数极限概念的基础上, 很容易给出二元函数连续的定义.

定义 2 设二元函数 $z = f(x, y)$ 在点 $P_0(x_0, y_0)$ 的某个邻域内有定义, 分别给 x_0, y_0 增量 $\Delta x, \Delta y$, 使得 $P(x_0 + \Delta x, y_0 + \Delta y)$ 属于 $f(x, y)$ 的定义域, 这时得到函数 z 的改变量

$$\Delta z = f(x_0 + \Delta x, y_0 + \Delta y) - f(x_0, y_0).$$

如果 $\lim\limits_{(\Delta x, \Delta y)\to(0,0)} \Delta z = 0$, 即

$$\lim_{(\Delta x, \Delta y)\to(0,0)} f(x_0 + \Delta x, y_0 + \Delta y) = f(x_0, y_0),$$

则称函数 $z = f(x, y)$ 在点 (x_0, y_0) 处**连续**, 否则称函数 $z = f(x, y)$ 在点 (x_0, y_0) 处**间断 (不连续)**.

与一元函数的连续定义类似, 若用点函数形式来表示上述定义就是:

如果极限 $\lim\limits_{(x,y)\to(x_0,y_0)} f(x, y) = f(x_0, y_0)$ 成立, 则称二元函数 $z = f(x, y)$ 在点 $P_0(x_0, y_0)$ 处连续.

如果函数 $f(x, y)$ 在区域 D 内每一点处都连续, 则称函数 $f(x, y)$ 在**区域 D 上连续**, 或称 $f(x, y)$ 是区域 D 上的连续函数.

例如, 对函数

$$f(x, y) = \begin{cases} \dfrac{xy}{x^2 + y^2}, & x^2 + y^2 \neq 0, \\ 0, & x^2 + y^2 = 0, \end{cases}$$

类似于例 4 的证明, 当动点 $P(x, y)$ 沿直线族 $y = kx$ 趋于点 $(0, 0)$ 时, 极限 $\lim\limits_{(x,y)\to(0,0)} \dfrac{xy}{x^2 + y^2}$ 不存在, 所以 $f(x, y)$ 在点 $(0, 0)$ 处不连续, 即点 $(0, 0)$ 是该函数的

间断点; 而对函数 $f(x,y) = \dfrac{1}{x^2+y^2-1}$, 圆周 $x^2+y^2=1$ 上各点都是其间断点.

以上关于二元函数连续性的概念, 可以推广到 $n(n \geqslant 3)$ 元函数的情形.

与一元初等函数类似, 多元初等函数是指由常数及具有不同自变量的基本初等函数经过有限次的四则运算和复合运算所得到的可用一个式子表示的函数. 例如, $\sin(3xy)$, $\ln(x^2+y^2+z^2)$ 等都是多元初等函数.

一切多元初等函数在其定义区域内是连续的. 所谓定义区域是指包含在定义域内的区域或闭区域, 即多元初等函数在其定义域的内点处连续.

如果点 $P_0(x_0, y_0)$ 是初等函数 $f(P)$ 定义域的内点, 利用多元初等函数的连续性, 则有

$$\lim_{P \to P_0} f(P) = f(P_0).$$

例 6 求极限 $\displaystyle\lim_{(x,y)\to(0,0)} \dfrac{xy}{\sqrt{xy+16}-4}$.

解

$$\lim_{(x,y)\to(0,0)} \frac{xy}{\sqrt{xy+16}-4} = \lim_{(x,y)\to(0,0)} \frac{xy(\sqrt{xy+16}+4)}{xy+16-16}$$
$$= \lim_{(x,y)\to(0,0)} (\sqrt{xy+16}+4) = 8.$$

与闭区间上一元连续函数的性质类似, 在有界闭区域上连续的多元函数具有如下性质:

定理 1(最大值和最小值定理) 在有界闭区域 D 上连续的多元函数, 在区域 D 上一定有最大值和最小值.

定理 2(有界性定理) 在有界闭区域 D 上连续的多元函数, 在区域 D 上必定有界.

定理 3(介值定理) 在有界闭区域 D 上连续的多元函数必定能够取得介于最大值和最小值之间的任何值.

习题 6.3

1. 求下列函数的定义域, 并画出定义域的图形:

(1) $z = \sqrt{\sin(x^2+y^2)}$; \qquad (2) $z = \ln(y^2 - 3x + 2)$;

(3) $z = \ln(2x - y^2) + \sqrt{y}\arccos\dfrac{\sqrt{2x-x^2}}{y}$.

2. 求下列各函数的表达式:

(1) 设 $f\left(x+y, \dfrac{y}{x}\right) = x^2 - y^2$, 求 $f(x,y)$;

(2) 设 $f\left(\dfrac{1}{x},\dfrac{1}{y}\right)=\dfrac{y^2-x^2}{2x+y}$，求 $f(x,y)$.

3. 设 $z=x+y+f(x-y)$，且当 $y=0$ 时，$z=x^2$，求 $f(x)$.

4. 求下列极限：

(1) $\displaystyle\lim_{(x,y)\to(0,0)}\dfrac{xy}{2-\sqrt{xy+4}}$；

(2) $\displaystyle\lim_{(x,y)\to(0,0)}\dfrac{\sqrt{x^2+y^2}-\sin\sqrt{x^2+y^2}}{(x^2+y^2)^{\frac{3}{2}}}$；

(3) $\displaystyle\lim_{(x,y)\to(0,0)}(1+\sin(xy))^{\frac{1}{xy}}$；

(4) $\displaystyle\lim_{(x,y)\to(0,0)}\dfrac{1-\cos(x^2+y^2)}{(x^2+y^2)\mathrm{e}^{x^2y^2}}$；

(5) $\displaystyle\lim_{(x,y)\to(+\infty,0)}\left(1+\dfrac{1}{x}\right)^{\frac{x^2}{x+y}}$.

5. (1) 证明：当 $(x,y)\to(0,0)$ 时，$f(x,y)=\dfrac{x^4y^4}{(x^2+y^4)^3}$ 的极限不存在.

(2) 证明：极限 $\displaystyle\lim_{(x,y)\to(0,0)}\dfrac{x^2y^2}{x^2y^2+(x-y)^2}$ 不存在.

§6.4 偏导数与全微分

一、偏导数

1. 偏导数

我们已知，一元函数 $y=f(x)$ 的导数刻画了函数关于自变量的变化率. 对于多元函数，我们同样需要研究其变化率. 例如，某城市计划建设一批保障性租赁房，如果价格为 p (单位：元/m²)，需求量为 Q (单位：间)，当地居民年均收入为 x(单位：万元)，根据分析调研，得到需求函数为 $Q(p,x)=\dfrac{px-10p^2}{10\,000}+4\,000$，若价格 $p=p_0$ 为常数，而居民年均收入 x 在 $x=x_0$ 时有一个单位的变化，则需求量 Q 会改变多少呢？这种由一个自变量变化而其余自变量固定不变产生的变化率称为多元函数的偏导数.

定义 1 设函数 $z=f(x,y)$ 在点 $P_0(x_0,y_0)$ 的某邻域内有定义，当变量 $y=y_0$ 固定不变，而 x 在 x_0 处有增量 Δx 时，函数的增量叫做函数 $f(x,y)$ 在点 $P_0(x_0,y_0)$ 处关于 x 的偏增量，记作 $\Delta_x z$，即

$$\Delta_x z=f(x_0+\Delta x,y_0)-f(x_0,y_0);$$

同理，函数 $f(x,y)$ 在点 $P_0(x_0,y_0)$ 处关于 y 的偏增量，记作 $\Delta_y z$，即

$$\Delta_y z=f(x_0,y_0+\Delta y)-f(x_0,y_0).$$

函数 $f(x,y)$ 在点 $P_0(x_0,y_0)$ 处的**全增量**，记作 Δz，即

$$\Delta z = f(x_0 + \Delta x, y_0 + \Delta y) - f(x_0, y_0).$$

定义 2 设函数 $z = f(x, y)$ 在点 $P_0(x_0, y_0)$ 的某邻域内有定义，如果

$$\lim_{\Delta x \to 0} \frac{\Delta_x z}{\Delta x} = \lim_{\Delta x \to 0} \frac{f(x_0 + \Delta x, y_0) - f(x_0, y_0)}{\Delta x}$$

存在，则称此极限为函数 $z = f(x, y)$ 在点 $P_0(x_0, y_0)$ 处**关于 x 的偏导数**，记作

$$\left.\frac{\partial z}{\partial x}\right|_{(x_0, y_0)}, \; z_x(x_0, y_0), \; \left.\frac{\partial f}{\partial x}\right|_{(x_0, y_0)}, \; f_x(x_0, y_0),$$

即

$$f_x(x_0, y_0) = \lim_{\Delta x \to 0} \frac{f(x_0 + \Delta x, y_0) - f(x_0, y_0)}{\Delta x}.$$

类似地，如果

$$\lim_{\Delta y \to 0} \frac{\Delta_y z}{\Delta y} = \lim_{\Delta y \to 0} \frac{f(x_0, y_0 + \Delta y) - f(x_0, y_0)}{\Delta y}$$

存在，则称此极限为函数 $z = f(x, y)$ 在点 $P_0(x_0, y_0)$ 处**关于 y 的偏导数**，记作

$$\left.\frac{\partial z}{\partial y}\right|_{(x_0, y_0)}, \; z_y(x_0, y_0), \; \left.\frac{\partial f}{\partial y}\right|_{(x_0, y_0)}, \; f_y(x_0, y_0).$$

由定义 2 可知，$\left.\dfrac{\partial z}{\partial x}\right|_{(x_0, y_0)}$ 就是一元函数 $z = f(x, y_0)$ 在点 $x = x_0$ 处的导数. 同理，$\left.\dfrac{\partial z}{\partial y}\right|_{(x_0, y_0)}$ 就是一元函数 $z = f(x_0, y)$ 在点 $y = y_0$ 处的导数.

如果函数 $z = f(x, y)$ 在区域 D 内任一点 $P(x, y)$ 处关于 x 和关于 y 的偏导数都存在，显然这些偏导数仍然是 x, y 的函数，则称它们为函数 $z = f(x, y)$ 关于 x 和关于 y 的**偏导函数** (简称**偏导数**)，分别记为

$$\frac{\partial z}{\partial x}, \; z_x, \; \frac{\partial f}{\partial x}, \; f_x(x, y) \quad \text{和} \quad \frac{\partial z}{\partial y}, \; z_y, \; \frac{\partial f}{\partial y}, \; f_y(x, y).$$

上述定义表明，计算多元函数关于某个变量的偏导数时，不需要新的方法和规则，只需将其余自变量看成常数，直接利用一元函数的求导公式和求导法则计算. 并且，函数 $z = f(x, y)$ 在点 $P_0(x_0, y_0)$ 处的偏导数可视为偏导函数 $\dfrac{\partial z}{\partial x}$, $\dfrac{\partial z}{\partial y}$ 在点 $P_0(x_0, y_0)$ 处的函数值. 故求函数 $z = f(x, y)$ 在点 $P_0(x_0, y_0)$ 处偏导数时，可以先求出偏导数 $\dfrac{\partial z}{\partial x}, \dfrac{\partial z}{\partial y}$，然后将点 (x_0, y_0) 代入偏导数表达式，这称为 "先求后代"；也可以先将 $x = x_0$ 或 $y = y_0$ 代入函数 $z = f(x, y)$，然后再求导数，这称为 "先代后求".

例 1 设函数 $z = (1 + xy)^{x + 2y}(x > 0, y > 0)$，求 $\left.\dfrac{\partial z}{\partial x}\right|_{\substack{x=0 \\ y=1}}$, $\left.\dfrac{\partial z}{\partial y}\right|_{\substack{x=0 \\ y=1}}$.

解 关于 x 求偏导时，$y = 1$ 保持不变，故可以先将 $y = 1$ 代入，得

$$z = z(x, 1) = (1 + x)^{x+2},$$

两边取对数，得

$$\ln z = (x + 2)\ln(1 + x),$$

在等式两边关于 x 求偏导，得

$$\frac{1}{z}\frac{\partial z}{\partial x} = \ln(1 + x) + \frac{x + 2}{x + 1},$$

即

$$\frac{\partial z}{\partial x} = (1 + x)^{x+2}\left[\ln(1 + x) + \frac{x + 2}{x + 1}\right],$$

再将 $x = 0$ 代入，得

$$\left.\frac{\partial z}{\partial x}\right|_{\substack{x=0 \\ y=1}} = 1^2 (0 + 2) = 2.$$

上面利用"先代后求"以及对数求导法得到了 $\left.\dfrac{\partial z}{\partial x}\right|_{\substack{x=0 \\ y=1}}$，下面利用"先求后代"的方法计算 $\left.\dfrac{\partial z}{\partial y}\right|_{\substack{x=0 \\ y=1}}$.

由 $z = (1 + xy)^{x+2y} = e^{(x+2y)\ln(1+xy)}$，得 z 关于 y 的偏导数

$$\frac{\partial z}{\partial y} = e^{(x+2y)\ln(1+xy)}\left[2\ln(1 + xy) + (x + 2y)\cdot\frac{x}{1 + xy}\right]$$

$$= (1 + xy)^{x+2y}\left[2\ln(1 + xy) + (x + 2y)\cdot\frac{x}{1 + xy}\right],$$

把点 $(0, 1)$ 代入上式，得

$$\left.\frac{\partial z}{\partial y}\right|_{\substack{x=0 \\ y=1}} = (1 + 0)^2\left[2\ln(1 + 0) + (0 + 2)\cdot\frac{0}{1 + 0}\right] = 0.$$

偏导数的概念容易推广到三元及三元以上的函数. 例如，三元函数 $u = f(x, y, z)$ 在点 (x, y, z) 处关于各个自变量的偏导数为

$$f_x(x, y, z) = \lim_{\Delta x \to 0}\frac{f(x + \Delta x, y, z) - f(x, y, z)}{\Delta x},$$

$$f_y(x, y, z) = \lim_{\Delta y \to 0}\frac{f(x, y + \Delta y, z) - f(x, y, z)}{\Delta y},$$

$$f_z(x, y, z) = \lim_{\Delta z \to 0} \frac{f(x, y, z + \Delta z) - f(x, y, z)}{\Delta z}.$$

例 2 求函数 $r = x^{y^z} (x > 0, y > 0, z > 0)$ 的偏导数.

解 将 y 和 z 都看成常数，得 $\dfrac{\partial r}{\partial x} = y^z x^{y^z - 1}$. 同理得

$$\frac{\partial r}{\partial y} = x^{y^z} \ln x \cdot z \cdot y^{z-1}, \quad \frac{\partial r}{\partial z} = x^{y^z} \ln x \cdot y^z \cdot \ln y.$$

二元函数 $z = f(x, y)$ 在点 (x_0, y_0) 处的偏导数有下述几何意义:

设曲面方程为 $z = f(x, y)$，点 $M_0(x_0, y_0, f(x_0, y_0))$ 是该曲面上一点，过点 M_0 作平面 $y = y_0$，截此曲面得一条曲线，其方程为 $\begin{cases} z = f(x, y), \\ y = y_0, \end{cases}$ 即在平面 $y = y_0$ 上的方程为 $z = f(x, y_0)$. 由于偏导数 $f_x(x_0, y_0)$ 等于一元函数 $z = f(x, y_0)$ 的导数，即

$$f_x(x_0, y_0) = \left. \frac{\mathrm{d}f(x, y_0)}{\mathrm{d}x} \right|_{x = x_0},$$

它表示曲线 $\begin{cases} z = f(x, y), \\ y = y_0 \end{cases}$ 在点 M_0 处的切线 $M_0 T_x$ 对 x 轴正向的斜率 (图 6.37).

同理，偏导数 $f_y(x_0, y_0)$ 就是曲面被平面 $x = x_0$ 所截得的曲线 $\begin{cases} z = f(x, y), \\ x = x_0 \end{cases}$ 在点 M_0 处的切线 $M_0 T_y$ 对 y 轴正向的斜率. 此时，点 M_0 处这两条截线的切向量分别为 $\boldsymbol{T}_x = (1, 0, f_x(x_0, y_0))$ 和 $\boldsymbol{T}_y = (0, 1, f_y(x_0, y_0))$.

我们知道，一元函数如果在某一点处可导，那么函数在该点处一定连续. 但对多元函数来说，如果它在某一点处偏导数存在，并不能保证它在该点处连续. 这是因为，偏导数的存在只能保证点 $P(x, y)$ 沿着平行于相应坐标轴的方向趋于点 $P_0(x_0, y_0)$ 时，函数值 $f(x, y)$ 趋于 $f(x_0, y_0)$，但不能保证点 P 以任意方式趋于点 P_0 时，函数值 $f(x, y)$ 趋于 $f(x_0, y_0)$.

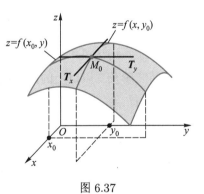

图 6.37

例 3 讨论函数 $f(x, y) = \begin{cases} x^2 + y^2, & xy \neq 0, \\ 5 + x^2 + y^2, & xy = 0 \end{cases}$ 在点 $(0, 0)$ 处的偏导数和连续性.

解 由导数定义知，

$$f_x(0, 0) = \lim_{\Delta x \to 0} \frac{f(0 + \Delta x, 0) - f(0, 0)}{\Delta x} = \lim_{\Delta x \to 0} \frac{5 + (\Delta x)^2 - 5}{\Delta x} = 0,$$

221

$$f_y(0,0) = \lim_{\Delta y \to 0} \frac{f(0, 0 + \Delta y) - f(0,0)}{\Delta y} = \lim_{\Delta y \to 0} \frac{5 + (\Delta y)^2 - 5}{\Delta y} = 0.$$

而

$$\lim_{\substack{(x,y) \to (0,0) \\ xy \neq 0}} f(x,y) = \lim_{\substack{(x,y) \to (0,0) \\ xy \neq 0}} (x^2 + y^2) = 0,$$

$$\lim_{\substack{(x,y) \to (0,0) \\ xy = 0}} f(x,y) = \lim_{\substack{(x,y) \to (0,0) \\ xy = 0}} (5 + x^2 + y^2) = 5.$$

由此可见, 函数 $f(x,y)$ 在点 $(0,0)$ 处极限不存在, 故不连续, 但偏导数存在.

思考题 6-3 设函数 $z = f(x,y)$ 在点 (x_0, y_0) 处关于 x(或 y) 的偏导数 $f_x(x_0, y_0)$(或 $f_y(x_0, y_0)$) 存在, 则 $f(x, y_0)$(或 $f(x_0, y)$) 在点 $x = x_0$ 处 (或点 $y = y_0$ 处) 连续吗?

2. 高阶偏导数

二元函数 $z = f(x,y)$ 的偏导数 $f_x(x,y)$, $f_y(x,y)$ 仍是 x,y 的二元函数, 称 $f_x(x,y)$, $f_y(x,y)$ 的偏导数为函数 $z = f(x,y)$ 的**二阶偏导数**. 按照对变量求导次序的不同, 有下列四个二阶偏导数:

$$\frac{\partial}{\partial x}\left(\frac{\partial z}{\partial x}\right) = \frac{\partial^2 z}{\partial x^2} = \frac{\partial^2 f}{\partial x^2} = f_{xx}(x,y) = f_{11}(x,y),$$

$$\frac{\partial}{\partial y}\left(\frac{\partial z}{\partial x}\right) = \frac{\partial^2 z}{\partial x \partial y} = \frac{\partial^2 f}{\partial x \partial y} = f_{xy}(x,y) = f_{12}(x,y),$$

$$\frac{\partial}{\partial x}\left(\frac{\partial z}{\partial y}\right) = \frac{\partial^2 z}{\partial y \partial x} = \frac{\partial^2 f}{\partial y \partial x} = f_{yx}(x,y) = f_{21}(x,y),$$

$$\frac{\partial}{\partial y}\left(\frac{\partial z}{\partial y}\right) = \frac{\partial^2 z}{\partial y^2} = \frac{\partial^2 f}{\partial y^2} = f_{yy}(x,y) = f_{22}(x,y),$$

其中 $f_{xy}(x,y), f_{yx}(x,y)$ 称为混合偏导数. 类似地, 可以定义三阶、四阶直至 n 阶偏导数. 我们将二阶及二阶以上的偏导数统称为**高阶偏导数**.

例 4 求 $z = x^4 y - xy^3 + x^2 y + y - 1$ 的二阶偏导数.

解 $\dfrac{\partial z}{\partial x} = 4x^3 y - y^3 + 2xy, \quad \dfrac{\partial z}{\partial y} = x^4 - 3xy^2 + x^2 + 1,$

$$\frac{\partial^2 z}{\partial x^2} = 12x^2 y + 2y, \quad \frac{\partial^2 z}{\partial x \partial y} = 4x^3 - 3y^2 + 2x,$$

$$\frac{\partial^2 z}{\partial y \partial x} = 4x^3 - 3y^2 + 2x, \quad \frac{\partial^2 z}{\partial y^2} = -6xy.$$

本题中两个二阶混合偏导数相等, 即 $\dfrac{\partial^2 z}{\partial x \partial y} = \dfrac{\partial^2 z}{\partial y \partial x}$, 这说明该函数的混合偏导数与求导的次序无关. 但此结论并不适用于所有函数. 事实上, 我们有下述定理:

定理 1 设函数 $z = f(x, y)$ 的两个二阶混合偏导数 $f_{xy}(x, y)$ 及 $f_{yx}(x, y)$ 在区域 D 内连续，则在该区域内有 $f_{xy}(x, y) = f_{yx}(x, y)$.

定理 1 表明，二阶混合偏导数在连续的条件下与求导次序无关. 通常我们所遇到的多是初等函数，它们的各阶偏导数在定义域内都连续，因此它们的混合偏导数总相等.

二、全微分

前面利用偏增量定义了偏导数，从而描述了多元函数关于某一个变量的变化率. 但有时还需要研究函数全增量的问题. 一般来说，计算全增量 Δz 比较复杂. 与一元函数类似，我们希望用关于自变量增量 $\Delta x, \Delta y$ 的线性函数来近似地代替函数的全增量 Δz，由此引入二元函数全微分的定义.

定义 3 如果函数 $z = f(x, y)$ 在 $U(P_0)$ 内有定义，其中点 P_0 为 (x_0, y_0). 分别给 x_0, y_0 改变量 $\Delta x, \Delta y$，使 $(x_0 + \Delta x, y_0 + \Delta y) \in U(P_0)$，若函数 $z = f(x, y)$ 在点 (x_0, y_0) 处的全增量

$$\Delta z = f(x_0 + \Delta x, y_0 + \Delta y) - f(x_0, y_0)$$

可以表示为

$$\Delta z = A\Delta x + B\Delta y + o(\rho),$$

其中 A, B 是不依赖于 $\Delta x, \Delta y$ 的两个常数 (仅与 x, y 有关)，$\rho = \sqrt{(\Delta x)^2 + (\Delta y)^2}$，则称函数 $z = f(x, y)$ 在点 (x_0, y_0) 处可微分 (或可微)，$A\Delta x + B\Delta y$ 称为函数 $z = f(x, y)$ 在点 (x_0, y_0) 处的全微分，记为 $\mathrm{d}z|_{(x_0, y_0)}$，即

$$\mathrm{d}z|_{(x_0, y_0)} = A\Delta x + B\Delta y.$$

当函数 $z = f(x, y)$ 在点 (x_0, y_0) 处可微时，

$$\Delta z = f(x_0 + \Delta x, y_0 + \Delta y) - f(x_0, y_0)$$

$$= A\Delta x + B\Delta y + o(\rho) \quad (\rho \neq 0, \rho \to 0),$$

从而

$$\lim_{(\Delta x, \Delta y) \to (0,0)} \Delta z = \lim_{(\Delta x, \Delta y) \to (0,0)} [A\Delta x + B\Delta y + o(\rho)] = 0,$$

即

$$\lim_{(\Delta x, \Delta y) \to (0,0)} f(x_0 + \Delta x, y_0 + \Delta y) = f(x_0, y_0),$$

所以函数 $z = f(x, y)$ 在点 (x_0, y_0) 处连续. 故有结论: 若函数 $z = f(x, y)$ 在点 (x_0, y_0) 处可微，则函数 $z = f(x, y)$ 在点 (x_0, y_0) 处必连续, 且其逆否命题也成立.

若函数 $z = f(x, y)$ 在区域 D 内各点处都可微，则称该函数在**区域 D 内可微分**.

现在面对的问题是：在什么条件下，函数 $z = f(x, y)$ 在点 (x, y) 处可微？如果可微，如何计算定义中的 A 和 B？下面讨论函数 $z = f(x, y)$ 在点 (x, y) 处可微的条件.

定理 2(可微的必要条件)　如果函数 $z = f(x, y)$ 在点 (x_0, y_0) 处可微分，则该函数在点 (x_0, y_0) 处的偏导数 $\left.\dfrac{\partial z}{\partial x}\right|_{(x_0, y_0)}, \left.\dfrac{\partial z}{\partial y}\right|_{(x_0, y_0)}$ 必存在，且 $z = f(x, y)$ 在点 (x_0, y_0) 处的全微分为

$$\left. \mathrm{d}z \right|_{(x_0, y_0)} = \left.\frac{\partial z}{\partial x}\right|_{(x_0, y_0)} \Delta x + \left.\frac{\partial z}{\partial y}\right|_{(x_0, y_0)} \Delta y.$$

证　已知函数 $z = f(x, y)$ 在点 (x_0, y_0) 处可微分，有

$$\Delta z = f(x_0 + \Delta x, y_0 + \Delta y) - f(x_0, y_0)$$

$$= A\Delta x + B\Delta y + o(\rho) \quad (\rho \to 0).$$

特别地，当 $\Delta y = 0$ 时，$\rho = |\Delta x|$，则

$$\Delta z = f(x_0 + \Delta x, y_0) - f(x_0, y_0) = A\Delta x + o(|\Delta x|),$$

两端同除以 $\Delta x \, (\Delta x \neq 0)$，得

$$\frac{\Delta z}{\Delta x} = \frac{f(x_0 + \Delta x, y_0) - f(x_0, y_0)}{\Delta x} = A + \frac{o(|\Delta x|)}{\Delta x}.$$

当 $\Delta x \to 0$, 两边取极限, 得

$$A = \lim_{\Delta x \to 0} \frac{\Delta z}{\Delta x} = \lim_{\Delta x \to 0} \frac{f(x_0 + \Delta x, y_0) - f(x_0, y_0)}{\Delta x} = \left.\frac{\partial z}{\partial x}\right|_{(x_0, y_0)}.$$

同理可证

$$B = \lim_{\Delta y \to 0} \frac{\Delta z}{\Delta y} = \lim_{\Delta y \to 0} \frac{f(x_0, y_0 + \Delta y) - f(x_0, y_0)}{\Delta y} = \left.\frac{\partial z}{\partial y}\right|_{(x_0, y_0)}.$$

故

$$\left. \mathrm{d}z \right|_{(x_0, y_0)} = \left.\frac{\partial z}{\partial x}\right|_{(x_0, y_0)} \Delta x + \left.\frac{\partial z}{\partial y}\right|_{(x_0, y_0)} \Delta y.$$

当 $z = f(x, y) = x$ 时，有 $\mathrm{d}z = \mathrm{d}x = \Delta x$; 当 $z = f(x, y) = y$ 时，有 $\mathrm{d}z = \mathrm{d}y = \Delta y$, 故全微分通常写成

$$\left. \mathrm{d}z \right|_{(x_0, y_0)} = \left.\frac{\partial z}{\partial x}\right|_{(x_0, y_0)} \mathrm{d}x + \left.\frac{\partial z}{\partial y}\right|_{(x_0, y_0)} \mathrm{d}y.$$

当 $z = f(x, y)$ 在区域 D 内处处可微时，$z = f(x, y)$ 在区域 D 内的全微分为

$$\mathrm{d}z = \frac{\partial z}{\partial x}\mathrm{d}x + \frac{\partial z}{\partial y}\mathrm{d}y. \tag{6.11}$$

对于一般的 n 元函数 $u = f(x_1, x_2, \cdots, x_n)$，可以类似地定义全微分，并且有

$$\mathrm{d}u = \sum_{i=1}^{n} \frac{\partial f}{\partial x_i} \mathrm{d}x_i = \frac{\partial f}{\partial x_1} \mathrm{d}x_1 + \frac{\partial f}{\partial x_2} \mathrm{d}x_2 + \cdots + \frac{\partial f}{\partial x_n} \mathrm{d}x_n,$$

这里 $\dfrac{\partial f}{\partial x_1} \mathrm{d}x_1$, $\dfrac{\partial f}{\partial x_2} \mathrm{d}x_2$, $\cdots$, $\dfrac{\partial f}{\partial x_n} \mathrm{d}x_n$ 分别叫做函数关于自变量 $x_1, x_2, \cdots, x_n$ 的**偏微分**.

注 定理 2 的逆命题不成立. 如例 3 中函数

$$f(x, y) = \begin{cases} x^2 + y^2, & xy \neq 0, \\ 5 + x^2 + y^2, & xy = 0 \end{cases}$$

在点 $(0, 0)$ 处不连续，所以在点 $(0, 0)$ 处不可微分. 但函数 $f(x, y)$ 在点 $(0, 0)$ 处的偏导数为 $f_x(0, 0) = 0$ 及 $f_y(0, 0) = 0$，即 $f(x, y)$ 在点 $(0, 0)$ 处的两个偏导数存在. 所以偏导数存在是函数可微分的必要而非充分条件.

由此可见，对于一元函数而言，可微和可导的存在条件等价；而对于多元函数而言，偏导数存在并不一定可微，这也是引进全微分概念的必要性. 因为函数 $z = f(x, y)$ 的偏导数仅描述了函数在一点处沿着两条坐标轴的变化率，而全微分描述了函数沿着各个方向及各种情况下的变化状况. 当然，若对偏导数再加些条件，就可以保证函数的可微性，例如，有如下定理：

定理 3(可微的充分条件) 如果函数 $z = f(x, y)$ 的偏导数 $\dfrac{\partial z}{\partial x}$, $\dfrac{\partial z}{\partial y}$ 在点 (x, y) 处连续，则函数在该点可微.

定理 3 说明，对于二元函数而言，偏导数存在且连续，则函数可微. 但反之不成立，即偏导数存在且连续是可微的充分条件而非必要条件. 例如，函数

$$f(x, y) = \begin{cases} xy \sin \dfrac{1}{x^2 + y^2}, & x^2 + y^2 \neq 0, \\ 0, & x^2 + y^2 = 0 \end{cases}$$

在点 $(0, 0)$ 处可微，但偏导数 $f_x(x, y), f_y(x, y)$ 在点 $(0, 0)$ 处不连续. 请读者自行证明此结论.

例 5 求函数 $z = (x^2 + y^2) \mathrm{e}^{-\arctan \frac{y}{x}}$ 的全微分.

解 先求偏导数 z_x, z_y.

$$z_x = 2x\mathrm{e}^{-\arctan \frac{y}{x}} + \left(x^2 + y^2\right) \mathrm{e}^{-\arctan \frac{y}{x}} \cdot \frac{1}{1 + \left(\frac{y}{x}\right)^2} \cdot \frac{y}{x^2} = (2x + y)\, \mathrm{e}^{-\arctan \frac{y}{x}},$$

$$z_y = 2y\mathrm{e}^{-\arctan \frac{y}{x}} + \left(x^2 + y^2\right) \mathrm{e}^{-\arctan \frac{y}{x}} \cdot \frac{-1}{1 + \left(\frac{y}{x}\right)^2} \cdot \frac{1}{x} = (2y - x)\, \mathrm{e}^{-\arctan \frac{y}{x}}.$$

易知 z_x, z_y 在定义域上连续，故全微分为

$$\mathrm{d}z = z_x \mathrm{d}x + z_y \mathrm{d}y = \mathrm{e}^{-\arctan \frac{y}{x}}\left[(2x+y)\,\mathrm{d}x + (2y-x)\,\mathrm{d}y\right].$$

例 6 求函数 $u = \left(\sin x^2 + \cos y^2\right)^z$ 在点 $\left(\sqrt{\frac{\pi}{2}}, \sqrt{\frac{\pi}{2}}, 1\right)$ 处的全微分.

解 因为

$$u_x = z\left(\sin x^2 + \cos y^2\right)^{z-1} \cdot 2x\cos x^2,$$

$$u_y = -z\left(\sin x^2 + \cos y^2\right)^{z-1} \cdot 2y\sin y^2,$$

$$u_z = \left(\sin x^2 + \cos y^2\right)^z \cdot \ln\left(\sin x^2 + \cos y^2\right),$$

所以有

$$u_x|_{\left(\sqrt{\frac{\pi}{2}},\sqrt{\frac{\pi}{2}},1\right)} = 0, \quad u_y|_{\left(\sqrt{\frac{\pi}{2}},\sqrt{\frac{\pi}{2}},1\right)} = -\sqrt{2\pi}, \quad u_z|_{\left(\sqrt{\frac{\pi}{2}},\sqrt{\frac{\pi}{2}},1\right)} = 0,$$

$$\mathrm{d}u|_{\left(\sqrt{\frac{\pi}{2}},\sqrt{\frac{\pi}{2}},1\right)} = u_x|_{\left(\sqrt{\frac{\pi}{2}},\sqrt{\frac{\pi}{2}},1\right)}\,\mathrm{d}x + u_y|_{\left(\sqrt{\frac{\pi}{2}},\sqrt{\frac{\pi}{2}},1\right)}\,\mathrm{d}y + u_z|_{\left(\sqrt{\frac{\pi}{2}},\sqrt{\frac{\pi}{2}},1\right)}\,\mathrm{d}z$$

$$= -\sqrt{2\pi}\mathrm{d}y.$$

多元函数全微分有与一元函数微分完全相同的四则运算法则. 以二元函数为例，若函数 $f(x,y)$ 与 $g(x,y)$ 均可微，k_1, k_2 为常数，则

(1) $\mathrm{d}\left[k_1 f(x,y) + k_2 g(x,y)\right] = k_1 \mathrm{d}f(x,y) + k_2 \mathrm{d}g(x,y)$;

(2) $\mathrm{d}\left[f(x,y) \cdot g(x,y)\right] = g(x,y)\mathrm{d}f(x,y) + f(x,y)\mathrm{d}g(x,y)$;

(3) $\mathrm{d}\left[\dfrac{f(x,y)}{g(x,y)}\right] = \dfrac{g(x,y)\mathrm{d}f(x,y) - f(x,y)\mathrm{d}g(x,y)}{\left[g(x,y)\right]^2}$ $(g(x,y) \neq 0)$.

上述四则运算法则的证明可由全微分的定义以及求偏导数的四则运算法则得到.

例 7 求函数 $z = \dfrac{x^2 y^2}{\mathrm{e}^x + \mathrm{e}^y}$ 的全微分 $\mathrm{d}z$.

解 $\mathrm{d}z = \dfrac{\left(\mathrm{e}^x + \mathrm{e}^y\right)\mathrm{d}\left(x^2 y^2\right) - x^2 y^2 \mathrm{d}\left(\mathrm{e}^x + \mathrm{e}^y\right)}{\left(\mathrm{e}^x + \mathrm{e}^y\right)^2}$

$$= \frac{\left(\mathrm{e}^x + \mathrm{e}^y\right)\left(2xy^2\mathrm{d}x + 2x^2 y\mathrm{d}y\right) - x^2 y^2\left(\mathrm{e}^x\mathrm{d}x + \mathrm{e}^y\mathrm{d}y\right)}{\left(\mathrm{e}^x + \mathrm{e}^y\right)^2}$$

$$= \frac{\left(\mathrm{e}^x + \mathrm{e}^y\right)2xy^2 - x^2 y^2 \mathrm{e}^x}{\left(\mathrm{e}^x + \mathrm{e}^y\right)^2}\mathrm{d}x + \frac{\left(\mathrm{e}^x + \mathrm{e}^y\right)2x^2 y - x^2 y^2 \mathrm{e}^y}{\left(\mathrm{e}^x + \mathrm{e}^y\right)^2}\mathrm{d}y.$$

当然，上面例 7 也可以如同例 5 利用全微分 $\mathrm{d}z = z_x \mathrm{d}x + z_y \mathrm{d}y$ 计算得到.

思考题 6-4 若函数 $z = f(x, y)$ 在点 (x, y) 处可微分, 即 $\mathrm{d}z = f_x(x, y)\mathrm{d}x + f_y(x, y)\mathrm{d}y$, 且具有二阶连续偏导数, 则全微分 $\mathrm{d}z$ 是否可以再继续求全微分? 其表达式是什么?

二阶全微分
公式

习题 6.4

1. 求下列函数的一阶偏导数:

(1) $z = \mathrm{e}^{\frac{x}{y}} + \mathrm{e}^{\frac{y}{x}}$;

(2) $z = x^2 \arctan \dfrac{y}{x} - y^2 \arctan \dfrac{x}{y}$;

(3) $z = \cos \dfrac{y}{x} \sin \dfrac{x}{y}$;

(4) $z = (1 + xy)^y$;

(5) $z = \dfrac{1}{x^2 + y^2} \mathrm{e}^{xy}$.

2. 设 $f(x, y) = x + (y - 1)\arcsin\sqrt{\dfrac{x}{y}}$, 求 $f_x(x, 1)$.

3. 求下列函数的二阶偏导数:

(1) $z = x^4 + y^4 - 4x^2y^2$;

(2) $z = \ln\sqrt{x^2 + y^2}\,(x > 0, y > 0)$;

(3) $z = y^x \,(x > 0, y > 0)$;

(4) $z = \mathrm{e}^{x^2 + y}$.

4. 求下列函数的全微分:

(1) $z = \arctan \dfrac{x + y}{x - y}$;

(2) $z = \mathrm{e}^{x(x^2 + y^2)}$;

(3) $z = x^{\ln y}\,(x > 0, y > 0)$;

(4) $u = \left(\dfrac{x}{y}\right)^2 \,(xy > 0)$.

5. 求函数 $r = \ln\sqrt{y^{z\sin^2 x} + z^{y\cos^2 x}}\,(x > 0, y > 0, z > 0)$ 的偏导数 $\dfrac{\partial r}{\partial z}$.

6. 讨论函数 $f(x, y) = \begin{cases} xy\sin\dfrac{1}{x^2 + y^2}, & x^2 + y^2 \neq 0, \\ 0, & x^2 + y^2 = 0 \end{cases}$ 在点 $(0,0)$ 处的连续性、偏导数的连续性以及是否可微.

§6.5 方向导数与梯度

前面介绍的偏导数仅仅反映二元函数沿平行于 x 轴方向与平行于 y 轴方向的变化率. 但在许多实际问题中, 往往需要研究函数沿任意方向的变化率. 例如, 有一房屋, 其顶部是光滑椭圆面,在无风的天气情况下,下雨时过屋顶上某点 P 处的雨水将从哪个方向流下来 (不计摩擦)? 这个问题的答案是明显的,雨水将沿着流得最快的方向流下来. 这个方向就是后面将要介绍的梯度方向.

一、方向导数

先讨论函数在其定义域的内点处沿任一指定方向的变化率,即函数的方向导数. 一般讨论二元函数和三元函数的方向导数.

定义 1 设函数 $z = f(x, y)$ 在点 $P(x_0, y_0)$ 的某一邻域 $U(P)$ 内有定义,l 为自点 P 出发的射线,方向向量为 $\boldsymbol{l}$,$P'(x_0 + \Delta x, y_0 + \Delta y)$ 为射线 l 上任一点且 $P' \in U(P)$,以 $\rho = \sqrt{(\Delta x)^2 + (\Delta y)^2}$ 表示点 P 与 P' 之间的距离 (图 6.38(a)). 若极限

$$\lim_{\rho \to 0^+} \frac{\Delta z}{\rho} = \lim_{\rho \to 0^+} \frac{f(x_0 + \Delta x, y_0 + \Delta y) - f(x_0, y_0)}{\rho}$$

存在,则称此极限为函数 $f(x, y)$ 在点 P 处沿方向 $\boldsymbol{l}$ 的方向导数,记为 $\left.\dfrac{\partial f}{\partial l}\right|_{(x_0, y_0)}$,即

$$\left.\frac{\partial f}{\partial l}\right|_{(x_0, y_0)} = \lim_{\rho \to 0^+} \frac{f(x_0 + \Delta x, y_0 + \Delta y) - f(x_0, y_0)}{\rho}.$$

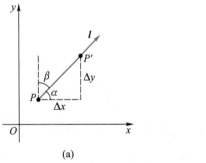 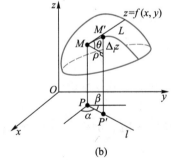

(a)　　　　　　　　(b)

图 6.38

如图 6.38(b) 所示,方向导数 $\left.\dfrac{\partial f}{\partial l}\right|_{(x_0, y_0)}$ 的几何意义是,过射线 l 且平行于 z 轴的平面 $PP'MM'$ 与曲面 $z = f(x, y)$ 的交线 L 在点 $M(x_0, y_0, f(x_0, y_0))$ 处的切线相对于射线 l 的斜率,即图中 θ 的正切值 $\tan \theta$.

根据上述定义,函数 $z = f(x, y)$ 在点 P 处沿 x 轴正向与 y 轴正向的方向导数分别是偏导数 $\dfrac{\partial f}{\partial x}$ 与 $\dfrac{\partial f}{\partial y}$,沿 x 轴负向与 y 轴负向的方向导数分别是 $-\dfrac{\partial f}{\partial x}$ 与 $-\dfrac{\partial f}{\partial y}$.

例 1 求函数 $z = \sqrt{x^2 + y^2}$ 在点 $O(0,0)$ 处沿任意方向的方向导数以及偏导数.

解 根据方向导数的定义，$z = \sqrt{x^2 + y^2}$ 在点 $O(0,0)$ 处沿任意方向 l 的方向导数为

$$\frac{\partial f}{\partial l}\bigg|_{(0,0)} = \lim_{\rho \to 0^+} \frac{f(0 + \Delta x, 0 + \Delta y) - f(0,0)}{\rho} = \lim_{\rho \to 0^+} \frac{\sqrt{(\Delta x)^2 + (\Delta y)^2} - 0}{\sqrt{(\Delta x)^2 + (\Delta y)^2}} = 1,$$

其几何意义如图 6.39(a) 所示. 根据偏导数定义，有

$$\frac{\partial z}{\partial x}\bigg|_{(0,0)} = \lim_{\Delta x \to 0} \frac{f(0 + \Delta x, 0) - f(0,0)}{\Delta x} = \lim_{\Delta x \to 0} \frac{\sqrt{(\Delta x)^2 + 0}}{\Delta x} = \pm 1.$$

即函数 $z = \sqrt{x^2 + y^2}$ 在点 $O(0,0)$ 处偏导数不存在，其几何意义如图 6.39(b) 所示.

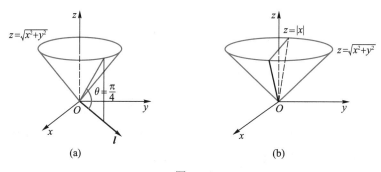

图 6.39

定理 1 如果函数 $z = f(x, y)$ 在点 $P(x_0, y_0)$ 处可微分，则该函数在该点沿任一方向 l 的方向导数存在，且有

$$\frac{\partial f}{\partial l}\bigg|_{(x_0, y_0)} = f_x(x_0, y_0) \cos \alpha + f_y(x_0, y_0) \cos \beta,$$

其中 $\cos \alpha, \cos \beta$ 是方向 l 的方向余弦 (图 6.38(a)).

证 由假设可知，函数 $f(x, y)$ 在点 $P(x_0, y_0)$ 处可微分，故有

$$\Delta z = f(x_0 + \Delta x, y_0 + \Delta y) - f(x_0, y_0) = f_x(x_0, y_0)\Delta x + f_y(x_0, y_0)\Delta y + o(\rho),$$

其中 $\rho = \sqrt{(\Delta x)^2 + (\Delta y)^2}$. 两边同除以 ρ，得

$$\frac{f(x_0 + \Delta x, y_0 + \Delta y) - f(x_0, y_0)}{\rho} = f_x(x_0, y_0)\frac{\Delta x}{\rho} + f_y(x_0, y_0)\frac{\Delta y}{\rho} + \frac{o(\rho)}{\rho}$$

$$= f_x(x_0, y_0)\cos \alpha + f_y(x_0, y_0)\cos \beta + \frac{o(\rho)}{\rho},$$

则
$$\lim_{\rho \to 0^+} \frac{f(x_0 + \Delta x, y_0 + \Delta y) - f(x_0, y_0)}{\rho} = f_x(x_0, y_0) \cos \alpha + f_y(x_0, y_0) \cos \beta.$$
因此方向导数存在, 且其值为
$$\left. \frac{\partial f}{\partial l} \right|_{(x_0, y_0)} = f_x(x_0, y_0) \cos \alpha + f_y(x_0, y_0) \cos \beta.$$

类似地, 三元函数 $u = f(x, y, z)$ 在空间点 $P(x_0, y_0, z_0)$ 处沿着方向 l 的方向导数定义为
$$\left. \frac{\partial f}{\partial l} \right|_{(x_0, y_0, z_0)} = \lim_{\rho \to 0^+} \frac{f(x_0 + \Delta x, y_0 + \Delta y, z_0 + \Delta z) - f(x_0, y_0, z_0)}{\rho},$$
其中 ρ 为点 $P(x_0, y_0, z_0)$ 与射线 l 上的点 $Q(x_0 + \Delta x, y_0 + \Delta y, z_0 + \Delta z)$ 之间的距离, 即
$$\rho = \sqrt{(\Delta x)^2 + (\Delta y)^2 + (\Delta z)^2}.$$

同样可证明: 如果函数 $f(x, y, z)$ 在点 $P(x_0, y_0, z_0)$ 处可微分, 则函数在该点处沿着方向 l 的方向导数存在, 且有
$$\left. \frac{\partial f}{\partial l} \right|_{(x_0, y_0, z_0)} = f_x(x_0, y_0, z_0) \cos \alpha + f_y(x_0, y_0, z_0) \cos \beta + f_z(x_0, y_0, z_0) \cos \gamma,$$
其中 $\cos \alpha, \cos \beta, \cos \gamma$ 是方向 l 的方向余弦.

例 2　求函数 $u = xe^{2y} + xyz$ 在点 $P(1, 0, 1)$ 处沿 x 轴负方向的方向导数.

解　因为 $\dfrac{\partial u}{\partial x} = e^{2y} + yz$, $\dfrac{\partial u}{\partial y} = 2xe^{2y} + xz$, $\dfrac{\partial u}{\partial z} = xy$ 都连续, 故函数可微. 这里方向 $l = (-1, 0, 0)$, 其方向余弦
$$(\cos \alpha, \cos \beta, \cos \gamma) = \boldsymbol{e}_l = \frac{\boldsymbol{l}}{|\boldsymbol{l}|} = (-1, 0, 0),$$

故所求方向导数为
$$\left. \frac{\partial u}{\partial l} \right|_{(1,0,1)} = \left. \frac{\partial u}{\partial x} \right|_{(1,0,1)} \cos \alpha + \left. \frac{\partial u}{\partial y} \right|_{(1,0,1)} \cos \beta + \left. \frac{\partial u}{\partial z} \right|_{(1,0,1)} \cos \gamma$$
$$= 1 \cdot (-1) + 3 \cdot 0 + 0 \cdot 0 = -1.$$

二、梯度

一个函数 $z = f(x, y)$ 在点 $P(x_0, y_0)$ 处沿着不同方向 l 的方向导数是不同的, 那么沿哪一个方向的方向导数最大? 最大值是多少? 为此, 引入梯度的概念.

设函数 $f(x, y)$ 在点 $P(x_0, y_0)$ 处存在偏导数 $f_x(x_0, y_0)$ 和 $f_y(x_0, y_0)$, 则称向量
$$f_x(x_0, y_0)\boldsymbol{i} + f_y(x_0, y_0)\boldsymbol{j}$$

为函数 $f(x,y)$ 在点 $P(x_0,y_0)$ 处的梯度, 记作 $\mathbf{grad}f(x_0,y_0)$ 或 $\nabla f(x_0,y_0)$, 即

$$\mathbf{grad}f(x_0,y_0) = f_x(x_0,y_0)\boldsymbol{i} + f_y(x_0,y_0)\boldsymbol{j}.$$

梯度 ∇f 是一个向量, 当 $|\nabla f| \neq 0$ 时, 称 ∇f 的方向为**梯度方向**.

由 (6.1) 式知, 与方向 $\boldsymbol{l}$ 同向的单位向量 $\boldsymbol{e}_l = (\cos\alpha, \cos\beta) = \dfrac{\boldsymbol{l}}{|\boldsymbol{l}|}$. 如果函数 $f(x,y)$ 在点 $P(x_0,y_0)$ 处可微分, 则

$$\left.\frac{\partial f}{\partial \boldsymbol{l}}\right|_{(x_0,y_0)} = f_x(x_0,y_0)\cos\alpha + f_y(x_0,y_0)\cos\beta$$

$$= \mathbf{grad}f(x_0,y_0) \cdot \boldsymbol{e}_l = |\mathbf{grad}f(x_0,y_0)|\,|\boldsymbol{e}_l|\cos\theta$$

$$= |\mathbf{grad}f(x_0,y_0)|\cos\theta,$$

其中 θ 是 $\mathbf{grad}f(x_0,y_0)$ 与 $\boldsymbol{e}_l$ 的夹角.

因此有如下结论:

(1) 当 $\theta = 0$, 即方向 $\boldsymbol{e}_l$ 与梯度 $\mathbf{grad}f(x_0,y_0)$ 的方向相同时, $\dfrac{\partial f}{\partial \boldsymbol{l}}$ 达到最大. 换句话说, 函数 $f(x,y)$ 沿着梯度方向, 函数值增加最快. 此时, 函数在这个方向的方向导数达到最大值, 最大值为 $|\mathbf{grad}f(x_0,y_0)|$.

(2) 当 $\theta = \pi$, 即方向 $\boldsymbol{e}_l$ 与梯度 $\mathbf{grad}f(x_0,y_0)$ 的方向相反时, $\dfrac{\partial f}{\partial \boldsymbol{l}}$ 达到最小. 换句话说, 函数 $f(x,y)$ 沿着梯度方向的反方向, 函数值减少最快. 此时, 函数在这个方向的方向导数达到最小值, 最小值为 $-|\mathbf{grad}f(x_0,y_0)|$.

(3) 当 $\theta = \dfrac{\pi}{2}$, 即方向 $\boldsymbol{e}_l$ 与梯度 $\mathbf{grad}f(x_0,y_0)$ 的方向正交时, 函数的变化率为零, 即

$$\left.\frac{\partial f}{\partial \boldsymbol{l}}\right|_{(x_0,y_0)} = |\mathbf{grad}f(x_0,y_0)|\cos\theta = 0.$$

类似地, 可以定义 n 元函数的梯度, 且有如上相同的结论.

例 3 已知函数 $f(x,y,z) = x\mathrm{e}^{2y} - y^2z + z\mathrm{e}^{2x}$,

(1) 求函数 $f(x,y,z)$ 在点 $P(0,0,1)$ 处沿 $P(0,0,1)$ 到点 $Q(2,-2,3)$ 方向的方向导数;

(2) 函数 $f(x,y,z)$ 在点 $P(0,0,1)$ 处沿哪个方向的方向导数最大, 最大值为多少?

解 (1) 因为

$$f_x(x,y,z) = \mathrm{e}^{2y} + 2z\mathrm{e}^{2x}, \ f_y(x,y,z) = 2x\mathrm{e}^{2y} - 2yz, \ f_z(x,y,z) = -y^2 + \mathrm{e}^{2x},$$

偏导数连续, 所以函数可微分.

方向向量 l 为向量 $\overrightarrow{PQ} = (2, -2, 2)$，其方向余弦为

$$\cos\alpha = \frac{1}{\sqrt{3}}, \ \cos\beta = -\frac{1}{\sqrt{3}}, \ \cos\gamma = \frac{1}{\sqrt{3}},$$

而

$$f_x(0,0,1) = 3, \ f_y(0,0,1) = 0, \ f_z(0,0,1) = 1,$$

所以

$$\left.\frac{\partial f}{\partial l}\right|_{(0,0,1)} = 3 \cdot \frac{1}{\sqrt{3}} + 0 \cdot \left(-\frac{1}{\sqrt{3}}\right) + 1 \cdot \frac{1}{\sqrt{3}} = \frac{4\sqrt{3}}{3}.$$

(2) 函数 $f(x, y, z)$ 在点 $P(0, 0, 1)$ 处沿梯度

$$\mathbf{grad}\, f\,(0, 0, 1) = (f_x(0,0,1), f_y(0,0,1), f_z(0,0,1)) = (3, 0, 1)$$

方向的方向导数最大，最大值为 $|\mathbf{grad}\, f\,(0, 0, 1)| = \sqrt{10}$.

习题 6.5

1. 求函数 $u = xy^2 + z^3 - xyz$ 在点 $P_0(1, 1, 2)$ 处沿着指向点 $P_1(2, -2, 1)$ 方向的方向导数.

2. 已知 $f(x, y) = x^2 - xy + y^2$,

(1) 求 $f(x, y)$ 在点 $(1, 1)$ 处沿方向 $\boldsymbol{v} = (v_1, v_2)$ 的方向导数 $\left.\dfrac{\partial f}{\partial \boldsymbol{v}}\right|_{(1,1)}$;

(2) 求方向 $\boldsymbol{v}$, 使得沿此方向的方向导数 $\left.\dfrac{\partial f}{\partial \boldsymbol{v}}\right|_{(1,1)} = 0$;

(3) 求方向 $\boldsymbol{v}$, 使得沿此方向的方向导数 $\left.\dfrac{\partial f}{\partial \boldsymbol{v}}\right|_{(1,1)}$ 分别取到最大值、最小值, 并求出 $\min \left.\dfrac{\partial f}{\partial \boldsymbol{v}}\right|_{(1,1)}$, $\max \left.\dfrac{\partial f}{\partial \boldsymbol{v}}\right|_{(1,1)}$.

3. 已知函数

$$f(x, y) = \begin{cases} \dfrac{xy}{\sqrt{x^2 + y^2}}, & x^2 + y^2 \neq 0, \\ 0, & x^2 + y^2 = 0. \end{cases}$$

求函数 $f(x, y)$ 在原点 $O(0, 0)$ 处沿任意方向 l 的方向导数.

4. 设 $u = x^3 + y^3 + z^3 - 3xyz$, 试问在怎样的点集上 $\mathbf{grad}\, u$ 分别满足:

(1) 垂直于 z 轴; (2) 平行于 z 轴; (3) 恒为零向量.

5. 设 $f(x,y)$ 可微, l 是 $\mathbf{R}^2$ 上的一个确定向量, 倘若处处有 $f_l(x,y) \equiv 0$, 试问此函数 f 有何特征?

6. 设 $f(x,y)$ 可微, l_1 与 l_2 是 $\mathbf{R}^2$ 上的一组线性无关向量, 试证: 若 $f_{l_i}(x,y) \equiv 0(i=1,2)$, 则 $f(x,y) \equiv$ 常数.

§6.6 多元复合函数与隐函数的微分法

一、多元复合函数的微分法

在一元函数的复合求导方法中, 有链式法则, 这一法则可以推广到多元复合函数的情形. 多元复合函数的求导法则在多元函数微分学中起着重要作用.

定理 1 设函数 $u = \varphi(x,y)$ 及 $v = \psi(x,y)$ 都在点 (x,y) 处存在偏导数, 且 $z = f(u,v)$ 在对应点 (u,v) 处可微, 则复合函数 $z = f[\varphi(x,y),\psi(x,y)]$ 在对应点 (x,y) 处的两个偏导数存在, 且有

$$\frac{\partial z}{\partial x} = \frac{\partial z}{\partial u}\frac{\partial u}{\partial x} + \frac{\partial z}{\partial v}\frac{\partial v}{\partial x}, \tag{6.12}$$

$$\frac{\partial z}{\partial y} = \frac{\partial z}{\partial u}\frac{\partial u}{\partial y} + \frac{\partial z}{\partial v}\frac{\partial v}{\partial y}. \tag{6.13}$$

证 对于任意固定的 y, 给 x 一个改变量 Δx, 则得到 u 和 v 的改变量

$$\Delta u = u(x+\Delta x,y) - u(x,y), \quad \Delta v = v(x+\Delta x,y) - v(x,y).$$

从而得到 $z = f(u,v)$ 的改变量

$$\Delta z = f(u+\Delta u, v+\Delta v) - f(u,v).$$

由于 $f(u,v)$ 可微, 则

$$\Delta z = \frac{\partial z}{\partial u}\Delta u + \frac{\partial z}{\partial v}\Delta v + o(\rho),$$

其中 $\rho = \sqrt{(\Delta u)^2 + (\Delta v)^2}$.

以 $\Delta x \neq 0$ 除上式两端, 得

$$\frac{\Delta z}{\Delta x} = \frac{\partial z}{\partial u}\frac{\Delta u}{\Delta x} + \frac{\partial z}{\partial v}\frac{\Delta v}{\Delta x} + \frac{o(\rho)}{\rho}\frac{\rho}{\Delta x}.$$

令 $\Delta x \to 0$, 对上式两端取极限, 则

$$\lim_{\Delta x \to 0}\frac{\Delta u}{\Delta x} = \frac{\partial u}{\partial x}, \quad \lim_{\Delta x \to 0}\frac{\Delta v}{\Delta x} = \frac{\partial v}{\partial x},$$

$$\lim_{\Delta x \to 0} \frac{\rho}{|\Delta x|} = \lim_{\Delta x \to 0} \sqrt{\left(\frac{\Delta u}{\Delta x}\right)^2 + \left(\frac{\Delta v}{\Delta x}\right)^2} = \sqrt{\left(\frac{\partial u}{\partial x}\right)^2 + \left(\frac{\partial v}{\partial x}\right)^2},$$

从而当 $\Delta x \to 0$ 时, $\frac{\rho}{\Delta x}$ 是有界量, $\frac{o(\rho)}{\rho}$ 是无穷小量, 即

$$\frac{\partial z}{\partial x} = \lim_{\Delta x \to 0} \frac{\Delta z}{\Delta x} = \frac{\partial z}{\partial u}\frac{\partial u}{\partial x} + \frac{\partial z}{\partial v}\frac{\partial v}{\partial x}.$$

同理可证 $\dfrac{\partial z}{\partial y} = \dfrac{\partial z}{\partial u}\dfrac{\partial u}{\partial y} + \dfrac{\partial z}{\partial v}\dfrac{\partial v}{\partial y}.$

链式法则 (6.12) 和 (6.13) 可推广到二元以上的多元函数情形. 如设

$$Q = f(u, v, w), \quad u = \varphi(x, y, z), \quad v = \psi(x, y, z), \quad w = \omega(x, y, z),$$

复合得到 $Q = f[\varphi(x, y, z), \psi(x, y, z), \omega(x, y, z)]$, 在满足定理 1 的相应条件下, 有

$$\frac{\partial Q}{\partial x} = \frac{\partial f}{\partial u}\frac{\partial u}{\partial x} + \frac{\partial f}{\partial v}\frac{\partial v}{\partial x} + \frac{\partial f}{\partial w}\frac{\partial w}{\partial x},$$

$$\frac{\partial Q}{\partial y} = \frac{\partial f}{\partial u}\frac{\partial u}{\partial y} + \frac{\partial f}{\partial v}\frac{\partial v}{\partial y} + \frac{\partial f}{\partial w}\frac{\partial w}{\partial y},$$

$$\frac{\partial Q}{\partial z} = \frac{\partial f}{\partial u}\frac{\partial u}{\partial z} + \frac{\partial f}{\partial v}\frac{\partial v}{\partial z} + \frac{\partial f}{\partial w}\frac{\partial w}{\partial z}.$$

链式法则 (6.12) 和 (6.13) 还适合以下几种特殊情形:

(1) 复合函数的中间变量均为一元函数. 设函数 $u = \varphi(x)$, $v = \psi(x)$ 在点 x 处可导, 函数 $z = f(u, v)$ 在对应点 (u, v) 具有连续偏导数, 则复合函数 $z = f[\varphi(x), \psi(x)]$ 可导, 其变量间的相互依赖关系可用图 6.40 来表达, 且有

$$\frac{\mathrm{d}z}{\mathrm{d}x} = \frac{\partial z}{\partial u}\frac{\mathrm{d}u}{\mathrm{d}x} + \frac{\partial z}{\partial v}\frac{\mathrm{d}v}{\mathrm{d}x},$$

其中 $\dfrac{\mathrm{d}z}{\mathrm{d}x}$ 称为函数 z 关于 x 的**全导数**.

(2) 复合函数的中间变量既有一元函数也有多元函数. 若函数 $u = \varphi(x, y)$ 在点 (x, y) 处具有偏导数, 函数 $v = \psi(x)$ 在点 x 处可导, 函数 $z = f(u, v)$ 在对应点 (u, v) 处具有连续偏导数, 则复合函数 $z = f[\varphi(x, y), \psi(x)]$ 在点 (x, y) 处的两个偏导数存在, 其变量间的相互依赖关系可用图 6.41 来表达, 且有

$$\frac{\partial z}{\partial x} = \frac{\partial z}{\partial u}\frac{\partial u}{\partial x} + \frac{\partial z}{\partial v}\frac{\mathrm{d}v}{\mathrm{d}x}, \quad \frac{\partial z}{\partial y} = \frac{\partial z}{\partial u}\frac{\partial u}{\partial y}.$$

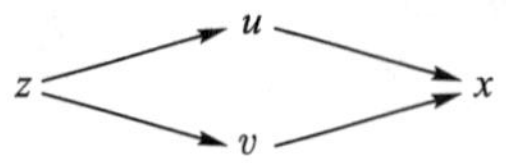

图 6.40

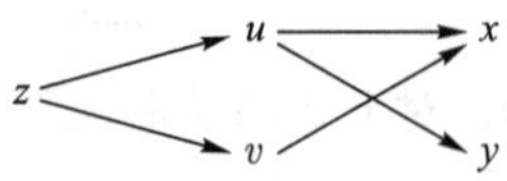

图 6.41

在上述情形中, 还有一种常见的情况是: 复合函数的某些中间变量本身又是复合函数的自变量. 例如, 由函数 $z = f(u, x, y)$, $u = \varphi(x, y)$ 构成复合函数 $z = f[\varphi(x, y), x, y]$ 可看成 $v = x$, $w = y$ 的特殊情形, 因此,

$$\frac{\partial z}{\partial x} = \frac{\partial z}{\partial u}\frac{\partial u}{\partial x} + \frac{\partial f}{\partial x}, \quad \frac{\partial z}{\partial y} = \frac{\partial z}{\partial u}\frac{\partial u}{\partial y} + \frac{\partial f}{\partial y}.$$

注 上述 $\dfrac{\partial z}{\partial x}$ 与 $\dfrac{\partial f}{\partial x}$ 不同, $\dfrac{\partial z}{\partial x}$ 是将复合函数 $z = f[\varphi(x, y), x, y]$ 中的 y 看成常量而关于 x 的偏导数, $\dfrac{\partial f}{\partial x}$ 是将 $z = f(u, x, y)$ 中的 u 及 y 看成常量而关于 x 的偏导数.

(3) 复合函数的中间变量仅有一个. 若函数 $u = \varphi(x, y)$ 在点 (x, y) 处具有偏导数, 函数 $z = f(u)$ 在对应点 u 处可导, 则复合函数 $z = f[\varphi(x, y)]$ 在点 (x, y) 处的两个偏导数存在, 且有

$$\frac{\partial z}{\partial x} = f'(u)\frac{\partial u}{\partial x}, \quad \frac{\partial z}{\partial y} = f'(u)\frac{\partial u}{\partial y}.$$

例 1 设 $z = u^2 + v^2 + \mathrm{e}^t$, 而 $u = \sin t$, $v = \cos t$, 求全导数 $\dfrac{\mathrm{d}z}{\mathrm{d}t}$.

解
$$\frac{\mathrm{d}z}{\mathrm{d}t} = \frac{\partial z}{\partial u} \cdot \frac{\mathrm{d}u}{\mathrm{d}t} + \frac{\partial z}{\partial v} \cdot \frac{\mathrm{d}v}{\mathrm{d}t} + \frac{\partial z}{\partial t} = 2u\cos t - 2v\sin t + \mathrm{e}^t$$

$$= 2\sin t\cos t - 2\cos t\sin t + \mathrm{e}^t = \mathrm{e}^t.$$

例 1 还可以先将 u, v 代入 z, 得到关于 t 的一元函数, 然后再求导.

例 2 设 $u = f(x, y, z) = \mathrm{e}^{xyz}$, $z = \arctan\sqrt{x^2 + y^2}$, 求 $\dfrac{\partial u}{\partial x}$ 和 $\dfrac{\partial u}{\partial y}$.

解 u 是关于 x, y, z 的函数, 而 z 是关于 x, y 的函数, 故 u 最终是关于 x, y 的函数.

$$\frac{\partial u}{\partial x} = \frac{\partial f}{\partial x} + \frac{\partial f}{\partial z}\frac{\partial z}{\partial x} = yz\mathrm{e}^{xyz} + xy\mathrm{e}^{xyz}\frac{1}{(1 + x^2 + y^2)}\frac{x}{\sqrt{x^2 + y^2}}$$

$$= y\mathrm{e}^{xyz}\left[z + \frac{x^2}{(1 + x^2 + y^2)\sqrt{x^2 + y^2}}\right],$$

$$\frac{\partial u}{\partial y} = \frac{\partial f}{\partial y} + \frac{\partial f}{\partial z}\frac{\partial z}{\partial y} = xz\mathrm{e}^{xyz} + xy\mathrm{e}^{xyz}\frac{1}{(1 + x^2 + y^2)}\frac{y}{\sqrt{x^2 + y^2}}$$

$$= x\mathrm{e}^{xyz}\left[z + \frac{y^2}{(1 + x^2 + y^2)\sqrt{x^2 + y^2}}\right].$$

在经济学中, 很多时候遇到的函数本身具有一些数学上的特殊性质, 其中一类重要的性质是当其所有 (或者大部分) 自变量同时按相同比例变动时, 函数值的变化规律. 比如, 考虑所有商品价格同时上涨 5%, 需求如何变化; 或者将企业所有投入的生成要素加倍, 产量增加多少, 等等. 研究这类问题自然要用到齐次函数的概念.

* **例 3(齐次函数)** 若多元函数 $f(x_1, x_2, \cdots, x_n)$，对于任意整数 t，满足

$$f(tx_1, tx_2, \cdots, tx_n) = t^k f(x_1, x_2, \cdots, x_n), \tag{6.14}$$

则称其为 k 次齐次函数. 记 $f_i = \dfrac{\partial f}{\partial x_i}$，证明：

(1) k 次齐次可微函数的各个偏导数是 $k-1$ 次齐次的，即

$$f_i(tx_1, tx_2, \cdots, tx_n) = t^{k-1} f_i(x_1, x_2, \cdots, x_n), \quad i = 1, 2, \cdots, n;$$

(2) k 次齐次可微函数 $f(x_1, x_2, \cdots, x_n)$ 满足

$$kf(x_1, x_2, \cdots, x_n) = x_1 f_1(x_1, x_2, \cdots, x_n) + x_2 f_2(x_1, x_2, \cdots, x_n) + \cdots +$$

$$x_n f_n(x_1, x_2, \cdots, x_n). \tag{6.15}$$

(6.15) 式称为**欧拉公式**.

证 令 $u_1 = tx_1$，$u_2 = tx_2$，$\cdots$，$u_n = tx_n$，则

$$z = f(tx_1, tx_2, \cdots, tx_n) = f(u_1, u_2, \cdots, u_n).$$

(1) 对 (6.14) 式两边分别关于 $x_i(i = 1, 2 \cdots, n)$ 求偏导，t 是常数，得

$$\frac{\partial f(tx_1, tx_2, \cdots, tx_n)}{\partial u_i} \cdot \frac{\mathrm{d}u_i}{\mathrm{d}x_i} = t^k \frac{\partial f(x_1, x_2, \cdots, x_n)}{\partial x_i},$$

即

$$\frac{\partial f(tx_1, tx_2, \cdots, tx_n)}{\partial u_i} \cdot t = t^k \frac{\partial f(x_1, x_2, \cdots, x_n)}{\partial x_i} \quad (i = 1, 2, \cdots, n),$$

从而有

$$f_i(tx_1, tx_2, \cdots, tx_n) = t^{k-1} f_i(x_1, x_2, \cdots, x_n), i = 1, 2, \cdots, n.$$

(2) 对 (6.14) 式两边分别关于 t 求导，其中 x_i $(i = 1, 2, \cdots, n)$ 相对于 t 是常数，得

$$\frac{\partial f(tx_1, tx_2, \cdots, tx_n)}{\partial u_1} \cdot \frac{\mathrm{d}u_1}{\mathrm{d}t} + \frac{\partial f(tx_1, tx_2, \cdots, tx_n)}{\partial u_2} \cdot \frac{\mathrm{d}u_2}{\mathrm{d}t} + \cdots +$$

$$\frac{\partial f(tx_1, tx_2, \cdots, tx_n)}{\partial u_n} \cdot \frac{\mathrm{d}u_n}{\mathrm{d}t} = kt^{k-1} f(x_1, x_2, \cdots, x_n),$$

整理得，

$$f_1(tx_1, tx_2, \cdots, tx_n) \cdot x_1 + f_2(tx_1, tx_2, \cdots, tx_n) \cdot x_2 + \cdots +$$

$$f_n\left(tx_1, tx_2, \cdots, tx_n\right) \cdot x_n = kt^{k-1} f\left(x_1, x_2, \cdots, x_n\right).$$

令 $t=1$, 代入上式, 得

$$kf\left(x_1, x_2, \cdots, x_n\right) = x_1 f_1\left(x_1, x_2, \cdots, x_n\right) + x_2 f_2(x_1, x_2, \cdots, x_n) + \cdots +$$

$$x_n f_n\left(x_1, x_2, \cdots, x_n\right).$$

例如, 函数 $z = x^7 \mathrm{e}^{-\frac{x}{y}}$ 是 7 次齐次函数, 函数 $z = \dfrac{4x^2 y}{x^3 + y^3}$ 是 0 次齐次函数.

例 4　设 $z = f(x^2 + y^2) + g(\mathrm{e}^x, xy)$, 其中 $f(t)$ 二阶可导, $g(u, v)$ 具有二阶连续偏导数, 求 $\dfrac{\partial^2 z}{\partial x \partial y}$.

解　令 $t = x^2 + y^2$, $u = \mathrm{e}^x, v = xy$, 则

$$\frac{\partial z}{\partial x} = \frac{\mathrm{d} f}{\mathrm{d} t} \cdot \frac{\partial t}{\partial x} + \frac{\partial g}{\partial u} \cdot \frac{\mathrm{d} u}{\mathrm{d} x} + \frac{\partial g}{\partial v} \cdot \frac{\partial v}{\partial x}$$

$$= 2x f'(x^2 + y^2) + \mathrm{e}^x g_1(u, v) + y g_2(u, v),$$

其中 g_1 表示 $\dfrac{\partial g(u, v)}{\partial u}$, g_2 表示 $\dfrac{\partial g(u, v)}{\partial v}$, 且 g_1, g_2 仍然是关于 u, v 的函数;

$$\frac{\partial^2 z}{\partial x \partial y} = 2x f''(t) \frac{\partial t}{\partial y} + \mathrm{e}^x \frac{\partial g_1}{\partial v} \cdot \frac{\partial v}{\partial y} + g_2' + y \frac{\partial g_2}{\partial v} \cdot \frac{\partial v}{\partial y}$$

$$= 4xy f''(x^2 + y^2) + \mathrm{e}^x x g_{12} + g_2 + xy g_{22},$$

其中 g_{12} 表示 $\dfrac{\partial g_1(u, v)}{\partial v} = \dfrac{\partial^2 g(u, v)}{\partial u \partial v}$, g_{22} 表示 $\dfrac{\partial g_2(u, v)}{\partial v} = \dfrac{\partial^2 g(u, v)}{\partial v^2}$.

二、一阶全微分形式不变性

与一元函数相同, 多元函数一阶全微分也具有形式不变性, 下面以二元函数为例来说明这一性质. 设函数 $z = f(u, v)$ 具有连续偏导数, 若 u, v 是自变量, 则有全微分

$$\mathrm{d} z = \frac{\partial z}{\partial u} \mathrm{d} u + \frac{\partial z}{\partial v} \mathrm{d} v.$$

如果 u, v 是中间变量, 即 $u = \varphi(x, y)$, $v = \psi(x, y)$, 且这两个函数也具有连续偏导数, 这时 $\mathrm{d} u = \dfrac{\partial u}{\partial x} \mathrm{d} x + \dfrac{\partial u}{\partial y} \mathrm{d} y$, $\mathrm{d} v = \dfrac{\partial v}{\partial x} \mathrm{d} x + \dfrac{\partial v}{\partial y} \mathrm{d} y$,

$$\mathrm{d} z = \frac{\partial z}{\partial u} \mathrm{d} u + \frac{\partial z}{\partial v} \mathrm{d} v = \frac{\partial z}{\partial u} \left(\frac{\partial u}{\partial x} \mathrm{d} x + \frac{\partial u}{\partial y} \mathrm{d} y \right) + \frac{\partial z}{\partial v} \left(\frac{\partial v}{\partial x} \mathrm{d} x + \frac{\partial v}{\partial y} \mathrm{d} y \right)$$

$$= \left(\frac{\partial z}{\partial u} \cdot \frac{\partial u}{\partial x} + \frac{\partial z}{\partial v} \cdot \frac{\partial v}{\partial x} \right) \mathrm{d} x + \left(\frac{\partial z}{\partial u} \cdot \frac{\partial u}{\partial y} + \frac{\partial z}{\partial v} \cdot \frac{\partial v}{\partial y} \right) \mathrm{d} y = \frac{\partial z}{\partial x} \mathrm{d} x + \frac{\partial z}{\partial y} \mathrm{d} y.$$

由此可见，将函数 z 看成中间变量 u, v 的函数求全微分与直接将 $z = f[\varphi(x,y),$ $\psi(x,y)]$ 看成自变量 x, y 的函数，由偏导数的链式法则求得 $\dfrac{\partial z}{\partial x}, \dfrac{\partial z}{\partial y}$ 后，再代入公式 $\mathrm{d}z = \dfrac{\partial z}{\partial x}\mathrm{d}x + \dfrac{\partial z}{\partial y}\mathrm{d}y$ 求全微分，得到的形式一样. 这个性质叫做**一阶全微分形式不变性**，它对于求初等函数的偏导数和全微分会带来很大方便.

例 5 设 $z = (x^2 + y^2)\arctan\dfrac{x}{y}$，利用全微分形式不变性求 $\mathrm{d}z$.

解 因为

$$
\begin{aligned}
\mathrm{d}z &= \mathrm{d}\left((x^2 + y^2)\arctan\frac{x}{y}\right) \\
&= (x^2 + y^2)\mathrm{d}\left(\arctan\frac{x}{y}\right) + \arctan\frac{x}{y}\mathrm{d}(x^2 + y^2) \\
&= (x^2 + y^2)\frac{1}{1 + \left(\dfrac{x}{y}\right)^2}\mathrm{d}\left(\frac{x}{y}\right) + \arctan\frac{x}{y}(\mathrm{d}\left(x^2\right) + \mathrm{d}\left(y^2\right)) \\
&= (x^2 + y^2)\frac{y^2}{x^2 + y^2}\frac{y\mathrm{d}x - x\mathrm{d}y}{y^2} + \arctan\frac{x}{y}\left(2x\mathrm{d}x + 2y\mathrm{d}y\right) \\
&= \left(2x\arctan\frac{x}{y} + y\right)\mathrm{d}x + \left(2y\arctan\frac{x}{y} - x\right)\mathrm{d}y,
\end{aligned}
$$

因此有

$$
\frac{\partial z}{\partial x} = 2x\arctan\frac{x}{y} + y, \quad \frac{\partial z}{\partial y} = 2y\arctan\frac{x}{y} - x.
$$

这与将 $z = (x^2 + y^2)\arctan\dfrac{x}{y}$ 看成复合函数 $z = uv$，$u = x^2 + y^2$，$v = \arctan\dfrac{x}{y}$，用链式法则求出 $\dfrac{\partial z}{\partial x}, \dfrac{\partial z}{\partial y}$，再用 $\mathrm{d}z = \dfrac{\partial z}{\partial x}\mathrm{d}x + \dfrac{\partial z}{\partial y}\mathrm{d}y$ 求全微分，得到的结果一样.

三、隐函数的微分法

在一元函数微分学中，我们利用一元复合函数求导法，介绍了由方程 $F(x,y) = 0$ 所确定的一元隐函数的求导方法，但没有给出导数的一般公式. 现在我们进一步阐述隐函数存在的条件，并利用多元复合函数的求导法则建立隐函数的求导公式.

定理 2(隐函数存在定理) 设 $F(x,y)$ 在点 $P(x_0, y_0)$ 的某一邻域内具有连续偏导数，且 $F(x_0, y_0) = 0$，$F_y(x_0, y_0) \neq 0$，则方程 $F(x,y) = 0$ 在点 $P(x_0, y_0)$ 的某一邻域内恒能唯一确定一个连续且具有连续导数的隐函数 $y = f(x)$，它满足条件

$$
y_0 = f(x_0), \quad F(x_0, f(x_0)) \equiv 0,
$$

并有

$$\frac{\mathrm{d}y}{\mathrm{d}x} = -\frac{F_x}{F_y}. \tag{6.16}$$

下面仅就隐函数的求导公式 (6.16) 作如下推导:

对方程 $F(x, y) = 0$ 两端关于 x 求导, 注意方程中的 y 是 x 的函数, 利用复合函数求导法则可得

$$F_x + F_y \cdot \frac{\mathrm{d}y}{\mathrm{d}x} = 0,$$

由于 F_y 连续, 且 $F_y(x_0, y_0) \neq 0$, 所以存在点 (x_0, y_0) 的一个邻域, 在这个邻域内 $F_y \neq 0$, 于是得

$$\frac{\mathrm{d}y}{\mathrm{d}x} = -\frac{F_x}{F_y}.$$

例 6 设方程 $\sin(xy) + \mathrm{e}^{x^2 y} = y^2$, 求 $\dfrac{\mathrm{d}y}{\mathrm{d}x}$.

解 **方法一** 利用隐函数求导公式. 设 $F(x, y) = \sin(xy) + \mathrm{e}^{x^2 y} - y^2$, 则

$$F_x = y\cos(xy) + 2xy\mathrm{e}^{x^2 y}, \quad F_y = x\cos(xy) + x^2\mathrm{e}^{x^2 y} - 2y,$$

所以

$$\frac{\mathrm{d}y}{\mathrm{d}x} = -\frac{F_x}{F_y} = -\frac{y\cos(xy) + 2xy\mathrm{e}^{x^2 y}}{x\cos(xy) + x^2\mathrm{e}^{x^2 y} - 2y}.$$

方法二 直接求导. 将 y 看成 x 的函数, 即 $y = f(x)$, 方程 $\sin(xy) + \mathrm{e}^{x^2 y} = y^2$ 两边关于 x 求导, 得

$$\cos(xy) \cdot \left(y + x\frac{\mathrm{d}y}{\mathrm{d}x} \right) + \mathrm{e}^{x^2 y} \left(2xy + x^2\frac{\mathrm{d}y}{\mathrm{d}x} \right) = 2y\frac{\mathrm{d}y}{\mathrm{d}x},$$

整理得

$$\frac{\mathrm{d}y}{\mathrm{d}x} = -\frac{y\cos(xy) + 2xy\mathrm{e}^{x^2 y}}{x\cos(xy) + x^2\mathrm{e}^{x^2 y} - 2y}.$$

方法三 利用一阶全微分形式不变性. 方程 $\sin(xy) + \mathrm{e}^{x^2 y} = y^2$ 两边求全微分, 得

$$\cos(xy) \cdot (y\mathrm{d}x + x\mathrm{d}y) + \mathrm{e}^{x^2 y} \left(2xy\mathrm{d}x + x^2\mathrm{d}y \right) = 2y\mathrm{d}y,$$

由此可得

$$\frac{\mathrm{d}y}{\mathrm{d}x} = -\frac{y\cos(xy) + 2xy\mathrm{e}^{x^2 y}}{x\cos(xy) + x^2\mathrm{e}^{x^2 y} - 2y}.$$

隐函数存在定理可以推广到多元函数情形. 例如, 三元方程 $F(x, y, z) = 0$ 在满足一定条件下也能唯一确定一个二元隐函数, 我们有以下定理:

定理 3(隐函数存在定理) 设 $F(x, y, z)$ 在点 $P(x_0, y_0, z_0)$ 的某邻域内具有连续的偏导数, 且 $F(x_0, y_0, z_0) = 0$, $F_z(x_0, y_0, z_0) \neq 0$, 则方程 $F(x, y, z) = 0$ 在点 $P(x_0, y_0, z_0)$ 的某邻域内恒能唯一确定一个连续且具有连续偏导数的隐函数 $z = f(x, y)$, 它满足条件

$$z_0 = f(x_0, y_0), \quad F(x_0, y_0, f(x_0, y_0)) \equiv 0,$$

并有

$$\frac{\partial z}{\partial x} = -\frac{F_x}{F_z}, \quad \frac{\partial z}{\partial y} = -\frac{F_y}{F_z}. \tag{6.17}$$

下面仅就求导公式 (6.17) 作如下推导:

对方程 $F(x, y, z) = 0$ 两端分别关于 x 求偏导,注意方程中的 z 是 x, y 的函数,利用复合函数求导法则,可得

$$F_x + F_z \frac{\partial z}{\partial x} = 0.$$

又 F_z 连续,且 $F_z(x_0, y_0, z_0) \neq 0$,所以存在点 (x_0, y_0, z_0) 的一个邻域,在这个邻域内 $F_z \neq 0$,于是有

$$\frac{\partial z}{\partial x} = -\frac{F_x}{F_z}.$$

同理可求得 $\dfrac{\partial z}{\partial y} = -\dfrac{F_y}{F_z}$.

例 7 设方程 $\mathrm{e}^{x+y+z} - 3xyz = 1$ 确定的隐函数为 $z = z(x, y)$,求 $\dfrac{\partial z}{\partial x}$ 和 $\dfrac{\partial z}{\partial y}$ 及 $\dfrac{\partial^2 z}{\partial x \partial y}\bigg|_{(0,-1,1)}$.

解 求一阶偏导数 $\dfrac{\partial z}{\partial x}$ 和 $\dfrac{\partial z}{\partial y}$,可以如例 6,有三种不同解法,此处我们用方法二,

对方程 $\mathrm{e}^{x+y+z} - 3xyz = 1$ 两边分别直接关于 x 和 y 求偏导数,其中将 z 看成 x, y 的函数,有

$$\mathrm{e}^{x+y+z}\left(1 + \frac{\partial z}{\partial x}\right) - 3yz - 3xy\frac{\partial z}{\partial x} = 0, \quad \mathrm{e}^{x+y+z}\left(1 + \frac{\partial z}{\partial y}\right) - 3xz - 3xy\frac{\partial z}{\partial y} = 0,$$

解得

$$\frac{\partial z}{\partial x} = \frac{3yz - \mathrm{e}^{x+y+z}}{\mathrm{e}^{x+y+z} - 3xy}, \quad \frac{\partial z}{\partial y} = \frac{3xz - \mathrm{e}^{x+y+z}}{\mathrm{e}^{x+y+z} - 3xy}.$$

所以

$$\frac{\partial^2 z}{\partial x \partial y} = \frac{\partial}{\partial y}\left(\frac{3yz - \mathrm{e}^{x+y+z}}{\mathrm{e}^{x+y+z} - 3xy}\right)$$

$$= \frac{1}{(\mathrm{e}^{x+y+z} - 3xy)^2}\left(\left(3z + 3y\frac{\partial z}{\partial y} - \mathrm{e}^{x+y+z}\left(1 + \frac{\partial z}{\partial y}\right)\right)(\mathrm{e}^{x+y+z} - 3xy) - \right.$$

$$\left. (3yz - \mathrm{e}^{x+y+z})\left(\mathrm{e}^{x+y+z}\left(1 + \frac{\partial z}{\partial y}\right) - 3x\right)\right),$$

将点 $(0, -1, 1)$ 以及 $\left.\dfrac{\partial z}{\partial y}\right|_{(0,-1,1)} = -1$ 代入上式, 得 $\left.\dfrac{\partial^2 z}{\partial x \partial y}\right|_{(0,-1,1)} = 6.$

例 7 中的一阶偏导数 $\dfrac{\partial z}{\partial x}$ 和 $\dfrac{\partial z}{\partial y}$, 还可以利用隐函数求导公式以及一阶全微分形式不变性来计算, 具体过程留作课后练习.

例 8 设 $\varphi(x - 2z, y - 3z) = 0$, 求 $2\dfrac{\partial z}{\partial x} + 3\dfrac{\partial z}{\partial y}$.

解 令 $F(x, y, z) = \varphi(x - 2z, y - 3z)$, 则

$$F_x = \varphi_1, \quad F_y = \varphi_2, \quad F_z = -2\varphi_1 - 3\varphi_2,$$

$$\frac{\partial z}{\partial x} = -\frac{F_x}{F_z} = \frac{\varphi_1}{2\varphi_1 + 3\varphi_2}, \quad \frac{\partial z}{\partial y} = -\frac{F_y}{F_z} = \frac{\varphi_2}{2\varphi_1 + 3\varphi_2},$$

从而

$$2\frac{\partial z}{\partial x} + 3\frac{\partial z}{\partial y} = \frac{2\varphi_1}{2\varphi_1 + 3\varphi_2} + \frac{3\varphi_2}{2\varphi_1 + 3\varphi_2} = 1.$$

注 隐函数存在定理还可以推广. 不仅可以增加方程中变量的个数, 而且可以增加方程的个数. 由方程组确定的一元或者多元隐函数的导数或者偏导数的计算, 基本思想和基本方法完全类似. 例如, 方程组

$$\begin{cases} F(x, y, u, v) = 0, \\ G(x, y, u, v) = 0, \end{cases} \tag{6.18}$$

满足一定的条件时唯一确定一组二元隐函数, 不妨设为 $u = u(x, y)$, $v = v(x, y)$. 下面来求 $\dfrac{\partial u}{\partial x}$, $\dfrac{\partial v}{\partial x}$.

利用复合函数求导法链式法则, 对方程组 (6.18) 两端同时关于 x 求偏导数, 但要注意方程组中的 u, v 都是 x, y 的函数, 可得

$$\begin{cases} F_x + F_u \dfrac{\partial u}{\partial x} + F_v \dfrac{\partial v}{\partial x} = 0, \\ G_x + G_u \dfrac{\partial u}{\partial x} + G_v \dfrac{\partial v}{\partial x} = 0. \end{cases}$$

将 $\dfrac{\partial u}{\partial x}$, $\dfrac{\partial v}{\partial x}$ 视为未知数, 利用消元法解方程组, 可求得 $\dfrac{\partial u}{\partial x}$, $\dfrac{\partial v}{\partial x}$.

同理, 对方程组两端分别关于 y 求偏导数, 可得 $\dfrac{\partial u}{\partial y}$, $\dfrac{\partial v}{\partial y}$.

例 9 设 $\begin{cases} xu - yv = 0, \\ yu + xv = 1, \end{cases}$ 求 $\dfrac{\partial u}{\partial x}, \dfrac{\partial u}{\partial y}, \dfrac{\partial v}{\partial x}, \dfrac{\partial v}{\partial y}.$

解 由题意知, 方程组确定隐函数组 $u = u(x, y)$, $v = v(x, y)$, 对方程的两端分别关于 x 求偏导并移项, 得

$$
\begin{cases}
x \dfrac{\partial u}{\partial x} - y \dfrac{\partial v}{\partial x} = -u, \\
y \dfrac{\partial u}{\partial x} + x \dfrac{\partial v}{\partial x} = -v.
\end{cases}
$$

用消元法解此方程组得

$$
\frac{\partial u}{\partial x} = -\frac{xu + yv}{x^2 + y^2}, \quad \frac{\partial v}{\partial x} = \frac{yu - xv}{x^2 + y^2}.
$$

同理, 对方程两边关于 y 求偏导, 可得

$$
\frac{\partial u}{\partial y} = \frac{xv - yu}{x^2 + y^2}, \quad \frac{\partial v}{\partial y} = -\frac{xu + yv}{x^2 + y^2}.
$$

另外, 如果给出三元方程组

$$
\begin{cases}
F(x, y, z) = 0, \\
G(x, y, z) = 0.
\end{cases}
$$

这时方程组在一定的条件下能够确定一组一元隐函数, 比如 $y = y(x)$, $z = z(x)$.

例 10 设 $\begin{cases} x + y + z + z^2 = 0, \\ x + y^2 + z + z^3 = 0, \end{cases}$ 求 $\dfrac{\mathrm{d}y}{\mathrm{d}x}, \dfrac{\mathrm{d}z}{\mathrm{d}x}$.

解 由题意知, 方程组确定隐函数组 $y = y(x), z = z(x)$, 本例利用一阶全微分形式不变性求解. 对方程组两端分别求微分, 有

$$
\begin{cases}
\mathrm{d}x + \mathrm{d}y + \mathrm{d}z + 2z\mathrm{d}z = 0, \\
\mathrm{d}x + 2y\mathrm{d}y + \mathrm{d}z + 3z^2\mathrm{d}z = 0.
\end{cases}
$$

以 $\mathrm{d}y$ 和 $\mathrm{d}z$ 为未知量, 解方程组得

$$
\mathrm{d}y = \frac{2z - 3z^2}{1 + 3z^2 - 2y - 4yz}\mathrm{d}x, \quad \mathrm{d}z = \frac{2y - 1}{1 + 3z^2 - 2y - 4yz}\mathrm{d}x,
$$

即

$$
\frac{\mathrm{d}y}{\mathrm{d}x} = \frac{2z - 3z^2}{1 + 3z^2 - 2y - 4yz}, \quad \frac{\mathrm{d}z}{\mathrm{d}x} = \frac{2y - 1}{1 + 3z^2 - 2y - 4yz}.
$$

当然, 例 10 可以使用例 9 的解法, 对方程组两端分别关于 x 求导, 解方程组求得 $\dfrac{\mathrm{d}y}{\mathrm{d}x}, \dfrac{\mathrm{d}z}{\mathrm{d}x}$.

* 例 11(反函数组定理) 设方程组 $\begin{cases} x = x(u,v), \\ y = y(u,v), \end{cases}$ 且存在具有一阶连续偏导数的

反函数组 $\begin{cases} u = u(x,y), \\ v = v(x,y). \end{cases}$ 若记号 $\dfrac{\partial(x,y)}{\partial(u,v)} = \begin{vmatrix} x_u & x_v \\ y_u & y_v \end{vmatrix}$, 求证 $\dfrac{\partial(x,y)}{\partial(u,v)} \cdot \dfrac{\partial(u,v)}{\partial(x,y)} = 1$.

证 由方程组 $\begin{cases} x = x(u,v), \\ y = y(u,v) \end{cases}$ 得

$$\begin{cases} x(u,v) - x = 0, \\ y(u,v) - y = 0, \end{cases}$$

上式两边分别关于 x, y 求偏导数, 其中将 u, v 看成关于 x, y 的函数, 即 $u = u(x,y), v = v(x,y)$, 得

$$\begin{cases} x_u \cdot u_x + x_v \cdot v_x - 1 = 0, \\ y_u \cdot u_x + y_v \cdot v_x = 0; \end{cases} \qquad \begin{cases} x_u \cdot u_y + x_v \cdot v_y = 0, \\ y_u \cdot u_y + y_v \cdot v_y - 1 = 0. \end{cases}$$

解上面方程组, 得

$$u_x = \frac{y_v}{\begin{vmatrix} x_u & x_v \\ y_u & y_v \end{vmatrix}}, \quad v_x = \frac{-y_u}{\begin{vmatrix} x_u & x_v \\ y_u & y_v \end{vmatrix}}, \quad u_y = \frac{-x_v}{\begin{vmatrix} x_u & x_v \\ y_u & y_v \end{vmatrix}}, \quad v_y = \frac{x_u}{\begin{vmatrix} x_u & x_v \\ y_u & y_v \end{vmatrix}},$$

所以

$$\frac{\partial(u,v)}{\partial(x,y)} = \begin{vmatrix} u_x & u_y \\ v_x & v_y \end{vmatrix} = \frac{1}{\begin{vmatrix} x_u & x_v \\ y_u & y_v \end{vmatrix}} \cdot \frac{\begin{vmatrix} y_v & -x_v \\ -y_u & x_u \end{vmatrix}}{\begin{vmatrix} x_u & x_v \\ y_u & y_v \end{vmatrix}} = \frac{1}{\begin{vmatrix} x_u & x_v \\ y_u & y_v \end{vmatrix}} = \frac{1}{\dfrac{\partial(x,y)}{\partial(u,v)}}.$$

注 上面的公式 $\dfrac{\partial(u,v)}{\partial(x,y)} = \dfrac{1}{\dfrac{\partial(x,y)}{\partial(u,v)}}$ 可以看成一元函数 $y = f(x)$ 的反函数 $x = \varphi(y)$

的导数 $\dfrac{\mathrm{d}x}{\mathrm{d}y} = \dfrac{1}{\dfrac{\mathrm{d}y}{\mathrm{d}x}}$ 的推广, 并且称 $\dfrac{\partial(u,v)}{\partial(x,y)}$ 为函数 $u = u(x,y), v = v(x,y)$ 关于变量

x, y 的雅可比行列式. 如果一元函数的导数是长度的变化率, 那么二元函数的雅可比行列式是面积的变化率, 在后面多元函数重积分的变量替换法中会用到该行列式.

习题 6.6

1. 求下列函数的导数或偏导数:

(1) $z = u \ln v, u = x^2, v = x^2 + y^2$, 求 $\dfrac{\partial z}{\partial x}, \dfrac{\partial z}{\partial y}$;

(2) $z = \mathrm{e}^{uv}, u = \ln \sqrt{x^2 + y^2}, v = \arctan \dfrac{y}{x}$, 求 $\dfrac{\partial z}{\partial x}, \dfrac{\partial z}{\partial y}$;

(3) $z = \mathrm{e}^{xy^2}, x = t \cos t, y = t \sin t$, 求 $\dfrac{\mathrm{d}z}{\mathrm{d}t}\Big|_{t=\frac{\pi}{2}}$;

(4) $u = z \sin \dfrac{y}{x}, x = 3s^2 + 2t, y = 4s - 2t^3, z = 2s^2 - 3t^2$, 求 $\dfrac{\partial u}{\partial s}, \dfrac{\partial u}{\partial t}$;

(5) 设 $z = \mathrm{e}^{x \arctan(xy)}$, 求 $\dfrac{\partial^2 z}{\partial x \partial y}$;

(6) $z = u^2 \ln v, \ u = \dfrac{x}{y}, \ v = 3x - 2y$, 求 $\dfrac{\partial z}{\partial x}$ 和 $\dfrac{\partial z}{\partial y}$.

2. 证明下列各题:

(1) 若 $u = \ln(\tan x + \tan y + \tan z)$, 则

$$\frac{\partial u}{\partial x} \sin 2x + \frac{\partial u}{\partial y} \sin 2y + \frac{\partial u}{\partial z} \sin 2z = 2;$$

(2) 若 $z = xy + xF(u), u = \dfrac{y}{x}, F(u)$ 为可微函数, 则 $x\dfrac{\partial z}{\partial x} + y\dfrac{\partial z}{\partial y} = z + xy$;

(3) 若 $z = \ln(\sqrt[n]{x} + \sqrt[n]{y})$, 且 $n \geqslant 2$, 则 $x\dfrac{\partial z}{\partial x} + y\dfrac{\partial z}{\partial y} = \dfrac{1}{n}$;

(4) 设方程 $F(x, y, z) = 0$ 可确定任一变量为其他两个变量的函数, 且这些函数都具有连续偏导数, 则 $\dfrac{\partial x}{\partial y} \cdot \dfrac{\partial y}{\partial z} \cdot \dfrac{\partial z}{\partial x} = -1$;

(5) 若 $u = x\varphi\left(\dfrac{y}{x}\right) + \psi\left(\dfrac{y}{x}\right)$, 则 $x^2\dfrac{\partial^2 u}{\partial x^2} + 2xy\dfrac{\partial^2 u}{\partial x \partial y} + y^2\dfrac{\partial^2 u}{\partial y^2} = 0$.

3. 求下列方程所确定的隐函数的导数、全微分、偏导数或者二阶偏导数:

(1) 设 $\ln \sqrt{x^2 + y^2} = \arctan \dfrac{y}{x}$, 求 $\dfrac{\mathrm{d}y}{\mathrm{d}x}$;

(2) 求 $xyz + \sqrt{x^2 + y^2 + z^2} + 1 = 0$ 所确定的隐函数 $z = z(x, y)$ 在点 $(1, 2, -2)$ 处的全微分;

(3) 设 $y^x = x^y$, 求 $\dfrac{\mathrm{d}y}{\mathrm{d}x}$;

(4) 设 $z^3 - 3xyz = a^3$, 求 $\dfrac{\partial^2 z}{\partial x \partial y}$;

(5) 设方程 $x^2 + y^2 + z^2 = 4z$ 确定 z 为 x, y 的函数, 求 $\dfrac{\partial^2 z}{\partial x^2}$ 和 $\dfrac{\partial^2 z}{\partial x \partial y}$.

4. 求下列函数的导数或偏导数:

(1) 设 $z = f(\mathrm{e}^t, t^2, \sin t)$, f 可微, 求 $\dfrac{\mathrm{d}z}{\mathrm{d}t}$;

(2) 设 $z = f\left(xy, \dfrac{x}{y}, x\right)$, 其中 f 有连续的二阶偏导数, 求 $\dfrac{\partial^2 z}{\partial x^2}, \dfrac{\partial^2 z}{\partial x \partial y}, \dfrac{\partial^2 z}{\partial y^2}$;

(3) 设 $z = f(2x - y, y \sin x)$, 其中 f 有连续的二阶偏导数, 求 $\dfrac{\partial^2 z}{\partial x \partial y}$.

5. 求由下列方程组所确定的隐函数的导数或偏导数:

(1) 设 $\begin{cases} z = x^2 + y^2, \\ x^2 + 2y^2 + 3z^2 = 20, \end{cases}$ 求 $\dfrac{\mathrm{d}y}{\mathrm{d}x}, \dfrac{\mathrm{d}z}{\mathrm{d}x}$;

(2) 设方程组 $\begin{cases} x^2 + y^2 = uv, \\ xy^2 = u^2 - v^2 \end{cases}$ 确定了函数 $u = u(x,y)$ 和 $v = v(x,y)$, 求 $\dfrac{\partial u}{\partial x}, \dfrac{\partial u}{\partial y}$, $\dfrac{\partial v}{\partial x}, \dfrac{\partial v}{\partial y}$.

6. 设函数 $z = f(x,y)$ 在点 $(1,1)$ 处可微, 且 $f(1,1) = 1$, $\left.\dfrac{\partial f}{\partial x}\right|_{(1,1)} = 2$, $\left.\dfrac{\partial f}{\partial y}\right|_{(1,1)} = 3$, $\varphi(x) = f(x, f(x,x))$, 求 $\left.\dfrac{\mathrm{d}}{\mathrm{d}x}\varphi^3(x)\right|_{x=1}$.

7. 设 $z = f(xy, yg(x))$, 其中函数 f 具有二阶连续偏导数, 函数 $g(x)$ 可导, 且在点 $x = 1$ 处取得极值 $g(1) = 1$, 求 $\left.\dfrac{\partial^2 z}{\partial x \partial y}\right|_{\substack{x=1 \\ y=1}}$.

8. 设 $z = z(x,y)$ 在 $\mathbf{R}^2$ 上有连续的一阶偏导数, $w = w(u,v)$ 是由方程组

$$u = x^2 + y^2, \quad v = \dfrac{1}{x} + \dfrac{1}{y}, \quad z = \mathrm{e}^{w+x+y}$$

所确定的隐函数, 试将方程 $y\dfrac{\partial z}{\partial x} - x\dfrac{\partial z}{\partial y} = (y-x)z(x \neq y)$ 化为 $\dfrac{\partial w}{\partial u}, \dfrac{\partial w}{\partial v}$ 所满足的一个关系式.

§6.7 多元函数的极值及其求法

一、多元函数的极值

在实际问题中, 往往会遇到多元函数极值以及最大值 (最小值) 问题. 与一元函数的情形类似, 可以利用多元函数微分法来处理这些问题. 下面以二元函数为例进行讨论.

定义 1 设函数 $z = f(x,y)$ 在点 $P(x_0, y_0)$ 的某邻域内有定义, 对于该邻域内异于

$P(x_0, y_0)$ 的任意一点 $Q(x, y)$, 若都有

$$f(x, y) \leqslant f(x_0, y_0) \quad (\text{或 } f(x, y) \geqslant f(x_0, y_0)),$$

则称函数 $z = f(x, y)$ 在点 $P(x_0, y_0)$ 处有**极大值** (或**极小值**)$f(x_0, y_0)$, 点 $P(x_0, y_0)$ 称为函数 $z = f(x, y)$ 的**极大值点** (或**极小值点**). 极大值和极小值统称为**极值**. 使函数取得极值的点称为**极值点**.

与一元函数类似, 多元函数极值也是一个局部性概念.

例如, 函数 $z = 2x^2 + 2y^2$ 在点 $(0, 0)$ 处有极小值 0(图 6.42), 因为在点 $(0, 0)$ 处的函数值为零, 而点 $(0, 0)$ 的任一邻域内异于 $(0, 0)$ 的点处函数值都大于零.

又如函数 $z = -\sqrt{x^2 + y^2}$ 在点 $(0, 0)$ 处有极大值 0(图 6.43), 因为在点 $(0, 0)$ 的任一邻域内异于 $(0, 0)$ 的点处函数值都小于零, 而在点 $(0, 0)$ 处的函数值为零.

但函数 $z = xy$ 在点 $(0, 0)$ 处既不取极大值也不取极小值, 因在点 $(0, 0)$ 处的函数值为零, 而在点 $(0, 0)$ 的任一邻域内, 既有使函数值为正的点, 也有使函数值为负的点. $z = xy$ 的图形由双曲抛物面 $2z = y^2 - x^2$ 绕 z 轴水平旋转 $\dfrac{\pi}{4}$ 而来 (图 6.44).

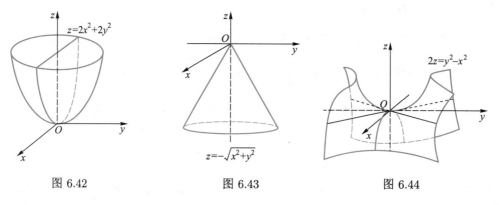

图 6.42   图 6.43   图 6.44

二元函数极值的概念可推广到三元及三元以上的函数的情形, 区别仅在于点 P 的邻域不同.

二元函数 $z = f(x, y)$ 在点 $P(x_0, y_0)$ 处取得极值, 那么固定 $y = y_0$, 一元函数 $z = f(x, y_0)$ 在点 $x = x_0$ 处取得相同的极值; 同理, 固定 $x = x_0$, 一元函数 $z = f(x_0, y)$ 在点 $y = y_0$ 处取得相同的极值. 因此, 由一元函数极值的必要条件可以得到二元可微函数在一点处取得极值的必要条件.

定理 1(二元函数取得极值的必要条件) 设函数 $z = f(x, y)$ 在点 (x_0, y_0) 处的偏导数 $f_x(x_0, y_0)$, $f_y(x_0, y_0)$ 存在, 若点 (x_0, y_0) 是 $z = f(x, y)$ 的极值点, 则必有

$$f_x(x_0, y_0) = 0, \quad f_y(x_0, y_0) = 0.$$

证 不妨设 $z = f(x, y)$ 在点 (x_0, y_0) 处有极大值. 根据极大值的定义, 在点 (x_0, y_0) 的某邻域内异于 (x_0, y_0) 的点 (x, y) 都满足不等式

$$f(x, y) \leqslant f(x_0, y_0).$$

令 $y = y_0$, 而 $x \neq x_0$, 则一元函数 $f(x, y_0)$ 在点 $x = x_0$ 处取得极大值, 因而必有 $f_x(x_0, y_0) = 0$.

同理可证 $f_y(x_0, y_0) = 0$.

类似地, 如果三元函数 $u = f(x, y, z)$ 在点 (x_0, y_0, z_0) 处具有偏导数, 则它在点 (x_0, y_0, z_0) 处取得极值的必要条件为

$$f_x(x_0, y_0, z_0) = 0, \quad f_y(x_0, y_0, z_0) = 0, \quad f_z(x_0, y_0, z_0) = 0.$$

满足每个一阶偏导数皆为零的点为函数的**驻点**, 例如, 二元函数 $z = f(x, y)$ 的满足

$$\begin{cases} f_x(x, y) = 0, \\ f_y(x, y) = 0 \end{cases}$$ 的点称为函数 $z = f(x, y)$ 的**驻点**.

注 函数取得极值的点不一定是驻点, 例如, 函数 $z = -\sqrt{x^2 + y^2}$ 在点 $(0, 0)$ 处取得极大值, 但在点 $(0, 0)$ 处偏导数不存在. 函数 $z = f(x, y)$ 的极值点是驻点或一阶偏导数不存在的点. 又如 $z = xy$, 点 $(0, 0)$ 是函数的驻点, 但函数在该点处无极值. 如何判定一个驻点是否为极值点? 下面的定理回答了这个问题.

定理 2(极值存在的充分条件) 设函数 $z = f(x, y)$ 在点 (x_0, y_0) 的某邻域内连续且具有一阶及二阶的连续偏导数, 又 $f_x(x_0, y_0) = 0$, $f_y(x_0, y_0) = 0$, 令

$$f_{xx}(x_0, y_0) = A, \quad f_{xy}(x_0, y_0) = B, \quad f_{yy}(x_0, y_0) = C,$$

则

(1) 当 $B^2 - AC < 0$ 时, 函数 $f(x, y)$ 在点 (x_0, y_0) 处有极值, 且当 $A > 0$ 时有极小值 $f(x_0, y_0)$, 当 $A < 0$ 时有极大值 $f(x_0, y_0)$;

(2) 当 $B^2 - AC > 0$ 时, 函数 $f(x, y)$ 在点 (x_0, y_0) 处无极值;

(3) 当 $B^2 - AC = 0$ 时, 不能确定函数 $f(x, y)$ 在点 (x_0, y_0) 处是否取到极值.

根据定理 1 与定理 2, 如果函数 $f(x, y)$ 具有二阶连续偏导数, 则求函数 $z = f(x, y)$ 极值的一般步骤为:

第一步 解方程组 $\begin{cases} f_x(x, y) = 0, \\ f_y(x, y) = 0, \end{cases}$ 求出 $f(x, y)$ 的所有驻点;

第二步 对于每一个驻点 (x_0, y_0), 求出二阶偏导数的值 A, B, C;

第三步 求出 $B^2 - AC$ 的符号，根据定理 2 判定 $f(x_0, y_0)$ 是不是极值、是极大值还是极小值，并计算出极值.

例 1 求函数 $f(x, y) = (2ax - x^2)(2by - y^2)$ 的极值.

解 解方程组

$$\begin{cases} f_x(x, y) = 2(a - x)(2by - y^2) = 0, \\ f_y(x, y) = 2(b - y)(2ax - x^2) = 0, \end{cases}$$

求得驻点 $(a, b), (0, 0), (0, 2b), (2a, 0), (2a, 2b)$. 再求出二阶偏导数

$$A = f_{xx} = -2(2by - y^2), B = f_{xy} = 4(a - x)(b - y), C = f_{yy} = -2(2ax - x^2).$$

从而列表 (表 6.1) 可得函数的极值情况如下:

表 6.1 $f(x, y)$ 的极值

驻点	A	B	C	$B^2 - AC$	结论
(a, b)	$-2b^2$	0	$-2a^2$	$-$	极大值 $f(a, b) = a^2 b^2$
$(0, 0)$	0	$4ab$	0	$+$	不是极值
$(0, 2b)$	0	$-4ab$	0	$+$	不是极值
$(2a, 0)$	0	$-4ab$	0	$+$	不是极值
$(2a, 2b)$	0	$4ab$	0	$+$	不是极值

注 在考虑函数的极值问题时，除了考虑函数的驻点以外，还要考虑偏导数不存在的点.

二、多元函数的最大值与最小值

如果函数 $f(x, y)$ 在有界闭区域 D 上连续，则 $f(x, y)$ 在 D 上必能取得最大值和最小值. 但由极值的定义知，极值只是函数在某一点处的局部最值. 要想获得函数 $f(x, y)$ 在整个区域 D 上的最大值和最小值，与一元函数的问题类似，必须考察函数 $f(x, y)$ 在区域 D 上所有驻点、偏导数不存在的点以及区域 D 边界点的函数值，一般步骤如下:

(1) 求 $f(x, y)$ 在 D 内所有驻点、偏导数不存在的点处的函数值;

(2) 求 $f(x, y)$ 在 D 的边界上的最值;

(3) 将前两步所得的所有函数值进行比较，其中最大者即为最大值，最小者即为最小值.

注 对于比较复杂的最值问题，在 (2) 中，一般是先求 $f(x, y)$ 在 D 的边界上的极值，即求函数 $f(x, y)$ 满足一定条件 (区域 D 的边界) 下的极值，这是条件极值问题，需

要用本节后面介绍的拉格朗日乘数法来求解. 但这种做法, 往往计算烦琐. 在解决实际问题中, 如果根据问题的性质, 可以判断函数 $f(x,y)$ 的最大值 (或最小值) 一定在 D 的内部取得, 而函数在 D 内只有一个驻点, 则可以肯定该驻点处的函数值就是函数 $f(x,y)$ 在 D 上的最大值 (或最小值).

例 2 求函数 $z = (x^2 + y^2 - 4x)^2$ 在圆域 $D = \{(x,y) \mid x^2 + y^2 \leqslant 4x\}$ 上的最大值与最小值.

解 因为函数 $z = (x^2 + y^2 - 4x)^2$ 在有界闭区域 $D = \{(x,y) \mid x^2 + y^2 \leqslant 4x\}$ 上连续, 所以函数的最大值、最小值一定存在.

显然, 在圆域 D 上 $z \geqslant 0$, 而在 D 的边界上 $z = 0$, 因此, 函数的最小值为 $z = 0$.

在 D 的内部 $x^2 + y^2 < 4x$, 令

$$\begin{cases} z_x = 2(x^2 + y^2 - 4x)(2x - 4) = 0, \\ z_y = 2(x^2 + y^2 - 4x) \cdot 2y = 0, \end{cases}$$

解方程组得, $x = 2$, $y = 0$, 从而唯一驻点为 $(2,0)$. 又 $z \big|_{(2,0)} = 16$, 与 $z = 0$ 比较得知, 函数在圆域 $D = \{(x,y) \mid x^2 + y^2 \leqslant 4x\}$ 上的最大值为 16, 最小值为 0.

例 3 我国自热火锅市场从 2015 年开始萌芽, 随后, 其规模逐步扩大. 某超市卖两种品牌的自热火锅, 本地品牌的进价每盒 15 元, 外地品牌的进价每盒 20 元. 经理估计, 如果本地品牌售价为 x 元, 外地品牌售价为 y 元, 则每天可以卖出 $35 - 7x + 6y$ 盒本地品牌的自热火锅, $4 + 6x - 6y$ 盒外地品牌的自热火锅. 问该超市每天以什么价格卖两种品牌的自热火锅可取到最大利润?

解 根据题意, 最大利润函数为

$$z(x,y) = (x - 15)(35 - 7x + 6y) + (y - 20)(4 + 6x - 6y) \quad (x \geqslant 15, y \geqslant 20),$$

解方程组

$$\begin{cases} z_x(x,y) = 35 - 7x + 6y - 7(x - 15) + 6(y - 20) = 0, \\ z_y(x,y) = 6(x - 15) + 4 + 6x - 6y - 6(y - 20) = 0, \end{cases}$$

求得唯一驻点 $(x,y) = (27, 29.83)$. 由于

$$A = z_{xx}(x,y) = -14, \quad B = z_{xy}(x,y) = 12, \quad C = z_{yy}(x,y) = -12,$$

$$B^2 - AC = -24 < 0, \quad A = z_{xx}(x,y) = -14 < 0,$$

因此 $L(x, y)$ 在点 $(27, 29.83)$ 处取到极大值 $L(27, 29.83) = 172.17$, 根据实际情况, 超市卖两种品牌自热火锅的最大利润一定在开区域 $D = \{(x, y) | x > 15, y > 20\}$ 内取得. 因此函数最大值为 $L(27, 29.83) = 172.17$, 即超市每天本地品牌的自热火锅售价为 27 元, 外地品牌的自热火锅售价为 29.83 元时, 所取得利润最大, 利润最大值为 172.17 元.

三、条件极值

前面所讨论的极值问题, 对于函数的自变量, 除了限制它在定义域内之外, 并无其他条件, 因此称为**无条件极值**. 但在实际问题中, 求极值 (或最值) 时, 常常对自变量的取值附加一定的约束条件. 像这样对自变量有附加条件的极值问题称为**条件极值**.

条件极值一般形式是求目标函数

$$y = f(x_1, x_2, \cdots, x_n)$$

在约束条件

$$\begin{cases} \varphi_1(x_1, x_2, \cdots, x_n) = 0, \\ \varphi_2(x_1, x_2, \cdots, x_n) = 0, \\ \cdots\cdots\cdots\cdots, \\ \varphi_m(x_1, x_2, \cdots, x_n) = 0 \end{cases}$$

下的极值.

我们从 f, φ 都为二元函数这一简单情况入手, 即求函数 $z = f(x, y)$ 满足等式约束 $\varphi(x, y) = 0$ 的极值. 求解条件极值问题一般有两种方法:

(1) 若由 $\varphi(x, y) = 0$ 能解出函数 $y = y(x)$ 或者 $x = x(y)$, 然后代入 $z = f(x, y)$, 将条件极值问题转化为求解一元函数的无条件极值问题. 但有时约束条件关系比较复杂, 代换和运算烦琐, 就可以用下面的拉格朗日乘数法.

(2) 拉格朗日乘数法. 假设函数 $z = f(x, y)$ 在点 $P_0(x_0, y_0)$ 处取到极值, 则 $P_0(x_0, y_0)$ 满足等式约束 $\varphi(x_0, y_0) = 0$, 并假设在点 $P_0(x_0, y_0)$ 的某邻域内 $f(x, y)$, $\varphi(x, y)$ 有一阶连续偏导数, 且 $\varphi_y(x_0, y_0) \neq 0$. 由隐函数存在定理知, 方程 $\varphi(x, y) = 0$ 在点 $P_0(x_0, y_0)$ 的某邻域内能唯一确定一个可微的隐函数 $y = \psi(x)$, 将其代入 $z = f(x, y)$, 得到一元函数 $z = f(x, \psi(x))$, 则 $x = x_0$ 必定为一函数 $z = f(x, \psi(x))$ 的极值点, 故有

$$\left.\frac{\mathrm{d}z}{\mathrm{d}x}\right|_{x=x_0} = f_x(x_0, y_0) + f_y(x_0, y_0) \left.\frac{\mathrm{d}y}{\mathrm{d}x}\right|_{x=x_0} = 0. \tag{6.19}$$

再由 $\varphi(x, y) = 0$，根据隐函数求导公式得

$$\left.\frac{\mathrm{d}y}{\mathrm{d}x}\right|_{x=x_0} = -\frac{\varphi_x(x_0, y_0)}{\varphi_y(x_0, y_0)}$$

将上式代入 (6.19) 式得

$$f_x(x_0, y_0) - f_y(x_0, y_0)\frac{\varphi_x(x_0, y_0)}{\varphi_y(x_0, y_0)} = 0. \tag{6.20}$$

设 $\dfrac{f_y(x_0, y_0)}{\varphi_y(x_0, y_0)} = -\lambda_0$，则有

$$\frac{f_x(x_0, y_0)}{\varphi_x(x_0, y_0)} = \frac{f_y(x_0, y_0)}{\varphi_y(x_0, y_0)} = -\lambda_0,$$

因此，函数 $z = f(x, y)$ 在约束条件 $\varphi(x, y) = 0$ 下在点 $P_0(x_0, y_0)$ 处取得极值的必要条件为

$$\begin{cases} f_x(x_0, y_0) + \lambda_0\varphi_x(x_0, y_0) = 0, \\ f_y(x_0, y_0) + \lambda_0\varphi_y(x_0, y_0) = 0, \\ \varphi(x_0, y_0) = 0. \end{cases}$$

若引入**拉格朗日函数** $L(x, y, \lambda) = f(x, y) + \lambda\varphi(x, y)$，则上面方程组为 $L(x, y, \lambda)$ 在点 (x_0, y_0, λ_0) 处取到极值的必要条件，即

$$\begin{cases} L_x(x_0, y_0, \lambda_0) = f_x(x_0, y_0) + \lambda_0\varphi_x(x_0, y_0) = 0, \\ L_y(x_0, y_0, \lambda_0) = f_y(x_0, y_0) + \lambda_0\varphi_y(x_0, y_0) = 0, \\ L_\lambda(x_0, y_0, \lambda_0) = \varphi(x_0, y_0) = 0. \end{cases} \tag{6.21}$$

因此，欲求函数 $z = f(x, y)$ 在约束条件 $\varphi(x, y) = 0$ 下的极值，可以转化为求拉格朗日函数 $L(x, y, \lambda) = f(x, y) + \lambda\varphi(x, y)$ 的无条件极值，并且 $L(x, y, \lambda)$ 的极值一定是 $z = f(x, y)$ 在约束条件 $\varphi(x, y) = 0$ 下的极值.

因为假设 $L(x, y, \lambda)$ 在点 (x_0, y_0, λ_0) 处取到极大值，则由极值的必要条件可知 (6.21) 式成立. 在点 (x_0, y_0, λ_0) 的某一邻域内，有 $L(x, y, \lambda) \leqslant L(x_0, y_0, \lambda_0)$，即

$$f(x, y) + \lambda\varphi(x, y) \leqslant f(x_0, y_0) + \lambda\varphi(x_0, y_0),$$

在约束条件 $\varphi(x, y) = 0$ 下，易知 $\varphi(x_0, y_0) = 0$，故有 $f(x, y) \leqslant f(x_0, y_0)$ 成立，即 $z = f(x, y)$ 在点 (x_0, y_0) 处取到了满足约束条件 $\varphi(x, y) = 0$ 的极大值.

利用拉格朗日乘数法求函数 $z = f(x, y)$ 在约束条件 $\varphi(x, y) = 0$ 下的极值的具体步骤:

第一步　构造拉格朗日函数

$$L(x, y, \lambda) = f(x, y) + \lambda\varphi(x, y),$$

其中 λ 为待定常数,称为**拉格朗日乘数**.

第二步　解方程组

$$\begin{cases} L_x(x, y, \lambda) = f_x(x, y) + \lambda\varphi_x(x, y) = 0, \\ L_y(x, y, \lambda) = f_y(x, y) + \lambda\varphi_y(x, y) = 0, \\ L_\lambda(x, y, \lambda) = \varphi(x, y) = 0 \end{cases} \quad (6.22)$$

求出 $L(x, y, \lambda)$ 的驻点 (x_0, y_0, λ_0),得到可能的极值点 (x_0, y_0).

第三步　判别 $z = f(x, y)$ 在点 (x_0, y_0) 处取到何种极值. 拉格朗日乘数法只给出函数取极值的必要条件,因此,按照这种方法求出来的点是否为极值点,还需要加以讨论. 在满足隐函数存在定理的条件下,可以由 $\varphi(x, y) = 0$ 解得 $y = \psi(x)$,代入目标函数 $z = f(x, y)$,利用一元函数 $z = f(x, y) = f(x, \psi(x))$ 的二阶导数来判定点 (x_0, y_0) 是哪种极值点.

> **思考题 6–6**　在拉格朗日乘数法求极值步骤中的第三步,能否直接用拉格朗日函数 $L(x, y, \lambda)$ 的二阶偏导数,即设
>
> $$L_{xx}(x_0, y_0, \lambda_0) = A, \quad L_{xy}(x_0, y_0, \lambda_0) = B, \quad L_{yy}(x_0, y_0, \lambda_0) = C,$$
>
> 根据定理 2 的结论来判别 $z = f(x, y)$ 在点 (x_0, y_0) 处取到何种极值?

拉格朗日乘数法也适用于自变量多于两个且约束条件多于一个的情形. 例如,要求函数

$$u = f(x, y, z, t)$$

在约束条件

$$\begin{cases} \varphi(x, y, z, t) = 0, \\ \psi(x, y, z, t) = 0 \end{cases}$$

利用拉格朗日
函数的二阶全
微分求极值

下的极值,可构造拉格朗日函数

$$L(x, y, z, t) = f(x, y, z, t) + \lambda_1\varphi(x, y, z, t) + \lambda_2\psi(x, y, z, t),$$

其中 λ_1, λ_2 均为拉格朗日乘数. 令 $L(x, y, z, t)$ 关于所有变量 $x, y, z, t, \lambda_1, \lambda_2$ 的一阶偏导数为零,这样解得的 (x, y, z, t) 就是函数 $f(x, y, z, t)$ 在约束条件下可能的极值点.

求函数 $u = f(x, y, z, t)$ 满足条件 $\varphi(x, y, z, t) = 0$ 和 $\psi(x, y, z, t) = 0$ 的极值时，利用拉格朗日乘数法求到可能的极值点 (x_0, y_0, z_0, t_0) 后，如何利用第三步叙述的方法来判别点 (x_0, y_0, z_0, t_0) 是何种极值点？

例 4 求函数 $f(x, y, z) = x^3 + y^3 + z^3$ 在条件 $x^2 + y^2 + z^2 = 27$ 下的极值，其中 x, y, z 都不为零.

解 构造拉格朗日函数

$$L(x, y, z, \lambda) = x^3 + y^3 + z^3 + \lambda \left(x^2 + y^2 + z^2 - 27 \right),$$

求偏导数可得

$$\begin{cases} L_x(x, y, z, \lambda) = 3x^2 + 2\lambda x = 0, \\ L_y(x, y, z, \lambda) = 3y^2 + 2\lambda y = 0, \\ L_z(x, y, z, \lambda) = 3z^2 + 2\lambda z = 0, \\ L_\lambda(x, y, \lambda) = x^2 + y^2 + z^2 - 27 = 0, \end{cases}$$

其中 x, y, z 都不为零，解得驻点为 $P_1(3, 3, 3)$，$P_2(-3, -3, -3)$.

下面判断驻点 $P_1(3, 3, 3)$，$P_2(-3, -3, -3)$ 是否为所求的极值点. 将条件 $x^2 + y^2 + z^2 = 27$ 看成隐函数 $z = z(x, y)$(满足隐函数定理条件)，并且将其代入目标函数，则目标函数

$$f(x, y, z) = x^3 + y^3 + z^3 = x^3 + y^3 + [z(x, y)]^3 = F(x, y)$$

可视为 f 与 $z = z(x, y)$ 的复合函数，这样就可以利用定理 2 极值存在的充分条件来判断. 计算如下：

由 $x^2 + y^2 + z^2 = 27$，求得 $z_x = -\dfrac{x}{z}, z_y = -\dfrac{y}{z}$. 而

$$F_x = 3x^2 + 3z^2 z_x = 3x^2 - 3zx, \quad F_y = 3y^2 + 3z^2 z_y = 3y^2 - 3zy,$$

$$F_{xx} = 6x - 3z - 3xz_x = 6x - 3z + \frac{3x^2}{z},$$

$$F_{xy} = -3z_y x = \frac{3xy}{z}, \quad F_{yy} = 6y - 3z + \frac{3y^2}{z}.$$

对驻点 $P_1(3, 3, 3)$，

$$A = F_{xx} = 18, \quad B = F_{xy} = 9, \quad C = F_{yy} = 18,$$

则 $B^2 - AC = -243 < 0$，且 $A > 0$.

对驻点 $P_2(-3, -3, -3)$，

$$A = F_{xx} = -18, \quad B = F_{xy} = -9, \quad C = F_{yy} = -18,$$

则 $B^2 - AC = -243 < 0$, 且 $A < 0$.

故函数 $f(x,y,z) = x^3+y^3+z^3$ 在点 $P_1(3,3,3)$ 处取到极小值 81, 在点 $P_2(-3,-3,-3)$ 处取到极大值 -81.

例 5 现如今, 生态环境的保护已成为人们关注的焦点. 为了减少排污, 某家电生产商生产一款新型节能洗衣机, 它的柯布-道格拉斯生产函数是 $f(x,y) = 1\,000x^{\frac{3}{5}}y^{\frac{2}{5}}$, 其中 x 表示劳动力数量, y 表示资本数量. 若每个劳动力和每单位资本的成本分别为 150 元和 400 元, 该生产商的总预算是 900 000 元, 并且计划全部用完, 生产商该如何分配这笔钱用于雇佣劳动力和投入资本, 使生产量最高?

解 要求目标函数

$$f(x,y) = 1\,000x^{\frac{3}{5}}y^{\frac{2}{5}}$$

在约束条件 $150x + 400y = 900\,000$ 下的最大值.

首先, 构造拉格朗日函数

$$L(x,y,\lambda) = 1\,000x^{\frac{3}{5}}y^{\frac{2}{5}} + \lambda\left(900\,000 - 150x - 400y\right),$$

令

$$\begin{cases} L_x = 600x^{-\frac{2}{5}}y^{\frac{2}{5}} - 150\lambda = 0, \\ L_y = 400x^{\frac{3}{5}}y^{-\frac{3}{5}} - 400\lambda = 0, \\ L_\lambda = 900\,000 - 150x - 400y = 0, \end{cases}$$

解方程组得, $(x,y) = (3\,600, 900)$, 这是唯一可能的极值点. 由问题本身的意义知, 最大值一定存在, 所以最大值就在这个可能的极值点处取到, 即该生产商雇佣 3 600 个劳动力和投入 900 个单位资本, 可获得最大生产量.

在例 5 中, 若不要求总预算 900 000 元必须全部用完, 则约束条件就变成不等式约束 $150x + 400y \leqslant 900\,000$. 这种带有不等式约束求极值 (最值) 的问题是非线性最优化问题, 在实际经济问题中经常出现.

* **例 6** 随着互联网的高速发展, 网上购物已成为现代人主要购物方式. 据国家统计局数据显示, 2022 年全国网上零售额 13.79 万亿元, 同比增长 4%. 这也促使生产企业不断改进营销策略, 增强企业的竞争力, 如 "双十一""年货节" 等大型购物狂欢节来临之际, 很多商家都实行预付定金打折、满减等各种促销活动, 现考虑如下具体形式:

假设某生产企业生产并网上直销一种产品, 且此产品为价格弹性较大的畅销品, 市场需求 $Q = f(p)$ 是关于价格 p 的函数、企业为了减少产品销售中存在的风险, 推出预付款订单活动, 并且为了鼓励顾客预付定金, 会给这类顾客一定的价格折扣. 同时, 若顾客对该产品不满意, 允许退货. 但若提交预付定金的顾客退货, 不返还其预付定金, 而不提交预付定金的顾客退货, 则返还货款. 退货的产品不进行二次售卖, 若周期末销售产品有剩余, 则转换为相应的产品残值. 设有以下参数,

p: 产品的单位售价;

w: 产品的单位生产成本;

s: 期末未销售产品的单位残值;

$\eta f(p)$: 预付定金的产品数量, 其中 $0 < \eta < 1$;

$(1-\eta)f(p)$: 不预付定金的产品数量;

$\alpha \eta f(p)$: 预付定金的顾客中最终购买该产品的产品数量, 其中 $0 < \alpha < 1$;

$(1-a)\eta f(p)$: 交了预付定金最终退货的产品数量;

$\beta(1-\eta)f(p)$: 不预付定金而最终购买该产品的数量, 其中 $0 < \beta < 1$;

$(1-\beta)(1-\eta)f(p)$: 不预付定金最终退货的产品数量;

γp: 预付单位产品的定金, 其中 $0 < \gamma \leqslant 1$;

θp: 给予预付定金的顾客优惠折扣后的单位产品价格, θ 为折扣系数, $0 < \theta < 1$.

再设产品的单位生产成本 $w = 2$, 未销售产品的单位残值 $s = 1$, 预付单位产品的定金、预付定金的产品数量以及顾客最终购买该产品的数量都与折扣系数 θ 有关. 根据市场调查, 参数之间有如下关系:

$$\theta = f(p) = 10^4 p^{-2}, \quad \gamma + 5\theta - 5 = 0, \quad \alpha + 3\theta - 3.4 = 0,$$

$$\beta + 2\theta - 2.4 = 0, \quad \eta + 5\theta - 5 = 0.$$

问产品的单位售价 p 以及给预付定金的顾客优惠折扣系数 θ 为多少时, 利润最大?

解 这是一个条件极值问题, 其目标函数为利润函数, 即

$$R = \theta p \cdot \alpha \eta f(p) + (\gamma p + s) \cdot (1-\alpha)\eta f(p) +$$

$$p \cdot \beta(1-\eta)f(p) + s \cdot (1-\beta)(1-\eta)f(p) - w \cdot f(p)$$

$$= 10^4 \theta p^{-1} \cdot \alpha \eta + 10^4 p^{-2}(\gamma p + 1) \cdot (1-\alpha)\eta +$$

$$10^4 p^{-1} \cdot \beta(1-\eta) + 10^4 p^{-2} \cdot (1-\beta)(1-\eta) - 2 \cdot 10^4 p^{-2},$$

满足约束条件

$$\begin{cases} 5 - 5\theta - \gamma = 0, \\ \alpha + 3\theta - 3.4 = 0, \\ 2.4 - 2\theta - \beta = 0, \\ 5 - 5\theta - \eta = 0. \end{cases}$$

设其拉格朗日函数为

$$L(\theta, p, \eta, \alpha, \beta, \gamma, \lambda_1, \lambda_2, \lambda_3, \lambda_4)$$

$$= 10^4 \theta p^{-1} \cdot \alpha \eta + 10^4 p^{-2} (\gamma p + 1) \cdot (1 - \alpha) \eta +$$

$$10^4 p^{-1} \cdot \beta (1 - \eta) + 10^4 p^{-2} \cdot (1 - \beta)(1 - \eta) - 2 \times 10^4 p^{-2} +$$

$$\lambda_1 (5 - 5\theta - \gamma) + \lambda_2 (\alpha + 3\theta - 3.4) +$$

$$\lambda_3 (2.4 - 2\theta - \beta) + \lambda_4 (5 - 5\theta - \eta),$$

其中 $\lambda_1, \lambda_2, \lambda_3, \lambda_4$ 为拉格朗日乘子.

对拉格朗日函数关于各个变量求偏导数, 得

$$\begin{cases} L_\theta = -5\lambda_1 + 3\lambda_2 - 2\lambda_3 - 5\lambda_4 + 10^4 p^{-1} \cdot \alpha \eta = 0, \\ L_p = 2 \cdot 10^4 p^{-3} (\gamma p + 1) \cdot (\alpha - 1) \eta + 10^4 p^{-2} \gamma \cdot (1 - \alpha) \eta + \\ \qquad 10^4 p^{-2} \cdot \beta(\eta - 1) - 2 \cdot 10^4 p^{-3} \cdot (1 - \beta)(1 - \eta) + \\ \qquad 4 \cdot 10^4 p^{-3} - 10^4 \theta p^{-2} \cdot \alpha \eta = 0, \\ L_\eta = 10^4 \theta p^{-1} \cdot \alpha + 10^4 p^{-2} (\gamma p + 1) \cdot (1 - \alpha) - 10^4 p^{-1} \cdot \beta + \\ \qquad 10^4 p^{-2} \cdot (\beta - 1) - \lambda_4 = 0, \\ L_\alpha = 10^4 \theta p^{-1} \cdot \eta - 10^4 p^{-2} (\gamma p + 1) \cdot \eta + \lambda_2 = 0, \\ L_\beta = 10^4 p^{-1} \cdot (1 - \eta) - 10^4 p^{-2} \cdot (1 - \eta) - \lambda_3 = 0, \\ L_\gamma = 10^4 p^{-1} \cdot (1 - \alpha) \eta - \lambda_1 = 0, \\ L_{\lambda_1} = 5 - 5\theta - \gamma = 0, \\ L_{\lambda_2} = \alpha + 3\theta - 3.4 = 0, \\ L_{\lambda_3} = 2.4 - 2\theta - \beta = 0, \\ L_{\lambda_4} = 5 - 5\theta - \eta = 0. \end{cases}$$

这是由 10 个方程组成的方程组, 求解它比较麻烦. 我们利用 MATLAB 软件中的 fsolve 函数来求解, 得

$$\theta = 0.838\ 9, \quad p = 4.555\ 5, \quad \eta = 0.805\ 5,$$

$$\alpha = 0.883\ 3, \quad \beta = 0.722\ 2, \quad \gamma = 0.805\ 5.$$

$(\theta, p) = (0.838\ 9, 4.555\ 5)$ 是唯一可能的极值点. 由问题本身的意义知, 最大值一定存在, 所以最大值就在这个可能的极值点处取到, 即当该企业给预付定金的顾客优惠折扣系数 $\theta = 0.838\ 9$, 单位售价 $p = 4.555\ 5$ 时, 获得的利润最大.

最后, 探讨一下条件极值中的拉格朗日乘子 λ 的意义. 为了求函数 $z = f(x, y)$ 满足等式约束 $\varphi(x, y) = 0$ 的极值, 由拉格朗日乘数法, 构造拉格朗日函数

$$L(x, y, \lambda) = f(x, y) + \lambda\varphi(x, y),$$

其中 λ 称为拉格朗日乘子, 通过求解方程组 (6.22), 得到可能的极值点 (x_0, y_0).

如果约束条件右端项有一个改变量 c, 即 $\varphi(x, y) = c$, 此时约束条件变为

$$g(x, y) = \varphi(x, y) - c = 0.$$

且可能的极值点 (x_0, y_0) 会因改变量 c 而发生改变, 因此, $x_0 = x_0(c), y_0 = y_0(c)$. 同样, 目标函数 $z = f(x_0(c), y_0(c))$ 也会随之发生变化, 其对于 c 的变化率为

$$\frac{\mathrm{d}f}{\mathrm{d}c} = f_x(x_0, y_0)\frac{\mathrm{d}x_0}{\mathrm{d}c} + f_y(x_0, y_0)\frac{\mathrm{d}y_0}{\mathrm{d}c}.$$

由 (6.21) 式得,

$$\begin{aligned}
\frac{\mathrm{d}f}{\mathrm{d}c} &= -\lambda g_x(x_0, y_0)\frac{\mathrm{d}x_0}{\mathrm{d}c} - \lambda g_y(x_0, y_0)\frac{\mathrm{d}y_0}{\mathrm{d}c} \\
&= -\lambda\left[g_x(x_0, y_0)\frac{\mathrm{d}x_0}{\mathrm{d}c} + g_y(x_0, y_0)\frac{\mathrm{d}y_0}{\mathrm{d}c}\right] \\
&= -\lambda\frac{\mathrm{d}g}{\mathrm{d}c}.
\end{aligned}$$

而 $\dfrac{\mathrm{d}g}{\mathrm{d}c} = -1$, 代入上式得, $\dfrac{\mathrm{d}f}{\mathrm{d}c} = \lambda$, 即拉格朗日乘子 λ 是目标函数的约束极值关于约束条件值 c 的变化率. 如例 5 中, 在生产商雇佣 $x = 3\ 600$ 个劳动力和投入 $y = 900$ 个单位资本时, 获得最大生产量, 此时 $\lambda = 600 \cdot 3\ 600^{-\frac{2}{5}}900^{\frac{2}{5}} \cdot \dfrac{1}{150} = 2.297\ 4$. 在经济学中通常称 λ 为预算资金的 "影子价格", 即每增加一个单位资金投入能实际增加的价值为 2.297 4 个单位, 也即一个单位投入资金实际价格为 2.297 4 个单位.

习题 6.7

1. 求下列函数的极值:

(1) $z = \mathrm{e}^{2x}(x + y^2 + 2y)$;

(2) $z = x^2 + 5y^2 - 6x + 10y + 6$;

(3) $z = x^2 + y^2 - 2\ln x - 2\ln y, x > 0, y > 0$;

(4) $z = (1 + e^y)\cos x - ye^y$;

(5) $z = 3axy - x^3 - y^3 (a > 0)$.

2. 求下列函数的最值:

(1) $f(x, y) = x^3 + 2x^2 - 2xy + y^2$ 在 $D = [-2, 2] \times [-2, 2]$ 上的最大值与最小值;

(2) $f(x, y) = \sin x + \sin y - \sin(x + y)$ 在 $D = \{(x, y) \mid x \geqslant 0, y \geqslant 0, x + y \leqslant 2\pi\}$ 上的最大值与最小值.

3. 求下列函数在给定条件下的条件极值:

(1) 函数 $f(x, y, z) = xyz$ 在条件 $x + y = 1$ 及 $x - y + z^2 = 1$ 下的极值;

(2) 函数 $u = ax^2 + by^2 + cz^2 (a > 0, b > 0, c > 0)$ 在条件 $x + y + z = 1$ 下的极小值.

4. 设某厂生产甲、乙两种产品,当两种产品的产量分别为 x 和 y(单位: t) 时,总收益函数为 $R(x, y) = 27x + 42y - x^2 - 2xy - 4y^2$(万元),总成本函数为 $C(x, y) = 36 + 12x + 8y$(万元). 除此以外,生产甲种产品每吨还需支付排污费 1 万元,生产乙种产品每吨还需支付排污费 2 万元.

(1) 在不限制排污费用支出的情况下,这两种产品的产量各为多少时总利润最大?最大利润是多少?

(2) 当限制排污费用支出总和为 6 万元的情况下,这两种产品的产量各为多少时总利润最大?最大利润是多少?

5. 在平面上求一点,使它到 n 个定点 $(x_1, y_1), (x_2, y_2), \cdots, (x_n, y_n)$ 的距离之平方和最小.

6. 在直线 $L: \begin{cases} x + 2y + z = 1, \\ x - y + z = 0 \end{cases}$ 上求一点 P,使其到原点的距离最短.

7. 某公司通过手机微信和电视两种途径作广告,已知销售收入 R(单位: 万元) 与手机微信广告费 x(单位: 万元) 和电视广告费 y(单位: 万元) 有如下关系:

$$R(x, y) = 15 + 14x + 32y - 8xy - 2x^2 - 10y^2.$$

(1) 在广告费用不限的情况下,求最佳广告策略;

(2) 如果提供的广告费用为 1.5 万元,求相应的最佳广告策略.

8. 一家制造电脑的公司计划生产两种产品: 一种是 14 英寸笔记本电脑,而另一种是 15 英寸笔记本电脑 (1 英寸为 2.54 cm). 除了 400 000 元的固定费用外,每台 14 英寸和 15 英寸笔记本电脑成本分别为 1 950 元和 2 250 元. 制造商建议每台 14 英寸和 15 英寸笔记本电脑零售价格分别为 3 390 元和 3 990 元. 营销人员估计, 在销售这些计算机的竞争市场上, 一种类型的笔记本电脑每多卖出一台, 它的价格就下降 0.1 元. 此外, 一种类型的笔记本电脑的销售也会影响另一种类型的销售: 每销售一台 15 英寸笔记本电脑, 估计 14 英寸笔记本电脑零售价格下降 0.03 元; 每销售一台 14 英寸笔记本电脑, 估计 15 英寸笔记本电脑零售价格下降 0.04 元. 那么该公司应该生产每种笔记本电脑多少台, 才能使利润最大?

9. 现如今, 居民愈加关注生活质量的提高. 某家绿植生产基地生产某种净化空气的绿植的生产函数是 $Q = 4L^{\frac{1}{2}}K^{\frac{1}{2}}$, 其中 L, K 表示劳力和资本的数量, 其相应的成本函数是 $D = 2L + 8K$. 若产量 $Q = 64$, 请设计使成本最低的投入组合, 并求最低成本是多少?

§6.8 多元函数微分学在经济学中的应用

一元函数微分学中边际和弹性分别表示经济函数在一点的变化率和相对变化率, 这些概念可以推广到多元函数微分学中, 并可赋予更丰富的经济含义. 这里简单介绍多元函数边际问题、偏弹性概念.

一、边际

定义 1 设函数 $z = f(x,y)$ 在点 (x_0, y_0) 处的偏导数 $f_x(x_0, y_0), f_y(x_0, y_0)$ 存在, 分别称 $f_x(x_0, y_0)$ 和 $f_y(x_0, y_0)$ 为函数 $z = f(x,y)$ 在点 (x_0, y_0) 处的**边际**.

经济学中的边际表示增加一个单位某一个经济变量时, 给另一个经济变量带来的改变量. 如函数 $Q = Q(x_1, x_2, \cdots, x_n)$ 是总产量函数, 其中 $x_i \geqslant 0(i = 1, 2, \cdots, n)$ 顺次表示某产品生产过程中所使用的 $A_1, A_2, \cdots, A_n$ 共 n 种生产要素的投入数量, 则称 $\dfrac{\partial Q(x_1, x_2, \cdots, x_n)}{\partial x_i}$ 为**边际产量**, 记为 MP_{A_i}. 边际产量 MP_{A_i} 表示在投入规模为 $(x_1, x_2, \cdots, x_n)$ 时, 再增加一个单位生产要素 A_i 的投入所增加的产量 $(1 \leqslant i \leqslant n)$.

类似地, 总成本函数 $C = C(x_1, x_2, \cdots, x_n)$、收入函数 $R = R(x_1, x_2, \cdots, x_n)$、效用函数 $U = U(x_1, x_2, \cdots, x_n)$ 和需求函数 $Q_d = Q_d(x_1, x_2, \cdots, x_n)$, 它们的偏导数

$$\frac{\partial C(x_1, x_2, \cdots, x_n)}{\partial x_i}, \quad \frac{\partial R(x_1, x_2, \cdots, x_n)}{\partial x_i},$$

$$\frac{\partial U(x_1, x_2, \cdots, x_n)}{\partial x_i}, \quad \frac{\partial Q_d(x_1, x_2, \cdots, x_n)}{\partial x_i}$$

分别称为**边际成本** (MC_{A_i})、**边际收入** (MR_{A_i})、**边际效用** (MU_{A_i}) 和**边际需求** $(1 \leqslant i \leqslant n)$.

例 1 某企业生产甲、乙两种型号的产品，其产量分别为 Q_1, Q_2，总成本为

$$C(Q_1, Q_2) = 8Q_1^2 - Q_1Q_2 + 5Q_2^2 + 11,$$

当前产量 $Q_1 = 6, Q_2 = 8$.

(1) 在当前产量下，两种产品的生产边际成本为多少？

(2) 若出售两种产品的单价分别为 110 元和 100 元，目前，由于受人力等因素影响，还能再生产一个单位的产品，应该选择哪个型号的产品进行生产？

解 (1) 甲、乙产品的边际成本为

$$\left.\frac{\partial C}{\partial Q_1}\right|_{\substack{Q_1=6 \\ Q_2=8}} = \left[16Q_1 - Q_2\right]\Big|_{\substack{Q_1=6 \\ Q_2=8}} = 88,$$

$$\left.\frac{\partial C}{\partial Q_2}\right|_{\substack{Q_1=6 \\ Q_2=8}} = \left[-Q_1 + 10Q_2\right]\Big|_{\substack{Q_1=6 \\ Q_2=8}} = 74,$$

也即再生产一个单位的甲型号产品，其总成本增加 88 元；再生产一个单位的乙型号产品，其总成本增加 74 元.

(2) 利润函数为

$$\begin{aligned}
L(Q_1, Q_2) &= R(Q_1, Q_2) - C(Q_1, Q_2) \\
&= 110Q_1 + 100Q_2 - (8Q_1^2 - Q_1Q_2 + 5Q_2^2 + 11) \\
&= 110Q_1 + 100Q_2 - 8Q_1^2 + Q_1Q_2 - 5Q_2^2 - 11.
\end{aligned}$$

当前产量 $Q_1 = 6, Q_2 = 8$ 的情况下，甲、乙两种产品的边际利润分别为

$$\left.\frac{\partial L}{\partial Q_1}\right|_{\substack{Q_1=6 \\ Q_2=8}} = \left[110 - 16Q_1 + Q_2\right]\Big|_{\substack{Q_1=6 \\ Q_2=8}} = 22,$$

$$\left.\frac{\partial L}{\partial Q_2}\right|_{\substack{Q_1=6 \\ Q_2=8}} = \left[100 + Q_1 - 10Q_2\right]\Big|_{\substack{Q_1=6 \\ Q_2=8}} = 26.$$

即再生产一个单位的甲型号产品，其总利润增加 22 元；再生产一个单位的乙型号产品，其总利润增加 26 元，故应该选择乙型号产品进行生产.

普遍认为，当某种商品的价格上升时，会导致其需求量减少；而当两种商品彼此相关时，一种商品价格的上升会影响到另外一种商品的需求量.

例 2(商品替代、互补) 设 A, B 两种商品彼此相关，当其价格分别为 P_1, P_2 时，对应需求函数分别为

$$Q_1 = 8\mathrm{e}^{-3P_1+5P_2}, \quad Q_2 = 11\mathrm{e}^{7P_1-5P_2}.$$

试确定这两种商品是替代型还是互补型?

解 两个需求函数 Q_1, Q_2 分别关于价格 P_1, P_2 求偏导数,得

$$\frac{\partial Q_1}{\partial P_1} = -24\mathrm{e}^{-3P_1+5P_2}, \qquad \frac{\partial Q_1}{\partial P_2} = 40\mathrm{e}^{-3P_1+5P_2},$$

$$\frac{\partial Q_2}{\partial P_1} = 77\mathrm{e}^{7P_1-5P_2}, \qquad \frac{\partial Q_2}{\partial P_2} = -55\mathrm{e}^{7P_1-5P_2}.$$

由此可知,$\dfrac{\partial Q_1}{\partial P_1} < 0$,它表示当商品 B 价格 P_2 保持不变、商品 A 的价格 P_1 上升时,后者的需求 Q_1 会减少.$\dfrac{\partial Q_2}{\partial P_2} < 0$ 的经济意义与此类似. 而 $\dfrac{\partial Q_1}{\partial P_2} > 0, \dfrac{\partial Q_2}{\partial P_1} > 0$,表示当商品 B 的价格上升时,商品 A 的需求量增加; 当商品 A 的价格上升时,商品 B 的需求量增加,也即一种商品的需求量减少会使得另一种商品的需求量增加,说明这两种商品是**替代品 (相互竞争)**.

如果例 2 中,$\dfrac{\partial Q_1}{\partial P_2} < 0, \dfrac{\partial Q_2}{\partial P_1} < 0$,则表示当 A, B 两种商品中任意一种的价格上升时,都会导致两种商品的需求量减少,这时称这两种商品是**互补品**. 生活中的替代品和互补品很常见,例如,眼镜框和眼镜片是互补品,飞机和火车是替代品.

二、偏弹性

1. 偏弹性

在第二章我们学习了弹性的概念,它反映的是函数和自变量相对改变率. 同样,对多元函数可以定义偏弹性.

定义 2 设函数 $z = f(x, y)$ 在点 (x, y) 处的偏导数存在,$z = f(x, y)$ 在点 (x, y) 处关于 x 的偏增量的相对改变量

$$\frac{\Delta_x z}{z} = \frac{f(x + \Delta x, y) - (x, y)}{z}$$

与自变量 x 的相对改变量 $\dfrac{\Delta x}{x}$ 之比

$$\frac{\dfrac{\Delta_x z}{z}}{\dfrac{\Delta x}{x}} = \frac{\Delta_x z}{\Delta x} \cdot \frac{x}{z},$$

称为函数 $z = f(x, y)$ 在点 (x, y) 处关于 x 从 x 到 $x + \Delta x$ **两点间的弹性** (又称弧弹性). 而极限 $\lim\limits_{\Delta x \to 0} \dfrac{\Delta_x z}{\Delta x} \cdot \dfrac{x}{z}$ 为函数 $z = f(x, y)$ 在点 (x, y) 处关于 x 的 **(点) 偏弹性**,记作 E_x

或者 $\dfrac{\mathrm{E}f(x,y)}{\mathrm{E}x}$，即

$$E_x = \lim_{\Delta x \to 0} \frac{\Delta_x z}{\Delta x} \cdot \frac{x}{z} = f_x(x,y) \cdot \frac{x}{f(x,y)},$$

其含义为函数 $z=f(x,y)$ 在点 (x,y) 处，当 y 保持不变，x 改变 1% 时，函数 $z=f(x,y)$ 近似地改变 $E_x\%$. 与弹性意义一样，在经济学问题的分析中，通常略去 "近似" 二字.

类似地，可以定义数 $z=f(x,y)$ 在点 (x,y) 处关于 y 的**偏弹性**，记作 E_y，即

$$E_y = \lim_{\Delta x \to 0} \frac{\Delta_y z}{\Delta y} \cdot \frac{y}{z} = f_y(x,y) \cdot \frac{y}{f(x,y)}.$$

例 3 2021 年 7 月，国务院办公厅印发《关于加快发展保障性租赁住房的意见》，以更好保障进城务工人员、新就业大学生等新市民、青年人的基本住房需求. 某城市计划建设一批保障性租赁房，如果价格为 P (单位: 元/m²)，需求量为 Q (单位: 间)，当地居民年均收入为 x (单位: 元)，根据分析调研，得到需求函数为 $Q(P,x) = \dfrac{Px - 10P^2}{10\,000} + 4\,000$. 当价格 $P = 5\,000$，而居民年均收入 $x = 50\,000$ 时，若价格每平方米提高 1% 而人均年收入不变，则需求量 Q 将会改变多少? 若价格不变而人均年收入增加 1%，则需求量 Q 又将会怎样变化?

解 需求函数 Q 关于价格 P、居民年均收入 x 的偏导数为

$$\left. \frac{\partial Q}{\partial P} \right|_{\substack{x=50\,000 \\ P=5\,000}} = 10^{-4} \left[x - 20P \right] \Big|_{\substack{x=50\,000 \\ P=5\,000}} = -5,$$

$$\left. \frac{\partial Q}{\partial x} \right|_{\substack{x=50\,000 \\ P=5\,000}} = 10^{-4} \cdot 5\,000 = 0.5.$$

需求量

$$Q(5\,000, 50\,000) = 10^{-4}(5 \times 10^3 \times 5 \times 10^4 - (10 \times 25 \times 10^6)) + 4\,000 = 4\,000.$$

因此，需求 Q 关于价格 P 和收入 x 的偏弹性分别为

$$E_P = Q_P(x,y) \cdot \frac{P}{Q(x,y)} = -5 \cdot \frac{5\,000}{4\,000} = -6.25,$$

$$E_x = Q_x(x,y) \cdot \frac{x}{Q(x,y)} = 0.5 \cdot \frac{50\,000}{4\,000} = 6.25.$$

因此，当价格定在每平方米 5\,000 元、人均年收入为 50\,000 元时，若价格每平方米提高 1% 而人均年收入不变，则需求量将减少 6.25%; 若价格不变而人均年收入增加 1%，则需求量将增加 6.25%.

2. 交叉偏弹性

下面以需求函数为例，继续介绍交叉偏弹性的经济学意义.

设 A,B 是彼此相关的两种商品，则 A, B 两种商品的需求量 Q_1 和 Q_2 分别是两种商品价格 P_1 和 P_2 以及消费者收入 x 的函数，即

$$Q_1 = Q_1(P_1, P_2, x), \quad Q_2 = Q_2(P_1, P_2, x).$$

商品 A,B 的需求量 Q_1 和 Q_2，分别关于价格 P_1, P_2 以及收入 x 的偏弹性为

$$E_{11} = \frac{\mathrm{E}Q_1}{\mathrm{E}P_1} = \frac{\partial Q_1}{\partial P_1} \cdot \frac{P_1}{Q_1}, \quad E_{12} = \frac{\mathrm{E}Q_1}{\mathrm{E}P_2} = \frac{\partial Q_1}{\partial P_2} \cdot \frac{P_2}{Q_1}, \quad E_{1x} = \frac{\mathrm{E}Q_1}{\mathrm{E}x} = \frac{\partial Q_1}{\partial x} \cdot \frac{x}{Q_1},$$

$$E_{21} = \frac{\mathrm{E}Q_2}{\mathrm{E}P_1} = \frac{\partial Q_2}{\partial P_1} \cdot \frac{P_1}{Q_2}, \quad E_{22} = \frac{\mathrm{E}Q_2}{\mathrm{E}P_2} = \frac{\partial Q_2}{\partial P_2} \cdot \frac{P_2}{Q_2}, \quad E_{2x} = \frac{\mathrm{E}Q_2}{\mathrm{E}x} = \frac{\partial Q_2}{\partial x} \cdot \frac{x}{Q_2}.$$

其中，E_{11}, E_{22} 依次是商品 A,B 的需求量 Q_1 和 Q_2 关于自身价格 P_1 和 P_2 的偏弹性，称为**直接价格偏弹性** (或**自价格弹性**)，而 E_{12}, E_{21} 分别是商品 A,B 的需求量 Q_1 和 Q_2 关于商品 B, A 的价格 P_2 和 P_1 的偏弹性，它们称为**交叉价格偏弹性** (或**互价格弹性**).

上面 6 种偏弹性具有明确的经济意义. 例如，直接价格偏弹性 E_{11} 表示 A, B 两种商品的价格为 P_1 和 P_2，消费者收入为 x 时，商品 A 的价格 P_1 改变 1% 时，其需求量 Q_1 改变 E_{11}%；交叉价格偏弹性 E_{12} 表示 A,B 两种商品的价格为 P_1 和 P_2，消费者收入为 x 时，商品 B 的价格 P_2 改变 1% 时，商品 A 的需求量 Q_1 改变 E_{12}%. 类似可得 E_{21}, E_{22} 的经济意义.

在实际经济问题中，上面 6 种偏弹性可能有正有负. 如 $E_{12} = \dfrac{\mathrm{E}Q_1}{\mathrm{E}P_2} < 0$，则表示当商品 A 的价格 P_1 以及消费者收入 x 不变，而商品 B 的价格 P_2 上升时，商品 A 的需求量将相应地减少，即 A, B 两种商品是**相互补充**的关系；再如 $E_{21} = \dfrac{\mathrm{E}Q_2}{\mathrm{E}P_1} > 0$，则表示当商品 B 的价格 P_2 以及消费者收入 x 不变，而商品 A 的价格上升时，商品 B 的需求量将相应地增加，即 A, B 两种商品之间是**相互竞争** (相互替代) 的关系. 如果交叉价格偏弹性等于零，则两种商品为**相互独立**的商品. 若偏弹性 $|E_{ii}| > 1 (i = 1, 2)$，则表明该商品价格提升的百分数小于其需求量下降的百分数，即这种商品是 "奢侈品"；若偏弹性 $|E_{ii}| < 1 (i = 1, 2)$，则称这种商品是 "必需品"；若 $E_{1x} = \dfrac{\mathrm{E}Q_1}{\mathrm{E}x} < 0$，它表示随着消费者的收入增加，商品 A 的需求量减少，即商品 A 为低档品或劣质品；若 $E_{1x} = \dfrac{\mathrm{E}Q_1}{\mathrm{E}x} > 0$，它表示随着消费者的收入增加，商品 A 的需求量增加，即商品 A 为正常品.

例 4 某款新能源汽车的销售量 Q_1 除与它自身的价格 P_1(单位: 万元) 有关外，还与其节能减排的发动机价格 P_2(单位: 万元) 以及消费者收入 x(单位: 万元) 有关，具体

关系为

$$Q_1 = 7^5 P_1^{-3} P_2^{-2} x^{0.6}.$$

现汽车的价格 P_1 为 16 万元, 发动机价格 P_2 为 3 万元, 消费者年收入 x 为 7 万元.

(1) 在目前情况下, 求 Q_1 分别关于价格 P_1, P_2 以及收入 x 的偏弹性;

(2) 为鼓励市民购买新能源汽车, 若政府给予消费者 7 000 元的补贴, 则对汽车销售量 Q_1 有什么影响?

解 (1) 当 $P_1 = 16, P_2 = 3, x = 7$ 时, 销售量 Q_1 对自身价格 P_1 的直接价格偏弹性为

$$\left.\frac{\mathrm{E}Q_1}{\mathrm{E}P_1}\right|_{\substack{P_1=16\\P_2=3\\x=7}} = \left.\left[\frac{\partial Q_1}{\partial P_1} \cdot \frac{P_1}{Q_1}\right]\right|_{\substack{P_1=16\\P_2=3\\x=7}} = -3 \cdot 7^5 P_1^{-4} P_2^{-2} x^{0.6} \cdot \frac{P_1}{7^5 P_1^{-3} P_2^{-2} x^{0.6}} = -3.$$

这说明当 $P_2 = 3, x = 7$ 保持不变, 而汽车自身价格 P_1 上升 1% 时, 其销量减少 3%.

当 $P_1 = 16, P_2 = 3, x = 7$ 时, 销售量 Q_1 关于相关价格 P_2 的交叉价格偏弹性为

$$\left.\frac{\mathrm{E}Q_1}{\mathrm{E}P_2}\right|_{\substack{P_1=16\\P_2=3\\x=7}} = \left.\left[\frac{\partial Q_1}{\partial P_2} \cdot \frac{P_2}{Q_1}\right]\right|_{\substack{P_1=16\\P_2=3\\x=7}} = -2 \cdot 7^5 P_1^{-3} P_2^{-3} x^{0.6} \cdot \frac{P_2}{7^5 P_1^{-3} P_2^{-2} x^{0.6}} = -2 < 0.$$

这说明当 $P_1 = 16, x = 7$ 保持不变, 而发动机价格 P_2 上升 1% 时, 其销量减少 2%.

当 $P_1 = 16, P_2 = 3, x = 7$ 时, 销售量 Q_1 关于消费者收入 x 的偏弹性为

$$\frac{\mathrm{E}Q_1}{\mathrm{E}x} = \frac{\partial Q_1}{\partial x} \cdot \frac{x}{Q_1} = 0.6 \cdot 7^5 P_1^{-3} P_2^{-2} x^{0.6-1} \cdot \frac{x}{7^5 P_1^{-3} P_2^{-2} x^{0.6}} = 0.6 > 0.$$

这说明当 $P_1 = 16, P_2 = 3$ 保持不变, 而消费者收入 x 上升 1% 时, 其销售量增加 0.6%. 因为当消费者的收入增加时, 新能源汽车销售量也增加, 所以新能源汽车为正常品.

(2) 若政府给予消费者 7 000 元的补贴, 即收入 x 上升了 $\frac{7\,000}{70\,000} = 10\%$, 则销售量将增加 6%.

习题 6.8

1. 某企业的生产函数为 $Q = 20K^{\frac{1}{2}}L^{\frac{2}{3}}$, 其中 Q 是产量 (单位: 件), K 是资本投入 (单位: 万元), L 是劳动力投入 (单位: 工时). 求当 $K = 9, L = 8\,000$ 时的边际产量, 并解释其意义.

2. 设某企业雇佣熟练工 x 人、非熟练工 y 人时，日产量函数为

$$Q(x,y) = 1\,000x + 400y + x^2y - x^3 - 2y^2.$$

已知该企业目前雇佣熟练工 30 人、非熟练工 50 人，若增加熟练工 1 人，试估计对产量的影响，其日产量增加的真实值为多少？

3. 证明柯布–道格拉斯生产函数 $G = AL^\alpha K^\beta$（A 为常数）中的参数 α 是产出 G 关于劳力 L 的偏弹性，参数 β 是产出 G 关于资本 K 的偏弹性.

4. 两种商品 A 与 B，当其价格分别为 x 与 y 时，各自的需求函数为

$$Q_A(x,y) = 200 - 5x^2 + 6y^2, \quad Q_B(x,y) = 300 + 6x - 4y^2,$$

试问这两种商品为替代型还是互补型？

5. 某款小汽车的销售量 Q 除与它自身的价格 P_1（单位：万元）有关外，还与其配置系统价格 P_2（单位：万元）有关，具体关系为

$$Q = 100 + \frac{250}{P_1} - 100P_2 - P_2^2.$$

当 $P_1 = 25, P_2 = 2$ 时，求：

(1) 销售量 Q 关于自身价格 P_1 的直接价格偏弹性；

(2) 销售量 Q 关于相关价格 P_2 的交叉价格偏弹性.

6. 已知某消费者的收入为 I，其效用函数为 $U = x_1^a x_2^b$，其中 x_1 和 x_2 是两种商品的消费量，$a > 0, b > 0$ 为常数. 如果商品价格分别为 P_1 和 P_2，求该消费者对两种商品的需求函数.

*7. 已知某学生想购买 A, B 两种商品，其价格分别为 $P_1 = 4, P_2 = 2$，该名学生的收入 $M = 80$，设购买 A, B 两种商品的数量分别为 x_1, x_2，效用函数为 $U = x_1 x_2$. 如果商品 A 的价格下降为 $P_1 = 2$，求：

(1) 若要保持效用最大化，则由商品 A 的价格 P_1 下降，会使得该学生对商品 A 的购买量发生多少变化？

(2) 由商品 A 的价格 P_1 下降所产生的替代效应，即在保持 $P_1 = 4, P_2 = 2$ 下效用不变，如果想多购买一单位商品 A，则需要减少购买几单位商品 B？

(3) 由商品 A 的价格 P_1 下降所产生的收入效应，使得该消费者对商品 A 的购买量发生多少变化？

§6.9 直角坐标系下二重积分的计算

一、二重积分的概念与性质

1. 二重积分的概念

我们从曲顶柱体的体积出发, 引出二重积分的概念.

设有一个立体, 它的底面是 xOy 面上的有界闭区域 D, 它的侧面是以 D 的边界曲线为准线、母线平行于 z 轴的柱面, 它的顶是曲面 $z = f(x, y)$, 其中 $f(x, y)$ 为 D 上的非负连续函数, 如图 6.45 所示, 这种立体称为曲顶柱体. 如何求该曲顶柱体的体积呢? 对于平顶柱体, 因为它的高是不变的, 因此体积可以用公式

$$体积 = 底面积 \times 高$$

来计算. 对于曲顶柱体, 在区域 D 上不同点 (x, y) 处的高度 $f(x, y)$ 是不同的, 因此它的体积不能直接用上式来计算. 这与第五章中求曲边梯形的面积时所遇到的问题类似, 所以可以仿照其思想, 采取 "分割—近似—求和—取极限" 的方法求曲顶柱体的体积.

(1) 分割: 用任意一组曲线网将 D 划分成 n 个小闭区域 $\Delta\sigma_1, \Delta\sigma_2, \cdots, \Delta\sigma_n$, 其中 $\Delta\sigma_i$ 表示第 i 个小闭区域 $(i = 1, 2, \cdots, n)$, 也表示它的面积. 分别以这些小闭区域的边界曲线为准线, 作母线平行于 z 轴的柱面, 这样就将整个曲顶柱体划分成 n 个小曲顶柱体.

(2) 近似: 当这些小闭区域的直径 (闭区域内任意两点的最大距离) 很小时, 由 $f(x, y)$ 的连续性, 对于同一个小区域而言, 函数值 $f(x, y)$ 的变化很小, 因此, 可以将小曲顶柱体近似地看成小平顶柱体. 在每个 $\Delta\sigma_i$ 中任取一点 (ξ_i, η_i), 则第 i 个小曲顶柱体的体积 ΔV_i 近似等于以 $\Delta\sigma_i$ 为底、$f(\xi_i, \eta_i)$ 为高的平顶柱体的体积, 如图 6.46 所示, 即

$$\Delta V_i \approx f(\xi_i, \eta_i)\Delta\sigma_i \quad (i = 1, 2, \cdots, n).$$

(3) 求和: 对 n 个小曲顶柱体的体积近似值求和, 得到所求曲顶柱体体积的近似值, 即

$$V = \sum_{i=1}^{n} \Delta V_i \approx \sum_{i=1}^{n} f(\xi_i, \eta_i)\Delta\sigma_i.$$

(4) 取极限: 让分割越来越细, 取极限得所求曲顶柱体体积的精确值

266

$$V = \lim_{\lambda \to 0} \sum_{i=1}^{n} f(\xi_i, \eta_i) \Delta \sigma_i,$$

其中 λ 是各小闭区域 $\Delta \sigma_i (i = 1, 2, \cdots, n)$ 直径的最大值.

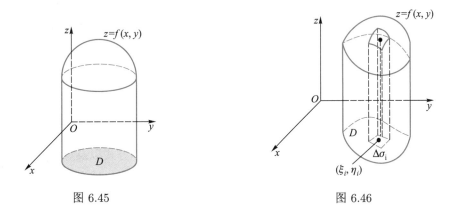

图 6.45   图 6.46

还有许多实际问题都可以归结为上述形式的和式的极限, 从中抽象概括出一个数学概念——二重积分.

定义 1 设 $f(x, y)$ 是有界闭区域 D 上的有界函数, 将 D 任意划分成 n 个小闭区域 $\Delta \sigma_1, \Delta \sigma_2, \cdots, \Delta \sigma_n$, 其中 $\Delta \sigma_i$ 表示第 i 个小闭区域, 同时也表示它的面积. 在每个 $\Delta \sigma_i$ 中任取一点 (ξ_i, η_i), 作和 $\sum_{i=1}^{n} f(\xi_i, \eta_i) \Delta \sigma_i$. 如果当各小闭区域直径中的最大值 λ 趋于零时, 该和式的极限总存在, 且该极限与 D 的划分和点 (ξ_i, η_i) 的取法无关, 则称函数 $f(x, y)$ 在闭区域 D 上可积, 此极限值为函数 $f(x, y)$ 在闭区域 D 上的二重积分, 记作 $\iint\limits_{D} f(x, y) \mathrm{d}\sigma$, 即

$$\iint\limits_{D} f(x, y) \mathrm{d}\sigma = \lim_{\lambda \to 0} \sum_{i=1}^{n} f(\xi_i, \eta_i) \Delta \sigma_i,$$

其中 $f(x, y)$ 称为被积函数, $\mathrm{d}\sigma$ 称为面积元素, $f(x, y)\mathrm{d}\sigma$ 称为被积表达式, x, y 称为积分变量, D 称为积分区域, $\sum_{i=1}^{n} f(\xi_i, \eta_i) \Delta \sigma_i$ 称为积分和.

关于二重积分的定义, 有以下几点说明:

(1) 二重积分的几何意义: 如果函数 $f(x, y) \geqslant 0$, 则 $\iint\limits_{D} f(x, y)\mathrm{d}\sigma$ 表示以积分区域 D 为底、曲面 $z = f(x, y)$ 为顶的曲顶柱体的体积; 如果函数 $f(x, y) \leqslant 0$, 则曲顶柱体在 xOy 面的下方, $\iint\limits_{D} f(x, y)\mathrm{d}\sigma < 0$, 这时的二重积分等于曲顶柱体体积的负值; 如果

267

$f(x, y)$ 在 D 上若干区域是正的，其他部分区域是负的，则 $\iint\limits_{D} f(x,y)\mathrm{d}\sigma$ 表示 xOy 面上方曲顶柱体的体积减去 xOy 面下方的曲顶柱体的体积.

利用二重积分的几何意义可以直接求出一些简单的二重积分. 例如, 求二重积分 $\iint\limits_{D} \sqrt{a^2 - x^2 - y^2}\mathrm{d}\sigma$, 其中 $D = \{(x,y)|x^2 + y^2 \leqslant a^2\}$, 该二重积分的几何意义是半径为 a 的上半球体的体积, 因此有

$$\iint\limits_{D} \sqrt{a^2 - x^2 - y^2}\mathrm{d}\sigma = \frac{2}{3}\pi a^3.$$

(2) 积分和 $\sum\limits_{i=1}^{n} f(\xi_i, \eta_i)\Delta\sigma_i$ 的极限值与区域 D 的分割方式以及点 (ξ_i, η_i) 的取法无关, 是指对积分区域 D 的任意划分和点 (ξ_i, η_i) 的任意取法, 当 $\lambda \to 0$ 时, 积分和虽然不同但极限唯一.

在直角坐标系中, 如果用平行于坐标轴的直线来划分 D, 则除了包含 D 的边界点的一些不规则小闭区域外, 其他的小闭区域均为小矩形. 可以将 $\mathrm{d}\sigma$ 记作 $\mathrm{d}x\mathrm{d}y$, 二重积分在直角坐标系下也可表示为

$$\iint\limits_{D} f(x,y)\mathrm{d}x\mathrm{d}y,$$

其中 $\mathrm{d}x\mathrm{d}y$ 叫做直角坐标系下的面积元素.

关于二元函数 $f(x,y)$ 的可积性, 有以下结论:

(1) 若函数 $f(x,y)$ 在有界闭区域 D 上可积, 则函数 $f(x,y)$ 在 D 上有界;

(2) 当函数 $f(x,y)$ 在有界闭区域 D 上连续时, 函数 $f(x,y)$ 在 D 上的二重积分存在.

本书后继出现的二元被积函数, 如无特殊声明, 均是可积的.

2. 二重积分的性质

与定积分类似, 二重积分有如下一些基本性质:

性质 1(线性性质) 若 $\iint\limits_{D} f(x,y)\mathrm{d}\sigma, \iint\limits_{D} g(x,y)\mathrm{d}\sigma$ 存在, α, β 为常数, 则

$$\iint\limits_{D} [\alpha f(x,y) + \beta g(x,y)]\,\mathrm{d}\sigma = \alpha\iint\limits_{D} f(x,y)\mathrm{d}\sigma + \beta\iint\limits_{D} g(x,y)\mathrm{d}\sigma.$$

性质 2(积分区域的可加性) 若 $f(x,y)$ 在区域 D 上可积, 且 D 可分为两个除边界外互不相交的闭区域 D_1, D_2, 则

$$\iint\limits_{D} f(x,y)\mathrm{d}\sigma = \iint\limits_{D_1} f(x,y)\mathrm{d}\sigma + \iint\limits_{D_2} f(x,y)\mathrm{d}\sigma.$$

性质 3 若在 D 上, $f(x,y)=1$, σ 为区域 D 的面积, 则

$$\iint\limits_{D} 1\mathrm{d}\sigma = \iint\limits_{D} \mathrm{d}\sigma = \sigma.$$

上述性质的几何意义: 高为 1 的平顶柱体的体积在数值上等于柱体的底面积.

性质 4 在闭区域 D 上, 若 $f(x,y) \leqslant g(x,y)$, 则

$$\iint\limits_{D} f(x,y)\mathrm{d}\sigma \leqslant \iint\limits_{D} g(x,y)\mathrm{d}\sigma,$$

其中等号仅在 $f(x,y) \equiv g(x,y)$ 时成立.

特别地, 由于 $-|f(x,y)| \leqslant f(x,y) \leqslant |f(x,y)|$, 因此有

$$\left| \iint\limits_{D} f(x,y)\mathrm{d}\sigma \right| \leqslant \iint\limits_{D} |f(x,y)|\,\mathrm{d}\sigma.$$

性质 5(估值定理) 设 M 与 m 分别是 $f(x,y)$ 在闭区域 D 上最大值和最小值, σ 表示 D 的面积, 则

$$m\sigma \leqslant \iint\limits_{D} f(x,y)\mathrm{d}\sigma \leqslant M\sigma.$$

性质 6(中值定理) 设函数 $f(x,y)$ 在闭区域 D 上连续, σ 表示 D 的面积, 则在 D 上至少存在一点 (ξ, η), 使得

$$\iint\limits_{D} f(x,y)\mathrm{d}\sigma = f(\xi,\eta)\sigma.$$

以上性质的证明与定积分性质的证明类似, 但比较复杂, 在这里不再介绍.

二、直角坐标系下二重积分的计算

和定积分类似, 利用定义计算二重积分一般很困难. 计算二重积分的主要方法是将它转化为两次定积分的计算, 这也是二重积分计算的基本思想.

从二重积分的几何意义出发, 寻求二重积分 $\iint\limits_{D} f(x,y)\mathrm{d}\sigma$ 在直角坐标系下的计算方法.

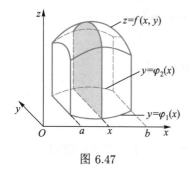

图 6.47

(1) 设非负函数 $f(x,y)$ 在有界闭区域 D 上连续，且设 D 为 X 型区域 (图 6.33)

$$D = \{(x,y) \mid a \leqslant x \leqslant b, \varphi_1(x) \leqslant y \leqslant \varphi_2(x)\}.$$

由二重积分的几何意义知，$\displaystyle\iint\limits_{D} f(x,y)\mathrm{d}\sigma$ 表示以 D 为底、曲面 $z = f(x,y)$ 为顶的曲顶柱体的体积，如图 6.47 所示. 现在应用计算 "平行截面面积为已知的立体体积" 的方法，来计算这个曲顶柱体的体积.

首先计算截面面积. 在区间 $[a,b]$ 上任意取定一点 x, 作平行于 yOz 面的平面. 这个平面截曲顶柱体所得的截面是一个以区间 $[\varphi_1(x),\varphi_2(x)]$ 为底、曲线 $z = f(x,y)(x$ 为固定值) 为曲边的曲边梯形 (图 6.47 中阴影部分), 所以这个截面的面积为

$$A(x) = \int_{\varphi_1(x)}^{\varphi_2(x)} f(x,y)\mathrm{d}y.$$

利用计算平行截面面积为已知的立体体积的方法，得曲顶柱体体积为

$$V = \int_a^b A(x)\mathrm{d}x = \int_a^b \left[\int_{\varphi_1(x)}^{\varphi_2(x)} f(x,y)\mathrm{d}y \right] \mathrm{d}x.$$

由二重积分的几何意义知，这个体积为所求二重积分的值，从而有如下等式

$$\iint\limits_{D} f(x,y)\mathrm{d}\sigma = \int_a^b \left[\int_{\varphi_1(x)}^{\varphi_2(x)} f(x,y)\mathrm{d}y \right] \mathrm{d}x. \tag{6.23}$$

上式右端的积分称为先关于 y、后关于 x 的二次积分，也常记为

$$\int_a^b \mathrm{d}x \int_{\varphi_1(x)}^{\varphi_2(x)} f(x,y)\mathrm{d}y.$$

这样就得到二重积分转化为二次积分的公式

$$\iint\limits_{D} f(x,y)\mathrm{d}\sigma = \int_a^b \mathrm{d}x \int_{\varphi_1(x)}^{\varphi_2(x)} f(x,y)\mathrm{d}y. \tag{6.24}$$

上面讨论过程中，为了方便说明总假定 $f(x,y) \geqslant 0$, 但实际上公式 (6.23) 和 (6.24) 的成立并不受这个条件的限制.

(2) 如果积分区域 D 是 Y 型区域

$$\{(x,y) \mid c \leqslant y \leqslant d, \psi_1(y) \leqslant x \leqslant \psi_2(y)\},$$

如图 6.33 所示，与 (6.23) 式的推导类似，有

$$\iint\limits_{D} f(x,y)\mathrm{d}\sigma = \int_c^d \mathrm{d}y \int_{\psi_1(y)}^{\psi_2(y)} f(x,y)\mathrm{d}x. \tag{6.25}$$

上式右端的积分称为先关于 x、后关于 y 的二次积分.

(3) 如果积分区域 D 既不是 X 型区域也不是 Y 型区域，可以将它分割成若干个 X 型区域或 Y 型区域，然后在每块这样的区域上分别应用公式 (6.24) 或 (6.25)，再根据二重积分对积分区域的可加性，即可计算出所给的二重积分.

(4) 如果积分区域 D 既是 X 型区域也是 Y 型区域，则有

$$\int_a^b \mathrm{d}x \int_{\varphi_1(x)}^{\varphi_2(x)} f(x,y)\mathrm{d}y = \int_c^d \mathrm{d}y \int_{\psi_1(y)}^{\psi_2(y)} f(x,y)\mathrm{d}x.$$

上式表明，这两个不同积分次序的二次积分相等，因此在计算二重积分时，首先应选择适当积分次序，以使计算更为简单.

例 1 交换二次积分 $I = \int_0^2 \mathrm{d}x \int_0^{\frac{1}{2}x^2} f(x,y)\mathrm{d}y + \int_2^{2\sqrt{2}} \mathrm{d}x \int_0^{\sqrt{8-x^2}} f(x,y)\mathrm{d}y$ 的积分次序.

解 由题目可知，与二次积分对应的二重积分的 X 型积分区域为 $D = D_1 \cup D_2$，其中

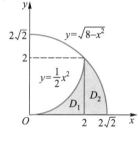

图 6.48

$$D_1 = \left\{ (x,y) \,\middle|\, 0 \leqslant x \leqslant 2, 0 \leqslant y \leqslant \frac{1}{2}x^2 \right\},$$

$$D_2 = \left\{ (x,y) \,\middle|\, 2 \leqslant x \leqslant 2\sqrt{2}, 0 \leqslant y \leqslant \sqrt{8-x^2} \right\}.$$

画出积分区域 D，如图 6.48 所示. 将 D 换写成 Y 型区域

$$D = \left\{ (x,y) \,\middle|\, 0 \leqslant y \leqslant 2, \sqrt{2y} \leqslant x \leqslant \sqrt{8-y^2} \right\}.$$

所以

$$\int_0^2 \mathrm{d}x \int_0^{\frac{1}{2}x^2} f(x,y)\mathrm{d}y + \int_2^{2\sqrt{2}} \mathrm{d}x \int_0^{\sqrt{8-x^2}} f(x,y)\mathrm{d}y = \int_0^2 \mathrm{d}y \int_{\sqrt{2y}}^{\sqrt{8-y^2}} f(x,y)\mathrm{d}x.$$

例 2 计算二重积分 $I = \iint\limits_{D} F(x,y)\mathrm{d}\sigma$，其中 $D = \{(x,y)|0 \leqslant x \leqslant 1, 0 \leqslant y \leqslant 1\}$ 是正方形区域，$F(x,y) = f(x)f(y)$，$f(x)$ 在 $[0,1]$ 上连续.

解　将 D 看成 X 型区域，因此

$$I = \iint\limits_{D} F(x,y)\mathrm{d}\sigma = \int_0^1 \mathrm{d}x \int_0^1 f(x)f(y)\mathrm{d}y$$

$$= \int_0^1 f(x)\left[\int_0^1 f(y)\mathrm{d}y\right]\mathrm{d}x = \int_0^1 f(x)\mathrm{d}x \int_0^1 f(y)\mathrm{d}y$$

$$= \left[\int_0^1 f(x)\mathrm{d}x\right]^2 .$$

如二重积分 $I = \iint\limits_{D} \mathrm{e}^{x+y}\mathrm{d}\sigma$，其中 $D = \{(x,y)\,|\,0 \leqslant x \leqslant 1, 0 \leqslant y \leqslant 1\}$ 是正方形区域，则有

$$I = \iint\limits_{D} \mathrm{e}^{x+y}\mathrm{d}\sigma = \int_0^1 \mathrm{d}x \int_0^1 \mathrm{e}^x \cdot \mathrm{e}^y \mathrm{d}y$$

$$= \int_0^1 \mathrm{e}^x \left[\int_0^1 \mathrm{e}^y \mathrm{d}y\right]\mathrm{d}x = \int_0^1 \mathrm{e}^x \mathrm{d}x \cdot \int_0^1 \mathrm{e}^y \mathrm{d}y$$

$$= \left[\int_0^1 \mathrm{e}^x \mathrm{d}x\right]^2 = (\mathrm{e}-1)^2 .$$

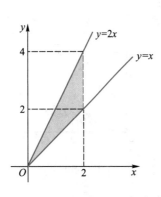

图 6.49

例 3　计算二重积分 $I = \iint\limits_{D} \left(x^2 + y^2 - x\right)\mathrm{d}\sigma$，其中 D 是由直线 $x = 2$，$y = x$ 及 $y = 2x$ 所围成的闭区域.

解　方法一　首先画出积分区域 D，如图 6.49 所示，如果将 D 看成 X 型区域，则

$$D = \{(x,y)\,|\,0 \leqslant x \leqslant 2, x \leqslant y \leqslant 2x\},$$

因此

$$I = \int_0^2 \mathrm{d}x \int_x^{2x} \left(x^2 + y^2 - x\right)\mathrm{d}y = \int_0^2 \left[x^2 y + \frac{1}{3}y^3 - xy\right]\Big|_x^{2x} \mathrm{d}x$$

$$= \int_0^2 \left(\frac{10}{3}x^3 - x^2\right)\mathrm{d}x = \frac{32}{3}.$$

方法二　如果将积分区域 D 看成 Y 型区域，则 D 可表示为

$$D = \left\{(x,y)\,\Big|\,0 \leqslant y \leqslant 2, \frac{y}{2} \leqslant x \leqslant y\right\} \cup \left\{(x,y)\,\Big|\,2 \leqslant y \leqslant 4, \frac{y}{2} \leqslant x \leqslant 2\right\}$$

272

因此

$$I = \int_0^2 \mathrm{d}y \int_{\frac{y}{2}}^y \left(x^2 + y^2 - x \right) \mathrm{d}x + \int_2^4 \mathrm{d}y \int_{\frac{y}{2}}^2 \left(x^2 + y^2 - x \right) \mathrm{d}x$$

$$= \int_0^2 \left[\frac{1}{3}x^3 + y^2 x - \frac{1}{2}x^2 \right] \Bigg|_{\frac{y}{2}}^y \mathrm{d}y + \int_2^4 \left[\frac{1}{3}x^3 + y^2 x - \frac{1}{2}x^2 \right] \Bigg|_{\frac{y}{2}}^2 \mathrm{d}y = \frac{32}{3}.$$

例 4 计算二重积分 $\iint\limits_D x^2 \mathrm{e}^{-y^2} \mathrm{d}\sigma$, 其中 D 是由直线 $x = 0$, $y = 1$ 及 $y = x$ 所围成的闭区域.

解 如果将积分区域 D 看成 X 型区域, 如图 6.50(a) 所示, 则 D 可表示为

$$D = \{(x, y) \,|\, 0 \leqslant x \leqslant 1, x \leqslant y \leqslant 1 \},$$

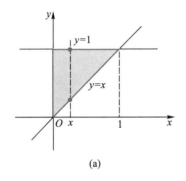 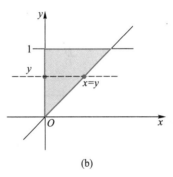

(a)   (b)

图 6.50

从而

$$\iint\limits_D x^2 \mathrm{e}^{-y^2} \mathrm{d}\sigma = \int_0^1 \mathrm{d}x \int_x^1 x^2 \mathrm{e}^{-y^2} \mathrm{d}y.$$

但 $\int_x^1 \mathrm{e}^{-y^2} \mathrm{d}y$ 的原函数不能用初等函数表示, 所以应将区域 D 看成 Y 型区域, 如图 6.50(b) 所示, 则 D 可表示为

$$D = \{(x, y) \,|\, 0 \leqslant y \leqslant 1, 0 \leqslant x \leqslant y \}.$$

因此

$$\iint\limits_D x^2 \mathrm{e}^{-y^2} \mathrm{d}\sigma = \int_0^1 \mathrm{d}y \int_0^y x^2 \mathrm{e}^{-y^2} \mathrm{d}x = \int_0^1 \mathrm{e}^{-y^2} \left[\frac{1}{3}x^3 \right] \Bigg|_0^y \mathrm{d}y$$

$$= \frac{1}{3} \int_0^1 y^3 \mathrm{e}^{-y^2} \mathrm{d}y \xlongequal{y^2 = t} \frac{1}{6} \int_0^1 t \mathrm{e}^{-t} \mathrm{d}t = \frac{1}{6} - \frac{1}{3\mathrm{e}}.$$

上面两个例题说明计算二重积分时，积分次序的选取会影响计算的繁简，甚至有些情况下，计算无法进行. 特别是遇到如下形式的积分：

$$\int \frac{\sin x}{x}\mathrm{d}x, \quad \int \frac{1}{\ln x}\mathrm{d}x, \quad \int \mathrm{e}^{-x^2}\mathrm{d}x, \quad \int \frac{1}{\sqrt{1+x^4}}\mathrm{d}x$$

等，一定将其放在外层积分.

利用被积函数的奇偶性及积分区域 D 的对称性，往往能极大地简化二重积分的计算. 归纳起来，有如下**对称性性质** (以下假设 $f(x,y)$ 在积分区域 D 上连续)：

(1) 如果积分区域 D 关于 x 轴对称，则当 $f(x,-y) = -f(x,y)$，即被积函数是关于 y 的奇函数时，有

$$\iint\limits_{D} f(x,y)\mathrm{d}\sigma = 0;$$

当 $f(x,-y) = f(x,y)$，即被积函数是关于 y 的偶函数时，有

$$\iint\limits_{D} f(x,y)\mathrm{d}\sigma = 2\iint\limits_{D_1} f(x,y)\mathrm{d}\sigma,$$

其中 $D_1 = \{(x,y)\,|\,(x,y) \in D, y \geqslant 0\}$.

(2) 如果积分区域 D 关于 y 轴对称，则当 $f(-x,y) = -f(x,y)$，即被积函数是关于 x 的奇函数时，有

$$\iint\limits_{D} f(x,y)\mathrm{d}\sigma = 0;$$

当 $f(-x,y) = f(x,y)$，即被积函数是关于 x 的偶函数时，有

$$\iint\limits_{D} f(x,y)\mathrm{d}\sigma = 2\iint\limits_{D_2} f(x,y)\mathrm{d}\sigma,$$

其中 $D_2 = \{(x,y)\,|\,(x,y) \in D, x \geqslant 0\}$.

(3) 如果积分区域 D 关于原点对称，则当 $f(-x,-y) = -f(x,y)$ 时，有

$$\iint\limits_{D} f(x,y)\mathrm{d}\sigma = 0;$$

当 $f(-x,-y) = f(x,y)$ 时，有

$$\iint\limits_{D} f(x,y)\mathrm{d}\sigma = 2\iint\limits_{D_1} f(x,y)\mathrm{d}\sigma = 2\iint\limits_{D_2} f(x,y)\mathrm{d}\sigma,$$

其中 D_1, D_2 分别为 D 的对称于原点的两部分区域.

(4) 如果积分区域 D 关于 $y = x$ 对称，则有

$$\iint\limits_{D} f(x,y)\mathrm{d}\sigma = \iint\limits_{D} f(y,x)\mathrm{d}\sigma = \frac{1}{2}\iint\limits_{D}[f(x,y)+f(y,x)]\mathrm{d}\sigma.$$

(5) 如果积分区域 D_1, D_2 关于直线 $y = x$ 对称，则有

$$\iint\limits_{D_1} f(x,y)\mathrm{d}\sigma = \iint\limits_{D_2} f(y,x)\mathrm{d}\sigma.$$

例 5 计算二重积分 $\iint\limits_{D} \sin x \ln(y+\sqrt{1+y^2})\mathrm{d}x\mathrm{d}y$，
其中 D 是由 $x = 1$，$y = -3x$ 及曲线 $y = 4-x^2$ 所围成的闭区域.

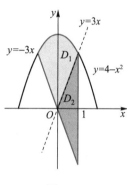

图 6.51

解 首先画出积分区域 D，如图 6.51 所示. 作一条辅助线 $y = 3x$，则区域 D 可分成 D_1 和 D_2 两部分，其中 D_1 关于 y 轴具有对称性，D_2 关于 x 轴具有对称性. 而被积函数 $\sin x \ln(y+\sqrt{1+y^2})$ 关于 x 是奇函数，关于 y 也是奇函数，根据积分的对称性，有

$$\iint\limits_{D} \sin x \ln(y+\sqrt{1+y^2})\mathrm{d}x\mathrm{d}y$$

$$= \iint\limits_{D_1} \sin x \ln(y+\sqrt{1+y^2})\mathrm{d}x\mathrm{d}y + \iint\limits_{D_2} \sin x \ln(y+\sqrt{1+y^2})\mathrm{d}x\mathrm{d}y$$

$$= 0 + 0 = 0.$$

例 6 计算二重积分 $I = \iint\limits_{D} \dfrac{y}{\sqrt{y^2-2x^2+1}}\mathrm{d}x\mathrm{d}y$，
其中 D 是图 6.52 中的阴影部分，由直线 $x = 1$，$y = \sqrt{2}x$ 及曲线 $y = x^2$ 所围成的闭区域.

解 根据被积函数的特点，将积分区域 D 看成 X 型区域

$$D = \left\{(x,y) \,\middle|\, 0 \leqslant x \leqslant 1, x^2 \leqslant y \leqslant \sqrt{2}x\right\},$$

所以

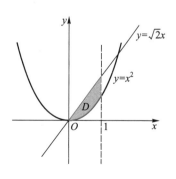

图 6.52

275

$$I = \int_0^1 \mathrm{d}x \int_{x^2}^{\sqrt{2}x} \frac{y}{\sqrt{y^2 - 2x^2 + 1}} \mathrm{d}y$$

$$= \frac{1}{2} \int_0^1 \mathrm{d}x \int_{x^2}^{\sqrt{2}x} \frac{1}{\sqrt{y^2 - 2x^2 + 1}} \mathrm{d}\left(y^2 - 2x^2 + 1\right)$$

$$= \int_0^1 \left[\sqrt{y^2 - 2x^2 + 1}\right] \bigg|_{x^2}^{\sqrt{2}x} \mathrm{d}y = \int_0^1 x^2 \mathrm{d}x = \frac{1}{3}.$$

习题 6.9

1. 将二重积分 $\displaystyle\iint\limits_{D} (x^2 + y^2)\mathrm{d}\sigma$ 表示为在直角坐标系下的二次积分 (用两种次序):

(1) D 由 $x = 3, x = 5, 3x - 2y + 4 = 0, 3x - 2y + 1 = 0$ 围成;

(2) $D = \{(x, y)\,|\,x + y \leqslant 1, x - y \leqslant 1, x \geqslant 0\}$;

(3) D 由 $x + y = 2, y = x^3, y = 0$ 围成;

(4) $D = \{(x, y)\,|\,|x| + |y| \leqslant 1\}$.

2. 交换下列二次积分的积分次序:

(1) $\displaystyle\int_0^1 \mathrm{d}y \int_y^{\sqrt{y}} f(x, y)\mathrm{d}x$;　(2) $\displaystyle\int_0^a \mathrm{d}x \int_x^{\sqrt{2ax - x^2}} f(x, y)\mathrm{d}y$;

(3) $\displaystyle\int_0^1 \mathrm{d}y \int_{-\sqrt{1-y^2}}^{\sqrt{1-y^2}} f(x, y)\mathrm{d}x$;

(4) $\displaystyle\int_0^1 \mathrm{d}y \int_0^{2y} f(x, y)\mathrm{d}x + \int_1^3 \mathrm{d}y \int_0^{3-y} f(x, y)\mathrm{d}x$;

(5) $\displaystyle\int_0^1 \mathrm{d}x \int_{1-x^2}^1 f(x, y)\mathrm{d}y + \int_1^{\mathrm{e}} \mathrm{d}x \int_{\ln x}^1 f(x, y)\mathrm{d}y$;

(6) $\displaystyle\int_0^1 \mathrm{d}y \int_0^{3\sqrt{y}} f(x, y)\mathrm{d}x + \int_1^2 \mathrm{d}y \int_0^{2-y} f(x, y)\mathrm{d}x$.

3. 计算下列二重积分:

(1) $\displaystyle\iint\limits_{D} (3x^2 + 4x^3 y^3)\mathrm{d}x\mathrm{d}y, D$ 由 $x = 1, y = x^3, y = -\sqrt{x}$ 围成;

(2) $\displaystyle\iint\limits_{D} y\mathrm{e}^{xy}\mathrm{d}x\mathrm{d}y, D$ 由 $y = \ln 2, y = \ln 3,\ x = 2,\ x = 4$ 围成;

(3) $\displaystyle\iint\limits_{D} 4y^2 \sin(xy)\mathrm{d}x\mathrm{d}y, D$ 由 $x = 0, y = \sqrt{\dfrac{\pi}{2}},\ y = x$ 围成;

(4) $\displaystyle\int_0^1 \mathrm{d}x \int_x^{\sqrt[3]{x}} \mathrm{e}^{\frac{y^2}{2}}\mathrm{d}y$;　(5) $\displaystyle\int_0^1 \mathrm{d}x \int_x^{\sqrt{x}} \frac{\sin y}{y}\mathrm{d}y$;

(6) $\displaystyle\int_1^5 \mathrm{d}y \int_y^5 \frac{1}{y\ln x}\mathrm{d}x$;　(7) $\displaystyle\int_1^3 \mathrm{d}x \int_{x-1}^2 \sin y^2 \mathrm{d}y$;

(8) $\displaystyle\int_0^{\frac{\pi}{6}} \mathrm{d}y \int_y^{\frac{\pi}{6}} \frac{\cos x}{x}\mathrm{d}x$;

(9) $\displaystyle\iint\limits_{D} \sqrt{|y-x|}\mathrm{d}x\mathrm{d}y$, D 由 $x=\pm 1, y=\pm 1$ 四条直线围成;

(10) $\displaystyle\iint\limits_{D} \sqrt{xy-y^2}\mathrm{d}x\mathrm{d}y$, 其中 D 是由顶点为 $O(0,0), A(10,1)$ 和 $B(1,1)$ 的三角形所围成的区域;

(11) $\displaystyle\iint\limits_{D} xy\mathrm{d}\sigma$, 其中 D 是由曲线 $y^2=x$ 与直线 $y=x-2$ 所围成的区域;

(12) $\displaystyle\iint\limits_{D} xe^{\cos(xy)}\sin(xy)\mathrm{d}x\mathrm{d}y$, 其中 $D=\{(x,y)\,|\,|x|\leqslant 1, |y|\leqslant 1\}$;

(13) $\displaystyle\iint\limits_{D} xyf(x^2+y^2)\mathrm{d}x\mathrm{d}y$, 其中 $D=\{(x,y)\,|\,|x|+|y|\leqslant 1\}$.

4. 利用二重积分计算下列曲线所围成的区域面积:

(1) $y=x^2, y=\sqrt{x}$;　　　　　　　　(2) $x^2+y^2=1, y=\sqrt{2}x^2$;

(3) $\sqrt{x}+\sqrt{y}=\sqrt{3}, x+y=3$;　　(4) $y=\sin x, y=\cos x, \dfrac{\pi}{4}\leqslant x \leqslant \dfrac{5\pi}{4}$.

5. 计算下列曲顶柱体的体积:

(1) 曲顶为 $z=1+x^2+y^2$, 区域 D 由 $x=0, y=0, x=4, y=4$ 围成;

(2) 曲顶为 $z=1-\dfrac{x}{a}-\dfrac{y}{b}$, 区域 D 由 $\dfrac{x}{a}+\dfrac{y}{b}=1, x=0, y=0$ 围成.

6. 设 $f(x)$ 为 $[0,1]$ 上的单增连续函数, 证明: $\dfrac{\displaystyle\int_0^1 xf^3(x)\mathrm{d}x}{\displaystyle\int_0^1 xf^2(x)\mathrm{d}x} \geqslant \dfrac{\displaystyle\int_0^1 f^3(x)\mathrm{d}x}{\displaystyle\int_0^1 f^2(x)\mathrm{d}x}$.

7. 计算二重积分 $\displaystyle\iint\limits_{D} e^{\max\{x^2,y^2\}}\mathrm{d}x\mathrm{d}y$, 其中 $D=\{(x,y)|0\leqslant x\leqslant 1, 0\leqslant y\leqslant 1\}$.

8. 设 $g(x)>0$ 为已知连续函数, 在圆域 $D=\{(x,y)|x^2+y^2\leqslant a^2(a>0)\}$ 上计算二重积分

$$I=\iint\limits_{D} \frac{\lambda g(x)+\mu g(y)}{g(x)+g(y)}\mathrm{d}x\mathrm{d}y,$$

其中 λ, μ 为正常数.

9. 计算 $\displaystyle\iint\limits_{D} \sin x\cos y\cdot f(x^2+y^2)\mathrm{d}x\mathrm{d}y$, 其中积分区域 D 由曲线 $y=x^2$ 与直线 $y=1$ 围成.

§6.10 二重积分的变量代换法

一、极坐标系下二重积分的计算

有些二重积分, 积分区域 D 的边界曲线用极坐标方程表示比较方便, 如圆形或扇形区域的边界, 且被积函数用极坐标变量 r, θ 表示比较简单, 这时就可以考虑用极坐标系来计算二重积分 $\iint\limits_{D} f(x,y)\mathrm{d}\sigma$. 下面研究二重积分在极坐标中的形式.

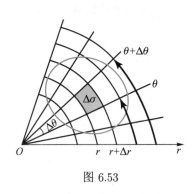

图 6.53

假设从极点 O 出发且穿过区域 D 内部的射线与 D 的边界曲线相交不多于两点, 函数 $f(x,y)$ 在区域 D 上连续. 在极坐标系中, 用以极点为中心的一族同心圆: $r=$ 常数, 以及从极点出发的一族射线: $\theta=$ 常数, 将区域 D 划分成 n 个小闭区域, 如图 6.53 所示, 除包含边界点的一些小闭区域外, 其他小闭区域均可以看成扇形的一部分. 设其中具有代表性的小闭区域 $\Delta\sigma(\Delta\sigma$ 同时也表示该小闭区域的面积) 是由半径分别为 r, $r+\Delta r$ 的同心圆和极角分别为 θ, $\theta+\Delta\theta$ 的射线所确定的, 则

$$\Delta\sigma = \frac{1}{2}(r+\Delta r)^2 \cdot \Delta\theta - \frac{1}{2}r^2 \cdot \Delta\theta = r \cdot \Delta r \cdot \Delta\theta + \frac{1}{2}(\Delta r)^2 \cdot \Delta\theta.$$

当 $(\Delta r, \Delta\theta) \to (0,0)$ 时, $(\Delta r)^2 \cdot \Delta\theta$ 是比 $\Delta r \cdot \Delta\theta$ 高阶的无穷小量, 故有

$$\Delta\sigma \approx r \cdot \Delta r \cdot \Delta\theta.$$

于是, 可以得到极坐标系下的**面积元素** $\mathrm{d}\sigma = r\mathrm{d}r\mathrm{d}\theta$. 又由点的直角坐标和极坐标之间的转换关系

$$x = r\cos\theta, \quad y = r\sin\theta,$$

从而得到直角坐标系下与极坐标系下二重积分的转换公式为

$$\iint\limits_{D} f(x,y)\mathrm{d}x\mathrm{d}y = \iint\limits_{D'} f(r\cos\theta, r\sin\theta)r\mathrm{d}r\mathrm{d}\theta, \tag{6.26}$$

其中 D' 是区域 D 的极坐标表示.

对于极坐标系下的二重积分, 也需要将它化为关于 r, θ 的二次积分, 下面分三种情况讨论:

(1) 极点位于 D' 的外部，且 D' 由射线 $\theta = \alpha, \theta = \beta$ 和连续曲线 $r = r_1(\theta)$, $r = r_2(\theta)$ 围成，如图 6.54 所示，则

$$D' = \left\{ (r, \theta) \,\middle|\, r_1(\theta) \leqslant r \leqslant r_2(\theta), \alpha \leqslant \theta \leqslant \beta \right\},$$

$$\iint\limits_{D} f(x, y) \mathrm{d}\sigma = \iint\limits_{D'} f(r\cos\theta, r\sin\theta) r \mathrm{d}r \mathrm{d}\theta = \int_\alpha^\beta \mathrm{d}\theta \left[\int_{r_1(\theta)}^{r_2(\theta)} f(r\cos\theta, r\sin\theta) r \mathrm{d}r \right].$$

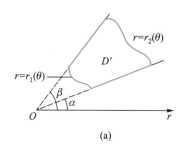 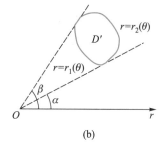

图 6.54

(2) 极点位于 D' 的边界，且 D' 由射线 $\theta = \alpha, \theta = \beta$ 和连续曲线 $r = r(\theta)$ 围成，如图 6.55 所示，则

$$D' = \left\{ (r, \theta) \,\middle|\, 0 \leqslant r \leqslant r(\theta), \ \alpha \leqslant \theta \leqslant \beta \right\},$$

$$\iint\limits_{D} f(x, y) \mathrm{d}\sigma = \iint\limits_{D'} f(r\cos\theta, r\sin\theta) r \mathrm{d}r \mathrm{d}\theta = \int_\alpha^\beta \mathrm{d}\theta \left[\int_0^{r(\theta)} f(r\cos\theta, r\sin\theta) r \mathrm{d}r \right].$$

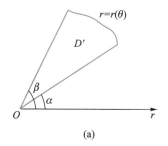 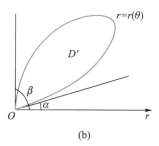

图 6.55

(3) 极点位于 D' 的内部，且 D' 由连续曲线 $r = r(\theta)$ 围成，如图 6.56 所示，则

$$D' = \left\{ (r, \theta) \,\middle|\, 0 \leqslant \theta \leqslant 2\pi, 0 \leqslant r \leqslant r(\theta) \right\},$$

$$\iint\limits_{D} f(x, y) \mathrm{d}\sigma = \iint\limits_{D'} f(r\cos\theta, r\sin\theta) r \mathrm{d}r \mathrm{d}\theta = \int_0^{2\pi} \mathrm{d}\theta \left[\int_0^{r(\theta)} f(r\cos\theta, r\sin\theta) r \mathrm{d}r \right].$$

注意，极坐标系下计算二重积分要注意三个方面的转化:

(1) 积分区域的转化: $D(x,y) \to D'(r,\theta)$，要将 D 的边界曲线方程由直角坐标转化为极坐标;

(2) 被积函数的转化: $f(x,y) \to f(r\cos\theta, r\sin\theta)$;

(3) 面积元素的转化: $\mathrm{d}\sigma \to r\mathrm{d}r\mathrm{d}\theta$ 或者 $\mathrm{d}x\mathrm{d}y \to r\mathrm{d}r\mathrm{d}\theta$.

例 1　计算 $\displaystyle\iint\limits_{D} \mathrm{e}^{-(x^2+y^2)}\mathrm{d}\sigma$，其中积分区域 D 是由圆 $x^2+y^2=R^2$ 围成的区域.

解　积分区域 D 如图 6.57 所示，其边界 $x^2+y^2=R^2$ 的极坐标方程为 $r=R$，于是积分区域

$$D = \{(r,\theta)\,|\,0 \leqslant \theta \leqslant 2\pi, 0 \leqslant r \leqslant R\},$$

则

$$\iint\limits_{D} \mathrm{e}^{-(x^2+y^2)}\mathrm{d}\sigma = \int_0^{2\pi}\mathrm{d}\theta\int_0^R \mathrm{e}^{-r^2}r\,\mathrm{d}r = 2\pi\int_0^R \mathrm{e}^{-r^2}r\,\mathrm{d}r$$

$$= -\pi\int_0^R \mathrm{e}^{-r^2}\mathrm{d}(-r^2) = -\pi\left[\mathrm{e}^{-r^2}\right]\Big|_0^R = \pi\left(1-\mathrm{e}^{-R^2}\right).$$

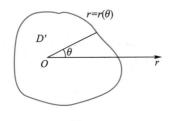

图 6.56

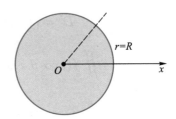

图 6.57

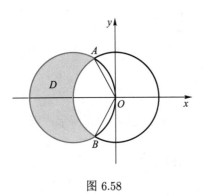

图 6.58

例 2　计算 $\displaystyle\iint\limits_{D}\left(\dfrac{1}{x}+\dfrac{y}{x}+\sin y\right)\mathrm{d}x\mathrm{d}y$，其中积分区域 D 是由曲线 $C_1: x^2+y^2=-2x$ 以及 $C_2: x^2+y^2=1$ 围成的平面区域，且 D 在 C_1 内，在 C_2 外.

解　积分区域 D 如图 6.58 所示，其边界曲线 $x^2+y^2=-2x$ 的极坐标方程为 $r=-2\cos\theta$，曲线 $x^2+y^2=1$ 的极坐标方程为 $r=1$. 两圆的交点分别为 $A\left(-\dfrac{1}{2},\dfrac{\sqrt{3}}{2}\right)$ 和 $B\left(-\dfrac{1}{2},-\dfrac{\sqrt{3}}{2}\right)$，$OA$ 与 x 轴正向所成夹角为 $\dfrac{2}{3}\pi$，OB 与 x 轴正向所成夹角为 $\dfrac{4}{3}\pi$，于是

积分区域

$$D = \left\{ (r,\theta) \,\middle|\, \frac{2\pi}{3} \leqslant \theta \leqslant \frac{4\pi}{3},\ 1 \leqslant r \leqslant -2\cos\theta \right\}$$

关于 x 轴对称，则

$$\iint\limits_{D} \left(\frac{y}{x} + \sin y \right) \mathrm{d}x\mathrm{d}y = 0.$$

故

$$\iint\limits_{D} \left(\frac{1}{x} + \frac{y}{x} + \sin y \right) \mathrm{d}x\mathrm{d}y$$

$$= \int_{\frac{2\pi}{3}}^{\frac{4\pi}{3}} \mathrm{d}\theta \int_{1}^{-2\cos\theta} \frac{1}{r\cos\theta} \cdot r\mathrm{d}r = \int_{\frac{2\pi}{3}}^{\frac{4\pi}{3}} \frac{1}{\cos\theta} \cdot r \bigg|_{1}^{-2\cos\theta} \mathrm{d}\theta$$

$$= \int_{\frac{2\pi}{3}}^{\frac{4\pi}{3}} \frac{1}{\cos\theta} \left[-2\cos\theta - 1 \right] \mathrm{d}\theta = -2 \int_{\frac{2\pi}{3}}^{\frac{4\pi}{3}} \mathrm{d}\theta - \int_{\frac{2\pi}{3}}^{\frac{4\pi}{3}} \frac{\mathrm{d}\theta}{\cos\theta}$$

$$= 2\ln(2 + \sqrt{3}) - \frac{4\pi}{3}.$$

根据例 1 的结果，可以得到一个在概率论中常用到的积分，即下面例 3.

例 3 计算积分 $\displaystyle\int_{0}^{+\infty} \mathrm{e}^{-x^2}\mathrm{d}x.$

解 这是一个反常积分，由于 e^{-x^2} 的原函数不能用初等函数表示，因此利用所学过的反常积分的计算方法无法计算. 现在我们利用二重积分，来计算该积分.

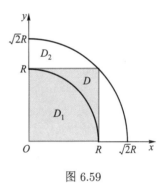

图 6.59

记积分区域 D 为 $\{(x,y) \,|\, 0 \leqslant x \leqslant R, 0 \leqslant y \leqslant R\}$，设 D_1, D_2 分别表示圆域 $x^2 + y^2 \leqslant R^2$ 与 $x^2 + y^2 \leqslant 2R^2$ 位于第一卦限的两个扇形，如图 6.59 所示，则

$$\iint\limits_{D_1} \mathrm{e}^{-(x^2+y^2)}\mathrm{d}\sigma \leqslant \iint\limits_{D} \mathrm{e}^{-(x^2+y^2)}\mathrm{d}\sigma \leqslant \iint\limits_{D_2} \mathrm{e}^{-(x^2+y^2)}\mathrm{d}\sigma,$$

$$\iint\limits_{D} \mathrm{e}^{-(x^2+y^2)}\mathrm{d}\sigma = \iint\limits_{\substack{0 \leqslant x \leqslant R \\ 0 \leqslant y \leqslant R}} \mathrm{e}^{-(x^2+y^2)}\mathrm{d}x\mathrm{d}y = \int_{0}^{R} \mathrm{e}^{-x^2}\mathrm{d}x \cdot \int_{0}^{R} \mathrm{e}^{-y^2}\mathrm{d}y = \left[\int_{0}^{R} \mathrm{e}^{-x^2}\mathrm{d}x \right]^2.$$

再根据例 1 的计算结果得，

$$\frac{\pi}{4}\left(1 - \mathrm{e}^{-R^2} \right) \leqslant \left[\int_{0}^{R} \mathrm{e}^{-x^2}\mathrm{d}x \right]^2 \leqslant \frac{\pi}{4}\left(1 - \mathrm{e}^{-2R^2} \right).$$

当 $R \to +\infty$ 时，上式两端都以 $\dfrac{\pi}{4}$ 为极限，由夹逼原理得，

$$\lim_{R \to +\infty} \left[\int_0^R e^{-x^2} dx \right]^2 = \frac{\pi}{4}.$$

又因为 $\displaystyle\int_0^R e^{-x^2} dx > 0$，所以 $\displaystyle\lim_{R \to +\infty} \int_0^R e^{-x^2} dx = \frac{\sqrt{\pi}}{2}$，即所求积分 $\displaystyle\int_0^{+\infty} e^{-x^2} dx = \frac{\sqrt{\pi}}{2}$.

注　由于 e^{-x^2} 是偶函数，故有 $\displaystyle\int_{-\infty}^{+\infty} e^{-x^2} dx = \sqrt{\pi}$，这是第五章 Γ 函数的性质 3.

例 4　计算 $\displaystyle\iint\limits_D \min\left\{ \sqrt{16 - 2(x^2 + y^2)}, \sqrt{3}(x^2 + y^2) \right\} d\sigma$，其中积分区域 D 是由圆 $x^2 + y^2 = 8$ 所围成的区域.

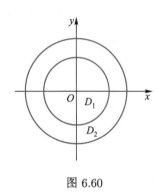

图 6.60

解　积分区域 $D = \{(x, y) | x^2 + y^2 \leqslant 8\}$ 如图 6.60 所示. 由 $\sqrt{16 - 2(x^2 + y^2)} \geqslant \sqrt{3}(x^2 + y^2)$，解得 $x^2 + y^2 \leqslant 2$，对应图 6.60 中的 $D_1 = \{(x, y) | x^2 + y^2 \leqslant 2\}$，而 $D_2 = \{(x, y) | 2 \leqslant x^2 + y^2 \leqslant 8\}$，因此当 $(x, y) \in D_1$ 时，

$$\sqrt{16 - 2(x^2 + y^2)} \geqslant \sqrt{3}(x^2 + y^2);$$

当 $(x, y) \in D_2$ 时，

$$\sqrt{16 - 2(x^2 + y^2)} \leqslant \sqrt{3}(x^2 + y^2).$$

故

$$\iint\limits_D \min\left\{ \sqrt{16 - 2(x^2 + y^2)}, \sqrt{3}(x^2 + y^2) \right\} d\sigma$$

$$= \iint\limits_{D_1} \sqrt{3}(x^2 + y^2) d\sigma + \iint\limits_{D_2} \sqrt{16 - 2(x^2 + y^2)} d\sigma$$

$$= \int_0^{2\pi} d\theta \int_0^{\sqrt{2}} \sqrt{3} r^2 r \, dr + \int_0^{2\pi} d\theta \int_{\sqrt{2}}^{2\sqrt{2}} \sqrt{16 - 2r^2} \cdot r \, dr$$

$$= 2\sqrt{3}\pi \left[\frac{1}{4} r^4 \right] \Big|_0^{\sqrt{2}} + 2\pi \cdot \left(-\frac{1}{4} \right) \frac{2}{3} \left[(16 - 2r^2)^{\frac{3}{2}} \right] \Big|_{\sqrt{2}}^{2\sqrt{2}} = 10\sqrt{3}\pi.$$

以上例 1、例 2、例 4 中，二重积分的特点是：积分区域 D 的边界曲线是圆或圆的一部分，被积函数是 $\varphi(x^2 + y^2)$，$\varphi\left(\dfrac{y}{x}\right)$，$\varphi\left(\dfrac{x}{y}\right)$ 等类型函数. 具有这种特点的二重积分可以考虑利用极坐标系来计算，此时计算可能较为简单.

二、二重积分的一般变量代换法

类似于一元函数定积分的变量代换法，二重积分中也可以进行适当的变量代换，使计算变得更简单、更容易. 下面我们不加证明地给出二重积分的变量代换公式.

设函数 $f(x, y)$ 在有界闭区域 D 上连续，在二重积分 $\iint\limits_{D} f(x, y)\mathrm{d}x\mathrm{d}y$ 中作变量代换

$$x = x(u, v), \quad y = y(u, v). \tag{6.27}$$

假设此变换满足以下三个条件:

(1) 它将 uOv 平面上的有界闭区域 D' 一对一地变换为 D;

(2) 函数 $x = x(u, v)$, $y = y(u, v)$ 有一阶连续偏导数 $\dfrac{\partial x}{\partial u}$, $\dfrac{\partial x}{\partial v}$, $\dfrac{\partial y}{\partial u}$, $\dfrac{\partial y}{\partial v}$;

(3) $J(u, v) = \dfrac{\partial(x, y)}{\partial(u, v)} = \begin{vmatrix} x_u & x_v \\ y_u & y_v \end{vmatrix} = x_u y_v - x_v y_u \neq 0$,

其中 $J(u, v)$ 为变量代换 (6.27) 的**雅可比行列式**，则有二重积分变量代换公式

$$\iint\limits_{D} f(x, y)\mathrm{d}x\mathrm{d}y = \iint\limits_{D'} f(x(u, v), y(u, v)) \left| J(u, v) \right| \mathrm{d}u\mathrm{d}v, \tag{6.28}$$

其中 $|J(u, v)|$ 表示 $J(u, v)$ 的绝对值.

由公式 (6.28) 很容易得到极坐标系下二重积分的计算公式 (6.26)，因为极坐标变换 $x = r\cos\theta$, $y = r\sin\theta$ 的雅可比行列式为

$$J(r, \theta) = \frac{\partial(x, y)}{\partial(r, \theta)} = \begin{vmatrix} \cos\theta & -r\sin\theta \\ \sin\theta & r\cos\theta \end{vmatrix} = r\cos^2\theta + r\sin^2\theta = r,$$

$$\iint\limits_{D} f(x, y)\mathrm{d}x\mathrm{d}y = \iint\limits_{D'} f(r\cos\theta, r\sin\theta) r\mathrm{d}r\mathrm{d}\theta.$$

注　有时题目中需要求 $J(x, y) = \dfrac{\partial(u, v)}{\partial(x, y)}$, 常用的方法有两种:

(1) 通过方程组 $\begin{cases} x = x(u, v), \\ y = y(u, v), \end{cases}$ 先求出 $\begin{cases} u = u(x, y), \\ v = v(x, y), \end{cases}$ 再求 $J(x, y)$;

(2) 先求出 $J(u, v) = \dfrac{\partial(x, y)}{\partial(u, v)}$, 再根据 §6.5 例 11 的结论, 得 $J(x, y) = \dfrac{\partial(u, v)}{\partial(x, y)} = \dfrac{1}{\dfrac{\partial(x, y)}{\partial(u, v)}}$.

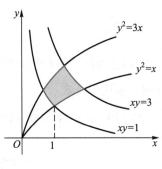

图 6.61

例 5 计算 $\displaystyle\iint\limits_{D}\frac{3x}{y^2+xy^3}\mathrm{d}x\mathrm{d}y$，其中积分区域 D 是由曲线 $xy=1$，$xy=3$，$y^2=x$，$y^2=3x$ 围成的有界闭区域.

解 积分区域 D 如图 6.61 所示，令 $\begin{cases} u=xy, \\ v=\dfrac{y^2}{x}, \end{cases}$ 则积分区域 D 变为 $D'=\{(u,v)\,|\,1\leqslant u\leqslant 3, 1\leqslant v\leqslant 3\}$，且

$$J(x,y)=\frac{\partial(u,v)}{\partial(x,y)}=\begin{vmatrix} y & x \\ -\dfrac{y^2}{x^2} & \dfrac{2y}{x} \end{vmatrix}=\frac{3y^2}{x}=3v.$$

因此

$$\iint\limits_{D}\frac{3x}{y^2+xy^3}\mathrm{d}x\mathrm{d}y=\iint\limits_{D'}\frac{3}{v+uv}\cdot\frac{1}{3v}\mathrm{d}u\mathrm{d}v=\int_1^3\frac{1}{v^2}\mathrm{d}v\int_1^3\frac{1}{1+u}\mathrm{d}u$$

$$=\left[-\frac{1}{v}\right]\Big|_1^3\cdot\big[\ln|1+u|\big]\Big|_1^3=\frac{2}{3}\ln2.$$

例 6 求曲面 $z=\mathrm{e}^{-2x^2-y^2+2y-1}$ 与平面 $z=\dfrac{1}{\mathrm{e}^4}$ 围成立体的体积.

解 曲面 $z=\mathrm{e}^{-2x^2-y^2+2y-1}$ 与平面 $z=\dfrac{1}{\mathrm{e}^4}$ 的交线为

$$\begin{cases} z=\dfrac{1}{\mathrm{e}^4}, \\[2mm] \dfrac{x^2}{2}+\dfrac{(y-1)^2}{4}=1, \end{cases}$$

从而所围成立体在 xOy 面上的投影 D 为 $\left\{(x,y)\,\Big|\,\dfrac{x^2}{2}+\dfrac{(y-1)^2}{4}\leqslant 1\right\}$. 故所围成的立体体积为

$$V=\iint\limits_{D}\left(\mathrm{e}^{-2x^2-y^2+2y-1}-\frac{1}{\mathrm{e}^4}\right)\mathrm{d}x\mathrm{d}y.$$

令 $\begin{cases} x=\sqrt{2}r\cos\theta, \\ y=1+2r\sin\theta, \end{cases}$ 则积分区域 D 变为 $D'=\{(r,\theta)\,|\,0\leqslant\theta\leqslant 2\pi,\ 0\leqslant r\leqslant 1\}$，

且有

$$J(r,\theta)=\frac{\partial(x,y)}{\partial(r,\theta)}=\begin{vmatrix} \sqrt{2}\cos\theta & -\sqrt{2}r\sin\theta \\ 2\sin\theta & 2r\cos\theta \end{vmatrix}=2\sqrt{2}r.$$

因此

$$V = \iint\limits_{D} \left(\mathrm{e}^{-2x^2-y^2+2y-1} - \frac{1}{\mathrm{e}^4} \right) \mathrm{d}x\mathrm{d}y$$

$$= \int_0^{2\pi} \mathrm{d}\theta \int_0^1 \left(\mathrm{e}^{-4r^2} - \frac{1}{\mathrm{e}^4} \right) 2\sqrt{2}r \ \mathrm{d}r = \frac{\sqrt{2}\pi}{2} \left(1 - \frac{5}{\mathrm{e}^4} \right).$$

通过上面两个例子可以看出, 作适当的变量代换可以将复杂的二重积分计算转化为较简单的二重积分计算, 但二重积分变量代换的方式比一元函数定积分换元法方式要复杂, 没有可遵循的不变的规则, 一般既要考虑积分区域的形状, 又要考虑被积函数的结构.

* 三、无界区域上的反常二重积分

与一元函数的反常积分情形一样, 反常二重积分也有两种形式: 一种是无界积分区域 D 上的反常二重积分, 一种是无界函数的反常积分. 其计算方法一般先在有界区域内 (或有界函数在积分区域 D_ε 内) 积分, 然后再取极限求解. 对于无界积分区域 D 上的反常二重积分, 常用的形式如下:

(1) 若 $D = \{ (x,y) | a \leqslant x \leqslant b, c \leqslant y < +\infty \}$, 则

$$\iint\limits_{D} f(x,y)\mathrm{d}x\mathrm{d}y = \lim_{M\to+\infty} \int_a^b \left[\int_c^M f(x,y)\mathrm{d}y \right] \mathrm{d}x = \int_a^b \mathrm{d}x \int_c^{+\infty} f(x,y)\mathrm{d}y$$

$$= \lim_{M\to+\infty} \int_c^M \left[\int_a^b f(x,y)\mathrm{d}x \right] \mathrm{d}y = \int_c^{+\infty} \mathrm{d}y \int_a^b f(x,y)\mathrm{d}x;$$

(2) 若 $D = \{ (x,y) | a \leqslant x < +\infty, c \leqslant y < +\infty \}$, 则

$$\iint\limits_{D} f(x,y)\mathrm{d}x\mathrm{d}y = \lim_{\substack{N\to+\infty \\ M\to+\infty}} \int_a^N \left[\int_c^M f(x,y)\mathrm{d}y \right] \mathrm{d}x = \int_a^{+\infty} \mathrm{d}x \int_c^{+\infty} f(x,y)\mathrm{d}y$$

$$= \lim_{\substack{N\to+\infty \\ M\to+\infty}} \int_c^M \left[\int_a^N f(x,y)\mathrm{d}x \right] \mathrm{d}y = \int_c^{+\infty} \mathrm{d}y \int_a^{+\infty} f(x,y)\mathrm{d}x;$$

(3) 若 $D = \{ (x,y) | -\infty < x < +\infty, \ -\infty < y < +\infty \}$, 则

$$\iint\limits_{D} f(x,y)\mathrm{d}x\mathrm{d}y = \lim_{\substack{M_1,M_2\to+\infty \\ N_1,N_2\to+\infty}} \int_{-N_1}^{N_2} \left[\int_{-M_1}^{M_2} f(x,y)\mathrm{d}x \right] \mathrm{d}y = \int_{-\infty}^{+\infty} \mathrm{d}y \int_{-\infty}^{+\infty} f(x,y)\mathrm{d}x$$

$$= \lim_{\substack{M_1,M_2\to+\infty \\ N_1,N_2\to+\infty}} \int_{-M_1}^{M_2} \left[\int_{-N_1}^{N_2} f(x,y)\mathrm{d}y \right] \mathrm{d}x = \int_{-\infty}^{+\infty} \mathrm{d}x \int_{-\infty}^{+\infty} f(x,y)\mathrm{d}y.$$

此时积分区域也可用极坐标表示，即

$$\iint\limits_{D} f(x,y)\mathrm{d}x\mathrm{d}y = \lim_{R\to+\infty}\int_0^R \left[\int_0^{2\pi} f(r\cos\theta, r\sin\theta)r\mathrm{d}\theta\right]\mathrm{d}r$$

$$= \int_0^{+\infty}\mathrm{d}r\int_0^{2\pi} f(r\cos\theta, r\sin\theta)r\mathrm{d}\theta$$

$$= \lim_{R\to+\infty}\int_0^{2\pi}\left[\int_0^R f(r\cos\theta, r\sin\theta)r\mathrm{d}r\right]\mathrm{d}\theta$$

$$= \int_0^{2\pi}\mathrm{d}\theta\int_0^{+\infty} f(r\cos\theta, r\sin\theta)r\mathrm{d}r.$$

无界二元函数的反常二重积分的描述非常复杂，这里从略.

例 7 计算反常二重积分 $I = \iint\limits_{D}\dfrac{1}{(x^2+y^2-1)^p}\mathrm{d}x\mathrm{d}y$，其中

(1) 积分区域 $D = \{(x,y)\mid x^2+y^2\geqslant 4\}$；

(2) 积分区域 $D = \{(x,y)\mid x^2+y^2\leqslant 1\}$.

解 (1) 这是无界积分区域 D 上的反常二重积分. 先在下面有界圆域

$$D_R = \left\{(x,y)\mid 4\leqslant x^2+y^2\leqslant R^2, R>2\right\}$$

内利用极坐标系计算二重积分，然后再求极限，即当 $p\neq 1$ 时，

$$I = \lim_{R\to+\infty}\iint\limits_{D_R}\frac{1}{(x^2+y^2-1)^p}\mathrm{d}x\mathrm{d}y = \lim_{R\to+\infty}\int_0^{2\pi}\left[\int_2^R\frac{1}{(r^2-1)^p}r\mathrm{d}r\right]\mathrm{d}\theta$$

$$= \lim_{R\to+\infty} 2\pi\cdot\frac{1}{2}\int_2^R\frac{1}{(r^2-1)^p}\mathrm{d}\left(r^2-1\right) = \pi\lim_{R\to+\infty}\frac{1}{1-p}\left[\frac{1}{(R^2-1)^{p-1}}-1\right]$$

$$= \begin{cases} \dfrac{\pi}{p-1}, & p>1, \\ +\infty, & p<1; \end{cases}$$

当 $p=1$ 时，

$$I = \lim_{R\to+\infty}\iint\limits_{D_R}\frac{1}{x^2+y^2-1}\mathrm{d}x\mathrm{d}y = \lim_{R\to+\infty}\int_0^{2\pi}\left[\int_2^R\frac{1}{r^2-1}r\mathrm{d}r\right]\mathrm{d}\theta$$

$$= \pi\lim_{R\to+\infty}\left[\ln\left|r^2-1\right|\right]\Big|_2^R = +\infty.$$

故当 $p>1$ 时，该**反常二重积分收敛**；当 $p\leqslant 1$ 时，该**反常二重积分发散**.

(2) 被积函数 $f(x,y) = \dfrac{1}{(x^2+y^2-1)^p}$ 在积分区域 D 的边界曲线 $x^2+y^2=1$ 上无界，即这是无界函数的反常积分. 先在圆域

$$D_\varepsilon = \left\{ (x,y) \mid x^2+y^2 \leqslant \varepsilon^2, 0 < \varepsilon < 1 \right\}$$

内利用极坐标系计算二重积分，然后再求极限，即当 $p \neq 1$ 时，

$$I = \lim_{\varepsilon \to 1^-} \iint\limits_{D_\varepsilon} \frac{1}{(x^2+y^2-1)^p}\mathrm{d}x\mathrm{d}y = \lim_{\varepsilon \to 1^-} \int_0^{2\pi} \left[\int_0^\varepsilon \frac{1}{(r^2-1)^p}r\mathrm{d}r \right]\mathrm{d}\theta$$

$$= \pi \lim_{\varepsilon \to 1^-} \frac{1}{1-p}\left[\frac{1}{(\varepsilon^2-1)^{p-1}} - (-1)^p \right] = \begin{cases} +\infty, & p>1, \\ \dfrac{(-1)^p\pi}{p-1}, & p<1; \end{cases}$$

当 $p = 1$ 时，

$$I = \lim_{\varepsilon \to 1^-} \iint\limits_{D_\varepsilon} \frac{1}{x^2+y^2-1}\mathrm{d}x\mathrm{d}y = \lim_{\varepsilon \to 1^-} \int_0^{2\pi} \left[\int_0^\varepsilon \frac{1}{r^2-1}r\mathrm{d}r \right]\mathrm{d}\theta$$

$$= \lim_{\varepsilon \to 1^-} 2\pi \cdot \frac{1}{2} \cdot \left[\ln\left| (r^2-1) \right| \right] \Big|_0^\varepsilon = +\infty.$$

故当 $p \geqslant 1$ 时，该反常二重积分发散；当 $p < 1$ 时，该反常二重积分收敛.

例 8 计算二重积分 $\displaystyle\iint\limits_{D} x\mathrm{e}^{-y^2}\mathrm{d}x\mathrm{d}y$，其中积分区域 D 是由曲线 $y = \dfrac{1}{4}x^2$ 与 $y = \dfrac{1}{9}x^2$ 在第一象限围成的无界区域.

解 积分区域 D 如图 6.62 所示，这是无界积分区域 D 上的反常二重积分，并且根据被积函数的特点，我们先关于 x 进行积分. 先在下面有界区域 D_b 上进行积分，

$$D_b = \left\{ (x,y) \mid 0 \leqslant y \leqslant b, 2\sqrt{y} \leqslant x \leqslant 3\sqrt{y} \right\},$$

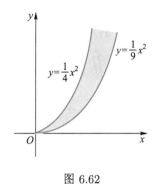

图 6.62

则

$$\iint\limits_{D} x\mathrm{e}^{-y^2}\mathrm{d}x\mathrm{d}y = \lim_{b\to+\infty} \iint\limits_{D_b} x\mathrm{e}^{-y^2}\mathrm{d}x\mathrm{d}y = \lim_{b\to+\infty}\int_0^b \left[\int_{2\sqrt{y}}^{3\sqrt{y}} x\mathrm{e}^{-y^2}\mathrm{d}x \right]\mathrm{d}y$$

$$= \lim_{b\to+\infty}\frac{5}{2}\int_0^b \mathrm{e}^{-y^2}y\mathrm{d}y = \lim_{b\to+\infty}\frac{5}{4}\left(1-\mathrm{e}^{-b^2}\right) = \frac{5}{4}.$$

习题 6.10

1. 将下列二重积分化为极坐标形式：

(1) $\int_0^2 \mathrm{d}x \int_x^{\sqrt{3}x} f\left(\sqrt{x^2+y^2}\right)\mathrm{d}y$;   (2) $\int_0^{2R} \mathrm{d}y \int_0^{\sqrt{2Ry-y^2}} f(x,y)\mathrm{d}x$;

(3) $\int_0^{\frac{R}{\sqrt{1+R^2}}} \mathrm{d}x \int_0^{Rx} f\left(\dfrac{y}{x}\right)\mathrm{d}y + \int_{\frac{R}{\sqrt{1+R^2}}}^{R} \mathrm{d}x \int_0^{\sqrt{R^2-x^2}} f\left(\dfrac{y}{x}\right)\mathrm{d}y$.

2. 利用极坐标系计算下列二重积分:

(1) $\displaystyle\iint\limits_{D} \sqrt{R^2-x^2-y^2}\,\mathrm{d}x\mathrm{d}y, \quad D=\left\{(x,y)\,|\,x^2+y^2 \leqslant Rx\right\}$;

(2) $\displaystyle\int_0^R \mathrm{d}x \int_0^{\sqrt{R^2-x^2}} \ln(1+x^2+y^2)\mathrm{d}y$;

(3) $\displaystyle\iint\limits_{D} \arctan\dfrac{y}{x}\,\mathrm{d}x\mathrm{d}y, \quad D=\left\{(x,y)\,|\,1 \leqslant x^2+y^2 \leqslant 4, x \geqslant 0, y \geqslant 0\right\}$;

(4) $\displaystyle\iint\limits_{D} |x^2+y^2-4|\mathrm{d}x\mathrm{d}y$, 其中 D 是区域 $\{(x,y)|x^2+y^2 \leqslant 9\}$;

(5) $I = \displaystyle\int_0^1 \mathrm{d}y \int_0^{\sqrt{1-y^2}} \sin(\pi\sqrt{x^2+y^2})\mathrm{d}x$;

(6) $\displaystyle\iint\limits_{D} \dfrac{y}{x}\mathrm{d}x\mathrm{d}y$, 其中积分区域 D 是由直线 $y=x$ 以及曲线 $x^2+y^2=2ax(a>0)$

围成的平面区域中较大部分.

3. 利用二重积分的变量代换公式计算下列二重积分:

(1) $\displaystyle\iint\limits_{D} \sqrt{4-\dfrac{x^2}{9}-\dfrac{y^2}{4}}\,\mathrm{d}x\mathrm{d}y$, 其中 D 是由椭圆 $\dfrac{x^2}{36}+\dfrac{y^2}{16}=1$ 围成的区域;

(2) $\displaystyle\iint\limits_{D} \mathrm{e}^{\frac{y}{x+y}}\mathrm{d}x\mathrm{d}y$, 其中 D 是由直线 $x+y=1$ 与坐标轴围成的区域;

(3) $\displaystyle\iint\limits_{D} (x-y^2)\mathrm{e}^y\mathrm{d}\sigma$, 其中 D 是由曲线 $y=2, y^2-y-x=0, y^2+2y-x=0$ 围成

的区域 (图 6.63).

*4. 计算下列反常积分:

(1) $\displaystyle\int_{-\infty}^{+\infty} \mathrm{d}y \int_{-\infty}^{+\infty} \mathrm{e}^{-(x^2+y^2)}\cos(x^2+y^2)\mathrm{d}x$;

(2) $\displaystyle\iint\limits_{D} \dfrac{1}{(x^2+y^2)^2}\mathrm{d}x\mathrm{d}y, \quad D=\{(x,y)|x^2+y^2 \geqslant 1\}$.

5. 计算二重积分 $I = \displaystyle\iint\limits_{D} \dfrac{\sqrt{x^2+y^2}}{\sqrt{4a^2-x^2-y^2}}\mathrm{d}\sigma$, 其中 D 是由曲线 $y=-a+\sqrt{a^2-x^2}$

$(a>0)$ 和直线 $y=-x$ 围成的区域.

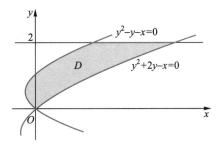

图 6.63

第六章自测题

第七章

7

无穷级数

　　人们研究事物在数量方面的特性或进行某些数值计算时，往往会经历由近似到精确的一个逼近过程. 其间，常会遇到由有限多个数相加跃迁到无穷多个数相加的问题，这种无穷多个数相加的 "和"，即为无穷级数. 实质上，无穷级数是一种特殊数列的极限，由于其结构上的特殊形式，它通常是表示函数、研究函数的性质以及进行数值计算强有力的工具. 因此，它对微积分进一步发展及其在股票定价、银行存款问题、合同设立等各种实际问题的应用上有非常重要的作用. 利用无穷级数的相关知识，可以帮助经济学家、金融投资者等更好理解资本、劳动力、技术进步等之间的关系，以及经济增长与货币政策之间的关系等，为政策决策提供更精确的预测.

　　本章首先着重讨论常数项无穷级数，然后讨论函数项级数——幂级数以及函数如何展开成幂级数.

§7.1 常数项级数的概念和性质

一、常数项级数的概念

一个常数可以写成无穷个数的和的形式, 如

$$2 = 1 + \frac{1}{2} + \frac{1}{2^2} + \cdots + \frac{1}{2^n} + \cdots.$$

常见的无理数本身就是用无限个不循环小数的和表示, 如

$$\pi = 3.141\ 592\ 6\cdots = 3 \times 1 + 1 \times \frac{1}{10} + 4 \times \frac{1}{10^2} + 1 \times \frac{1}{10^3} +$$

$$5 \times \frac{1}{10^4} + 9 \times \frac{1}{10^5} + 2 \times \frac{1}{10^6} + 6 \times \frac{1}{10^7} + \cdots.$$

再如 $e = 2.718\ 28\cdots$, 在 §7.5 将看到, 它可以表示为

$$1 + 1 + \frac{1}{2!} + \frac{1}{3!} + \cdots + \frac{1}{n!} + \cdots.$$

以上这类无穷多个数按照一定次序相加的形式, 称为无穷级数. 一般定义如下:

定义 1 给定一个数列

$$u_1, u_2, \cdots, u_n, \cdots,$$

由此构成的表达式

$$u_1 + u_2 + \cdots + u_n + \cdots \tag{7.1}$$

叫做 (常数项) **无穷级数**, 简称**常数项级数**或**级数**, 记作 $\displaystyle\sum_{n=1}^{\infty} u_n$, 即

$$\sum_{n=1}^{\infty} u_n = u_1 + u_2 + \cdots + u_n + \cdots,$$

其中第 n 项 u_n 叫做级数的**一般项**或**通项**.

例如,

$$\sum_{n=1}^{\infty} \frac{1}{n} = 1 + \frac{1}{2} + \frac{1}{3} + \cdots + \frac{1}{n} + \cdots,$$

$$\sum_{n=1}^{\infty} \frac{1}{n(n+1)} = \frac{1}{1 \cdot 2} + \frac{1}{2 \cdot 3} + \cdots + \frac{1}{n(n+1)} + \cdots$$

都是常数项级数, 其中 $\dfrac{1}{n}$ 和 $\dfrac{1}{n(n+1)}$ 分别为上述两个级数的一般项.

那么这无穷多项相加求和是否有意义？若有意义，又该怎样求和呢？

上述级数的定义只是一个形式上的定义，因为逐项相加对无穷多项来说是无法实现的. 为此，我们按照逼近法的思想，用 "已知的简"，即有限项的和，去逼近 "未知的繁"，即无穷多项的和.

无穷级数 $\sum\limits_{n=1}^{\infty} u_n$ 的前 n 项的和称为该级数的**部分和**，记为 S_n，即

$$S_n = u_1 + u_2 + \cdots + u_n = \sum_{i=1}^{n} u_i. \tag{7.2}$$

当 n 依次取 $1, 2, 3, \cdots$ 时，它们构成一个新的数列 $\{S_n\}$，称它为级数 $\sum\limits_{n=1}^{\infty} u_n$ 的**部分和数列**，即

$$S_1 = u_1, \quad S_2 = u_1 + u_2, \quad S_3 = u_1 + u_2 + u_3, \quad \cdots,$$
$$S_n = u_1 + u_2 + \cdots + u_n, \quad \cdots.$$

根据这个数列有没有极限，引进无穷级数 $\sum\limits_{n=1}^{\infty} u_n$ 收敛与发散的概念.

定义 2　如果级数 $\sum\limits_{n=1}^{\infty} u_n$ 的部分和数列 $\{S_n\}$ 有极限 S，即 $\lim\limits_{n \to \infty} S_n = S$，则称无穷级数 $\sum\limits_{n=1}^{\infty} u_n$ **收敛**，这时极限 S 叫做此**级数的和**，并写成

$$S = \sum_{n=1}^{\infty} u_n = u_1 + u_2 + \cdots + u_n + \cdots;$$

如果 $\{S_n\}$ 没有极限，则称无穷级数 $\sum\limits_{n=1}^{\infty} u_n$ **发散**. 发散级数没有和.

显然，当级数收敛时，其部分和 S_n 是级数的和 S 的近似值，它们之间的差值

$$r_n = S - S_n = u_{n+1} + u_{n+2} + \cdots$$

叫做级数的**余项**，且此时

$$\lim_{n \to \infty} r_n = \lim_{n \to \infty} (S - S_n) = \lim_{n \to \infty} S - \lim_{n \to \infty} S_n = S - S = 0.$$

用近似值 S_n 代替 S 所产生的误差是这个余项的绝对值，即误差是 $|r_n|$.

由以上定义可知，级数 $\sum\limits_{n=1}^{\infty} u_n$ 的收敛性 (敛散性)，实质上就是其部分和数列 $\{S_n\}$ 的收敛性问题，两者可以相互转化.

例 1 判定下列无穷级数的收敛性, 若收敛, 求其和:

(1) $\displaystyle\sum_{n=1}^{\infty} \frac{1}{n(n+1)}$;　　　　(2) $\displaystyle\sum_{n=1}^{\infty} n$;　　　　(3) $\displaystyle\sum_{n=1}^{\infty} \ln \frac{n(2n+1)}{(n+1)(2n-1)}$.

解 (1) 由于 $u_n = \dfrac{1}{n(n+1)} = \dfrac{1}{n} - \dfrac{1}{n+1}$, 因此

$$S_n = \frac{1}{1\cdot 2} + \frac{1}{2\cdot 3} + \cdots + \frac{1}{n(n+1)}$$

$$= \left(1 - \frac{1}{2}\right) + \left(\frac{1}{2} - \frac{1}{3}\right) + \cdots + \left(\frac{1}{n} - \frac{1}{n+1}\right)$$

$$= 1 - \frac{1}{n+1},$$

从而

$$\lim_{n\to\infty} S_n = \lim_{n\to\infty} \left(1 - \frac{1}{n+1}\right) = 1,$$

故这个级数收敛, 且有 $\displaystyle\sum_{n=1}^{\infty} \frac{1}{n(n+1)} = 1$.

(2) 这个级数的部分和为

$$S_n = 1 + 2 + 3 + \cdots + n = \frac{n(n+1)}{2}.$$

显然, $\displaystyle\lim_{n\to\infty} S_n = \infty$, 因此这个级数是发散的.

(3) 部分和

$$S_n = \sum_{k=1}^{n} \ln \frac{k(2k+1)}{(k+1)(2k-1)}$$

$$= \ln \frac{1\cdot 2\cdot 3\cdot\cdots\cdot n\cdot 3\cdot 5\cdot 7\cdot\cdots\cdot(2n+1)}{2\cdot 3\cdot\cdots\cdot(n+1)\cdot 1\cdot 3\cdot 5\cdot 7\cdot\cdots\cdot(2n-1)}$$

$$= \ln \frac{2n+1}{n+1},$$

从而

$$\lim_{n\to\infty} S_n = \lim_{n\to\infty} \ln \frac{2n+1}{n+1} = \ln 2.$$

故这个级数收敛, 其和为 $\ln 2$.

例 2 无穷级数

$$\sum_{n=0}^{\infty} aq^n = a + aq + aq^2 + \cdots + aq^n + \cdots \tag{7.3}$$

叫做**等比级数** (又称为**几何级数**), 其中 $a \neq 0, q$ 叫做级数的公比. 试讨论该级数的收敛性.

解 $\sum\limits_{n=0}^{\infty} aq^n$ 的部分和

$$S_n = a + aq + aq^2 + \cdots + aq^{n-1} = \frac{a(1-q^n)}{1-q} \quad (q \neq 1).$$

(1) 当 $|q| < 1$ 时, 由于 $\lim\limits_{n\to\infty} q^n = 0$, 则 $\lim\limits_{n\to\infty} S_n = \dfrac{a}{1-q}$, 因此该级数收敛, 且其和为 $\dfrac{a}{1-q}$, 即为 $\dfrac{\text{首项}}{1-\text{公比}}$.

(2) 当 $|q| > 1$ 时, 由于 $\lim\limits_{n\to\infty} q^n = \infty$, 则 $\lim\limits_{n\to\infty} S_n = \lim\limits_{n\to\infty} \dfrac{a(1-q^n)}{1-q} = \infty$, 故该级数发散.

(3) 若 $q = 1$, 由于 $\lim\limits_{n\to\infty} S_n = \lim\limits_{n\to\infty} na = \infty$, 则该级数发散.

若 $q = -1$, 则 $S_n = \dfrac{a(1-(-1)^n)}{1-(-1)}$. 由于 $\lim\limits_{n\to\infty} (-1)^n$ 不存在, 则 $\lim\limits_{n\to\infty} S_n$ 不存在, 从而该级数也发散.

综上所述, 如果等比级数 $\sum\limits_{n=0}^{\infty} aq^n$ 的公比的绝对值 $|q| < 1$, 则级数收敛, 其和为 $S = \dfrac{a}{1-q}$; 如果 $|q| \geqslant 1$, 则该级数发散.

例如, 级数

$$\sum_{n=1}^{\infty} \frac{(-3)^{n+1}}{5^n} = \frac{3^2}{5} - \frac{3^3}{5^2} + \frac{3^4}{5^3} + \cdots + \frac{(-3)^{n+1}}{5^n} + \cdots$$

是一个公比 $q = -\dfrac{3}{5}$ 的等比级数, 因为 $|q| = \left| -\dfrac{3}{5} \right| < 1$, 所以它是收敛的, 其和为

$$S = \frac{\dfrac{3^2}{5}}{1 - \left(-\dfrac{3}{5} \right)} = \frac{9}{8}.$$

又如, 级数

$$\sum_{n=1}^{\infty} 3^{n-1} = 1 + 3 + 3^2 + 3^3 + \cdots + 3^{n-1} + \cdots$$

是一个公比为 $q = 3$ 的等比级数, 因为 $|q| = 3 > 1$, 所以它发散.

例 3 为了刺激经济复苏, 某地政府决定将更多资金直接用于保居民就业、保基本民生、保市场主体等 "六保" 上来, 假设政府在经济上投入 10 亿元人民币以刺激消费.

根据经营者和居民的消费习惯，每个经营者和每个居民都将收入的 30% 存入银行，其余的 70% 用来消费. 从最初的 10 亿元开始，这样一直下去. 那么由政府增加的投资将带来多少消费总增长？

解 从最初的 10 亿元开始，初次消费了 $10 \times 70\% = 7$ 亿，而产生的 7 亿消费又成为别的企业及个人的收入，他们又消费掉其中的 70%，即消费了 7×0.7 亿. 如果按照这种情况消费下去，那最初的 10 亿元人民币投资引起的消费总增长为

$$10 \times 0.7 + 10 \times 0.7^2 + 10 \times 0.7^3 + 10 \times 0.7^4 + \cdots.$$

这是一个等比级数，公比 $q = 0.7 < 1$，故它是收敛的，消费总增长为其和 $S = \dfrac{10 \times 0.7}{1 - 0.7} \approx 23.3$ (亿元).

例 4 证明调和级数

$$\sum_{n=1}^{\infty} \frac{1}{n} = 1 + \frac{1}{2} + \frac{1}{3} + \frac{1}{4} + \cdots + \frac{1}{n} + \cdots \tag{7.4}$$

是发散的.

证 利用反证法证明. 假设级数 $\displaystyle\sum_{n=1}^{\infty} \frac{1}{n}$ 收敛，其和为 S，于是

$$\lim_{n \to \infty} (S_{2n} - S_n) = S - S = 0.$$

但是因为

$$S_{2n} - S_n = \frac{1}{n+1} + \frac{1}{n+2} + \cdots + \frac{1}{2n} > \frac{n}{2n} = \frac{1}{2},$$

在上式中令 $n \to \infty$，便有 $\displaystyle\lim_{n \to \infty} (S_{2n} - S_n) = 0 \geqslant \frac{1}{2}$，这是不可能的. 故级数 $\displaystyle\sum_{n=1}^{\infty} \frac{1}{n}$ 发散.

在经济学中，无穷级数经常用来解决银行存放款、投资费用、基金创立等问题. 例如投资费用问题：设初期投资为 S，银行年利率为 r，t 年重复一次投资，若按连续复利计算利息，第一次投资的现值为 $P_1 = S$. 由 §1.4 的 (1.9) 式得，第二次投资的现值为 $P_2 = Se^{-rt}$，第三次投资的现值为 $P_3 = Se^{-2rt}$，以此类推，投资费用总的现值为下列无穷等比数列之和：

$$S + Se^{-rt} + Se^{-2rt} + \cdots + Se^{-nrt} + \cdots = \frac{S}{1 - e^{-rt}}.$$

例 5 某公司与甲城市签订了永久性承包该市绕城河道的治理与生态系统修复的合同，自从合同签订之日起，每四年进行一次大规模河道清淤，每次清淤费 38 万元；每一

年进行一次混凝土护坡修补，修补费 8 万元；每两年进行一次人工植草生态修复，其费用为 9 万元. 设银行年利率为 5%，若按连续复利计算利息，则该合同的现值是多少？

解 清淤费的初期投资 $S_1 = 38$ 万元，银行年利率 $r = 5\%$，周期 $t = 4$，$rt = 0.2$，清淤费的现值为

$$D_1 = 38 + 38\mathrm{e}^{-0.2} + 38\mathrm{e}^{-2\times 0.2} + \cdots + 38\mathrm{e}^{-n\cdot 0.2} + \cdots$$

$$= \frac{38}{1 - \mathrm{e}^{-0.2}} \approx 209.2 \ (\text{万元}).$$

同理，混凝土护坡修补费的现值为

$$D_2 = 8 + 8\mathrm{e}^{-0.05} + 8\mathrm{e}^{-2\times 0.05} + \cdots + 8\mathrm{e}^{-n\cdot 0.05} + \cdots$$

$$= \frac{8}{1 - \mathrm{e}^{-0.05}} \approx 164 \ (\text{万元}).$$

人工植草生态修复费初期投资 $S_2 = 9$ 万元，银行年利率 $r = 5\%$，周期 $t = 2$，$rt = 0.1$，故其现值为

$$D_3 = 9 + 9\mathrm{e}^{-0.1} + 9\mathrm{e}^{-2\times 0.1} + \cdots + 9\mathrm{e}^{-n\times 0.1} + \cdots$$

$$= \frac{9}{1 - \mathrm{e}^{-0.1}} \approx 94.6 \ (\text{万元}).$$

故该合同的现值为

$$D_1 + D_2 + D_3 = 467.8 \ (\text{万元}).$$

例 6 对级数 $\displaystyle\sum_{n=1}^{\infty} 5^n$ 作如下运算：设 $S = \displaystyle\sum_{n=1}^{\infty} 5^n$，则有

$$S = 5 + 5^2 + 5^3 + 5^4 + \cdots = 5 + 5(5 + 5^2 + 5^3 + 5^4 + \cdots) = 5 + 5S,$$

解得 $S = -\dfrac{5}{4}$. 判断结论是否正确？

解 不正确. 因为级数 $\displaystyle\sum_{n=1}^{\infty} 5^n$ 是正数之和，不可能为负数. 问题在于该级数为几何级数，且公比 $q = 5 > 1$，故发散，并不存在和 S.

由例 6 可知，如果不知道级数是否收敛，就按有限个数的四则运算性质对它进行运算，往往会得到错误结论. 故对于级数来说，首先要判断其收敛性，这也是本章着重讨论的问题.

二、收敛级数的基本性质

根据无穷级数收敛的定义以及和的概念，可以得出收敛级数的几个基本性质.

性质 1 若级数 $\sum_{n=1}^{\infty} u_n$ 收敛，且其和为 S，则对任何常数 k，级数 $\sum_{n=1}^{\infty} ku_n$ 也收敛，且其和为 kS.

证 设级数 $\sum_{n=1}^{\infty} u_n$ 与级数 $\sum_{n=1}^{\infty} ku_n$ 的部分和分别为 S_n 与 σ_n，则

$$\sigma_n = ku_1 + ku_2 + \cdots + ku_n = kS_n,$$

故

$$\lim_{n\to\infty} \sigma_n = \lim_{n\to\infty} kS_n = kS.$$

所以，级数 $\sum_{n=1}^{\infty} ku_n$ 收敛，且其和为 kS.

由关系式 $\sigma_n = ku_1 + ku_2 + \cdots + ku_n = kS_n$ 知，若 $\lim_{n\to\infty} S_n$ 不存在且 $k \neq 0$，则 $\lim_{n\to\infty} \sigma_n$ 也不存在. 由此得如下结论：级数的每一项同乘一个不为零的常数，其敛散性不变.

性质 2 如果级数 $\sum_{n=1}^{\infty} u_n$ 和 $\sum_{n=1}^{\infty} v_n$ 分别收敛于 S 和 σ，则级数 $\sum_{n=1}^{\infty} (u_n \pm v_n)$ 也收敛，且其和 $S \pm \sigma$，即 $\sum_{n=1}^{\infty} (u_n \pm v_n) = \sum_{n=1}^{\infty} u_n \pm \sum_{n=1}^{\infty} v_n = S \pm \sigma$.

证 设级数 $\sum_{n=1}^{\infty} u_n, \sum_{n=1}^{\infty} v_n, \sum_{n=1}^{\infty} (u_n \pm v_n)$ 的部分和分别为 S_n, σ_n, τ_n，则

$$\tau_n = (u_1 \pm v_1) + (u_2 \pm v_2) + \cdots + (u_n \pm v_n)$$

$$= (u_1 + u_2 + \cdots + u_n) \pm (v_1 + v_2 + \cdots + v_n) = S_n \pm \sigma_n,$$

故

$$\lim_{n\to\infty} \tau_n = \lim_{n\to\infty} (S_n \pm \sigma_n) = S \pm \sigma.$$

所以，级数 $\sum_{n=1}^{\infty} (u_n \pm v_n)$ 收敛，且其和 $S \pm \sigma$.

由性质 2 可知，两个收敛级数可以逐项相加或相减，其收敛性不变. 此外，若级数 $\sum_{n=1}^{\infty} u_n$ 发散，$\sum_{n=1}^{\infty} v_n$ 收敛，则必有级数 $\sum_{n=1}^{\infty} (u_n \pm v_n)$ 发散. 否则，若级数 $\sum_{n=1}^{\infty} (u_n \pm v_n)$ 收敛，由 $\sum_{n=1}^{\infty} v_n$ 收敛和性质 2 可知 $\sum_{n=1}^{\infty} [(u_n \pm v_n) \mp v_n] = \sum_{n=1}^{\infty} u_n$ 也收敛，矛盾.

级数 $\displaystyle\sum_{n=1}^{\infty} u_n$ 发散，$\displaystyle\sum_{n=1}^{\infty} v_n$ 发散，则级数 $\displaystyle\sum_{n=1}^{\infty} (u_n \pm v_n)$ 一定发散吗？

例 7 判断级数 $\displaystyle\sum_{n=1}^{\infty} \left[\frac{2^{n-1}}{3^n} + \frac{2}{n(n+1)} \right]$ 是否收敛. 若收敛，求其和.

解 由例 1 和例 2 知，级数 $\displaystyle\sum_{n=1}^{\infty} \frac{2^{n-1}}{3^n}, \sum_{n=1}^{\infty} \frac{2}{n(n+1)}$ 都收敛，则有

$$\sum_{n=1}^{\infty} \left[\frac{2^{n-1}}{3^n} + \frac{2}{n(n+1)} \right] = \sum_{n=1}^{\infty} \frac{2^{n-1}}{3^n} + \sum_{n=1}^{\infty} \frac{2}{n(n+1)}$$

$$= \frac{\frac{1}{3}}{1 - \frac{2}{3}} + 2 \lim_{n \to \infty} \left(1 - \frac{1}{n+1} \right) = 3.$$

性质 3 在级数中任意去掉、加上或者改变有限项，不会改变级数的敛散性，但通常情况下，收敛级数的和会发生变化.

证 我们只需证明 "在级数的前面部分去掉或加上有限项，不会改变级数的敛散性"，因为其他情形 (即在级数中任意去掉、加上或改变有限项的情形) 都可以看成在级数的前面部分先去掉有限项，然后再加上有限项的结果.

设将级数

$$\sum_{n=1}^{\infty} u_n = u_1 + u_2 + \cdots + u_k + u_{k+1} + \cdots + u_{k+n} + \cdots$$

的前 k 项去掉，则得级数

$$\sum_{n=1}^{\infty} u_{k+n} = u_{k+1} + u_{k+2} + \cdots + u_{k+n} + \cdots.$$

于是新级数的部分和为

$$\sigma_n = u_{k+1} + u_{k+2} + \cdots + u_{k+n} = S_{k+n} - S_k,$$

其中 S_{k+n} 是原级数的前 $k+n$ 项的和. 因为 S_k 是常数，所以有

$$\lim_{n \to \infty} \sigma_n = \lim_{n \to \infty} (S_{k+n} - S_k) = \lim_{n \to \infty} S_{k+n} - S_k,$$

即当 $n \to \infty$ 时，σ_n 与 S_{k+n} 或者同时具有极限，或者同时没有极限. 但通常情况下，若有极限，极限值不同，相差 S_k，即收敛级数的和发生了变化.

类似地, 可以证明在级数的前面加上有限项 (比如 k 项), 不会改变级数的敛散性, 但通常情况下, 收敛级数的和也会发生变化.

性质 4 如果级数 $\sum\limits_{n=1}^{\infty} u_n$ 收敛, 则对这个级数的项任意加括号之后所得级数仍收敛, 且其和不变.

证 设收敛级数 $\sum\limits_{n=1}^{\infty} u_n$ 的部分和数列为 $\{S_n\}$, 其任意加括号之后所得的级数为

$$(u_1 + u_2 + \cdots + u_{n_1}) + (u_{n_1+1} + u_{n_1+2} + \cdots + u_{n_2}) + \cdots +$$
$$(u_{n_{k-1}+1} + u_{n_{k-1}+2} + \cdots + u_{n_k}) + \cdots. \tag{7.5}$$

设其部分和数列为 $\{A_k\}$, 即

$$A_1 = u_1 + u_2 + \cdots + u_{n_1} = S_{n_1},$$
$$A_2 = (u_1 + u_2 + \cdots + u_{n_1}) + (u_{n_1+1} + u_{n_1+2} + \cdots + u_{n_2}) = S_{n_2},$$
$$\cdots,$$
$$A_k = (u_1 + u_2 + \cdots + u_{n_1}) + (u_{n_1+1} + u_{n_1+2} + \cdots + u_{n_2}) + \cdots +$$
$$(u_{n_{k-1}+1} + u_{n_{k-1}+2} + \cdots + u_{n_k}) = S_{n_k}.$$

显然, 当 $k \to \infty$ 时, $n_k \to \infty$, 因此有

$$\lim_{k \to \infty} A_k = \lim_{n_k \to \infty} S_{n_k} = S.$$

即加括号后所成的级数收敛且其和不变.

注 性质 4 的逆命题不成立. 即加括号之后所成的级数收敛, 并不能断定原来的级数收敛. 例如, 级数

$$(1 - 1) + (1 - 1) + \cdots + (1 - 1) + \cdots$$

收敛于零, 但是去掉括号之后的级数

$$\sum_{n=1}^{\infty} (-1)^{n+1} = 1 - 1 + 1 - 1 + 1 - 1 + \cdots$$

却是发散的.

然而性质 4 的逆否命题成立, 即得推论: 如果加括号后所成的级数发散, 则原来级数也发散.

性质 5 (级数收敛的必要条件) 如果级数 $\sum\limits_{n=1}^{\infty} u_n$ 收敛，则当 $n \to \infty$ 时，它的一般项趋于零，即

$$\lim_{n \to \infty} u_n = 0.$$

证 设 $\sum\limits_{n=1}^{\infty} u_n = S$，由于 $u_n = S_n - S_{n-1}$，故

$$\lim_{n \to \infty} u_n = \lim_{n \to \infty} (S_n - S_{n-1}) = \lim_{n \to \infty} S_n - \lim_{n \to \infty} S_{n-1} = S - S = 0.$$

由性质 5 可知，如果级数 $\sum\limits_{n=1}^{\infty} u_n$ 的一般项不趋于零 (包含 $\lim\limits_{n \to \infty} u_n$ 不存在的情形)，则该级数必定发散. 例如，级数 $\sum\limits_{n=1}^{\infty} \dfrac{2n}{5n+8}$，由于

$$\lim_{n \to \infty} u_n = \lim_{n \to \infty} \frac{2n}{5n+8} = \frac{2}{5} \neq 0,$$

故该级数发散. 又如，级数 $\sum\limits_{n=1}^{\infty} (-1)^{n-1} = 1 - 1 + 1 - 1 + \cdots + (-1)^{n-1} + \cdots$ 也是发散的.

性质 5 常用来判定常数项级数的敛散性，所以十分重要.

注 级数的一般项趋于零并不是级数收敛的充分条件，有些级数虽然一般项趋于零，但仍然是发散的. 例如，调和级数 $\sum\limits_{n=1}^{\infty} \dfrac{1}{n}$，显然它的一般项趋于零，即 $\lim\limits_{n \to \infty} u_n = \lim\limits_{n \to \infty} \dfrac{1}{n} = 0$，但它是发散的.

习题 7.1

1. 判断下列论述是否正确：

(1) 若级数 $\sum\limits_{n=1}^{\infty} u_n$ 发散，k 为常数，则级数 $\sum\limits_{n=1}^{\infty} k u_n$ 发散；

(2) 若级数 $\sum\limits_{n=1}^{\infty} u_n$ 发散，级数 $\sum\limits_{n=1}^{\infty} v_n$ 收敛，λ 为非零常数，则级数 $\sum\limits_{n=1}^{\infty} (u_n - \lambda v_n)$ 发散；

(3) 若级数 $\sum\limits_{n=1}^{\infty} (u_n + v_n)$ 收敛，则级数 $\sum\limits_{n=1}^{\infty} u_n$ 与 $\sum\limits_{n=1}^{\infty} v_n$ 中至少有一个收敛；

(4) 若级数 $\sum\limits_{n=1}^{\infty} (u_n + v_n)$ 收敛，则 $\lim\limits_{n \to \infty} u_n = 0$，且 $\lim\limits_{n \to \infty} v_n = 0$；

(5) 级数 $\sum\limits_{n=1}^{\infty} u_n$ 的一般项 u_n 不趋于零, 是该级数发散的充分条件;

(6) 若级数 $\sum\limits_{n=1}^{\infty} u_n$ 收敛到和 S, 则级数 $\sum\limits_{n=1}^{\infty} (u_n + u_{n+2})$ 收敛, 且和为 $2S - u_1 - u_2$.

2. 根据级数收敛与发散定义判定下列级数的敛散性, 若收敛, 求其和:

(1) $\sum\limits_{n=1}^{\infty} (\sqrt{n+1} - \sqrt{n})$;   (2) $\sum\limits_{n=1}^{\infty} \dfrac{1}{(5n-1)(5n+4)}$;   (3) $\sum\limits_{n=1}^{\infty} \sin\dfrac{n\pi}{6}$;

(4) $\sum\limits_{n=1}^{\infty} \dfrac{n}{(n+1)!}$;   (5) $\sum\limits_{n=1}^{\infty} \ln\dfrac{n+3}{n+4}$.

3. 利用无穷级数的性质、等比级数以及调和级数的敛散性, 判定下列级数的敛散性:

(1) $\sum\limits_{n=1}^{\infty} (-1)^n \dfrac{9^n}{8^n}$;   (2) $1 + 8 + 12 + \sum\limits_{n=1}^{\infty} \left(\dfrac{\ln 3}{5}\right)^n$;   (3) $\sum\limits_{n=1}^{\infty} \dfrac{1}{\sqrt[n]{a}} \, (a>0)$;

(4) $\sum\limits_{n=1}^{\infty} \dfrac{2^n + (-3)^n}{5^n}$;   (5) $\sum\limits_{n=1}^{\infty} \cos\dfrac{\pi}{3^n}$ (6) $\sum\limits_{n=1}^{\infty} \left[\dfrac{1}{\left(1+\dfrac{1}{n}\right)^n} + \dfrac{\cos 4}{n(n+1)}\right]$.

4. 设级数 $\sum\limits_{n=1}^{\infty} u_n$ 满足条件: (1) $\lim\limits_{n\to\infty} u_n = 0$; (2) $\sum\limits_{n=1}^{\infty} (u_{2n-1} + u_{2n})$ 收敛, 判断 $\sum\limits_{n=1}^{\infty} u_n$ 是否收敛, 并证明.

5. 设级数 $\sum\limits_{n=1}^{\infty} u_n$ 满足: 加括号后级数 $\sum\limits_{k=1}^{\infty} (u_{n_k+1} + u_{n_k+2} + \cdots + u_{n_{k+1}})$ 收敛 $(n_1 = 0)$, 且在同一括号中的 $u_{n_k+1}, u_{n_k+2}, \cdots, u_{n_{k+1}}$ 符号相同, 证明 $\sum\limits_{n=1}^{\infty} u_n$ 亦收敛.

6. 设银行某理财产品的年收益率为 8%, 以年复利计息, 应在银行中一次购买多少该理财产品才能保证从存入之后起, 以后每年能从银行提取 600 万元以支付职工福利直至永远?

§7.2 正项级数的审敛法

上一节我们讨论了常数项级数, 即级数中各项可以是正数、负数或者零. 本节将讨论各项都非负的级数, 通常称为正项级数, 即级数 $\sum\limits_{n=1}^{\infty} u_n \, (u_n \geqslant 0, n = 1, 2, \cdots)$.

正项级数是数项级数中比较特殊而又重要的一类, 也是研究其他级数收敛性问题的基础. 后面我们将看到, 许多级数的收敛性问题可归结为正项级数的收敛性问题.

设 $\sum\limits_{n=1}^{\infty} u_n(u_n \geqslant 0)$ 是一个正项级数，它的部分和为 S_n. 因为 $u_n \geqslant 0\,(n = 1, 2, \cdots)$，所以

$$S_{n+1} = S_n + u_{n+1} \geqslant S_n \quad (n = 1, 2, \cdots),$$

即部分和数列 $\{S_n\}$ 单调递增：

$$S_1 \leqslant S_2 \leqslant \cdots \leqslant S_n \leqslant \cdots.$$

定理 1 (正项级数收敛基本定理) 正项级数 $\sum\limits_{n=1}^{\infty} u_n$ 收敛的充要条件是它的部分和数列 $\{S_n\}$ 有界 (有上界).

证 已知正项级数的部分和数列 $\{S_n\}$ 单调递增，若数列 $\{S_n\}$ 有界，根据单调有界数列必有极限准则可知，$\lim\limits_{n\to\infty} S_n = S$ 存在，故正项级数 $\sum\limits_{n=1}^{\infty} u_n$ 收敛且其和为 S.

反之，若正项级数 $\sum\limits_{n=1}^{\infty} u_n(u_n \geqslant 0)$ 收敛于 S，即 $\lim\limits_{n\to\infty} S_n = S$，根据收敛数列的有界性可知，数列 $\{S_n\}$ 有界.

由定理 1 可知，若正项级数 $\sum\limits_{n=1}^{\infty} u_n$ 发散，则它的部分和数列 $S_n \to +\infty\,(n \to \infty)$，即 $\sum\limits_{n=1}^{\infty} u_n = +\infty$.

根据定理 1，可得到关于正项级数的一个基本审敛法.

定理 2 (比较审敛法) 设 $\sum\limits_{n=1}^{\infty} u_n$ 和 $\sum\limits_{n=1}^{\infty} v_n$ 都是正项级数，且 $u_n \leqslant v_n\,(n = 1, 2, \cdots)$.

(1) 若级数 $\sum\limits_{n=1}^{\infty} v_n$ 收敛，则级数 $\sum\limits_{n=1}^{\infty} u_n$ 收敛；

(2) 若级数 $\sum\limits_{n=1}^{\infty} u_n$ 发散，则级数 $\sum\limits_{n=1}^{\infty} v_n$ 发散.

证 (1) 设级数 $\sum\limits_{n=1}^{\infty} v_n$ 收敛于和 σ，则级数 $\sum\limits_{n=1}^{\infty} u_n$ 的部分和

$$S_n = u_1 + u_2 + \cdots + u_n \leqslant v_1 + v_2 + \cdots + v_n \leqslant \sigma \quad (n = 1, 2, \cdots),$$

即正项级数 $\sum\limits_{n=1}^{\infty} u_n$ 的部分和数列 $\{S_n\}$ 有界，由定理 1 可知，级数 $\sum\limits_{n=1}^{\infty} u_n$ 收敛.

(2) 利用反证法证明. 假设级数 $\sum\limits_{n=1}^{\infty} v_n$ 收敛，则由 (1) 的结果可得 $\sum\limits_{n=1}^{\infty} u_n$ 必收敛，

这与已知级数 $\sum\limits_{n=1}^{\infty} u_n$ 发散矛盾，因此可知结论 (2) 成立.

由于级数的每一项同乘一个不为零的常数 k，以及去掉级数前面的有限项不会影响级数的敛散性. 我们可得如下推论:

推论 1 设 $\sum\limits_{n=1}^{\infty} u_n$ 和 $\sum\limits_{n=1}^{\infty} v_n$ 都是正项级数.

(1) 若从某项开始 (如从第 N 项起)，有 $u_n \leqslant kv_n \, (k>0, n \geqslant N)$，且级数 $\sum\limits_{n=1}^{\infty} v_n$ 收敛，则级数 $\sum\limits_{n=1}^{\infty} u_n$ 收敛;

(2) 若从某项开始 (如从第 N 项起)，有 $u_n \geqslant kv_n \, (k>0, n \geqslant N)$，且级数 $\sum\limits_{n=1}^{\infty} v_n$ 发散，则级数 $\sum\limits_{n=1}^{\infty} u_n$ 发散.

例 1 讨论 p 级数

$$\sum_{n=1}^{\infty} \frac{1}{n^p} = 1 + \frac{1}{2^p} + \frac{1}{3^p} + \frac{1}{4^p} + \cdots + \frac{1}{n^p} + \cdots \tag{7.6}$$

的收敛性，其中 p 为任意实数.

解 当 $p \leqslant 0$ 时，级数显然是发散的. 下面设 $p > 0$，分两种情况讨论.

(1) 当 $0 < p \leqslant 1$ 时，p 级数的各项大于等于调和级数 $\sum\limits_{n=1}^{\infty} \frac{1}{n}$ 的对应项，即 $\frac{1}{n^p} \geqslant \frac{1}{n}$. 但由于调和级数发散，因此根据比较审敛法可知，此时 p 级数发散.

(2) 当 $p > 1$ 时，记 p 级数的部分和为

$$S_n = \sum_{k=1}^{n} \frac{1}{k^p} = 1 + \frac{1}{2^p} + \frac{1}{3^p} + \frac{1}{4^p} + \cdots + \frac{1}{n^p}.$$

对 $k-1 \leqslant x \leqslant k \, (k=2,3,4,\cdots)$，有 $\frac{1}{k^p} \leqslant \frac{1}{x^p}$，所以

$$\frac{1}{k^p} = \int_{k-1}^{k} \frac{1}{k^p} \mathrm{d}x \leqslant \int_{k-1}^{k} \frac{1}{x^p} \mathrm{d}x \quad (k=2,3,4,\cdots),$$

从而

$$S_n = 1 + \frac{1}{2^p} + \frac{1}{3^p} + \frac{1}{4^p} \cdots + \frac{1}{n^p}$$

$$\leqslant 1 + \int_{1}^{2} \frac{1}{x^p} \mathrm{d}x + \int_{2}^{3} \frac{1}{x^p} \mathrm{d}x + \int_{3}^{4} \frac{1}{x^p} \mathrm{d}x + \cdots + \int_{n-1}^{n} \frac{1}{x^p} \mathrm{d}x$$

$$= 1 + \int_1^n \frac{1}{x^p} \mathrm{d}x = 1 + \frac{1}{p-1}\left(1 - \frac{1}{n^{p-1}}\right) < 1 + \frac{1}{p-1}.$$

这表明 p 级数的部分和 $\{S_n\}$ 有界, 因此 p 级数收敛.

综上所述, 得到一个重要结论: p 级数 $\sum\limits_{n=1}^{\infty} \frac{1}{n^p}$, 当 $p > 1$ 时收敛, 当 $p \leqslant 1$ 时发散.

例如, 级数 $\sum\limits_{n=1}^{\infty} \frac{1}{n^2}$ 是 $p = 2$ 的 p 级数, 故该级数收敛.

又如, 级数 $\sum\limits_{n=1}^{\infty} \frac{1}{\sqrt[3]{n^2}}$ 是 $p = \frac{2}{3}$ 的 p 级数, 故该级数发散.

p 级数和等比级数一样, 常常作为收敛性已知的级数用于比较审敛法, 并由此可以建立更有效的判别法, 因此应该熟记它们的敛散性.

例 2 判定下列级数的收敛性:

(1) $\sum\limits_{n=1}^{\infty} \frac{1}{\sqrt{n(n+1)}}$； (2) $\sum\limits_{n=1}^{\infty} \frac{1}{\sqrt{n(n^2+1)}}$； (3) $\sum\limits_{n=1}^{\infty} 2^n \ln\left(1 + \frac{1}{3^n}\right)$；

(4) $\sum\limits_{n=1}^{\infty} \frac{2 + (-1)^n}{2^n}$； (5) $\sum\limits_{n=1}^{\infty} \frac{1}{1 + a^n} (a > 0)$.

解 (1) 因为

$$\frac{1}{\sqrt{n(n+1)}} > \frac{1}{\sqrt{(n+1)^2}} = \frac{1}{n+1},$$

而级数 $\sum\limits_{n=1}^{\infty} \frac{1}{n+1}$ 是发散的, 根据比较审敛法可知, 级数 $\sum\limits_{n=1}^{\infty} \frac{1}{\sqrt{n(n+1)}}$ 是发散的.

(2) 因为

$$\frac{1}{\sqrt{n(n^2+1)}} < \frac{1}{\sqrt{n \cdot n^2}} = \frac{1}{n^{\frac{3}{2}}},$$

而级数 $\sum\limits_{n=1}^{\infty} \frac{1}{n^{\frac{3}{2}}}$ 是收敛的, 根据比较审敛法可知, 级数 $\sum\limits_{n=1}^{\infty} \frac{1}{\sqrt{n(n^2+1)}}$ 收敛.

(3) 当 $x > 0$ 时, 有 $0 < \ln(1+x) < x$, 则

$$0 < 2^n \ln\left(1 + \frac{1}{3^n}\right) < \left(\frac{2}{3}\right)^n,$$

而级数 $\sum\limits_{n=1}^{\infty} \left(\frac{2}{3}\right)^n$ 收敛, 根据比较审敛法可知, 级数 $\sum\limits_{n=1}^{\infty} 2^n \ln\left(1 + \frac{1}{3^n}\right)$ 收敛.

(4) 因为

$$\frac{2 + (-1)^n}{2^n} < \frac{2+1}{2^n} = \frac{3}{2^n},$$

而级数 $\sum\limits_{n=1}^{\infty} \dfrac{3}{2^n}$ 是收敛的，根据比较审敛法可知，级数 $\sum\limits_{n=1}^{\infty} \dfrac{2+(-1)^n}{2^n}$ 也是收敛的.

(5) 已知通项 $u_n = \dfrac{1}{1+a^n}$，且

$$\lim_{n\to\infty} u_n = \lim_{n\to\infty} \frac{1}{1+a^n} = \begin{cases} 1, & 0 < a < 1, \\ \dfrac{1}{2}, & a = 1, \\ 0, & a > 1. \end{cases}$$

当 $0 < a \leqslant 1$ 时，$\lim\limits_{n\to\infty} u_n \neq 0$，所以级数 $\sum\limits_{n=1}^{\infty} \dfrac{1}{1+a^n}$ 发散.

当 $a > 1$ 时，$0 < u_n = \dfrac{1}{1+a^n} < \dfrac{1}{a^n}$，而级数 $\sum\limits_{n=1}^{\infty} \dfrac{1}{a^n}$ 是公比 $q = \dfrac{1}{a} < 1$ 的等比级数，故收敛. 因此由比较审敛法可知，级数 $\sum\limits_{n=1}^{\infty} \dfrac{1}{1+a^n}$ 收敛.

利用比较审敛法判断级数的收敛性，要用到不等式的放大或者缩小技巧. 有时不易找到被比较的级数，为方便起见，下面介绍比较审敛法的极限形式.

定理 3 (比较审敛法的极限形式) 设 $\sum\limits_{n=1}^{\infty} u_n$ 和 $\sum\limits_{n=1}^{\infty} v_n$ 都是正项级数，且 $\lim\limits_{n\to\infty} \dfrac{u_n}{v_n} = l\,(l \geqslant 0)$.

(1) 若 $0 < l < +\infty$，则级数 $\sum\limits_{n=1}^{\infty} u_n$ 和级数 $\sum\limits_{n=1}^{\infty} v_n$ 有相同的敛散性；

(2) 若 $l = 0$，则当级数 $\sum\limits_{n=1}^{\infty} v_n$ 收敛时，级数 $\sum\limits_{n=1}^{\infty} u_n$ 收敛；

(3) 若 $l = +\infty$，则当级数 $\sum\limits_{n=1}^{\infty} v_n$ 发散时，级数 $\sum\limits_{n=1}^{\infty} u_n$ 发散.

证 (1) 由 $\lim\limits_{n\to\infty} \dfrac{u_n}{v_n} = l$ 可知，对 $\varepsilon = \dfrac{l}{2}$，存在自然数 N，当 $n > N$ 时，有

$$l - \frac{l}{2} < \frac{u_n}{v_n} < l + \frac{l}{2}, \quad \text{即} \quad \frac{l}{2} v_n < u_n < \frac{3l}{2} v_n.$$

根据比较审敛法的推论，即得 (1) 成立.

类似可证明 (2) 和 (3)，定理得证.

例 3 判定下列级数的收敛性：

(1) $\sum\limits_{n=1}^{\infty} 2^n \sin \dfrac{\pi}{3^n}$；　　(2) $\sum\limits_{n=1}^{\infty} \dfrac{4^n}{5^n - 3^n}$；　　(3) $\sum\limits_{n=1}^{\infty} \ln \left(1 + \dfrac{1}{n^2}\right)$；

(4) $\sum\limits_{n=1}^{\infty} (n+1)\left(1 - \cos \dfrac{\pi}{n}\right)$；　　(5) $\sum\limits_{n=1}^{\infty} \dfrac{\ln n}{n^2}$；　　(6) $\sum\limits_{n=1}^{\infty} \left(\sqrt[n]{3} - 1\right)$.

解 (1) 因为 $\sin\dfrac{\pi}{3^n} \sim \dfrac{\pi}{3^n}\ (n \to \infty)$，令 $v_n = 2^n \cdot \dfrac{\pi}{3^n}$，则

$$\lim_{n \to \infty} \frac{u_n}{v_n} = \lim_{n \to \infty} \frac{2^n \sin\dfrac{\pi}{3^n}}{2^n \cdot \dfrac{\pi}{3^n}} = 1.$$

而级数 $\displaystyle\sum_{n=1}^{\infty} 2^n \cdot \dfrac{\pi}{3^n}$ 收敛，故根据比较审敛法的极限形式可知，级数 $\displaystyle\sum_{n=1}^{\infty} 2^n \sin\dfrac{\pi}{3^n}$ 收敛.

(2) 由于一般项

$$u_n = \frac{4^n}{5^n - 3^n} = \frac{4^n}{5^n} \cdot \frac{1}{1 - (3/5)^n},$$

令 $v_n = \dfrac{4^n}{5^n}$，则

$$\lim_{n \to \infty} \frac{u_n}{v_n} = \lim_{n \to \infty} \frac{\dfrac{4^n}{5^n} \cdot \dfrac{1}{1 - (3/5)^n}}{\dfrac{4^n}{5^n}} = \lim_{n \to \infty} \frac{1}{1 - (3/5)^n} = 1.$$

而级数 $\displaystyle\sum_{n=1}^{\infty} \dfrac{4^n}{5^n}$ 收敛，根据比较审敛法的极限形式可知，级数 $\displaystyle\sum_{n=1}^{\infty} \dfrac{4^n}{5^n - 3^n}$ 收敛.

(3) 因为 $\ln\left(1 + \dfrac{1}{n^2}\right) \sim \dfrac{1}{n^2}\ (n \to \infty)$，令 $v_n = \dfrac{1}{n^2}$，则

$$\lim_{n \to \infty} \frac{u_n}{v_n} = \lim_{n \to \infty} \frac{\ln\left(1 + \dfrac{1}{n^2}\right)}{\dfrac{1}{n^2}} = 1.$$

而级数 $\displaystyle\sum_{n=1}^{\infty} \dfrac{1}{n^2}$ 收敛，根据比较审敛法的极限形式知，级数 $\displaystyle\sum_{n=1}^{\infty} \ln\left(1 + \dfrac{1}{n^2}\right)$ 收敛.

(4) 因为 $1 - \cos\dfrac{\pi}{n} \sim \dfrac{1}{2}\left(\dfrac{\pi}{n}\right)^2\ (n \to \infty)$，所以一般项

$$u_n = (n+1)\left(1 - \cos\frac{\pi}{n}\right) \sim (n+1) \cdot \frac{1}{2}\left(\frac{\pi}{n}\right)^2 \quad (n \to \infty).$$

令 $v_n = \dfrac{1}{n}$，则

$$\lim_{n \to \infty} \frac{u_n}{v_n} = \lim_{n \to \infty} \frac{(n+1)\left(1 - \cos\dfrac{\pi}{n}\right)}{\dfrac{1}{n}} = \frac{\pi^2}{2}.$$

而级数 $\displaystyle\sum_{n=1}^{\infty} \dfrac{1}{n}$ 发散，根据比较审敛法的极限形式知，级数 $\displaystyle\sum_{n=1}^{\infty} (n+1)\left(1 - \cos\dfrac{\pi}{n}\right)$ 发散.

(5) 令 $v_n = \dfrac{1}{n^{\frac{3}{2}}}$，故

$$\lim_{n \to \infty} \frac{u_n}{v_n} = \lim_{n \to \infty} \frac{\dfrac{\ln n}{n^2}}{\dfrac{1}{n^{\frac{3}{2}}}} = \lim_{n \to \infty} \frac{\ln n}{n^{\frac{1}{2}}} = 0.$$

而级数 $\displaystyle\sum_{n=1}^{\infty} \dfrac{1}{n^{\frac{3}{2}}}$ 收敛，根据比较审敛法的极限形式知，级数 $\displaystyle\sum_{n=1}^{\infty} \dfrac{\ln n}{n^2}$ 收敛.

(6) 因为 $\sqrt[n]{3} - 1 = 3^{\frac{1}{n}} - 1 \sim \dfrac{1}{n} \ln 3 \, (n \to \infty)$，所以令 $v_n = \dfrac{1}{n}$，则

$$\lim_{n \to \infty} \frac{u_n}{v_n} = \lim_{n \to \infty} \frac{\sqrt[n]{3} - 1}{\dfrac{1}{n}} = \ln 3.$$

而级数 $\displaystyle\sum_{n=1}^{\infty} \dfrac{1}{n}$ 发散，根据比较审敛法的极限形式知，级数 $\displaystyle\sum_{n=1}^{\infty} \left(\sqrt[n]{3} - 1 \right)$ 发散.

比较审敛法以及比较审敛法的极限形式是正项级数的基本审敛法，但使用时需要先估计级数的敛散性，并适当地选取一个已知敛散性的级数 $\displaystyle\sum_{n=1}^{\infty} v_n$ (通常是等比级数或 p 级数) 作为比较的基准，这常常是较困难的. 下面给出一些只需借助级数通项就能判断级数敛散性的审敛法.

定理 4 (比值审敛法，达朗贝尔判别法) 设 $\displaystyle\sum_{n=1}^{\infty} u_n$ 为正项级数，且 $u_n > 0, n = 1, 2, 3, \cdots$. 若

$$\lim_{n \to \infty} \frac{u_{n+1}}{u_n} = \rho \quad (\text{其中 } \rho \text{ 允许为 } +\infty),$$

则

(1) 当 $\rho < 1$ 时，级数收敛；

(2) 当 $1 < \rho \leqslant +\infty$ 时，级数发散；

(3) 当 $\rho = 1$ 时，级数可能收敛，也可能发散.

证 (1) 当 $\rho < 1$ 时，可取一个适当小的正数 ε，使得 $\rho + \varepsilon = r < 1$. 由极限定义，存在正整数 N，当 $n > N$ 时，有

$$\frac{u_{n+1}}{u_n} < \rho + \varepsilon = r,$$

因此

$$u_{N+1} < r u_N, \quad u_{N+2} < r u_{N+1} < r^2 u_N, \quad \cdots, \quad u_{N+k} < r^k u_N, \cdots.$$

于是, 级数

$$u_{N+1} + u_{N+2} + u_{N+3} + \cdots + u_{N+k} + \cdots$$

的各项就小于收敛的等比级数 (公比为 r 且 $0 < r < 1$ 的等比级数)

$$ru_N + r^2 u_N + r^3 u_N + \cdots + r^k u_N + \cdots$$

的对应项. 由级数 $\sum\limits_{k=1}^{\infty} r^k u_N$ 收敛, 根据比较审敛法的推论可知, 级数 $\sum\limits_{n=1}^{\infty} u_n$ 收敛.

(2) 当 $\rho > 1$ 时, 取一个适当小的正数 ε, 使得 $\rho - \varepsilon > 1$. 由极限定义, 存在正整数 N, 当 $n > N$ 时, 有

$$\frac{u_{n+1}}{u_n} > \rho - \varepsilon > 1,$$

即 $u_{n+1} > u_n$. 所以当 $n > N$ 时, 级数的一般项 u_n 逐渐增大, 从而 $\lim\limits_{n \to \infty} u_n \neq 0$. 由级数收敛的必要条件可知级数 $\sum\limits_{n=1}^{\infty} u_n$ 发散.

(3) 当 $\rho = 1$ 时, 级数可能收敛, 也可能发散. 例如, 对 p 级数 $\sum\limits_{n=1}^{\infty} \dfrac{1}{n^p}$, 不论 p 为何值, 总有

$$\lim_{n \to \infty} \frac{u_{n+1}}{u_n} = \lim_{n \to \infty} \frac{\dfrac{1}{(n+1)^p}}{\dfrac{1}{n^p}} = 1.$$

但我们知道, 对于 p 级数而言, 当 $p > 1$ 时级数收敛, 当 $0 < p \leqslant 1$ 时级数发散. 因此, 根据 $\rho = 1$ 不能判定级数的收敛性.

例 4 判定下列级数的收敛性:

(1) $\sum\limits_{n=1}^{\infty} \dfrac{n^n}{n!}$; \qquad (2) $\sum\limits_{n=1}^{\infty} \dfrac{n!}{10^n}$; \qquad (3) $\sum\limits_{n=1}^{\infty} n^3 \left(\dfrac{s+1}{2} \right)^n$ ($s > -1$ 为常数).

解 (1) 因为

$$\lim_{n \to \infty} \frac{u_{n+1}}{u_n} = \lim_{n \to \infty} \frac{\dfrac{(n+1)^{n+1}}{(n+1)!}}{\dfrac{n^n}{n!}} = \lim_{n \to \infty} \frac{(n+1)^{n+1}}{(n+1)!} \cdot \frac{n!}{n^n}$$

$$= \lim_{n \to \infty} \left(1 + \frac{1}{n} \right)^n = e > 1,$$

根据比值审敛法可知, 级数 $\sum\limits_{n=1}^{\infty} \dfrac{n^n}{n!}$ 发散.

(2) 因为

$$\lim_{n\to\infty}\frac{u_{n+1}}{u_n}=\lim_{n\to\infty}\frac{\dfrac{(n+1)!}{10^{n+1}}}{\dfrac{n!}{10^n}}=\lim_{n\to\infty}\frac{(n+1)!}{10^{n+1}}\cdot\frac{10^n}{n!}$$

$$=\lim_{n\to\infty}\frac{n+1}{10}=+\infty,$$

根据比值审敛法可知，级数 $\displaystyle\sum_{n=1}^{\infty}\frac{n!}{10^n}$ 发散.

(3) 由于

$$\lim_{n\to\infty}\frac{u_{n+1}}{u_n}=\lim_{n\to\infty}\frac{(n+1)^3\left(\dfrac{s+1}{2}\right)^{n+1}}{n^3\left(\dfrac{s+1}{2}\right)^n}=\frac{s+1}{2},$$

根据比值审敛法知，当 $\dfrac{s+1}{2}<1$，即 $-1<s<1$ 时，级数收敛；当 $\dfrac{s+1}{2}>1$，即 $s>1$ 时，级数发散；当 $s=1$ 时，$u_n=n^3\left(\dfrac{s+1}{2}\right)^n=n^3\to\infty\ (n\to\infty)$，级数发散.

定理 5 (根值审敛法，柯西判别法) 设 $\displaystyle\sum_{n=1}^{\infty}u_n$ 为正项级数，若 $\displaystyle\lim_{n\to\infty}\sqrt[n]{u_n}=\rho$ (其中 ρ 允许为 $+\infty$)，则

(1) 当 $\rho<1$ 时，级数收敛；

(2) 当 $1<\rho\leqslant+\infty$ 时，级数发散；

(3) 当 $\rho=1$ 时，级数可能收敛，也可能发散.

证 (1) 当 $\rho<1$ 时，可取一个适当小的正数 ε，使得 $\rho+\varepsilon=r<1$. 由极限定义，存在正整数 N，当 $n>N$ 时，有

$$\sqrt[n]{u_n}<\rho+\varepsilon=r,\quad \text{即}\quad u_n<r^n.$$

因为等比级数 $\displaystyle\sum_{k=1}^{\infty}r^n$ 收敛，所以根据比较审敛法的推论可知，级数 $\displaystyle\sum_{n=1}^{\infty}u_n$ 收敛.

(2) 当 $\rho>1$ 时，取一个适当小的正数 ε，使得 $\rho-\varepsilon>1$. 由极限定义，存在正整数 N，当 $n>N$ 时，有

$$\sqrt[n]{u_n}>\rho-\varepsilon>1,\quad \text{即}\quad u_n>1,$$

从而 $\displaystyle\lim_{n\to\infty}u_n\neq0$. 由级数收敛的必要条件可知级数 $\displaystyle\sum_{n=1}^{\infty}u_n$ 发散.

(3) 当 $\rho = 1$ 时，级数可能收敛，也可能发散. 例如，对 p 级数 $\sum\limits_{n=1}^{\infty} \dfrac{1}{n^p}$，不论 p 为何值，总有

$$\lim_{n \to \infty} \sqrt[n]{u_n} = \lim_{n \to \infty} \sqrt[n]{\dfrac{1}{n^p}} = \lim_{n \to \infty} \left(\dfrac{1}{\sqrt[n]{n}} \right)^p = 1.$$

因此，根据 $\rho = 1$ 不能判定级数的敛散性.

例 5 判定下列级数的收敛性：

(1) $\sum\limits_{n=1}^{\infty} \dfrac{1}{2^n} \left(1 + \dfrac{1}{n} \right)^{n^2}$；

(2) $\sum\limits_{n=1}^{\infty} \left(\dfrac{n}{3n-1} \right)^{2n-1}$.

如何选择合适的判别法判定正项级数的收敛性

解 (1) 因为

$$\lim_{n \to \infty} \sqrt[n]{u_n} = \lim_{n \to \infty} \sqrt[n]{\dfrac{1}{2^n} \left(1 + \dfrac{1}{n} \right)^{n^2}} = \lim_{n \to \infty} \dfrac{1}{2} \left(1 + \dfrac{1}{n} \right)^n = \dfrac{1}{2} \mathrm{e} > 1,$$

所以，根据根值审敛法可知，级数 $\sum\limits_{n=1}^{\infty} \dfrac{1}{2^n} \left(1 + \dfrac{1}{n} \right)^{n^2}$ 发散.

(2) 因为

$$\lim_{n \to \infty} \sqrt[n]{u_n} = \lim_{n \to \infty} \sqrt[n]{\left(\dfrac{n}{3n-1} \right)^{2n-1}} = \lim_{n \to \infty} \left(\dfrac{1}{3} \left(1 + \dfrac{1}{3n-1} \right) \right)^{\frac{2n-1}{n}}$$

$$= \lim_{n \to \infty} \left(\dfrac{1}{3} \right)^{\frac{2n-1}{n}} \left(1 + \dfrac{1}{3n-1} \right)^{(3n-1) \cdot \frac{2n-1}{n(3n-1)}} = \dfrac{1}{9} < 1,$$

根据根值审敛法可知，级数 $\sum\limits_{n=1}^{\infty} \left(\dfrac{n}{3n-1} \right)^{2n-1}$ 收敛.

定理 6 (积分判别法) 设 $f(x)$ 是在 $[1, +\infty)$ 上非负单减的连续函数，则 $\sum\limits_{n=1}^{\infty} f(n)$ 与 $\displaystyle\int_1^{+\infty} f(x)\mathrm{d}x$ 同时收敛或同时发散.

证 由于 $f(x)$ 是在 $[1, +\infty)$ 上单减的连续函数，于是当 $k \leqslant x \leqslant k+1$ 时，有

$$f(k+1) \leqslant f(x) \leqslant f(k),$$

从而有

$$u_{k+1} = f(k+1) = \int_k^{k+1} f(k+1)\mathrm{d}x \leqslant \int_k^{k+1} f(x)\mathrm{d}x$$

$$\leqslant \int_k^{k+1} f(k)\mathrm{d}x = f(k) = u_k,$$

以及

$$\sum_{k=1}^{n} u_{k+1} \leqslant \sum_{k=1}^{n} \int_{k}^{k+1} f(x)\mathrm{d}x \leqslant \sum_{k=1}^{n} u_k,$$

即有

$$S_{n+1} - u_1 \leqslant \int_{1}^{n} f(x)\mathrm{d}x \leqslant S_n.$$

于是, 若 $\int_{1}^{+\infty} f(x)\mathrm{d}x$ 收敛, 即 $\int_{1}^{+\infty} f(x)\mathrm{d}x$ 为常数, 有

$$S_{n+1} \leqslant \int_{1}^{n} f(x)\mathrm{d}x + u_1 \leqslant \int_{1}^{+\infty} f(x)\mathrm{d}x + u_1,$$

可知, S_n 有上界, 故级数收敛; 若 $\int_{1}^{+\infty} f(x)\mathrm{d}x$ 发散, 又因为 $f(x)$ 非负, 只能有 $\int_{1}^{+\infty} f(x)\mathrm{d}x = +\infty$, 故有 $\int_{1}^{n} f(x)\mathrm{d}x \to +\infty (n \to \infty)$, 可知 S_n 无界, 级数发散.

例 6 判定级数 $\sum\limits_{n=2}^{\infty} \dfrac{1}{n(\ln n)^p}$ 的敛散性.

解 因为

$$\int_{2}^{+\infty} \frac{1}{x(\ln x)^p}\mathrm{d}x = \int_{2}^{+\infty} \frac{1}{(\ln x)^p}\mathrm{d}(\ln x) = \begin{cases} \left. [\ln|\ln x|] \right|_{2}^{+\infty}, & p = 1, \\[2mm] \left. \left[\dfrac{1}{1-p}(\ln x)^{1-p} \right] \right|_{2}^{+\infty}, & p \neq 1, \end{cases}$$

所以, 当 $p \leqslant 1$ 时, 反常积分发散, 级数发散; 当 $p > 1$ 时, 反常积分收敛, 级数收敛.

习题 7.2

1. 用比较审敛法或其极限形式判定下列级数的敛散性:

(1) $\sum\limits_{n=1}^{\infty} \dfrac{1}{\ln(n+1)}$;
(2) $\sum\limits_{n=1}^{\infty} \dfrac{n-6}{3+4n+n^2}$;
(3) $\sum\limits_{n=1}^{\infty} \sqrt{n+1}\left(1-\cos\dfrac{\pi}{n}\right)$;

(4) $\sum\limits_{n=1}^{\infty} \dfrac{1}{n\sqrt[n]{n}}$;
(5) $\sum\limits_{n=1}^{\infty} \left(\tan\dfrac{3\pi}{8^n}\right)^2$;
(6) $\sum\limits_{n=1}^{\infty} \dfrac{a^n}{1+a^{2n}} \, (a > 0)$;

(7) $\sum\limits_{n=1}^{\infty} \dfrac{1}{\sqrt{n}}\sin\dfrac{2}{\sqrt{n}}$;
(8) $\sum\limits_{n=1}^{\infty} \dfrac{\arctan n}{1+n^2}$;

(9) $\sum\limits_{n=1}^{\infty} \dfrac{n^2}{(n+a)^b(n+b)^a} \, (a, b$ 为正常数$)$.

2. 用适当的方法判定下列级数的敛散性:

(1) $\displaystyle\sum_{n=1}^{\infty} \frac{5^n}{n \cdot 3^n}$;

(2) $\displaystyle\sum_{n=1}^{\infty} \frac{(n!)^2 \cdot 2^n}{3^{n^2}}$;

(3) $\displaystyle\sum_{n=1}^{\infty} n \tan \frac{\pi}{2^{n+1}}$;

(4) $\displaystyle\sum_{n=1}^{\infty} (\sqrt{n+1} - \sqrt{n}) \ln \frac{n+1}{n-1}$;

(5) $\displaystyle\sum_{n=1}^{\infty} \frac{1}{[\ln(n+1)]^n}$;

(6) $\displaystyle\sum_{n=1}^{\infty} \frac{\left(n + \dfrac{1}{n}\right)^n}{n^{n+\frac{1}{n}}}$;

(7) $\displaystyle\sum_{n=1}^{\infty} \frac{1 \cdot 3 \cdot 5 \cdot \cdots \cdot (2n-1)}{3^n n!}$;

(8) $\displaystyle\sum_{n=1}^{\infty} \frac{1}{n^{2n \sin \frac{1}{n}}}$;

(9) $\displaystyle\sum_{n=1}^{\infty} \frac{n!}{n^n} \sin^2(nx)$;

(10) $\displaystyle\sum_{n=1}^{\infty} \frac{\left(1 + \dfrac{1}{n}\right)^n}{\mathrm{e}^n}$.

3. 用积分判别法判别下列级数的敛散性:

(1) $\displaystyle\sum_{n=1}^{\infty} \frac{1}{n \cdot 2^{\ln n}}$;

(2) $\displaystyle\sum_{n=3}^{\infty} \frac{1}{n \ln n \sqrt{\ln \ln n}}$;

4. 利用级数收敛的必要条件证明: $\displaystyle\lim_{n \to \infty} \frac{2^n n!}{n^n} = 0$.

5. 设 $\{u_n\}$ 是正项数列, 若 $\displaystyle\lim_{n \to \infty} \frac{u_{n+1}}{u_n} = l$, 证明 $\displaystyle\lim_{n \to \infty} \sqrt[n]{u_n} = l$.

6. 已知 $a_n = \displaystyle\int_0^1 x^2 (1-x)^n \mathrm{d}x \ (n = 1, 2, \cdots)$, 证明 $\displaystyle\sum_{n=1}^{\infty} a_n$ 收敛, 并求其和.

7. 设 $a_n = \displaystyle\int_0^{\frac{\pi}{4}} \tan^n x \mathrm{d}x$.

(1) 求 $\displaystyle\sum_{n=1}^{\infty} \frac{1}{n}(a_n + a_{n+2})$ 的值;

(2) 证明: 对任意的常数 $\lambda > 0$, 级数 $\displaystyle\sum_{n=1}^{\infty} \frac{a_n}{n^{\lambda}}$ 收敛.

8. 设 $a_1 = 2, a_{n+1} = \dfrac{1}{2}\left(a_n + \dfrac{1}{a_n}\right) (n = 1, 2, \cdots)$, 证明:

(1) $\displaystyle\lim_{n \to \infty} a_n$ 存在;

(2) 级数 $\displaystyle\sum_{n=1}^{\infty} \left(\frac{a_n}{a_{n+1}} - 1\right)$ 收敛.

§7.3 交错级数和任意项级数的审敛法

上一节学习了正项级数及其审敛法. 正项和负项任意出现的数项级数 $\displaystyle\sum_{n=1}^{\infty} u_n$, 通常称为任意项级数. 本节将讨论这类级数的审敛法. 首先看一类特殊形式的级数.

一、交错级数及其审敛法

各项正负交替的数项级数称为**交错级数**. 它的一般形式为

$$\sum_{n=1}^{\infty}(-1)^{n-1}u_n = u_1 - u_2 + u_3 - u_4 + \cdots \tag{7.7}$$

或

$$\sum_{n=1}^{\infty}(-1)^{n}u_n = -u_1 + u_2 - u_3 + u_4 - \cdots, \tag{7.8}$$

其中 $u_n > 0\,(n = 1, 2\cdots)$.

因为级数 (7.8) 可以由级数 (7.7) 各项乘 -1 得到，故我们按级数 (7.7) 的形式来证明关于交错级数的一个审敛法.

定理 1 (莱布尼茨审敛法) 如果交错级数 $\displaystyle\sum_{n=1}^{\infty}(-1)^{n-1}u_n$ 满足

(1) $u_n \geqslant u_{n+1}(n = 1, 2\cdots)$;

(2) $\displaystyle\lim_{n\to\infty}u_n = 0$,

则级数 $\displaystyle\sum_{n=1}^{\infty}(-1)^{n-1}u_n$ 收敛，且其和 $S \leqslant u_1$，其余项 r_n 的绝对值 $|r_n| \leqslant u_{n+1}$.

证 先证明前 $2n$ 项的和 S_{2n} 的极限存在. 为此将 S_{2n} 写成两种形式：

$$S_{2n} = (u_1 - u_2) + (u_3 - u_4) + (u_5 - u_6) + \cdots + (u_{2n-1} - u_{2n}) \geqslant S_{2n-2} \geqslant 0,$$

及

$$S_{2n} = u_1 - (u_2 - u_3) - (u_4 - u_5) - \cdots - (u_{2n-2} - u_{2n-1}) - u_{2n} \leqslant u_1.$$

可知数列 $\{S_{2n}\}$ 是非负数列，且单调增加有上界. 于是，根据单调有界数列必有极限的准则可知，当 n 无限增大时，S_{2n} 趋于一个极限 S，并且 $S \leqslant u_1$，即

$$\lim_{n\to\infty}S_{2n} = S \leqslant u_1.$$

再证明前 $2n+1$ 项的和 S_{2n+1} 的极限也是 S. 事实上，我们有

$$S_{2n+1} = S_{2n} + u_{2n+1},$$

由条件 (2) 可知 $\displaystyle\lim_{n\to\infty}u_{2n+1} = 0$，因此

$$\lim_{n\to\infty}S_{2n+1} = \lim_{n\to\infty}(S_{2n} + u_{2n+1}) = S.$$

由于级数的偶数项的和与奇数项的和趋于同一极限 S，故 $\lim\limits_{n \to \infty} S_n = S$. 即级数 $\sum\limits_{n=1}^{\infty} (-1)^{n-1} u_n$ 收敛于和 S，且 $S \leqslant u_1$.

最后，不难看出余项 r_n 可以写成

$$r_n = \pm(u_{n+1} - u_{n+2} + \cdots),$$

其绝对值

$$|r_n| = u_{n+1} - u_{n+2} + \cdots.$$

上式右端也是一个交错级数，它满足级数收敛的两个条件，所以其和小于级数的第一项，也即

$$|r_n| \leqslant u_{n+1}.$$

例 1 判定级数 $\sum\limits_{n=1}^{\infty} (-1)^{n-1} \dfrac{1}{n^p} (0 < p \leqslant 1)$ 的收敛性.

解 所给的级数为交错级数，且满足条件

(1) $u_n = \dfrac{1}{n^p} > u_{n+1} = \dfrac{1}{(n+1)^p}$ $(n = 1, 2 \cdots)$;

(2) $\lim\limits_{n \to \infty} u_n = \lim\limits_{n \to \infty} \dfrac{1}{n^p} = 0$,

因此根据莱布尼茨审敛法可知，级数 $\sum\limits_{n=1}^{\infty} (-1)^{n-1} \dfrac{1}{n^p} (0 < p \leqslant 1)$ 收敛.

比如，$p = 1$ 时，级数 $\sum\limits_{n=1}^{\infty} (-1)^{n-1} \dfrac{1}{n}$ 收敛.

例 2 判定级数 $\sum\limits_{n=2}^{\infty} (-1)^n \dfrac{\ln(n+1)}{n+1}$ 的收敛性.

解 所给的级数为交错级数，且

$$u_n = \frac{\ln(n+1)}{n+1}, \quad u_{n+1} = \frac{\ln(n+2)}{n+2}.$$

u_n 与 u_{n+1} 不易直接比较大小，故借助函数的单调性来判断. 设 $f(x) = \dfrac{\ln(x+1)}{x+1} (x \geqslant 2)$，则

$$f'(x) = \frac{1 - \ln(x+1)}{(x+1)^2} < 0 \quad (x \geqslant 2),$$

即 $f(x)$ 在 $[2, +\infty)$ 上单调递减. 从而有

$$u_n = f(n) > f(n+1) = u_{n+1} \quad (n = 2, 3, \cdots).$$

又因

$$\lim_{n \to \infty} u_n = \lim_{n \to \infty} \frac{\ln(n+1)}{n+1} = 0,$$

因此根据莱布尼茨审敛法可知, 级数 $\sum\limits_{n=2}^{\infty} (-1)^n \dfrac{\ln(n+1)}{n+1}$ 收敛.

二、绝对收敛与条件收敛

现在讨论一般的级数

$$\sum_{n=1}^{\infty} u_n = u_1 + u_2 + \cdots + u_n + \cdots,$$

它的各项为任意实数, 我们称之为**任意项级数**或**一般项级数**. 对于任意项级数 $\sum\limits_{n=1}^{\infty} u_n$ 敛

散性的判别, 主要是转化为正项级数 $\sum\limits_{n=1}^{\infty} |u_n|$ 后进行判断.

定义 1 如果级数 $\sum\limits_{n=1}^{\infty} u_n$ 各项的绝对值所构成的正项级数 $\sum\limits_{n=1}^{\infty} |u_n|$ 收敛, 则称级数

$\sum\limits_{n=1}^{\infty} u_n$ **绝对收敛**; 如果级数 $\sum\limits_{n=1}^{\infty} u_n$ 收敛, 而级数 $\sum\limits_{n=1}^{\infty} |u_n|$ 发散, 则称级数 $\sum\limits_{n=1}^{\infty} u_n$ **条件收敛**.

易知级数 $\sum\limits_{n=1}^{\infty} (-1)^{n-1} \dfrac{1}{n^2}$ 绝对收敛, 而级数 $\sum\limits_{n=1}^{\infty} (-1)^{n-1} \dfrac{1}{n}$ 条件收敛.

级数绝对收敛与条件收敛有以下重要关系:

定理 2 (**绝对收敛的级数必收敛**) 当级数 $\sum\limits_{n=1}^{\infty} |u_n|$ 收敛时, 级数 $\sum\limits_{n=1}^{\infty} u_n$ 必收敛.

证 令

$$v_n = \frac{1}{2}(u_n + |u_n|) \quad (n = 1, 2 \cdots),$$

显然 $v_n \geqslant 0$, 且 $v_n \leqslant |u_n| \, (n = 1, 2, \cdots)$. 因级数 $\sum\limits_{n=1}^{\infty} |u_n|$ 收敛, 故由比较审敛法可知,

级数 $\sum\limits_{n=1}^{\infty} v_n$ 收敛, 从而级数 $\sum\limits_{n=1}^{\infty} 2v_n$ 也收敛. 而 $u_n = 2v_n - |u_n|$, 由收敛级数的基本性质可知

$$\sum_{n=1}^{\infty} u_n = \sum_{n=1}^{\infty} 2v_n - \sum_{n=1}^{\infty} |u_n|,$$

所以级数 $\sum\limits_{n=1}^{\infty} u_n$ 收敛.

定理 2 说明, 对于任意项级数 $\sum\limits_{n=1}^{\infty} u_n$, 如果用正项级数的审敛法判定级数 $\sum\limits_{n=1}^{\infty} |u_n|$ 收敛, 则此级数收敛, 且为绝对收敛.

例 3 讨论级数 $\sum\limits_{n=1}^{\infty} (-1)^n \dfrac{1}{n^p} (p > 0)$ 的敛散性. 若收敛, 指出是绝对收敛还是条件收敛.

解 因为级数 $\sum\limits_{n=1}^{\infty} \left| (-1)^n \dfrac{1}{n^p} \right| = \sum\limits_{n=1}^{\infty} \dfrac{1}{n^p}$ 为 p 级数, 故

(1) 当 $p > 1$ 时, p 级数 $\sum\limits_{n=1}^{\infty} \dfrac{1}{n^p}$ 收敛, 所以级数 $\sum\limits_{n=1}^{\infty} \left| (-1)^n \dfrac{1}{n^p} \right|$ 也收敛. 由定理 2 知, 级数 $\sum\limits_{n=1}^{\infty} (-1)^n \dfrac{1}{n^p}$ 收敛, 且为绝对收敛.

(2) 当 $0 < p \leqslant 1$ 时, p 级数 $\sum\limits_{n=1}^{\infty} \dfrac{1}{n^p}$ 发散, 即级数 $\sum\limits_{n=1}^{\infty} \left| (-1)^n \dfrac{1}{n^p} \right|$ 发散, 故原级数不是绝对收敛. 由例 1 知, 级数 $\sum\limits_{n=1}^{\infty} (-1)^n \dfrac{1}{n^p}$ 收敛, 所以级数 $\sum\limits_{n=1}^{\infty} (-1)^n \dfrac{1}{n^p} (0 < p \leqslant 1)$ 为条件收敛.

一般而言, 级数 $\sum\limits_{n=1}^{\infty} |u_n|$ 发散, 不能判定级数 $\sum\limits_{n=1}^{\infty} u_n$ 也发散. 但是若用**比值审敛法**或者**根值审敛法**判定的 $\sum\limits_{n=1}^{\infty} |u_n|$ 发散, 则 $\sum\limits_{n=1}^{\infty} u_n$ 亦发散. 这是因为满足条件 $\lim\limits_{n \to \infty} \left| \dfrac{u_{n+1}}{u_n} \right| = \rho > 1$ (或 $\lim\limits_{n \to \infty} \sqrt[n]{|u_n|} = \rho > 1$) 时, $\{|u_n|\}$ 为递增数列, 故 $\lim\limits_{n \to \infty} |u_n| \neq 0$, 从而 $\lim\limits_{n \to \infty} u_n \neq 0$, 故级数 $\sum\limits_{n=1}^{\infty} u_n$ 发散.

例 4 判定下列级数的敛散性, 若收敛指出是条件收敛还是绝对收敛:

(1) $\sum\limits_{n=1}^{\infty} (-1)^n \dfrac{1}{2^n} \left(1 + \dfrac{1}{n} \right)^{n^2}$; (2) $\sum\limits_{n=1}^{\infty} (-1)^n \dfrac{n^n}{n!}$; (3) $\sum\limits_{n=1}^{\infty} \dfrac{(x+2)^n}{n^p}$ $(p > 0, x \in \mathbf{R})$.

解 (1) 因为

$$\lim_{n \to \infty} \sqrt[n]{|u_n|} = \lim_{n \to \infty} \sqrt[n]{\left| (-1)^n \dfrac{1}{2^n} \left(1 + \dfrac{1}{n} \right)^{n^2} \right|} = \lim_{n \to \infty} \dfrac{1}{2} \left(1 + \dfrac{1}{n} \right)^n = \dfrac{1}{2}e > 1,$$

由根值审敛法知 $\sum\limits_{n=1}^{\infty} |u_n|$ 发散, 故级数 $\sum\limits_{n=1}^{\infty} (-1)^n \dfrac{1}{2^n} \left(1 + \dfrac{1}{n} \right)^{n^2}$ 发散.

(2) 因为

$$\lim_{n \to \infty} \left| \dfrac{u_{n+1}}{u_n} \right| = \lim_{n \to \infty} \dfrac{(n+1)^{n+1}}{(n+1)!} \cdot \dfrac{n!}{n^n} = \lim_{n \to \infty} \left(\dfrac{n+1}{n} \right)^n$$

$$= \lim_{n \to \infty} \left(1 + \frac{1}{n}\right)^n = e > 1,$$

由比值审敛法知 $\sum\limits_{n=1}^{\infty} |u_n|$ 发散，故级数 $\sum\limits_{n=1}^{\infty} (-1)^n \dfrac{n^n}{n!}$ 发散.

(3) 对级数 $\sum\limits_{n=1}^{\infty} \dfrac{(x+2)^n}{n^p}$ 应用比值审敛法. 由于

$$\lim_{n \to \infty} \frac{\left|\dfrac{(x+2)^{n+1}}{(n+1)^p}\right|}{\left|\dfrac{(x+2)^n}{n^p}\right|} = \lim_{n \to \infty} \left(\frac{n}{n+1}\right)^p |x+2| = |x+2|,$$

且 $p > 0$，因而，当 $|x+2| < 1$，即 $-3 < x < -1$ 时，级数绝对收敛；当 $|x+2| > 1$，即 $x > -1$ 或 $x < -3$ 时，级数发散；当 $|x+2| = 1$，即 $x = -1$ 或 $x = -3$ 时，

若 $x = -1$，则原级数为 $\sum\limits_{n=1}^{\infty} \dfrac{1}{n^p}$，当 $p > 1$ 时，原级数收敛，当 $0 < p \leqslant 1$ 时，原级数发散；

若 $x = -3$，则原级数为 $\sum\limits_{n=1}^{\infty} (-1)^n \dfrac{1}{n^p}$，当 $p > 1$ 时，原级数绝对收敛，当 $0 < p \leqslant 1$ 时，原级数条件收敛.

综上，对于任意项级数，一般按下列步骤判断其敛散性：

(1) 求极限 $\lim\limits_{n \to \infty} u_n$. 若 $\lim\limits_{n \to \infty} u_n \neq 0$，则直接判定级数 $\sum\limits_{n=1}^{\infty} u_n$ 发散；若 $\lim\limits_{n \to \infty} u_n = 0$，则进行步骤 (2).

(2) 判断级数 $\sum\limits_{n=1}^{\infty} |u_n|$ 的敛散性. 若级数 $\sum\limits_{n=1}^{\infty} |u_n|$ 收敛，则级数 $\sum\limits_{n=1}^{\infty} u_n$ 绝对收敛；若级数 $\sum\limits_{n=1}^{\infty} |u_n|$ 发散，则进行步骤 (3).

(3) 判断级数 $\sum\limits_{n=1}^{\infty} u_n$ 的敛散性. 若级数 $\sum\limits_{n=1}^{\infty} u_n$ 收敛，则级数 $\sum\limits_{n=1}^{\infty} u_n$ 条件收敛；若级数 $\sum\limits_{n=1}^{\infty} u_n$ 发散，则级数 $\sum\limits_{n=1}^{\infty} u_n$ 发散.

例 5 判定级数 $\sum\limits_{n=1}^{\infty} (-1)^n \dfrac{\ln n}{n}$ 的收敛性. 若收敛，指出其是绝对收敛还是条件收敛.

解 (1) $\lim\limits_{n \to \infty} u_n = \lim\limits_{n \to \infty} \dfrac{\ln n}{n} = 0$.

(2) 因为 $\left|(-1)^n \dfrac{\ln n}{n}\right| > \dfrac{\ln 2}{n} \ (n > 2)$，而级数 $\sum\limits_{n=3}^{\infty} \dfrac{\ln 2}{n}$ 发散，由比较审敛法的推论

知级数 $\sum\limits_{n=1}^{\infty}\left|(-1)^n \dfrac{\ln n}{n}\right|$ 发散, 所以原级数不是绝对收敛 (此处判断级数 $\sum\limits_{n=1}^{\infty}\left|(-1)^n \dfrac{\ln n}{n}\right|$ 敛散性, 不能利用比值审敛法, 请读者思考).

(3) 所给级数 $\sum\limits_{n=1}^{\infty}(-1)^n \dfrac{\ln n}{n}$ 为交错级数, 令 $u_n = \dfrac{\ln n}{n}$, 则 $u_{n+1} = \dfrac{\ln(n+1)}{n+1}$. 但数列 $\{u_n\}$ 的单调性不易直接判定, 故借助函数

$$f(x) = \frac{\ln x}{x} \quad (x \geqslant 1).$$

因为 $f'(x) = \dfrac{1-\ln x}{x^2} < 0 \, (x > \mathrm{e})$, 且

$$\lim_{x \to +\infty} f(x) = \lim_{x \to +\infty} \frac{\ln x}{x} = \lim_{x \to +\infty} \frac{1}{x} = 0,$$

这说明函数 $f(x)$ 当 $x > \mathrm{e}$ 时单调递减, 并且当 $x \to +\infty$ 时极限为零, 因此

$$u_n = \frac{\ln n}{n} > u_{n+1} = \frac{\ln(n+1)}{n+1} \quad (n \geqslant 3),$$

$$\lim_{n \to \infty} u_n = \lim_{n \to \infty} \frac{\ln n}{n} = 0.$$

根据莱布尼茨审敛法知, 级数 $\sum\limits_{n=1}^{\infty}(-1)^n \dfrac{\ln n}{n}$ 收敛. 故级数 $\sum\limits_{n=1}^{\infty}(-1)^n \dfrac{\ln n}{n}$ 为条件收敛.

习题 7.3

1. 判定下列级数是否收敛? 如果收敛, 是绝对收敛还是条件收敛:

(1) $\sum\limits_{n=1}^{\infty}(-1)^n \left(1 - \sqrt[n]{\mathrm{e}}\right)$;

(2) $\sum\limits_{n=1}^{\infty}(-1)^n \sqrt{\dfrac{3n}{n+1}}$;

(3) $\sum\limits_{n=1}^{\infty} \dfrac{\cos \dfrac{\pi}{4}}{n(\ln n)^3}$;

(4) $\sum\limits_{n=1}^{\infty}(-1)^n \dfrac{3^n n!}{n^n}$;

(5) $\sum\limits_{n=1}^{\infty} \dfrac{1}{n} \sin \dfrac{n\pi}{2}$;

(6) $\sum\limits_{n=1}^{\infty}(-1)^n \dfrac{1}{n - \ln n}$;

第1(6)题讲解

(7) $\sum\limits_{n=1}^{\infty}(-1)^{n+1} \dfrac{2^{n^2}}{n!}$;

(8) $\sum\limits_{n=1}^{\infty}(-1)^{n-1} \dfrac{n+2}{\sqrt{n}\,(n+1)}$;

(9) $1 - \dfrac{1}{2^\alpha} + \dfrac{1}{3} - \dfrac{1}{4^\alpha} + \dfrac{1}{5} - \dfrac{1}{6^\alpha} + \cdots (\alpha > 0)$.

2. 设 $\lambda > 0$, 且级数 $\sum\limits_{n=1}^{\infty} a_n^2$ 收敛, 证明级数 $\sum\limits_{n=1}^{\infty}(-1)^n \dfrac{|a_n|}{\sqrt{n^\alpha + 2\lambda}}$ 当 $\alpha > 1$ 时绝对收敛.

3. 判断下列结论是否正确:

(1) 若 $\displaystyle\sum_{n=1}^{\infty} u_n$ 收敛, 则 $\displaystyle\sum_{n=1}^{\infty} (-1)^n u_n$ 条件收敛;

(2) 若交错级数 $\displaystyle\sum_{n=1}^{\infty} (-1)^n u_n$ 收敛, 则必为条件收敛;

(3) 若 $\displaystyle\sum_{n=1}^{\infty} u_n^2$ 发散, 则 $\displaystyle\sum_{n=1}^{\infty} u_n$ 也发散;

(4) 若 $\displaystyle\lim_{n\to\infty} \left| \frac{u_{n+1}}{u_n} \right| > 1$, 则 $\displaystyle\sum_{n=1}^{\infty} u_n$ 必然发散;

(5) 若 $\displaystyle\sum_{n=1}^{\infty} u_n$ 收敛, $\displaystyle\sum_{n=1}^{\infty} v_n$ 绝对收敛, 则 $\displaystyle\sum_{n=1}^{\infty} u_n v_n$ 绝对收敛;

(6) 正项级数 $\displaystyle\sum_{n=1}^{\infty} u_n$ 收敛, 是级数 $\displaystyle\sum_{n=1}^{\infty} u_n^2$ 收敛的充要条件;

(7) 若 $\displaystyle\lim_{n\to\infty} \frac{u_n}{v_n} = 1$, 则 $\displaystyle\sum_{n=1}^{\infty} u_n$ 与 $\displaystyle\sum_{n=1}^{\infty} v_n$ 同时收敛或同时发散;

(8) 若 $\dfrac{u_{n+1}}{u_n} < 1$, 则正项级数 $\displaystyle\sum_{n=1}^{\infty} u_n$ 收敛;

(9) 若 $\dfrac{u_{n+1}}{u_n} > 1$, 则正项级数 $\displaystyle\sum_{n=1}^{\infty} u_n$ 必发散.

4. 设 $f(x)$ 在点 $x = 0$ 的某邻域内具有二阶连续导数, 且 $\displaystyle\lim_{x\to 0} \frac{f(x)}{x} = 0$, 证明级数 $\displaystyle\sum_{n=1}^{\infty} f\left(\frac{1}{n}\right)$ 绝对收敛.

5. 设 $u_n = \displaystyle\int_{n\pi}^{(n+1)\pi} \frac{\sin x}{x} \mathrm{d}x$, 证明级数 $\displaystyle\sum_{n=1}^{\infty} u_n$ 收敛.

§7.4 幂级数

一、函数项级数的概念

若给定一个定义在区间 I 上的函数列

$$u_1(x), \quad u_2(x), \quad u_3(x), \quad \cdots, \quad u_n(x), \quad \cdots,$$

则将下列表达式

$$\sum_{n=1}^{\infty} u_n(x) = u_1(x) + u_2(x) + u_3(x) + \cdots + u_n(x) + \cdots \qquad (7.9)$$

称作**函数项无穷级数**，简称**函数项级数**.

对于区间 I 上的任意一个值 x_0，函数项级数 (7.9) 成为常数项级数

$$\sum_{n=1}^{\infty} u_n(x_0) = u_1(x_0) + u_2(x_0) + \cdots + u_n(x_0) + \cdots. \qquad (7.10)$$

如果级数 (7.10) 收敛，则称点 x_0 为函数项级数 (7.9) 的**收敛点**；如果级数 (7.10) 发散，则称点 x_0 为函数项级数 (7.9) 的**发散点**. 收敛点的全体称为函数项级数 (7.9) 的**收敛域**；发散点的全体称为它的**发散域**.

对应于收敛域内的任意一点 x，函数项级数成为一个收敛的常数项级数，因而它有一个确定的和 S. 这样，在收敛域内，函数项级数的和是 x 的函数，被称为函数项级数的**和函数**，通常记为 $S(x)$，即

$$S(x) = \sum_{n=1}^{\infty} u_n(x) = u_1(x) + u_2(x) + \cdots + u_n(x) + \cdots.$$

显然，和函数 $S(x)$ 的定义域即为它的收敛域. 将函数项级数 (7.9) 的前 n 项的部分和记作 $S_n(x)$，则在收敛域上有

$$\lim_{n \to \infty} S_n(x) = S(x).$$

在函数项级数的收敛域上，令 $r_n(x) = S(x) - S_n(x)$，则称 $r_n(x)$ 为函数项级数的**余项**. 显然只有当 x 在收敛域内时，$r_n(x)$ 才有意义，并且 $\lim\limits_{n \to \infty} r_n(x) = 0$.

例如，函数项级数 $\sum\limits_{n=1}^{\infty} 2x^{n-1} = 2 + 2x + \cdots + 2x^{n-1} + \cdots$ 是公比为 x 的等比级数，当 $|x| < 1$ 时，级数收敛；当 $|x| \geqslant 1$ 时，级数发散. 因此，其收敛域为 $(-1, 1)$. $\forall x \in (-1, 1)$，有和函数

$$S(x) = \sum_{n=1}^{\infty} 2x^{n-1} = \frac{2}{1-x} \quad (-1 < x < 1).$$

下面我们讨论一类最简单且应用较多的函数项级数——幂级数.

二、幂级数及其收敛性

形如

$$\sum_{n=0}^{\infty} a_n (x - x_0)^n = a_0 + a_1 (x - x_0) + a_2 (x - x_0)^2 + \cdots + a_n (x - x_0)^n + \cdots \quad (7.11)$$

的函数项级数称为在点 x_0 处的**幂级数**. 特别地, 当 $x_0 = 0$ 时, 有

$$\sum_{n=0}^{\infty} a_n x^n = a_0 + a_1 x + a_2 x^2 + \cdots + a_n x^n + \cdots. \quad (7.12)$$

上述常数 $a_0, a_1, a_2, \cdots, a_n, \cdots$ 称为幂级数的系数. 由于做变换 $t = x - x_0$ 可将 (7.11) 式化为 (7.12) 式的形式, 因此下面主要讨论形如 (7.12) 式的幂级数.

根据前面定义知, 只有在收敛域内才能求其和函数. 下面先来讨论幂级数的收敛域. 幂级数 $\sum_{n=0}^{\infty} a_n x^n$ 在点 $x = 0$ 处总是收敛的. 类似地, $\sum_{n=0}^{\infty} a_n (x - x_0)^n$ 在点 $x = x_0$ 处也总是收敛的. 因此, 需要讨论 $x \neq 0$ (或 $x \neq x_0$) 时的敛散性. 看一个简单的例子. 考察幂级数

$$\sum_{n=0}^{\infty} x^n = 1 + x + x^2 + \cdots + x^n + \cdots$$

的收敛性. 这既是一个幂级数, 又是一个等比级数, 故当 $|x| < 1$ 时, 该级数收敛于和 $\dfrac{1}{1-x}$; 当 $|x| \geqslant 1$ 时, 该级数发散. 因此, 这个幂级数的收敛域为开区间 $(-1, 1)$, 发散域为 $(-\infty, -1]$ 及 $[1, +\infty)$, 并有

$$\frac{1}{1-x} = 1 + x + x^2 + \cdots + x^n + \cdots \quad (-1 < x < 1).$$

例子中幂级数的收敛域是一个区间, 这并不是偶然现象. 实际上, 这个结论对于一般的幂级数也成立. 我们有如下定理:

定理 1 (阿贝尔定理) 若幂级数 $\sum_{n=0}^{\infty} a_n x^n$ 在点 $x = x_0$ $(x_0 \neq 0)$ 处收敛, 则对满足不等式 $|x| < |x_0|$ 的一切 x, 幂级数 $\sum_{n=0}^{\infty} a_n x^n$ 都绝对收敛; 反之, 若幂级数 $\sum_{n=0}^{\infty} a_n x^n$ 在点 $x = x_0$ 处发散, 则对满足不等式 $|x| > |x_0|$ 的一切 x, 幂级数 $\sum_{n=0}^{\infty} a_n x^n$ 都发散.

证 设幂级数 $\sum_{n=0}^{\infty} a_n x^n$ 在点 $x = x_0$ 处收敛, 即级数 $\sum_{n=0}^{\infty} a_n x_0^n$ 收敛. 由级数收敛的必要条件可知 $\lim\limits_{n \to \infty} a_n x_0^n = 0$. 因为收敛数列是有界的, 故存在常数 M, 使得

$$|a_n x_0^n| \leqslant M \quad (n = 0, 1, 2, \cdots),$$

这样幂级数 $\sum\limits_{n=0}^{\infty} a_n x^n$ 的一般项的绝对值

$$\left| a_n x^n \right| = \left| a_n x_0^n \cdot \frac{x^n}{x_0^n} \right| = \left| a_n x_0^n \right| \left| \frac{x}{x_0} \right|^n \leqslant M \left| \frac{x}{x_0} \right|^n.$$

因为当 $|x| < |x_0|$ 时, $\left| \dfrac{x}{x_0} \right| < 1$, 故等比级数 $\sum\limits_{n=0}^{\infty} M \left| \dfrac{x}{x_0} \right|^n$ 收敛. 由比较审敛法, $\sum\limits_{n=0}^{\infty} |a_n x^n|$ 收敛, 所以 $\sum\limits_{n=0}^{\infty} a_n x^n$ 绝对收敛.

定理的第二部分可用反证法证明. 假设 $\sum\limits_{n=0}^{\infty} a_n x^n$ 当 $x = x_0$ 时发散, 而有一点 x_1 满足 $|x_1| > |x_0|$, 使得级数 $\sum\limits_{n=0}^{\infty} a_n x_1^n$ 收敛. 由定理的前半部分, 幂级数 $\sum\limits_{n=0}^{\infty} a_n x^n$ 在点 $x = x_0$ 处收敛. 这与假设矛盾, 定理得证.

定理 1 表明如果幂级数 $\sum\limits_{n=0}^{\infty} a_n x^n$ 在点 $x = x_0$ 处收敛, 则对于开区间 $(-|x_0|, |x_0|)$ 内的任何 x, 幂级数都绝对收敛; 如果幂级数 $\sum\limits_{n=0}^{\infty} a_n x^n$ 在点 $x = x_0$ 处发散, 则对于闭区间 $[-|x_0|, |x_0|]$ 外的任何 x, 幂级数都发散. 由此, 得到下述重要推论:

推论 1 若幂级数 $\sum\limits_{n=0}^{\infty} a_n x^n$ 不是仅在点 $x = 0$ 处收敛, 也不是在整个数轴上收敛, 则必存在一个确定的正实数 R (图 7.1), 使得

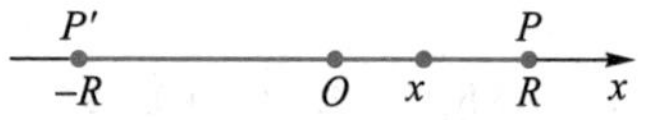

图 7.1

当 $|x| < R$ 时, 幂级数绝对收敛;

当 $|x| > R$ 时, 幂级数发散;

当 $x = \pm R$ 时, 幂级数可能收敛也可能发散.

上述正数 R 通常称为幂级数 $\sum\limits_{n=0}^{\infty} a_n x^n$ 的**收敛半径**. 开区间 $(-R, R)$ 称为幂级数 $\sum\limits_{n=0}^{\infty} a_n x^n$ 的**收敛区间**. 根据幂级数在端点 $x = \pm R$ 处的收敛性, 可以确定其收敛域为下述四种区间之一:

$$(-R, R), \quad [-R, R), \quad (-R, R], \quad [-R, R].$$

如果幂级数 $\sum\limits_{n=0}^{\infty} a_n x^n$ 仅在点 $x = 0$ 处收敛, 为了方便起见, 规定这时收敛半径 $R = 0$; 如果幂级数 $\sum\limits_{n=0}^{\infty} a_n x^n$ 对于一切 x 都收敛, 则规定其收敛半径 $R = +\infty$, 这时的

收敛域为 $(-\infty, +\infty)$.

由以上分析知, 若求幂级数的收敛域, 首先要计算出收敛半径 R. 利用正项级数的比值审敛法或者根值审敛法, 可以得到计算幂级数 $\sum\limits_{n=0}^{\infty} a_n x^n$ 收敛半径的简便方法.

定理 2 给定幂级数 $\sum\limits_{n=0}^{\infty} a_n x^n$, 如果其相邻两项的系数 a_n, a_{n+1} 满足

$$\lim_{n \to \infty} \left| \frac{a_{n+1}}{a_n} \right| = \rho, \quad \text{或} \quad \lim_{n \to \infty} \sqrt[n]{|a_n|} = \rho,$$

则幂级数的收敛半径

$$R = \begin{cases} \dfrac{1}{\rho}, & 0 < \rho < +\infty, \\ +\infty, & \rho = 0, \\ 0, & \rho = +\infty. \end{cases}$$

证 考虑正项级数 $\sum\limits_{n=0}^{\infty} |a_n x^n|$, 对于 $x \neq 0$, 有

$$\lim_{n \to \infty} \left| \frac{a_{n+1} x^{n+1}}{a_n x^n} \right| = \lim_{n \to \infty} \left| \frac{a_{n+1}}{a_n} \right| |x| = \rho |x|.$$

(1) 如果 $0 < \rho < +\infty$, 根据比值审敛法, 当 $\rho |x| < 1$, 即 $|x| < \dfrac{1}{\rho}$ 时, 级数 $\sum\limits_{n=0}^{\infty} |a_n x^n|$ 收敛, 从而幂级数 $\sum\limits_{n=0}^{\infty} a_n x^n$ 绝对收敛; 当 $\rho |x| > 1$, 即 $|x| > \dfrac{1}{\rho}$ 时, 级数 $\sum\limits_{n=0}^{\infty} |a_n x^n|$ 发散, 从而幂级数 $\sum\limits_{n=0}^{\infty} a_n x^n$ 发散. 故幂级数的收敛半径为 $R = \dfrac{1}{\rho}$.

(2) 如果 $\rho = 0$, 则对任意的 $x \neq 0$, 有

$$\lim_{n \to \infty} \left| \frac{a_{n+1} x^{n+1}}{a_n x^n} \right| = \lim_{n \to \infty} \left| \frac{a_{n+1}}{a_n} \right| |x| = 0 < 1,$$

所以对任意的 x, 幂级数 $\sum\limits_{n=0}^{\infty} a_n x^n$ 都绝对收敛, 从而幂级数收敛半径 $R = +\infty$.

(3) 如果 $\rho = +\infty$, 则对一切 $x \neq 0$, 有

$$\lim_{n \to \infty} \left| \frac{a_{n+1} x^{n+1}}{a_n x^n} \right| = \lim_{n \to \infty} \left| \frac{a_{n+1}}{a_n} \right| |x| = +\infty,$$

可得 $\lim\limits_{n \to \infty} a_n x^n \neq 0$, 所以 $\sum\limits_{n=0}^{\infty} a_n x^n$ 发散. 因此 $R = 0$.

对于 $\lim\limits_{n\to\infty}\sqrt[n]{|a_n|}=\rho$ 的情形可以类似地证明.

例 1 求下列幂级数的收敛半径与收敛域：

(1) $\sum\limits_{n=1}^{\infty}\dfrac{(-1)^{n-1}x^n}{(n+1)5^{n+1}}$;　　　(2) $\sum\limits_{n=0}^{\infty}\dfrac{1}{(n+1)!}x^n$;　　　(3) $\sum\limits_{n=0}^{\infty}(n+1)!x^n$.

解 (1) 因为

$$\rho=\lim_{n\to\infty}\left|\frac{a_{n+1}}{a_n}\right|=\lim_{n\to\infty}\left|\frac{\dfrac{(-1)^n}{(n+2)5^{n+2}}}{\dfrac{(-1)^{n-1}}{(n+1)5^{n+1}}}\right|=\frac{1}{5}\lim_{n\to\infty}\frac{n+1}{n+2}=\frac{1}{5},$$

所以幂级数的收敛半径 $R=\dfrac{1}{\rho}=5$，其收敛区间是 $(-5,5)$.

当 $x=-5$ 时，级数成为调和级数 $\sum\limits_{n=1}^{\infty}\dfrac{(-1)^{n-1}(-5)^n}{(n+1)5^{n+1}}=-\dfrac{1}{5}\sum\limits_{n=1}^{\infty}\dfrac{1}{n+1}$，此级数发散；

当 $x=5$ 时，级数成为交错级数 $\sum\limits_{n=1}^{\infty}\dfrac{(-1)^{n-1}5^n}{(n+1)5^{n+1}}=\dfrac{1}{5}\sum\limits_{n=1}^{\infty}\dfrac{(-1)^{n-1}}{n+1}$，此级数收敛.

因此，收敛域为 $(-5,5]$.

(2) 因为

$$\rho=\lim_{n\to\infty}\left|\frac{a_{n+1}}{a_n}\right|=\lim_{n\to\infty}\frac{\dfrac{1}{(n+2)!}}{\dfrac{1}{(n+1)!}}=0,$$

所以幂级数的收敛半径 $R=+\infty$，从而其收敛域是 $(-\infty,+\infty)$.

(3) 因为

$$\rho=\lim_{n\to\infty}\left|\frac{a_{n+1}}{a_n}\right|=\lim_{n\to\infty}\frac{(n+2)!}{(n+1)!}=+\infty,$$

所以幂级数的收敛半径 $R=0$，即此级数仅在点 $x=0$ 处收敛.

例 2 求幂级数 $\sum\limits_{n=1}^{\infty}\dfrac{2n+1}{4^n}x^{2n}$ 的收敛域.

解 此级数缺少奇次幂的项，不能直接应用定理 2. 但可以直接利用比值审敛法来求收敛半径：

$$\lim_{n\to\infty}\left|\frac{\dfrac{2n+3}{4^{n+1}}x^{2n+2}}{\dfrac{2n+1}{4^n}x^{2n}}\right|=\lim_{n\to\infty}\frac{2n+3}{4(2n+1)}x^2=\frac{1}{4}x^2,$$

则当 $\dfrac{x^2}{4}<1$，即 $|x|<2$ 时，级数收敛；当 $\dfrac{x^2}{4}>1$，即 $|x|>2$ 时，级数发散. 所以收

敛半径 $R = 2$. 当 $x = \pm 2$ 时，级数成为 $\sum\limits_{n=1}^{\infty} (2n+1)$，这级数发散. 因此原级数的收敛域为 $(-2, 2)$.

例 3 求幂级数 $\sum\limits_{n=1}^{\infty} \left(1 + \dfrac{1}{n}\right)^n (2x-1)^n$ 的收敛域.

解 **方法一** 利用定理 2. 令 $t = 2x - 1$，则上述级数变为 $\sum\limits_{n=1}^{\infty} \left(1 + \dfrac{1}{n}\right)^n t^n$. 因为

$$\rho = \lim_{n \to \infty} \sqrt[n]{|a_n|} = \lim_{n \to \infty} \sqrt[n]{\left(1 + \frac{1}{n}\right)^n} = 1,$$

因此，当 $|t| < 1$，即 $\left|x - \dfrac{1}{2}\right| < \dfrac{1}{2}$ 时，原级数收敛；当 $|t| > 1$ 时，即 $\left|x - \dfrac{1}{2}\right| > \dfrac{1}{2}$ 时，原级数发散. 级数 $\sum\limits_{n=1}^{\infty} \left(1 + \dfrac{1}{n}\right)^n (2x-1)^n$ 的收敛半径 $R = \dfrac{1}{2}$，收敛区间为 $(0, 1)$.

当 $x = 0$ 时，级数成为 $\sum\limits_{n=1}^{\infty} (-1)^n \left(1 + \dfrac{1}{n}\right)^n$；当 $x = 1$ 时，级数成为 $\sum\limits_{n=1}^{\infty} \left(1 + \dfrac{1}{n}\right)^n$. 这两个级数的通项不趋于 0，故级数发散. 因此原级数的收敛域为 $(0, 1)$.

方法二 直接利用根值审敛法. 因为

$$\rho = \lim_{n \to \infty} \sqrt[n]{|a_n|} = \lim_{n \to \infty} \sqrt[n]{\left|\left(1 + \frac{1}{n}\right)^n (2x-1)^n\right|}$$

$$= \lim_{n \to \infty} \left(1 + \frac{1}{n}\right) |2x-1| = |2x-1|,$$

所以当 $|2x-1| < 1$，即 $0 < x < 1$ 时，级数收敛；当 $|2x-1| > 1$，即 $x > 1$ 或 $x < 0$ 时，级数发散. 所以原级数的收敛区间为 $(0, 1)$.

同方法一，可以判断当 $x = 0$，1 时，原级数发散. 因此原级数的收敛域为 $(0, 1)$.

三、幂级数的四则运算及其和函数的性质

1. 幂级数的四则运算

设有两个幂级数

$$\sum_{n=0}^{\infty} a_n x^n = a_0 + a_1 x + a_2 x^2 + \cdots + a_n x^n + \cdots = f(x)$$

及

$$\sum_{n=0}^{\infty} b_n x^n = b_0 + b_1 x + b_2 x^2 + \cdots + b_n x^n + \cdots = g(x),$$

它们的收敛半径分别为大于零的 R_1 和 R_2. 记 $R = \min\{R_1, R_2\}$，则两个级数在 $(-R, R)$ 内绝对收敛. $f(x)$, $g(x)$ 分别为其和函数，根据绝对收敛级数的性质，$\forall x \in (-R, R)$，有

(1) 加、减法

$$\left(\sum_{n=0}^{\infty} a_n x^n\right) \pm \left(\sum_{n=0}^{\infty} b_n x^n\right) = (a_0 + a_1 x + a_2 x^2 + \cdots + a_n x^n + \cdots) \pm$$

$$(b_0 + b_1 x + b_2 x^2 + \cdots + b_n x^n + \cdots)$$

$$= (a_0 \pm b_0) + (a_1 \pm b_1)x + (a_2 \pm b_2)x^2 + \cdots +$$

$$(a_n \pm b_n)x^n + \cdots$$

$$= \sum_{n=0}^{\infty} (a_n \pm b_n)x^n = f(x) \pm g(x).$$

(2) 乘法

$$\left(\sum_{n=0}^{\infty} a_n x^n\right) \cdot \left(\sum_{n=0}^{\infty} b_n x^n\right)$$

$$= (a_0 + a_1 x + a_2 x^2 + \cdots + a_n x^n + \cdots) \cdot (b_0 + b_1 x + b_2 x^2 + \cdots + b_n x^n + \cdots)$$

$$= a_0 b_0 + (a_0 b_1 + a_1 b_0)x + (a_0 b_2 + a_1 b_1 + a_2 b_0)x^2 + \cdots +$$

$$(a_0 b_n + a_1 b_{n-1} + \cdots + a_{n-1} b_1 + a_n b_0)x^n + \cdots$$

$$= f(x) \cdot g(x).$$

(3) 除法

$$\frac{\displaystyle\sum_{n=0}^{\infty} a_n x^n}{\displaystyle\sum_{n=0}^{\infty} b_n x^n} = \sum_{n=0}^{\infty} c_n x^n,$$

这里假设 $b_0 \neq 0$. 为了确定系数 $c_0, c_1, c_2, \cdots, c_n, \cdots$，可以通过乘法

$$\sum_{n=0}^{\infty} a_n x^n = \left(\sum_{n=0}^{\infty} b_n x^n\right) \cdot \left(\sum_{n=0}^{\infty} c_n x^n\right),$$

让等式两端同次幂系数相等而依次求出. 但需要注意的是商级数 $\sum\limits_{n=0}^{\infty} c_n x^n$ 的收敛半径可能大于 R, 也可能小于 R, 需另求.

2. 幂级数和函数的性质

幂级数 $\sum\limits_{n=0}^{\infty} a_n x^n$ 在其收敛区间内表示一个和函数. 设 $\sum\limits_{n=0}^{\infty} a_n x^n = S(x)$, 收敛半径为 R. 下面来介绍在收敛区间内幂级数和函数的一些性质, 主要是连续性、可导性和可微性.

性质 1 (逐项极限) 和函数 $S(x)$ 在其收敛区间 $(-R, R)$ 内连续, 如果幂级数 $\sum\limits_{n=0}^{\infty} a_n x^n$ 在该区间端点 $x = R(x = -R)$ 处收敛, 则 $S(x)$ 在该点处单侧连续, 即

$$\lim_{x \to R^-} \sum_{n=0}^{\infty} a_n x^n = \sum_{n=0}^{\infty} a_n R^n = S(R)$$

$$\left(\lim_{x \to -R^+} \sum_{n=0}^{\infty} a_n x^n = \sum_{n=0}^{\infty} a_n \left(-R\right)^n = S(-R) \right).$$

性质 2 (逐项积分) 和函数 $S(x)$ 在其收敛区间 $(-R, R)$ 内可积, 且有逐项积分公式

$$\int_0^x S(t) \mathrm{d}t = \int_0^x \left[\sum_{n=0}^{\infty} a_n t^n \right] \mathrm{d}t = \sum_{n=0}^{\infty} \int_0^x a_n t^n \mathrm{d}t$$

$$= \sum_{n=0}^{\infty} \frac{a_n}{n+1} x^{n+1}, \quad \forall x \in (-R, R). \tag{7.13}$$

逐项积分后所得的幂级数与原幂级数有相同的收敛半径.

注 如果幂级数 $\sum\limits_{n=0}^{\infty} a_n x^n$ 逐项积分后得到的幂级数 $\sum\limits_{n=0}^{\infty} \frac{a_n}{n+1} x^{n+1}$ 在收敛区间端点 $x = R$ (或 $x = -R$) 处收敛, 即

$$\sum_{n=0}^{\infty} \frac{a_n}{n+1} R^{n+1} \left(\text{或} \sum_{n=0}^{\infty} \frac{a_n}{n+1} \left(-R\right)^{n+1} \right)$$

收敛, 则 (7.13) 式在点 $x = R$ (或 $x = -R$) 处也成立, 即

$$\int_0^x S(t) \mathrm{d}t = \sum_{n=0}^{\infty} \int_0^x a_n t^n \mathrm{d}t = \sum_{n=0}^{\infty} \frac{a_n}{n+1} x^{n+1}, \quad \forall x \in (-R, R] \, (\text{或} \, \forall x \in [-R, R)).$$

性质 3 (逐项求导) 和函数 $S(x)$ 在其收敛区间 $(-R, R)$ 内可导, 且有逐项求导公式

$$S'(x) = \left(\sum_{n=0}^{\infty} a_n x^n\right)' = \sum_{n=0}^{\infty} (a_n x^n)' = \sum_{n=1}^{\infty} n a_n x^{n-1}, \quad \forall x \in (-R, R).$$

逐项求导后所得的幂级数与原幂级数有相同的收敛半径.

注 逐项积分和逐项求导后所得的幂级数 $\sum_{n=0}^{\infty} \frac{a_n}{n+1} x^{n+1}$ 和 $\sum_{n=1}^{\infty} n a_n x^{n-1}$ 在点 $x = \pm R$ 处的敛散性可能会改变, 需要单独判断. 例如, 幂级数 $\sum_{n=0}^{\infty} x^n = \frac{1}{1-x}$ 的收敛域为 $(-1, 1)$, 但逐项积分后得 $\sum_{n=0}^{\infty} \frac{1}{n+1} x^{n+1} = -\ln(1-x)$, 其收敛域为 $[-1, 1)$.

利用幂级数和函数的性质, 在一些简单情况下, 可求出幂级数的和函数.

例 4 求幂级数 $\sum_{n=1}^{\infty} n x^n$ 的和函数.

解 易知级数的收敛半径 $R = 1$, 收敛区间为 $(-1, 1)$. 当 $x = -1$, 1 时, 级数分别为 $\sum_{n=0}^{\infty} n(-1)^n$ 和 $\sum_{n=0}^{\infty} n$, 都是发散级数. 因此级数的收敛域为 $(-1, 1)$.

对于幂级数和函数的求解, 基本上是逐项求导再积分或逐项积分再求导, 目的是将所求幂级数转化为易求和的级数, 如等比级数等.

在收敛区间 $(-1, 1)$ 内, 设和函数 $S(x) = \sum_{n=1}^{\infty} n x^n$, 则 $S(x) = x \sum_{n=1}^{\infty} n x^{n-1}$.

级数求和步骤
及例题讲解

令 $f(x) = \sum_{n=1}^{\infty} n x^{n-1}$, 利用性质 3, 逐项积分, 得

$$\int_0^x f(t) dt = \int_0^x \left[\sum_{n=1}^{\infty} n t^{n-1}\right] dt = \sum_{n=1}^{\infty} \int_0^x n t^{n-1} dt$$

$$= \sum_{n=1}^{\infty} x^n = \frac{x}{1-x} \quad (|x| < 1).$$

上式两边求导, 得

$$f(x) = \left(\int_0^x f(t) dt\right)' = \left(\frac{x}{1-x}\right)' = \frac{1}{(1-x)^2},$$

于是有

$$S(x) = x \sum_{n=1}^{\infty} n x^{n-1} = x f(x) = \frac{x}{(1-x)^2} \quad (-1 < x < 1).$$

例 5 求 $\sum\limits_{n=0}^{\infty}(-1)^n\dfrac{x^{2n+1}}{2n+1}$ 在 $[-1,1]$ 上的和函数，并求级数 $\sum\limits_{n=0}^{\infty}\dfrac{(-1)^n}{(2n+1)3^n}$ 的和.

解 已知收敛域为 $[-1,1]$. 设和函数 $S(x)=\sum\limits_{n=0}^{\infty}(-1)^n\dfrac{x^{2n+1}}{2n+1}$，则

$$S'(x)=\left[\sum_{n=0}^{\infty}(-1)^n\dfrac{x^{2n+1}}{2n+1}\right]'=\sum_{n=0}^{\infty}\left[(-1)^n\dfrac{x^{2n+1}}{2n+1}\right]'$$

$$=\sum_{n=0}^{\infty}(-1)^n x^{2n}=\sum_{n=0}^{\infty}(-x^2)^n=\dfrac{1}{1+x^2}.$$

上式两边再积分，得

$$S(x)-S(0)=\int_0^x S(t)\mathrm{d}t=\int_0^x\dfrac{1}{1+t^2}\mathrm{d}t=\arctan x \quad(-1<x<1).$$

因为 $S(0)=0$，且由题意知，$\sum\limits_{n=0}^{\infty}(-1)^n\dfrac{x^{2n+1}}{2n+1}$ 在收敛区间端点 $x=1,x=-1$ 处都收敛，由性质 1 得和函数 $S(x)$ 在点 $x=1,x=-1$ 处分别单侧连续，故

$$S(x)=\sum_{n=0}^{\infty}(-1)^n\dfrac{x^{2n+1}}{2n+1}=\arctan x \quad(-1\leqslant x\leqslant 1).$$

由上式可知

$$\sum_{n=0}^{\infty}(-1)^n\dfrac{1}{(2n+1)3^n}=\sum_{n=0}^{\infty}(-1)^n\dfrac{1}{(2n+1)(\sqrt{3})^{2n}}$$

$$=\sum_{n=0}^{\infty}(-1)^n\dfrac{\sqrt{3}}{(2n+1)(\sqrt{3})^{2n+1}}$$

$$=\sqrt{3}\sum_{n=0}^{\infty}(-1)^n\dfrac{1}{(2n+1)}\left(\dfrac{1}{\sqrt{3}}\right)^{2n+1}$$

$$=\sqrt{3}\arctan\left(\dfrac{1}{\sqrt{3}}\right)=\dfrac{\sqrt{3}}{6}\pi.$$

例 6 某基金会准备筹集善款 A 万元存入银行，希望以后能实现第 1 年年末提取 7 万元，第 2 年年末提取 9 万元 $\cdots\cdots$ 第 n 年年末提取 $5+2n$ 万元 $(n=1,2,\cdots)$ 进行捐资助学，并能按此规律一直提取下去. 假定银行存款以 4% 的年复利的方式计息，问 A 至少应为多少？

解 设 x_i 为第 i 年年末提取的现值，年复利 $r=4\%$. 若第 n 年年末提取 $5+2n$ 万元 $(n=1,2,\cdots)$，则

第 1 年年末付款的现值 x_1 满足 $x_1(1+r) = 7$，即第 1 年年末付款的现值为 $x_1 = \dfrac{7}{1+r}$；

第 2 年年末付款的现值 x_2 满足 $x_2(1+r)^2 = 9$，即第 2 年年末付款的现值为 $x_2 = \dfrac{9}{(1+r)^2}$；

......

第 n 年年末付款的现值 x_n 满足 $x_n(1+r)^n = 5+2n$，即第 n 年年末付款的现值为 $x_n = \dfrac{5+2n}{(1+r)^n}$.

如此连续下去直至永远，则基金会现在筹集到存入银行的 A 万元善款至少为

$$A = x_1 + x_2 + x_3 + \cdots + x_n + \cdots$$

$$= \frac{7}{1+r} + \frac{9}{(1+r)^2} + \frac{11}{(1+r)^3} + \cdots + \frac{5+2n}{(1+r)^n} + \cdots$$

$$= \sum_{n=1}^{\infty} \frac{5+2n}{(1+r)^n} = 5\sum_{n=1}^{\infty} \frac{1}{(1+r)^n} + 2\sum_{n=1}^{\infty} \frac{n}{(1+r)^n}.$$

上面级数的和，第一部分

$$A_1 = 5\sum_{n=1}^{\infty} \frac{1}{(1+r)^n} = 5 \cdot \frac{\dfrac{1}{1+r}}{1 - \dfrac{1}{1+r}} = 125.$$

为求第二部分 $A_2 = 2\sum\limits_{n=1}^{\infty} \dfrac{n}{(1+r)^n}$，考虑幂级数

$$\sum_{n=1}^{\infty} nx^n = x + 2x + 3x^3 + \cdots + nx^n + \cdots.$$

该幂级数的收敛域为 $(-1, 1)$. 当 $r = 4\%$ 时，$\dfrac{1}{1+r} \in (-1, 1)$. 设和函数 $S(x) = \sum\limits_{n=1}^{\infty} nx^n$，则 $A_2 = 2S\left(\dfrac{1}{1+r}\right)$. 由例 4 得 $S(x) = \dfrac{x}{(1-x)^2}$，因此，

$$A_2 = 2S\left(\frac{1}{1+r}\right) = 2\frac{\dfrac{1}{1+r}}{\left(1 - \dfrac{1}{1+r}\right)^2} = 2 \cdot \frac{1+r}{r^2}.$$

将 $r = 4\%$ 代入上式，即 A 至少应为

$$A = A_1 + A_2 = 125 + 2S\left(\frac{1}{1+r}\right) = 125 + 2 \cdot 650 = 1\,425.$$

习题 7.4

1. 求下列幂级数的收敛域:

(1) $\sum\limits_{n=1}^{\infty} \dfrac{2n-1}{2^n} x^{2n-2}$; (2) $\sum\limits_{n=1}^{\infty} \dfrac{3^n+5^n}{n} x^n$; (3) $\sum\limits_{n=1}^{\infty} \left(1+\dfrac{1}{n}\right)^{n^2} x^n$;

(4) $\sum\limits_{n=1}^{\infty} \dfrac{(x-5)^n}{\sqrt{n}}$; (5) $\sum\limits_{n=1}^{\infty} \dfrac{n!}{2n+1} x^n$; (6) $\sum\limits_{n=1}^{\infty} (-1)^{n-1} \dfrac{x^{2n+1}}{2n+1}$;

(7) $\sum\limits_{n=2}^{\infty} \dfrac{(-1)^n}{4^n(2n+1)} (x-1)^{2n}$; (8) $\sum\limits_{n=1}^{\infty} \left[\dfrac{(-1)^n}{2^n} + 3^n\right] x^n$.

2. 利用逐项求导或逐项积分, 求下列幂级数的和函数:

(1) $\sum\limits_{n=1}^{\infty} nx^{n-1}$; (2) $\sum\limits_{n=1}^{\infty} \dfrac{x^{n-1}}{n \cdot 2^{n-1}}$; (3) $\sum\limits_{n=0}^{\infty} \dfrac{(-1)^{n+1}}{n+1} x^n$;

(4) $\sum\limits_{n=1}^{\infty} \dfrac{2n-1}{2^n} x^{2n-2}$, 并求 $\sum\limits_{n=1}^{\infty} \dfrac{2n-1}{2^n}$ 的和.

3. 求幂级数 $\sum\limits_{n=1}^{\infty} \dfrac{1}{3^n+(-2)^n} \dfrac{x^n}{n}$ 的收敛区间, 并讨论区间端点处的收敛性.

4. 设 $I_n = \int_0^{\frac{\pi}{4}} \sin^n x \cos x \mathrm{d}x, n = 0, 1, 2, \cdots$, 求 $\sum\limits_{n=0}^{\infty} I_n$.

5. 某保险公司与某客户签订一项合同, 合同规定保险公司在第 n 年末支付给客户或其后代 n 万元 $(n = 1, 2, \cdots)$. 假定银行某理财产品以 6% 的年复利计息, 问保险公司应在签约当天至少购买该理财产品多少金额?

§7.5 函数展开成幂级数

上一节讨论了幂级数的收敛域及其和函数的性质, 并且知道一个幂级数在收敛域内收敛到其和函数. 但在许多应用中, 常常遇到相反问题: 一个函数 $f(x)$ 是否可以表示成幂级数, 而表示成的幂级数在其收敛域内的和是否恰好为函数 $f(x)$. 这是本节要讨论的问题. 如果能将函数表示成幂级数, 不仅拓宽了函数的概念, 而且使许多复杂问题更易处理. 函数展开成幂级数与泰勒公式紧密相关, 所以我们先学习泰勒公式.

一、泰勒公式

如果函数 $f(x)$ 在点 x_0 的某个邻域内有定义, 在点 x_0 处可导, 则由导数定义以及 §1.3 定理 3 无穷小与函数极限的关系知,

$$\frac{f(x) - f(x_0)}{x - x_0} = f'(x_0) + \alpha,$$

其中 α 为 $x \to x_0$ 时的无穷小量. 由此得

$$f(x) = f(x_0) + f'(x_0)(x - x_0) + \alpha(x - x_0),$$

其中

$$\lim_{x \to x_0} \frac{\alpha(x - x_0)}{x - x_0} = \lim_{x \to x_0} \alpha = 0, \quad \text{即} \quad \alpha(x - x_0) = o(x - x_0),$$

所以函数 $f(x)$ 可以表示为

$$f(x) = f(x_0) + f'(x_0)(x - x_0) + o(x - x_0).$$

这说明若函数 $f(x)$ 在点 x_0 的某个邻域内有定义, 在点 x_0 处可导, 则存在一次多项式

$$P(x) = a_0 + a_1(x - x_0) \quad (a_0 = f(x_0), \quad a_1 = f'(x_0))$$

使得

$$f(x) = a_0 + a_1(x - x_0) + o(x - x_0).$$

如果函数 $f(x)$ 在点 x_0 处 n 次可导, 是否存在 n 次多项式

$$P(x) = a_0 + a_1(x - x_0) + a_2(x - x_0)^2 + \cdots + a_n(x - x_0)^n \tag{7.14}$$

使得

$$f(x) = a_0 + a_1(x - x_0) + a_2(x - x_0)^2 + \cdots + a_n(x - x_0)^n + o((x - x_0)^n)? \tag{7.15}$$

如果这样的 n 次多项式存在, 是否唯一?

如果形如 (7.14) 式的 n 次多项式存在, 即 n 次多项式 $P(x)$ 可逼近函数 $f(x)$, 则需要 $P(x)$ 需要满足

$$P(x_0) = f(x_0), \quad P'(x_0) = f'(x_0), \quad P''(x_0) = f''(x_0), \quad \cdots,$$

$$P^{(n)}(x_0) = f^{(n)}(x_0). \tag{7.16}$$

下面有两个问题需要解决:

(1) $f(x) - P(x)$ 是不是等于 $o((x - x_0)^n)$?

(2) 多项式 $P(x)$ 的系数 $a_i(i = 0, 1, 2, \cdots, n)$ 等于多少?

由 (7.16) 式, 得

$$\lim_{x \to x_0} \frac{f(x) - P(x)}{(x - x_0)^n} = \lim_{x \to x_0} \frac{f'(x) - P'(x)}{n(x - x_0)^{n-1}} = \lim_{x \to x_0} \frac{f''(x) - P''(x)}{n(n-1)(x - x_0)^{n-2}} = \cdots$$

$$= \lim_{x \to x_0} \frac{f^{(n-1)}(x) - P^{(n-1)}(x)}{n!(x - x_0)} = \frac{f^{(n)}(x_0) - P^{(n)}(x_0)}{n!} = 0,$$

即 $f(x) - P(x) = o((x - x_0)^n)$.

下面来求 $P(x)$ 的系数 $a_i(i = 0, 1, 2, \cdots, n)$. 由 (7.14) 式, 得

$$P'(x) = a_1 + 2a_2(x - x_0) + 3a_3(x - x_0)^2 + \cdots + na_n(x - x_0)^{n-1},$$

$$P''(x) = 2a_2 + 3 \cdot 2a_3(x - x_0) + 4 \cdot 3a_4(x - x_0)^2 + \cdots + n \cdot (n-1)a_n(x - x_0)^{n-2},$$

$$\cdots,$$

$$P^{(n)}(x) = n!a_n,$$

将 $x = x_0$ 代入 (7.14) 式以及上面各式, 并由 (7.16) 式得

$$a_0 = f(x_0), \quad a_1 = f'(x_0), \quad a_2 = \frac{f''(x_0)}{2!}, \quad \cdots, \quad a_n = \frac{f^{(n)}(x_0)}{n!}, \quad \cdots.$$

这表明 n 次多项式 $P(x)$ 存在且唯一, 即

$$P(x) = f(x_0) + f'(x_0)(x - x_0) + \frac{f''(x_0)}{2!}(x - x_0)^2 + \cdots + \frac{f^{(n)}(x_0)}{n!}(x - x_0)^n \quad (7.17)$$

且有

$$f(x) = P(x) + o\left((x - x_0)^n\right)$$

$$= f(x_0) + f'(x_0)(x - x_0) + \frac{f''(x_0)}{2!}(x - x_0)^2 + \cdots +$$

$$\frac{f^{(n)}(x_0)}{n!}(x - x_0)^n + o\left((x - x_0)^n\right). \quad (7.18)$$

(7.17) 式中的 n 次多项式 $P(x)$ 称为函数 $f(x)$ 在点 x_0 处的 n **次泰勒多项式**. (7.18) 式中的 $o((x - x_0)^n)$ 为余项, 称为**佩亚诺型余项**, 而 (7.18) 式称为**带佩亚诺型余项的泰勒公式**. 特别地, 当 $x_0 = 0$ 时, 称相应的表达式为**麦克劳林公式**, 即带佩亚诺型余项的**麦克劳林公式**为

$$f(x) = f(0) + f'(0)x + \frac{f''(0)}{2!}x^2 + \cdots + \frac{f^{(n)}(0)}{n!}x^n + o(x^n). \quad (7.19)$$

例 1 将函数 $f(x) = \cos x$ 展开成带佩亚诺型余项的麦克劳林公式.

解 因为

$$f^{(k)}(x) = \cos\left(x + k \cdot \frac{\pi}{2}\right), \quad k = 1, 2, \cdots, n$$

所以

$$f^{(2k)}(0) = (-1)^k, \ f^{(2k+1)}(0) = 0, \quad k = 0, 1, 2, \cdots.$$

根据 (7.19) 式, 有

$$\cos x = 1 - \frac{x^2}{2!} + \frac{x^4}{4!} - \frac{x^6}{6!} + \cdots + (-1)^k \frac{x^{2n}}{(2n)!} + o(x^{2n+1}).$$

佩亚诺型余项 $o((x - x_0)^n)$ 只适合讨论当 x 趋于 x_0 时函数的渐近状况. 为了研究函数在较大范围内的性质, 并提高精确度, 需要介绍拉格朗日型余项, 有如下定理:

定理 1 (带拉格朗日型余项的泰勒公式) 如果函数 $f(x)$ 在点 x_0 的某邻域 $U(x_0)$ 内具有直到 $(n+1)$ 阶的导数, 则对任意的 $x \in U(x_0)$, 有

$$f(x) = f(x_0) + f'(x_0)(x - x_0) + \frac{f''(x_0)}{2!}(x - x_0)^2 + \cdots +$$

$$\frac{f^{(n)}(x_0)}{n!}(x - x_0)^n + R_n(x), \tag{7.20}$$

其中

$$R_n(x) = \frac{f^{(n+1)}(\xi)}{(n+1)!}(x - x_0)^{n+1}, \tag{7.21}$$

这里的 ξ 是介于 x_0 与 x 之间的某个值.

(7.21) 式称为**拉格朗日型余项**. 定理 1 也称为**泰勒中值定理**. 实际上, 它是第三章拉格朗日中值定理的推广.

二、泰勒级数与麦克劳林级数

若函数 $f(x)$ 在点 x_0 的某邻域 $U(x_0)$ 内具有任意阶的导数, 则对于任意的 $n \in \mathbf{N}$, 有形如 (7.20) 式的泰勒公式. 如果对取定的 x, 当 $n \to +\infty$ 时, 余项是无穷小, 即

$$\lim_{n \to \infty} R_n(x) = 0,$$

则有

$$f(x) = f(x_0) + f'(x_0)(x - x_0) + \frac{f''(x_0)}{2!}(x - x_0)^2 + \cdots + \frac{f^{(n)}(x_0)}{n!}(x - x_0)^n + \cdots$$

$$= \sum_{n=0}^{\infty} \frac{f^{(n)}(x_0)}{n!}(x - x_0)^n. \tag{7.22}$$

这时我们称函数 $f(x)$ 在点 x_0 的某个邻域内能展开成关于 x_0 的泰勒级数，且在其收敛域内收敛到和函数 $f(x)$，称系数 $a_n = \dfrac{f^{(n)}(x_0)}{n!}$ 为泰勒系数.

特别地，当 $x_0 = 0$ 时，

$$f(x) = f(0) + f'(0)x + \frac{f''(0)}{2!}x^2 + \cdots + \frac{f^{(n)}(0)}{n!}x^n + \cdots, \tag{7.23}$$

称为函数 $f(x)$ 的**麦克劳林级数**.

对于函数 $f(x)$ 能展开成关于 x_0 的泰勒幂级数满足的条件，有下述定理：

定理 2　如果函数 $f(x)$ 在点 x_0 的某一邻域 $U(x_0)$ 内具有任意阶导数，则在该邻域内 $f(x)$ 在点 x_0 处可以展开为泰勒级数的充要条件是 $f(x)$ 的泰勒公式中的余项 $R_n(x)$ 当 $n \to \infty$ 时的极限为零，即

$$\lim_{n \to \infty} R_n(x) = 0, \quad x \in U(x_0).$$

证　必要性　设函数 $f(x)$ 在点 x_0 的某一邻域 $U(x_0)$ 内能展开为泰勒级数，即

$$f(x) = f(x_0) + f'(x_0)(x - x_0) + \frac{f''(x_0)}{2!}(x - x_0)^2 + \cdots + \frac{f^{(n)}(x_0)}{n!}(x - x_0)^n + \cdots,$$

则 $f(x)$ 为泰勒级数的和函数，由 (7.17) 式和 (7.20) 式知，n 次多项式 $P(x)$ 为其前 $(n+1)$ 项的和，故 $\lim\limits_{n \to \infty} P(x) = f(x)$，所以

$$\lim_{n \to \infty} R_n(x) = \lim_{n \to \infty} [f(x) - P(x)] = 0.$$

充分性　设 $\lim\limits_{n \to \infty} R_n(x) = 0$ 对一切 $x \in U(x_0)$ 成立. 由 $f(x)$ 的 n 阶泰勒公式有

$$P(x) = f(x) - R_n(x),$$

令 $n \to \infty$ 并对上式取极限，得

$$\lim_{n \to \infty} P(x) = \lim_{n \to \infty} [f(x) - R_n(x)] = f(x),$$

即 $f(x)$ 的泰勒级数在 $U(x_0)$ 内收敛，并且收敛于 $f(x)$.

注　如果函数 $f(x)$ 在点 $x = x_0$ 的某邻域内存在任意阶导数，就可以得到 $f(x)$ 对应的泰勒级数 $\sum\limits_{n=0}^{\infty} \dfrac{f^{(n)}(x_0)}{n!}(x - x_0)^n$. 但是，$f(x)$ 的泰勒级数不一定收敛于 $f(x)$，只有满足 $\lim\limits_{n \to \infty} R_n(x) = 0$ 时，才能确定 $f(x)$ 的泰勒级数一定收敛于 $f(x)$，即 $f(x) = \sum\limits_{n=0}^{\infty} \dfrac{f^{(n)}(x_0)}{n!}(x - x_0)^n$ 才是 $f(x)$ 的泰勒展开式.

三、函数展开成幂级数

1. 直接展开法

只要作适当的代换，就可将麦克劳林展开式转化为泰勒展开式，因此把函数展开成关于 x 的幂级数通常是指展开成麦克劳林级数，即

$$f(x) = \sum_{n=0}^{\infty} \frac{f^{(n)}(0)}{n!} x^n \quad (|x| < r).$$

将函数 $f(x)$ 直接展开成关于 x 的幂级数，步骤如下：

(1) 求出 $f(x)$ 的各阶导数，并求出 $f(x)$ 及其各阶导数在点 $x = 0$ 处的值；

(2) 写出幂级数

$$f(0) + f'(0)x + \frac{f''(0)}{2!} x^2 + \cdots + \frac{f^{(n)}(0)}{n!} x^n + \cdots,$$

并求出收敛半径 R；

(3) 当 $x \in (-R, R)$ 时，考察余项极限

$$\lim_{n \to \infty} R_n(x) = \lim_{n \to \infty} \frac{f^{(n+1)}(\xi)}{(n+1)!} x^{n+1} \quad (\xi \text{ 在 } 0 \text{ 与 } x \text{ 之间})$$

是否为零；若 $\lim_{n \to \infty} R_n(x) = 0$，则有

$$f(x) = f(0) + f'(0)x + \frac{f''(0)}{2!} x^2 + \cdots + \frac{f^{(n)}(0)}{n!} x^n + \cdots, \quad x \in (-R, R).$$

上述方法称为直接展开法.

例 2 将函数 $f(x) = \mathrm{e}^x$ 展开成关于 x 的幂级数.

解 利用直接展开法.

(1) $f(x)$ 的各阶导数为

$$f'(x) = \mathrm{e}^x, \quad f''(x) = \mathrm{e}^x, \quad \cdots, \quad f^{(n)}(x) = \mathrm{e}^x, \quad \cdots.$$

$f(x)$ 及其各阶导数在点 $x = 0$ 处的值为

$$f(0) = 1, \quad f'(0) = 1, \quad f''(0) = 1, \quad \cdots, \quad f^{(n)}(0) = 1, \quad \cdots.$$

(2) 得到的幂级数为

$$1 + x + \frac{1}{2!} x^2 + \cdots + \frac{1}{n!} x^n + \cdots,$$

其收敛半径 $R = +\infty$.

(3) 对任意的实数 x, ξ 处在 0 与 x 之间, 余项的绝对值

$$|R_n(x)| = \left| \frac{f^{(n+1)}(\xi)}{(n+1)!} x^{n+1} \right| = \left| \frac{\mathrm{e}^\xi}{(n+1)!} x^{n+1} \right| \leqslant \mathrm{e}^{|x|} \frac{|x|^{n+1}}{(n+1)!}.$$

因 $\mathrm{e}^{|x|}$ 有限, 故下面考虑级数 $\displaystyle\sum_{n=0}^{\infty} \frac{|x|^{n+1}}{(n+1)!}$, 由比值审敛法可知其收敛, 再由级数收敛的

必要条件知其一般项的极限为零, 即 $\displaystyle\lim_{n \to \infty} \frac{|x|^{n+1}}{(n+1)!} = 0$. 于是对于 $(-\infty, +\infty)$ 内的一切

x, 有

$$\lim_{n \to \infty} R_n(x) = 0.$$

于是得 e^x 展开式

$$\mathrm{e}^x = 1 + x + \frac{1}{2!}x^2 + \cdots + \frac{1}{n!}x^n + \cdots \quad (-\infty < x < +\infty). \tag{7.24}$$

例 3 将函数 $f(x) = \sin x$ 展开成关于 x 的幂级数.

解 利用直接展开法.

(1) $f(x)$ 的各阶导数为

$$f^{(n)}(x) = \sin\left(x + \frac{n}{2}\pi\right) \quad (n = 1, 2, 3 \cdots).$$

$f(x)$ 及其各阶导数在点 $x = 0$ 处的值为

$$f(0) = 0, \quad f'(0) = 1, \quad f''(0) = 0, \quad f'''(0) = -1, \quad \cdots,$$

即 $f^{(n)}(0)$ 依次循环地取 $0, 1, 0, -1, \cdots (n = 0, 1, 2, 3, \cdots)$.

(2) 得到的幂级数为

$$x - \frac{x^3}{3!} + \frac{x^5}{5!} - \frac{x^7}{7!} + \cdots + (-1)^k \frac{x^{2k+1}}{(2k+1)!} + \cdots,$$

其收敛半径 $R = +\infty$.

(3) 对任意的实数 x, ξ 处在 0 与 x 之间, 余项的绝对值

$$|R_n(x)| = \left| \frac{\sin\left[\xi + \dfrac{(n+1)\pi}{2}\right]}{(n+1)!} x^{n+1} \right| \leqslant \frac{|x|^{n+1}}{(n+1)!} \to 0 \quad (n \to \infty).$$

因此得 $\sin x$ 的展开式

$$\sin x = x - \frac{x^3}{3!} + \frac{x^5}{5!} - \frac{x^7}{7!} + \cdots + (-1)^k \frac{x^{2k+1}}{(2k+1)!} + \cdots \quad (-\infty < x < +\infty). \tag{7.25}$$

图 7.2 为函数 $\sin x$ 的泰勒展开式的逼近情况.

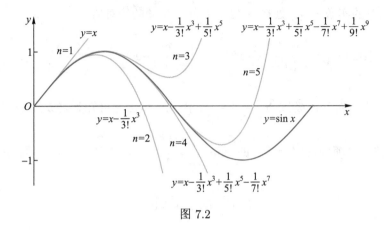

图 7.2

2. 间接展开法

由以上例子可以看出，利用直接展开法将函数展成幂级数，计算量较大，而且研究余项也不是一件容易的事情. 下面介绍间接展开法.

所谓间接展开法，就是利用一些已知函数的幂级数展开式，通过幂级数的运算 (如四则运算, 逐项求导, 逐项积分) 以及变量代换等，获得所求函数的幂级数展开式. 根据函数幂级数展开式的唯一性，这样做是有效的，且往往计算简便.

例 4 将函数 $f(x) = \cos x$ 展开成关于 x 的幂级数.

解 因为 $(\sin x)' = \cos x$，故对 (7.25) 式关于 x 逐项求导可得到 $\cos x$ 的展开式，即

$$\cos x = (\sin x)' = \left(x - \frac{x^3}{3!} + \frac{x^5}{5!} - \frac{x^7}{7!} + \cdots + (-1)^k \frac{x^{2k+1}}{(2k+1)!} + \cdots \right)'$$

$$= 1 - \frac{x^2}{2!} + \frac{x^4}{4!} - \frac{x^6}{6!} + \cdots + (-1)^k \frac{x^{2k}}{(2k)!} + \cdots.$$

由幂级数和函数的性质可知，上式的收敛半径 $R = +\infty$，因此得到

$$\cos x = 1 - \frac{x^2}{2!} + \frac{x^4}{4!} - \frac{x^6}{6!} + \cdots + (-1)^k \frac{x^{2k}}{(2k)!} + \cdots \quad (-\infty < x < +\infty). \tag{7.26}$$

例 5 将函数 $f(x) = \ln(1 + x)$ 展开成关于 x 的幂级数.

解 因为

$$\frac{1}{1+x} = \sum_{n=0}^{\infty} (-1)^n x^n = 1 - x + x^2 - x^3 + \cdots + (-1)^n x^n + \cdots \quad (-1 < x < 1),$$

上式两边从 0 到 x 积分，可得

$$\ln(1+x) = \int_0^x \frac{1}{1+t}\mathrm{d}t = \sum_{n=0}^{\infty} \int_0^x (-1)^n t^n \mathrm{d}t = \sum_{n=0}^{\infty} \frac{(-1)^n}{n+1} x^{n+1}$$

$$= \sum_{n=1}^{\infty} \frac{(-1)^{n-1}}{n} x^n \quad (-1 < x \leqslant 1). \tag{7.27}$$

由 §7.4 性质 2 的注可知，上式在 $x=1$ 处也成立，即当 $x=1$ 时，

$$\ln 2 = \sum_{n=1}^{\infty} \frac{(-1)^{n-1}}{n} = 1 - \frac{1}{2} + \frac{1}{3} - \frac{1}{4} + \cdots + \frac{(-1)^{n-1}}{n} + \cdots.$$

同理可得

$$\ln(1-x) = \sum_{n=1}^{\infty} \frac{(-1)^{n-1}}{n} (-x)^n = -\sum_{n=1}^{\infty} \frac{x^n}{n}$$

$$= -x - \frac{x^2}{2} - \frac{x^3}{3} - \cdots - \frac{x^n}{n} - \cdots \quad (-1 \leqslant x < 1).$$

例 6 将函数 $f(x) = \arctan x$ 展开成关于 x 的幂级数.

解 由于

$$f'(x) = (\arctan x)' = \frac{1}{1+x^2} = \sum_{n=0}^{\infty} (-x^2)^n$$

$$= 1 - x^2 + x^4 - \cdots + (-1)^n x^{2n} + \cdots \quad (-1 < x < 1),$$

将上式两端在区间 $[0, x]$ 上积分，且注意到 $f(0) = \arctan 0 = 0$，得

$$\arctan x = \sum_{n=0}^{\infty} (-1)^n \frac{x^{2n+1}}{2n+1} \quad (-1 < x < 1).$$

当 $x = \pm 1$ 时，上式右端级数成为 $\pm \sum_{n=0}^{\infty} (-1)^n \frac{1}{2n+1}$，都收敛，因此

$$\arctan x = \sum_{n=0}^{\infty} (-1)^n \frac{x^{2n+1}}{2n+1}$$

$$= x - \frac{1}{3}x^3 + \frac{1}{5}x^5 - \cdots + (-1)^n \frac{x^{2n+1}}{2n+1} + \cdots \quad (-1 \leqslant x \leqslant 1). \tag{7.28}$$

例 7 将函数 $f(x) = \ln(2+x)$ 展开成关于 $x-2$ 的幂级数.

解 由于

$$f(x) = \ln(2+x) = \ln(4+x-2) = \ln\left[4\left(1 + \frac{x-2}{4}\right)\right] = 2\ln 2 + \ln\left(1 + \frac{x-2}{4}\right),$$

将公式 (7.27) 中的 x 换为 $\dfrac{x-2}{4}$，可得

$$f(x) = \ln(x+2) = 2\ln 2 + \sum_{n=0}^{\infty} \frac{(-1)^n}{n+1} \left(\frac{x-2}{4}\right)^{n+1}$$

$$= 2\ln 2 + \sum_{n=0}^{\infty} \frac{(-1)^n}{(n+1)\,4^{n+1}} (x-2)^{n+1},$$

其中 $-1 < \dfrac{x-2}{4} \leqslant 1$，即 $-2 < x \leqslant 6$.

例 8 将函数 $f(x) = \dfrac{x}{x^2+4x+3}$ 展开成关于 x 的幂级数.

解 由于

$$\frac{x}{x^2+4x+3} = \frac{x}{(x+1)(x+3)} = \frac{x}{2} \cdot \left(\frac{1}{1+x} - \frac{1}{3+x}\right),$$

其中

$$\frac{1}{1+x} = \sum_{n=0}^{\infty} (-x)^n = \sum_{n=0}^{\infty} (-1)^n x^n \quad (-1 < x < 1),$$

$$\frac{1}{3+x} = \frac{1}{3} \cdot \frac{1}{1+\dfrac{x}{3}} = \frac{1}{3} \sum_{n=0}^{\infty} \left(-\frac{x}{3}\right)^n = \sum_{n=0}^{\infty} (-1)^n \frac{1}{3^{n+1}} x^n \quad (-3 < x < 3),$$

故

$$f(x) = \frac{x}{2} \left[\sum_{n=0}^{\infty} (-1)^n x^n - \sum_{n=0}^{\infty} (-1)^n \frac{1}{3^{n+1}} x^n \right] = \frac{1}{2} \sum_{n=0}^{\infty} (-1)^n \left(1 - \frac{1}{3^{n+1}}\right) x^{n+1}.$$

由于两个幂级数的公共收敛区间为 $(-1,1)$，又当 $x = \pm 1$ 时，级数的通项当 $n \to \infty$ 时极限不为 0，即级数发散，因此 $f(x)$ 的幂级数展开式在 $(-1,1)$ 内成立.

例 9 求函数 $f(x) = \mathrm{e}^{-x^2}$ 的一个原函数.

解 根据原函数定义，$F(x) = \displaystyle\int_0^x f(t)\mathrm{d}t$ 是 $f(x)$ 的一个原函数，而由 (7.24) 式得

$$\mathrm{e}^{-x^2} = \sum_{n=0}^{\infty} \frac{1}{n!} \left(-x^2\right)^n = \sum_{n=0}^{\infty} \frac{(-1)^n}{n!} x^{2n} \quad (-\infty < x < +\infty),$$

则原函数

$$F(x) = \int_0^x f(t)\mathrm{d}t = \sum_{n=0}^{\infty} \frac{(-1)^n}{n!} \int_0^x t^{2n}\mathrm{d}t$$

$$= \sum_{n=0}^{\infty} \frac{(-1)^n}{n!(2n+1)} x^{2n+1} \quad (-\infty < x < +\infty).$$

将直接展开法与间接展开法结合起来使用, 可以得到 $(1+x)^\alpha$ 的麦克劳林展开式, 即

$$(1+x)^\alpha = 1 + \alpha x + \frac{\alpha(\alpha-1)}{2!}x^2 + \cdots + \frac{\alpha(\alpha-1)\cdots(\alpha-n+1)}{n!}x^n + \cdots$$

$$= 1 + \sum_{n=1}^{\infty} \frac{\alpha(\alpha-1)\cdots(\alpha-n+1)}{n!}x^n \quad (-1 < x < 1), \qquad (7.29)$$

其中 α 为任意实数. 在点 $x = \pm 1$ 处, 展开式 (7.29) 是否成立, 要视 α 的具体数值而定.

例如, 对应于 $\alpha = -1, \dfrac{1}{2}, -\dfrac{1}{2}$ 的二项展开式分别为

$$\frac{1}{1+x} = \sum_{n=0}^{\infty} (-x)^n = \sum_{n=0}^{\infty} (-1)^n x^n \quad (-1 < x < 1),$$

$$\sqrt{1+x} = 1 + \frac{1}{2}x - \frac{1}{2\cdot4}x^2 + \frac{1\cdot3}{2\cdot4\cdot6}x^3 - \frac{1\cdot3\cdot5}{2\cdot4\cdot6\cdot8}x^4 + \cdots \quad (-1 \leqslant x \leqslant 1),$$

$$\frac{1}{\sqrt{1+x}} = 1 - \frac{1}{2}x + \frac{1\cdot3}{2\cdot4}x^2 - \frac{1\cdot3\cdot5}{2\cdot4\cdot6}x^3 + \frac{1\cdot3\cdot5\cdot7}{2\cdot4\cdot6\cdot8}x^4 - \cdots \quad (-1 < x \leqslant 1).$$

公式 (7.29) 称为**牛顿二项展开式**, 特别地, 当 α 为正整数时, 级数成为 x 的 α 次多项式, 这就是代数学中的二项式定理.

公式 (7.24)—(7.29) 分别是六个常用函数 $\mathrm{e}^x, \sin x, \cos x, \ln(1+x), \arctan x, (1+x)^\alpha$ 的幂级数展开式, 需要读者记忆.

习题 7.5

1. 将下列函数展开成关于 x 的幂级数, 并求收敛域:

(1) $a^x (a > 0, a \neq 1)$;   (2) $\dfrac{1}{3-x}$;   (3) $(1+x)\ln(1+x)$;   (4) $\ln\sqrt{\dfrac{1+x}{1-x}}$;

(5) $\dfrac{x}{x^2+4x+3}$;   (6) $\cos^2 x$;   (7) $\dfrac{x^2}{\sqrt{1-x^2}}$;   (8) $\sin\left(x + \dfrac{\pi}{4}\right)$.

2. 将函数 $f(x) = \cos x$ 展开成关于 $\left(x + \dfrac{\pi}{3}\right)$ 的幂级数.

3. 将函数 $f(x) = x\ln\left(x + \sqrt{1+x^2}\right) - \sqrt{1+x^2}$ 展开成关于 x 的幂级数.

4. 将函数 $f(x) = \dfrac{1}{x^2+3x+2}$ 展开成关于 $(x+4)$ 的幂级数.

5. 设 $f(x) = \begin{cases} \dfrac{1+x^2}{x}\arctan x, & x \neq 0, \\ 1, & x = 0, \end{cases}$ 试将 $f(x)$ 展开成关于 x 的幂级数, 并

求级数 $\displaystyle\sum_{n=1}^{\infty} \frac{(-1)^n}{1-4n^2}$ 的和.

*§7.6 幂级数的简单应用

幂级数由于形式简单, 且具有良好的代数和分析运算性质, 因此有十分广泛的应用, 本节介绍其中的部分应用.

一、函数值的近似计算

例 1 计算 $\sqrt[5]{240}$ 的近似值, 要求误差不超过 0.000 1.

解 因为

$$\sqrt[5]{240} = \sqrt[5]{243 - 3} = 3\left(1 - \frac{1}{3^4}\right)^{\frac{1}{5}},$$

在二项展开式

$$(1+x)^\alpha = 1 + \alpha x + \frac{\alpha(\alpha-1)}{2!}x^2 + \cdots + \frac{\alpha(\alpha-1)\cdots(\alpha-n+1)}{n!}x^n + \cdots$$

中, 取 $\alpha = \frac{1}{5}, x = -\frac{1}{3^4}$, 得

$$\sqrt[5]{240} = 3\left(1 - \frac{1}{5} \cdot \frac{1}{3^4} - \frac{1 \cdot 4}{5^2 \cdot 2!} \cdot \frac{1}{3^8} - \frac{1 \cdot 4 \cdot 9}{5^3 \cdot 3!} \cdot \frac{1}{3^{12}} - \cdots\right).$$

这个级数收敛得很快, 取前两项的和作为 $\sqrt[5]{240}$ 的近似值, 其误差 (也称为截断误差或前 n 项截断误差, 指余项绝对值 $|r_n|$ 的大小) 为

$$|r_n| = 3\left(\frac{1 \cdot 4}{5^2 \cdot 2!} \cdot \frac{1}{3^8} + \frac{1 \cdot 4 \cdot 9}{5^3 \cdot 3!} \cdot \frac{1}{3^{12}} + \frac{1 \cdot 4 \cdot 9 \cdot 14}{5^4 \cdot 4!} \cdot \frac{1}{3^{16}} + \cdots\right)$$

$$< 3\frac{1 \cdot 4}{5^2 \cdot 2!} \cdot \frac{1}{3^8}\left[1 + \frac{1}{81} + \left(\frac{1}{81}\right)^2 + \cdots\right] = \frac{6}{25} \cdot \frac{1}{3^8} \cdot \frac{1}{1 - \frac{1}{81}}$$

$$= \frac{1}{25 \cdot 27 \cdot 40} < \frac{1}{20\,000} < 0.000\,1,$$

所以 $\sqrt[5]{240} \approx 3\left(1 - \frac{1}{5} \cdot \frac{1}{3^4}\right)$.

为了使 "四舍五入" 引起的误差 (称为舍入误差) 与截断误差之和不超过 10^{-4}, 计算时应取五位小数, 然后再四舍五入, 因此 $\sqrt[5]{240} \approx 2.992\,6$.

例 2 计算 $\ln 2$ 的近似值, 要求误差不超过 0.000 1.

解 因为

$$\ln(1+x) = x - \frac{x^2}{2} + \frac{x^3}{3} - \frac{x^4}{4} + \cdots + (-1)^n\frac{x^{n+1}}{n+1} + \cdots,$$

令 $x = 1$，则

$$\ln 2 = 1 - \frac{1}{2} + \frac{1}{3} - \frac{1}{4} + \cdots + (-1)^n \frac{1}{n+1} + \cdots .$$

但此级数收敛太慢，若取级数的前 n 项和作为 $\ln 2$ 的近似值，其误差为 $|r_n| \leqslant \frac{1}{n+1}$.
为了保证误差不超过 $0.000\,1$，应取 $n = 1\,0000$，计算量太大，因此我们用收敛快的级数
取代它.

因为

$$\ln(1+x) = x - \frac{x^2}{2} + \frac{x^3}{3} - \frac{x^4}{4} + \cdots + (-1)^n \frac{x^{n+1}}{n+1} + \cdots (-1 < x \leqslant 1),$$

$$\ln(1-x) = -x - \frac{x^2}{2} - \frac{x^3}{3} - \frac{x^4}{4} - \cdots - \frac{x^{n+1}}{n+1} - \cdots (-1 \leqslant x < 1),$$

上面两式相减，得到不含有偶次幂的展开式

$$\ln \frac{1+x}{1-x} = \ln(1+x) - \ln(1-x) = 2\left(x + \frac{1}{3}x^3 + \frac{1}{5}x^5 + \cdots\right) \quad (-1 < x < 1).$$

令 $\frac{1+x}{1-x} = 2$，解出 $x = \frac{1}{3}$，并代入以上级数，得

$$\ln 2 = 2\left(\frac{1}{3} + \frac{1}{3} \cdot \frac{1}{3^3} + \frac{1}{5} \cdot \frac{1}{3^5} + \frac{1}{7} \cdot \frac{1}{3^7} + \cdots\right).$$

若取前四项作为 $\ln 2$ 的近似值，则误差为

$$|r_4| = 2\left(\frac{1}{9} \cdot \frac{1}{3^9} + \frac{1}{11} \cdot \frac{1}{3^{11}} + \frac{1}{13} \cdot \frac{1}{3^{13}} + \cdots\right)$$

$$< \frac{2}{3^{11}}\left[1 + \frac{1}{9} + \left(\frac{1}{9}\right)^2 + \cdots\right] = \frac{2}{3^{11}} \frac{1}{1 - \frac{1}{9}} = \frac{1}{4 \cdot 3^9}$$

$$< \frac{1}{70\,000} < 0.000\,1.$$

所以

$$\ln 2 \approx 2\left(\frac{1}{3} + \frac{1}{3} \cdot \frac{1}{3^3} + \frac{1}{5} \cdot \frac{1}{3^5} + \frac{1}{7} \cdot \frac{1}{3^7}\right) \approx 0.693\,1.$$

二、用幂级数表示积分及求定积分的近似值

在讨论不定积分时，如果能求出 $f(x)$ 的一个原函数 $F(x)$，则

$$\int f(x)\mathrm{d}x = F(x) + C.$$

有时虽然连续函数 $f(x)$ 的原函数一定存在，但其原函数 $F(x)$ 不一定是初等函数，因此不一定能写出其具体表达形式. 然而，若 $f(x)$ 可展开为幂级数，即

$$f(x) = \sum_{n=0}^{\infty} \frac{f^{(n)}(0)}{n!} x^n \quad (-R < x < R),$$

由于它在收敛区域内可逐项积分，于是可得

$$\int f(x) \mathrm{d}x = \sum_{n=0}^{\infty} \frac{f^{(n)}(0)}{(n+1)!} x^{n+1} + C \quad (-R < x < R).$$

这样 $f(x)$ 的原函数就有了具体表达形式.

例 3 求积分 $\displaystyle\int \frac{\mathrm{e}^x - 1}{x} \mathrm{d}x$ 的幂级数表达式，其中被积函数当 $x = 0$ 时定义为 1.

解 由于

$$\mathrm{e}^x = \sum_{n=0}^{\infty} \frac{x^n}{n!} = 1 + x + \frac{x^2}{2!} + \cdots + \frac{x^n}{n!} + \cdots \quad (-\infty < x < +\infty),$$

故

$$\frac{\mathrm{e}^x - 1}{x} = 1 + \frac{x}{2!} + \frac{x^2}{3!} + \cdots + \frac{x^{n-1}}{n!} + \cdots \quad (0 < |x| < +\infty),$$

上式在补充定义后，在点 $x = 0$ 处亦成立，于是逐项可积可得

$$\int \frac{\mathrm{e}^x - 1}{x} \mathrm{d}x = x + \frac{x^2}{2 \cdot 2!} + \frac{x^3}{3 \cdot 3!} + \cdots + \frac{x^n}{n \cdot n!} + \cdots + C$$

$$= \sum_{n=1}^{\infty} \frac{x^n}{n \cdot n!} + C \quad (-\infty < x < +\infty).$$

另外，利用被积函数的幂级数展开并逐项积分，可以比较简单地计算定积分的近似值.

例 4 计算积分 $\displaystyle\int_0^1 \frac{\sin x}{x} \mathrm{d}x$ 的近似值，使误差小于 10^{-4}.

解 由于 $x = 0$ 是 $\dfrac{\sin x}{x}$ 的可去间断点，故定义

$$\left. \frac{\sin x}{x} \right|_{x=0} = \lim_{x \to 0} \frac{\sin x}{x} = 1,$$

这样被积函数在 $[0, 1]$ 上连续. 又因为

$$\sin x = x - \frac{x^3}{3!} + \frac{x^5}{5!} - \frac{x^7}{7!} + \cdots + (-1)^k \frac{x^{2k+1}}{(2k+1)!} + \cdots \quad (-\infty < x < +\infty),$$

则

$$\frac{\sin x}{x} = 1 - \frac{x^2}{3!} + \frac{x^4}{5!} - \frac{x^6}{7!} + \cdots \quad (-\infty < x < +\infty).$$

在 $[0,1]$ 上逐项积分，得

$$\int_0^1 \frac{\sin x}{x}\mathrm{d}x = 1 - \frac{1}{3 \cdot 3!} + \frac{1}{5 \cdot 5!} - \frac{1}{7 \cdot 7!} + \cdots,$$

这是一个交错级数，其第四项绝对值 $\dfrac{1}{7 \cdot 7!} < \dfrac{1}{30\,000}$，因此取前三项来计算积分的近似值就满足要求，即

$$\int_0^1 \frac{\sin x}{x}\mathrm{d}x \approx 1 - \frac{1}{3 \cdot 3!} + \frac{1}{5 \cdot 5!} \approx 0.946\,1.$$

习题 7.6

1. 利用函数的幂级数展开式求下列各数的近似值：

(1) $\ln 3$（误差小于 10^{-4}）；

(2) $\sqrt{\mathrm{e}}$（误差小于 10^{-4}）；

(3) $\cos 2°$（误差小于 10^{-4}）.

2. 利用被积函数的幂级数展开式求下列定积分的近似值：

(1) $\dfrac{2}{\sqrt{\pi}}\displaystyle\int_0^{\frac{1}{2}} \mathrm{e}^{-x^2}\mathrm{d}x$（误差小于 10^{-4}，取 $\dfrac{1}{\sqrt{\pi}} \approx 0.564\,19$）；

(2) $\displaystyle\int_0^{\frac{1}{2}} \frac{\arctan x}{x}\mathrm{d}x$（误差小于 10^{-3}）.

第七章自测题

常微分方程及差分方程

　　常微分方程理论已有悠久的发展历史, 它几乎与微积分理论同时产生, 是研究连续量变化规律的重要工具, 并且一直是数学联系实际的一个重要分支, 也是研究和解决经济问题的重要工具. 在研究自然现象和工程技术问题时, 常需要找出所研究的变量 x 和 y 之间形如 $F(x,y) = 0$ 的关系. 有时找不到这种直接的关系式, 可以根据具体问题所具有的客观规律, 建立起这些变量和它们的导数或微分之间的关系, 从而得到包含未知函数的导数或微分的方程, 即常微分方程.

　　在现实世界中, 有许多变量是离散变化的, 如国家或地区人口数量的变化, 银行存款的变化等都是离散变化的. 研究连续变量的性态以微分 (或微商) 为工具, 而研究离散变量的性态则以差分 (或差商) 为工具, 也就是利用差分方程. 本章将介绍常微分方程和差分方程的基本概念和一些基本的求解方法.

　　在经济管理世界中存在着大量满足微分方程关系式的数学模型, 如国债积累的动态分析、商品定价、高校教育收费与政府调控等. 再如, "全球气候变暖" 以及 "碳减排" 问题, 已成为世界关注的一个热点问题. 全球气候变暖是一种和自然有关的现象, 由于人们焚烧化石燃料, 如石油、煤炭等, 或砍伐森林并将其焚烧时会产生大量的二氧化碳, 这将使气候变化和全球变暖并导致世界空气质量持续恶化. 如何确定经济活动扩张对全球变暖的影响, 如何制定减排对策及控制环境污染? 这些也需要用到微分方程的知识.

§8.1 微分方程的基本概念

一、例子

在经济管理和科学研究中，往往需要寻求与问题有关的变量之间的函数关系，且需要对函数关系予以讨论. 先看一个具体例题.

例 1 已知某产品的纯利润 y 关于广告费 x (单位：万元) 的变化率 $\dfrac{\mathrm{d}y}{\mathrm{d}x}$ 与常数 A 和广告费 x 之差成正比, 且当 $x = 0$ 时, $y = 20$. 试求纯利润 y 与广告费 x 之间的函数关系.

解 设所求的函数关系为 $y = y(x)$, 由题意,

$$\frac{\mathrm{d}y}{\mathrm{d}x} = k(A - x) \quad (k \text{ 为比例常数}), \quad y(0) = 20.$$

求一次不定积分得所要求函数的一般形式为

$$y = kAx - \frac{k}{2}x^2 + C \quad (C \text{ 为任意常数}),$$

在几何上表示一族曲线. 将 $y|_{x=0} = 20$ 代入上式, 可求出 $C = 20$, 则 $y = kAx - \dfrac{k}{2}x^2 + 20$, 此即纯利润 y 与广告费 x 之间的函数关系.

可将例 1 中求解的问题和条件归结为方程

$$\begin{cases} \dfrac{\mathrm{d}y}{\mathrm{d}x} = k(A - x), \\ y|_{x=0} = 20. \end{cases}$$

例 2 一质量为 m 的物体以初速度 v_0 垂直上抛, 且开始上抛的位置为 s_0, 设此物体的运动只受重力影响, 重力加速度大小为 g, 试确定该物体运动的位置 s 与时间 t 的函数关系.

解 取垂直向上的方向为正方向, 由牛顿第二定律, 物理的运动路程 $s = s(t)$ 的变化规律为 $m\dfrac{\mathrm{d}^2 s}{\mathrm{d}t^2} = -mg$, 即

$$\frac{\mathrm{d}^2 s}{\mathrm{d}t^2} = -g.$$

积分一次得

$$s' = -gt + C_1,$$

再积分一次得

$$s = -\frac{1}{2}gt^2 + C_1 t + C_2.$$

将条件

$$s(0) = s_0, \quad s'(0) = v_0$$

代入上式得

$$C_1 = v_0, \quad C_2 = s_0.$$

于是得所求函数关系式

$$s = -\frac{1}{2}gt^2 + v_0t + s_0.$$

可将例 2 中求解的问题和条件归结为方程

$$\begin{cases} \dfrac{\mathrm{d}^2 s}{\mathrm{d}t^2} = -g, \\ s(0) = s_0, \quad s'(0) = v_0. \end{cases}$$

上述例子将实际问题转化为了含有未知函数及其微商的方程.

二、基本概念

一般地, 含有未知函数导数或微分的方程叫做**微分方程**. 如

$$\frac{\mathrm{d}y}{\mathrm{d}x} = k(A - x), \quad \frac{\mathrm{d}^2 s}{\mathrm{d}t^2} = -g, \quad y'' + y' = \mathrm{e}^x$$

等都是微分方程.

对微分方程, 当未知函数是一元函数时, 称为**常微分方程**; 当未知函数是多元函数时, 称为**偏微分方程**. 本章只讨论常微分方程.

微分方程中出现的未知函数的导数或微分的最高阶数, 叫微分方程的**阶**. 如 $\dfrac{\mathrm{d}y}{\mathrm{d}x} = k(A - x)$ 为一阶微分方程, $\dfrac{\mathrm{d}^2 s}{\mathrm{d}t^2} = -g$ 为二阶微分方程.

如果将某函数代入微分方程后, 方程左、右两端恒等, 则称此函数为微分方程的**解**. 如 $y = kAx - \dfrac{k}{2}x^2 + 20$ 和 $y = kAx - \dfrac{k}{2}x^2 + C$ 都是 $\dfrac{\mathrm{d}y}{\mathrm{d}x} = k(A - x)$ 的解.

如果微分方程的解中含有任意常数, 且相互独立的任意常数的个数与微分方程的阶数相同, 这样的解称为微分方程的**通解**. 如 $y = kAx - \dfrac{k}{2}x^2 + C$ 是 $\dfrac{\mathrm{d}y}{\mathrm{d}x} = k(A - x)$ 的通解, $s = -\dfrac{1}{2}gt^2 + C_1t + C_2$ 是 $\dfrac{\mathrm{d}^2 s}{\mathrm{d}t^2} = -g$ 的通解. 在几何上, 微分方程的通解是一族曲线, 称为微分方程的**积分曲线**.

注 这里 "相互独立的任意常数" 的意思是, 这些常数不能被合并而使常数的个数减少.

根据具体问题的需要，有时需要确定通解中的任意常数. 确定微分方程通解中的任意常数的值的条件称为**初值条件**或**定解条件**. 如前面例子中的 $y|_{x=0} = 20$ 和 $s(0) = s_0, s'(0) = v_0$, 都是初值条件.

满足定解条件的解称为**特解**. 如 $y = kAx - \dfrac{k}{2}x^2 + 20$ 是方程 $\dfrac{\mathrm{d}y}{\mathrm{d}x} = k(A-x)$ 的特解, $s = -\dfrac{1}{2}gt^2 + v_0 t + s_0$ 是方程 $\dfrac{\mathrm{d}^2 s}{\mathrm{d}t^2} = -g$ 的特解.

求微分方程满足初值条件的特解问题称为初值问题或柯西问题，如

$$
\begin{cases} \dfrac{\mathrm{d}y}{\mathrm{d}x} = f(x,y), \\ y|_{x=x_0} = y_0, \end{cases}
\qquad
\begin{cases} y'' = g(x,y,y'), \\ y(x_0) = y_0, y'(x_0) = y_1 \end{cases}
$$

分别为一阶微分方程和二阶微分方程初值问题.

思考题 8-1 $(xy')^2 - xy' + 3x = 0$ 是几阶微分方程?

例 3 判断 $y = \mathrm{e}^{-x} + x - 1$ 是不是 $\dfrac{\mathrm{d}y}{\mathrm{d}x} + y = x$ 的解，如果是，指出是特解还是通解.

解 对 $y = \mathrm{e}^{-x} + x - 1$, 求导得 $y' = -\mathrm{e}^{-x} + 1$, 代入微分方程左端得

$$
\frac{\mathrm{d}y}{\mathrm{d}x} + y = -\mathrm{e}^{-x} + 1 + \mathrm{e}^{-x} + x - 1 = x,
$$

故

$$
y = \mathrm{e}^{-x} + x - 1
$$

是微分方程 $\dfrac{\mathrm{d}y}{\mathrm{d}x} + y = x$ 的解. 该解不含任意常数，所以是特解.

习题 8.1

1. 指出下列微分方程的阶数：

(1) $x\dfrac{\mathrm{d}y}{\mathrm{d}x} + y = \cos x$;　　　　(2) $y' + 2y = \mathrm{e}^x$;

(3) $x + yy' = 0$;　　　　(4) $2y'' = 3y^2$;

(5) $x(y')^2 - 2yy' + x = 0$;　　(6) $y^4 - 4y''' + 5y = \sin 2x$.

2. 检验下列各题中，左边的函数是否为所给微分方程的解：

(1) $y = 5x^2, xy' = 2y$;　　　　(2) $y = 3\sin x - 4\cos x, y'' + y = 0$;

(3) $y = \mathrm{e}^{-x} + x - 1, \dfrac{\mathrm{d}y}{\mathrm{d}x} + y = x$;　(4) $y = \mathrm{e}^x \displaystyle\int_0^x \mathrm{e}^{t^2}\mathrm{d}t + C\mathrm{e}^x, y' - y = \mathrm{e}^{x+x^2}$;

(5) $x^2 + y^2 = 100, x\mathrm{d}x + y\mathrm{d}y = 0.$

3. 求过点 $(1,2)$, 且切线斜率为 $3x^2$ 的曲线方程.

§8.2 一阶微分方程

一阶微分方程的一般形式为

$$F(x, y, y') = 0.$$

有时由方程可解出 y', 即

$$y' = f(x, y).$$

一阶微分方程也可写成对称形式

$$P(x, y)\mathrm{d}x + Q(x, y)\mathrm{d}y = 0.$$

下面我们介绍几种常见的一阶微分方程.

一、可分离变量的一阶微分方程

我们把形如 $\dfrac{\mathrm{d}y}{\mathrm{d}x} = f(x)g(y)$ 的方程称为可分离变量的微分方程. 当 $g(y) \neq 0$ 时, 方程改写为

$$\frac{\mathrm{d}y}{g(y)} = f(x)\mathrm{d}x, \tag{8.1}$$

这时方程两边分别只含 x 和 y, 方程中的变量已分离. 对 (8.1) 式两边积分, 得

$$\int \frac{\mathrm{d}y}{g(y)} = \int f(x)\mathrm{d}x + C.$$

这就是所求的微分方程的通解, 其中 C 是任意常数. 在这一章中, 为明确起见, 我们将 $\displaystyle\int f(x)\mathrm{d}x$ 视为 $f(x)$ 的一个原函数, 将积分常数 C 单独写出来.

例 1 求微分方程 $2x^2 y' = \dfrac{y^2 + 1}{y}$ 的通解.

解 将已知微分方程分离变量, 得

$$\frac{2y\mathrm{d}y}{y^2 + 1} = \frac{\mathrm{d}x}{x^2},$$

两边积分, 得

$$\int \frac{2y}{y^2 + 1}\mathrm{d}y = \int \frac{1}{x^2}\mathrm{d}x + C_1,$$

由此得

$$\ln(y^2 + 1) = -\frac{1}{x} + C_1,$$

或者

$$y^2 + 1 = Ce^{-\frac{1}{x}},$$

这里 $C = e^{C_1}$.

例 2　求初值问题 $y' = e^{2x-y}$, $y|_{x=0} = 0$ 的特解.

解　将已给方程分离变量

$$e^y dy = e^{2x} dx,$$

两边积分，得

$$\int e^y dy = \int e^{2x} dx + C,$$

通解为

$$e^y = \frac{1}{2}e^{2x} + C.$$

将 $x = 0, y = 0$ 代入得

$$C = \frac{1}{2},$$

所求特解为

$$e^y = \frac{1 + e^{2x}}{2}.$$

二、一阶齐次微分方程

形如

$$\frac{dy}{dx} = \varphi\left(\frac{y}{x}\right) \tag{8.2}$$

的微分方程称为**齐次微分方程**. 如微分方程

$$\frac{dy}{dx} = \frac{y}{x} + \left(\frac{x}{y}\right)^2$$

为齐次微分方程. 在 (8.2) 式中，令 $\frac{y}{x} = u$，则 $y = ux$，有

$$\frac{dy}{dx} = u + x\frac{du}{dx},$$

于是 (8.2) 式化为

$$u + x\frac{du}{dx} = \varphi(u),$$

再分离变量，得

$$\frac{\mathrm{d}u}{\varphi(u) - u} = \frac{\mathrm{d}x}{x},$$

两边积分，得

$$\int \frac{\mathrm{d}u}{\varphi(u) - u} = \ln|x| + C_1.$$

求出积分后，再用 $\frac{y}{x}$ 代替 u，便得所给齐次方程的通解.

注 齐次方程 $\frac{\mathrm{d}y}{\mathrm{d}x} = \varphi\left(\frac{y}{x}\right)$ 的特点为：方程右边为 $\frac{y}{x}$ 或 $\frac{x}{y}$ 的函数，或方程右边的分子、分母的各项由 x, y 的同次幂构成.

例 3 求方程 $\frac{\mathrm{d}y}{\mathrm{d}x} = \frac{x + y}{x - y}$ 的通解.

解 方程右边分子、分母同除 x，得

$$\frac{\mathrm{d}y}{\mathrm{d}x} = \frac{1 + \dfrac{y}{x}}{1 - \dfrac{y}{x}},$$

令 $\frac{y}{x} = u$，得 $\frac{\mathrm{d}y}{\mathrm{d}x} = u + x\frac{\mathrm{d}u}{\mathrm{d}x}$，故

$$\frac{1 - u}{1 + u^2}\mathrm{d}u = \frac{\mathrm{d}x}{x},$$

两边积分，得

$$\arctan u - \frac{1}{2}\ln\left(1 + u^2\right) = \ln|x| + C,$$

通解为

$$\arctan \frac{y}{x} = \ln\sqrt{x^2 + y^2} + C.$$

例 4 求微分方程 $xy' = y(1 + \ln y - \ln x)$ 的通解.

解 方程可化为 $y' = \frac{y}{x}\left(1 + \ln\frac{y}{x}\right)$，此为齐次方程. 作变换 $z = \frac{y}{x}$，代入原方程得

$$z + x\frac{\mathrm{d}z}{\mathrm{d}x} = z(1 + \ln z), \quad 即 \quad \frac{\mathrm{d}z}{\mathrm{d}x} = \frac{z\ln z}{x},$$

分离变量得

$$\frac{1}{z\ln z}\mathrm{d}z = \frac{1}{x}\mathrm{d}x,$$

两端积分

$$\ln\ln z = \ln x + \ln C,$$

所以 $z = \mathrm{e}^{cx}$. 通解为 $y = x\mathrm{e}^{cx}$.

例 5 假设某厂商生产某种产品的总成本由可变成本与固定成本构成，已知固定成本为 1 单位，可变成本 y 是产量 x 的函数 $(y > x > 0)$ 且有如下关系：

$$2xy\mathrm{d}y = (x^2 + y^2)\mathrm{d}x.$$

又产量为 1 单位时，可变成本为 2 单位，求总成本函数．

解 由可变成本与产量 x 的关系式变形得

$$\frac{\mathrm{d}y}{\mathrm{d}x} = \frac{x^2 + y^2}{2xy} = \frac{1 + \left(\dfrac{y}{x}\right)^2}{2 \cdot \dfrac{y}{x}}.$$

上式为齐次方程，令 $\dfrac{y}{x} = u$，则

$$y = ux, \quad \frac{\mathrm{d}y}{\mathrm{d}x} = u + x\frac{\mathrm{d}u}{\mathrm{d}x},$$

于是原方程变成

$$u + x\frac{\mathrm{d}u}{\mathrm{d}x} = \frac{1 + u^2}{2u}, \quad \text{即} \quad x\frac{\mathrm{d}u}{\mathrm{d}x} = \frac{1 - u^2}{2u}.$$

分离变量，有

$$\frac{2u}{1 - u^2}\mathrm{d}u = \frac{\mathrm{d}x}{x},$$

两端积分，得

$$-\ln|u^2 - 1| + \ln C = \ln x, \quad \ln(|(u^2 - 1)|x) = \ln C.$$

以 $\dfrac{y}{x}$ 代替上式中的 u，便得原方程的通解为

$$y = \sqrt{x^2 + Cx}.$$

又由题意有初始条件 $y(1) = 2$，代入上式，得 $C = 3$，于是可变成本为

$$y = \sqrt{x^2 + 3x}.$$

总成本为

$$C(x) = 1 + y = 1 + \sqrt{x^2 + 3x}.$$

三、一阶线性微分方程

形如

$$y' + P(x)y = Q(x) \tag{8.3}$$

的方程称为**一阶线性微分方程**，这类方程的特点是未知函数 y 及其导数 y' 都是一次的. 如微分方程

$$y' - \frac{3}{x}y = x^3$$

为一阶线性微分方程. 当 $Q(x) = 0$ 时，方程 (8.3) 变为

$$y' + P(x)y = 0, \tag{8.4}$$

并称为**一阶线性齐次方程**；当 $Q(x) \neq 0$ 时，方程 (8.3) 称为**一阶线性非齐次方程**.

1. 一阶线性齐次微分方程的通解

将方程 (8.4) 分离变量，得

$$\frac{\mathrm{d}y}{y} = -P(x)\mathrm{d}x,$$

两边积分，得

$$\ln |y| = -\int P(x)\mathrm{d}x + \ln C_1,$$

即

$$y = Ce^{-\int P(x)\mathrm{d}x} \quad (C \text{ 为任意常数})$$

为一阶线性齐次微分方程的通解.

2. 一阶线性非齐次微分方程的通解

现在我们利用一阶线性齐次微分方程的通解，通过 "**常数变易法**" 求其相应的一阶线性非齐次微分方程的通解.

将方程 $y' + P(x)y = Q(x)$ 对应的齐次方程 (8.4) 的通解 $y = Ce^{-\int P(x)\mathrm{d}x}$ 中任意常数 C 换为待定函数 $u = u(x)$，即设 $y = u(x)e^{-\int P(x)\mathrm{d}x}$ 是方程 $y' + P(x)y = Q(x)$ 的解. 因为

$$y' = u'(x)e^{-\int P(x)\mathrm{d}x} + u(x)\left(e^{-\int P(x)\mathrm{d}x}\right)'$$

$$= u'(x)e^{-\int P(x)\mathrm{d}x} - u(x)P(x)e^{-\int P(x)\mathrm{d}x},$$

将其代入方程 (8.3) 得

$$u'(x)\mathrm{e}^{-\int P(x)\mathrm{d}x} - u(x)P(x)\mathrm{e}^{-\int P(x)\mathrm{d}x} + P(x)u(x)\mathrm{e}^{-\int P(x)\mathrm{d}x} = Q(x),$$

即

$$u'(x) = Q(x)\mathrm{e}^{\int P(x)\mathrm{d}x},$$

积分后，得

$$u(x) = \int Q(x)\mathrm{e}^{\int P(x)\mathrm{d}x}\mathrm{d}x + C,$$

其中 C 是任意常数. 代入所设通解得

$$y = \mathrm{e}^{-\int P(x)\mathrm{d}x}\left(\int Q(x)\mathrm{e}^{\int P(x)\mathrm{d}x}\mathrm{d}x + C\right). \tag{8.5}$$

不难验证，这就是方程 $y' + P(x)y = Q(x)$ 的通解. (8.5) 式应作为公式熟记.

这种通过将齐次方程通解中任意常数变易为未知函数的求解方法，称为**常数变易法**. 常数变易法是求解线性微分方程的一种常用的有效方法.

例 6 求微分方程 $\dfrac{\mathrm{d}y}{\mathrm{d}x} - \dfrac{2}{x}y = -x$ 的通解.

解 方法一 常数变易法. 先求解对应的齐次方程

$$\frac{\mathrm{d}y}{\mathrm{d}x} - \frac{2}{x}y = 0.$$

分离变量，得

$$\frac{1}{y}\mathrm{d}y = \frac{2}{x}\mathrm{d}x,$$

两边积分，得

$$\ln|y| = \ln x^2 + C_1,$$

即齐次方程通解为 $y = Cx^2$ $(C = \mathrm{e}^{C_1})$.

设 $y = C(x)x^2$，代入原方程，得

$$C'(x)x^2 = -x, \quad \text{即} \quad C'(x) = -\frac{1}{x},$$

所以

$$C(x) = -\int \frac{1}{x}\mathrm{d}x = -\ln|x| + C,$$

故通解为 $y = x^2(C - \ln|x|)$.

方法二 直接用一阶线性微分方程通解公式 (8.5)，这里

$$P(x) = -\frac{2}{x}, \quad Q(x) = -x,$$

则

$$y = e^{-\int -\frac{2}{x}dx}\left[\int(-x)e^{\int -\frac{2}{x}dx}dx + C\right]$$

$$= e^{\ln x^2}\left[\int(-x)e^{-\ln x^2}dx + C\right] = x^2\left[\int(-x)\frac{1}{x^2}dx + C\right]$$

$$= x^2(C - \ln|x|),$$

故通解为 $y = x^2(C - \ln|x|)$.

例 7 求 $y\ln y dx + (x - \ln y)dy = 0$ 的通解.

解 原方程可化为 $\dfrac{\mathrm{d}y}{\mathrm{d}x} = \dfrac{y\ln y}{\ln y - x}$，但不易求解. 将 y 视为自变量，x 视为因变量，方程化为

$$\frac{\mathrm{d}x}{\mathrm{d}y} + \frac{x}{y\ln y} = \frac{1}{y},$$

这里

$$P(y) = \frac{1}{y\ln y}, \quad Q(y) = \frac{1}{y}.$$

利用公式 (8.5) 得所给方程的通解

$$x = e^{-\int \frac{1}{y\ln y}dy}\left(\int \frac{1}{y}e^{\int \frac{1}{y\ln y}dy}dy + C\right) = e^{-\ln\ln y}\left(\int \frac{1}{y}\ln y dy + C\right)$$

$$= \frac{1}{\ln y}\left(\int \frac{1}{y}\ln y dy + C\right) = \frac{1}{\ln y}\left[\frac{1}{2}(\ln y)^2 + C\right],$$

故通解为 $x = \dfrac{C}{\ln y} + \dfrac{1}{2}\ln y$.

例 8 设某商品的市场价格 $P = P(t)$ 随时间 t 变动，其需求函数为 $Q_d = 16 - 3P$，供给函数为 $Q_s = -8 + 5P$. 又设价格 P 随时间 t 的变化率与 $(Q_d - Q_s)$ 成正比，商品的初始价格为 $P(0) = 10$，求价格函数 $P = P(t)$.

解 根据题意，价格函数 $P = P(t)$ 满足微分方程

$$\begin{cases} \dfrac{\mathrm{d}P}{\mathrm{d}t} = \lambda(Q_d - Q_s) = \lambda(24 - 8P), \\ P|_{t=0} = 10. \end{cases}$$

由一阶线性微分方程的通解公式, 可得

$$P = e^{-\int 8\lambda dt}\left[\int 24\lambda e^{\int 8\lambda dt}dt + C\right]$$

$$= e^{-8\lambda t}\left[\int 3e^{8\lambda t}d(8\lambda t) + C\right] = 3 + Ce^{-8\lambda t}.$$

356

根据 $P|_{t=0} = 10$，代入上式得 $C = 7$，再代入通解，可得价格函数 $P = 3 + 7\mathrm{e}^{-8\lambda t}$.

例 9 已知 $f(x)$ 为可微函数，且 $f(x) = 1 + \displaystyle\int_0^x [\sin t \cos t - f(t) \cos t]\mathrm{d}t$，试求 $f(x)$.

解 对已知等式两边关于 x 求导，

$$f'(x) = \sin x \cos x - f(x) \cos x,$$

此为一阶线性方程，其通解为

$$\begin{aligned}
f(x) &= \mathrm{e}^{-\int \cos x \mathrm{d}x} \left(\int \sin x \cos x \mathrm{e}^{\int \cos x \mathrm{d}x} \mathrm{d}x + C \right) \\
&= \mathrm{e}^{-\sin x} \left(\int \sin x \mathrm{d}(\mathrm{e}^{\sin x}) + C \right) \\
&= \mathrm{e}^{-\sin x} \left((\sin x - 1)\mathrm{e}^{\sin x} + C \right) \\
&= \sin x - 1 + C\mathrm{e}^{-\sin x}.
\end{aligned}$$

又因为 $f(x)|_{x=0} = 1$ (在已知等式中令 $x = 0$ 可知)，代入上式得 $C = 2$，因此，$f(x) = \sin x + 2\mathrm{e}^{-\sin x} - 1$.

四、伯努利方程

形如

$$\frac{\mathrm{d}y}{\mathrm{d}x} + P(x)y = Q(x)y^{\alpha}$$

的方程称为**伯努利方程**，其中 α 为任意常数. 当 $\alpha = 0$ 时，该方程是一阶线性微分方程；当 $\alpha = 1$ 时，它是一阶齐次线性微分方程. 一般地，原方程两边同除以 y^{α} 得

$$y^{-\alpha}\frac{\mathrm{d}y}{\mathrm{d}x} + P(x)y^{1-\alpha} = Q(x),$$

然后令 $y^{1-\alpha} = u$ 就可将其化为新未知函数 u 的一阶线性微分方程.

例 10 求方程 $y' - \dfrac{2}{x}y = x^2 y^2$ 的通解.

解 上述方程本身不是线性方程，若两边同除以 y^2，则原方程变为

$$\frac{y'}{y^2} - \frac{2}{x}\frac{1}{y} = x^2,$$

令 $\dfrac{1}{y} = u$，得

$$\frac{\mathrm{d}u}{\mathrm{d}x} + \frac{2}{x}u = -x^2,$$

该方程是一个线性方程，其通解为

$$u = e^{-\int \frac{2}{x}dx} \left(-\int x^2 e^{\int \frac{2}{x}dx} dx + C \right)$$

$$= \frac{1}{x^2} \left(-\frac{1}{5}x^5 + C \right) = -\frac{x^3}{5} + \frac{C}{x^2}.$$

因此原方程的通解为

$$\frac{1}{y} = -\frac{x^3}{5} + \frac{C}{x^2}.$$

习题 8.2

1. 求下列微分方程的通解或特解：

(1) $\dfrac{dy}{dx} = \dfrac{x}{y\sqrt{1-x^2}}$；

(2) $\left(1+y^2\right) dx = xdy$；

(3) $e^{2x}ydy - (y+1) dx = 0$；

(4) $e^{-y}\left(1+y'\right) = 1$；

(5) $\sec^2 x \tan y dx + \sec^2 y \tan x dy = 0$；

(6) $e^y\left(1+x^2\right) dy - 2x\left(1+e^y\right) dx = 0$；

(7) $x^2 e^{2y} dy = \left(x^3+1\right) dx, y(1) = 0$；

(8) $y' \sin x = y \ln y, y\left(\dfrac{\pi}{2}\right) = e$.

2. 设某商品的需求量 Q 关于价格 p 的弹性为 $2p$，且已知该商品价格 $p=0$ 时的最大需求量 $Q=800$. 试求需求量 Q 与价格 p 的函数关系.

3. 求下列微分方程的通解或特解：

(1) $x\dfrac{dy}{dx} = y(\ln y - \ln x)$；

(2) $xy' = \sqrt{x^2-y^2} + y$；

(3) $y^2 + x^2 \dfrac{dy}{dx} = xy \dfrac{dy}{dx}$；

(4) $\begin{cases} \left(y + \sqrt{x^2+y^2}\right) dx - xdy = 0 \quad (x>0), \\ y|_{x=1} = 0. \end{cases}$

4. 解下列微分方程：

(1) $y' - 2xy = e^{x^2}\cos x$；

(2) $xy' + y = \cos x, \ y|_{x=\pi} = 1$；

(3) $y' + 2xy = 2xe^{-x^2}$；

(4) $(y^2 - 6x)y' + 2y = 0$.

5. 如果已知某企业的利润 $L(x)$ 关于促销费用 x 的变化率是

$$\frac{dL(x)}{dx} = e^{-x} - L(x),$$

且在未进行促销活动前，利润 $L(0) = 100$ 万元. 试求利润 L 与促销费用 x 之间的函数关系.

*6. 求解伯努利方程 $\dfrac{\mathrm{d}y}{\mathrm{d}x} - 3xy = xy^2$.

*7. 设函数 $f(x)$ 连续, 且满足

$$\int_0^x f(x-t)\mathrm{d}t = \int_0^x (x-t)f(t)\mathrm{d}t + \mathrm{e}^{-x} - 1,$$

求 $f(x)$.

第7题讲解

8. 已知 $y(x)$ 满足微分方程

$$y' - xy = \frac{1}{2\sqrt{x}}\mathrm{e}^{\frac{x^2}{2}},$$

且有 $y(1) = \sqrt{\mathrm{e}}$.

(1) 求 $y(x)$;

(2) 设平面区域 $D = \{(x,y) \mid 1 \leqslant x \leqslant 2, 0 \leqslant y \leqslant y(x)\}$, 求 D 绕 x 轴旋转所得旋转体的体积.

§8.3　可降阶的高阶微分方程

二阶及二阶以上的微分方程, 称为**高阶微分方程**. 本节我们主要讨论可降阶的高阶微分方程.

对于有些高阶微分方程, 我们可以通过适当的变量代换, 将它们化为较低阶微分方程来求解, 这种类型的方程称为可降阶的方程. 这里我们将讨论三种容易降阶的高阶微分方程的求解方法.

一、$y^{(n)} = f(x)$ 型微分方程

这类方程的特点是右端仅含有自变量 x, 只要将 $y^{(n-1)}$ 作为新的未知函数, 就可将原来的 n 阶方程化为新的未知函数 $y^{(n-1)}$ 的一阶微分方程. 两端积分, 得到一个 $(n-1)$ 阶微分方程

$$y^{(n-1)} = \int f(x)\mathrm{d}x + C_1,$$

上式两端再一次积分, 得

$$y^{(n-2)} = \int \left(\int f(x)\mathrm{d}x \right)\mathrm{d}x + C_1 x + C_2.$$

依此继续进行, 接连积分 n 次, 便得到原来的 n 阶微分方程的含有 n 个任意常数的通解.

例 1 解二阶微分方程 $y'' = 2x + \cos x$.

解 积分一次, 得

$$y' = \int (2x + \cos x)\mathrm{d}x = x^2 + \sin x + C_1,$$

再积分一次, 得

$$y = \int (x^2 + \sin x + C_1)\mathrm{d}x = \frac{1}{3}x^3 - \cos x + C_1 x + C_2,$$

此即为原微分方程的通解.

二、$y'' = f(x, y')$ 型微分方程

这类方程的特点是方程中不显含未知函数 y. 令 $y' = p$, 则 $y'' = p'$, 代入原方程, 得

$$p' = f(x, p),$$

这是关于未知函数 p 的一阶微分方程. 若求得通解为

$$p = \varphi(x, C_1),$$

则原微分方程的通解为

$$y = \int \varphi(x, C_1)\,\mathrm{d}x + C_2.$$

例 2 求方程 $(1 + x^2) y'' = 2xy'$ 满足初值条件 $y|_{x=0} = 1, y'|_{x=0} = 3$ 的特解.

解 设 $y' = p$, 代入方程并分离变量后, 有

$$\frac{\mathrm{d}p}{p} = \frac{2x}{1 + x^2}\mathrm{d}x,$$

两端积分, 得

$$\ln |p| = \ln (1 + x^2) + C,$$

即

$$p = y' = C_1 (1 + x^2).$$

由条件 $y'|_{x=0} = 3$ 得 $C_1 = 3$, 所以

$$y' = 3 (1 + x^2),$$

两端再积分，得

$$y = x^3 + 3x + C_2.$$

又由条件 $y|_{x=0} = 1$ 得 $C_2 = 1$，于是所求特解为

$$y = x^3 + 3x + 1.$$

三、$y'' = f(y, y')$ 型微分方程

这类方程的特点是方程中不显含自变量 x. 设 $y' = p$，则

$$y'' = \frac{\mathrm{d}p}{\mathrm{d}x} = \frac{\mathrm{d}p}{\mathrm{d}y} \cdot \frac{\mathrm{d}y}{\mathrm{d}x} = p\frac{\mathrm{d}p}{\mathrm{d}y},$$

方程化为

$$p\frac{\mathrm{d}p}{\mathrm{d}y} = f(y, p).$$

这是一个关于变量 y, p 的一阶微分方程，再按一阶方程的方法求解.

例 3 解方程 $yy'' = y'^2$.

解 令 $y' = p$，则 $y'' = p\dfrac{\mathrm{d}p}{\mathrm{d}y}$，原方程化为

$$yp\frac{\mathrm{d}p}{\mathrm{d}y} = p^2,$$

当 $p \neq 0$ 时，有

$$y\frac{\mathrm{d}p}{\mathrm{d}y} = p,$$

分离变量，得

$$\frac{\mathrm{d}p}{p} = \frac{\mathrm{d}y}{y},$$

两边积分，得

$$\ln|p| = \ln|y| + \ln C_1, \quad p = C_1 y,$$

即

$$\frac{\mathrm{d}y}{\mathrm{d}x} = C_1 y,$$

分离变量并积分，得

$$\ln|y| = C_1 x + \ln C_2,$$

故通解为

$$y = C_2 \mathrm{e}^{C_1 x}.$$

当 $p = 0$ 时，方程有解 $y = C$，且含在通解 $y = C_2 \mathrm{e}^{C_1 x}$ 中.

1. 求下列微分方程通解:

(1) $y'' = xe^x$;　　　　(2) $xy'' + y' = 4x$;　　　　(3) $y'' = 1 + y'^2$.

2. 求下列微分方程满足初始条件的特解:

(1) $y'' + y'^2 = 1, y(0) = 0, y'(0) = 1$;

(2) $\left(1 - x^2\right) y'' - xy' = 0, y(0) = 0, \quad y'(0) = 1$.

§8.4　二阶常系数线性微分方程

在实际问题中应用较多的一类高阶微分方程是二阶线性微分方程, 其一般形式为

$$y'' + P(x)y' + Q(x)y = f(x). \tag{8.6}$$

若 (8.6) 式右端 $f(x) \equiv 0$, 即为

$$y'' + P(x)y' + Q(x)y = 0, \tag{8.7}$$

那么线性方程是**齐次**的; 否则称线性方程是**非齐次**的. 当 $P(x), Q(x)$ 都是常数时, 称 (8.6) 式为**二阶常系数线性微分方程**.

一、二阶线性微分方程解的结构

下面首先引进线性无关、线性相关的概念.

定义 1　设 $y_1(x)$ 与 $y_2(x)$ 是定义在某区间内的两个函数, 如果存在常数 $k \neq 0$, 使得对于该区间内的一切 x, 有 $\dfrac{y_2(x)}{y_1(x)} \equiv k$ 成立, 则称函数 $y_1(x)$ 与 $y_2(x)$ 在该区间内线性相关; 否则称为线性无关.

例如, 定义在 $(-\infty, +\infty)$ 上的两个函数 $y_1(x) = e^x$ 与 $y_2(x) = 2e^x$, 因

$$\frac{y_2(x)}{y_1(x)} = \frac{2e^x}{e^x} = 2 \quad (\text{常数}),$$

故 e^x 与 $2e^x$ 是线性相关的; 而 $y_1(x) = e^{-2x}$ 及 $y_2(x) = e^{3x}$, 因

$$\frac{y_2(x)}{y_1(x)} = e^{5x} \neq \text{常数},$$

故 e^{-2x} 与 e^{3x} 是线性无关的.

定理 1 若 y_1, y_2 是方程 (8.7) 的两个特解, 且 y_1 与 y_2 线性无关, 则 $y = C_1 y_1 + C_2 y_2$ 就是方程 (8.7) 的通解.

例如, 易验证 $y_1 = \sin 2x$ 及 $y_2 = \cos 2x$ 都是方程 $y'' + 4y = 0$ 的解, 且

$$\frac{y_1}{y_2} = \frac{\sin 2x}{\cos 2x} = \tan 2x \neq 常数,$$

即线性无关, 因此 $y = C_1 \sin 2x + C_2 \cos 2x$ 是方程 $y'' + 4y = 0$ 的通解.

思考题 8-2 如果 y_1, y_2 是 $y'' + py' + qy = 0$ 的两个解, 则 $y = C_1 y_1 + C_2 y_2$ 一定是其通解吗?

定理 2 设 y^* 是二阶非齐次线性微分方程 (8.6) 的一个特解, $\bar{y} = C_1 y_1 + C_2 y_2$ 是方程 (8.6) 所对应的齐次线性微分方程 (8.7) 的通解, 那么

$$y = \bar{y} + y^*$$

是二阶非齐次线性微分方程 (8.6) 的通解.

定理 3 设二阶非齐次线性方程 (8.6) 的右端 $f(x)$ 是几个函数之和, 如

$$y'' + P(x)y' + Q(x)y = f_1(x) + f_2(x),$$

而 y_1^* 与 y_2^* 分别是方程

$$y'' + P(x)y' + Q(x)y = f_1(x),$$
$$y'' + P(x)y' + Q(x)y = f_2(x)$$

的特解, 那么 $y_1^* + y_2^*$ 就是原方程的特解.

以上我们讨论了二阶线性微分方程的通解在结构上的特征, 至于通解中的 y_1, y_2 及 y^* 的求法, 尚待进一步讨论. 下面我们将讨论二阶常系数线性微分方程通解的求法.

二、二阶常系数齐次线性微分方程

我们先讨论二阶常系数齐次线性微分方程

$$y'' + py' + qy = 0 \tag{8.8}$$

的解法, 其中 p, q 为常数.

由定理 1 可知，只要求出方程 (8.8) 的两个线性无关特解 y_1，y_2，即可求出方程 (8.8) 通解. 注意到方程 (8.8) 左端的系数 p,q 均为常数，自然设想，y'，y'' 是 y 的常数倍，而当 r 为常数时，指数函数 $y = \mathrm{e}^{rx}$ 及其各阶导数只相差一个常数因子. 因此，我们用 $y = \mathrm{e}^{rx}$ 来尝试，使 $y = \mathrm{e}^{rx}$ 满足方程 (8.8).

将 $y = \mathrm{e}^{rx}$ 代入方程 (8.8) 可得

$$\left(r^2 + pr + q\right)\mathrm{e}^{rx} = 0.$$

由于 $\mathrm{e}^{rx} \neq 0$，所以要想 $y = \mathrm{e}^{rx}$ 是方程 (8.8) 的解，只要 r 满足

$$r^2 + pr + q = 0 \tag{8.9}$$

就行. 代数方程 (8.9) 称为微分方程 (8.8) 的 **特征方程**.

这样一来，求解二阶常系数齐次线性微分方程问题就转化为求解一个二次代数方程 (8.9) 的问题. 方程 (8.9) 的两个根 r_1, r_2 称为 **特征根**，下面按照特征根的三种不同情况分别讨论：

(1) 若特征方程 (8.9) 有两个不同的实根 r_1, r_2，则方程 (8.8) 有两个解

$$y_1 = \mathrm{e}^{r_1 x}, \quad y_2 = \mathrm{e}^{r_2 x},$$

且 $\dfrac{y_1}{y_2} \neq$ 常数，方程 (8.8) 通解为 $y = C_1 \mathrm{e}^{r_1 x} + C_2 \mathrm{e}^{r_2 x}$.

(2) 若特征方程 (8.9) 有两个相等的实根 $r_1 = r_2 = -\dfrac{p}{2}$，则方程 (8.8) 有一个解 $y_1 = \mathrm{e}^{r_1 x}$. 为求另一个解 y_2，且使 $\dfrac{y_1}{y_2} \neq$ 常数，设 $\dfrac{y_2}{y_1} = u(x)$ (待定函数)，则 $y_2 = u(x)y_1 = u(x)\mathrm{e}^{r_1 x}$，代入方程 (8.8)，化简可得

$$u''(x) = 0.$$

为简便起见，不妨取 $u(x) = x$，则

$$y_2 = xy_1 = x\mathrm{e}^{r_1 x}.$$

不难验证，$y_2 = x\mathrm{e}^{r_1 x}$ 是方程 (8.8) 的一个解，故方程 (8.8) 的通解为

$$y = \left(C_1 + C_2 x\right)\mathrm{e}^{r_1 x}.$$

(3) 若 $r_{1,2} = \alpha \pm \beta\,\mathrm{i}$ 为特征方程 (8.9) 的一对共轭复根，根据欧拉公式 $\mathrm{e}^{\mathrm{i}x} = \cos x + \mathrm{i}\sin x$ 可得

$$y_1 = \mathrm{e}^{\alpha x}\left(\cos \beta x + \mathrm{i}\sin \beta x\right), \quad y_2 = \mathrm{e}^{\alpha x}\left(\cos \beta x - \mathrm{i}\sin \beta x\right),$$

于是由定理 1 知

$$\bar{y}_1 = \frac{1}{2}\left(y_1 + y_2\right) = \mathrm{e}^{\alpha x}\cos\beta x, \quad \bar{y}_2 = \frac{1}{2\mathrm{i}}\left(y_1 - y_2\right) = \mathrm{e}^{\alpha x}\sin\beta x$$

也是方程 (8.8) 的解，且

$$\frac{\bar{y}_1}{\bar{y}_2} = \frac{\mathrm{e}^{\alpha x}\cos\beta x}{\mathrm{e}^{\alpha x}\sin\beta x} = \cot\beta x \neq 常数,$$

因此方程 (8.8) 的通解为

$$y = \mathrm{e}^{\alpha x}\left(C_1\cos\beta x + C_2\sin\beta x\right).$$

综上所述，二阶常系数齐次线性微分方程 $y'' + py' + qy = 0$ 的通解可归纳为表 8.1.

表 8.1 **微分方程** $y'' + py' + qy = 0$ **的通解**

特征方程 $r^2 + pr + q = 0$ 的两个根	微分方程 $y'' + py' + qy = 0$ 的通解
两个不相等的实根 $r_1 \neq r_2$	$y = C_1\mathrm{e}^{r_1 x} + C_2\mathrm{e}^{r_2 x}$
两个相等的实根 $r_1 = r_2$	$y = \left(C_1 + C_2 x\right)\mathrm{e}^{r_1 x}$
一对共轭复根 $r_{1,2} = \alpha \pm \beta\,\mathrm{i}$	$y = \mathrm{e}^{\alpha x}\left(C_1\cos\beta x + C_2\sin\beta x\right)$

例 1 求微分方程 $y'' - y' - 2y = 0$ 的通解.

解 特征方程为

$$r^2 - r - 2 = 0,$$

解得

$$r_1 = -1, \quad r_2 = 2,$$

则所求方程通解为

$$y = C_1\mathrm{e}^{-x} + C_2\mathrm{e}^{2x}.$$

例 2 解微分方程 $y'' - 6y' + 9y = 0$.

解 由特征方程 $r^2 - 6r + 9 = 0$ 得相同实根

$$r_1 = r_2 = 3,$$

于是所求方程通解为

$$y = \left(C_1 + C_2 x\right)\mathrm{e}^{3x}.$$

例 3 解方程 $y'' + 2y' + 5y = 0$.

解 特征方程为 $r^2 + 2r + 5 = 0$,解得

$$r_{1,2} = \frac{-2}{2} \pm \frac{1}{2}\sqrt{4 - 4 \times 5} = -1 \pm 2\mathrm{i},$$

故所求方程通解为

$$y = \mathrm{e}^{-x}(C_1 \cos 2x + C_2 \sin 2x).$$

三、二阶常系数非齐次线性微分方程

二阶常系数非齐次线性微分方程的一般形式是

$$y'' + py' + qy = f(x), \tag{8.10}$$

其中 p, q 是常数, $f(x)$ 不恒等于零.

在齐次方程 (8.8) 的求解问题解决之后,根据定理 2,只要求出非齐次方程 (8.10) 的一个特解 y^*,即可得到 (8.10) 的通解.

下面讨论 $f(x)$ 分别具有如下形式时,如何用**待定系数法**求 (8.10) 的特解:

1. $f(x) = P_m(x)\mathrm{e}^{\lambda x}$,其中 λ 是常数, $P_m(x)$ 是关于 x 的 m 次多项式

因为多项式与指数函数乘积的导数仍然是多项式与指数函数的乘积,不妨设 $y^* = Q(x)\mathrm{e}^{\lambda x}$ 是方程 (8.10) 的特解, $Q(x)$ 为待定多项式. 将

$$y^* = Q(x)\mathrm{e}^{\lambda x},$$

$$y^{*\prime} = \mathrm{e}^{\lambda x}\left[\lambda Q(x) + Q'(x)\right],$$

$$y^{*\prime\prime} = \mathrm{e}^{\lambda x}\left[\lambda^2 Q(x) + 2\lambda Q'(x) + Q''(x)\right]$$

代入 (8.10) 式,消去 $\mathrm{e}^{\lambda x}$ 并整理,得

$$Q'' + (2\lambda + p)Q'(x) + \left(\lambda^2 + p\lambda + q\right)Q(x) = P_m(x). \tag{8.11}$$

(1) 如果 λ 不是特征方程 $r^2 + pr + q = 0$ 的根,即 $\lambda^2 + p\lambda + q \neq 0$,那么由 (8.11) 式可以看出 $Q(x)$ 必须是 m 次多项式. 令

$$Q(x) = Q_m(x) = b_0 x^m + b_1 x^{m-1} + \cdots + b_{m-1}x + b_m,$$

代入 (8.11) 式,比较等式两端 x 同次幂系数,就可确定 $b_0, b_1, \cdots, b_m$ 的值,从而所求特解为

$$y^* = Q_m(x)\mathrm{e}^{\lambda x}.$$

(2) 如果 λ 是特征方程 $r^2 + pr + q = 0$ 的单根, 即

$$\lambda^2 + p\lambda + q = 0, \quad 2\lambda + p \neq 0,$$

那么由 (8.11) 式可以看出 $Q'(x)$ 必须是 m 次多项式. 即 $Q(x)$ 是 $m+1$ 次多项式. 令

$$Q(x) = xQ_m(x) = x\left(b_0 x^m + b_1 x^{m-1} + \cdots + b_{m-1} x + b_m\right),$$

可用同样方法确定系数 $b_0, b_1, \cdots, b_m$, 从而所求特解为

$$y^* = xQ_m(x)\mathrm{e}^{\lambda x}.$$

(3) 如果 λ 是特征方程的重根, 即

$$\lambda^2 + p\lambda + q = 0, \quad 2\lambda + p = 0,$$

分析 (8.11) 式两边可知, $Q''(x)$ 应是 m 次多项式, $Q(x)$ 是 $m+2$ 次多项式, 即可设 $y^* = x^2 Q_m(x)\mathrm{e}^{\lambda x}$. 用上述方法可确定 $Q_m(x)$.

综上所述, 我们将结果列于表 8.2.

表 **8.2** **微分方程** $y'' + py' + qy = f(x)$ **的特解**

非齐次方程 (8.10) 的右端 $f(x) = P_m(x)\mathrm{e}^{\lambda x}$, 特征方程 $r^2 + pr + q = 0$	特解形式为 $y^* = x^k Q_m(x)\mathrm{e}^{\lambda x}$
λ 不是特征方程的根	$k = 0$
λ 是特征方程的单根	$k = 1$
λ 是特征方程的重根	$k = 2$

例 4 求微分方程 $y'' - 2y' - 3y = 3x + 1$ 的通解.

解 方程所对应的齐次方程为 $y'' - 2y' - 3y = 0$, 它的特征方程为

$$r^2 - 2r - 3 = 0,$$

解得特征根

$$r_1 = 3, \quad r_2 = -1,$$

对应齐次方程的通解为

$$\bar{y} = C_1 \mathrm{e}^{3x} + C_2 \mathrm{e}^{-x}.$$

由于 $\lambda = 0$ 不是特征方程的根且方程右端为一次多项式，所以设特解 $y^* = b_0 x + b_1$，代入原方程，得

$$-3b_0 x - 2b_0 - 3b_1 = 3x + 1,$$

比较两端 x 同幂次系数，得

$$\begin{cases} -3b_0 = 3, \\ -2b_0 - 3b_1 = 1. \end{cases}$$

由此求得 $b_0 = -1, b_1 = \dfrac{1}{3}$，因而得一个特解为 $y^* = -x + \dfrac{1}{3}$. 故所求通解为

$$y = C_1 \mathrm{e}^{3x} + C_2 \mathrm{e}^{-x} - x + \frac{1}{3}.$$

例 5　求 $y'' - 4y' + 4y = 3\mathrm{e}^{2x}$ 的通解.

解　方程对应的齐次线性方程的特征方程为 $r^2 - 4r + 4 = 0$，即

$$(r - 2)^2 = 0,$$

特征根

$$r_1 = r_2 = 2.$$

所以，对应齐次方程的通解

$$\bar{y} = (C_1 + C_2 x)\mathrm{e}^{2x}.$$

对 $f(x) = 3\mathrm{e}^{2x}, P_m(x) = 3$ 是零次多项式，$\lambda = 2$ 是特征方程重根，于是设特解 $y^* = Ax^2\mathrm{e}^{2x}$，则

$$y^{*\prime} = 2Ax\mathrm{e}^{2x} + 2Ax^2\mathrm{e}^{2x},$$

$$y^{*\prime\prime} = 2A\mathrm{e}^{2x} + 8Ax\mathrm{e}^{2x} + 4Ax^2\mathrm{e}^{2x},$$

代入原方程，得

$$2A\mathrm{e}^{2x} = 3\mathrm{e}^{2x}, \quad \text{即} \quad 2A = 3,$$

比较两端 x 同次幂系数，得 $A = \dfrac{3}{2}$. 所以特解为

$$y^* = \frac{3}{2}x^2\mathrm{e}^{2x},$$

所求通解为

$$y = (C_1 + C_2 x)e^{2x} + \frac{3x^2}{2}e^{2x}.$$

例 6 (市场均衡价格) 设某商品的供给函数

$$Q_s = 34 + 4\frac{\mathrm{d}p}{\mathrm{d}t} + \frac{\mathrm{d}^2p}{\mathrm{d}t^2},$$

需求函数

$$Q_d = 52 - 2p + \frac{\mathrm{d}p}{\mathrm{d}t},$$

其中 $p(t)$ 表示时刻 t 处的价格, $\frac{\mathrm{d}p}{\mathrm{d}t}$ 表示价格关于时间 t 的变化率, 且 $p(0) = 1$, $p'(0) = 2$. 试将市场均衡价格表示为时间 t 的函数.

解 市场均衡价格应有 $Q_d = Q_s$, 即

$$34 + 4\frac{\mathrm{d}p}{\mathrm{d}t} + \frac{\mathrm{d}^2p}{\mathrm{d}t^2} = 52 - 2p + \frac{\mathrm{d}p}{\mathrm{d}t},$$

整理得

$$\frac{\mathrm{d}^2p}{\mathrm{d}t^2} + 3\frac{\mathrm{d}p}{\mathrm{d}t} + 2p = 18.$$

此为二阶常系数非齐次微分方程, 其特征方程为 $r^2 + 3r + 2 = 0$, 特征根为 $r_1 = -1, r_2 = -2$, 故相应齐次微分方程的通解为 $\bar{p} = C_1 e^{-t} + C_2 e^{-2t}$, 其中 C_1, C_2 为任意常数.

因 $\lambda = 0$ 不是特征方程的根, 故可设 $p^* = A$ 是原方程的一个特解, 代入方程得 $A = 9$, 即 $p^* = 9$. 于是原方程的通解为

$$p = C_1 e^{-t} + C_2 e^{-2t} + 9.$$

将初值条件代入, 有

$$\begin{cases} C_1 + C_2 + 9 = 1, \\ -C_1 - 2C_2 = 2, \end{cases} \quad \text{解得} \quad \begin{cases} C_1 = -14, \\ C_2 = 6. \end{cases}$$

因此

$$p = -14e^{-t} + 6e^{-2t} + 9.$$

上式即为均衡价格关于时间的函数.

由于 $\lim\limits_{t \to \infty} p(t) = 9$, 这意味着市场中这种商品的价格将趋于稳定, 且我们可以认为此商品的价格将趋于 9.

2. $f(x) = \mathrm{e}^{\lambda x}[P_l(x)\cos\beta x + P_n(x)\sin\beta x]$，**其中** $P_l(x), P_n(x)$ **分别是关于** x **的** l **次、** n **次多项式**

可推得如下结论：方程

$$y'' + py' + qy = \mathrm{e}^{\lambda x}\left[P_l(x)\cos\beta x + P_n(x)\sin\beta x\right]$$

具有形如

$$y^* = x^k\mathrm{e}^{\lambda x}\left[R_m^{(1)}(x)\cos\beta x + R_m^{(2)}(x)\sin\beta x\right]$$

的特解，其中 $R_m^{(1)}(x), R_m^{(2)}(x)$ 是 m 次多项式，$m = \max\{l, n\}$，且

(1) 若 $\lambda + \mathrm{i}\beta$（或 $\lambda - \mathrm{i}\beta$）不是特征方程的根，取 $k = 0$；

(2) 若 $\lambda + \mathrm{i}\beta$（或 $\lambda - \mathrm{i}\beta$）是特征方程的单根，取 $k = 1$.

例 7 求 $y'' + 4y = \cos x$ 的通解.

解 对应的齐次方程为 $y'' + 4y = 0$，特征方程为

$$r^2 + 4 = 0, \quad 解得 \quad r_{1,2} = \pm 2\mathrm{i}.$$

对应齐次方程的通解为

$$\bar{y} = C_1\cos 2x + C_2\sin 2x.$$

对 $f(x) = \cos x, \lambda = 0,\ \beta = 1$，而 $\lambda + \mathrm{i}\beta = \mathrm{i}$ 不是特征方程的根，故设 $y^* = A\cos x + B\sin x$，计算 $y^{*\prime}, y^{*\prime\prime}$ 并代入原方程，得

$$3A\cos x + 3B\sin x = \cos x.$$

比较同类项系数得

$$A = \frac{1}{3}, \quad B = 0,$$

所以 $y^* = \dfrac{1}{3}\cos x$. 所求通解为

$$y = C_1\cos 2x + C_2\sin 2x + \frac{1}{3}\cos x.$$

例 8 求 $y'' + 4y = \mathrm{e}^x + \cos x$ 的通解.

解 由例 7 知其对应齐次方程的通解为

$$\bar{y} = C_1\cos 2x + C_2\sin 2x.$$

下面分别求如下非齐次方程的特解：

(1) $y'' + 4y = \mathrm{e}^x$；

(2) $y'' + 4y = \cos x$.

对于 (1)，因为 $r = 1$ 不是特征根，所以设特解 $y_1^* = A\mathrm{e}^x$. 将 $y^{*\prime} = A\mathrm{e}^x, y^{*\prime\prime} = A\mathrm{e}^x$ 代入方程，由待定系数法知 $A = \dfrac{1}{5}$，故 $y_1^* = \dfrac{1}{5}\mathrm{e}^x$；对于 (2)，由上例知 $y_2^* = \dfrac{1}{3}\cos x$. 由定理 3，原方程的特解为

$$y^* = y_1^* + y_2^* = \frac{1}{5}\mathrm{e}^x + \frac{1}{3}\cos x,$$

所求通解为

$$y = C_1 \cos 2x + C_2 \sin 2x + \frac{1}{5}\mathrm{e}^x + \frac{1}{3}\cos x.$$

习题 8.4

1. 求下列齐次线性微分方程的通解：

(1) $y'' + y' - 2y = 0$；

(2) $y'' - 9y = 0$；

(3) $y'' - 4y' + 13y = 0$；

(4) $y'' - 2y' + y = 0$；

(5) $4y'' - 8y' + 5y = 0$；

(6) $4y'' + 4y' + y = 0$.

2. 解下列微分方程：

(1) $2y'' + y' - y = 2\mathrm{e}^x$；

(2) $y'' + 3y' - 4y = x^2$；

(3) $y'' + a^2 y = \mathrm{e}^x$；

(4) $y'' - 2y' + y = 12x\mathrm{e}^x$；

(5) $y'' + 2y' = \sin x$；

(6) $y'' - 2y' + 5y = \mathrm{e}^x \sin 2x$.

3. 求解下列初值问题：

(1) $\begin{cases} y'' - 3y' + 2y = 5, \\ y|_{x=0} = 1, y'|_{x=0} = 2; \end{cases}$

(2) $\begin{cases} y'' + 4y = \dfrac{1}{2}\sin 2x, \\ y|_{x=0} = 0, y'|_{x=0} = 0. \end{cases}$

4. 设某商品的供给函数与需求函数分别为

$$Q_d = 42 - 4P - 4P' + P'', \quad Q_s = -6 + 8P,$$

初值条件为 $P(0) = 6, P'(0) = 4$，若在每一时刻市场供需平衡，求价格函数 $P(t)$.

*5. 已知曲线 $y = f(x)(x > 0)$ 是微分方程 $2y'' + y' - y = (4 - 6x)\mathrm{e}^{-x}$ 的一条积分曲线，此曲线通过原点且在原点处的切线斜率为 0，求曲线 $y = f(x)$ 到 x 轴的最大距离.

6. 已知 $f(0) = 1$ 及 $f'(x) = 1 + \displaystyle\int_0^x \left[6\sin^2 t - f(t) \right] \mathrm{d}t$，求 $f(x)$.

§8.5 微分方程在经济管理中的应用

微分方程作为一种经济数量分析工具，在经济管理分析中非常有用. 本节介绍几个经济管理中的实例.

一、国内生产总值预测

国内生产总值 (GDP) 是衡量国民经济发展的一个重要的经济指标之一，它对一国的经济发展起到重要的导向作用. GDP 的增长对一个国家而言是十分重要的，它已成为宏观经济管理部门了解经济运行状况以及制定经济发展战略、中长期规划和各种宏观经济政策的重要依据.

例 1 已知 2022 年我国国内生产总值约为 1 210 207 亿元. 如果我国能保持每年 3% 的相对增长率，求从 2023 年初起第 t 年我国的 GDP 随时间演化模型，并计算 2030 年我国的 GDP.

解 设从 2023 年初起第 t 年我国的 GDP 为 $P(t)$，由题意知，

$$\begin{cases} \dfrac{\mathrm{d}P(t)}{\mathrm{d}t} = 0.03P(t), \\ P(0) = 1\ 210\ 207. \end{cases}$$

上式为可分离变量的微分方程，

$$\frac{\mathrm{d}P}{P(t)} = 0.03\mathrm{d}t,$$

对上式两端积分，

$$\int \frac{\mathrm{d}P}{P(t)} = \int 0.03\mathrm{d}t, \quad 得 \quad \ln P = 0.03t + C_1,$$

化简后得通解

$$P(t) = C\mathrm{e}^{0.03t}.$$

将 $P(0) = 1\ 210\ 207$ 代入通解，得 $C = 1\ 210\ 207$，所以

$$P(t) = 1\ 210\ 207\mathrm{e}^{0.03t}.$$

将 $t = 2030 - 2023 = 7$ 代入上式，得 2030 年我国国内生产总值的预测值为

$$P(7) = 1\ 210\ 207\mathrm{e}^{0.03\times 7} \approx 1\ 493\ 005(亿元).$$

二、人口增长逻辑斯谛模型

例 2 地球上的资源是有限的, 它只能提供一定数量的生命生存所需的条件. 随着人口数量的增加, 自然资源、环境条件等对人口再增长的限制作用将越来越显著. 在人口较少时, 可以将每年增长率 r 看成常数, 但是当人口增加到一定数量之后, 就应当视 r 为一个随着人口的增加而减小的量, 即将增长率 r 表示为人口 $x(t)$ 的函数 $r(x)$, 且 $r(x)$ 为 x 的减函数. 假设初始人口 $x(0) = x_0$, 且

(1) $r(x)$ 为 x 的线性函数, $r(x) = r - sx$;

(2) 自然资源与环境条件所能容纳的最大人口数为 x_m, 即当 $x = x_m$ 时, 增长率 $r(x_m) = 0$,

试写出人口 $x(t)$ 随时间 t 的演化趋势.

解 由假设 (1) 和 (2) 可得 $r(x) = r\left(1 - \dfrac{x}{x_m}\right)$, 则有

$$\begin{cases} \dfrac{\mathrm{d}x}{\mathrm{d}t} = r\left(1 - \dfrac{x}{x_m}\right)x, \\ x(0) = x_0. \end{cases}$$

分离变量得,

$$\left(\frac{1}{x} + \frac{1}{x_m - x}\right)\mathrm{d}x = r\mathrm{d}t,$$

两边积分得, $x = \dfrac{x_m}{1 + C\mathrm{e}^{-rt}}$, 将 $x(0) = x_0$ 代入, 得 $C = \dfrac{x_m}{x_0} - 1$, 所以

$$x(t) = \frac{x_m}{1 + \left(\dfrac{x_m}{x_0} - 1\right)\mathrm{e}^{-rt}}.$$

又

$$\frac{\mathrm{d}^2 x}{\mathrm{d}t^2} = r\left(1 - \frac{2x}{x_m}\right),$$

故 $\dfrac{\mathrm{d}x}{\mathrm{d}t}$ 在 $x = \dfrac{x_m}{2}$ 时取到最大值. 人口总数 $x(t)$ 有如下规律:

(1) $\lim\limits_{t \to +\infty} x(t) = x_m$, 即无论人口初值 x_0 如何, 人口总数以 x_m 为极限;

(2) 人口变化率 $\dfrac{\mathrm{d}x}{\mathrm{d}t}$ 在 $x = \dfrac{x_m}{2}$ 时取到最大值, 即人口总数达到极限值一半以前是加速生长时期, 经过这一点之后, 生长速率会逐渐变小, 最终变为零.

三、债券市场的无风险利率模型

人们在开展各类金融分析和研究时都习惯从金融市场中寻找一个低风险利率来代替无风险利率，很少有人去定量地研究无风险利率，而无风险利率在金融产品的定价中起着至关重要的作用，特别是金融衍生品的定价都不可避免地用到无风险利率. 通常，不同期限的债券其年收益率是不相同的，在金融上称为利率的期限结构. 假定有到期日为 T 的零息票债券 (指在到期日得 1 元，中间不分利息，在购买时从低于面值的价格买进的债券)，其目前市场无风险利率 (连续复利) 是时间 t 的函数 $r(t)$. 在金融实务上，经常遇到的是，已知不同到期日的零息票债券价格 $P(t)$，来反求市场无风险利率 $r(t)$. 利率通常围绕长期均值波动，其中既有确定性因素也有随机性因素. 为简单起见，下例只考虑确定性因素的影响.

例 3　已知市场无风险利率是时间 t 的函数 $r(t)$. 只考虑确定性因素的影响，假设利率 $r(t)$ 的变化率为 $a[b(t) - r(t)]$，其中，a 为均值回复的速度，$b(t)$ 为长期均值水平. 试求当 $a = 1, b(t) = 0.04(1 + \cos t), r(0) = 0.06$ 时的无风险利率 $r(t)$.

解　无风险利率的变化率为 $\dfrac{\mathrm{d}r(t)}{\mathrm{d}t}$. 由题设可得初值问题

$$\begin{cases} \dfrac{\mathrm{d}r(t)}{\mathrm{d}t} = a[b(t) - r(t)], \\ r(0) = 0.06. \end{cases}$$

将方程变形为

$$\frac{\mathrm{d}r(t)}{\mathrm{d}t} + ar(t) = ab(t),$$

此为一阶线性非齐次方程. 利用通解公式，可得

$$r(t) = \mathrm{e}^{-\int a\mathrm{d}t}\left[\int a \cdot b(t)\mathrm{e}^{\int a\mathrm{d}t}\mathrm{d}t + C\right] = \mathrm{e}^{-at}\left[a\int b(t)\mathrm{e}^{at}\mathrm{d}t + C\right].$$

将 $a = 1, b(t) = 0.04(1 + \cos t)$ 代入上式，得通解为

$$r(t) = \mathrm{e}^{-t}\left[\int 0.04(1 + \cos t)\mathrm{e}^{t}\mathrm{d}t + C\right]$$

$$= C\mathrm{e}^{-t} + 0.02(\sin t + \cos t) + 0.04.$$

将初始条件 $r(0) = 0.06$ 代入通解中，得 $C = 0$. 于是所求无风险利率为

$$r(t) = 0.02(\sin t + \cos t) + 0.04.$$

四、全球气候变暖污染模型

"全球气候变暖"以及"碳减排"问题,已成为世界关注的一个热点问题.众所周知,全球大气中二氧化碳存量会对全球变暖产生重要影响,本部分主要讨论随着全球经济活动的扩张,二氧化碳存量的动态演变.

例 4 全球大气中二氧化碳存量会随着燃烧化石燃料所带来的二氧化碳的工业排放而增加,但它也会由于海洋和植被的自然吸收而出现一定数量的下降.随着时间的推移,这一存量倾向于随着全球经济活动扩张引发的工业排放量的增加而增加.另一方面,随着全球变暖问题的恶化,环境污染控制也越来越严格,这一存量也受到了这个因素的影响.如令 y 表示二氧化碳存量,假定存量根据方程 $y' = x - \alpha y$ 变化,其中,x 表示二氧化碳的工业排放量,$\alpha > 0$ 为参数,它确定了自然环境吸收二氧化碳的速度.进一步假定,工业排放量随着时间的变化为 $x' = ae^{bt} - \beta y$,其中,a, b 和 β 为正常数.该式中的第一项表示排放量随着 t 增加而增加,该项表示经济活动扩张对二氧化碳工业排放量的影响;第二项是二氧化碳排放量受二氧化碳存量的影响,该项体现了如下假设:随着污染问题的恶化,政府对二氧化碳的工业排放进行更为严格的控制.试确定二氧化碳随时间的动态演变趋势,并提出治理对策.

解 对方程 $y' = x - \alpha y$ 两边求导,得

$$y'' = x' - \alpha y',$$

将 $x' = ae^{bt} - \beta y$ 代入上式,整理后得到 y 的二阶微分方程

$$y'' + \alpha y' + \beta y = ae^{bt}.$$

这是一个二阶常系数非齐次微分方程,特征方程为

$$r^2 + \alpha r + \beta = 0,$$

特征根为

$$r_1, r_2 = -\frac{\alpha}{2} \pm \frac{1}{2}\sqrt{\alpha^2 - 4\beta}.$$

因为已假定 α, β 为正实数,所以如果两个根为实根,则均为负值;如果两个根为复根,那么实部是负的.对应的齐次方程通解为

$$\bar{y} = C_1 e^{r_1 t} + C_2 e^{r_2 t}.$$

因为 $f(t) = ae^{bt}$,所以设特解 $y^* = Ae^{bt}$,则

$$y^{*\prime} = bAe^{bt}, \quad y^{*\prime\prime} = b^2Ae^{bt},$$

代入原方程，得

$$b^2Ae^{bt} + \alpha bAe^{bt} + \beta Ae^{bt} = ae^{bt},$$

即

$$A = \frac{a}{b^2 + \alpha b + \beta},$$

特解为

$$y^* = \frac{a}{b^2 + \alpha b + \beta}e^{bt},$$

综上，所求通解为

$$y = \bar{y} + \frac{a}{b^2 + \alpha b + \beta}e^{bt}.$$

该解说明了模型中二氧化碳如何随着时间而变化. 从通解可以看出，随着 $t \to \infty$，解中 $\bar{y}$ 趋于零；如果 $b = 0$，那么解的最后一项变为 $\frac{a}{\beta}$，即减少经济活动扩张后，二氧化碳存量将随着时间增加收敛到 $\frac{a}{\beta}$；如果 $b > 0$，则二氧化碳存量会无限制地增长. 随着污染问题的恶化，政府应对二氧化碳的工业排放进行更加严格的控制.

习题 8.5

1. (人口增长模型) 1798 年，英国神父马尔萨斯在分析了一百多年人口统计资料之后，提出了马尔萨斯模型，该模型假设

(1) $x(t)$ 表示时刻 t 的人口数，且 $x(t)$ 连续可微；

(2) 人口的增长率 r 是常数，即单位时间内人口增长与当时人口成正比；

(3) 初始时刻人口数量 $x(t_0) = x_0$.

试建立人口增长模型，并求解时刻 t 的人口数量.

2. 已知某地区在一个已知时期内国民收入的增长率为 $\frac{1}{10}$，国民债务的增长率为国民收入的 $\frac{1}{20}$. 若 $t = 0$ 时，国民收入为 5 亿元，国民债务为 0.1 亿元. 试分别求出国民收入 $y(t)$ 及国民债务 $D(t)$ 与时间 t 的函数关系.

3. 设时刻 t 物价 $x = x(t)$，需求 Q 与供给 S 为常数，且 $Q > S$，如果物价的变化率 $\frac{\mathrm{d}x}{\mathrm{d}t}$ 与 $Q - S$ 成正比，试建立物价变化模型，并分析通货膨胀原因.

4. 当 $\alpha = 0.5, \beta = \frac{1}{8}, a = b = 1$ 时，求解全球气候变暖污染模型例 4.

§8.6　差分方程简介

在现实世界中，有许多变量是离散变化的，如国家或地区人口数量的变化，银行存款的变化等. 前面研究连续变量的性态是以微分 (或微商) 为工具，现在研究离散变量的性态则是以差分 (或差商) 为工具.

一、差分基本概念

设函数 $y_n = f(n), n = 0, 1, 2, \cdots$，则差 $y_{n+1} - y_n$ 称为 y_n 的**一阶差分** (简称差分)，记为 Δy_n，即

$$\Delta y_n = y_{n+1} - y_n = f(n+1) - f(n).$$

Δ 称为差分算子，它具有下列性质：

(1) $\Delta(k) = 0, k$ 为常数；

(2) $\Delta(ky_n) = k\Delta y_n, k$ 为常数；

(3) $\Delta(y_{n_1} \pm y_{n_2}) = \Delta y_{n_1} \pm \Delta y_{n_2}$.

y_n 的一阶差分的差分称为 y_n 的**二阶差分**，记为 $\Delta^2 y_n$，即

$$\Delta^2 y_n = \Delta(\Delta y_n) = \Delta(y_{n+1} - y_n) = \Delta y_{n+1} - \Delta y_n$$

$$= (y_{n+2} - y_{n+1}) - (y_{n+1} - y_n) = y_{n+2} - 2y_{n+1} + y_n$$

$$= f(n+2) - 2f(n+1) + f(n).$$

类似地，y_n 的 $m-1$ 阶差分的差分称为 y_n 的 m 阶差分，记为 $\Delta^m y_n$. 二阶及二阶以上的差分均称为高阶差分.

例 1　设 $y_n = n^2 + 3n + 1$，求 $\Delta^2 y_n$.

解　一阶差分为

$$\Delta y_n = y_{n+1} - y_n = (n+1)^2 + 3(n+1) + 1 - (n^2 + 3n + 1) = 2n + 4,$$

二阶差分为

$$\Delta^2 y_n = \Delta(\Delta y_n) = \Delta(2n + 4) = 2\Delta n + \Delta(4) = 2.$$

这表明二次多项式的一阶差分为线性函数，二阶差分为常数.

例 2　设 $y_n = 3^n$，求 $\Delta^2 y_n$.

解　一阶差分为

$$\Delta y_n = y_{n+1} - y_n = 3^{n+1} - 3^n = 2 \cdot 3^n.$$

二阶差分

$$\Delta^2 y_n = \Delta\left(\Delta y_n\right) = \Delta\left(2 \cdot 3^n\right) = 2\Delta\left(3^n\right) = 2^2 \cdot 3^n.$$

这表明，指数函数的一阶、二阶差分都是指数函数.

二、差分方程的基本概念

先看下列例子.

例 3　某人计划在银行存款 p_0 元，已知银行年利率是 r，试建立 n 年后该人的本利之和的求解模型.

解　设 y_n 表示该人第 n 年后的本利之和，则由题意可得方程

$$y_{n+1} = y_n + ry_n \quad (n = 0, 1, 2, \cdots),$$

用差分表示为

$$\Delta y_n = ry_n, \tag{8.12}$$

附加条件 $y_0 = p_0$，

(8.12) 式就是所求模型，实际上是差分方程.

定义 1　含有未知函数及其差分，或含有未知函数几个不同时期值的符号的方程称为差分方程.

如

$$y_{n+1} - y_n = 0, \tag{8.13}$$

$$\Delta^3 y_n - 3\Delta^2 y_n + \Delta y_n = y_n, \tag{8.14}$$

$$y_{n+2} - 2y_{n+1} - y_n^2 = 2 \tag{8.15}$$

等都是差分方程.

差分方程中未知函数差分的最高阶的阶数 (或未知函数的最大下标与最小下标之差) 称为差分方程的阶，如 (8.13) 是一阶的，(8.14) 是三阶的，(8.15) 是二阶的.

注　尽管差分方程 $\Delta^2 y_n + \Delta y_n = n^2$ 含有二阶差分 $\Delta^2 y_n$，但它可以化为 $y_{n+2} - y_{n+1} = n^2$，因此，它实际所含差分的最高阶数为 1，即它应该是一阶差分方程.

若差分方程中未知函数 y_n 是一次幂的, 称此方程为**线性差分方程**; 否则, 称此方程为非线性差分方程. 如 (8.13) 式、(8.14) 式均是线性的, (8.15) 式是非线性的.

差分方程的解是指代入方程后能使方程成为恒等式的函数, 如 $y_n = 15 + 2n$ 是差分方程 $y_{n+1} - y_n = 2$ 的解.

与微分方程相似, 如果差分方程的解中含有的相互独立的任意常数的个数与差分方程的阶数相同, 这样的解称为**通解**, 确定了任意常数的解称为**特解**, 而确定任意常数的条件称为**初值条件**, 如例 3 中 $y_0 = p_0$.

如例 3, 易知通解 $y_n = C(1+r)^n$ 满足 $\Delta y_n = r y_n$, 其中 C 为任意常数. 将初值条件 $y_0 = p_0$ 代入 $y_n = C(1+r)^n$ 得 $C = p_0$. 故 n 年后该人的本利之和即特解为

$$y_n = p_0(1+r)^n.$$

当 $n = 0, 1, 2, \cdots, k, \cdots$ 时, y_n 依次取

$$p_0, \ p_0(1+r), \ p_0(1+r)^2, \ \cdots, \ p_0(1+r)^k, \ \cdots,$$

它的经济学意义是, 一开始存入 p_0 元, 一年后本利和是 $p_0(1+r)$ 元, 两年后本利和是 $p_0(1+r)^2$ 元, 依此类推, k 年后本利和是 $p_0(1+r)^k$ 元.

三、一阶常系数线性差分方程

形如

$$y_{n+1} - b y_n = f(n) \tag{8.16}$$

的方程称为**一阶常系数线性差分方程**, 其中 $f(n)$ 为已知函数, y_n 为未知函数, b 为不等于零的常数. 若 $f(n) \neq 0$, 则称 (8.16) 式为**一阶常系数非齐次线性差分方程**; 若 $f(n) \equiv 0$, 即

$$y_{n+1} - b y_n = 0, \tag{8.17}$$

称上式为**一阶常系数齐次线性差分方程**.

1. 一阶常系数齐次线性差分方程的解法

首先讨论一阶常系数齐次线性差分方程的解法.

(1) 迭代法. 设 y_0 已知, 将 $n = 0, 1, 2, \cdots$ 依次代入 $y_{n+1} = b y_n$, 得

$$y_1 = b y_0, \quad y_2 = b y_1 = b^2 y_0, \quad \cdots, \quad y_n = b^n y_0.$$

容易验证, $y_n = b^n y_0$ 是差分方程 (8.17) 的解.

(2) 特征方程法. 设 $y_n^* = r^n (r \neq 0)$ 是 (8.17) 式的一个解, 代入 (8.17) 式得

$$r^n(r - b) = 0,$$

因为 $r^n \neq 0$, 所以,

$$r - b = 0. \tag{8.18}$$

(8.18) 式称为 (8.17) 式的**特征方程**. 由 (8.18) 式解得 $r = b$, 则 $y_n^* = b^n$ 是方程 (8.17) 的一个特解. 不难验证, $y_n = Cb^n$ 是方程 (8.17) 的通解. 若 y_0 已知, 代入通解得 $C = y_0$, 所以差分方程 (8.17) 满足初值条件的特解为

$$y_n = y_0 b^n.$$

例 4 解差分方程 $y_{n+1} - 5y_n = 0$, 其中 $y_0 = \dfrac{3}{5}$.

解 方法一 (迭代法) 因为

$$y_1 = 5y_0, \quad y_2 = 5y_1 = 5^2 y_0, \quad \cdots, \quad y_n = 5^n y_0,$$

所以 $y_n = 3 \cdot 5^{n-1}$.

方法二 (特征方程法) 由特征方程 $r - 5 = 0$ 解得特征值 $r = 5$. 原方程通解为

$$y_n = C \cdot 5^n.$$

将 $y_0 = \dfrac{3}{5}$ 代入得 $C = \dfrac{3}{5}$, 原方程满足初值条件的特解是

$$y_n = \frac{3}{5} \cdot 5^n, \quad 即 \quad y_n = 3 \cdot 5^{n-1}.$$

2. 一阶常系数非齐次线性差分方程解法

可以证明, 非齐次线性差分方程的通解 y_n 等于对应的齐次线性差分方程的通解 $\bar{y}_n$ 加上原差分方程的一个特解 y_n^*, 即

$$y_n = \bar{y}_n + y_n^*.$$

在 §8.4 中, 我们曾介绍过用待定系数法求解二阶常系数线性非齐次微分方程的特解. 与此类似, 当一阶常系数线性非齐次差分方程 (8.16) 的右端为某些特殊类型时, 也可用待

定系数法求特解. 我们只介绍当 $f(n) = \lambda^n P_m(n)$ $(\lambda \neq 0)$ 时的特解求法, 其中 $P_m(n)$ 为已知的 m 次多项式. 可以证明 (8.16) 式的特解形式为

$$y_n^* = \begin{cases} \lambda^n Q_m(n), & \lambda \text{ 不是特征方程的根}, \\ n\lambda^n Q_m(n), & \lambda \text{ 是特征方程的根}, \end{cases}$$

其中 $Q_m(n)$ 为 m 次多项式, 有 $m+1$ 个待定系数, 将 y_n^* 代入 (8.16) 式后可用待定系数法求出这些待定系数.

综上所述, 一阶常系数非齐次线性差分方程 (8.16) 通解的求法为

(1) 写出对应的一阶齐次差分方程 $y_{n+1} - by_n = 0$ 的特征方程 $r - b = 0$, 并求出特征根 $r = b$;

(2) 写出对应的一阶齐次方程的通解 $\bar{y}_n = Cr^n = Cb^n$;

(3) 若 $f(x) = P_m(n)\lambda^n$, 则差分方程 (8.16) 有特解

$$y_n^* = n^k Q_m(n)\lambda^n,$$

其中 $Q_m(n)$ 是与 $P_m(n)$ 同次 (m 次) 的待定多项式, k 按 λ 不是特征根、是特征根分别取 0, 1.

例 5 求差分方程 $\Delta y_n = n$ 的通解.

解 对应齐次方程 $y_{n+1} - y_n = 0$, 由特征方程 $r - 1 = 0$, 解得特征值 $r = 1$, 对应齐次方程通解为 $y_n = C$.

又 $f(n) = n$, $\lambda = 1 = r$, 故非齐次方程特解的形式为

$$y_n^* = n\left(A_0 n + A_1\right),$$

代入原方程, 得

$$2nA_0 + A_0 + A_1 = n,$$

比较系数得

$$A_0 = \frac{1}{2}, \quad A_1 = -\frac{1}{2},$$

所以原方程通解为

$$y_n = \frac{1}{2}n^2 - \frac{1}{2}n + C.$$

例 6 求差分方程 $y_{n+1} - 3y_n = n \cdot 3^n$ 在初值条件 $y_0 = 1$ 下的特解.

解 由特征方程 $r-3=0$, 解得特征值 $r=3$, 对应的齐次方程通解为 $y_n = C\cdot 3^n$. 又 $f(n) = n\cdot 3^n$, $\lambda = 3 = r$, 从而非齐次方程特解的形式为

$$y_n^* = 3^n \cdot n\left(A_0 n + A_1\right),$$

代入原方程并比较系数得

$$A_0 = \frac{1}{6}, \quad A_1 = -\frac{1}{6},$$

所以原方程通解为

$$y_n = C\cdot 3^n + \frac{n}{6}(n-1)\cdot 3^n.$$

将 $y_0 = 1$ 代入, 得 $C=1$, 满足初值条件的特解是

$$y_n = 3^n + \frac{n}{6}(n-1)\cdot 3^n.$$

* 四、二阶常系数线性差分方程

二阶常系数线性差分方程的一般形式为

$$y_{n+2} + py_{n+1} + qy_n = f(n), \tag{8.19}$$

其中 p,q 都是常数, 且 $q\neq 0$, $f(n)$ 为 n 的已知函数, y_n 为未知函数. 当 $f(n)\neq 0$ 时, 差分方程 (8.19) 称为二阶常系数非齐次线性差分方程. 当 $f(n)\equiv 0$ 时, 称方程

$$y_{n+2} + py_{n+1} + qy_n = 0$$

为方程 (8.19) 对应的二阶常系数齐次线性差分方程.

与一阶的情形类似, **二阶常系数非齐次线性差分方程的通解等于其任意特解与对应的齐次方程通解的和**.

1. 二阶常系数齐次线性差分方程的解法

观察方程 (8.19), 与一阶常系数齐次线性差分方程有同样的分析, 可以设方程 (8.19) 的特解形如

$$y_n = r^n \quad (r\neq 0 \text{ 是待定常数}),$$

将其代入方程 (8.19) 后得

$$r^{n+2} + pr^{n+1} + qr^n = 0,$$

因 $r^n \neq 0$，故有

$$r^2 + pr + q = 0, \tag{8.20}$$

称代数方程 (8.20) 为二阶常系数齐次线性差分方程 (8.19) 的特征方程, 它的根 r 称为特征根. 于是由满足方程 (8.20) 的根 r 所作出的函数 $y_n = r^n$ 就是方程 (8.20) 的解.

和二阶常系数齐次线性微分方程一样，根据特征根的三种不同情况，可分别确定出二阶常系数齐次差分方程的通解，归纳为表 8.3.

表 8.3 差分方程 $y_{n+2} + py_{n+1} + qy_n = 0$ 的通解

特征方程 $r^2 + pr + q = 0$ 的两个根	差分方程 $y_{n+2} + py_{n+1} + qy_n = 0$ 的通解
两个不相等的实根 $r_1 \neq r_2$	$y_n = C_1 r_1^n + C_2 r_2^n$
两个相等的实根 $r_1 = r_2$	$y_n = (C_1 + C_2 n) r_1^n$
一对共轭复根 $r_{1,2} = \alpha \pm \beta \mathrm{i}$	$y_n = \lambda^n (C_1 \cos \theta n + C_2 \sin \theta n),$ $\lambda = \sqrt{\alpha^2 + \beta^2}, \tan \theta = \dfrac{\beta}{\alpha} (\beta > 0, 0 < \theta < \pi)$

例 7　求差分方程 $y_{n+2} - 3y_{n+1} + 2y_n = 0$ 的通解.

解　特征方程为 $r^2 - 3r + 2 = 0$，特征根为 $r_1 = 2, r_2 = 1$, 原方程的通解为

$$y_n = C_1 2^n + C_2.$$

2. 二阶常系数非齐次线性差分方程的解法

由前所述非齐次线性差分方程的通解 y_n 为其自身的一个特解 y_n^* 与对应的齐次方程的通解 $\bar{y}_n$ 叠加而成, 即

$$y_n = \bar{y}_n + y_n^*.$$

由于前面已介绍二阶常系数齐次线性差分方程通解的求法, 因此这里只需要讨论求非齐次线性差分方程自身的一个特解 y_n^* 的方法.

与一阶非齐次线性差分方程求特解 y_n^* 类似, 我们仍可用待定系数法, 求出二阶非齐次线性差分方程 (8.19) 的对应于 $f(n) = P_m(n)\lambda^n$ 形式的特解. 可以证明方程 (8.19) 的特解形式为

$$y_n^* = \begin{cases} \lambda^n Q_m(n), & \lambda \text{ 不是特征方程的根}, \\ n\lambda^n Q_m(n), & \lambda \text{ 是特征方程的单根}, \\ n^2 \lambda^n Q_m(n), & \lambda \text{ 是特征方程的重根}. \end{cases} \tag{8.21}$$

其中 $Q_m(n)$ 是与 $P_m(n)$ 同次的待定多项式.

例 8 求 $y_{n+2} - 3y_{n+1} + 2y_n = 2^n$ 的通解.

解 该方程对应的齐次方程为 $y_{n+2} - 3y_{n+1} + 2y_n = 0$. 由例 7 知特征根为 $r_1 = 2, r_2 = 1$,对应的齐次方程的通解为

$$\bar{y}_n = C_1 2^n + C_2.$$

又 $f(n) = 2^n$,而 $\lambda = 2$ 是特征方程单根,故可设差分方程特解为

$$y_n^* = nA2^n.$$

将其代入方程,得

$$A(n+2)2^{n+2} - 3A(n+1)2^{n+1} + 2nA2^n = 2^n,$$

解得 $A = \dfrac{1}{2}$,则特解为 $y_n^* = \dfrac{1}{2}n2^n$. 于是方程通解为

$$y_n = C_1 2^n + C_2 + \frac{1}{2}n2^n.$$

例 9 求方程 $y_{n+2} - 2y_{n+1} + y_n = 4$ 满足 $y_0 = 3, y_1 = 8$ 的特解.

解 特征方程为 $r^2 - 2r + 1 = 0$,解得二重特征根为 $r = 1$,故齐次方程的通解为

$$\bar{y}_n = C_1 + C_2 n.$$

因 $f(n) = 4 \cdot 1^n$,且 $\lambda = 1$ 为二重特征根,故可设非齐次方程的特解为

$$y_n^* = An^2,$$

代入方程,得

$$A(n+2)^2 - 2A(n+1)^2 + An^2 = 4,$$

解得 $A = 2$,于是 $y_n^* = 2n^2$. 因此所求方程的通解为

$$y_n = C_1 + C_2 n + 2n^2.$$

将初值条件 $y_0 = 3, y_1 = 8$ 代入,得

$$\begin{cases} C_1 = 3, \\ C_1 + C_2 + 2 = 8, \end{cases} \quad 解得 \quad C_1 = C_2 = 3,$$

从而所求特解为

$$y_n = 3 + 3n + 2n^2.$$

习题 8.6

1. 写出下列差分方程的阶:

(1) $y_{n+4} - 2ny_{n+3} - n^2y_n = 1$;   (2) $3y_{n+2} - 5n^2y_n = 7n$.

2. 求下列差分方程的通解及特解:

(1) $3y_{n+1} - y_n = 0$, 初值条件 $y_0 = 2$;

(2) $y_{n+1} - 2y_n = 0$.

3. 求下列差分方程的通解及特解:

(1) $y_{n+1} + 2y_n = 4^n$;

(2) $y_{n+1} - y_n = n + 1$, 初值条件 $y_0 = 1$.

*4. 求下列二阶差分方程的通解及特解:

(1) $y_{n+2} - 4y_{n+1} + 4y_n = 0$;

(2) $y_{n+2} - y_{n+1} - 6y_n = 5n + 1$.

§8.7   差分方程在经济分析中的简单应用

例 1   某种商品 n 期供给量 S_n 和需求量 D_n 与价格 p_n 的关系分别为

$$S_n = 3 + 2p_n, \quad D_n = 4 - 3p_{n-1}.$$

又假定每期 $S_n = D_n$, 且当 $n = 0$ 时, 价格为 p_0. 求价格随时间 n 变化的规律 p_n.

  解 由 $S_n = D_n$ 得

$$3 + 2p_n = 4 - 3p_{n-1},$$

即

$$p_n + \frac{3}{2}p_{n-1} = \frac{1}{2}.$$

由于 $r = -\dfrac{3}{2} \neq 1$, 故可设方程特解 $y_n^* = A$, 代入方程并比较系数得 $A = \dfrac{1}{5}$, 所以方程的通解为

$$p_n = C\left(-\frac{3}{2}\right)^n + \frac{1}{5}.$$

由 $n = 0$ 时价格为 p_0, 定出常数

$$C = p_0 - \frac{1}{5},$$

因此满足初值条件的特解为

$$p_n = \left(p_0 - \frac{1}{5}\right)\left(-\frac{3}{2}\right)^n + \frac{1}{5}.$$

例 2 某人贷款 20 万元购房, 月利率为 0.5%, 20 年还清, 每月以等额付款的方式还债, 问每月应还款多少元?

解 设每月应还款 b 元, y_n 为第 n 个月还款后的剩余债务数, 则 y_n 满足的方程为

$$y_{n+1} = (1 + 0.5\%)y_n - b,$$

即

$$y_{n+1} - (1 + 0.5\%)y_n = -b.$$

这是一阶线性差分方程, 其特征根为 $r = 1 + 0.5\%$, 对应的齐次方程的通解为

$$y_t = C(1 + 0.5\%)^t.$$

因 1 不是特征根, 故设非齐次方程的特解为 $y_n^* = A$, 代入方程后得 $A = 200b$. 于是非齐次线性差分方程的通解为

$$y_n = C(1 + 0.5\%)^t + 200b.$$

将条件 $y_0 = 200\ 000\ (\text{元})$, $y_{240} = 0\ (\text{元})$ 代入通解, 得

$$\begin{cases} C + 200b = 200\ 000, \\ C(1 + 0.5\%)^{240} + 200b = 0, \end{cases}$$

解得

$$b = 1\ 000(1 - (1.005)^{-240})^{-1} \approx 1\ 432.86(\text{元}).$$

例 3 考虑下面的乘数–加速模型: 令第 t 期总国民收入

$$y_t = C_t + I_t + G_t,$$

例3讲解

其中, C_t, I_t 和 G_t 分别为第 t 期消费、投资和政府支出. 假定政府支出为常数 $\overline{G}$, 消费 $C_t = my_t$, 其中, $m = 0.6$ 为边际消费倾向. 此外, 假定投资占前一年国民收入增长的比

例为 $\alpha = \dfrac{1}{5}, I_t = \alpha\,(y_{t-1} - y_{t-2})$，试导出这一模型所蕴含的国民收入二阶差分方程，并且求解.

解 消去模型中的 C_t 和 I_t，得到二阶常系数非齐次线性差分方程

$$y_t - \frac{\alpha}{1-m}y_{t-1} + \frac{\alpha}{1-m}y_{t-2} = \frac{\overline{G}}{1-m}.$$

此为国民收入二阶差分方程. 将 $m = 0.6, \alpha = \dfrac{1}{5}$ 代入，并变形化为

$$y_{t+2} - \frac{1}{2}y_{t+1} + \frac{1}{2}y_t = \frac{5}{2}\overline{G}.$$

对应的齐次方程的特征方程为

$$r^2 - \frac{1}{2}r + \frac{1}{2} = 0,$$

解得

$$r_{1,2} = \frac{1}{4} \pm \frac{1}{4}\sqrt{7}\mathrm{i}.$$

对应的齐次方程的通解

$$\bar{y}_t = \lambda^t \left(C_1 \cos\theta t + C_2 \sin\theta t\right),$$

其中 $\lambda = \dfrac{\sqrt{2}}{2}, \theta = \arctan\sqrt{7}$.

下面求非齐次方程特解，由于 1 不是特征方程的根，于是令 $y_t^* = A$，代入方程，得 $A = \dfrac{5}{2}\overline{G}$. 因此差分方程的通解为

$$y_t = \lambda^t \left(C_1 \cos\theta t + C_2 \sin\theta t\right) + \frac{5}{2}\overline{G}.$$

习题 8.7

1. 某公司每年的工资总额在比上一年增加 20% 的基础上再追加 200 万元，若以 y_t 表示第 t 年的工资总额 (单位：万元)，试求 y_t 满足的差分方程，并求解.

2. 凯恩斯国民经济收支动态均衡模型为

$$
\begin{cases}
Y_t = C_t + I_t, \\
C_t = a + bY_{t-1}, \\
I_t = I_0 + \Delta I,
\end{cases}
$$

其中 Y_t 表示 t 期国民收入, C_t 为 t 期消费, I_t 为 t 期投资, I_0 为自发 (固定) 投资, ΔI 为周期固定投资增量, 试求 Y_t 与 t 的函数关系.

第八章自测题

思考题参考答案

第一章

思考题 1–1 函数 $y = x^x(x > 0)$ 是初等函数吗?

答 这个函数称为幂指函数, 因为它可以写成 $y = e^{x \ln x}$, 是由基本初等函数经过有限次四则运算以及复合运算所构成, 所以 $y = x^x$ 是初等函数.

思考题 1–2 $\lim\limits_{x \to 0} x \sin \dfrac{1}{x} = \lim\limits_{x \to 0} \dfrac{\sin \dfrac{1}{x}}{\dfrac{1}{x}} = 1$ 是否正确?

答 不正确, $\lim\limits_{x \to 0} x \sin \dfrac{1}{x}$ 不能用重要极限. 本题应使用有界变量与无穷小的乘积是无穷小, 答案为 0.

思考题 1–3 以下做法为什么错?

因为 $\tan x \sim x, \sin x \sim x \quad (x \to 0)$, 所以 $\lim\limits_{x \to 0} \dfrac{\tan x - \sin x}{x^3} = \lim\limits_{x \to 0} \dfrac{x - x}{x^3} = 0$.

答 因为只有当分子或分母为函数的连乘积时, 各个乘积因式才可以分别用它们的等价无穷小替换. 而对于和或差中的函数, 一般不能分别用等价无穷小替换, 因为不满足等价无穷小替换定理的条件.

第二章

思考题 2–1 设供给函数 $Q = f(P)$, 仿照需求弹性, 试给出供给的价格弹性公式.

答 供给弹性, 通常指供给的价格弹性. 设供给函数 $Q = f(P)$

可导，则供给价格弹性为

$$E_s|_{P=P_0} = E_s(P_0) = P \cdot \frac{f'(P)}{f(P)}.$$

思考题 2-2 试论述导数与微分的区别.

答 从概念上讲，导数和微分是两个不同的概念.

(1) $f'(x_0)$ 是函数相对于自变量的变化率，是对相对变化的刻画；

(2) $\mathrm{d}y|_{x=x_0}$ 是当自变量改变量为 Δx 时，函数改变量 Δy 的线性主部，是对绝对变化的刻画.

第三章

思考题 3-1 将罗尔定理的条件 (1) 换成"在开区间 (a,b) 内连续"，是否一定能得到"在 (a,b) 内至少存在一点 ξ，使得 $f'(\xi) = 0$"，请举例说明.

答 不能，如函数 $f(x) = \begin{cases} x, & 0 \leqslant x < 1, \\ 0, & x = 1, \end{cases}$ 在闭区间 $[0,1]$ 上不连续，也不存在一点 ξ，使得 $f'(\xi) = 0$.

思考题 3-2 可否用函数在一点处的导数符号判定函数的单调性?

答 不可以. 函数的单调性是一个区间上的性质，要用导数在这一区间上的符号来判定，而不能用一点处的导数符号来判定函数在一个区间上的单调性.

第四章

思考题 4-1 $\dfrac{\mathrm{d}}{\mathrm{d}x} \left(\displaystyle\int f(x)\mathrm{d}x \right)$ 与 $\displaystyle\int f'(x)\mathrm{d}x$ 是否相等?

答 不相等. 设 $F'(x) = f(x)$，则

$$\frac{\mathrm{d}}{\mathrm{d}x} \left(\int f(x)\mathrm{d}x \right) = (F(x) + C)' = F'(x) + 0 = f(x).$$

而由不定积分定义得

$$\int f'(x)\mathrm{d}x = f(x) + C \quad (C\text{为任意常数}).$$

所以 $\dfrac{\mathrm{d}}{\mathrm{d}x} \left(\displaystyle\int f(x)\mathrm{d}x \right) \neq \displaystyle\int f'(x)\mathrm{d}x$

思考题 4-2 例 15 被积函数的定义域是 $|x| > a$, 限定 $0 < t < \dfrac{\pi}{2}$ 实际上是限定 $x > a$, 当 $x < -a$ 时, 应如何计算?

答 可令 $x = -a\sec t\left(0 < t < \dfrac{\pi}{2}\right)$, 计算得

$$\int \frac{\mathrm{d}x}{\sqrt{x^2 - a^2}} = \ln\left(-x - \sqrt{x^2 - a^2}\right) + C.$$

将 $x > a$ 及 $x < -a$ 对应的结果合起来, 有

$$\int \frac{\mathrm{d}x}{\sqrt{x^2 - a^2}} = \ln\left|x + \sqrt{x^2 - a^2}\right| + C.$$

第五章

思考题 5-1 如果某国人口增长的速率为 $u(t)$, 那么 $\displaystyle\int_{T_1}^{T_2} u(t)\mathrm{d}t$ 表示什么?

答 表示该国在 $[T_1, T_2]$ 这段时期内人口增加的数量.

思考题 5-2 例 2 选用 x 为积分变量, 下列做法是否正确?

$$\int_0^4 (\sqrt{x} - x + 2)\mathrm{d}x = \left(\frac{2}{3}x^{\frac{3}{2}} - \frac{1}{2}x^2 + 2x\right)\Bigg|_0^4 = \frac{16}{3}.$$

答 不正确, 若选 x 为积分变量, 则 $y = \pm\sqrt{x}$, 积分区间应分为两部分, 正确解法如下:

$$\int_0^1 [\sqrt{x} - (-\sqrt{x})]\mathrm{d}x + \int_1^4 (\sqrt{x} - x + 2)\mathrm{d}x$$

$$= \frac{4}{3}x^{\frac{3}{2}}\Bigg|_0^1 + \left(\frac{2}{3}x^{\frac{3}{2}} - \frac{1}{2}x^2 + 2x\right)\Bigg|_1^4 = 4.5.$$

第六章

思考题 6-1 如何求与向量 $\overrightarrow{AB}$ 同向的单位向量?

答 $e_{\overrightarrow{AB}} = \dfrac{\overrightarrow{AB}}{\left|\overrightarrow{AB}\right|}.$

思考题 6-2 方程 $F(x, y) = 0$ 在平面直角坐标系和空间直角坐标系分别表示什么图形?

答 方程 $F(x, y) = 0$ 在平面直角坐标系中表示曲线, 在空间直角坐标系中表示柱面.

思考题 6–3 设函数 $z = f(x, y)$ 在点 (x_0, y_0) 处关于 x (或 y) 的偏导数 $f_x(x_0, y_0)$(或 $f_y(x_0, y_0)$) 存在，则 $f(x, y_0)$(或 $f(x_0, y)$) 在点 $x = x_0$ 处 (或点 $y = y_0$ 处) 连续吗?

答 连续.

思考题 6–4 若函数 $z = f(x, y)$ 在点 (x, y) 处可微分，即 $\mathrm{d}z = f_x(x, y)\mathrm{d}x + f_y(x, y)\mathrm{d}y$，且具有二阶连续偏导数，则全微分 $\mathrm{d}z$ 是否可以再继续求全微分? 其表达式是什么?

答 参考二维码材料"二阶全微分".

思考题 6–5 若函数 $z = f(x, y)$ 在点 P 处沿 x (或 y) 轴正向的方向导数 $\dfrac{\partial f}{\partial x}$ $\left(\text{或 } \dfrac{\partial f}{\partial y}\right)$ 存在，则其偏导数 $\dfrac{\partial f}{\partial x}\bigg|_P$ $\left(\text{或 } \dfrac{\partial f}{\partial y}\bigg|_P\right)$ 是否存在?

答 不一定存在.

思考题 6–6 在拉格朗日乘数法求极值步骤中的第三步，能否直接用拉格朗日函数 $L(x, y, \lambda)$ 的二阶偏导数，即设

$$L_{xx}(x_0, y_0, \lambda_0) = A, \quad L_{xy}(x_0, y_0, \lambda_0) = B, \quad L_{yy}(x_0, y_0, \lambda_0) = C,$$

根据定理 2 的结论来判别 $z = f(x, y)$ 在点 (x_0, y_0) 处取到何种极值?

答 不能.

思考题 6–7 求函数 $u = f(x, y, z, t)$ 满足条件 $\varphi(x, y, z, t) = 0$ 和 $\psi(x, y, z, t) = 0$ 的极值时，利用拉格朗日乘数法求到可能的极值点 (x_0, y_0, z_0, t_0) 后，如何利用第三步叙述的方法来判别点 (x_0, y_0, z_0, t_0) 是何种极值点?

答 由条件 $\begin{cases} \varphi(x, y, z, t) = 0, \\ \psi(x, y, z, t) = 0 \end{cases}$ 推出隐函数 $\begin{cases} z = z(x, y), \\ t = w(x, y), \end{cases}$ 代入目标函数 $u = f(x, y, z, t)$，有 $u = f(x, y, z(x, y), w(x, y)) = F(x, y)$，再利用定理 2 判断.

第七章

思考题 7–1 级数 $\displaystyle\sum_{n=1}^{\infty} u_n$ 发散，$\displaystyle\sum_{n=1}^{\infty} v_n$ 发散，则级数 $\displaystyle\sum_{n=1}^{\infty} (u_n \pm v_n)$ 一定发散吗?

答 不一定.

第八章

思考题 8–1 $(xy')^2 - xy' + 3x = 0$ 是几阶微分方程?

答 $(xy')^2 - xy' + 3x = 0$ 是 1 阶微分方程.

思考题 8–2 如果 y_1, y_2 是 $y'' + py' + qy = 0$ 的两个解，则 $y = C_1 y_1 + C_2 y_2$ 一定是其通解吗?

答 不一定. 如果 y_1, y_2 是 $y'' + py' + qy = 0$ 的两个解，且线性无关，则 $y = C_1 y_1 + C_2 y_2$ 一定是其通解.

部分习题参考答案与提示

习题 1.1

1. (1) $D = [-1,0) \cup (0,1]$; (2) $D = [-1,1) \cup (1,2)$;

    (3) $D = (2,3]$; (4) $D = (-2,0) \cup [0,8] = (-2,8]$.

2. (1) 奇函数; (2) 非奇非偶函数; (3) 奇函数;

    (4) 偶函数; (5) 奇函数; (6) 非奇非偶函数.

3. (1) 是, 以 π 为周期;

    (2) 是, 以 π 为周期.

4. (1) 单减; (2) $a > 1$, 单增; $0 < a < 1$, 单减.

5. $\varphi\left(\dfrac{\pi}{6}\right) = \dfrac{1}{2}$, $\varphi\left(\dfrac{\pi}{4}\right) = \dfrac{\sqrt{2}}{2}$, $\varphi\left(-\dfrac{\pi}{4}\right) = \dfrac{\sqrt{2}}{2}$, $\varphi(-2) = 0$.

6. $f\{\varphi[\psi(x)]\} = \arctan \dfrac{1}{\sqrt{x^2-1}}, |x| > 1$.

7. (1) $y = 9 - x^2 \quad (x \geqslant 0)$;

    (2) $y = \log_2 \dfrac{x}{1-x}(0 < x < 1)$.

8. (1) 由 $y = 5^u$, $u = \tan v$ 和 $v = \sqrt{x}$ 复合而成;

    (2) 由 $y = \ln u$, $u = \sin x$ 复合而成;

    (3) 由 $y = u^2$, $u = \cos v$ 和 $v = \ln x$ 复合而成;

    (4) 由 $y = \arcsin u$, $u = \mathrm{e}^v$ 和 $v = \dfrac{1}{x}$ 复合而成.

9. 成本函数 $C(x) = a + kx$, $x \in [0,m]$,

    收益函数 $R(x) = Px$, $x \in [0,m]$,

    利润函数 $L(x) = R(x) - C(x) = (P-k)x - a$, $x \in [0,m]$.

10. $P_0 = 7$, $Q_0 = 165$.

习题 1.2

1. (1) $\left\{\dfrac{1}{n}\right\}$: $1, \dfrac{1}{2}, \dfrac{1}{3}, \cdots$, 收敛, 极限是 0;

(2) $\left\{ \dfrac{1+(-1)^{n-1}}{n} \right\}: 2, 0, \dfrac{2}{3}, 0, \dfrac{2}{5}, 0, \cdots$，收敛，极限是 0；

(3) $\left\{ (-1)^n \dfrac{1}{n^2} \right\}: -1, \dfrac{1}{2^2}, -\dfrac{1}{3^2}, \dfrac{1}{4^2}, -\dfrac{1}{5^2}, \cdots$，收敛，极限是 0；

(4) $\{(-1)^n\}: -1, 1, -1, 1, \cdots$，发散；

(5) $\{n\}: 1, 2, 3 \cdots$，发散；

(6) $\left\{ \dfrac{n}{n+2} \right\}: \dfrac{1}{3}, \dfrac{2}{4}, \dfrac{3}{5}, \dfrac{4}{6}, \cdots$，收敛，极限是 1.

6. $\lim\limits_{x \to 0} f(x)$ 不存在.

7. $\lim\limits_{x \to 2} f(x)$ 不存在.

习题 1.3

1. (1) 无穷小；(2) 无穷小；(3) 无穷大.

2. (1) 2；(2) n；(3) 1；(4) 0；(5) $\dfrac{3}{2}$；(6) $\left(\dfrac{3}{2} \right)^{30}$；(7) ∞；(8) ∞.

3. (1) $x \to 1$；(2) $x \to 0$；(3) $x \to \infty$.

4. (1) 0；(2) 0.

5. 1.

6. $a = 1, b = -1$.

7. 900 亿元.

8. $\dfrac{n(n+1)}{2}$.

习题 1.4

1. (1) 3；(2) x；(3) 0；(4) 3；(5) 2；(6) $\dfrac{2}{\pi}$.

2. (1) e^{-1}；(2) e^2；(3) 1；(4) e^{-k}.

3. 1.

4. 5.

5. $a = \ln 2$.

6. $\lim\limits_{n \to \infty} x_n = \sqrt{a}$.

7. (1) 1 338.23 元；(2) 1 346.86 元；(3) 1 348.85 元；(4) 1 349.86 元.

8. 应定为 522.046 元.

习题 1.5

1. $x^3 - 3x + 2$ 是比 $x - 1$ 高阶的无穷小.

2. $x^2 - 3x + 2$ 与 $x - 1$ 是同阶无穷小.

3. (1) 2；(2) 2；(3) $\dfrac{1}{2}$；(4) $\dfrac{1}{2}$.

5. 由题设有 $\lim\limits_{x \to 0} \dfrac{(1 + \alpha x^2)^{\frac{1}{3}} - 1}{\cos x - 1} = 1$, 因为当 $x \to 0$ 时,

$$(1 + \alpha x^2)^{\frac{1}{3}} - 1 \sim \frac{1}{3} \alpha x^2, \quad \cos x - 1 \sim -\frac{1}{2} x^2,$$

所以

$$原式 = \lim_{x \to 0} \frac{\dfrac{1}{3} \alpha x^2}{-\dfrac{1}{2} x^2} = -\frac{2}{3} \alpha = 1, \quad 解得 \quad \alpha = -\frac{3}{2}.$$

习题 1.6

1. (1) $f(x)$ 在 $(-\infty, -1)$ 与 $(-1, +\infty)$ 内连续，$x = -1$ 为跳跃间断点.

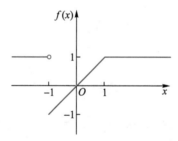

(2) $f(x)$ 在 $(0, 2)$ 内连续.

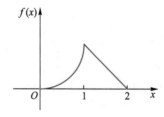

2. (1) $x = 1$ 为第一类间断点 (可去), $x = 2$ 为第二类间断点 (无穷), 补充 $y|_{x=1} = -2$；

(2) $f(x)$ 在点 $x = 0$ 处不连续，$x = 0$ 为第一类间断点 (可去)，修改定义

$$f(x) = \begin{cases} x \sin \dfrac{1}{x}, & x \neq 0, \\ 0, & x = 0; \end{cases}$$

(3) $x = 0$ 为第二类间断点 (振荡)

(4) $x = 1$ 为第一类间断点 (跳跃);

(5) $x = 0$ 为第一类间断点 (跳跃)，$x = 1$ 为第二类间断点 (无穷);

(6) $x = 0$ 为第一类间断点 (跳跃).

3. $x = 0$ 和 $x = k\pi + \dfrac{\pi}{2}(k = 0, \pm 1, \pm 2, \cdots)$ 为第一类间断点中的可去间断点，可补充定义 $f(0) = 1$ 和 $f\left(k\pi + \dfrac{\pi}{2}\right) = 0$ 使之连续; $x = k\pi(k = \pm 1, \pm 2, \cdots)$ 为第二类间断点 (无穷).

4. (1) $\sqrt{5}$; (2) $\ln 8$; (3) 0; (4) $\dfrac{1}{2}$; (5) e^{-2}; (6) $\cos \alpha$.

5. $a = \ln 2$.

6. $f(2) = 3$.

7. D.

8. 有极限且连续.

9. 连续.

习题 2.1

1. $\dfrac{1}{4}$.

2. (1) $-2f'(x_0)$; (2) $2f'(x_0)$; (3) 0; (4) $3f'(x_0)$.

3. 点 $(1, f(1))$ 处的切线斜率为 $f'(1) = -2$.

4. (1) $y' = \dfrac{2}{3}x^{-\frac{1}{3}}$; (2) $y' = -2x^{-3}$; (3) $y' = -\dfrac{1}{2}x^{-\frac{3}{2}}$; (4) $y' = \dfrac{1}{6}x^{-\frac{5}{6}}$.

5. 切线为 $x - y + 1 = 0$, 法线为 $x + y = 1$.

6. $f'(x) = \begin{cases} 2^x \ln 2, & x < 0, \\ 不存在, & x = 0, \\ -\sin x, & x > 0. \end{cases}$

7. $f'_+(1) = \infty, f'_-(1) = 2$.

8. (1) 在点 $x = 0$ 处连续可导; (2) 在点 $x = 0$ 处连续可导.

9. $a = 2$, $b = 3$.

10. 6.

11. -1.

习题 2.2

1. (1) $y' = 15x^2 - 2^x \ln 2 + 3\mathrm{e}^x$;

   (2) $y' = (\cos x + 2\sin x)\ln x + \dfrac{1}{x}(\sin x - 2\cos x)$;

   (3) $y' = \sec x(2\sec x + \tan x)$;

   (4) $y' = \dfrac{1 - \ln x}{x^2}$;

   (5) $y' = \mathrm{e}^x \sin x + \mathrm{e}^x \cos x + \ln 2 \cdot \dfrac{3x^2 \ln x - x^2}{\ln^2 x}$;

   (6) $y' = \dfrac{\mathrm{e}^x(x - 2)}{x^3}$;

   (7) $y' = \dfrac{5(1 - x^2)}{(1 + x^2)^2}$;

   (8) $y' = 2x \cdot \ln x \cdot \tan x + x\tan x + x^2 \ln x \cdot \sec^2 x$.

2. (1) $\dfrac{1}{2}(\sqrt{3} + 1)$; (2) 0.

3. (1) $\dfrac{2x}{1 + x^2}$; (2) $-\cos x \sin(\sin x)$;

   (3) $-\left(3x^2 + \dfrac{1}{2\sqrt{x}}\right)\tan(x^3 + \sqrt{x})$;

   (4) $\mathrm{e}^{\arctan \sqrt{x}} \dfrac{1}{2\sqrt{x}\,(1 + x)}$;

   (5) $\dfrac{2\arcsin x}{\sqrt{1 - x^2}}$;

   (6) $-\dfrac{\cos \sqrt{1 - x}}{2\sqrt{1 - x}}$.

4. $f'(x) = \begin{cases} \dfrac{2x^2 - (1 + x^2)\ln(1 + x^2)}{x^2(1 + x^2)}, & x \neq 0, \\ 1, & x = 0. \end{cases}$

5. (1) $y' = 3x^2 f'(x^3)$;

   (2) $y' = \sin 2x \left[f'(\sin^2 x) - f'(\cos^2 x) \right]$.

6. $\left.\dfrac{\mathrm{d}y}{\mathrm{d}x}\right|_{x=0} = \dfrac{3\pi}{4}$.

7. 切线方程为 $2x - y = 0$, 法线方程为 $x + 2y = 0$.

8. a^{-1}.

9. $200\pi\,\mathrm{cm}^3/\mathrm{s}$.

习题 **2.3**

1. (1) $y'' = 2(1 + 2x^2)\mathrm{e}^{x^2}$; (2) $y'' = -\csc^2 x$;

   (3) $y'' = \dfrac{2}{(1+x)^3}$; (4) $y'' = \dfrac{2(1+x^4)}{(1-x^4)^{\frac{3}{2}}}$.

2. (1) $y^{(n)} = a^x(\ln a)^n$; (2) $y^{(n)} = (-1)^{n-1}\dfrac{(n-1)!}{(1+x)^n}$;

   (3) $y^{(n)} = 5n! + 3^x(\ln 3)^n$; (4) $y^{(n)} = 2^n \cos\left(2x + \dfrac{n\pi}{2}\right)$.

*3. (1) $y^{(100)} = \dfrac{1}{2}\left[\dfrac{100!}{(x-1)^{101}} - \dfrac{100!}{(x+1)^{101}}\right]$;

   (2) $y^{(4)} = -4\sin x \cdot \mathrm{e}^x$.

提示: 本题利用莱布尼茨公式.

4. (1) $y' = \dfrac{y}{y-x}$; (2) $y' = \dfrac{\mathrm{e}^{x+y} - y}{x - \mathrm{e}^{x+y}}$;

   (3) $y' = -\dfrac{\mathrm{e}^y}{1 + x\mathrm{e}^y}$; (4) $y' = -\dfrac{y\mathrm{e}^{xy} + \sin x}{x\mathrm{e}^{xy} + 2y}$.

5. 切线方程为 $x + y = \dfrac{\sqrt{2}}{2}a$; 法线方程为 $x - y = 0$.

6. $\dfrac{1}{2}$.

*7. $\dfrac{2(\mathrm{e}^y - x)y - y^2\mathrm{e}^y}{(\mathrm{e}^y - x)^3}$ $(\mathrm{e}^y - x \neq 0)$.

8. (1) $y' = \left(\dfrac{x}{1+x}\right)^x \left(\ln\dfrac{x}{1+x} + \dfrac{1}{1+x}\right)$;

   (2) $y' = (x^2+1)^{\tan x}\left[\sec^2 x \cdot \ln(x^2+1) + \dfrac{2x\tan x}{x^2+1}\right]$;

   (3) $y' = (3x+1)^2 \sqrt[5]{\dfrac{x^2+1}{5x-1}}\left(\dfrac{6}{3x+1} + \dfrac{2x}{5(x^2+1)} - \dfrac{1}{5x-1}\right)$;

   (4) $y' = \dfrac{\ln y - \dfrac{y}{x}}{\ln x - \dfrac{x}{y}}$.

9. (1) $\dfrac{\mathrm{d}y}{\mathrm{d}x} = \dfrac{3b}{2a}t$; (2) $\dfrac{\mathrm{d}y}{\mathrm{d}x} = 2t$;

   (3) $\dfrac{\mathrm{d}y}{\mathrm{d}x} = -\cot t$; (4) $\dfrac{\mathrm{d}y}{\mathrm{d}x} = t$.

10. $f'''(2) = 2\mathrm{e}^3$.

习题 **2.4**

1. (1) 80(元/件); (2) 11 079.9(元). 实际意义: 产量达到 x 单位时再增加一个单位产品所需的成本.

2. (1) 边际利润 $P'(x) = \dfrac{2}{\sqrt{x} \cdot (\sqrt{x} + 1)^2}$; (2) 当 $x = 9(t)$ 时才不赔钱.

3. 它的经济意义是: 当价格 $P=10$ 时, 若价格上涨 (或下跌)1%, 则需求量将减少 (或增加)5%.

4. 当产品价格 $P = 2$ 时, 供给弹性为 0.25, 它的经济意义是: 当产品价格 $P = 2$ 时, 若价格上涨 (或下跌) 1%, 则供给量将增加 (或减少) 0.25%.

5. $\dfrac{\sqrt{x}}{2(\sqrt{x} - 4)}$.

6. (1) $|E_d(6)| = \dfrac{1}{3} < 1.$ 所以价格上涨 1%, 总收益将增加;

   (2) 当 $P = 6(元)$ 时, 价格上涨 1%, 总收益增加约 0.67%.

习题 2.5

1. 当 $\Delta x = 1$ 时, $\Delta y = 19$, $\mathrm{d}y = 12$;

   当 $\Delta x = 0.1$ 时, $\Delta y = 1.261$, $\mathrm{d}y = 1.2$;

   当 $\Delta x = 0.01$ 时, $\Delta y = 0.120\,601$, $\mathrm{d}y = 0.12$.

2. (1) $\mathrm{d}y = \dfrac{2\ln(1 - x)}{x - 1}\mathrm{d}x$;   (2) $\mathrm{d}y = \dfrac{x\cos x - \sin x}{x}\mathrm{d}x$;

   (3) $\mathrm{d}y = \dfrac{2\mathrm{e}^{2x}(x - 1)}{x^3}\mathrm{d}x$;   (4) $\mathrm{d}y = \dfrac{1}{2}\cot\dfrac{x}{2}\mathrm{d}x$.

3. $\mathrm{d}y = \dfrac{2 - y\mathrm{e}^{xy}}{x\mathrm{e}^{xy} - 3y^2}\mathrm{d}x$.

*4. $\dfrac{\mathrm{d}y}{\mathrm{d}x} = \dfrac{\sin t}{1 - \cos t}$.

5. 9.995.

6. 19.63(cm^3).

7. 产量大约下降 $\dfrac{1}{30}$ 单位, 新产量约为 14.966 3 单位.

习题 3.1

1. (1) 满足, $\xi = 2.5$; (2) 满足, $\xi = \dfrac{\pi}{2}$; (3) 满足, $\xi = 0$; (4) 不满足.

2. (1) 满足, $\xi_{1,2} = \dfrac{5 \pm \sqrt{13}}{12}$; (2) 满足, $\xi = -\ln(\ln 2)$; (3) 满足, $\xi = \dfrac{1}{\ln 2}$.

5. $f'(x) = 0$ 有三个实根, $f''(x) = 0$ 有两个实根.

6. 提示: 利用反证法.

10. 提示: 利用柯西中值定理.

习题 3.2

1.(1) $\dfrac{2}{3}$；(2) 3 (3) 2；(4) $\dfrac{2}{3}$；(5) 0；(6) 1；(7) 3；(8) 1.

2. (1) $+\infty$；(2) 0；(3) $-\dfrac{1}{2}$；(4) 0；(5) $\dfrac{1}{2}$；(6) 1；(7) $\mathrm{e}^{-\frac{2}{\pi}}$；(8) 1.

3. (1) $\dfrac{1}{2}$；(2) $-\dfrac{1}{2}$.

4. 1.

5. 0.

8. $a = \mathrm{e}^{-\frac{1}{2}}$.

9. $a = \dfrac{1}{2}$.

*10. 极限为 $\dfrac{8}{3}$.

习题 3.3

1. (1) 在区间 $(-\infty, -1], [1, +\infty)$ 上 $f'(x) > 0$，故 $f(x)$ 单调增加；在区间 $[-1, 1]$ 上 $f'(x) < 0$，故 $f(x)$ 单调减少.

(2) 在区间 $(-\infty, -1], [0, +\infty)$ 上 $f(x)$ 单调增加，在区间 $[-1, 0]$ 上 $f(x)$ 单调减少.

4. (1) $x = 1$ 是 $f(x)$ 的极大值点，极大值为 $f(1) = 1; x = 3$ 是 $f(x)$ 的极小值点，极小值为 $f(3) = -\dfrac{1}{3}$;

(2) $f(2) = 1$ 是函数 $f(x)$ 的极大值;

(3) $y|_{x=1} = 1$ 为极大值，$y|_{x=0} = 0$ 为极小值;

(4) $y|_{x=\frac{3}{4}} = \dfrac{5}{4}$ 为极大值.

5. $R(40) = 400$ 为极大值.

6. $a = 2$，$f\left(\dfrac{\pi}{3}\right) = \sqrt{3}$ 为极大值.

8. (1) 曲线在区间 $(-\infty, 0), (1, +\infty)$ 内凹，在区间 $(0, 1)$ 内凸；曲线的拐点是 $(0, 1)$ 和 $(1, 0)$;

(2) $(-\infty, 0)$ 和 $(1, +\infty)$ 为曲线的凸区间，$[0, 1]$ 为曲线的凹区间；曲线的拐点为 $(0, 0)$ 和 $\left(1, \dfrac{4}{5}\right)$.

9. 在 $(4, +\infty)$ 上严格凹，在 $(-\infty, 4)$ 上严格凸.

习题 3.4

1. 垂直渐近线为 $x = \dfrac{1}{2}$, 斜渐近线为 $y = \dfrac{1}{2}x + \dfrac{1}{4}$.

习题 3.5

1. (1) 最大值为 $y(3) = 11$, 最小值为 $y(2) = -14$;

   (2) 最大值为 $y(-10) = 132$, 最小值为 $y(1) = y(2) = 0$;

   (3) 最大值为 $y(\pi) = \pi$, 最小值为 $y(-\pi) = -\pi$;

   (4) 最大值为 $y\left(\dfrac{3}{4}\right) = \dfrac{5}{4}$, 最小值为 $y(-5) = -5 + \sqrt{6}$;

   (5) 最大值为 $y\left(\pm\dfrac{\sqrt{2}}{2}\right) = \dfrac{2}{\sqrt[3]{2}}$, 最小值为 $y(\pm 2) = \sqrt[3]{4} - \sqrt[3]{3}$.

2. 当圆柱形容器的底半径和高都为 $\sqrt[3]{\dfrac{V}{\pi}}$ 时, 制作容器所用材料最少.

3. 当 $h = 4r$ 时, V 取最小值 $\dfrac{8\pi r^3}{3}$.

4. 该厂生产 3 000 件产品时平均成本最低.

5. $P = 101$ 是使销售利润最大的商品价格, 此时最大利润为 167 080 元.

6. $x = 5$ 时有最大收益, 此时价格 $P = 10\mathrm{e}^{-1}$, 最大收益为 $R(5) = 50\mathrm{e}^{-1}$.

7. $x = 5$ 时, 生产准备费与库存费之和最小.

8. (1) $Q = \dfrac{18 - t}{8}$ 时, $\dfrac{(18 - t)^2}{16}$ 为最大利润;

   (2) 当 $t = 9$ 时, 政府征收的总税收最大, 最大值是 $\dfrac{81}{8}$.

9. 销售价为 $p = \dfrac{5}{8}b + \dfrac{a}{2}$(元) 时, 得最大利润 $\dfrac{c}{16b}(5b - 4a)^2$(元).

10. (2) $p = 30$.

习题 4.1

1. (1) 是; (2) 是.

2. $f(x) = \cos x - \sin x \cos^2 x$, $\displaystyle\int f(x)\mathrm{d}x = \sin x + \dfrac{1}{3}\cos^3 x + C$.

3. $y = \ln|x| + 1$.

4. (1) $a^3 x - a^2 b x^3 + \dfrac{3}{5}ab^2 x^5 - \dfrac{b^3}{7}x^7 + C$;

   (2) $\dfrac{2}{5}x^{\frac{5}{2}} + C$;

   (3) $\dfrac{2}{5}x^{\frac{5}{2}} + 2x^{\frac{1}{2}} + C$;

(4) $\dfrac{2^x}{\ln 2} + \dfrac{x^3}{3} + C$;

(5) $\dfrac{x}{2} - \dfrac{\sin x}{2} + C$;

(6) $\sin x - \cos x + C$;

(7) $-\dfrac{1}{x} - \arctan x + C$;

(8) $\mathrm{e}^{x+1} + \dfrac{a^x}{\ln a} + C$.

5. $f(x) = \tan x - \cos x + 2$.

6. $C(x) = x^2 - 10\sqrt{x} + 70x + 500$, $C(100) = 17\,400$.

习题 4.2

1. (1) $ax + b$; (2) x^μ; (3) $\ln x$; (4) e^x; (5) a^x;

   (6) $\sin x$; (7) $\cos x$; (8) $\tan x$; (9) $\cot x$;

   (10) $\arctan x$; (11) $\arcsin x$.

2. (1) $\dfrac{1}{3}(x-2)^3 + C$; (2) $\dfrac{2}{5}x^{\frac{5}{2}} + C$;

   (3) $\dfrac{2}{5}x^{\frac{5}{2}} + 2x^{\frac{1}{2}} + C$; (4) $\dfrac{2^x}{\ln 2} + \dfrac{x^3}{3} + C$;

   (5) $\dfrac{x}{2} - \dfrac{\sin x}{2} + C$; (6) $-\dfrac{1}{x} - \arctan x + C$.

3. (1) $\dfrac{3}{8}(2x+3)^{\frac{4}{3}} + C$; (2) $\dfrac{x}{2} + \dfrac{\sin 2x}{4} + C$; (3) $-\dfrac{1}{5}\ln|2-5x| + C$;

   (4) $\dfrac{2}{3}(1+\ln x)^{\frac{3}{2}} - 2\sqrt{1+\ln x} + C$; (5) $\dfrac{2}{\sqrt{\cos x}} + C$; (6) $\mathrm{e}^{\sin x} + C$;

   (7) $\ln|\cos x + \sin x| + C$; (8) $\dfrac{1}{3}\arcsin x^3 + C$; (9) $2\sin\sqrt{x} + C$;

   (10) $-\dfrac{1}{3}(1-x^2)^{\frac{3}{2}} + C$.

4. (1) $2\sqrt{x} - 4\sqrt[4]{x} + 4\ln(\sqrt[4]{x}+1) + C$;

   (2) $\dfrac{a^2}{2}\arcsin\dfrac{x}{a} - \dfrac{x\sqrt{a^2-x^2}}{2} + C$;

   (3) $\dfrac{x}{a^2\sqrt{a^2+x^2}} + C$;

   (4) $-\dfrac{\sqrt{1+x^2}}{x} + C$;

   (5) $\sqrt{x^2-9} - 3\arccos\dfrac{3}{|x|} + C$;

   (6) $6\sqrt[6]{x} - 6\arctan\sqrt[6]{x} + C$;

   (7) $2\sqrt{x-1} - 2\arctan\sqrt{x-1} + C$;

(8) $-\dfrac{\sqrt{(1-x^2)^3}}{3x^3}+C.$

5. $\dfrac{1}{x}+C.$

*6. $-\dfrac{1}{3}(1-x^2)^{\frac{3}{2}}+C.$

习题 4.3

1. (1) $-(x+1)\mathrm{e}^{-x}+C;$

  (2) $(x+1)\ln(1+x)-x+C;$

  (3) $x\arcsin x+\sqrt{1-x^2}+C;$

  (4) $x\arctan x-\dfrac{1}{2}\ln\left(1+x^2\right)+C;$

  (5) $\dfrac{1}{9}x^3(3\ln x-1)+C;$

  (6) $\dfrac{1}{5}(2\sin 2x-\cos 2x)\mathrm{e}^{-x}+C;$

  (7) $\dfrac{\sin x}{2\cos^2 x}+\dfrac{1}{2}\ln|\sec x+\tan x|+C;$

  (8) $\dfrac{1}{3}\left(x^3+1\right)\ln(1+x)-\dfrac{x^3}{9}+\dfrac{x^2}{6}-\dfrac{x}{3}+C.$

*2. (1) $\dfrac{x}{2}[\sin(\ln x)-\cos(\ln x)]+C;$

  (2) $(x+1)\arctan\sqrt{x}-\sqrt{x}+C;$

  (3) $-2\sqrt{1-x}\arcsin\sqrt{x}+2\sqrt{x}+C;$

  (4) $x\ln\left(x+\sqrt{x^2+1}\right)-\sqrt{x^2+1}+C.$

3. $2\ln x-\ln^2 x+C.$

*4. $-2\arcsin\sqrt{x}\cdot\sqrt{1-x}+2\sqrt{x}+C.$

*5. $\dfrac{\mathrm{e}^t}{1+t}+C.$

习题 4.4

1. (1) $\dfrac{1}{5}\ln\dfrac{(1+2x)^2}{1+x^2}+\dfrac{1}{5}\arctan x+C;$ (2) $\ln\dfrac{|x|}{\sqrt{1+x^2}}+C;$

  (3) $\dfrac{1}{2}\ln\left(x^2-1\right)+\dfrac{1}{x+1}+C;$

  (4) $\dfrac{1}{\sqrt{2}}\arctan\dfrac{x+1}{\sqrt{2}}+C.$

2. $\ln|x-1|-\dfrac{1}{2}\ln\left(x^2+1\right)-\arctan x+\dfrac{x^2}{2}+x+C.$

2. (1) $\int_0^{\frac{\pi}{2}} \sin^3 x \mathrm{d}x \leqslant \int_0^{\frac{\pi}{2}} \sin^2 x \mathrm{d}x$；(2) $\int_1^{\mathrm{e}} \ln x \mathrm{d}x \geqslant \int_1^{\mathrm{e}} (\ln x)^2 \mathrm{d}x$；

(3) $\int_0^1 x \mathrm{d}x \geqslant \int_0^1 \ln(1+x) \mathrm{d}x$.

4. (1) $6 \leqslant \int_1^4 (x^2+1) \mathrm{d}x \leqslant 51$；

(2) $\dfrac{\pi}{9} \leqslant \int_{\frac{1}{\sqrt{3}}}^{\sqrt{3}} x \arctan x \mathrm{d}x \leqslant \dfrac{2}{3}\pi$；

(3) $0 \leqslant \int_0^1 (2x^3 - x^4) \mathrm{d}x \leqslant 1$.

1. (1) $2x\sqrt{1+x^4}$；(2) $-\mathrm{e}^{-x^2}$；

(3) $-\sin x \cos\left(\cos^2 x\right) - \cos x \cos\left(\sin^2 x\right)$；

(4) $\dfrac{3x^2}{\sqrt{1+x^{12}}} - \dfrac{2x}{\sqrt{1+x^8}}$.

2. (1) $\dfrac{7}{12}\pi$；(2) $\dfrac{14}{3}$；(3) 5；(4) $\dfrac{1}{2}\left(\dfrac{\pi}{2}-1\right)$.

3. $f(x)$ 在点 $x=1$ 处取得极小值 $f(1) = -\dfrac{1}{2}$.

*4. $\sin x^2$，提示：令 $x - t = \mu$.

5. (1) $\dfrac{1}{2}$；(2) $\dfrac{1}{2\mathrm{e}}$.

6. $f(2) = 16$.

7. $\cot t^2$.

8. $\dfrac{\mathrm{d}y}{\mathrm{d}x} = -\mathrm{e}^{-y}\cos x$.

9. 10 900 元.

1. (1) $\dfrac{1}{4}$；(2) $4 - 2\ln 3$；(3) $2 - \dfrac{\pi}{2}$；(4) $2\sqrt{3} - 2 - \dfrac{\pi}{6}$；

(5) $\dfrac{\pi}{2}$；(6) $\sqrt{2} - \dfrac{2\sqrt{3}}{3}$；(7) $2 - \dfrac{\pi}{2}$；(8) $2(\sqrt{3}-1)$.

2. (1) 0；(2) $\ln 2$.

3. $2\ln 2 - \ln(1 + \mathrm{e}^{-1})$.

4. (1) $2\ln 2 - \dfrac{3}{4}$；(2) $\cos 1 + 2\sin 1 - 2$；

(3) $\dfrac{\sqrt{3}}{3}\pi - \ln 2$;　　(4) $\dfrac{\pi}{4} - \dfrac{1}{2}\ln 2$;

(5) 2;　　(6) 2.

5. $\dfrac{4}{\pi} - 1$.

*6. 1.

习题 5.4

1. (1) $\dfrac{1}{3}$;　　(2) 2;　　(3) $\dfrac{1}{2}\ln 3$;　　(4) $\ln 2$.

2. (1) 发散;　　(2) $\dfrac{8}{3}$;　　(3) $\dfrac{\pi}{2}$.

3. 不正确.

4. $\dfrac{3}{4}$.

习题 5.5

1. (1) $\dfrac{1}{6}$;　　(2) $\dfrac{3}{2} - \ln 2$;　　(3) $\dfrac{32}{3}$;　　(4) $\dfrac{9}{2}$;　　(5) $\ln 2 - \dfrac{1}{2}$;　　(6) $4\ln 2$.

2. $k = 2$.

3. $\dfrac{9}{4}$.

4. (1) $\dfrac{\pi}{4}$;　　(2) π;　　(3) $V_x = \dfrac{32\pi}{5}$, $V_y = 8\pi$;　　(4) $V_x = \dfrac{16}{15}\pi$, $V_y = \dfrac{8}{3}\pi$.

5. $a = 7\sqrt{7}$.

*6. $\dfrac{352}{15}\pi$.

7. $\dfrac{\pi^2}{4}$.

8. $C(x) = 0.1x^2 + 2x + 200$;　$L(x) = -0.1x^2 + 20x - 200$，每年生产 100 辆时才能获得最大利润

$$L(100) = -0.1 \times 100^2 + 20 \times 100 - 200 = 800(万元).$$

9. 3 200 元，300 元.

10. 投资总收入的现值为 1 573.88 万元，回收期约为 2.1 年.

习题 6.1

1. $\boldsymbol{e_a} = \pm\left(\dfrac{6}{11}, \dfrac{7}{11}, -\dfrac{6}{11}\right)$.

2. $\left|\overrightarrow{M_1 M_2}\right| = 2$; $\cos\alpha = \dfrac{-1}{2}$, $\cos\beta = \dfrac{1}{2}$, $\cos\gamma = -\dfrac{\sqrt{2}}{2}$; $\alpha = \dfrac{2\pi}{3}, \beta = \dfrac{\pi}{3}, \gamma = \dfrac{3\pi}{4}$.

3. (1) $-8\boldsymbol{j} - 24\boldsymbol{k}$；(2) 30；(3) $\dfrac{8}{\sqrt{154}}$.

4. $\alpha = 15, \gamma = -\dfrac{1}{5}$.

5. (1) 两个平面相交，夹角 $\theta = \arccos\dfrac{1}{\sqrt{60}}$； (2) 两个平面平行但不重合.

6. (1) $3x + 2y + 6z - 12 = 0$； (2) $2x + 2y - 3z = 0$；

(3) $x - y = 0$； (4) $x + y - z - 1 = 0$.

7. $\dfrac{x-2}{0} = \dfrac{y+1}{2} = \dfrac{z-4}{-3}$.

8. 对称式方程为 $\dfrac{x-1}{-2} = \dfrac{y-1}{1} = \dfrac{z-1}{3}$，参数方程为 $\begin{cases} x = 1 - 2t, \\ y = 1 + t, \\ z = 1 + 3t. \end{cases}$

9. 交点坐标 $(1, 2, 2)$.

10. (1) $k = -\dfrac{1}{3}$； (2) $k = 0$.

习题 6.2

1. 以 $(1, -2, 0)$ 为球心、半径为 $\sqrt{5}$ 的球面.

2.

方程	平面解析几何	空间解析几何
(1) $y = 0$	平面上的 x 轴	空间中的 xOz 坐标面
(2) $y = 2x + 1$	斜率为 2 的直线	平行于 z 轴的平面
(3) $x^2 + y^2 = 9$	圆心为原点、半径为 3 的圆	母线平行于 z 轴的圆柱面
(4) $x^2 - y^2 = 4$	双曲线	母线平行于 z 轴的双曲柱面
(5) $\dfrac{1}{2}x^2 + \dfrac{1}{4}y^2 = 9$	椭圆	母线平行于 z 轴的椭圆柱面
(6) $\begin{cases} 3x + y = 5, \\ 2x + y = -1 \end{cases}$	两直线交点	两个平面的交线
(7) $\begin{cases} \dfrac{x^2}{9} + \dfrac{y^2}{4} = 1, \\ x = 3 \end{cases}$	椭圆与直线的交点	椭圆柱面与平面的交线

3. (1) xOy 面上的椭圆 $\dfrac{x^2}{4} + \dfrac{y^2}{9} = 1$ 绕 x 轴旋转一周，或者 xOz 面上的椭圆 $\dfrac{x^2}{4} + \dfrac{z^2}{9} = 1$ 绕 x 轴旋转一周；

(2) xOy 面上的双曲线 $x^2 - \dfrac{y^2}{4} = 1$ 绕 y 轴旋转一周，或者 yOz 面上的双曲线 $z^2 - \dfrac{y^2}{4} = 1$ 绕 y 轴旋转一周；

(3) xOy 面上的双曲线 $x^2 - y^2 = 1$ 绕 x 轴旋转一周, 或者 xOz 面上的双曲线 $x^2 - z^2 = 1$ 绕 x 轴旋转一周.

4. (1) $\dfrac{y^2}{8} + \dfrac{z^2}{8} = x$;   (2) $4\left(x^2 + z^2\right) - 9y^2 = 36$;   (3) $x^2 + z^2 = 9y^2$.

5. (1) $\begin{cases} 2x^2 + y^2 - 2x - 8 = 0, \\ z = 0; \end{cases}$ (2) $\begin{cases} x^2 + y^2 - x - 1 = 0, \\ z = 0; \end{cases}$

    (3) $\begin{cases} x^2 + 2y^2 - 2y = 0, \\ z = 0. \end{cases}$

6. xOy 面: $\begin{cases} x^2 + y^2 \leqslant 4, \\ z = 0; \end{cases}$ yOz 面: $\begin{cases} y^2 \leqslant z \leqslant 4, \\ x = 0; \end{cases}$ xOz 面: $\begin{cases} x^2 \leqslant z \leqslant 4, \\ y = 0. \end{cases}$

7. $\left\{(x, y, z) \mid x^2 + y^2 \leqslant 2, z = 0\right\}$.

8. $\begin{cases} x = \sqrt{2}\cos t, \\ y = \sqrt{2}\cos t, \\ z = 2\sin t, \end{cases}$ $0 \leqslant t \leqslant 2\pi$.

9. (1) 椭球面; (2) 椭圆抛物面; (3) 单叶双曲面; (4) 圆锥面;

    (5) 双叶双曲面; (6) 双曲柱面.

习题 6.3

1. (1) $\left\{(x, y) \mid 2k\pi \leqslant x^2 + y^2 \leqslant (2k+1)\pi, k = 0, 1, 2, \cdots\right\}$;

    (2) $\left\{(x, y) \mid y^2 > 3x - 2\right\}$;   (3) $\left\{(x, y) \mid \sqrt{2x - x^2} \leqslant y < \sqrt{2x}, 0 < x \leqslant 2\right\}$.

2. (1) $f(x, y) = \dfrac{x^2(1 - y)}{1 + y}$;   (2) $f(x, y) = \dfrac{x^2 - y^2}{xy(x + 2y)}$.

3. $f(x) = x^2 - x$.

4. (1) -4;   (2) $\dfrac{1}{6}$;   (3) e;   (4) 0;   (5) e.

5. (1) 当点 (x, y) 沿着 x 轴 $(y = 0)$ 趋于点 $(0, 0)$ 时, 有

$$\lim_{\substack{x \to 0 \\ y = 0}} f(x, y) = \lim_{x \to 0} \frac{0 \cdot x^4}{x^6} = 0;$$

当点 (x, y) 沿着抛物线 $y = x^{\frac{1}{2}}$ 趋于点 $(0, 0)$ 时, 有

$$\lim_{\substack{x \to 0 \\ y = x^{\frac{1}{2}}}} f(x, y) = \lim_{x \to 0} \frac{x^4 \cdot x^2}{\left(x^2 + x^2\right)^3} = \lim_{x \to 0} \frac{x^6}{8x^6} = \frac{1}{8}.$$

所以 $\displaystyle\lim_{(x, y) \to (0, 0)} \frac{x^4 y^4}{\left(x^2 + y^4\right)^3}$ 不存在.

(2) 依次取 $(x, y) \to (0, 0)$ 两种方式：$y = x$，$y = -x$，分别求极限，

$$\lim_{\substack{(x,y)\to(0,0)\\y=x}} \frac{x^2 y^2}{x^2 y^2 + (x-y)^2} = \lim_{x\to 0} \frac{x^4}{x^4} = 1,$$

$$\lim_{\substack{(x,y)\to(0,0)\\y=-x}} \frac{x^2 y^2}{x^2 y^2 + (x-y)^2} = \lim_{x\to 0} \frac{x^4}{x^4 + 4x^2} = \lim_{x\to 0} \frac{x^2}{x^2 + 4} = 0.$$

两种方式求得的极限不同，故所求极限不存在.

习题 6.4

1. (1) $z_x = \dfrac{1}{y} \mathrm{e}^{\frac{x}{y}} - \dfrac{y}{x^2} \mathrm{e}^{\frac{y}{x}}$, $z_y = \dfrac{1}{x} \mathrm{e}^{\frac{y}{x}} - \dfrac{x}{y^2} \mathrm{e}^{\frac{x}{y}}$;

(2) $\dfrac{\partial z}{\partial x} = 2x \arctan \dfrac{y}{x} - y$, $\dfrac{\partial z}{\partial y} = x - 2y \arctan \dfrac{x}{y}$;

(3) $\dfrac{\partial z}{\partial x} = \dfrac{y}{x^2} \sin \dfrac{y}{x} \sin \dfrac{x}{y} + \dfrac{1}{y} \cos \dfrac{y}{x} \cos \dfrac{x}{y}$, $\dfrac{\partial z}{\partial y} = -\dfrac{1}{x} \sin \dfrac{y}{x} \sin \dfrac{x}{y} - \dfrac{x}{y^2} \cos \dfrac{y}{x} \cos \dfrac{x}{y}$;

(4) $\dfrac{\partial z}{\partial x} = y^2 (1 + xy)^{y-1}$, $\dfrac{\partial z}{\partial y} = (1 + xy)^y \left[\ln(1 + xy) + \dfrac{xy}{1 + xy} \right]$;

(5) $\dfrac{\partial z}{\partial x} = \dfrac{y(x^2 + y^2) - 2x}{(x^2 + y^2)^2} \mathrm{e}^{xy}$, $\dfrac{\partial z}{\partial y} = \dfrac{x(x^2 + y^2) - 2y}{(x^2 + y^2)^2} \mathrm{e}^{xy}$.

2. $f_x(x, 1) = 1$.

3. (1) $\dfrac{\partial^2 z}{\partial x^2} = 12x^2 - 8y^2$, $\dfrac{\partial^2 z}{\partial x \partial y} = -16xy$, $\dfrac{\partial^2 z}{\partial y^2} = 12y^2 - 8x^2$, $\dfrac{\partial^2 z}{\partial y \partial x} = -16xy$;

(2) $\dfrac{\partial^2 z}{\partial x^2} = \dfrac{y^2 - x^2}{(x^2 + y^2)^2}$, $\dfrac{\partial^2 z}{\partial y^2} = \dfrac{x^2 - y^2}{(x^2 + y^2)^2}$, $\dfrac{\partial^2 z}{\partial x \partial y} = -\dfrac{2xy}{(x^2 + y^2)^2}$, $\dfrac{\partial^2 z}{\partial y \partial x} = -\dfrac{2xy}{(x^2 + y^2)^2}$;

(3) $\dfrac{\partial^2 z}{\partial x^2} = y^x \ln^2 y$, $\dfrac{\partial^2 z}{\partial y^2} = x(x-1)y^{x-2}$, $\dfrac{\partial^2 z}{\partial x \partial y} = y^{x-1}(1 + x \ln y)$, $\dfrac{\partial^2 z}{\partial y \partial x} = y^{x-1}(1 + x \ln y)$;

(4) $\dfrac{\partial^2 z}{\partial x^2} = 2\mathrm{e}^{x^2 + y}(2x^2 + 1)$, $\dfrac{\partial^2 z}{\partial y^2} = \mathrm{e}^{x^2 + y}$, $\dfrac{\partial^2 z}{\partial x \partial y} = 2x\mathrm{e}^{x^2 + y}$, $\dfrac{\partial^2 z}{\partial y \partial x} = 2x\mathrm{e}^{x^2 + y}$.

4. (1) $\mathrm{d}z = -\dfrac{y}{x^2 + y^2} \mathrm{d}x + \dfrac{x}{x^2 + y^2} \mathrm{d}y$; (2) $\mathrm{d}z = \mathrm{e}^{x^3 + xy^2} \left[(3x^2 + y^2) \mathrm{d}x + 2xy\mathrm{d}y \right]$;

(3) $\mathrm{d}z = x^{\ln y} \left(\dfrac{\ln y}{x} \mathrm{d}x + \dfrac{\ln x}{y} \mathrm{d}y \right)$; (4) $\mathrm{d}u = \left(\dfrac{x}{y} \right)^z \left[\ln \dfrac{x}{y} \mathrm{d}z + z \left(\dfrac{\mathrm{d}x}{x} - \dfrac{\mathrm{d}y}{y} \right) \right]$;

5. 将 x 和 y 都看成常数, 得

$$\frac{\partial r}{\partial z} = \frac{1}{\sqrt{y^{z\sin^2 x} + z^{y\cos^2 x}}} \cdot \frac{y^{z\sin^2 x}\ln y \sin^2 x + y\cos^2 x z^{y\cos^2 x - 1}}{2\sqrt{y^{z\sin^2 x} + z^{y\cos^2 x}}}$$

$$= \frac{y^{z\sin^2 x}\ln y \sin^2 x + y\cos^2 x z^{y\cos^2 x - 1}}{2\left(y^{z\sin^2 x} + z^{y\cos^2 x}\right)}.$$

6. 因为

$$\lim_{(x,y)\to(0,0)} f(x,y) = \lim_{(x,y)\to(0,0)} xy\sin\frac{1}{x^2+y^2} = 0 = f(0,0),$$

所以函数 $f(x,y)$ 在点 $(0,0)$ 处连续. 而

$$f_x(0,0) = \lim_{\Delta x \to 0}\frac{f(0+\Delta x,0) - f(0,0)}{\Delta x} = \lim_{\Delta x \to 0}\frac{\Delta x \cdot 0 \cdot \sin\frac{1}{(\Delta x)^2} - 0}{\Delta x} = 0,$$

同理, $f_y(0,0) = 0$, 即函数 $f(x,y)$ 在点 $(0,0)$ 处偏导数存在. 又因为

$$f_x(x,y) = \begin{cases} y\sin\dfrac{1}{x^2+y^2} - \dfrac{2x^2 y}{\left(x^2+y^2\right)^2}\cos\dfrac{1}{x^2+y^2}, & x^2+y^2 \neq 0, \\ 0, & x^2+y^2 = 0, \end{cases}$$

所以当 $(x,y) \neq (0,0)$, 且沿着直线 $y = x$ 趋于 $(0,0)$ 时,

$$\lim_{\substack{(x,y)\to(0,0)\\ y=x}} f_x(x,y) = \lim_{\substack{(x,y)\to(0,0)\\ y=x}}\left(y\sin\frac{1}{2y^2} - \frac{1}{2y}\cos\frac{1}{2y^2}\right)$$

不存在, 故 $f_x(x,y)$ 在点 $(0,0)$ 处不连续. 同理可得, $f_y(x,y)$ 在点 $(0,0)$ 处也不连续.

由微分定义, 得

$$\lim_{(\Delta x,\Delta y)\to(0,0)}\frac{\Delta f - f_x(0,0)\Delta x - f_y(0,0)\Delta y}{\sqrt{(\Delta x)^2 + (\Delta y)^2}}$$

$$= \lim_{(\Delta x,\Delta y)\to(0,0)}\frac{\Delta x \cdot \Delta y \cdot \sin\dfrac{1}{(\Delta x)^2+(\Delta y)^2}}{\sqrt{(\Delta x)^2 + (\Delta y)^2}} = 0,$$

故函数 $f(x,y)$ 在点 $(0,0)$ 处可微.

习题 6.5

1. $\dfrac{\partial u}{\partial l}\bigg|_{P_0} = -\dfrac{12}{\sqrt{11}}$.

410

2. (1) $\left.\dfrac{\partial f}{\partial \boldsymbol{v}}\right|_{(1,1)} = \dfrac{v_1}{\sqrt{v_1^2 + v_2^2}} + \dfrac{v_2}{\sqrt{v_1^2 + v_2^2}}$;

(2) $\boldsymbol{v} = \left(\dfrac{\sqrt{2}}{2}, -\dfrac{\sqrt{2}}{2}\right)$ 或 $\left(-\dfrac{\sqrt{2}}{2}, \dfrac{\sqrt{2}}{2}\right)$;

(3) 沿 $\boldsymbol{v} = \left(\dfrac{\sqrt{2}}{2}, \dfrac{\sqrt{2}}{2}\right)$ 时, $\left.\dfrac{\partial f}{\partial \boldsymbol{v}}\right|_{(1,1)}$ 取得最大值 $\sqrt{2}$;

沿 $\boldsymbol{v} = \left(-\dfrac{\sqrt{2}}{2}, -\dfrac{\sqrt{2}}{2}\right)$ 时, $\left.\dfrac{\partial f}{\partial \boldsymbol{v}}\right|_{(1,1)}$ 取最小值 $-\sqrt{2}$.

3. 按定义, $f(x,y)$ 在点 $O(0,0)$ 处沿 $\boldsymbol{l} = (\cos\alpha, \sin\alpha)$ 的方向导数, 将得到

$$f_l(0,0) = \lim_{\rho \to 0^+} \frac{f(\rho\cos\alpha, \rho\sin\alpha) - f(0,0)}{\rho}$$

$$= \lim_{\rho \to 0^+} \frac{\dfrac{\rho^2 \cos\alpha\sin\alpha}{\rho} - 0}{\rho} = \cos\alpha\sin\alpha.$$

由此可见, 当 $\cos\alpha \cdot \sin\alpha \neq 0$ 时, $f_l(0,0) \neq 0$.

注 此题不能直接利用求方向导数的公式, 因为 $f(x,y)$ 在点 P_0 处不可微.

4. $\mathbf{grad}\, u = \left(3x^2 - 3yz, 3y^2 - 3xz, 3z^2 - 3xy\right)$.

(1) $z^2 = xy$; (2) $x^2 = yz, y^2 = xz, z^2 - xy = \lambda, \lambda \in \mathbf{R}$; (3) $x = y = z$.

5. 函数 f 在点 $P(x,y)$ 处的梯度向量与 $\boldsymbol{l}$ 垂直, 即 f 在任一平行于 $\boldsymbol{l}$ 的直线上恒为常数.

6. 由已知

$$f_{l_1}(x,y) = f_x(x,y)\cos\alpha_1 + f_y(x,y)\cos\beta_1 = 0,$$

$$f_{l_2}(x,y) = f_x(x,y)\cos\alpha_2 + f_y(x,y)\cos\beta_2 = 0,$$

其中 $\cos\alpha_1, \cos\beta_1$ 为 $\boldsymbol{l}_1$ 的方向余弦, $\cos\alpha_2, \cos\beta_2$ 为 $\boldsymbol{l}_2$ 的方向余弦. 又 $\boldsymbol{l}_1$ 与 $\boldsymbol{l}_2$ 线性无关, 所以

$$\begin{vmatrix} \cos\alpha_1 & \cos\beta_1 \\ \cos\alpha_2 & \cos\beta_2 \end{vmatrix} \neq 0.$$

于是由前两式可得, $f_x(x,y) = f_y(x,y) = 0$, 故 $f(x,y) \equiv$ 常数.

习题 6.6

1. (1) $\dfrac{\partial z}{\partial x} = 2x\left[\ln\left(x^2 + y^2\right) + \dfrac{x^2}{x^2 + y^2}\right]$, $\dfrac{\partial z}{\partial y} = \dfrac{2x^2 y}{x^2 + y^2}$;

(2) $\dfrac{\partial z}{\partial x} = e^{uv}\dfrac{xv-yu}{x^2+y^2}$, $\dfrac{\partial z}{\partial y} = e^{uv}\dfrac{yv+xu}{x^2+y^2}$; (3) $\left.\dfrac{\mathrm{d}z}{\mathrm{d}t}\right|_{t=\frac{\pi}{2}} = -\dfrac{\pi^3}{8}$;

(4) $\dfrac{\partial u}{\partial s} = -\dfrac{6yzs}{x^2}\cos\dfrac{y}{x} + \dfrac{4z}{x}\cos\dfrac{y}{x} + 4s\sin\dfrac{y}{x}$,

$\quad\quad \dfrac{\partial u}{\partial t} = -\dfrac{2yz}{x^2}\cos\dfrac{y}{x} - \dfrac{6zt^2}{x}\cos\dfrac{y}{x} - 6t\sin\dfrac{y}{x}$;

(5) $\dfrac{\partial^2 z}{\partial x\partial y} = \dfrac{x}{1+x^2y^2}\cdot e^{x\arctan(xy)}\left[x\arctan(xy) + \dfrac{2+x^2y}{1+x^2y^2}\right]$;

(6) $\dfrac{\partial z}{\partial x} = \dfrac{2x}{y^2}\ln(3x-2y) + \dfrac{3x^2}{(3x-2y)y^2}$,

$\quad\quad \dfrac{\partial z}{\partial y} = -\dfrac{2x^2}{y^3}\ln(3x-2y) - \dfrac{2x^2}{(3x-2y)y^2}$.

2. (1) $\dfrac{\partial u}{\partial x} = \dfrac{\sec^2 x}{\tan x + \tan y + \tan z}$, $\quad \dfrac{\partial u}{\partial y} = \dfrac{\sec^2 y}{\tan x + \tan y + \tan z}$,

$\quad\quad \dfrac{\partial u}{\partial z} = \dfrac{\sec^2 z}{\tan x + \tan y + \tan z}$.

因为

$$\sec^2 x \sin 2x + \sec^2 y \sin 2y + \sec^2 z \sin 2z$$

$$= \dfrac{2\sin x\cos x}{\cos^2 x} + \dfrac{2\sin y\cos y}{\cos^2 y} + \dfrac{2\sin z\cos z}{\cos^2 z}$$

$$= 2\tan x + 2\tan y + 2\tan z,$$

因此 $\dfrac{\partial u}{\partial x}\sin 2x + \dfrac{\partial u}{\partial y}\sin 2y + \dfrac{\partial u}{\partial z}\sin 2z = 2$.

(2) $\dfrac{\partial z}{\partial x} = y + F(u) - \dfrac{y}{x}F'(u)$, $\dfrac{\partial z}{\partial y} = x + F'(u)$, 故 $x\dfrac{\partial z}{\partial x} + y\dfrac{\partial z}{\partial y} = z + xy$.

(3) 因为

$$\dfrac{\partial z}{\partial x} = \dfrac{1}{\sqrt[n]{x} + \sqrt[n]{y}} \cdot \dfrac{1}{n}x^{\frac{1}{n}-1}, \quad \dfrac{\partial z}{\partial y} = \dfrac{1}{\sqrt[n]{x} + \sqrt[n]{y}} \cdot \dfrac{1}{n}y^{\frac{1}{n}-1},$$

所以

$$x\dfrac{\partial z}{\partial x} + y\dfrac{\partial z}{\partial y} = \dfrac{1}{n}x^{\frac{1}{n}} \cdot \dfrac{1}{\sqrt[n]{x} + \sqrt[n]{y}} + \dfrac{1}{n}y^{\frac{1}{n}} \cdot \dfrac{1}{\sqrt[n]{x} + \sqrt[n]{y}} = \dfrac{1}{n}.$$

(4) 设 $x = x(y,z), y = y(x,z), z = z(x,y)$, 则

$$\dfrac{\partial x}{\partial y} = -\dfrac{F_y}{F_x}, \quad \dfrac{\partial y}{\partial z} = -\dfrac{F_z}{F_y}, \quad \dfrac{\partial z}{\partial x} = -\dfrac{F_x}{F_z};$$

$$\frac{\partial x}{\partial y} \cdot \frac{\partial y}{\partial z} \cdot \frac{\partial z}{\partial x} = \left(-\frac{F_y}{F_x}\right)\left(-\frac{F_z}{F_y}\right)\left(-\frac{F_x}{F_z}\right) = -1.$$

(5) 因为

$$\frac{\partial u}{\partial x} = \varphi\left(\frac{y}{x}\right) - \frac{y}{x}\varphi'\left(\frac{y}{x}\right) - \frac{y}{x^2}\psi'\left(\frac{y}{x}\right), \qquad \frac{\partial u}{\partial y} = \varphi'\left(\frac{y}{x}\right) + \frac{1}{x}\psi'\left(\frac{y}{x}\right),$$

所以

$$\frac{\partial^2 u}{\partial x^2} = \frac{y^2}{x^3}\varphi''\left(\frac{y}{x}\right) + \frac{2y}{x^3}\psi'\left(\frac{y}{x}\right) + \frac{y^2}{x^4}\psi''\left(\frac{y}{x}\right),$$

$$\frac{\partial^2 u}{\partial x \partial y} = -\frac{y}{x^2}\varphi''\left(\frac{y}{x}\right) - \frac{1}{x^2}\psi'\left(\frac{y}{x}\right) - \frac{y}{x^3}\psi''\left(\frac{y}{x}\right),$$

$$\frac{\partial^2 u}{\partial y^2} = \frac{1}{x}\varphi''\left(\frac{y}{x}\right) + \frac{1}{x^2}\psi''\left(\frac{y}{x}\right),$$

从而

$$x^2\frac{\partial^2 u}{\partial x^2} + 2xy\frac{\partial^2 u}{\partial x \partial y} + y^2\frac{\partial^2 u}{\partial y^2} = 0.$$

3. (1) $F_x = \dfrac{x+y}{x^2+y^2}, F_y = \dfrac{y-x}{x^2+y^2}, \dfrac{\mathrm{d}y}{\mathrm{d}x} = \dfrac{x+y}{x-y}$;

(2) $\mathrm{d}z|_{(1,2,-2)} = \dfrac{11}{4}\mathrm{d}x + \mathrm{d}y$; (3) $\dfrac{\mathrm{d}y}{\mathrm{d}x} = \dfrac{y^2 x^y - xy y^x \ln y}{x^2 y^x - xy x^y \ln x}$;

(4) $\dfrac{\partial^2 z}{\partial x \partial y} = \dfrac{z\left(z^4 - 2xyz^2 - x^2 y^2\right)}{\left(z^2 - xy\right)^3}$; (5) $\dfrac{\partial^2 z}{\partial x^2} = \dfrac{(2-z)^2 + x^2}{(2-z)^3}$, $\dfrac{\partial^2 z}{\partial x \partial y} = \dfrac{xy}{(2-z)^3}$.

4. (1) $\dfrac{\mathrm{d}z}{\mathrm{d}t} = f_x \cdot \mathrm{e}^t + f_y \cdot 2t + f_z \cdot \cos t$;

(2) $\dfrac{\partial^2 z}{\partial x^2} = y^2 f_{11} + \dfrac{1}{y^2}f_{22} + f_{33} + 2f_{12} + 2yf_{13} + \dfrac{2}{y}f_{23}$,

$\dfrac{\partial^2 z}{\partial x \partial y} = xyf_{11} - \dfrac{x}{y^3}f_{22} + xf_{13} - \dfrac{x}{y^2}f_{23} + f_1 - \dfrac{1}{y^2}f_2$,

$\dfrac{\partial^2 z}{\partial y^2} = x^2 f_{11} + \dfrac{x^2}{y^4}f_{22} - \dfrac{2x^2}{y^2}f_{12} + \dfrac{2x}{y^3}f_2$;

(3) $\dfrac{\partial^2 z}{\partial x \partial y} = -2f_{11} + (2\sin x - y\cos x)f_{12} + \dfrac{1}{2}y\sin 2x f_{22} + \cos x f_2$.

5. (1) $\dfrac{\mathrm{d}z}{\mathrm{d}x} = \dfrac{x}{3z+1}, \dfrac{\mathrm{d}y}{\mathrm{d}x} = -\dfrac{x(6z+1)}{2y(3z+1)}$;

(2) $\dfrac{\partial u}{\partial x} = \dfrac{4xv + uy^2}{2\left(u^2 + v^2\right)}, \dfrac{\partial v}{\partial x} = \dfrac{4xu - y^2 v}{2\left(u^2 + v^2\right)}, \qquad \dfrac{\partial u}{\partial y} = \dfrac{2yv + xyu}{u^2 + v^2}, \dfrac{\partial v}{\partial y} = \dfrac{2uy - xyv}{u^2 + v^2}$.

413

6. $\left.\dfrac{\mathrm{d}}{\mathrm{d}x}\varphi^3(x)\right|_{x=1}=51.$

7. $\left.\dfrac{\partial^2 z}{\partial x\partial y}\right|_{\substack{x=1\\y=1}}=f_{11}(1,1)+f_{12}(1,1)+f_1(1,1).$

8. $\dfrac{\partial w}{\partial v}=0.$

习题 6.7

1. (1) 函数在点 $\left(\dfrac{1}{2},-1\right)$ 处取得极小值, 极小值为 $z\left(\dfrac{1}{2},-1\right)=-\dfrac{\mathrm{e}}{2}.$

   (2) $(1,0)$ 是极小值点, 极小值为 $z(1,0)=1.$

   (3) 极小值 $z(1,1)=2.$

   (4) 由 $\begin{cases} f_x=-(1+\mathrm{e}^y)\sin x=0, \\ f_y=(\cos x-y-1)\mathrm{e}^y=0 \end{cases}$ 得无穷多个稳定点

$$(n\pi,(-1)^n-1)\quad (n=0,\pm 1,\pm 2,\cdots).$$

当 $n=2k$ 时, 对应的稳定点为 $(2k\pi,0)$, 此时

$$A=(1+\mathrm{e}^y)\left.(-\cos x)\right|_{(2k\pi,0)}=-2,$$

$$B=-\left.\mathrm{e}^y\sin x\right|_{(2k\pi,0)}=0,$$

$$C=\left.(\cos x-y-2)\mathrm{e}^y\right|_{(2k\pi,0)}=-1,$$

所以 $B^2-AC<0, A<0$, 因此函数在点 $(2k\pi,0)$ 处有极大值, 且极大值为 $f(2k\pi,0)=2.$

当 $n=2k+1$ 时, 对应稳定点为 $((2k+1)\pi,-2)$, 此时

$$A=1+\mathrm{e}^{-2},\quad B=0,\quad C=-\mathrm{e}^{-2},$$

$B^2-AC=\mathrm{e}^{-2}\left(1+\mathrm{e}^{-2}\right)>0$, 函数在这些点处无极值.

   (5) 函数在点 (a,a) 处有极大值 $a^3.$

2. (1) 函数在 D 上的最大值与最小值分别为

$$\max_{(x,y)\in D}f(x,y)=f(2,-2)=28,\quad \min_{(x,y)\in D}f(x,y)=f(-2,-2)=-4.$$

   (2) 在点 $\left(\dfrac{2\pi}{3},\dfrac{2\pi}{3}\right)$ 处, 取到最大值 $f_{\max}=\dfrac{3\sqrt{3}}{2}$; 当 $x=0$ 或 $y=0$ 或 $x+y=2\pi$ 时, 取到最小值 $f_{\min}=0.$

3. (1) 极大值为 $\dfrac{12}{25}\sqrt{\dfrac{3}{10}}$，极小值为 $-\dfrac{12}{25}\sqrt{\dfrac{3}{10}}$；

(2) 最小值为 $u_{\min} = \dfrac{abc}{ab+bc+ac}$.

4. (1) 当甲、乙两种产品的产量分别为 $x=4$ t 和 $y=3$ t 时，总利润达到最大值，且最大利润为 40 万元.

(2) 两种产品的产量均为 2 t 时，总利润达到最大值，最大利润为 28 万元.

5. 在点 $\left(\dfrac{1}{n}\sum\limits_{i=1}^{n}x_i, \dfrac{1}{n}\sum\limits_{i=1}^{n}y_i\right)$ 处取得极小值，也即最小值.

6. 直线上点 $P\left(\dfrac{1}{6},\dfrac{1}{3},\dfrac{1}{6}\right)$ 处到原点的距离最短.

7. (1) 当手机微信广告费与电视广告费分别为 0.75 万元和 1.25 万元时，利润最大，最大利润为 39.25 万元.

(2) 最大利润为 39 万元.

8. 该公司应该生产 4 735 台 14 英寸笔记本电脑和 7 043 台 15 英寸笔记本电脑，才能使利润最大.

9. $L=32$, $K=8$. 因为所求的稳定点是唯一的，且根据本题的实际意义，可以得出稳定点 (32,8) 即为极小值点.

习题 6.8

1. 当 $K=9, L=8\ 000$ 时，边际产量为

$$\left.\frac{\partial Q}{\partial K}\right|_{\substack{L=8\ 000 \\ K=9}} = \frac{4\ 000}{3}, \quad \left.\frac{\partial Q}{\partial L}\right|_{\substack{L=8\ 000 \\ K=9}} = 2.$$

这说明，在劳动力投入 8 千工时和资本投入 9 万元时，产量是 24 000 件，若劳动力投入保持不变，再增加一个单位资本投入增加的产量为 $\dfrac{4\ 000}{3}$ 件；当资本投入保持不变时，再增加一个单位劳动力投入增加的产量为 2 件.

2. 日产大约会增加 1 300 单位. 实际上，日产量增加的真实值为 $Q(31,50) - Q(30,50) = 1\ 259$. 用 $Q_x'(30,50)$ 来逼近 $Q(31,50) - Q(30,50)$ 是恰当的.

4. $\dfrac{\partial Q_A(x,y)}{\partial y} = 12y > 0$, $\dfrac{\partial Q_B(x,y)}{\partial x} = 6 > 0$，所以，两种商品为替代型关系.

5. (1) 当 $P_1=25, P_2=2$ 时，销售量 Q 对自身价格 P_1 的直接价格偏弹性为

$$\left.\frac{EQ}{EP_1}\right|_{\substack{P_1=25 \\ P_2=2}} = -\frac{250}{100\times25+250-100\times25\times2-25\times2^2} \approx 0.1.$$

(2) 当 $P_1 = 25, P_2 = 2$ 时，销售量 Q 对相关价格 P_2 的交叉价格偏弹性为

$$\frac{\mathrm{E}Q}{\mathrm{E}P_2}\bigg|_{\substack{P_1=25 \\ P_2=2}} = -\frac{(100 + 2\times 2)\times 2\times 25}{100\times 25 + 250 - 100\times 25\times 2 - 25\times 2^2} \approx -2.2.$$

6. $x_1 = \dfrac{a}{a+b}\dfrac{I}{P_1}$, $x_2 = \dfrac{b}{a+b}\dfrac{I}{P_2}$.

7. (1) $x_1 = 20, x_2 = 20$. 此时商品 A 的购买量发生变化为 $20 - 10 = 10$.

(2) $x_1 = x_2 = 10\sqrt{2} \approx 14$. 此时商品 A 的购买量发生变化为 $14 - 10 = 4$，即商品 A 增加了 4 个，商品 B 减少了 6 个. 这说明想多购买 1 单位商品 A，则需要少购买 1.5 单位商品 B.

(3) 此时商品 A 的购买量发生的变化为 $20 - 14 = 6$.

习题 6.9

1. (1) $\displaystyle\int_5^{6.5}\mathrm{d}y\int_3^{\frac{2y-1}{3}}f(x,y)\mathrm{d}x + \int_{6.5}^8\mathrm{d}y\int_{\frac{2y-4}{3}}^{\frac{2y-1}{3}}f(x,y)\mathrm{d}x + \int_8^{9.5}\mathrm{d}y\int_{\frac{2y-4}{3}}^5 f(x,y)\mathrm{d}x$;

(2) $\displaystyle\int_{-1}^0\mathrm{d}y\int_0^{y+1}f(x,y)\mathrm{d}x + \int_0^1\mathrm{d}y\int_0^{1-y}f(x,y)\mathrm{d}x$;

(3) $\displaystyle\int_0^1\mathrm{d}x\int_0^{x^3}f(x,y)\mathrm{d}y + \int_1^2\mathrm{d}x\int_0^{2-x}f(x,y)\mathrm{d}y$;

(4) $\displaystyle\int_{-1}^0\mathrm{d}y\int_{-1-y}^{1+y}f(x,y)\mathrm{d}x + \int_0^1\mathrm{d}y\int_{y-1}^{1-y}f(x,y)\mathrm{d}x$.

2. (1) $\displaystyle\int_0^1\mathrm{d}x\int_{x^2}^x f(x,y)\mathrm{d}y$; (2) $\displaystyle\int_0^a\mathrm{d}y\int_{a-\sqrt{a^2-y^2}}^y f(x,y)\mathrm{d}x$;

(3) $\displaystyle\int_{-1}^1\mathrm{d}x\int_0^{\sqrt{1-x^2}}f(x,y)\mathrm{d}y$; (4) $\displaystyle\int_0^2\mathrm{d}x\int_{\frac{x}{2}}^{3-x}f(x,y)\mathrm{d}y$;

(5) $\displaystyle\int_0^1\mathrm{d}y\int_{\sqrt{1-y}}^{\mathrm{e}^y}f(x,y)\mathrm{d}x$; (6) $\displaystyle\int_0^1\mathrm{d}x\int_{x^2}^{2-x}f(x,y)\mathrm{d}y$.

3. (1) $\dfrac{421}{336}$; (2) $\dfrac{55}{4}$; (3) $\pi - 2$; (4) $2\mathrm{e}^{\frac{1}{2}} - 3$; (5) $1 - \sin 1$; (6) 4;

(7) $\dfrac{1}{2}(1 - \cos 4)$; (8) $\dfrac{1}{2}$; (9) $\dfrac{32}{15}\sqrt{2}$; (10) 6; (11) $\dfrac{45}{8}$; (12) 0; (13) 0.

4. (1) $\dfrac{1}{3}$; (2) $\dfrac{1}{6} + \dfrac{\pi}{4}$; (3) 3; (4) $2\sqrt{2}$;

5. (1) $186\dfrac{2}{3}$; (2) $\dfrac{1}{6}ab$.

7. $\mathrm{e} - 1$; 8. $\dfrac{1}{2}(\lambda + \mu)\pi a^2$.; 9. 0.

习题 6.10

1. (1) $\displaystyle\int_{\frac{\pi}{4}}^{\frac{\pi}{3}} \mathrm{d}\theta \int_0^{2\sec\theta} f(r)r\mathrm{d}r$;　(2) $\displaystyle\int_0^{\frac{\pi}{2}} \mathrm{d}\theta \int_0^{2R\sin\theta} f(r\cos\theta, r\sin\theta)r\mathrm{d}r$;

(3) $\displaystyle\frac{R^2}{2}\int_0^{\arctan R} f(\tan\theta)\mathrm{d}\theta$.

2. (1) $\dfrac{1}{3}R^3\left(\pi - \dfrac{4}{3}\right)$;　(2) $\dfrac{\pi}{4}[(1+R^2)\ln(1+R^2) - R^2]$;

(3) $\dfrac{3}{16}\pi^2$;　(4) $\dfrac{41\pi}{2}$;　(5) $\dfrac{1}{2}$;　(6) $-\dfrac{a^2}{2}$.

3. (1) 32π;　(2) $\dfrac{1}{2}(\mathrm{e}-1)$;　(3) $3(\mathrm{e}^2-1)$.

*4. (1) $\dfrac{\pi}{2}$;　(2) π.

5. $a^2\left(\dfrac{\pi^2}{16} - \dfrac{1}{2}\right)$.

习题 7.1

1. (1) 错误;　(2) 正确;　(3) 错误;　(4) 错误;　(5) 正确;　(6) 正确.

2. (1) 发散;　(2) 收敛, 和为 $\dfrac{1}{20}$;　(3) 发散;　(4) 收敛, 和为 1;　(5) 发散.

3. (1) 发散;　(2) 收敛;　(3) 发散;　(4) 收敛;　(5) 发散;　(6) 发散.

4. 设 $S_n = \displaystyle\sum_{k=1}^{n} u_k, S_n' = \sum_{k=1}^{n} (u_{2k-1} + u_{2k})$. 已知 $\displaystyle\sum_{n=1}^{\infty}(u_{2n-1} + u_{2n})$ 收敛, 设 $\displaystyle\lim_{n\to\infty} S_n' = S$, 可得 $\displaystyle\lim_{n\to\infty} S_n = S$. 得证.

5. 级数 $\displaystyle\sum_{k=1}^{\infty}\left(u_{n_k+1} + u_{n_k+2} + \cdots + u_{n_{k+1}}\right)$ 收敛, 得 $\displaystyle\lim_{k\to+\infty}\left(u_{n_k+1} + u_{n_k+2} + \cdots + u_{n_{k+1}}\right)$ $= 0$. 又因同一括号中的 $u_{n_k+1}, u_{n_k+2}, \cdots, u_{n_{k+1}}$ 符号相同, 则

$$\lim_{k\to+\infty}(u_{n_k+1} + u_{n_k+2} + \cdots + u_{n_k+j}) = 0 \quad (j = 1, 2, \cdots, n_{k+1} - n_k).$$

设 $S_k = \displaystyle\sum_{i=1}^{k}\left(u_{n_i+1} + u_{n_i+2} + \cdots + u_{n_{i+1}}\right)$, 对任意 n, 存在 k, 使得 $n = n_k + j (1 \leqslant j \leqslant n_{k+1} - n_k)$, 故

$$S_n = \sum_{k=1}^{n} u_k = \sum_{i=1}^{k-1}\left(u_{n_i+1} + u_{n_i+2} + \cdots + u_{n_{i+1}}\right) + \left(u_{n_k+1} + u_{n_k+2} + \cdots + u_{n_k+j}\right)$$

$$= S_{k-1} + \left(u_{n_k+1} + u_{n_k+2} + \cdots + u_{n_k+j}\right),$$

两边取极限.

6. 因为 $\sum\limits_{n=1}^{\infty} \dfrac{600}{(1+0.08)^n} = 7\,500$，所以应当存入 7 500 万元.

习题 7.2

1. (1) 发散；   (2) 发散；   (3) 收敛；   (4) 发散；   (5) 收敛；

   (6) $a=1$ 时，发散； $0 < a < 1$ 时，收敛； $a > 1$ 时，收敛；   (7) 发散；

   (8) 收敛；   (9) $0 < a + b \leqslant 3$ 时，发散； $a + b > 3$ 时，收敛.

2. (1) 发散；   (2) 收敛；   (3) 收敛；   (4) 收敛；   (5) 收敛；

   (6) 发散；   (7) 收敛；   (8) 收敛；   (9) 收敛；   (10) 收敛.

3. (1) 收敛；   (2) 发散.

4. 利用比值审敛法判断级数 $\sum\limits_{n=1}^{\infty} \dfrac{2^n \cdot n!}{n^n}$ 收敛，因此得 $\lim\limits_{n \to \infty} \dfrac{2^n \cdot n!}{n^n} = 0$.

5. 由 $\lim\limits_{n \to \infty} \dfrac{u_{n+1}}{u_n} = l$，得 $\forall \varepsilon > 0(\varepsilon < 1)$，存在 N，当 $n > N$ 时，有

$$(l - \varepsilon)^{n-N} \cdot u_N < u_n < (l + \varepsilon)^{n-N} \cdot u_N,$$

得 $\lim\limits_{n \to \infty} \sqrt[n]{u_n} = l$.

6. 利用定积分分部积分法，得 $a_n = \dfrac{2}{(n+1)(n+2)(n+3)}$，其和 $S = \sum\limits_{n=1}^{\infty} a_n = \dfrac{1}{6}$.

7. (1) 利用定积分凑微分法，$\dfrac{1}{n}(a_n + a_{n+2}) = \dfrac{1}{n(n+1)}$，则 $\sum\limits_{n=1}^{\infty} \dfrac{1}{n}(a_n + a_{n+2}) = 1$.

   (2) 由 (1) 知，$a_n > 0$ 且 $a_n + a_{n+2} = \dfrac{1}{n+1}$，故 $a_n < \dfrac{1}{n}, \dfrac{a_n}{n^\lambda} < \dfrac{1}{n^{\lambda+1}}$，得证.

8. (1) 显然 $a_n > 0 (n = 1, 2, \cdots)$，且

$$a_{n+1} = \dfrac{1}{2}\left(a_n + \dfrac{1}{a_n}\right) \geqslant \sqrt{a_n \cdot \dfrac{1}{a_n}} = 1 \quad (n = 1, 2, \cdots),$$

而 $a_{n+1} - a_n \leqslant 0$，故 $\{a_n\}$ 单调递减有下界，得证.

   (2) $0 \leqslant \dfrac{a_n}{a_{n+1}} - 1 \leqslant a_n - a_{n+1}$，利用定义可证明 $\sum\limits_{n=1}^{\infty}(a_n - a_{n+1})$ 收敛，得证.

习题 7.3

1. (1) 条件收敛；   (2) 发散；   (3) 绝对收敛；   (4) 发散；

   (5) 条件收敛；   (6) 条件收敛；   (7) 发散；   (8) 条件收敛；

   (9) 当 $\alpha = 1$ 时，级数收敛；当 $\alpha > 1$ 或 $0 < \alpha < 1$ 时，级数发散.

2. 因为 $\dfrac{|a_n|}{\sqrt{n^{\alpha}+2\lambda}} \leqslant \dfrac{1}{2}\left(a_n^2 + \dfrac{1}{n^{\alpha}+2\lambda}\right)$，由比较审敛法得证.

3. (1) 错误；　(2) 错误；　(3) 错误；　(4) 正确；　(5) 正确；　(6) 错误；

(7) 错误；　(8) 错误；　(9) 正确.

4. 由 $\lim\limits_{x\to 0}\dfrac{f(x)}{x}=0$，得到 $f(0)=0, f'(0)=0$. 将 $f(x)$ 展开成二阶麦克劳林公式（见 §7.5），得

$$f\left(\frac{1}{n}\right) = \frac{1}{2}f''\left(\frac{\theta}{n}\right)\frac{1}{n^2},$$

利用比较审敛法得证.

5. $u_n = \displaystyle\int_{n\pi}^{(n+1)\pi} \frac{\sin x}{x}\,\mathrm{d}x = (-1)^n\frac{\pi\sin\xi}{n\pi+\xi}, \xi\in(0,\pi)$，利用交错级数审敛法得证.

习题 7.4

1. (1) $\left(-\sqrt{2},\sqrt{2}\right)$；　(2) $\left[-\dfrac{1}{5},\dfrac{1}{5}\right)$；　(3) $\left(-\dfrac{1}{\mathrm{e}},\dfrac{1}{\mathrm{e}}\right)$；　(4) $[4,6)$；

(5) 仅在点 $x=0$ 处收敛；　(6) $[-1,1]$；　(7) $[-1,3]$；　(8) $\left(-\dfrac{1}{3},\dfrac{1}{3}\right)$.

2. (1) $S(x) = \dfrac{1}{(1-x)^2}$ $(-1<x<1)$；

(2) $S(x) = \begin{cases} \dfrac{2}{x}\ln\left(\dfrac{2}{2-x}\right), & x\in[-2,0)\cup(0,2), \\ 1, & x=0; \end{cases}$

(3) $S(x) = \begin{cases} -\dfrac{1}{x}\ln(1+x), & x\in(-1,0)\cup(0,1], \\ 1, & x=0; \end{cases}$

(4) $S(x) = \dfrac{2+x^2}{(2-x^2)^2}$ $(-\sqrt{2}<x<\sqrt{2})$；$\displaystyle\sum_{n=1}^{\infty}\frac{2n-1}{2^n}=3$.

3. 收敛区间为 $(-3,3)$，原级数在点 $x=3$ 处发散，在点 $x=-3$ 处收敛.

4. $\ln(2+\sqrt{2})$.

5. 约 294.4 万元.

习题 7.5

1. (1) $a^x = \displaystyle\sum_{n=0}^{\infty}\frac{(\ln a)^n}{n!}x^n$ $(-\infty<x<+\infty)$；

(2) $\dfrac{1}{3-x} = \displaystyle\sum_{n=0}^{\infty}\frac{x^n}{3^{n+1}}$ $(-3<x<3)$；

(3) $(1+x)\ln(1+x) = x + \sum_{n=1}^{\infty} \frac{(-1)^{n+1}}{n(n+1)} x^{n+1}$ $(-1 < x < 1)$;

(4) $\ln\sqrt{\frac{1+x}{1-x}} = \sum_{n=0}^{\infty} \frac{x^{2n+1}}{2n+1}$ $(-1 < x < 1)$;

(5) $\frac{x}{x^2+4x+3} = \sum_{n=0}^{\infty} (-1)^n \left[\frac{1}{2} - \frac{1}{2 \cdot 3^{n+1}}\right] x^n$ $(-1 < x < 1)$;

(6) $\cos^2 x = \frac{1+\cos 2x}{2} = \frac{1}{2} + \sum_{n=0}^{\infty} \frac{(-1)^n 2^{2n-1}}{(2n)!} x^{2n}$ $(-\infty < x < +\infty)$;

(7) $\frac{x^2}{\sqrt{1-x^2}} = \sum_{n=0}^{\infty} \frac{(2n)!}{(2^n n!)^2} x^{2n+2}, x \in (-1, 1)$;

(8) $\sin\left(x + \frac{\pi}{4}\right) = \frac{\sqrt{2}}{2} \sum_{n=0}^{\infty} (-1)^n \left[\frac{1}{(2n)!} x^{2n} + \frac{1}{(2n+1)!} x^{2n+1}\right]$, $x \in (-\infty, +\infty)$.

2. $\cos x = \frac{1}{2} \sum_{n=0}^{\infty} (-1)^n \left[\frac{1}{(2n)!} \left(x+\frac{\pi}{3}\right)^{2n} + \frac{\sqrt{3}}{(2n+1)!} \left(x+\frac{\pi}{3}\right)^{2n+1}\right]$ $(-\infty < x < +\infty)$.

3. $x\ln\left(x+\sqrt{1+x^2}\right) - \sqrt{1+x^2} = -1 + \frac{x^2}{2} + \sum_{n=1}^{\infty} (-1)^n \frac{(2n-1)!!}{(2n+2)!!} \cdot \frac{x^{2n+2}}{2n+1}, x \in$

$(-1, 1)$.

4. $\frac{1}{x^2+3x+2} = \sum_{n=0}^{\infty} \left(\frac{1}{2^{n+1}} - \frac{1}{3^{n+1}}\right)(x+4)^n$ $(-6 < x < -2)$.

5. $f(x) = 1 + 2\sum_{n=1}^{\infty} \frac{(-1)^n}{1-4n^2} x^{2n}, x \in [-1, 1]$; $\sum_{n=1}^{\infty} \frac{(-1)^n}{1-4n^2} = \frac{1}{2}[f(1)-1] = \frac{\pi}{4} - \frac{1}{2}$.

习题 7.6

1. (1) 1.098 6; (2) 1.648 7; (3) 0.999 4.

2. (1) $e^{-x^2} = \sum_{n=0}^{\infty} \frac{(-x^2)^n}{n!} = 1 + (-x^2) + \frac{(-x^2)^2}{2!} + \cdots + \frac{(-x^2)^n}{n!} + \cdots$ $(-\infty < x < +\infty)$,

$$\frac{2}{\sqrt{\pi}} \int_0^{\frac{1}{2}} e^{-x^2} dx = \frac{2}{\sqrt{\pi}} \int_0^{\frac{1}{2}} \sum_{n=0}^{\infty} (-1)^n \frac{x^{2n}}{n!} dx = \sum_{n=0}^{\infty} \frac{(-1)^n}{n!} \frac{2}{\sqrt{\pi}} \int_0^{\frac{1}{2}} x^{2n} dx$$

$$\approx \frac{1}{\sqrt{\pi}} \left(1 - \frac{1}{2^2 \cdot 3} + \frac{1}{2^4 \cdot 2 \cdot 2!} - \frac{1}{2^6 \cdot 7 \cdot 3!}\right) \approx 0.520 \ 5;$$

(2) 0.487.

习题 8.1

1. (1) 1;   (2) 1;   (3) 1;   (4) 2;   (5) 1;   (6) 4.

2. (1) 是;　　(2) 是;　　(3) 是;　　(4) 是;　　(5) 是.

3. $y = x^3 + 1$.

习题 8.2

1. (1) $y^2 + 2\sqrt{1 - x^2} = C$;

(2) $\arctan y = \ln |Cx|$;

(3) $y - \ln |1 + y| + \dfrac{1}{2}\mathrm{e}^{-2x} = C$;

(4) $\ln (\mathrm{e}^y - 1) - y = x + C$;

(5) $\tan x \cdot \tan y = C$;

(6) $1 + \mathrm{e}^y = C\left(1 + x^2\right)$;

(7) $y = \dfrac{1}{2}\ln \left(x^2 - \dfrac{2}{x} + 2\right)$;

(8) $y = \mathrm{e}^{\csc x - \cot x}$.

2. $Q = 800 \cdot \mathrm{e}^{-2p}$.

3. (1) $y = x\mathrm{e}^{Cx+1}$;

(2) $\arcsin \dfrac{y}{x} = \ln |Cx|$;

(3) $y = C\mathrm{e}^{\frac{y}{x}}$;

(4) $y + \sqrt{x^2 + y^2} = x^2$.

4. (1) $y = \mathrm{e}^{x^2}(\sin x + C)$;

(2) $y = \dfrac{1}{x}(\pi + \sin x)$;

(3) $y = (x^2 + C)\mathrm{e}^x$;

(4) $y = Cy^3 + \dfrac{y^2}{2}$.

5. $L = \mathrm{e}^{0.05x}(x + 100)$.

*6. $\dfrac{1}{y} = -\dfrac{1}{3} + C\mathrm{e}^{-\frac{3}{2}x^2}$.

*7. $f(x) = -\dfrac{\mathrm{e}^x + \mathrm{e}^{-x}}{2}$.

8. (1) $y(x) = \sqrt{x}\mathrm{e}^{\frac{x^2}{2}}$; (2) 所求旋转体体积为 $V = \dfrac{\pi}{2}\left(\mathrm{e}^4 - \mathrm{e}\right)$.

习题 8.3

1. (1) $y = (x - 2)\mathrm{e}^x + C_1 x + C_2$;　　(2) $y = x^2 + C\ln |x| + C_1$;

(3) $y = -\ln |\cos (x + C_1)| + C_2$.

2. (1) $y = x$;　 (2) $y = \arcsin x$.

习题 8.4

1. (1) $y = C_1 e^x + C_2 e^{-2x}$;

   (2) $y = C_1 e^{3x} + C_2 e^{-3x}$;

   (3) $y = e^{2x} (C_1 \cos 3x + C_2 \sin 3x)$;

   (4) $y = (C_1 + C_2 x) e^x$;

   (5) $y = e^x \left(C_1 \cos \dfrac{x}{2} + C_2 \sin \dfrac{x}{2} \right)$;

   (6) $y = (C_1 + C_2 x) e^{-\frac{1}{2}x}$.

2. (1) $y = C_1 e^{-x} + C_2 e^{\frac{x}{2}} + e^x$; (2) $y = C_1 e^{-4x} + C_2 e^x - \dfrac{1}{4}x^2 - \dfrac{3}{8}x - \dfrac{13}{32}$;

   (3) $y = C_1 \cos ax + C_2 \sin ax + \dfrac{e^x}{1 + a^2}$; (4) $y = \left(C_1 + C_2 x + 2x^3 \right) e^x$;

   (5) $y = C_1 e^{-2x} + C_2 - \dfrac{2}{5} \cos x - \dfrac{1}{5} \sin x$;

   (6) $y = e^x (C_1 \cos 2x + C_2 \sin 2x) - \dfrac{1}{4} x e^x \cos 2x$.

3. (1) $y = -5 e^x + \dfrac{7}{2} e^{2x} + \dfrac{5}{2}$; (2) $y = \dfrac{1}{16} \sin 2x - \dfrac{1}{8} x \cos 2x$.

4. $P(t) = e^{6t} + e^{-2t} + 4$.

*5. 最大距离 $f(2) = 4e^{-2}$.

6. $f(x) = \sin x - 3 \cos x + \cos 2x + 3$.

习题 8.5

1. $x(t) = x_0 e^{r(t-t_0)}$.

2. 国民收入为 $y(t) = \dfrac{1}{10}t + 5$, 国民债务为 $D(t) = \dfrac{1}{400}t^2 + \dfrac{1}{4}t + \dfrac{1}{10}$.

3. $x(t) = k(Q-S)t + C$. $\lim\limits_{t \to \infty} x(t) = +\infty$, 即随着时间的推移, 物价越来越高, 出现了通货膨胀. 从模型看, 控制通货膨胀的关键是降低消费资金的投放和促进商品的生产供给.

4. $y = \left(C_1 \cos \dfrac{t}{4} + C_2 \sin \dfrac{t}{4} \right) e^{-\frac{t}{4}} + \dfrac{8}{13} e^t$.

习题 8.6

1. (1) 4;   (2) 2.

2. (1) $y_n = 2 \left(\dfrac{1}{3} \right)^n$;   (2) $y_n = C 2^n$.

3. (1) $y_n = C(-2)^n + \dfrac{1}{6} 4^n$;   (2) $y_n = 1 + \dfrac{1}{2} n^2 + \dfrac{1}{2} n$.

*4. (1) $y_n = (C_1 + C_2 n) 2^n$;   (2) $y_n = C_1 3^n + C_2 (-2)^n - \dfrac{5}{6} n - \dfrac{11}{36}$.

习题 **8.7**

1. $y_{t+1} = 1.2y_t + 2$，$y_t = C(1.2)^t - 10$.
2. $y_t - by_{t-1} = a + I_0 + \Delta I$，$y_t = Cb^t + \dfrac{a + I_0 + \Delta I}{1 - b}$.

附录　常用三角函数基本公式

1. 和差公式.

$$\sin(\alpha \pm \beta) = \sin\alpha\cos\beta \pm \cos\alpha\sin\beta,$$

$$\cos(\alpha \pm \beta) = \cos\alpha\cos\beta \mp \sin\alpha\sin\beta,$$

$$\tan(\alpha \pm \beta) = \frac{\tan\alpha \pm \tan\beta}{1 \mp \tan\alpha \cdot \tan\beta},$$

$$\cot(\alpha \pm \beta) = \frac{\cot\alpha \cdot \cot\beta \mp 1}{\cot\beta \pm \cot\alpha}.$$

2. 和差化积公式.

$$\sin\alpha + \sin\beta = 2\sin\frac{\alpha+\beta}{2}\cos\frac{\alpha-\beta}{2},$$

$$\sin\alpha - \sin\beta = 2\sin\frac{\alpha-\beta}{2}\cos\frac{\alpha+\beta}{2},$$

$$\cos\alpha + \cos\beta = 2\cos\frac{\alpha+\beta}{2}\cos\frac{\alpha-\beta}{2},$$

$$\cos\alpha - \cos\beta = -2\sin\frac{\alpha+\beta}{2}\sin\frac{\alpha-\beta}{2},$$

$$\tan\alpha \pm \tan\beta = \frac{\sin(\alpha \pm \beta)}{\cos\alpha\cos\beta},$$

$$\cot\alpha \pm \cot\beta = \frac{\pm\sin(\alpha \pm \beta)}{\sin\alpha\sin\beta},$$

$$a\sin\alpha + b\cos\alpha = \sqrt{a^2+b^2}\sin(\alpha+\theta), \quad \theta = \arctan\frac{b}{a},$$

$$\sin^2\alpha - \sin^2\beta = \sin(\alpha+\beta)\sin(\alpha-\beta),$$

$$\cos^2\alpha - \cos^2\beta = -\sin(\alpha+\beta)\sin(\alpha-\beta),$$

$$\cos^2\alpha - \sin^2\beta = \cos(\alpha+\beta)\cos(\alpha-\beta).$$

3. 积化和差公式.

$$\sin\alpha\sin\beta = \frac{1}{2}[\cos(\alpha-\beta) - \cos(\alpha+\beta)],$$

$$\cos\alpha\cos\beta = \frac{1}{2}[\cos(\alpha+\beta) + \cos(\alpha-\beta)],$$

$$\sin\alpha\cos\beta = \frac{1}{2}[\sin(\alpha+\beta) + \sin(\alpha-\beta)].$$

4. 倍角公式.

$$\sin 2\alpha = 2\sin\alpha\cos\alpha,$$

$$\cos 2\alpha = \cos^2\alpha - \sin^2\alpha = 2\cos^2\alpha - 1 = 1 - 2\sin^2\alpha,$$

$$\tan 2\alpha = \frac{2\tan\alpha}{1-\tan^2\alpha}, \qquad \cot 2\alpha = \frac{\cot^2\alpha - 1}{2\cot\alpha},$$

$$\sin 3\alpha = 3\sin\alpha - 4\sin^3\alpha, \quad \cos 3\alpha = 4\cos^3\alpha - 3\cos\alpha,$$

$$\tan 3\alpha = \frac{3\tan\alpha - \tan^3\alpha}{1 - 3\tan^2\alpha}, \quad \cot 3\alpha = \frac{\cot^3\alpha - 3\cot\alpha}{3\cot^2\alpha - 1}.$$

5. 半角公式.

$$\sin\frac{\alpha}{2} = \pm\sqrt{\frac{1-\cos\alpha}{2}}, \qquad\qquad \cos\frac{\alpha}{2} = \pm\sqrt{\frac{1+\cos\alpha}{2}},$$

$$\tan\frac{\alpha}{2} = \frac{1-\cos\alpha}{\sin\alpha} = \frac{\sin\alpha}{1+\cos\alpha}, \quad \cot\frac{\alpha}{2} = \frac{1+\cos\alpha}{\sin\alpha} = \frac{\sin\alpha}{1-\cos\alpha},$$

$$\sin\alpha = \frac{2\tan\frac{\alpha}{2}}{1+\tan^2\frac{\alpha}{2}}, \qquad\qquad \cos\alpha = \frac{1-\tan^2\frac{\alpha}{2}}{1+\tan^2\frac{\alpha}{2}}.$$

6. 降幂公式.

$$\sin^2\alpha = \frac{1-\cos 2\alpha}{2}, \qquad\qquad \cos^2\alpha = \frac{1+\cos 2\alpha}{2},$$

$$\sin^3\alpha = \frac{3\sin\alpha - \sin 3\alpha}{4}, \quad \cos^3\alpha = \frac{3\cos\alpha + \cos 3\alpha}{4}.$$

读者意见反馈

为收集对教材的意见建议，进一步完善教材编写并做好服务工作，读者可将对本教材的意见建议通过如下渠道反馈至我社。

咨询电话　400-810-0598

反馈邮箱　hepsci@pub.hep.cn

通信地址　北京市朝阳区惠新东街 4 号富盛大厦 1 座　高等教育出版社理科事业部

邮政编码　100029

防伪查询说明

用户购书后刮开封底防伪涂层，使用手机微信等软件扫描二维码，会跳转至防伪查询网页，获得所购图书详细信息。

防伪客服电话　(010)58582300